电力版

2025 注册电气工程师资格考试 专业基础

高频考点与历年真题解析

供配电 发输变电专业

马鸿雁 · 编

中国电力出版社
CHINA ELECTRIC POWER PRESS

内 容 提 要

本书是根据注册电气工程师资格考试专业基础考试大纲编写的，内容涵盖注册电气工程师（供配电、发输变电专业）资格考试要求的电路与电磁场、模拟电子技术、数字电子技术和电气工程基础 4 部分专业基础知识。本书将上述内容分为 4 章，根据近年来考题的分布情况，针对注册电气工程师（供配电、发输变电专业）资格考试基础考试的应试人员，通过解析历年考试真题，凝练出考试中出现的高频考点，使应试人员在复习准备中做到有的放矢，提高应试能力和通过率。

本书适用于电气工程、自动化等相关专业准备参加 2025 年注册电气工程师（供配电、发输变电专业）资格考试基础考试的工程技术人员。

图书在版编目（CIP）数据

2025 注册电气工程师资格考试专业基础高频考点与历年真题解析：供配电 发输变电专业 / 马鸿雁编.
北京：中国电力出版社，2025.4. - - ISBN 978-7-5198-9910-3

Ⅰ. TM

中国国家版本馆 CIP 数据核字第 20258QP046 号

出版发行：中国电力出版社
地　　址：北京市东城区北京站西街 19 号（邮政编码 100005）
网　　址：http：//www. cepp. sgcc. com. cn
责任编辑：未翠霞（010‐63412611）
责任校对：黄　蓓　朱丽芳　马　宁
装帧设计：张俊霞
责任印制：杨晓东

印　　刷：三河市航远印刷有限公司
版　　次：2025 年 4 月第一版
印　　次：2025 年 4 月北京第一次印刷
开　　本：787 毫米×1092 毫米　16 开本
印　　张：30.75
字　　数：748 千字
定　　价：118.00 元

前　言

随着勘察设计注册工程师制度的启动，从 2005 年起，我国开始实施勘察设计注册电气工程师资格考试。几年来，参加注册电气工程师资格考试的人员越来越多，对于准备参加考试的从业人员，拥有一本实用、够用的参考书尤为重要。本书正是按照注册电气工程师专业基础考试大纲进行编写的，内容紧扣考试大纲要求，针对 2014～2024 年的历年考试真题进行解析，凝练出高频考点，使得应试人员在复习准备时做到有的放矢，提高应试能力和通过率。

本书包含了注册电气工程师专业基础考试大纲（供配电、发输变电专业）要求的电路与电磁场、模拟电子技术、数字电子技术和电气工程基础共 4 章内容。供配电专业与发输变电专业的专业基础考试大纲是相同的，2007 年之前的考题也是相同的，2008 年后，两专业分别命题且侧重点各有不同，但仍有交叉。本书各节先讲供配电专业历年真题，题号前带有"★"的为两专业均考过的真题，建议两个专业的考生均给予重视。从考题数量分布来看，供配电专业近年来基本遵循的规律为：电路与电磁场 18～26 题，模拟电子技术 6 题，数字电子技术 6 题，电气工程基础 22～30 题；发输变电专业近年来基本遵循的规律为：电路与电磁场 18～21 题，模拟电子技术 4～7 题，数字电子技术 4～6 题，电气工程基础 26～30 题。电路与电磁场包括电路的基本概念和基本定律、电路的分析方法、正弦交流电路、非正弦周期电流电路、简单动态电路的时域分析、静电场、恒定电场、恒定磁场、均匀传输线等内容；模拟电子技术包括半导体及二极管、放大电路基础、线性集成运算放大器和运算电路、信号处理电路、信号发生电路、功率放大电路、直流稳压电源等内容；数字电子技术包括数字电路基础知识、集成逻辑门电路、数字基础及逻辑函数化简、集成组合逻辑电路、触发器、时序逻辑电路、脉冲波形的产生、数模和模数转换等内容；电气工程基础包括电力系统基本知识、电力线路、变压器的参数与等效电路、简单电网的潮流计算、无功功率平衡和电压调整、短路电流计算、变压器、感应电动机、同步电机、过电压及绝缘配合、断路器、互感器、直流电机、电气主接线、电气设备选择等内容。每章给出了高频考点、考试知识点提示和考点解析，以期实用和够用。为方便考生学习，本书中的电气符号保持了原真题的符号形式。

作为注册电气工程师（供配电、发输变电专业）执业资格考试基础考试的参考书，本书是北京高等教育本科教学改革创新项目的成果，也是北京建筑大学教育科学研究项目 Y2102 的成果。

本书编写过程中，得到了刘中华、朱敏、周景波、钟伟、鲁浩等人的支持和帮助，在此表示衷心的感谢！

受编者学识所限，加之时间仓促，不足和错误之处恳请广大读者批评指正。有关本书的任何疑问、意见及建议，欢迎添加微信号 17701325402 进行讨论。

编　者
2025 年 3 月

目　录

第1章　电路与电磁场

考试大纲

1.1　电路的基本概念和基本定律

1. 掌握电阻、独立电压源、独立电流源、受控电压源、受控电流源、电容、电感、耦合电感、理想变压器诸元件的定义、性质

2. 掌握电流、电压参考方向的概念

3. 熟练掌握基尔霍夫定律

1.2　电路的分析方法

1. 掌握常用的电路等效变换方法

2. 熟练掌握节点电压方程的列写方法，并会求解电路方程

3. 了解回路电流方程的列写方法

4. 熟练掌握叠加定理、戴维南定理和诺顿定理

1.3　正弦交流电路

1. 掌握正弦量的三要素和有效值

2. 掌握电感、电容元件电流电压关系的相量形式及基尔霍夫定律的相量形式

3. 掌握阻抗、导纳、有功功率、无功功率、视在功率和功率因数的概念

4. 熟练掌握正弦电流电路分析的相量方法

5. 了解频率特性的概念

6. 熟练掌握三相电路中电源和负载的联结方式及相电压、相电流、线电压、线电流、三相功率的概念和关系

7. 熟练掌握对称三相电路分析的相量方法

8. 掌握不对称三相电路的概念

1.4　非正弦周期电流电路

1. 了解非正弦周期量的傅里叶级数分解方法

2. 掌握非正弦周期量的有效值、平均值和平均功率的定义和计算方法

3. 掌握非正弦周期电路的分析方法

1.5　简单动态电路的时域分析

1. 掌握换路定则并能确定电压、电流的初始值

2. 熟练掌握一阶电路分析的基本方法

3. 了解二阶电路分析的基本方法

1.6　静电场

1. 掌握电场强度、电位的概念

2. 了解应用高斯定律计算具有对称性分布的静电场问题

3. 了解静电场边值问题的镜像法和电轴法，并掌握几种典型情形的电场计算

4. 了解电场力及其计算

5. 掌握电容和部分电容的概念，了解简单形状电极结构电容的计算

1.7　恒定电场

1. 掌握恒定电流、恒定电场、电流密度的概念

2. 掌握微分形式的欧姆定律、焦耳定律、恒定电场的基本方程和分界面上的衔接条件，能正确地分析和计算恒定电场问题

3. 掌握电导和接地电阻的概念，并能计算几种典型接地电极系统的接地电阻

1.8　恒定磁场

1. 掌握磁感应强度、磁场强度及磁化强度的概念

2. 了解恒定磁场的基本方程和分界面上的衔接条件，并能应用安培环路定律正确分析和求解具有对称性分布的恒定磁场问题

3. 了解自感、互感的概念，了解几种简单结构的自感和互感的计算

4. 了解磁场能量和磁场力的计算方法

1.9　均匀传输线

1. 了解均匀传输线的基本方程和正弦稳态分析方法

2. 了解均匀传输线特性阻抗和阻抗匹配的概念

供配电专业历年真题统计

内容	2014 年	2016 年	2017 年	2018 年	2019 年	2020 年	2021 年	2022 年	2023 年	2024 年
电路的基本概念和基本定律	4	2	5	2	3	2	1	2	1	3
电路的分析方法	3	3	2	2	4	4	4	3	4	4
正弦交流电路	11	13	4	4	2	2	3	4	6	3
非正弦周期电流电路	1	1	1	0	0	1	1	1	0	1
简单动态电路的时域分析	2	2	2	3	3	2	3	2	1	1
静电场	1	1	0	2	2	1	1	1	2	4
恒定电场	0	1	1	2	0	0	2	1	2	1
恒定磁场	1	1	1	2	3	6	3	2	2	1
均匀传输线	1	2	0	1	0	0	0	1	0	0

发输变电专业历年真题统计

内容	2014 年	2016 年	2017 年	2018 年	2019 年	2020 年（部分）	2021 年	2022 年	2023 年	2024 年
电路的基本概念和基本定律	1	2	0	3	1	2	1	3	1	3
电路的分析方法	1	4	6	4	4	2	3	2	4	3

内容	2014 年	2016 年	2017 年	2018 年	2019 年	2020 年（部分）	2021 年	2022 年	2023 年	2024 年
正弦交流电路	10	5	5	4	3	4	4	3	4	5
非正弦周期电流电路	2	1	1	1	1		1	1	1	0
简单动态电路的时域分析	1	2	2	2	3	2	3	3	2	1
静电场	2	1	2	2	2	3	2	2	2	3
恒定电场	1	2	1	1	0		1	0	3	1
恒定磁场	0	1	1	1	4	4	3	5	1	2
均匀传输线	1	1	1	1	0		0	0	0	0

1.1　电路的基本概念和基本定律

1.1.1　知识点提示

1. 电路的基本概念

（1）基本元件，电压电流取关联参考方向，各种关系式见表 1.1-1。

表 1.1-1　　　　　　　　　　　基 本 元 件 的 关 系 式

元件	基本关系	电压、电流、功率、能量关系
电阻	欧姆定律 $u(t)=Ri(t)$	$i(t)=Gu(t)$ 电阻值 $R=1/G$ 是正实常数，单位为 Ω（欧姆，简称欧）；电导 G 的单位是 S（西门子，简称西） 功率 $P=ui=i^2R=\dfrac{u^2}{R}=Gu^2$
电容	$q(t)=Cu(t)$	$i(t)=\dfrac{\mathrm{d}q(t)}{\mathrm{d}t}=C\dfrac{\mathrm{d}u(t)}{\mathrm{d}t}$ $u(t)=\dfrac{1}{C}\displaystyle\int_{-\infty}^{t}i(t)\mathrm{d}t=\dfrac{1}{C}\int_{-\infty}^{0}i(t)\mathrm{d}t+\dfrac{1}{C}\int_{0}^{t}i(t)\mathrm{d}t=u(0)+\dfrac{1}{C}\int_{0}^{t}i(t)\mathrm{d}t$ 电荷 $q(t)$，单位为 C（库仑，简称库）；电容 C，正实常数，单位为 F（法拉，简称法） 能量 $W(t)=\dfrac{1}{2}C[u(t)]^2$
电感	$\psi(t)=Li(t)$	$u(t)=\dfrac{\mathrm{d}\psi(t)}{\mathrm{d}t}=L\dfrac{\mathrm{d}i(t)}{\mathrm{d}t}$ $i(t)=\dfrac{1}{L}\displaystyle\int_{-\infty}^{t}u(t')\mathrm{d}t'=i(0)+\dfrac{1}{L}\int_{0}^{t}u(t')\mathrm{d}t'$ 自感磁通链 ψ，单位为 Wb（韦伯，简称韦）；电感 L，正实常数，单位为 H（亨利，简称亨） 能量 $W(t)=\dfrac{1}{2}L[i(t)]^2$

（2）耦合电感器，各种关系见表 1.1-2。

表 1.1 - 2　　　　　　　　　　　　**耦 合 电 感 器 的 关 系**

自感	互感 M	电压电流关系	同名端	耦合系数 k
L_1 和 L_2 总为正值	图（a）中 $M>0$，自感磁链和互感磁链相互增强；图（b）中 $M<0$，自感磁链和互感磁链相互抵消	$u_1 = \dfrac{\mathrm{d}\psi_1}{\mathrm{d}t} = u_{11} + u_{12} = L_1\dfrac{\mathrm{d}i_1}{\mathrm{d}t} + M\dfrac{\mathrm{d}i_2}{\mathrm{d}t}$ $u_2 = \dfrac{\mathrm{d}\psi_2}{\mathrm{d}t} = u_{21} + u_{22} = M\dfrac{\mathrm{d}i_1}{\mathrm{d}t} + L_2\dfrac{\mathrm{d}i_2}{\mathrm{d}t}$		$k = \dfrac{\lvert M\rvert}{\sqrt{L_1 L_2}}$ $\leqslant 1$ $k=1$ 时，为全耦合，$M_{\max} = \sqrt{L_1 L_2}$

（3）理想变压器。理想变压器不消耗功率，耦合系数 $k=1$，每个绕组的自感都是无穷大。各种关系见表 1.1 - 3。

表 1.1 - 3　　　　　　　　　　　　**理 想 变 压 器 的 关 系**

名称	电路模型	基本关系式
理想变压器		$u_1 = \dfrac{n_1}{n_2}u_2$ $i_1 = -\dfrac{n_2}{n_1}i_2$
理想变压器输出端接一个负载电阻 R		$\dfrac{u_1}{i_1} = n^2 R$

（4）电源。独立电源、受控电压源、电流源的联结及表达式见表 1.1 - 4。

表 1.1 - 4　　　　　　　　　　　　**各种电源的联结及表达式**

名称	联结及等效电路		关系式
独立电压源串联	 (a) n个电压源串联	 (b) 等效电路	$u_s = \displaystyle\sum_{k=1}^{n} u_{sk}$
独立电压源并联	 (a) n个电压源并联	 (b) 等效电路	$u_s = u_{s1} = u_{s2} = \cdots = u_{sn}$
独立电流源串联	 (a) n个电流源串联	 (b) 等效电路	$i_s = i_{s1} = i_{s2} = \cdots = i_{sn}$
独立电流源并联	 (a) n个电流源并联	 (b) 等效电路	$i_s = \displaystyle\sum_{k=1}^{n} i_{sk}$

名称	联结及等效电路	关系式
受控电压源串联	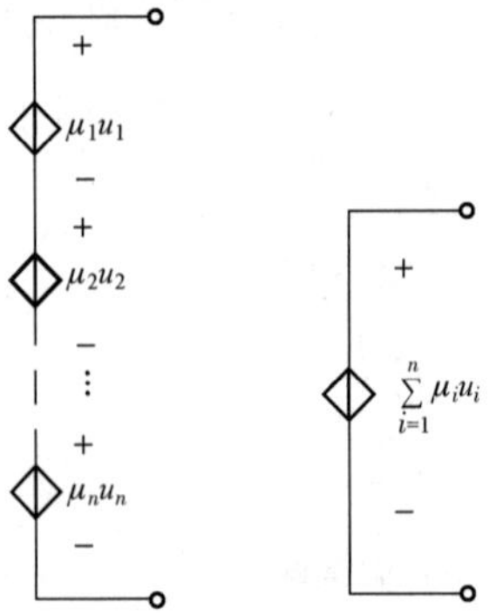 (a) n个受控电压源串联　　(b) 等效电路	$\sum\limits_{i=1}^{n}\mu_i u_i$
受控电压源并联	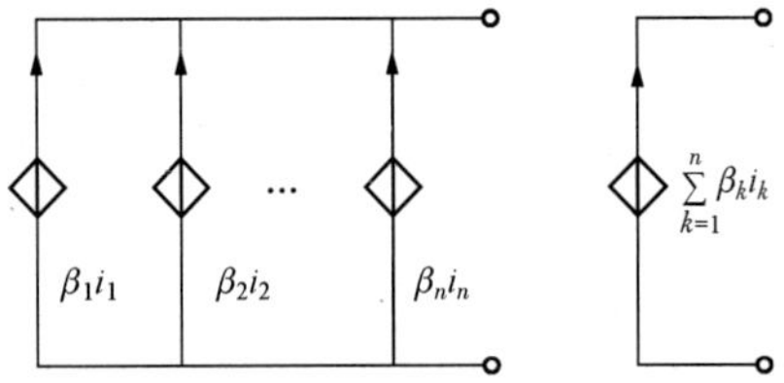 (a) n个受控电压源并联　　(b) 等效电路	$\sum\limits_{k=1}^{n}\beta_k i_k$

2. 功率与电路的参考方向

功率与电路参考方向之间的关系见表 1.1-5。

表 1.1-5　　　　　　　　功率与电路参考方向之间的关系

电压电流方向	电路	功率 $P=ui$	$P>0$	$P<0$
关联参考方向	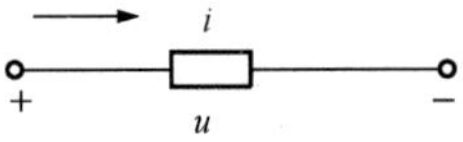	元件吸收的功率	吸收正功率，实际吸收功率	吸收负功率，实际发出功率
	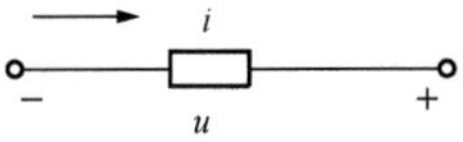	元件发出的功率	发出正功率，实际发出功率	发出负功率，实际吸收功率

3. 基尔霍夫定律

（1）基尔霍夫电流定律（KCL）：对于任一集中参数电路中的任一节点，在任一时刻，流出（或流入）该节点的所有支路电流的代数和等于零。

（2）基尔霍夫电压定律（KVL）：对于任一集中参数电路中的任一回路，在任一时刻，沿该回路所有支路电压的代数和等于零。

1.1.2　供配电专业高频考点与历年真题解析

考点 1：基本概念

【1.1-1】(2024)　在如图 1.1-1 所示电路中，电压 U 的值为：

A. 50V　　　　　　　　B. -50V

C. 2V　　　　　　　　D. -2V

答案：A

图 1.1-1

解题过程：电压 $U=100$V-50V$=50$V。

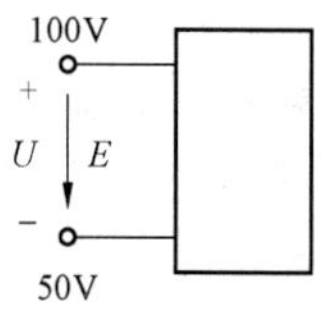

【1.1-2】(2024)　已知电感元件 L，其两端电压为 $u(t)$，流过电流为 $i(t)$。在任何时刻 t，该电感所储存的磁场能量 $W_L(t)$ 为：

A. $Lu^2(t)$　　　B. $\dfrac{1}{2}Lu^2(t)$　　　C. $Li^2(t)$　　　D. $\dfrac{1}{2}Li^2(t)$

答案：D

解题过程：电感元件储存的磁场能量 $W_L(t)=\dfrac{1}{2}Li^2(t)$。

【1.1-3】(2022)　如图 1.1-2 所示电路中，当开关 S 闭合后，电流表读数将：

A. 减小　　　　　　　　B. 增大

C. 不变　　　　　　　　D. 不确定

答案：C

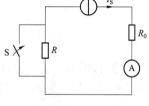

解题过程：回路中存在电流源，开关闭合后，不影响电流大小，电流表示数不变。

图 1.1-2

【1.1-4】(2019)　某线性电阻元件的电压为 3V，电流为 0.5A。当其电压改变为 6V 时，则其电阻为：

A. 2Ω　　　　B. 4Ω　　　　C. 6Ω　　　　D. 8Ω

答案：C

解题过程：线性电阻的阻值不会随输入的电压电流值的改变而改变。

$$R=\frac{U}{I}=\frac{3\text{V}}{0.5\text{A}}=6\Omega$$

【1.1-5】(2019)　在线性电路中，下列说法错误的是：

A. 电流可以叠加　　　　　　　B. 电压可以叠加

C. 功率可以叠加　　　　　　　D. 电流和电压都可以叠加

答案：C

解题过程：功率不可以叠加。

【1.1-6】(2018)　如图 1.1-3 所示电路中，电流源两端电压 U 等于：

A. 10V　　　　B. 8V

C. 12V　　　　D. 4V

答案：B

解题过程：电流源两端的电压 U 等于与之并联的电

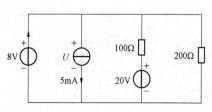

图 1.1-3

压源的电压值，8V。

【1.1-7】(2017) 图 1.1-4 所示一端口电路的等效阻抗为：

A. $j\omega(L_1+L_2+2M)$　B. $j\omega(L_1+L_2-2M)$

C. $j\omega(L_1+L_2)$　　　D. $j\omega(L_1-L_2)$

答案：B

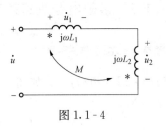

图 1.1-4

解题过程： 如图 1.1-4 所示电路中，两电感非同名端串联，则总电感为 L_1+L_2-2M，则总的等效电抗为 $j\omega(L_1+L_2-2M)$。

【1.1-8】(2014) 图 1.1-5 所示空心变压器 A、B 间的输入阻抗为：

A. $j3\Omega$　　　　　B. $-j3\Omega$　　　　　C. $j4\Omega$　　　　　D. $-4j\Omega$

答案：A

解题过程： 由图 1.1-6 可知

$$Z_{in}=\left[j3//(j2+j4)\right]+j1=j3\Omega$$

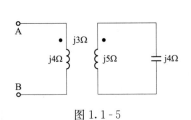

图 1.1-5

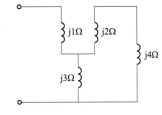

图 1.1-6　题 1.1-8 解图

【1.1-9】(2014) 有一变压器能将 100V 电压升高到 3000V，先将一导线绕过其铁芯，图 1.1-7 所示三相电路中，两端接到电压表上，此电压表的读数是 0.5V，则此变压器一次绕组的匝数 n_1 和二次绕组的匝数 n_2 分别为：（设变压器是理想的）

A. 100，3000　　　B. 200，6000

C. 100，6000　　　D. 200，3000

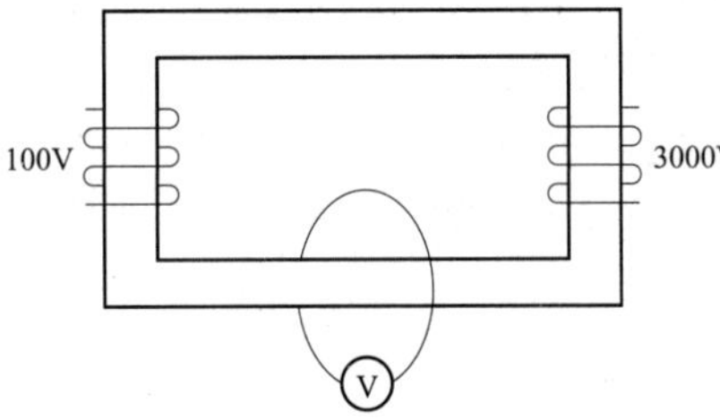

答案：B

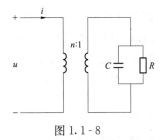

图 1.1-7

解题过程： 1 根导线绕过变压器铁芯相当于 1 匝绕组，根据题意可得 1 匝绕组的电压为 0.5V。因此，一次侧 100V 电压所需绕组的匝数为 $n_1=100/0.5=200$；二次侧 3000V 电压所需绕组的匝数为 $n_2=3000/0.5=6000$。

【1.1-10】(2014) 如图 1.1-8 所示理想变压器电路中，已知负载电阻 $R=\dfrac{1}{\omega C}$，则输入端电流 i 与输入端电压 u 之间的相位差为：

A. $-\dfrac{\pi}{2}$　　　　　B. $\dfrac{\pi}{2}$

C. $-\dfrac{\pi}{4}$　　　　　D. $\dfrac{\pi}{4}$

图 1.1-8

答案：D

解题过程：根据题意可知变压器二次侧的阻抗为 $Z_2 = R // -\mathrm{j}\dfrac{1}{\omega C} = R // -\mathrm{j}R = \dfrac{R}{\sqrt{2}}\underline{/-45^\circ}$；

输入阻抗 $Z_{\mathrm{in}} = \dfrac{\dot{u}}{\dot{i}} = n^2 Z_2 = \dfrac{n^2 R}{\sqrt{2}}\underline{/-45^\circ}$，则输入端电流超前输入端电压 45°，即 $\dfrac{\pi}{4}$。

考点2：参考方向与功率

【1.1-11】（2024） 在如图 1.1-9 所示的电路中，受控电压源
发出的功率为：

A. 16W　　　　　　B. -16W

C. 32W　　　　　　D. -32W

答案：C

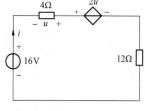

图 1.1-9

解题过程：根据题图列方程可得：$16\mathrm{V} = -u + 2u + 12i$；

$u = -4i$。解得：$i = 2\mathrm{A}$，$u = -8\mathrm{V}$。

受控电压源的电压和电流为关联参考方向，其功率 $P = 2ui = -32\mathrm{W}$，则发出功率为 32W。

【1.1-12】（2023） 图 1.1-10 所示电路中，已知 $u = 10\mathrm{V}$，则
10V 电压源发出的功率为：

A. -20W　　　　　B. 0W

C. 10W　　　　　　D. 20W

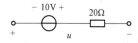

图 1.1-10

答案：C

解题过程：流过 10V 电压源的电流为 1A，方向从左到右，故 $P = -UI = -10 \times 1\mathrm{W} = -10\mathrm{W} < 0$，即发出功率为 10W。

【1.1-13】（2021） 如图 1.1-11 所示电路中，$U = -10\mathrm{V}$，
$I = -2\mathrm{A}$，则网络 N 的功率是：

A. 吸收 20W　　　　B. 发出 20W

C. 发出 10W　　　　D. 吸收 10W

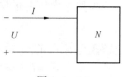

图 1.1-11

答案：B

解题过程：电压电流非关联参考方向，发出的功率
$P = UI = 20\mathrm{W}$。

【1.1-14】（2020） 如图 1.1-12 所示电路中，电源
电压 $\dot{U}_{\mathrm{S}} = 10\underline{/0^\circ}\mathrm{V}$，电压源发出的有功功率是：

A. $\dfrac{100}{3}\mathrm{W}$　　　　　B. $\dfrac{200}{3}\mathrm{W}$

C. 24W　　　　　　D. 48W

答案：C

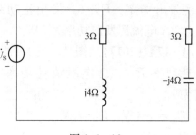

图 1.1-12

解题过程：根据题图可得解图，如图 1.1-13 所示。

$$\dot{I}_1 = \frac{\dot{U}_{\mathrm{S}}}{3 + \mathrm{j}4} \Rightarrow I_1 = \frac{|\dot{U}_{\mathrm{S}}|}{|3 + \mathrm{j}4|} = \frac{10}{5}\mathrm{A} = 2\mathrm{A}$$

$$P_1 = I_1^2 R_1 = 2^2 \times 3\mathrm{W} = 12\mathrm{W}$$

$$\dot{I}_2 = \frac{\dot{U}_S}{3-j4} \Rightarrow I_2 = \frac{|\dot{U}_S|}{|3-j4|} = \frac{10}{5}A = 2A$$

$$P_2 = I_2^2 R_2 = 2^2 \times 3W = 12W$$

电压源发出的有功功率：$P = P_1 + P_2 = 24W$

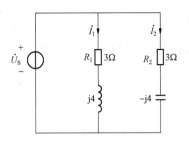

图 1.1-13　题 1.1-14 解图

【1.1-15】(2019)　如图 1.1-14 所示电路中，受控源的功率是：

A. 24W　　　　　　　B. 48W

C. 72W　　　　　　　D. 96W

答案：D

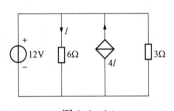

图 1.1-14

解题过程：6Ω 支路的电流 $I = \frac{12}{6}A = 2A$；则受控源支路的电流为 $4I = 4 \times 2A = 8A$；则受控源支路的功率为 $P = 12 \times 8W = 96W$。

【1.1-16】(2017)　如图 1.1-15 所示独立电流源发出的功率为：

A. 12W　　　　　　　B. 3W

C. 8W　　　　　　　D. $-8W$

答案：C

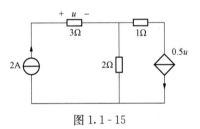

图 1.1-15

解题过程：根据图 1.1-16 和基尔霍夫电流定律可得

$$I_1 = 2 - 0.5u \tag{1}$$

$$u = 3\Omega \times 2A = 6V \tag{2}$$

则可求得 $I_1 = 2A - 0.5 \times 6A = -1A$

2A 独立电流源的电压 u_1 为：

$$u_1 = u + 2I_1 = 6V + 2 \times (-1)V = 4V$$

2A 电流源的功率为：

$$P = UI = 2u_1 = 2 \times 4W = 8W$$

2A 电流源电压、电流取非关联参考方向，表示电流源发出功率。$P > 0$，发出正功率，实际发出功率。因此 2A 电流源发出功率为 8W。

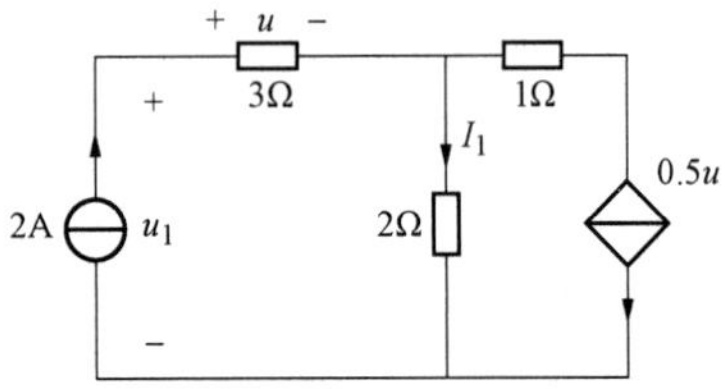

图 1.1-16
题 1.1-16 解图

【1.1-17】(2017)　图 1.1-17 所示电路，1Ω 电阻消耗功率 P_1，3Ω 电阻消耗功率 P_2，则 P_1、P_2 分别为：

A. $P_1 = -4W$，$P_2 = 3W$

B. $P_1 = 4W$，$P_2 = 3W$

C. $P_1 = -4W$，$P_2 = -3W$

D. $P_1 = 4W$，$P_2 = -3W$

答案：B

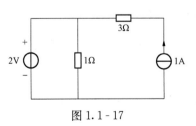

图 1.1-17

解题过程：根据图 1.1-17 和电阻伏安特性可得：1Ω 电阻上消耗的功率 $P_1 = \frac{U^2}{R} = \frac{2^2}{1}W =$

4W，3Ω 电阻上消耗的功率 $P_2 = I^2R = 1^2 \times 3\text{W} = 3\text{W}$。

【1.1‑18】(2017)　图 1.1‑18 所示电路 $U = (5 - 9\text{e}^{-t/z})\text{V}$，$z > 0$，

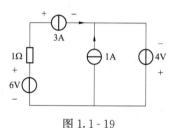

图 1.1‑18

则 $t = 0$ 和 $t = \infty$ 时，电压 U 的真实方向为：

A. $t = 0$ 时，$U = 4\text{V}$，电位 a 高，b 低；$t = \infty$ 时，$U = 5\text{V}$，电位 a 高，b 低

B. $t = 0$ 时，$U = -4\text{V}$，电位 a 高，b 低；$t = \infty$ 时，$U = 5\text{V}$，电位 a 高，b 低

C. $t = 0$ 时，$U = 4\text{V}$，电位 a 低，b 高；$t = \infty$ 时，$U = 5\text{V}$，电位 a 高，b 低

D. $t = 0$ 时，$U = -4\text{V}$，电位 a 低，b 高；$t = \infty$ 时，$U = 5\text{V}$，电位 a 高，b 低

答案： D

解题过程： 根据题意可知，$U = (5 - 9\text{e}^{-\frac{t}{z}})\text{V}$。

当 $t = 0$ 时，$U = (5 - 9\text{e}^{-\frac{t}{z}}) = 5\text{V} - 9\text{V} = -4\text{V}$，则 a 点电位低，b 点电位高。

当 $t = \infty$ 时，$U = (5 - 9\text{e}^{-\frac{t}{z}}) = 5\text{V} - 9\text{e}^{-\infty}\text{V} = 5\text{V}$，则 a 点电位高，b 点电位低。

考点 3：基尔霍夫定律

【1.1‑19】(2022)　电路如图 1.1‑19 所示，其 3A 电流源

两端的电压为：

A. 0V　　　　　　　　　　　B. 6V

C. 3V　　　　　　　　　　　D. 7V

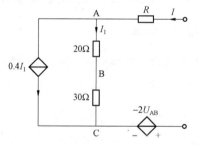

图 1.1‑19

答案： D

解题过程： 根据基尔霍夫电压定律可知，3A 电流源两端的电压

$$U + (-4\text{V}) + (-6\text{V}) + 1 \times 3\text{V} = 0 \Rightarrow U = 7\text{V}$$

【1.1‑20】(2020)　电路如图 1.1‑20 所示，若受控

源 $2U_{AB} = \mu U_{AC}$，受控源 $0.4I_1 = \beta I$，则 μ、β 分

别为：

A. 0.8，2　　　　　B. 1.2，2

C. 0.8，$\dfrac{2}{7}$　　　　D. 1.2，$\dfrac{2}{7}$

答案： C

解题过程： 对 A 点列基尔霍夫电流方程有

$$I = I_1 + 0.4I_1 = 1.4I_1 \qquad (1)$$

图 1.1‑20

已知　　　　　　　　　　　$0.4I_1 = \beta I$　　　　　　　　　　　(2)

联立式（1）、式（2）可求得　　$\beta = \dfrac{2}{7}$

根据题图可得　　　　　　　$U_{AB} = 20I_1$　　　　　　　　　　(3)

$$U_{AC} = 50I_1 \qquad (4)$$

已知　　　　　　　　　　$2U_{AB} = \mu U_{AC}$　　　　　　　　　(5)

联立式（3）～式（5）可求得　　$\mu = 0.8$

【1.1‑21】(2018)　关于基尔霍夫电压定律，下面说法错误的是：

A. 适用于线性电路　　　　　　　　B. 适用于非线性电路

C. 适用于电路中的任何一个结点　　D. 适用于电路中的任何一个回路

答案：C

解题过程：基尔霍夫电压定律不适用于结点。

【1.1-22】(2016)　图 1.1-21 所示电路中，电流 I 为：

A. 2A　　　　　　B. 1A　　　　　　C. −1A　　　　　　D. −2A

答案：B

解题过程：根据题意可得解图 1.1-22，可知，$I_1=6+I$，$12-2I=1\times I_1+3I$，则 $12-5I=6+I$，可求得 $I=1$A。

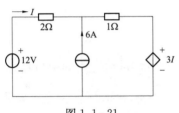

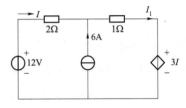

图 1.1-21　　　　　　　　　　　图 1.1-22　题 1.1-22 解图

【1.1-23】(2014)　一个线圈的电阻 $R=60\Omega$，电感 $L=0.2$H，若通过 3A 的直流电流时，线圈的压降为：

A. 120V　　　　　　B. 150V　　　　　　C. 180V　　　　　　D. 240V

答案：C

解题过程：电感元件在直流作用时，相当于短路，因此线圈的电压降落 U 由电阻 R 的压降决定，则 $U=IR=3\times 60$V$=180$V。

1.1.3　发输变电专业高频考点与历年真题解析

考点 1：基本概念

【1.1-24】(2024)　已知电容元件 C，其两端的电压为 $u(t)$，流过的电流为 $i(t)$。在任何时刻，该电容所储存的磁场能量 $W_C(t)$ 为：

A. $Cu^2(t)$　　　　　　　　　　　　B. $\dfrac{1}{2}Cu^2(t)$

C. $Ci^2(t)$　　　　　　　　　　　　D. $\dfrac{1}{2}Ci^2(t)$

答案：B

解题过程：电容元件储存的能量为 $W_C(t)=\dfrac{1}{2}Cu^2(t)$，其中，$C$ 是电容值，$u(t)$ 是电容两端的电压。

【1.1-25】(2022)　有一个电阻器，阻值为 100Ω，额定功率为 1W，此电阻器允许通过的额定工作电流是：

A. 1A　　　　　　B. 0.1A　　　　　　C. 0.01A　　　　　　D. 10A

答案：B

解题过程：允许电流 $I=\sqrt{\dfrac{P}{R}}=\sqrt{\dfrac{1}{100}}A=\dfrac{1}{10}A=0.1$A

【1.1-26】(2018) 图1.1-23所示一端口电路的等效电感为：

A. $L_1-(M^2/L_2)$ B. $L_2-(M^2/L_1)$

C. $L_1+(M^2/L_2)$ D. $L_2+(M^2/L_1)$

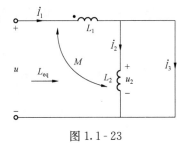

图1.1-23

答案：A

解题过程：根据题意得题解图1.1-24。

$$L_{eq}=(L_1-M)+(L_2-M)//M$$

$$=L_1-\frac{M^2}{L_2}$$

去耦等效电路

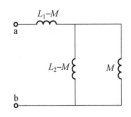

图1.1-24 题1.1-26解图

考点2：功率与参考方向

【1.1-27】(2024) 在如图1.1-25所示电路中，电压源和电流源发出的功率分别为：

A. $-30W$、$125W$ B. $30W$、$125W$ C. $-75W$、$75W$ D. $75W$、$75W$

答案：A

解题过程：如题解图1.1-26所示，$I_2=\frac{15}{5}A=3A$

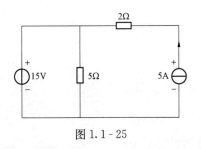

图1.1-25

图1.1-26 题1.1-27解图

根据KCL可得$I_1-5A-3A=2A$；根据KVL可得$U=15V+2\times5V=25V$，所以电压源吸收功率为$P_{15V}=15V\times2A=30W$，即发出$-30W$。电流源发出功率为$P_{5A}=25V\times5A=125W$。

【1.1-28】(2023) 如图1.1-27所示电路中，3A电流源发出的功率为：

A. $-240W$ B. $240W$ C. $-300W$ D. $300W$

答案：B

解题过程：根据题意可得题解图，如图1.1-28所示，可知$I=2A$。根据KVL可得，$U=15\times3V+10\times2V+15V=80V$，$P=3U=3\times80W=240W$，3A电流源的电压、电流取非

13

关联参考方向；$P>0$，电流源发出功率 240W。

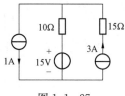
图 1.1-27

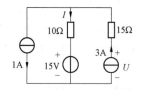
图 1.1-28　题 1.1-28 解图

【1.1-29】（2022）　电路如图 1.1-29 所示，$U_\text{S}=2\text{V}$，$I_\text{S}=1\text{A}$，电阻 $R=3\Omega$，电阻 R 所消耗的功率为：

A. $\dfrac{4}{3}\text{W}$ 　　　　　　　B. 3W

C. $\dfrac{13}{3}\text{W}$ 　　　　　　　D. 6W

答案：C

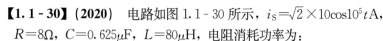
图 1.1-29

解题过程：$U_\text{S}=2\text{V}$，$I_\text{S}=1\text{A}$，$R=3\Omega$

$$P=P_1+P_2=I_\text{S}^2R+\frac{U_\text{S}^2}{R}=\frac{13}{3}\text{W}$$

【1.1-30】（2020）　电路如图 1.1-30 所示，$i_\text{s}=\sqrt{2}\times10\cos10^5t\,\text{A}$，$R=8\Omega$，$C=0.625\mu\text{F}$，$L=80\mu\text{H}$，电阻消耗功率为：

A. 200W 　　　　　　　B. 800W

C. 1600W 　　　　　　　D. 2400W

答案：C

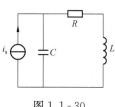
图 1.1-30

解题过程：R 和 L 串联阻抗

$$Z=R+\text{j}\omega L=8+\text{j}\times10^5\times80\times10^{-6}=8+\text{j}8\,\Omega$$

电容 C 的阻抗：$Z_\text{C}=\dfrac{1}{\text{j}\omega C}=\dfrac{1}{\text{j}\times10^5\times80\times10^{-6}}\Omega=-\text{j}16\,\Omega$

设 $I_\text{S}=10\underline{/0^\circ}$ 为流经 R 的电流，则

$$I_\text{R}=\frac{Z_\text{C}}{Z+Z_\text{C}}I_\text{S}=\frac{-\text{j}16}{8+\text{j}8-\text{j}16}I_\text{S}=（1-\text{j}）I_\text{S}=10\sqrt{2}\underline{/-45^\circ}$$

电阻 R 消耗的功率　　$P=I_\text{R}^2R=（10\sqrt{2}）^2\times8\text{W}=1600\text{W}$

【1.1-31】（2019）　图 1.1-31 所示电路中，受控源吸收的功率为：

A. −8W 　　　　　　　B. 8W

C. 16W 　　　　　　　D. −16W

答案：B

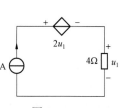
图 1.1-31

解题过程：根据题图可得：$u_1=4\Omega\times1\text{A}=4\text{V}$。

受控源的电压为 $2u_1=2\times4\text{V}=8\text{V}$，其电压和电流取关联参考方向，则受控源吸收的功率为：$P=8\text{V}\times1\text{A}=8\text{W}$。

【1.1-32】（2018）　如图 1.1-32 电路中，$t<2\text{s}$，电流为 2A，方向由 a 流向 b；$t>2\text{s}$，电流为 3A 方向由 b 流向 a，参考方向如图所示，则 $I(t)$ 为：

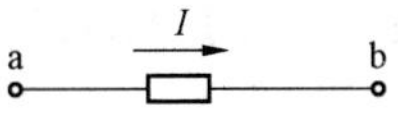

A. $I(t)=2\text{A}$，$t<2\text{s}$；$I(t)=3\text{A},t>2\text{s}$

B. $I(t)=2\text{A}$，$t<2\text{s}$；$I(t)=-3\text{A},t>2\text{s}$

C. $I(t)=-2\text{A}$，$t<3\text{s}$；$I(t)=3\text{A},t>2\text{s}$

D. $I(t)=-2\text{A}$，$t<2\text{s}$；$I(t)=-3\text{A},t>2\text{s}$

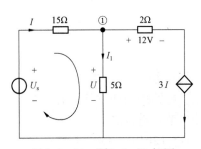

图 1.1 - 32

答案：B

解题过程：根据题图可得，$t<2\text{s}$ 时电流方向为正，$t>2\text{s}$ 时电流方向为负。

考点3：基尔霍夫定律

【1.1 - 33】（2024）　在如图 1.1 - 33 所示电路中，U_s 和 5Ω 电阻两端的电压分别为：

A. 20V、-10V　　　　B. 30V、-40V　　　　C. 10V、-20V　　　　D. 40V、-30V

答案：C

解题过程：根据题图可得题解图 1.1 - 34，$3I=\dfrac{12}{2}=6\text{A}$，$I=2\text{A}$；

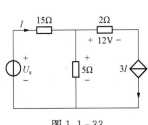

图 1.1 - 33

图 1.1 - 34　题 1.1 - 33 解图

对节点①列写 KCL 方程，$I=3I+I_1$，$I_1=-4\text{A}$；则 5Ω 电阻两端的电压为 $U=5\Omega\times(-4\text{A})=-20\text{V}$；对左侧回路列写 KVL 方程，$U_\text{s}=15I+U$，所以 $U_\text{s}=15\Omega\times2\text{A}+(-20\text{V})=10\text{V}$。

【1.1 - 34】（2022）　电路如图 1.1 - 35 所示，其输入电阻是：

A. 8Ω　　　　　　　B. 13Ω　　　　　　　C. 3Ω　　　　　　　D. 不能简化等效

答案：C

解题过程：根据题意可得题解图，如图 1.1 - 36 所示，根据基尔霍夫电压定律，可得
$$U=8I-5I=3I$$

输入电阻 $R_\text{eq}=\dfrac{U}{I}=\dfrac{3I}{I}=3\Omega$

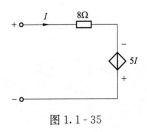

图 1.1 - 35

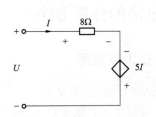

图 1.1 - 36　题 1.1 - 34 解图

【1.1-35】(2021) 电路如图 1.1-37 所示，如果 $I_3=1$A，则 I_s 及其端电压 U 分别为：

A. -3A，16V   B. -3A，-16V

C. 3A，16V   D. 3A，-16V

答案： C

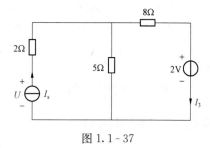

图 1.1-37

解题过程： 5Ω 电阻两端电压 $U_1=1\times8$V$+2$V$=10$V，上正下负。

流经 5Ω 电阻上的电流 $I_1=\dfrac{10}{5}$A$=2$A，从上至下。

根据 KCL，可得 $I_s=I_1+I_3=3$A。

根据 KVL，可得 $U=3\times2$V$+2\times5$V$=16$V。

【1.1-36】(2020) 基尔霍夫电流定律适用于：

A. 节点   B. 支路

C. 网孔   D. 回路

答案： A

解题过程： 基尔霍夫电流定律又称为节点电流定律。指在电路中的任意节点上，流入节点电流之和等于流出节点电流之和。

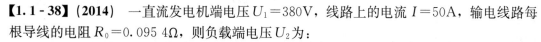

图 1.1-38

【1.1-37】(2018) 图 1.1-38 所示电路中，电流 i_1 为：

A. -1A   B. 2A

C. 4A   D. 5A

答案： A

解题过程： 根据题图可得 $i_2=3$A$+1$A$=4$A

则 $i_1=i_2-8$A$+3$A$=-1$A

【1.1-38】(2014) 一直流发电机端电压 $U_1=380$V，线路上的电流 $I=50$A，输电线路每根导线的电阻 $R_0=0.095\,4$Ω，则负载端电压 U_2 为：

A. 225.23V   B. 220.46V   C. 225V   D. 220V

答案： B

解题过程： $U_2=U_1-2IR_0=230$V$-2\times50\times0.095\,4$V$=220.46$V

1.2 电路的分析方法

1.2.1 知识点提示

1. 电路的等效变换方法

（1）电阻串、并联等效变换，见表 1.2-1。

表 1.2 - 1 　　　　　　　　　　　　　　　　电阻串、并联等效变换

名称	等效变换
电阻串联	$R_{\text{eq}} = R_1 + R_2 + \cdots$
电阻并联	$\dfrac{1}{R_{\text{eq}}} = \dfrac{1}{R_1} + \dfrac{1}{R_2} + \cdots$

（2）电阻 Y—△联结的等效变换，见表 1.2 - 2。

表 1.2 - 2 　　　　　　　　　　　　　电阻 Y—△联结的等效变换

名称	电路	Y—△等效变换	△—Y等效变换
星形（Y）联结		$R_{12} = R_1 + R_2 + \dfrac{R_1 R_2}{R_3}$ $R_{23} = R_2 + R_3 + \dfrac{R_2 R_3}{R_1}$ $R_{31} = R_3 + R_1 + \dfrac{R_3 R_1}{R_2}$ 对称星形联结转换为三角形联结时：$R_{12} = R_{23} = R_{31} = 3R$	$R_1 = \dfrac{R_{12} R_{31}}{R_{12} + R_{23} + R_{31}}$ $R_2 = \dfrac{R_{23} R_{12}}{R_{12} + R_{23} + R_{31}}$ $R_3 = \dfrac{R_{31} R_{23}}{R_{12} + R_{23} + R_{31}}$ 对称三角形联结转换为星形联结时：$R_1 = R_2 = R_3 = \dfrac{1}{3}R$
三角形（△）联结		$R_{12} = R_1 + R_2 + \dfrac{R_1 R_2}{R_3}$ $R_{23} = R_2 + R_3 + \dfrac{R_2 R_3}{R_1}$ $R_{31} = R_3 + R_1 + \dfrac{R_3 R_1}{R_2}$ 对称星形联结转换为三角形联结时：$R_{12} = R_{23} = R_{31} = 3R$	$R_1 = \dfrac{R_{12} R_{31}}{R_{12} + R_{23} + R_{31}}$ $R_2 = \dfrac{R_{23} R_{12}}{R_{12} + R_{23} + R_{31}}$ $R_3 = \dfrac{R_{31} R_{23}}{R_{12} + R_{23} + R_{31}}$ 对称三角形联结转换为星形联结时：$R_1 = R_2 = R_3 = \dfrac{1}{3}R$

（3）电压源、电流源与电阻的等效变换，见表 1.2 - 3。

表 1.2 - 3 　　　　　　　　　　电压源、电流源与电阻的等效变换

名称	原电路	等效变换	关系式
含源支路	 $u = u_s + Ri$	 $Gu = i_s + i$	$i_s = \dfrac{1}{R} u_s = G u_s$

续表

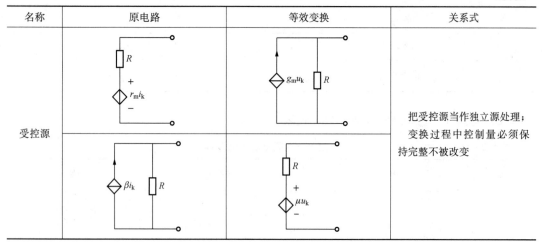

名称	原电路	等效变换	关系式
受控源			把受控源当作独立源处理；变换过程中控制量必须保持完整不被改变

（4）无源一端口网络，见表1.2-4。

表 1.2-4　　　　　　　　　　　　无 源 一 端 口 网 络

名称	电路图	输入电阻	求取方法
无源一端口网络		$R_{in} = \dfrac{u}{i}$	1) 网络仅含电阻时，输入电阻可通过电阻串、并联或 Y－△变换等求得； 2) 网络含受控源时，需采用附加电源法

2. 节点电压方程法

（1）节点电压法。节点电压法是以各节点的电压作为未知变量来列写方程（节点方程）。任选一个节点为基准节点（参考节点），且电压恒取为零。其他节点的电压就是它们与基准节点之间的电压，称为节点电压。从节点方程求得节点电压以后，再求出各支路电压和电流。

（2）节点电压法列写方程时的特点如下：

1) 节点的自导总是正的，等于连接各节点支路电导之和；互导总是负的，等于连接于两节点间支路电导的负值。

2) 注入电流等于流向节点的电流源的代数和，流入节点为正，流出节点为负。

3) 与电流源串联的电导，不计入自导和互导的计算。

3. 回路电流法

（1）回路电流法：以基本回路中沿回路连续流动的假想电流为未知量列写电路方程分析电路的方法。适用于平面和非平面电路。

（2）回路电流法列写方程的特点：

回路电流法是对 l 个独立回路列写 KVL 方程，方程数为 $l = b - (n-1)$；

$$\begin{cases} R_{11}i_{l1} + R_{12}i_{l2} + \cdots + R_{1l}i_{ll} = u_{sl1} \\ R_{21}i_{l1} + R_{22}i_{l2} + \cdots + R_{2l}i_{ll} = u_{sl2} \\ \vdots \\ R_{l1}i_{l1} + R_{l2}i_{l2} + \cdots + R_{ll}i_{ll} = u_{sll} \end{cases}$$

式中　R_{kk}——自电阻（总为正）；

R_{jk}——互电阻，为正，流过互阻的两个回路电流方向相同；为负，流过互阻的两个回路电流方向相反；为 0，无关。

对含有受控电源支路的电路，将受控源看作独立电源列方程，再将控制量用回路电流表示。

4. 叠加定理、戴维南定理和诺顿定理

（1）叠加定理：任何由线性电阻元件和独立电源组成的网络 N，其中每一支路的响应（电压或电流）都等于各个独立源单独作用于网络 N 时在该支路中产生的响应的代数和。

线性网络 n 个独立源 ω_i $(i=1, 2, \cdots, n)$ 激励下的响应 $y=f(\omega_1, \omega_2, \cdots, \omega_n)$，响应和激励应是线性函数关系。

$$y = \underbrace{f_1(\omega_1, 0, \cdots, 0)}_{\omega_1 \text{单独作用时的响应}} + \underbrace{f_2(0, \omega_2, \cdots, 0)}_{\omega_2 \text{单独作用时的响应}} + \cdots + \underbrace{f_n(0, 0, \cdots, \omega_n)}_{\omega_n \text{单独作用时的响应}}$$

只要是线性网络，叠加定理就成立。

上式等号右边每一项只与一个独立源有关，与其他独立源无关。无关电源用置零处理。计算某独立源单独作用于网络所引起的响应时，其余独立电源都应置零，即电压源用短路代之，电流源用开路代之，并且要特别注意各分响应的方向。

（2）戴维南定理。

1）戴维南定理：任何线性含源电阻一端口网络 N，如图 1.2-1（a）所示，就其两个端钮而言，总可以用一个独立电压源 u_{oc} 与一个电阻 R_{eq} 的串联组合来等效，如图 1.2-1（b）所示。其中，电压源的电压 u_{oc} 等于该一端口网络 N 的开路电压，如图 1.2-1（c）所示，即网络 N 不接负载时两个端钮间的电压；电阻 R_{eq} 为该网络 N 中全部独立电源置零后所得网络 N_0 的等效电阻，如图 1.2-1（d）所示。

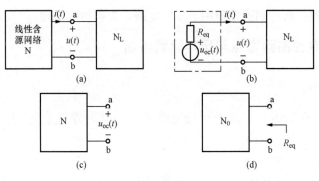

图 1.2-1

2）戴维南定理的应用——最大功率传输定理：给定的线性含源二端网络 N，其外接任意可调负载电阻 R_L 等于二端网络 N 的戴维南等效电阻 R_{eq}，当 $R_L = R_{eq}$ 时，负载获得最

大功率 P_{Lmax}，即 $P_{Lmax} = \dfrac{u_{oc}^2}{4R_{eq}}$。

负载获得最大功率时，传输效率不大于 50%。

（3）诺顿定理：任何线性含源电阻一端口网络 N，如图 1.2-2（a）所示，就其两个端钮而言，可以用一个独立电流源 i_{sc} 与一个电导 G_{eq} 的并联组合来等效，如图 1.2-2（b）所示。其中，电流源的电流 i_{sc} 等于该一端口网络 N 的短路电流，如图 1.2-2（c）所示；并联电导 G_{eq} 为该网络中所有独立电源置零后所得网络 N_0 的等效电导，如图 1.2-2（d）所示。

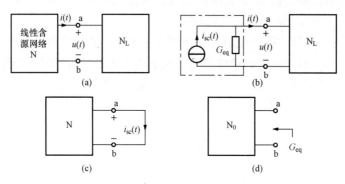

图 1.2-2

5. 特勒根定理

（1）定理：两个结构相同的集中参数电路（b、n 相同，连接关系相同），设对应支路电压和电流具有相同的关联参考方向，则一个电路中各支路电压与另一个电路中对应支路电流的乘积之代数和等于零，即 $\displaystyle\sum_{k=1}^{b} u_k \tilde{i}_k = 0$ 和 $\displaystyle\sum_{k=1}^{b} \tilde{u}_k i_k = 0$。

（2）应用。

1）功率守恒定理：将特勒根定理用于同一电路，为功率守恒定理。即任一瞬间，一个电路中各支路吸收功率的代数和等于零，$\displaystyle\sum_{k=1}^{b} u_k i_k = 0$。

2）似功率定理：将特勒根定理用于不同电路，为似功率定理。

1.2.2 供配电专业高频考点与历年真题解析

考点 1：电阻的等效变换

【1.2-1】（2024） 在如图 1.2-3 所示的电路中，ab 端的等效电阻 R_{ab} 为：

A. 3.5Ω 　　　　B. 5Ω

C. 7.5Ω 　　　　D. 18Ω

答案：B

解题过程：$R_{ab} = [(12//6) + 6]//10Ω = 10//10Ω = 5Ω$。

【1.2-2】（2023） 如图 1.2-4 所示一端口电路，其等效电阻为：

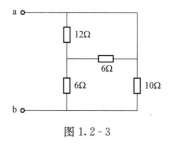

图 1.2-3

A. 5Ω   B. 7.5Ω   C. 30Ω   D. 47.5Ω

答案：B

解题过程：根据图1.2-4进行 Y—△ 变换绘制题解图如图1.2-5所示，可得

$$R_{eq}=[(15Ω//10Ω)+(15Ω//22.5Ω)]//15Ω=[6Ω+9Ω]//15Ω=7.5Ω。$$

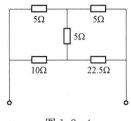

图1.2-4

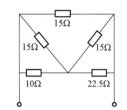

图1.2-5　题1.2-2解图

【1.2-3】(2018)　图1.2-6所示电路中，$R_1=R_2=R_3=R_4=R_5=3Ω$，其 ab 端的等效电阻是：

A. 3Ω   B. 4Ω

C. 9Ω   D. 6Ω

答案：B

解题过程：根据题图可得，R_1、R_2 和 R_3 并联，与 R_5 串联。则有

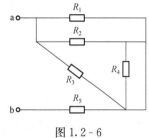

图1.2-6

$$R_{ab}=R_1//R_2//R_3+R_5=1Ω+3Ω=4Ω$$

★**【1.2-4】(2018、2017)**　图1.2-7所示，一端口电路中的等效电阻是：

A. $\dfrac{2}{3}Ω$ B. $\dfrac{21}{13}Ω$

C. $\dfrac{18}{11}Ω$ D. $\dfrac{45}{28}Ω$

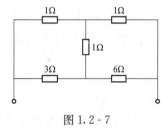

图1.2-7

答案：B

解题过程：根据图1.2-7进行 Y—△ 变换绘制图1.2-8（a），根据图1.2-8（a）可得

$$R_{ab}=(3Ω//3Ω)=1.5Ω\ ;\ R_{bc}=(3Ω//6Ω)=\frac{3\times6}{3+6}Ω=2Ω$$

则　　　　　　　　　　　$$R_{ac}=R_{ab}+R_{bc}=1.5Ω+2Ω=3.5Ω$$

根据该计算结果绘制图1.2-8（b），根据图1.2-8（b）可得等效电阻为

$$R_{eq}=3Ω//R_{ac}=\frac{3\times3.5}{3+3.5}Ω=\frac{21}{13}Ω$$

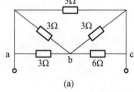
(a)

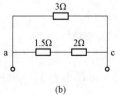
(b)

图1.2-8　题1.2-4解图

【1.2-5】(2016) 图 1.2-9 所示电路中，电流 I 为：

A. 985mA　　　　B. 98.5mA　　　　C. 9.85mA　　　　D. 0.985mA

答案： D

解题过程： 根据题意可得题解图，如图 1.2-10 所示，可得

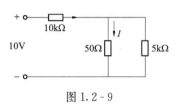

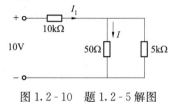

图 1.2-9　　　　　　　　　　图 1.2-10　题 1.2-5 解图

$$I_1 = \frac{10}{10\times10^3+(50/\!/5\times10^3)}\text{A}$$

$$= \frac{10}{10\times10^3+\dfrac{50\times5\times10^3}{50+5\times10^3}}\text{A}$$

$$= 9.95\times10^{-4}\text{A}$$

则　　$I = I_1\times\dfrac{5\times10^3}{50+5\times10^3} = 9.95\times10^{-4}\times\dfrac{5\times10^3}{50+5\times10^3}\text{A} = 9.852\times10^{-4}\text{A} = 0.9852\text{mA}$

 考点 2： 电源与电阻的等效变换

【1.2-6】(2023) 如图 1.2-11 所示，电路为含源一端口网络，假设该一端口可等效为一个理想电压源，则 α 等于：

A. -1　　　　　　　　　　　　B. 1

C. -3　　　　　　　　　　　　D. 3

答案： D

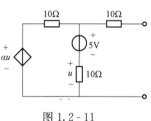

图 1.2-11

解题过程： 根据题图绘制题解图，如图 1.2-12 所示，可得

$$\begin{cases} U = 10I + u + 5 \\ I = I_1 + I_2 = \dfrac{u}{10} + \dfrac{u-\alpha u+5}{10} \end{cases}$$

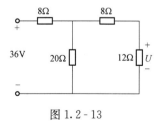

图 1.2-12　题 1.2-6 解图

解得　　$U = u + u - \alpha u + 5 + u + 5 = 10 + (3-\alpha)u$

理想电压源，则 $3-\alpha=0 \Rightarrow \alpha=3$。

【1.2-7】(2023) 图 1.2-13 示电路中，12Ω 电阻两端电压 U 为：

A. 8V　　　　　　　　B. 10V

C. 12V　　　　　　　　D. 24V

答案： C

解题过程： 由图 1.2-13 可得电路的总电流

$$I = \frac{36\text{V}}{R_{\text{eq}}} = \frac{36\text{V}}{8\Omega+[20\Omega/\!/(8\Omega+12\Omega)]} = \frac{36\text{V}}{18\Omega} = 2\text{A}$$

12Ω 电阻支路上的电流 $I_1 = I \dfrac{8\Omega + 12\Omega}{[20\Omega // (8\Omega + 12\Omega)]} = 2A \times 0.5 = 1A$

则 $U = 12\Omega \times 1A = 12V$

【1.2-8】(2022) 如图 1.2-14 所示电路中 20Ω 两端电压 u 为：

A. $-20V$ B. $20V$ C. $-10V$ D. $10V$

答案：B

解题过程：题解如图 1.2-15 所示。

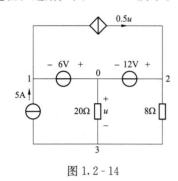 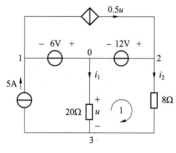

图 1.2-14   图 1.2-15 题 1.2-8 解图

对回路 1，由基尔霍夫电压定律得 $20i_1 + 12 = 8i_2$ (1)

对节点 3，由基尔霍夫电流定律得 $5 = i_1 + i_2$ (2)

联立式 (1)、式 (2) 解得 $i_1 = 1A$，$u = 20V$。

【1.2-9】(2021) 电路如图 1.2-16 所示，其端口 ab 的等效电阻是：

A. 1Ω B. 2Ω C. 3Ω D. 5Ω

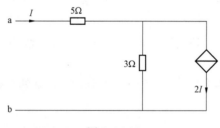

图 1.2-16

答案：B

解题过程：根据基尔霍夫电流定律可知，3Ω 电阻支路上流过的电流为 $-I$；根据基尔霍夫

电压定律可知，$U_{ab} = 5I + 3(-I) = 2I$，则端口 ab 的等效电阻为 $R_{ab} = \dfrac{U_{ab}}{I} = 2\Omega$。

【1.2-10】(2019) 电路如图 1.2-17 所示，其端口 ab 的输入

电阻是：

A. -30Ω B. 30Ω

C. -15Ω D. 15Ω

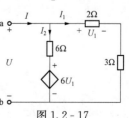

图 1.2-17

答案：A

解题过程：根据题图可得：$I = I_1 + I_2$；$U_1 = 2I_1$；$U = 6I_2 +$

$6U_1 = 6I_2 + 12I_1$；$U = U_1 + 3I_1 = 5I_1$；则 $I_2 = -\dfrac{7}{6}I_1$；$I = I_1 - \dfrac{7}{6}I_1 = -\dfrac{1}{6}I_1 = -\dfrac{1}{30}U \Rightarrow$

$R_{ab} = \dfrac{U}{I} = -30\Omega$。

考点3：节点电压方程

【**1.2-11**】（**2024**）　如图 1.2-18 所示电路中，u 的值为：

A. 2V 　　　　　　　B. 4V

C. 8V 　　　　　　　D. 16V

答案：B

解题过程：根据题图列写节点电压方程可得：

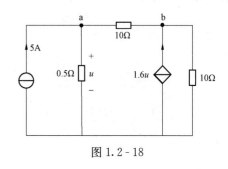

图 1.2-18

$$\begin{cases} u_a\left(\dfrac{1}{0.5} + \dfrac{1}{10}\right) - \left(\dfrac{1}{10}\right)u_b = 5 \\[2mm] -\dfrac{1}{10}u_a + \left(\dfrac{1}{10} + \dfrac{1}{10}\right)u_b = 1.6u \\[2mm] u_a = u \end{cases}$$

化简得 $\begin{cases} 2.1u - 0.1u_b = 5 \\ -0.1u + 0.2u_b = 1.6u \end{cases}$

则　$2.5u = 10 \Rightarrow u = 4\text{V}$

【**1.2-12**】（**2021**）　节点电压为电路中各独立节点对参考点的电压，对只有 b 条支路 n 个节点的连通电路，列写独立节点电压方程的个数是：

A. $b - (n-1)$ 　　　B. $n-1$ 　　　　　C. $b-n$ 　　　　　D. $n+1$

答案：B

解题过程：具有 n 个节点、b 条支路的电路，独立的节点数为 $n-1$，节点电压方程数为 $n-1$。

【**1.2-13**】（**2021**）　电路如图 1.2-19 所示，则节点 1 正确的节点电压方程为：

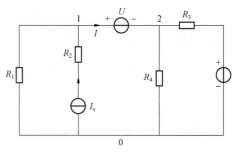

图 1.2-19

A. $\left(\dfrac{1}{R_1} + \dfrac{1}{R_2}\right)U_1 = I_s - I$ 　　　　　　B. $\dfrac{1}{R_1}U_1 = I_s - I$

C. $\dfrac{1}{R_1}U_1 = I_s + I$ 　　　　　　D. $\left(\dfrac{1}{R_1} + \dfrac{1}{R_2}\right)U_1 = I_s$

答案：B

解题过程：电流源与 R_2 串联，节点电压方程中不会出现 R_2。节点 1 的方程为：$I_s = \dfrac{U_1}{R_1} + I$。

【1.2-14】（2020）　电路如图 1.2-20 所示，2Ω 电阻
的电压 U 是：

A. $-4V$ 　　　　　　B. $4V$

C. $2V$ 　　　　　　D. $8V$

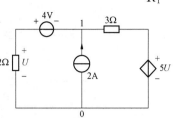

图 1.2-20

答案：A

解题过程：参考地节点取 0 点，列节点 1 电压方程

$$u_{n1}\left(\frac{1}{2}+\frac{1}{3}\right)=2-\frac{4}{2}+\frac{5U}{3}\Rightarrow\frac{5}{6}u_{n1}=\frac{5}{3}U\left(\frac{1}{2}+\frac{1}{3}\right)\Rightarrow u_{n1}=2U$$

对节点 1 列 KVL 可得　$4+u_{n1}-U=0\Rightarrow 4+2U-U=0\Rightarrow U=-4V$

考点 4：回流电流方程

【1.2-15】（2019）　图 1.2-21 所示电路，其网孔电流
方程为 $\begin{cases}4I_1-3I_2=4\\-3I_1+9I_2=2\end{cases}$，则 R 与 U_s 分别是：

A. $4Ω$ 和 $2V$ 　　　　B. $4Ω$ 和 $6V$

C. $7Ω$ 和 $-2V$ 　　　D. $7Ω$ 和 $2V$

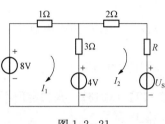

图 1.2-21

答案：A

解题过程：根据题图采用回路电流法，可得其网孔电流方程为：

$$\begin{cases}(1+3)\times I_1-3\times I_2+4-8=0\\-3\times I_1+(2+R+3)\times I_2+U_s-4=0\end{cases}\Rightarrow\begin{cases}4I_1-3I_2=4\\-3I_1+(5+R)\times I_2=4-U_s\end{cases}$$

与题中方程组进行比较可得　$R=4Ω$，$U_s=2V$。

考点 5：叠加原理

【1.2-16】（2020）　电路如图 1.2-22 所示，其 ab 端
的开路电压和等效电阻分别是：

A. $3V$，$3Ω$ 　　　　B. $-3V$，$3Ω$

C. $6V$，$6Ω$ 　　　　D. $-6V$，$6Ω$

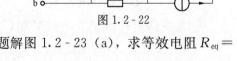

图 1.2-22

答案：A

解题过程：（1）将电压源短路、电流源断路后得题解图 1.2-23（a），求等效电阻 $R_{eq}=$
$6Ω//6Ω=3Ω$。

将 4V 电压源单独作用得题解图 1.2-23（b），求得 $i'=\dfrac{-4}{6+2+2+2}A=-\dfrac{1}{3}A$。

将 2A 电流源单独作用得题解图 1.2-23（c），求得 $i''=\dfrac{2+2}{6+2+2+2}\times 2A=\dfrac{2}{3}A$。

将 1A 电流源单独作用得题解图 1.2-23（d），求得 $i'''=\dfrac{2}{6+2+2+2}\times 1A=\dfrac{1}{6}A$。

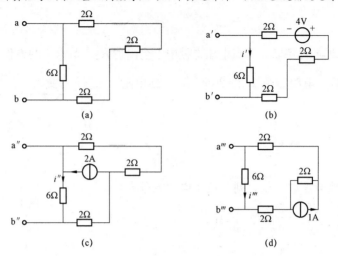

图 1.2-23　题 1.2-16 解图

(2) 故流入 6Ω 电阻的电流为 $i = i'_1 + i''_1 + i'''_1 = -\frac{1}{3}A + \frac{2}{3}A + \frac{1}{6}A = \frac{1}{2}A$。

(3) 故开路电压 $U_{oc} = U_{ab} = 6 \times \frac{1}{2}V = 3V$。

【1.2-17】(2018) 叠加定理不适用于：

A. 电阻电路
B. 线性电路
C. 非线性电路
D. 电阻电路和线性电路

答案： C

解题过程： 叠加定理不适用非线性系统。

【1.2-18】(2016) 图 1.2-24 所示电路为线性无源网络，当 $U_S = 4V$，$I_S = 0$ 时，$U = 3V$；当 $U_S = 2V$、$I_S = 1A$ 时，$U = -2V$，那么，

当 $U_S = 4V$、$I_S = 4A$ 时，U 为：

A. $-12V$　　　　　B. $-11V$
C. $11V$　　　　　D. $12V$

答案： B

解题过程： 据图 1.2-24 以及叠加定理可得

$$U = k_1 U_S + k_2 I_S \qquad (1)$$

图 1.2-24

将 $U_S = 4V$、$I_S = 0A$、$U = 3V$ 和 $U_S = 2V$、$I_S = 1A$、$U = -2V$ 分别代入式（1）可得

$$3 = 4k_1 \qquad (2)$$

$$-2 = 2k_1 + k_2 \qquad (3)$$

根据式（2）、式（3）可求得　　$k_1 = 0.75$；$k_2 = -3.5$

则当 $U_S = 4V$、$I_S = 4A$ 时，$U = k_1 U_S + k_2 I_S = 0.75 \times 4V - 4 \times 3.5V = -11V$。

考点 6：戴维南定理

【1.2-19】(2024) 在如图 1.2-25 所示的电路中，开路电压 U_{ab} 为：

A. $-6V$　　　　B. $6V$　　　　　C. $-10V$　　　　D. $10V$

答案：A

解题过程：根据题图可得：$I=\dfrac{U}{R}=\dfrac{20}{5+5}=2\mathrm{A}$，$5\Omega$电阻压降为$10\mathrm{V}$。则$U_{\mathrm{ab}}=-16+10=-6\mathrm{V}$。

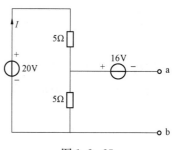

图 1.2 - 25

【1.2 - 20】（2022） 求戴维南等效电阻时，可将电压源和电流源分别视为：

A. 短路，开路　　　　B. 开路，短路

C. 开路，开路　　　　D. 短路，短路

答案：A

解题过程：戴维南定理求等效电阻时，电压源短路，电流源开路。

【1.2 - 21】（2019） 用戴维南定理求图 1.2 - 26 所示电路的 i 时，其开路电压 U_{OC} 和等效阻抗 Z 分别是：

A. $(6-\mathrm{j}12)$ V，$-\mathrm{j}6\Omega$

B. $(6+\mathrm{j}12)$ V，$-\mathrm{j}6\Omega$

C. $(6-\mathrm{j}12)$ V，$\mathrm{j}6\Omega$

D. $(6+\mathrm{j}12)$ V，$\mathrm{j}6\Omega$

答案：D

解题过程：先求开路电压

$$U_{\mathrm{OC}}=(\mathrm{j}6\times2\underline{/0^{\circ}}+6\underline{/0^{\circ}})\ \mathrm{V}=(6+\mathrm{j}12)\ \mathrm{V}$$

图 1.2 - 26

再求等效阻抗，电压源短路，电流源开路，则 $Z=\mathrm{j}6\Omega$。

【1.2 - 22】（2014） 图 1.2 - 27 所示电路的等效电压源是：

A. 6V　　　　B. 12V　　　　C. 9V　　　　D. 15V

答案：C

解题过程：根据题意可得题解图，如图 1.2 - 28 所示，可得

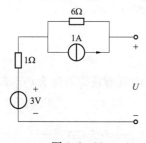

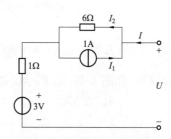

图 1.2 - 27　　　　图 1.2 - 28　题 1.2 - 22 解图

$$I_2=I_1+I=1+I \tag{1}$$

$$U=I_2\times6+I\times1+3 \tag{2}$$

联立式（1）～式（2）可得 $U=7I+9$。则等效电阻 $R_{\mathrm{eq}}=7\Omega$，等效电压源 $u_{\mathrm{S}}=9\mathrm{V}$。

【1.2 - 23】（2014） 图 1.2 - 29 所示电路中，通过 1Ω 电阻上的电流 i 为：

A. $-\dfrac{5}{29}\mathrm{A}$　　　　B. $\dfrac{2}{29}\mathrm{A}$

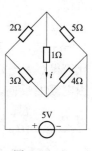

图 1.2 - 29

C. $-\dfrac{2}{29}$A　　　　　D. $\dfrac{5}{29}$A

答案：D

解题过程：根据图 1.2-30（a）假设 $R_1 = 2\Omega$，$R_2 = 3\Omega$，$R_3 = 5\Omega$，$R_4 = 4\Omega$，$R = 1\Omega$。将 $R = 1\Omega$ 支路断开进行等效电路化简，则

$$u_a = U\frac{R_3}{R_1 + R_3} = 5 \times \frac{5}{2+5}\,\text{V} = \frac{25}{7}\,\text{V}$$

$$u_b = U\frac{R_4}{R_2 + R_4} = 5 \times \frac{4}{3+4}\,\text{V} = \frac{20}{7}\,\text{V}$$

a-b 两端开路电压 $u_{ab} = u_a - u_b = \dfrac{5}{7}\,\text{V}$。

从 a-b 两端看，接入的等效电阻 $R_{eq} = (R_1 /\!/ R_3) + (R_2 /\!/ R_4) = \dfrac{2\times5}{2+5}\Omega + \dfrac{3\times4}{3+4}\Omega = \dfrac{22}{7}\Omega$。

戴维南等效电路如图 1.2-30（b）所示，则电阻 R 上流过的电流

$$i = \frac{u_{ab}}{R_{eq} + R} = \frac{\dfrac{5}{7}}{\dfrac{22}{7} + 1}\,\text{A} = \frac{5}{29}\,\text{A}$$

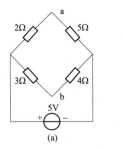 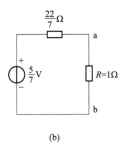

图 1.2-30　题 1.2-23 解图

考点 7：戴维南定理的应用（最大功率传输定理）

【1.2-24】（2024）　如图 1.2-31 所示电路中，2.5Ω 电阻所获得的最大功率为：

A. 0.5W　　　　B. 2.5W　　　　C. 5W　　　　D. 10W

答案：B

解题过程：从 2.5Ω 电阻两端看进去，根据题图可得：

$$\begin{cases} U = 2I + 10 + 3I \\ U = -5\,(I + I_1) \end{cases}$$

化简得 $U = -2.5I_1 + 5$

因电流 I_1 反向，则 $U_{oc} = 5\text{V}$，$R_{eq} = 2.5\Omega$。

得 $P_{max} = \dfrac{U_{oc}^2}{4R_{eq}} = \dfrac{5^2}{4 \times 2.5}\,\text{W} = 2.5\,\text{W}$

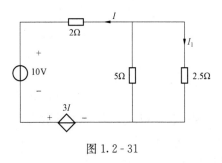

图 1.2-31

【1.2-25】（2023）　图 1.2-32 所示电路中电阻 R 值可变，若要获得最大功率，R 应取：

A. 4Ω B. 10Ω C. 16Ω D. 36Ω

答案： B

解题过程： 将题图中的电压源短路、电流源开路可得图1.2-33，求得电源电阻

根据最大功率传输定理可得，当 $R=R_{eq}=10\Omega$ 时，负载获得最大功率。

$$R_{eq}=2\Omega+[12\Omega//24\Omega]=10\Omega$$

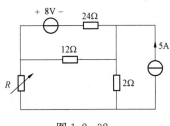

图1.2-32

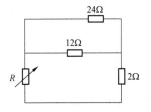

图1.2-33　题1.2-25解图

【1.2-26】(2022) 如图1.2-34所示，$R_L=10\Omega$，R_L 获得的最大功率时的电阻 R_S 为：

A. 10Ω B. 0Ω

C. 5Ω D. $\infty\Omega$

答案： A

解题过程： 当负载电阻等于电源内阻时，获得的功率最大。

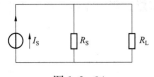

图1.2-34

【1.2-27】(2020) 图1.2-35所示电路中，N_S 为含有独立电源的电阻网络。当 $R_1=7\Omega$ 时，$I_1=20A$；$R_1=2.5\Omega$ 时，$I_1=40A$。$R_1=R_{eq}$ 时可获得的最大功率是：

A. 3000W   B. 3050W

C. 4050W   D. 4500W

答案： C

解题过程： N_S 含有独立电源的电阻网络等效后可得题解图，如图1.2-36所示。

由题意可得 $\begin{cases} U_{oc}=20(R_1+R_{eq})=20(7+R_{eq}) \\ U_{oc}=40(R_1+R_{eq})=40(2.5+R_{eq}) \end{cases}$

可求得 $\begin{cases} R_{eq}=2\Omega \\ U_{oc}=20\times(7+2)V=180V \end{cases}$

则 $P_{max}=\dfrac{U_{oc}^2}{4\,R_{eq}}=\dfrac{180^2}{4\times2}W=4050W$

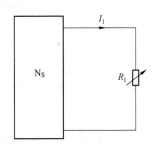

图1.2-35

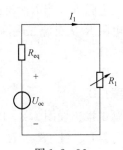

图1.2-36
题1.2-27解图

【1.2-28】(2019) 电路如图1.2-37所示，已知当 $R_L=4\Omega$ 时，电流 $I_L=2A$。若改变 R_L，使其获得最大功率，则 R_L 和最大功率 P_{max} 分别是：

A. 1Ω 和 24W   B. 2Ω 和 18W

C. 4Ω 和 18W   D. 5Ω 和 24W

答案： B

解题过程： 根据最大功率传输定理，当负载电阻与电源电阻相等时，负载可获得最大功

率，题解如图 1.2 - 38 所示。将电压源短路，求得 $R_L = \left[(2//2) + 1 \right] \Omega = 2\Omega$。

采用排除法，可得答案为 B。

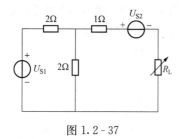

图 1.2 - 37

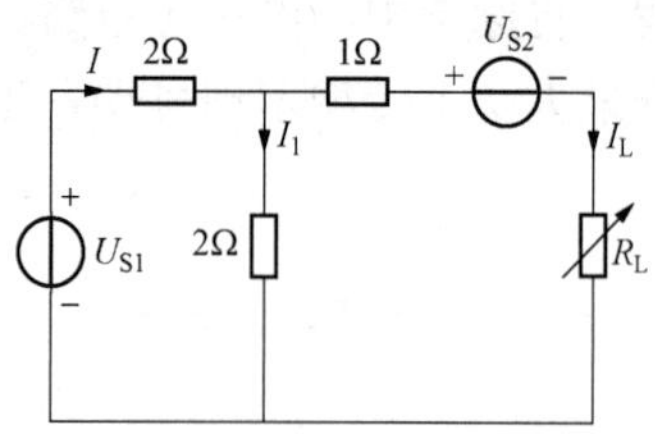

图 1.2 - 38　题 1.2 - 28 解图

【**1.2 - 29**】（**2016、2011**）　图 1.2 - 39 所示电路中的电阻 R 值可变，当它获得最大功率时，R 的值为：

A. 2Ω　　　　　　B. 4Ω　　　　　　C. 6Ω　　　　　　D. 8Ω？

答案： C

解题过程： 求戴维南等效电阻 R_{eq}。电压源短路，电流源开路，R_{eq} 的等效电路如图 1.2 - 40 所示。

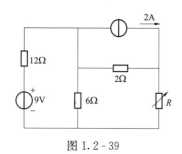

图 1.2 - 39

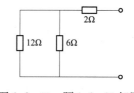

图 1.2 - 40　题 1.2 - 29 解图

$$R_{eq} = (12//6)\Omega + 2\Omega = 6\Omega。$$

当 $R = R_{eq}$ 时，负载 R 获得最大功率。

【**1.2 - 30**】（**2016**）　图 1.2 - 41 所示电路中，线性有源二端网络的电阻 R，当 $R = 3\Omega$ 时，$I = 2A$；当 $R = 1\Omega$ 时，$I = 3A$。当电阻 R 从有源二端网络获得最大功率时，R 的阻值为：

A. 2Ω　　　　　　B. 3Ω

C. 4Ω　　　　　　D. 6Ω

图 1.2 - 41

答案： B

解题过程： 设图 1.2 - 41 中的线性有源网络等效为电压源 U_S 与电阻 R_S 的串联，则根据题图可得 $U_S = I(R_S + R)$。当 $R = 3\Omega$ 时，$I = 2A$ 可得式（1）；当 $R = 1\Omega$ 时，$I = 3A$ 可得式（2）。

$$U_S = 2 \times (R_S + 3) = 6 + 2R_S \tag{1}$$

$$U_S = 3 \times (R_S + 1) = 3 + 3R_S \tag{2}$$

则 $6 + 2R_S = 3 + 3R_S$，可求得 $R_S = 3\Omega$。

当 $R = R_S$ 时，负载 R 获得最大功率。

【**1.2 - 31**】（**2014**）　如图 1.2 - 42 所示，电阻 R 取多大时，获得的功率最大？

A. 6Ω　　　　B. 2Ω　　　　C. 3Ω　　　　D. 9Ω

答案：B

解题过程：根据最大功率传输定理，当负载电阻与电源电阻相等时，负载可获得最大功率。将电压源短路、电流源开路可得图1.2-43，求得 $R=(3 /\!/ 6)\Omega=2\Omega$。

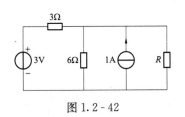

图 1.2 - 42

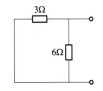

图 1.2 - 43　题 1.2 - 31 解图

考点8：特勒根定理

★【1.2-32】(2018、2017)　图1.2-44所示电路中N为纯电阻电路，已知当 U 为5V时，电阻 R 上电压 U 为2V，则 U 为7.5V时，U 为：

A. 2V　　　　B. 3V

C. 4V　　　　D. 5V

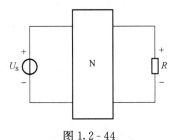

图 1.2 - 44

答案：B

解题过程：根据题意可得

$$i=\frac{U}{R}=\frac{2}{R} \tag{1}$$

根据图1.2-45应用特勒根第二定理，有

$$-u_{\mathrm{S}}i'_1+ui'_2=-u'_{\mathrm{S}}i_1+u'i_2 \tag{2}$$

根据已知条件，联立式（1）、式（2）得

$$-5i'_1+2\times\frac{u'}{R}=-7.5i_1+u'\frac{2}{R} \tag{3}$$

根据式（3）可得

$$i'_1=1.5i_1$$

则

$$i'_2=1.5i_2=\frac{3}{R}=\frac{u'}{R}\Rightarrow u'=3\mathrm{V}$$

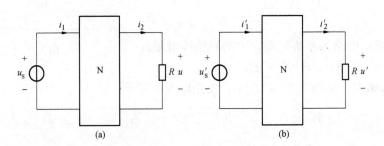

图 1.2 - 45　图 1.2 - 32 解图

考点9：诺顿定理

【1.2-33】(2021) 电路如图 1.2-46 所示，$U_S=$
2V，$R_1=3\Omega$，$R_2=2\Omega$，$R_3=0.8\Omega$，其诺顿等效
电路中的 I_{sc} 和 R 分别是：

A. 2.5A，2Ω　　　　B. 0.2A，2Ω

C. 0.4A，2Ω　　　　D. $\dfrac{2}{7}$A，2.8Ω

答案： C

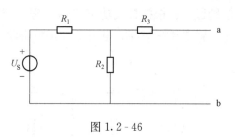

图 1.2-46

解题过程： 根据题意化简可得图 1.2-47 (a)，其中 $I_S=\dfrac{U_S}{R_1}=\dfrac{2}{3}$A。等效化简图 1.2-47 (a) 得

图 1.2-47 (b)，其中 $R'=R_1//R_2=1.2\Omega$；等效化简得图 1.2-47 (c)，其中 $U=I_S R'=$

$\dfrac{2}{3}\times1.2=0.8$V，$R=R'+R_3=2\Omega$；等效化简得图 1.2-47 (d)，其中诺顿等效电路的

$I_{sc}=\dfrac{U}{R}=\dfrac{0.8}{2}=0.4$A，电阻 $R=2\Omega$。

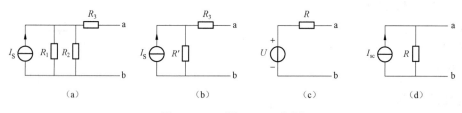

(a)　　　　　　　(b)　　　　　　　(c)　　　　　　　(d)

图 1.2-47　题 1.2-33 解图

1.2.3　发输变电专业高频考点与历年真题解析

考点1：基本电路计算

【1.2-34】(2024) 在如图 1.2-48 所示的电阻电路
中，等效电阻 R_{12} 值为：

A. 5Ω　　　　　　　B. 7Ω

C. 10Ω　　　　　　D. 12.6Ω

答案： B

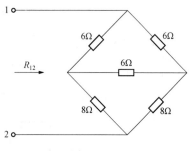

图 1.2-48

解题过程： 图示电路为平衡电桥，中间对角线电阻开
路，所以 $R_{12}=(6+8)//(6+8)=7\Omega$。

【1.2-35】(2022) 如图 1.2-49 所示，支路电流 I 等于：

A. 1A　　　　　B. $\dfrac{5}{3}$A　　　　　C. $-\dfrac{1}{3}$A　　　　　D. $\dfrac{4}{3}$A

答案： A

解题过程： 根据题意可得题解图，如图 1.2-50 所示。

$$\text{则}\begin{cases}4+4I_4-12I_2=0\\6I_3+4+4I_4=0\\I_4=I_1+I_3\\I=I_2+I_4\\I_1+I_2=2\\I_3+2=I\end{cases}\qquad\text{解得}\begin{cases}I=1\text{A}\\I_1=\dfrac{3}{2}\text{A}\\I_2=\dfrac{1}{2}\text{A}\\I_3=-1\text{A}\\I_4=\dfrac{1}{2}\text{A}\end{cases}$$

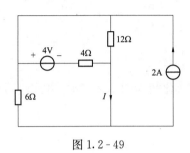

图 1.2-49

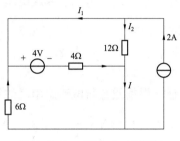

图 1.2-50　题 1.2-35 解图

【1.2-36】(2021)　电路如图 1.2-51 所示，ab 端的等效电源是：

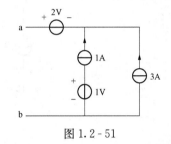

图 1.2-51

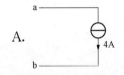　A.　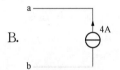　B.　　C.　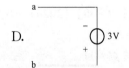　D.

答案：B

解题过程：电流源与电压源串联时，电压源不起作用。1A 电流源与 3A 电流源并联等效成 4A 电流源。

【1.2-37】(2019)　电路如图 1.2-52 所示，端口 ab 输入电阻是：

A. 2Ω　　　　　B. 4Ω

C. 6Ω　　　　　D. 8Ω

答案：A

解题过程：根据图 1.2-52 可得

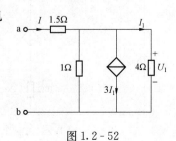

图 1.2-52

$$I_1=\frac{U_1}{4};\ U_{ab}=1.5\,I+U_1;\ I=U_1+3I_1+I_1$$

联立求解以上三式，可得 $\qquad U_{ab}=2I$

端口 ab 的输入电阻 $\qquad R_{ab}=\dfrac{U_{ab}}{I}=2\Omega$

【1.2-38】(2017、2016) 电阻 $R_1=10\Omega$ 和电阻 $R_2=5\Omega$ 相并联，已知通过这两个电阻的总电流 $I=3A$，那么，流过电阻 R_1 的电流 I_1 为：

A. 0.5A   B. 1A   C. 1.5A   D. 2A

答案：B

解题过程： 根据题意可知，并联电阻分流，则 $I_1=I\dfrac{R_2}{R_1+R_2}=3A\times\dfrac{5}{10+5}=1A$。

【1.2-39】(2017、2016) 图 1.2-53 所示电路中，电流 I 为：

A. 2.25A   B. 2A   C. 1A   D. 0.75A

答案：A

解题过程： 根据题意与电流源串联的特点将图 1.2-53 化简为图 1.2-54。并联电阻分流，则电流 I 为：$I=3A\times\dfrac{18}{18+6}=2.25A$。

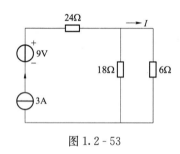

图 1.2-53

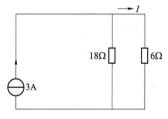

图 1.2-54 题 1.2-39 解图

考点 2：电源与电阻的等效变换

【1.2-40】(2024) 在如图 1.2-55 所示电路中，电流 I 的值为：

A. 8A   B. 5.5A   C. 3A   D. 1.5A

答案：D

解题过程： 题解图如图 1.2-56 所示。

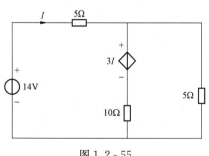

图 1.2-55

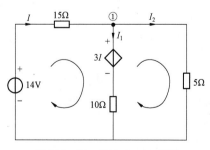

图 1.2-56 题 1.2-40 解图

对节点①列写 KCL 方程，$I = I_1 + I_2$；

对左侧回路列写 KVL 方程，$5I + 3I + 10I_1 - 14 = 0$；

对右侧回路列写 KVL 方程，$5I_2 - 10I_1 - 3I = 0$；联立解得 $I = 1.5\text{A}$。

【1.2-41】(2020)　电路如图 1.2-57 受控电流源吸收的功率为：

A. -72W　　　　B. 72W　　　　C. 36W　　　　D. -36W

答案： A

解题过程： 根据题意可得题解图，如图 1.2-58 所示。

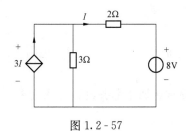 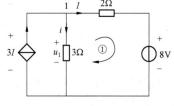

图 1.2-57　　　　　　　　　　图 1.2-58　题 1.2-41 解图

根据基尔霍夫电流定律，在节点 1 处有

$$3I = I + i \quad \Rightarrow \quad i = 2I \tag{1}$$

根据基尔霍夫电压定律，对回路①有

$$8 + 2I - 3i = 0 \tag{2}$$

联立式 (1)、式 (2)，解得 $\begin{cases} I = 2\text{A} \\ i = 4\text{A} \end{cases}$

对 3Ω 电阻有　$u_1 = 3i = 12\text{V}$

所以受控电流源吸收的功率　$P = -3IU_1 = -72\text{W}$

【1.2-42】(2020)　电路如图 1.2-59 所示，电路电流 I 为：

A. 1A　　　　B. 5A　　　　C. -5A　　　　D. -1A

答案： D

解题过程： 根据题意可得题解图，如图 1.2-60 所示。根据基尔霍夫定律，得

在节点 1 处：$i = I + 6$ $\tag{1}$

对于回路①：$3i + 2I - 12 + I = 0$ $\tag{2}$

联立式 (1) 和式 (2)，解得 $\begin{cases} I = -1\text{A} \\ i = 5\text{A} \end{cases}$

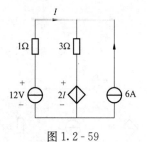 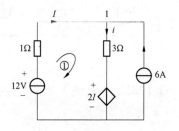

图 1.2-59　　　　　　　　　　图 1.2-60　题 1.2-42 解图

【1.2-43】(2019)　如图 1.2-61 所示电路中电流等于：

A. −1A　　　　　　　　B. 1A

C. 4A　　　　　　　　　D. −4A

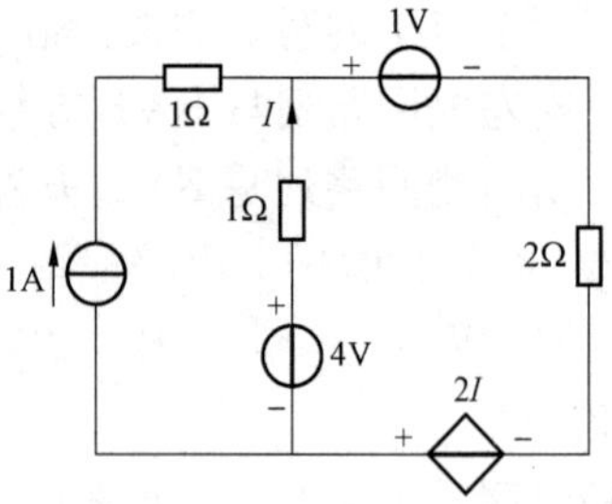

答案：B

解题过程：根据题图可得

$$1+2(I+1)-2I-4+I=0$$

求得　　　　　　　　$I=1A$

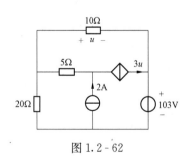

图 1.2-61

【1.2-44】(2019)　对含有受控源的支路进行电源等效变换时，应注意不要消去：

A. 电压源　　　　B. 控制量　　　　C. 电流源　　　　D. 电阻

答案：B

解题过程：对含有受控电源支路的电路，将受控源看作独立电源进行等效变换，不能消去受控电源的控制量。

考点3：节点电压方程

【1.2-45】(2023)　如图 1.2-62 所示电路中，10Ω 电阻两端的电压 u 为：

A. 1V　　　　　　B. −1V　　　　　　C. 10V　　　　　　D. −10V

答案：B

解题过程：根据题意得题解图，如图 1.2-63 所示，选择参考地节点取 0 点列写节点电压方程

$$\begin{cases} \left(\dfrac{1}{5}+\dfrac{1}{10}+\dfrac{1}{20}\right)u_{n1}-\dfrac{1}{5}u_{n2}-\dfrac{1}{10}u_{n3}=0 \\ -\dfrac{1}{5}u_{n1}+\dfrac{1}{5}u_{n2}=2-3u，\text{解得 } u=-1V \\ u_{n3}=103 \\ u=u_{n1}-u_{n3} \end{cases}$$

图 1.2-62

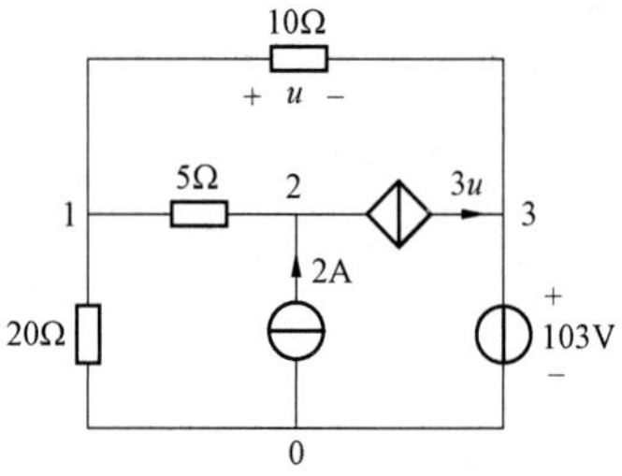

图 1.2-63　题 1.2-45 解图

【1.2-46】(2022)　如图 1.2-64 所示，受控电流源两端的电压 u 为：

A. 1V　　　　　　B. −1V

C. −4V　　　　　D. 4V

答案：B

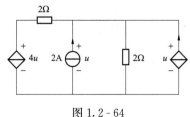

图 1.2-64

解题过程：节点电压法
$$\begin{cases} \left(\dfrac{1}{2}+\dfrac{1}{2}\right)u_{\mathrm{n1}}=\dfrac{4u}{2}+2+u \\ u_{\mathrm{n1}}=u \end{cases}$$

解得
$$u=-1\mathrm{V}$$

考点 4：回路电流方程

【1.2‑47】(2023) 如图 1.2‑65 所示电路中，通过中间 3Ω 电阻的电流 I 为：

A. $-12\mathrm{A}$ 　　　　　　　　　　B. $12\mathrm{A}$

C. $-1.8\mathrm{A}$ 　　　　　　　　　　D. $1.8\mathrm{A}$

答案： C

解题过程： 根据题意得题解图，如图 1.2‑66 所示，列写方程得

$$\begin{cases} (3+4)I_1-3I_2-4I_3=-18 \\ -3I_1+(3+3+3)I_2-3I_3=0 \\ -4I_1-3I_2+(3+4+0.25)I_3=0 \end{cases} \Rightarrow \begin{cases} I_1=-9\mathrm{A} \\ I_2=-5.4\mathrm{A} \\ I_3=-7.2\mathrm{A} \end{cases}$$

则
$$I=I_3-I_2=-1.8\mathrm{A}$$

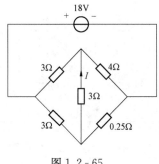
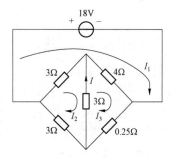

图 1.2‑65　　　　　　　　　　图 1.2‑66　题 1.2‑47 解图

★**【1.2‑48】(2018、2017)** 用回路电流法求解图 1.2‑67 所示电路的电流 I，最少需要列几个节点电压方程？

A. 1 个　　　　　　B. 2 个　　　　　　C. 3 个　　　　　　D. 4 个

答案： A

解题过程： 回路电流参考方向如图 1.2‑68 所示，由 KCL 可得

$$\begin{cases} I_1=10+5=15\mathrm{A} \\ I_2=15+I_1+I=30+I \\ I_3=10-I_2=-20-I \\ I_4=-I_3-15=5+I \end{cases}$$

由基尔霍夫电压定律得　　$2I_2+4I+3I_4-I_3=0$

因此至少需要列 1 个节点电压方程即可。

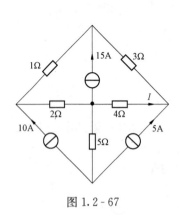
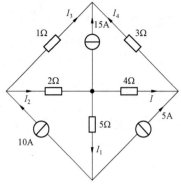

图 1.2-67　　　　　　　　　　图 1.2-68　题 1.2-48 解图

【1.2-49】(2017、2016)　图 1.2-69 所示电路中，电流 I 为：

A. 0.5A　　　　　　B. 1A　　　　　　C. 1.5A　　　　　　D. 2A

答案： A

解题过程： 根据题意可得题解图，如图 1.2-70 所示，采用回路电流法可得

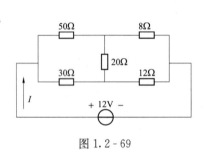
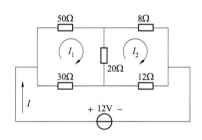

图 1.2-69　　　　　　　　　　图 1.2-70　题 1.2-49 解图

$$(50+20+30) I_1 - 20 I_2 - 30 I = 0 \tag{1}$$
$$-20 I_1 + (8+12+20) I_2 - 12 I = 0 \tag{2}$$
$$-30 I_1 - 12 I_2 + (30+12) I = 12 \tag{3}$$

联立式（1）～式（3）求解可得　　$I = 0.5$A

考点 5：叠加定理

【1.2-50】(2023)　如图 1.2-71 的无源线性电阻电路 N，当 $u_1 = 12$V，$u_2 = 10$V 时，$i_1 = 8$A；当 $u_1 = 32$V，$u_2 = 25$V 时，$i_1 = 21$A；当 $u_2 = -10$V，$i_1 = 1$A 时，u_1 等于：

A. -30V　　　　　　B. 30V

C. -6V　　　　　　D. 6V

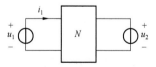

图 1.2-71

答案： D

解题过程： 由叠加定理和图 1.2-71 可得电流 i_1 与 u_1、u_2 的一般关系为 $i_1 = k_1 u_1 + k_2 u_2$，根据题意可得方程 $\begin{cases} 12k_1 + 10k_2 = 8 \\ 32k_1 + 25k_2 = 21 \end{cases}$，解得 $k_1 = \dfrac{1}{2}$，$k_2 = \dfrac{1}{5}$，则可得 $i_1 = \dfrac{1}{2} u_1 +$

$\dfrac{1}{5}u_2$，当 $u_2 = -10\text{V}$，$i_1 = 1\text{A}$ 时，求得 $u_1 = 6\text{V}$。

【1.2-51】(2017、2016) 图 1.2-72 所示电路，当电流源 $I_{S1} = 5\text{A}$，电流源 $I_{S2} = 2\text{A}$ 时，电流 $I = 1.8\text{A}$；当电流源 $I_{S1} = 2\text{A}$，电流源 $I_{S2} = 8\text{A}$ 时，电流 $I = 0\text{A}$。那么，当电流源 $I_{S1} = 2\text{A}$，电流源 $I_{S2} = -2\text{A}$ 时，电流 I 为：

A. 0.5A   B. 0.8A

C. 0.9A   D. 1A

图 1.2-72

答案：D

解题过程：据图 1.2-72 以及叠加定理可得
$$I = k_1 I_{S1} + k_2 I_{S2} \tag{1}$$
将 $I_{S1} = 5\text{A}$、$I_{S2} = 2\text{A}$、$I = 1.8\text{A}$ 和 $I_{S1} = 2\text{A}$、$I_{S2} = 8\text{A}$、$I = 0\text{A}$ 分别代入式（1）可得
$$1.8 = 5k_1 + 2k_2 \tag{2}$$
$$0 = 2k_1 + 8k_2 \tag{3}$$
联立式（2）、式（3）可求得 $k_1 = 0.4$；$k_2 = -0.1$
则当 $I_{S1} = 2\text{A}$、$I_{S2} = 2\text{A}$ 时，$I = k_1 I_{S1} + k_2 I_{S2} = 0.4 \times 2\text{A} - 0.1 \times (-2)\text{A} = 1\text{A}$。

考点 6：戴维南定理

【1.2-52】(2023)   如图 1.2-73 所示的电路，其戴维南等效电路中开路电压 U_S 和等效电阻 R_S 分别为：

A. 20V，12Ω   B. 20V，20Ω

C. 8V，12Ω   D. 8V，5Ω

答案：B

解题过程：根据图 1.2-73 进行等效变换得题解图，如图 1.2-74 所示，则
$$U_{oc} = 32 + (10+8) \times (I-2) + 24 + 2I = 20 + 20I$$

开路电压 $U_S = 20\text{V}$，等效电阻 $R_S = 20\Omega$。

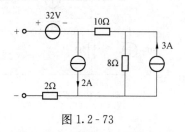

图 1.2-73

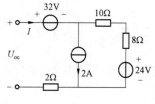

图 1.2-74 题 1.2-52 解图

【1.2-53】(2021)   电路如图 1.2-75 所示，其戴维南等效电路的开路电压和等效电阻分别是：

A. 0V，8Ω   B. 0V，4Ω   C. 4V，8Ω   D. 4V，4Ω

答案：A

解题过程：据 KCL 和 KVL 可得

$$U_{ab}=2\mathrm{V}+2I+3\times(I+2I)-2\mathrm{V}=0+8I=8I$$

则 $U_{oc}=0\mathrm{V}$，$R_{eq}=8\Omega$

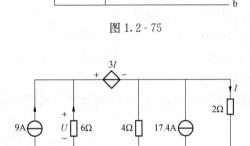

【1.2-54】(2021) 电路如图 1.2-76 所示，6Ω 电阻上的电压 U 等于：

A. 3.6V　　　　　B. −18V

C. 18V　　　　　D. −3.6V

答案： B

解题过程：作 6Ω 电阻上的戴维南等效电路，如图 1.2-77（a）所示：

据 KCL、KVL 可得

$$\begin{cases}I_1=17.4+I-9=8.4+I\\4I_1+2I=0\end{cases}\Rightarrow I=-5.6\mathrm{A};$$

则 $U_{oc}=3I+2I=-28\mathrm{V}$

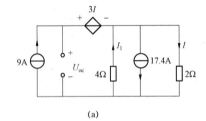

图 1.2-75

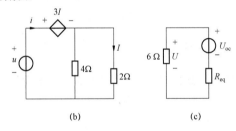

图 1.2-76

求等效电阻时，电流源相当于开路，利用附加

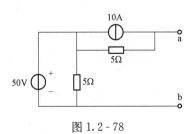

图 1.2-77　题 1.2-54 解图

电源法，设两端电压为 u，总输入电流为 i，如图 1.2-77（b）所示，则流经 4Ω 电阻支路的电流 0.5I，则

$$i=I+0.5I=1.5I，u=3I+2I=5I，等效电阻 R_{eq}=\frac{u}{i}=\frac{10}{3}\Omega$$

6Ω 电阻的戴维南等效电路如图 1.2-77（c）所示，6Ω 电阻的电压为

$$U=\frac{6}{6+R_{eq}}U_{oc}=\frac{6}{6+\dfrac{10}{3}}\times(-28)=-18\mathrm{V}$$

【1.2-55】(2018) 图 1.2-78 所示电路的最简等效电路为：

图 1.2-78

A. 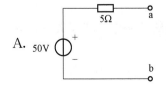　　　　B.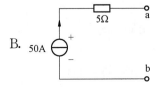

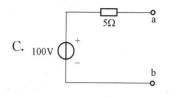

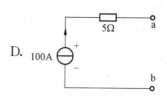

答案：C

解题过程： 根据等效原理可得题解图，如图 1.2-79 所示。如图 1.2-79（b）所示，ab 两端开路电压 $U_{OC}=50V+50V=100V$。

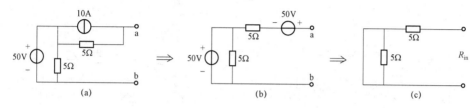

图 1.2-79　题 1.2-55 解图

求等效电阻，将电压源置零，得解图 1.2-79（c）。

$$R_{in}=5\Omega$$

【1.2-56】（2017、2016） 图 1.2-80 所示电路，求二端网络等效电阻 R_{ab} 为：

A. 5Ω　　　　　　B. 10Ω　　　　　　C. 15Ω　　　　　　D. 20Ω

答案：C

解题过程： 根据戴维南定理可知，求等效电阻时，将电流源开路，如图 1.2-81 所示，可得 $U_{ab}=2I+3I+10I=15I$，则 $R_{ab}=\dfrac{U_{ab}}{I}=15\Omega$。

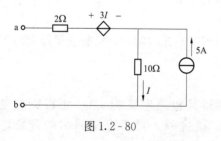

图 1.2-80

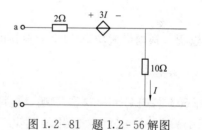

图 1.2-81　题 1.2-56 解图

考点 7：戴维南定理应用（最大功率传输定理）

【1.2-57】（2024） 在如图 1.2-82 所示的电路中，ab 端接上一个电阻负载可获得最大功率，则该电阻的阻值和最大功率分别为：

A. 7.5Ω、10.8W　　　B. 15Ω、9.6W

C. 25Ω、3.24W　　　D. 30Ω、2.7W

答案：C

解题过程： 开路电压 $U_{ab}=-18V+3\times10V+6V=18V$；等效电阻 $R_{eq}=10\Omega+15\Omega=25\Omega$；

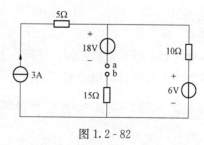

图 1.2-82

$R_L = R_{eq}$ 时获得最大功率 $P_{max} = \dfrac{U_{oc}^2}{4R_{eq}} = \dfrac{18^2}{4 \times 25} \text{W} = 3.24\text{W}$。

【1.2-58】(2019) 如图 1.2-83 所示，若改变 R_L，可使其获得最大功率，R_L 上获得的最大功率是：

A. 0.05W B. 0.1W C. 0.5W D. 0.025W

答案： D

解题过程： 根据题意可得题解图，如图 1.2-84 所示。设该电路端口电压为 u，则
$$u = 2(I_1 - I); \quad 4 + 2I + 2 \times (I + 2I) - 2 = u$$

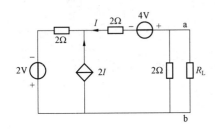
图 1.2-83

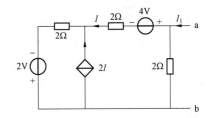
图 1.2-84　题 1.2-58 解图

联立两式，可得 $\qquad\qquad u = 1.6I_1 + 0.4$

$R_L = R_{eq} = 1.6\Omega$ 时，获得最大功率 $\quad P_{max} = \dfrac{u_{oc}^2}{4R_L} = \dfrac{0.4^2}{4 \times 1.6}\text{W} = 0.025\text{W}$

【1.2-59】(2017、2016) 已知某电源的开路电压为 220V，内阻为 50Ω。如果把一个负载电阻 R 接到此电源上，当 R 为多大时负载获得最大功率？

A. 25Ω B. 50Ω C. 100Ω D. 125Ω

答案： B

解题过程： 根据最大功率传输定理可知，负载电阻等于电源内阻时，负载获得最大功率。

考点 8：诺顿定理

【1.2-60】(2014) 一含源一端口电阻网络，测得其短路电流为 2A。测得负载电阻 $R = 10\Omega$ 时，通过负载电阻 R 的电流为 1.5A。该含源一端口电阻网络的开路电压 U_{oc} 为：

A. 50V B. 60V C. 70V D. 80V

答案： B

解题过程： 根据诺顿定理，任何一个线性含源一端口网络，对外电路来说，可以用一个电流源和电导的并联组合来等效替代；此电流源的电流等于该一端口的短路电流 i_{sc}，而电导等于该一端口全部独立电源置零后的输入电导 G_{eq}。$i_{sc} \times \dfrac{R_{eq}}{R_{eq} + R} = 1.5\text{A}$，则 $2 \times \dfrac{R_{eq}}{R_{eq} + 10} = 1.5$，求得 $R_{eq} = 30\Omega$。一端口网络的开路电压 $U_{oc} = i_{sc} R_{eq} = 2 \times 30\text{V} = 60\text{V}$。

1.3　正弦交流电路

1.3.1　知识点提示

1. 正弦量的三要素和有效值

（1）正弦波的表达式：$y(t) = A_m \sin(\omega t + \varphi)$。

（2）最大值 A_m，角频率 ω，初始相位 φ 为正弦量的三要素。三要素确定后，正弦量就被唯一确定。

（3）有效值 A：周期量的有效值又称方均根值，即 $A = \sqrt{\dfrac{1}{T}\displaystyle\int_0^T y^2(t)\,\mathrm{d}t} = \dfrac{A_m}{\sqrt{2}}$。

周期电压的有效值：$U = \sqrt{\dfrac{1}{T}\displaystyle\int_0^T u^2\,\mathrm{d}t}$。

周期电流的有效值：$I = \sqrt{\dfrac{1}{T}\displaystyle\int_0^T i^2\,\mathrm{d}t}$。

2. 电感、电容元件电流电压关系的相量形式及基尔霍夫定律的相量形式

（1）正弦量的相量表示。

1）正弦电流 $i(t)$ 可用复常数表示：$i(t) = \sqrt{2}\,I\cos(\omega t + \varphi) \Leftrightarrow A(t) = \sqrt{2}\,I\mathrm{e}^{\mathrm{j}(\omega t + \varphi)} \Leftrightarrow \dot{I} = I\mathrm{e}^{\mathrm{j}\varphi}$。

复常数 $\sqrt{2}\,I\mathrm{e}^{\mathrm{j}\varphi}$ 可表示为 $\dot{I} = I\mathrm{e}^{\mathrm{j}\varphi} = I\,\underline{/\varphi_i}$，$A(t)$ 包含 I、φ、ω，复常数包含 I、φ。

$\dot{I} = I\mathrm{e}^{\mathrm{j}\varphi}$ 称为正弦量 $i(t)$ 的相量。

2）振幅相量：$\dot{I}_m = I_m\,\underline{/\varphi_i} = I_m\cos\varphi_i + \mathrm{j}I_m\sin\varphi_i$。

3）有效值相量：$\dot{I} = I\mathrm{e}^{\mathrm{j}\varphi} = I\,\underline{/\varphi_i} = I\cos\varphi_i + \mathrm{j}I\sin\varphi_i$。

4）有效值相量与振幅相量之间的关系：$\dot{I}_m = \sqrt{2}\,\dot{I}$。

5）相量图表示：正弦量可用复平面内的有向线段表示，有向线段的长度等于正弦量的振幅（最大值）或有效值；有向线段与正实轴的夹角等于正弦量的初始相位。有向线段称为正弦量的相量图。

（2）电阻、电感、电容元件电压电流关系的相量形式见表 1.3-1。

表 1.3-1　　　　　　　　电阻、电感、电容元件电压电流关系的相量形式

元件	时域形式	相量形式	有效值关系	相位关系
电阻	$i(t) = \sqrt{2}\,I\cos(\omega t + \varphi_i)$ $u_R(t) = Ri(t) = \sqrt{2}\,RI\cos(\omega t + \varphi_i)$	$\dot{I} = I\,\underline{/\varphi_i}$ $\dot{U}_R = RI\,\underline{/\varphi_i} = R\dot{I}$	$U_R = RI$	$\varphi_u = \varphi_i$
电感	$i(t) = \sqrt{2}\,I\cos(\omega t + \varphi_i)$ $u_L(t) = L\dfrac{\mathrm{d}i(t)}{\mathrm{d}t} = \sqrt{2}\,\omega LI\cos\left(\omega t + \varphi_i + \dfrac{\pi}{2}\right)$	$\dot{I} = I\,\underline{/\varphi_i}$ $\dot{U}_L = \omega LL\,\underline{/\varphi_i + \dfrac{\pi}{2}} = \mathrm{j}\omega L\dot{I} = \mathrm{j}X_L\dot{I}$	$U_L = \omega L$ $I = X_L I$	$\varphi_u = \varphi_i + \dfrac{\pi}{2}$ 电压超前电流 90°

元件	时域形式	相量形式	有效值关系	相位关系
电容	$u(t)=\sqrt{2}U\cos(\omega t+\varphi_u)$ $i_C(t)=C\dfrac{\mathrm{d}u(t)}{\mathrm{d}t}=\sqrt{2}\omega CU\cos\left(\omega t+\varphi_u+\dfrac{\pi}{2}\right)$	$\dot{U}_C=U_C\underline{/\varphi_u}$ $\dot{I}_C=\omega CU_C\underline{/\varphi_u+\dfrac{\pi}{2}}=\mathrm{j}\omega C\dot{U}_C$ $\dot{U}_C=\dfrac{1}{\mathrm{j}\omega C}\dot{I}_C=-\mathrm{j}X_C\dot{I}_C$	$U_C=-X_C I_C$	$\varphi_i=\varphi_u+\dfrac{\pi}{2}$ 电流超前电压90°

有效值关系为 $U_C=-X_C I_C$；相位关系为 $\varphi_i=\varphi_u+\dfrac{\pi}{2}$，电流超前电压90°。

（3）耦合电感（图 1.3-1）的相量形式。

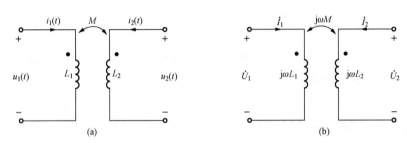

图 1.3-1

（a）时域模型；（b）相量模型

1）时域模型的伏安关系为

$$\begin{cases} u_1(t)=L_1\dfrac{\mathrm{d}i_1}{\mathrm{d}t}+M\dfrac{\mathrm{d}i_2}{\mathrm{d}t} \\ u_2(t)=M\dfrac{\mathrm{d}i_1}{\mathrm{d}t}+L_2\dfrac{\mathrm{d}i_2}{\mathrm{d}t} \end{cases}$$

2）相量模型的伏安关系为

$$\begin{cases} \dot{U}_1=\mathrm{j}\omega L_1\dot{I}_1+\mathrm{j}\omega M\dot{I}_2 \\ \dot{U}_2=\mathrm{j}\omega M\dot{I}_1+\mathrm{j}\omega L_2\dot{I}_2 \end{cases}$$

式中　ωM——互感抗；

ωL——自感抗。

（4）基尔霍夫定律的相量形式。同频率的正弦量加减可以用对应的相量形式来进行计算。因此，在正弦电流电路中，KCL 和 KVL 可用相应的相量形式表示。

$$\sum i(t)=0\Rightarrow\sum\dot{I}=0;\qquad \sum u(t)=0\Rightarrow\sum\dot{U}=0$$

3. 阻抗、导纳及功率的相关概念

（1）阻抗、导纳的相关概念见表 1.3-2。

表 1.3 - 2　　　　　　　　　　　　　　阻抗、导纳的相关概念

名称	电路	定义	转换关系	三角形	应用电路
阻抗 Z	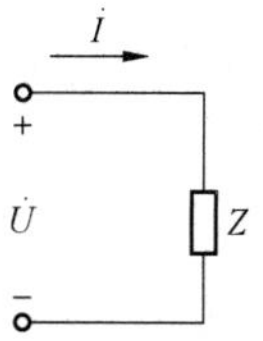	$Z \stackrel{\text{def}}{=} \dfrac{\dot{U}}{\dot{I}} = \vert Z \vert \underline{/\varphi_Z}\ \Omega$ 阻抗模： $\vert Z \vert = \dfrac{U}{I}\ \Omega$ 阻抗角： $\varphi_Z = \varphi_u - \varphi_i$	$\begin{cases} \vert Z \vert = \sqrt{R^2 + X^2} \\[2mm] \varphi_Z = \arctan \dfrac{X}{R} \end{cases}$	阻抗三角形： 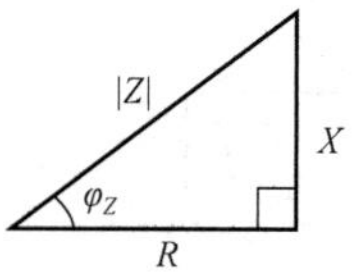 	RLC 串联电路 $Z = \dfrac{\dot{U}}{\dot{I}} = R + \mathrm{j}\omega L - \mathrm{j}\dfrac{1}{\omega C}$ $= R + \mathrm{j}X = \vert Z \vert \underline{/\varphi_Z}$ Z—复阻抗；$\vert Z \vert$—复阻抗的模；φ_Z—阻抗角；R—电阻（阻抗的实部）；X—电抗（阻抗的虚部）
导纳 Y	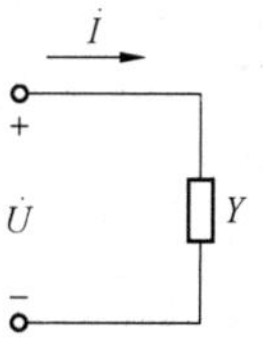	$Y = \dfrac{\dot{I}}{\dot{U}} = \vert Y \vert \underline{/\varphi_Y}\ \mathrm{S}$ 导纳模： $\vert Y \vert = \dfrac{I}{U}$ 导纳角： $\varphi_Y = \varphi_i - \varphi_u$	$\begin{cases} \vert Y \vert = \sqrt{G^2 + B^2} \\[2mm] \varphi_Y = \arctan \dfrac{B}{G} \end{cases}$	导纳三角形： 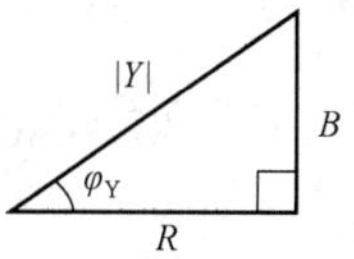 	RLC 并联电路 $Y = \dfrac{\dot{I}}{\dot{U}} = G + \mathrm{j}\omega C - \mathrm{j}\dfrac{1}{\omega L}$ $= G + \mathrm{j}B = \vert Y \vert \underline{/\varphi_Y}$ Y—复导纳；$\vert Y \vert$—复导纳的模；φ_Y—导纳角；G—电导（导纳的实部）；B—电纳（导纳的虚部）

（2）功率的相关概念。如图 1.3 - 2 所示，任意二端口网络 N_P，端口电压、电流取关联参考方向。$u(t) = U_m \cos(\omega t + \varphi_u) = \sqrt{2} U \cos(\omega t + \varphi_u)$，$i(t) = I_m \cos(\omega t + \varphi_i) = \sqrt{2} I \cos(\omega t + \varphi_i)$。各种功率表达见表 1.3 - 3。

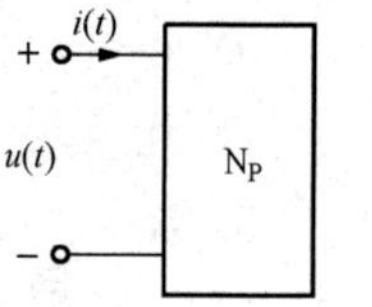

图 1.3 - 2

表 1.3 - 3　　　　　　　　　　　**各 种 功 率 表 达 式**

名称	表达式
瞬时功率 $p(t)$	$p(t) = ui = U_m I_m \cos(\omega t + \varphi_u) \cos(\omega t + \varphi_i) = 2UI\cos(\omega t + \varphi_u)\cos(\omega t + \varphi_i)$ $= UI\cos\varphi + UI\cos(2\omega t + \varphi_u + \varphi_i)$
平均功率（有功功率）P	$P = \dfrac{1}{T} \displaystyle\int_0^T p(t) = UI\cos\varphi$
无功功率 Q	$Q = UI\sin\varphi$
视在功率 S	$S = UI$
功率因数 $\cos\varphi$	$\cos\varphi = \dfrac{P}{S}$
复功率 $\tilde{S}$	$\tilde{S} = \dot{U}\dot{I}^* = UI\underline{/\varphi_u - \varphi_i} = UI\underline{/\varphi} = UI\cos\varphi + \mathrm{j}UI\sin\varphi = P + \mathrm{j}Q$
提高功率因数从 $\cos\varphi$ 到 $\cos\varphi_1$	电路并联的电容值为 $C = \dfrac{P}{U^2\omega}(\tan\varphi - \tan\varphi_1)$

（3）最大功率传输。如图 1.3-3 所示电路中，若负载阻抗 $Z_L = R_L + jX_L$ 可以任意调节，当满足最佳匹配条件 $Z_L = R_{eq} - jX_{eq} = Z_{eq}^*$，负载 Z_L 可获得最大功率 $P_{Lmax} = \dfrac{U_{oc}^2}{4R_{eq}}$。

4．正弦电流电路分析的相量方法

（1）相量图。在复平面上用向量表示相量的图，如图 1.3-4 所示。

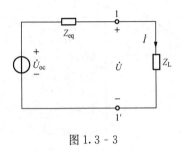

图 1.3-3

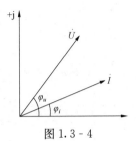

图 1.3-4

$$i(t) = \sqrt{2}\,I\cos(\omega t + \varphi_i) \rightarrow \dot{I} = I\ \underline{/\varphi_i}$$

$$u(t) = \sqrt{2}\,U\cos(\omega t + \varphi_u) \rightarrow \dot{U} = U\ \underline{/\varphi_u}$$

（2）相量法的应用。

1）同频正弦量的加减运算变为对应相量的加减运算。

2）相量法把时域问题变为复数问题；把微积分方程的运算变为复数方程运算；把直流电路的分析方法直接用于交流电路。

3）相量法只适用于激励为同频正弦量的非时变线性电路。

4）相量法用来分析正弦稳态电路。

5．频率特性的概念

（1）频率特性的概念。电路和系统的工作状态跟随频率而变化的现象，称为电路和系统的频率特性，也称频率响应。

（2）谐振。含 R、L、C 的一端口电路，在特定条件下出现端口电压、电流同相位的现象时，称电路发生了谐振。谐振的基本分类与特征见表 1.3-4。

表 1.3-4　　谐振的基本分类与特征

谐振	串联谐振		并联谐振
电路	![串联谐振电路]		![并联谐振电路]
谐振条件	$\omega_0 L = \dfrac{1}{\omega_0 C}$		$\omega_0 L = \dfrac{1}{\omega_0 C}$
谐振频率	角频率　$\omega_0 = \dfrac{1}{\sqrt{LC}}$		$\omega_0 = \dfrac{1}{\sqrt{LC}}$
	频率　$f_0 = \dfrac{1}{2\pi\sqrt{LC}}$		

谐振	串联谐振	并联谐振
特点	入端阻抗为纯电阻，阻抗值 $\lvert Z \rvert$ 最小；电流 I 和电阻电压 U_R 达到最大值；对外电路而言，相当于短路；谐振时 $\dot{U}$ 与 $\dot{I}$ 同相； $\dot{U}_L+\dot{U}_C=0$，LC 相当于短路； 电源电压全部加在电阻上，$\dot{U}_R=\dot{U}$； $Q\gg1$，谐振时出现过电压 $U_L=U_C=QU\gg U$； 谐振时的功率 $P=U^2/R$，电阻功率达到最大	入端导纳为纯电导，导纳值 $\lvert Y \rvert$ 最小，端电压最大； LC 上的电流大小相等，相位相反，并联总电流为零，也称电流谐振；出现谐振过电流，即 $I_{L0}=I_{C0}=QI$； 对外电路而言，相当于开路；谐振时的功率 $P=UI=U^2/G$； 电路发生谐振时，输入阻抗很大； 电流一定时，端电压较高
品质因数	$Q=\dfrac{\omega_0 L}{R}=\dfrac{1}{R}\sqrt{\dfrac{L}{C}}=\dfrac{\rho}{R}$ 特性阻抗 ρ：$\rho=\omega_0 L=1/(\omega_0 C)$ Q 反映谐振回路中电磁振荡程度。Q 越大，总能量就越大，维持振荡所消耗的能量越小，振荡程度越剧烈。则振荡电路的"品质"越好	$Q=\dfrac{\omega_0 C}{G}=\dfrac{1}{\omega_0 GL}=\dfrac{1}{G}\sqrt{\dfrac{C}{L}}$
选择性	谐振电路的选择性与 Q 成正比。Q 越大，谐振曲线越陡。电路对非谐振频率的信号具有强的抑制能力，所以选择性好	
能量交换平衡	电源和谐振电路之间没有电磁能量的交换，电路中的无功功率 $Q=0$	

（3）通频带 B。指以电流衰减到谐振电流 I_0 的 0.707 倍为界限时的一段频率范围，$B=\dfrac{f_0}{Q}$。品质因数 Q 高的电路通频带 B 窄。

6. 三相电路

（1）电压电流关系：设线电压为 U_l，相电压为 U_p，线电流为 I_l，相电流为 I_p。基本联结方式见表 1.3-5。

表 1.3-5 　　　　　　　　　　**基 本 联 结 方 式**

联结方式	电流	电压
星形联结（Y联结）	$\dot{I}_l=\dot{I}_p$	$\dot{U}_l=\sqrt{3}\dot{U}_p\underline{/30^\circ}$
三角形联结（△联结）	$\dot{I}_l=\sqrt{3}\dot{I}_p\underline{/-30^\circ}$	$\dot{U}_l=\dot{U}_p$

（2）三相电路的功率。

1）瞬时功率：三相电源或三相负载的瞬时功率等于各相瞬时功率之和，即
$$p=p_A+p_B+p_C=3U_p I_p\cos\varphi$$

2）平均功率：三相电源发出的平均功率或三相负载吸收的平均功率，都等于它的各相平均功率之和，即
$$P=3U_p I_p\cos\varphi=\sqrt{3}U_l I_l\cos\varphi$$

3）无功功率 　　　$Q=3U_p I_p\sin\varphi=\sqrt{3}U_l I_l\sin\varphi$

4）视在功率 　　　$S=\sqrt{P^2+Q^2}=3U_p I_p=\sqrt{3}U_l I_l$

以上各式中，φ 是相电压与相电流之间的相位差，而不是线电压与线电流之间的相位

差。对于三相负载来说，φ 是负载的阻抗角。

7. 对称三相电路分析的相量方法

(1) 对称三相电路分析。

1) 星形—星形联结的对称三相电路。①不管有无中性线，电源中性点 N 和负载中性点 N′等电位，$\dot{U}_{N'N}=0$。各相工作状态独立，仅取决于本相的电源和负载；②取出任一相作为三相电路的等效的单相电路进行计算。

2) 三角形—星形联结的对称三相电路。将三角形联结的电源进行三角形—星形等效变换，然后按照星形—星形联结的对称三相电路进行计算。

(2) 三相电路功率的测量。

1) 一功率表法是在三相四线制情况下，如果电路是三相对称的，则可用一功率表法。功率表测得的平均功率乘 3 就是三相负载的平均功率。

2) 二功率表法是在测量三相三线制电路的平均功率时，不论负载对称与否，都可以采用二功率表法。

三相负载的平均功率 $P=P_1+P_2$。

3) 三功率表法是在三相四线制电路中，功率测量一般要用三个功率表。每个功率表测出一相负载的平均功率，三个功率表测出的平均功率之和就是三相负载的平均功率。

对于不对称三相四线制电路，因为 $\dot{P}_A+\dot{P}_B+\dot{P}_C\neq0$；所以不能用一功率表方法或者二功率表方法来测量三相电路的功率，而要用三个功率表来测量。

8. 不对称三相电路

(1) 电源的中性点 N 和负载的中性点 N′不再等电位，发生了位移，称为中性点位移或中性点漂移。

(2) 用节点电压法求出中性点电压 $\dot{U}_{N'N}$，然后计算负载电流。

(3) 不对称的三相四线制，当中线阻抗 $Z_N=0$，线路阻抗 $Z_L=0$ 时，负载端的电压对称，为对称的三相电源电压，但负载电流不对称。

(4) 不对称的三角形联结负载，线路阻抗 $Z_L=0$ 时，负载电压就是电源的线电压，可直接求出各相负载电流。

1.3.2　供配电专业高频考点与历年真题解析

考点1：正弦量的三要素和有效值

【1.3-1】(2017)　正弦电压 $u_1=100\cos(\omega t+30°)$V 对应的有效值为：

A. 100V　　　　　B. 100/$\sqrt{2}$ V　　　　　C. 100$\sqrt{2}$ V　　　　　D. 50V

答案：B

解题过程：根据正弦波的表达式 $y(t)=A_m\sin(\omega t+\varphi)$ 可知，正弦量的三要素为最大值 A_m，角频率 ω，初始相位 φ。有效值 A 与最大值 A_m 的关系为 $A=\dfrac{A_m}{\sqrt{2}}$。

本题中，电压最大值 $U_m=100$V，角频率 ω，初始相位 $\varphi=30°$。

电压有效值 U 与最大值 U_m 的关系为 $U=\dfrac{U_m}{\sqrt{2}}=\dfrac{100}{\sqrt{2}}$ V。

【1.3-2】（2014）　两个交流电源 $u_1=3\sin(\omega t+53.4°)$，$u_2=4\sin(\omega t-36.6°)$ 串接在一起，新的电源最大幅值是：

A. 5V
B. $\dfrac{5}{\sqrt{2}}$ V
C. $5\sqrt{2}$ V
D. 10V

答案：A

解题过程：$\dot{u}_1=\dfrac{3}{\sqrt{2}}\angle 53.4°$ V，$\dot{u}_2=\dfrac{4}{\sqrt{2}}\angle-36.6°$ V；$|\dot{u}_1+\dot{u}_2|=\sqrt{\left(\dfrac{3}{\sqrt{2}}\right)^2+\left(\dfrac{4}{\sqrt{2}}\right)^2}$ V$=\dfrac{5}{\sqrt{2}}$ V，峰值为 5V。

考点2：相量形式

【1.3-3】（2022）　已知端口电压 $u=20\cos100t$ V，电流 $i=4\cos(100t+90°)$ A，则该端口性质是：

A. 纯电阻
B. 电容性
C. 电感性
D. 电阻电感性

答案：B

解题过程：当端口负载为电感性质时，电压相位超前电流；当为电容性质时，电流相位超前电压。由题意可知该端口为电容性。

【1.3-4】（2016）　在 RL 串联的交流电路中，用复数形式表示时，总电压 $\dot{U}$ 与电阻电压 $\dot{U}_R$ 和电感电压 $\dot{U}_L$ 的关系式为：

A. $\dot{U}=\dot{U}_R+\dot{U}_L$
B. $\dot{U}=\dot{U}_L-\dot{U}_R$
C. $\dot{U}=\dot{U}_R-\dot{U}_L$
D. $\dot{U}=\dot{U}_L\dot{U}_R$

答案：A

解题过程：根据基尔霍夫电压定律可得 $\dot{U}=\dot{U}_R+\dot{U}_L$。

考点3：功率

【1.3-5】（2022）　电路如图 1.3-5 所示，电路中 $\dot{I}$ 和电压源发出的复功率为：

A. 5+j5
B. 5+j1
C. 1+j5
D. 10+j5

答案：A

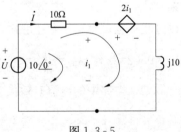

图 1.3-5

解题过程：根据题意可得题解图，如图 1.3-6 所示。

对电路列 KVL，即 $\begin{cases}-\dot{U}+10\dot{I}+2\dot{U}_1+j10\dot{I}=0\\-\dot{U}+10\dot{I}+\dot{U}_1=0\end{cases}$ 化简得

$-10+10\dot{I}+2(10-10\dot{I})+j10\dot{I}=0$

则 $\dot{I}=0.5+j0.5$A

复功率 $S=\dot{U}\dot{I}=5+j5$

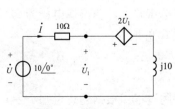

图 1.3-6　题 1.3-5 解图

【1.3-6】（2018）　功率表测量的功率为：

A. 瞬时功率　　　　　　　　　　B. 无功功率

C. 视在功率　　　　　　　　　　D. 有功功率

答案： D

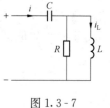

图 1.3 - 7

解题过程： 功率表测量的是有功功率。

【**1.3 - 7**】（**2018**）　如图 1.3 - 7 所示电路中，已知 $i_L=\sqrt{2}\cos 5t$ A，电路消耗功率 $P=5$W，$C=0.2\mu$F，$L=1$H，电路中电阻 R 的值为：

A. 10Ω　　　　　　　　B. 5Ω

C. 15Ω　　　　　　　　D. 20Ω

答案： B

解题过程： $P=I^2R$；已知电流的有效值 $I=1$A，则电阻 $R=\dfrac{P}{I^2}=5\Omega$。

★【**1.3 - 8**】（**2017、2016、2011**）　日光灯等效电路为一 RL 串联电路，将日光灯接于 50Hz 的正弦交流电源上，其两端电压为 220V，电流为 0.4A，有功功率为 40W，那么，该日光灯吸收的无功功率为：

A. 78.4var　　　　B. 68.4var　　　　C. 58.4var　　　　D. 48.4var

答案： A

解题过程： 根据题意可知有功功率 $P=40$W，视在功率 $S=UI=220$V$\times0.4$A$=88$W，则无功功率 $Q=\sqrt{S^2-P^2}=\sqrt{88^2-40^2}$ var$=78.38$var。

【**1.3 - 9**】（**2017**）　图 1.3 - 8 所示 RLC 串联电路，已知 $R=60\Omega$，$L=0.02$H，$C=10\mu$F，正弦电压 $u=100\sqrt{2}\cos(10^3t+15°)$ V，则该电路视在功率为：

A. 60VA　　　　　　　B. 80VA

C. 100VA　　　　　　D. 160VA

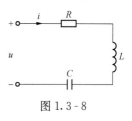

图 1.3 - 8

答案： C

解题过程： 据题意可知，正弦电压的有效值 $U=100$V，$\omega=1000$，$\varphi=15°$。则 $X_L=\omega L=1000\times0.02=20$，$X_C=\dfrac{1}{\omega C}=\dfrac{1}{1000\times10\times10^{-6}}=100$，$Z=R+jX_L-jX_C=60+j20-j100=60-j80\Omega$。电路中的电流有效值为

$$I=\frac{U}{|Z|}=\frac{100}{\sqrt{60^2+80^2}}\text{A}=1\text{A}$$

则该电路的视在功率为 $S=UI=100$V$\times1$A$=100$VA。

【**1.3 - 10**】（**2016**）　RL 串联电路可以看成日光灯电路模型。将日光灯接于 50Hz 的正弦交流电压源上，测得端电压为 220V，电流为 0.4A，功率为 40W。那么，该日光灯的等效电阻 R 的值为：

A. 250Ω　　　　　　B. 125Ω　　　　　　C. 100Ω　　　　　　D. 50Ω

答案： A

解题过程： 根据题意可知 $P=I^2R$，将 $P=40$W，$I=0.4$A 代入求得 $R=250\Omega$。

【**1.3 - 11**】（**2014**）　一个电源容量为 20kW，电压为 220V。一个负载：电压为 220V，功

率为4kW，功率因数$\cos\varphi=0.8$。问此电源最多可带几组负载？

A. 8   B. 6   C. 4   D. 3

答案：C

解题过程：负载容量$S_L=\dfrac{P_L}{\cos\varphi}=\dfrac{4}{0.8}$ kW$=5$kW，电源容量$S=20$kW，则电源能带负载数量为$S/S_L=20/5=4$。

考点4：功率因数

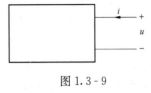

【1.3-12】(2018) 如图1.3-9所示电路中，已知一端口的电压$u=100\cos(\omega t+60°)$ V，电流$i=5\cos(\omega t+30°)$ A，其功率因数是：

图1.3-9

A. 1   B. 0   C. 0.866   D. 0.5

答案：C

解题过程：$\cos\varphi=\cos(\varphi_u-\varphi_i)=\cos 30°=0.866$。

【1.3-13】(2016) 在220V的工频交流线路上并联接有20只40W（功率因数$\cos\varphi=0.5$）的日光灯和100只400W的白炽灯，线路的功率因数$\cos\varphi$为：

A. 0.9994   B. 0.9888   C. 0.9788   D. 0.9500

答案：A

解题过程：日光灯的有功功率$P_1=20\times40$W$=800$W，无功功率$Q_1=P_1\tan\varphi=800\times\tan(\arccos 0.5)=800\times1.732=1385.6$var

白炽灯的有功功率$P_2=100\times400$W$=40\,000$W，无功功率$Q_2=0$var

则线路的总有功功率$P_\Sigma=P_1+P_2=40\,800$W，总无功功率$Q_\Sigma=Q_1+Q_2=1385.6$var，

功率因数$\cos\varphi_\Sigma=\dfrac{P_\Sigma}{\sqrt{P_\Sigma^2+Q_\Sigma^2}}=\dfrac{40\,800}{\sqrt{40\,800^2+1385.6^2}}=0.9994$

考点5：最大功率传输

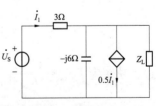

【1.3-14】(2018) 如图1.3-10所示电路，已知$U_s=6\underline{/0°}$ V，负载Z_L能够获得的最大功率是：

A. 1.5W   B. 3.5W

C. 6.5W   D. 8W

图1.3-10

答案：A

解题过程：设端口电流为I_{in}，其电路如图1.3-11所示。

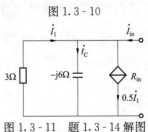

①利用基尔霍夫电流定律有

$$\begin{cases}(\dot I_{in}+\dot I_1)=0.5\dot I_1+\dot I_c\\ \dot I_c(-j6)=-3\dot I_1\end{cases}\Rightarrow\dot I_{in}=\left(-\dfrac{1}{2}-j\dfrac{1}{2}\right)\dot I_1$$

图1.3-11 题1.3-14解图

②端口开路电压$\dot U_{in}=-3\dot I_1$

③输入电阻 $R_{in}=\dfrac{\dot U_{in}}{\dot I_{in}}=\dfrac{-3}{-(0.5+j0.5)}=3(1-j)$ Ω，共轭值：$Z_L=3(1+j)$ Ω

④由基尔霍夫电压定律得Z_L阻抗电压U_{oc}为

$$\dot{U}_{S}-3\dot{I}_{1}=(\dot{I}_{1}-0.5\dot{I}_{1})\,(-6\mathrm{j})\Rightarrow\dot{I}_{1}=1+\mathrm{j}=\frac{\sqrt{2}}{2}\underline{/45°}$$

$$U_{oc}=(\dot{I}_{1}-0.5\dot{I}_{1})\,(-6\mathrm{j})=3\sqrt{2}\underline{/-45°}$$

最大功率　　　　　　　　$P_{max}=\dfrac{U_{oc}^{2}}{4R_{eq}}=\dfrac{(3\sqrt{2})^{2}}{4\times3}W=1.5W$

【1.3‑15】(2016)　如图 1.3‑12 所示的正弦交流电路中，已知 $\dot{U}_{S}=100\underline{/0°}V$，$R=10\Omega$，$X_{L}=20\Omega$，$X_{C}=30\Omega$。若负载 Z_{L} 可变，它能获得的最大功率为：

A. 62.5W　　　　　B. 52.5W　　　　　C. 42.5W　　　　　D. 32.5W

答案： A

解题过程： 求等效阻抗时，将电压源短路，其电路如图 1.3‑13（a）所示。

根据图 1.3‑13（a）可得电路等效阻抗为：

$$Z_{eq}=R_{eq}+\mathrm{j}X_{eq}=(R/\!/\mathrm{j}X_{L})+(-\mathrm{j}X_{C})=(10/\!/\mathrm{j}20)-\mathrm{j}30=(8-\mathrm{j}26)\Omega$$

最佳匹配时 $Z_{L}=Z_{eq}^{*}=$（8+j26）Ω，获得最大功率。

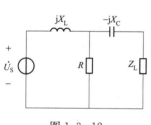 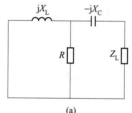

图 1.3‑12　　　　　　　　　　图 1.3‑13　题 1.3‑15 解图

求开路电压时，将负载 Z_{L} 开路，其电路如图 1.3‑13（b）所示。

根据图 1.3‑13（b）可得开路电压为：

$$\dot{U}_{oc}=\dot{U}_{S}\times\frac{R}{R+\mathrm{j}X_{L}}=100\underline{/0°}\times\frac{10}{10+\mathrm{j}20}=100\underline{/0°}\times\frac{\sqrt{5}}{5}\underline{/-63.43°}=20\sqrt{5}\underline{/-63.43°}获得$$

最大功率为 $P_{max}=\dfrac{U_{oc}^{2}}{4R_{eq}}=\dfrac{(20\sqrt{5})^{2}}{4\times8}W=62.5W$。

考点 6： 正弦电流电路分析的相量方法

【1.3‑16】(2024)　在如图 1.3‑14 所示的正弦电流电路中，输入阻抗 Z 和导纳 Y 分别为：

A. 2－j1Ω，0.4＋j0.2S　　　　　　　B. 5－j5Ω，0.1＋j0.1S

C. 20－j10Ω，0.04＋j0.02S　　　　　D. 10－j20Ω，0.02＋j0.04S

答案： C

解题过程： $Z=10+$ ［－j10/／（10＋j10）］＝（20－j10）Ω；$Y=\dfrac{1}{Z}=\dfrac{1}{20-\mathrm{j}10}=$（0.04＋j0.02）S

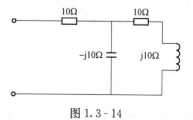

图 1.3‑14

【1.3‑17】(2023)　图 1.3‑15 所示电路中，感抗 ωL 等于：

A. 10Ω　　　　　B. 5Ω

C. 1.2Ω　　　　　D. 0.8Ω

答案： C

解题过程： 由图 1.3 - 15 可得 $P=I^2R \Rightarrow 40=5^2 \times R \Rightarrow$

$R=1.6\Omega$，$|Z|=\sqrt{R^2+(\omega L)^2}=\dfrac{U}{I}=\dfrac{10}{5}=2\Omega$，则

$\omega L=\sqrt{Z^2-R^2}=\sqrt{2^2-1.6^2}\,\Omega=1.2\Omega$。

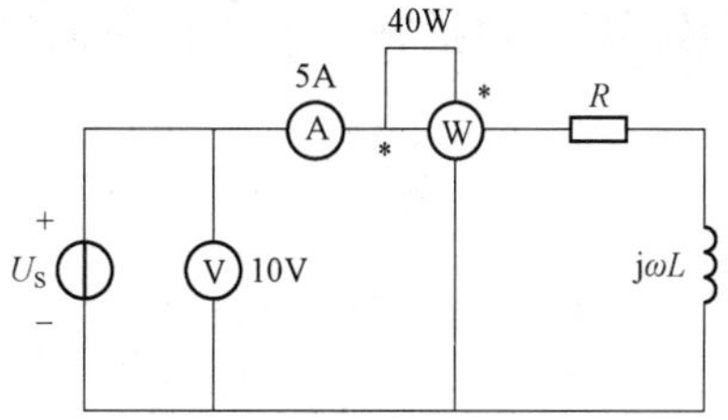

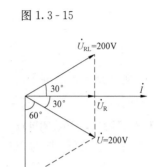

图 1.3 - 15

【1.3 - 18】（2023） RLC 串联电路中，若 $U=U_C=U_{RL}=$
200V，$R=20\Omega$，则该电路电流有效值为：

A. 8.66A　　　　　B. 10A

C. 17.32A　　　　　D. 20A

答案： A

解题过程： 以电流 I 作为参考相量，绘制相量图如图 1.3 - 16

所示，满足 $\dot{U}=\dot{U}_R+\dot{U}_C+\dot{U}_L$，则 $I=\dfrac{U_{RL}\cos 30^\circ}{R}=5\sqrt{3}\,\text{A}$。

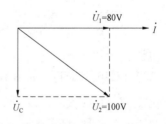

图 1.3 - 16

【1.3 - 19】（2023） 图 1.3 - 17 所示正弦稳态电路，电容电压
u 的有效值为：

A. 20V　　　　B. 60V　　　　C. 80V　　　　D. 180V

答案： B

解题过程： 根据题意作出相量图如图 1.3 - 18 所示。根据题意和题解图可知：$U_C=$
$\sqrt{U_2^2-U_1^2}=60\text{V}$。

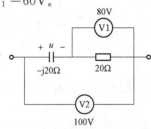

图 1.3 - 17

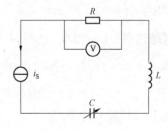

图 1.3 - 18　题 1.3 - 19 解图

【1.3 - 20】（2021） 电路如图 1.3 - 19 所示，已知 $i_S=$
$2\cos\omega t\,\text{A}$，电容 C 可调，如果电容增大，则电压表 Ⓥ 的
读数：

A. 增大　　　　　B. 减小

C. 不变　　　　　D. 不确定

答案： C

解题过程： 电路中的电流不变，则电阻两端的电压不变，电
容 C 的变化，不影响电压表变化。

图 1.3 - 19

【1.3 - 21】（2017） 图 1.3 - 20 所示正弦电路有理想电压表读数，则电容电压有效值为：

A. 10V　　　　B. 30V　　　　C. 40V　　　　D. 90V

答案： B

解题过程： 根据题意作出相量图，如图 1.3-21 所示。

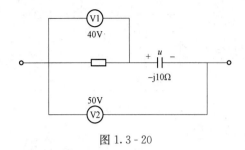

图 1.3-20　　　　　　　　　　图 1.3-21　题 1.3-21 解图

根据题意和题解图可知：$\dot{U}_1 = 40\underline{/0^\circ}$ V，$\dot{U}_2 = 50\underline{/-\varphi}$ V，$U_1 = 40$V，$U_2 = 50$V。则电容上的电压为，$U = \sqrt{U_2^2 - U_1^2} = \sqrt{50^2 - 40^2}$ V $= 30$V。

【1.3-22】(2016、2006) 在一个 RLC 串联电路中，若总电压 U、电容电压 U_C 以及 R、L 两端的电压 U_{RL} 均为 100V，且 $R = 10\Omega$，则电流 I 应为：

A. 10A　　　　　B. 5A　　　　　C. 8.66A　　　　　D. 5.77A

答案： C

解题过程： 根据题意作出相量图，如图 1.3-22 所示。

（1）根据题意可知　$|U| = |U_{RL}| = |U_C| = 100$V，可知电压相量图为一正三角形。因此，$\varphi = 30^\circ$。

（2）电阻两端电压

$$\dot{U}_R = \dot{U}_{RL}\cos30^\circ \Rightarrow |U_R| = |U_{RL}|\cos30^\circ = 50\sqrt{3} \text{ V}$$

（3）电阻上流过的电流 I 为

$$\dot{I} = \frac{U_R\underline{/0^\circ}}{R} = \frac{50\sqrt{3}\underline{/0^\circ}}{10}\text{A} = 5\sqrt{3}\underline{/0^\circ} \text{ A}$$

求得电流：$I = 8.66$A。

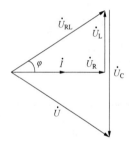

图 1.3-22　题 1.3-22 解图

★ **【1.3-23】(2016、2011)** 如图 1.3-23 所示正弦交流电路中，已知 $Z = 10 + j50\Omega$，$Z_1 = 400 + j1000\Omega$。当 β 取多大时，$\dot{I}_1$ 和 $\dot{U}_S$ 的相位差为 90°？

A. -41　　　　　B. 41

C. -51　　　　　D. 51

答案： A

解题过程： $\dot{U}_S = \dot{I}Z + \dot{I}_1 Z_1$，$\dot{I} = \dot{I}_1 + \beta\dot{I}_1$

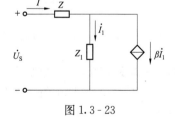

图 1.3-23

则　　　$\dot{U}_S = (1+\beta)(10+j50)\dot{I}_1 + (400+j1000)\dot{I}_1$

$= (410 + 10\beta)\dot{I}_1 + j[50(1+\beta) + 1000]\dot{I}_1$

由 $\dot{I}_1$ 与 $\dot{U}_S$ 相差 90° 得　　　　$\beta = -41$

【1.3-24】(2016) 由电阻 $R = 100\Omega$ 和电感 $L = 1$H 组成串联电路。已知电源电压为 $u_S(t) = 100\sqrt{2}\sin(100t)$V，那么该电路的电流 $i(t)$ 为：

A. $\sqrt{2}\sin(100t+45^\circ)$A　　　　　　　　　B. $\sqrt{2}\sin(100t-45^\circ)$A

C. $\sin(100t+45^\circ)$A　　　　　　　　　　　D. $\sin(100t-45^\circ)$A

答案： D

解题过程：电源电压为正弦函数形式，则电流也为正弦函数形式，电源电压的相量表示为 $\dot{U}_s=100\underline{/0^\circ}$ V，据题意可得：$\dot{U}_s=(R+j\omega L)\dot{I}$。则 $100\underline{/0^\circ}=(100+j100)\dot{I}=\dot{I}\times$ $100\sqrt{2}\underline{/45^\circ}$，求得 $\dot{I}=\dfrac{1}{\sqrt{2}}\underline{/-45^\circ}$A。

则电流的正弦函数形式为 $i(t)=\sin(100t-45^\circ)$A。

【1.3-25】(2016) 由电阻 $R=100\Omega$ 和电容 $C=100\mu F$ 组成串联电路。已知电源电压为 $u_s(t)=100\sqrt{2}\cos(100t)$V，那么该电路的电流 i（t）为：

A. $\sqrt{2}\cos(100t-45^\circ)$A   B. $\sqrt{2}\cos(100t+45^\circ)$A

C. $\cos(100t-45^\circ)$A   D. $\cos(100t+45^\circ)$A

答案：D

解题过程：电源电压为余弦函数形式，则电流也为余弦函数形式，电源电压的相量表示为 $\dot{U}_s=100\underline{/0^\circ}$ V，据题意可得：$\dot{U}_s=\left(R+\dfrac{1}{j\omega C}\right)\dot{I}=\left(R-j\dfrac{1}{\omega C}\right)\dot{I}$。则 $100\underline{/0^\circ}=\left(100-j\dfrac{1}{100\times100\times10^{-6}}\right)\dot{I}=(100-j100)\dot{I}=\dot{I}\times100\sqrt{2}\underline{/-45^\circ}$，求得 $\dot{I}=\dfrac{1}{\sqrt{2}}\underline{/45^\circ}$A。

则电流的余弦函数形式为 $i(t)=\cos(100t+45^\circ)$A。

【1.3-26】(2014) 如图 1.3-24 所示电路中，电源的频率是确定的，电感 L 的值固定，电容 C 的值和电阻 R 的值是可调的，当 ω^2LC 为多大时，流过 R 上的电流与 R 无关？

A. 2   B. $\sqrt{2}$ C. -1 D. 1

答案：D

解题过程：根据如图 1.3-25 所示的题解图可知，$I_1=j\omega CI_2R$，则

$$\dot{U}=j\omega L\dot{I}+\dot{I}_2R=j\omega L(j\omega C\dot{I}_2R+\dot{I}_2)+\dot{I}_2R=-\omega^2LC\dot{I}_2R+j\omega L\dot{I}_2+\dot{I}_2R$$
$$=\dot{I}_2R(1-\omega^2LC)+j\omega L\dot{I}_2$$

当 $1-\omega^2LC=0$ 时，即 $\omega^2LC=1$ 时，流过电阻 R 两端的电流 I_2 与电阻 R 无关。

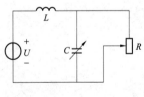

图 1.3-24

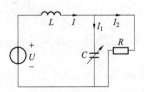

图 1.3-25 题 1.3-26 解图

【1.3-27】(2014) 电容 $C=3.2\mu F$，电阻 $R=100\Omega$，串联到交流电源上，电源电压为 220V，频率 $f=50Hz$，电容两端的电压与电阻两端电压的比值为：

A. 10   B. 15   C. 20   D. 25

答案：A

解题过程：设电源电压 $\dot{U}=220\underline{/0^\circ}$，则电容容抗为 $\dfrac{1}{\omega C}=\dfrac{1}{2\pi\times50\times3.2\times10^{-6}}=995.222\Omega$，

电容两端的电压与电阻两端电压的比值为 $\dfrac{\dfrac{1}{\omega C}}{R}=\dfrac{995.222}{100}=9.95$。

【1.3-28】(2014) 图 1.3-26 所示电路中，$X_C=X_L=R$，则 u 与 i 的相位差为：

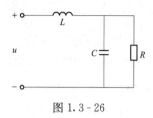
图 1.3-26

A. 0　　　　　　　　B. $\dfrac{\pi}{2}$

C. $-\dfrac{3\pi}{4}$　　　　　D. $\dfrac{\pi}{4}$

答案： D

解题过程： 据题意和图 1.3-26 可得

$$u=i\left[jX_L+(R\;/\!/-jX_C)\right]=i\left[jR+\left(\dfrac{-jR^2}{R-jR}\right)\right]=i\left(\dfrac{R^2}{R-jR}\right)$$

则

$$\dfrac{u}{i}=\dfrac{R^2}{R-jR}=R\underline{/45^\circ}=R\;\underline{/\dfrac{\pi}{4}}$$

【1.3-29】(2014) 图 1.3-27 所示电路中，$U=380\text{V}$，$f=50\text{Hz}$。如果开关 S 闭合，闭合前后电流表示数为 0.5A 不变，则 L 值为：

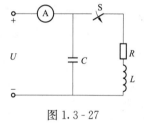
图 1.3-27

A. 0.8H　　　　　　B. 1.2H

C. 2.4H　　　　　　D. 1.6H

答案： B

解题过程：（1）开关 S 闭合前，电流表中流过的电流为电容电流，即 $I_C=0.5\text{A}$。则容抗为 $X_C=\dfrac{U}{I_C}=\dfrac{380}{0.5}\Omega=760\Omega$。

（2）开关 S 闭合后，电流表中流过的电流为 $I=0.5\text{A}$。则总电抗 Z 的模等于容抗的值，即 $|Z|=X_C=760\Omega$。

$$Z=-jX_C\;/\!/\;(R+jX_L)=\dfrac{-jX_C(R+jX_L)}{R+j(X_L-X_C)}=\dfrac{760(X_L^{'}-jR)}{R+j(X_L-760)}$$

根据 $|Z|=760\sqrt{\dfrac{X_L^2+R^2}{R^2+(X_L-760)^2}}=760\Omega$，可求得 $X_L=380\Omega$。

根据 $X_L=2\pi fL=100\pi L=380\Omega$ 求得 $L=1.209\text{H}$。

考点 7：谐振

【1.3-30】(2024) 在如图 1.3-28 所示的电路中，$L=1\text{mH}$、$L=10\mu\text{F}$。当电路电压谐振时的角频率 ω 为：

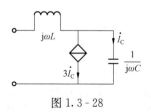
图 1.3-28

A. $10^3\,\text{rad/s}$　　　　B. $2.5\times10^3\,\text{rad/s}$

C. $5\times10^3\,\text{rad/s}$　　　D. $10^4\,\text{rad/s}$

答案： C

解题过程： $\dot{U}=j\omega L4\dot{I}_C+\dfrac{1}{j\omega C}\dot{I}_C=j\left[4\omega L-\dfrac{1}{\omega C}\right]\dot{I}_C$

$$\omega=\frac{1}{\sqrt{4LC}}=\frac{1}{\sqrt{4\times1\times10^{-3}\times10\times10^{-6}}}\text{rad/s}=\frac{1}{2\times10^{-4}}\text{rad/s}=5\times10^3\text{rad/s}$$

【1.3-31】(2023) 图 1.3-29 所示正弦稳态电路发生谐振，$R=100\Omega$，$C=0.15\mu F$，$L=2\text{mH}$，则该电路谐振频率 f 等于：

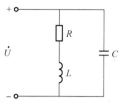

图 1.3-29

A. 116kHz B. 57.7kHz

C. 28.9kHz D. 4.6kHz

答案： D

解题过程： 根据图 1.3-29 可得总导纳为 $Y=\dfrac{1}{R+j\omega L}+j\omega C$。

谐振时，$\text{Im}\left[Y(j\omega_0)\right]=0\Rightarrow\omega_0=\dfrac{\sqrt{\dfrac{L}{C}-R^2}}{L}=\omega_0=\dfrac{\sqrt{\dfrac{2\times10^{-3}}{0.15\times10^{-6}}-100^2}}{2\times10^{-3}}\text{rad/s}=$

$28\ 867.5\text{rad/s}$。由 $\omega=2\pi f$，得 $f=\dfrac{\omega}{2\pi}=4594.4\text{Hz}=4.6\text{kHz}$。

【1.3-32】(2023) 在如图 1.3-30 所示的电路中，电压 U 含有基波和三次谐波，三次谐波角频率为 3000rad/s，若要求 U_1 不含基波，而将 U 中的三次谐波全部取出，则电感 L 数值为：

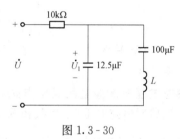

图 1.3-30

A. 1mH B. 5.5mH

C. 10mH D. 100mH

答案： C

解题过程： 根据图 1.3-30 和题意可知，当 $100\mu F$ 和 L 串联支路的谐振频率为

$$\omega_1=\frac{1}{\sqrt{L\times C}}=\frac{1}{\sqrt{L\times100\times10^{-6}}}=1000\text{rad/s}\Rightarrow L=10\text{mH}，则 U_1 中不含基波分量。$$

U_1 将 U 中三次谐波 $\omega_3=3000\text{rad/s}$ 分量全部取出，则 $12.5\mu F$ 支路与 $100\mu F$ 和 L 串联的支路发生并联谐振，即 $\left(j\times3000\times L-j\dfrac{1}{3000\times100\times10^{-6}}\right)//-j\dfrac{1}{3000\times12.5\times10^{-6}}=\infty$，

$L=10\text{mH}$。

【1.3-33】(2022) RLC 并联电路，$\dot I_S$ 保持不变，发生并联谐振的条件是：

A. $\omega L=\dfrac{1}{\omega C}$ B. $j\omega L=\dfrac{1}{j\omega C}$

C. $L=\dfrac{1}{C}$ D. $R+j\omega L=\dfrac{1}{j\omega C}$

答案： A

解题过程： 并联电路谐振条件为 $I_m\left[Y(j\omega_0)\right]=0$，即 $\omega_0=\dfrac{1}{\sqrt{LC}}$，$f_0=\dfrac{1}{2\pi\sqrt{LC}}$

使并联电路感纳和容纳相等，即 $\omega L=\dfrac{1}{\omega C}$

【1.3-34】(2021) 如图 1.3-31 所示电路，当并联电路 LC 发生谐振时，串联的 LC 电路也同时发生谐振，则串联电路 LC 的 L_1 为：

A. 250mH　　　　　B. 250H　　　　　C. 4H　　　　　D. 4mH

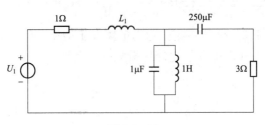

图 1.3 - 31

答案：D

解题过程：根据题意可知，并联回路谐振，则谐振频率 $\omega=\dfrac{1}{\sqrt{LC}}=\dfrac{1}{\sqrt{1\times1\times10^{-6}}}$ Hz$=$

1000Hz；串联的 LC 回路同时谐振，则谐振频率相等，$1000\text{Hz}=\dfrac{1}{\sqrt{L_1\times250\times10^{-6}}}$，可得

$L_1=4\text{mH}$。

【1.3 - 35】(2020)　根据相关概念判断下列电路中可能发生谐振的是：

A. 纯电阻电路　　　　　B. RL 电路　　　　　C. RC 电路　　　　　D. RLC 电路

答案：D

解题过程：谐振电路是由电感和电容组成的，电路谐振的典型电路有 RLC 串联和 RLC 并联。

图 1.3 - 32

【1.3 - 36】(2020)　图 1.3 - 32 所示电路中，电压$\dot{U}=$

$8\underline{/30^\circ}$V，电流$\dot{I}=2\underline{/30^\circ}$A，则$X_C$和$R$分别是：

A. 0.5Ω，4Ω　　　　　B. 2Ω，4Ω

C. 0.5Ω，16Ω　　　　　D. 2Ω，16Ω

答案：B

解题过程：电压与电流同相位，电路为阻性，则$R=\dfrac{\dot{U}}{\dot{I}}=\dfrac{8\underline{/30^\circ}}{2\underline{/30^\circ}}=4\Omega$

电感和电容为并联谐振，$X_C=X_L=2\Omega$

【1.3 - 37】(2019)　RC 串联电路，在角频率为 ω 时，串联阻抗为（4－j3）Ω，角频率为 3ω 时，串联阻抗为：

A. （4－j3）Ω　　　　　B. （12－j9）Ω　　　　　C. （4－j9）Ω　　　　　D. （4－j）Ω

答案：D

解题过程：$R-\text{j}\dfrac{1}{\omega C}=4-\text{j}3\Rightarrow\dfrac{1}{\omega C}=3$。

角频率为 3ω 时，$\dfrac{1}{3\omega C}=1$，则 $R-\text{j}\dfrac{1}{3\omega C}=$（4－j）Ω。

【1.3 - 38】(2016)　已知图 1.3 - 33 中正弦电流电路发生谐振时，电流表 A2 和 A3 的读数分别为 10A 和 20A，则电流表 A1 的读数为：

A. 10A　　　　　B. 17.3A　　　　　C. 20A　　　　　D. 30A

答案： B

解题过程： 设电路的端电压为 $\dot{U}=U\underline{/0^\circ}$，已知电路发生谐振，电流表 A1 的电流与端电压同相位，则 $\dot{I}_{A1}=I_{A1}\underline{/0^\circ}$。根据题意绘制图 1.3-33 电路的相量图如图 1.3-34 所示。

根据图 1.3-34 可得 $I_{A1}=\sqrt{(I_{A3})^2-(I_{A2})^2}=\sqrt{20^2-10^2}$ A＝17.32A

因此，电流表 A1 的读数为 17.32A。

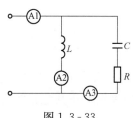

图 1.3-33

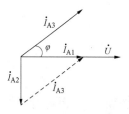

图 1.3-34　题 1.3-38 相量图

【1.3-39】（2016） 某 RLC 串联电路的 $L=3\text{mH}$，$C=2\mu\text{F}$，$R=0.2\Omega$。该电路的品质因数近似为：

A. 198.7　　　　B. 193.7　　　　C. 190.7　　　　D. 180.7

答案： B

解题过程： 串联谐振电路的品质因数 Q 为

$$Q=\frac{1}{R}\sqrt{\frac{L}{C}}=\frac{1}{0.2}\times\sqrt{\frac{3\times10^{-3}}{2\times10^{-6}}}\,\text{rad/s}=50\sqrt{15}\,\text{rad/s}=193.65\text{rad/s}$$

★【1.3-40】（2014、2008） 如图 1.3-35 所示电路的谐振角频率为：

A. $\dfrac{1}{3\sqrt{LC}}$　　　　　　B. $\dfrac{1}{9\sqrt{LC}}$

C. $\dfrac{9}{\sqrt{LC}}$　　　　　　D. $\dfrac{3}{\sqrt{LC}}$

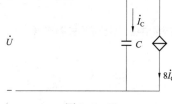

图 1.3-35

答案： A

解题过程： 据图 1.3-35 可得　$\dot{I}=\dot{I}_C+8\dot{I}_C$ 　　　　　　　　　　　　　　（1）

根据基尔霍夫电压定律可得

$$\dot{U}=(R+\text{j}\omega L)\dot{I}-\text{j}\frac{1}{\omega C}\dot{I}_C \tag{2}$$

将式（1）代入式（2）得 $\dot{U}=9\dot{I}_C(R+\text{j}\omega L)-\text{j}\dfrac{1}{\omega C}\dot{I}_C=9R\dot{I}_C+\text{j}(9\omega L-\dfrac{1}{\omega C})\dot{I}_C$。

电路谐振时，电压与电流同相位，则 $9\omega L-\dfrac{1}{\omega C}=0$。求得谐振角频率 $\omega=\dfrac{1}{3\sqrt{LC}}$。

【1.3-41】（2014） 如图 1.3-36 所示电路，已知 $R_1=3\Omega$，$L=2\text{H}$，$u=30\cos2t\,\text{V}$，$i=5\cos2t\,\text{A}$，则方框内串联电阻 R 和电容 C 的值应为：

A. $R=3\Omega$，$C=\dfrac{1}{8}\text{F}$　　　　B. $R=4\Omega$，$C=\dfrac{1}{8}\text{F}$

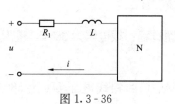

图 1.3-36

C. $R=3\Omega$，$C=8$F
D. $R=6\Omega$，$C=8$F

答案： A

解题过程： 据题意和图 1.3-36 可得

$$Z=3+\mathrm{j}\omega L+R-\mathrm{j}\frac{1}{\omega C}$$

已知 $u=30\cos 2t\,\mathrm{V}$，$i=5\cos 2t\,\mathrm{A}$，电路呈现纯阻性性质，电路发生串联谐振。有 $\omega L=\dfrac{1}{\omega C}$，则 $C=\dfrac{1}{\omega^2 L}=\dfrac{1}{4\times 2}\mathrm{F}=\dfrac{1}{8}\mathrm{F}$。

又 $Z=\dfrac{u}{i}=3+\mathrm{j}\omega L+R-\mathrm{j}\dfrac{1}{\omega C}=6$，则 $R=3\Omega$。

【1.3-42】（2014） 由 R_1、C_1、L_1 构成的串联电路和由 R_2、C_2、L_2 构成的另一串联电路，在某一工作频率 f_1 下皆对外处于纯电阻状态，如果把上述两电路组合串联成一个网络，那么该网络的谐振频率 f 为：

A. $\dfrac{1}{2\pi\sqrt{L_2 C_1}}$
B. $\dfrac{1}{2\pi\sqrt{L_1 C_2}}$

C. $\dfrac{1}{2\pi\sqrt{L_1 C_1}}$
D. $\dfrac{1}{2\pi\sqrt{(L_1+L_2)(C_1+C_2)}}$

答案： C

解题过程： 据题意可得两个串联电路的谐振频率相同，$f_1=\dfrac{1}{2\pi\sqrt{L_1 C_1}}=\dfrac{1}{2\pi\sqrt{L_2 C_2}}$，则得 $L_1 C_1=L_2 C_2$。新的串联网络中，电感串联、电容串联，则等效电感和等效电容分别为

$$L=L_1+L_2\ ,\ C=C_1\,/\!/\,C_2=\frac{C_1 C_2}{C_1+C_2}$$

则新的串联网络的谐振频率为

$$f=\frac{1}{2\pi\sqrt{LC}}=\frac{1}{2\pi\sqrt{(L_1+L_2)\dfrac{C_1 C_2}{C_1+C_2}}}=\frac{1}{2\pi\sqrt{(L_1 C_1 C_2+L_2 C_2 C_1)\dfrac{1}{C_1+C_2}}}$$

因为 $L_1 C_1=L_2 C_2$，则 $f=\dfrac{1}{2\pi\sqrt{L_1 C_1\times\dfrac{C_2+C_1}{C_1+C_2}}}=\dfrac{1}{2\pi\sqrt{L_1 C_1}}$。

考点 8：对称三相电路

【1.3-43】（2024） 如图 1.3-37 所示的三相对称电路中，线电压为 380V，负载 $Z=44\Omega$，则功率表的读数为：

A. 0
B. 1645W
C. 1916W
D. 2213W

答案： B

解题过程： 线电压为 380V，星形连接，A 相电压 $\dot{U}_\mathrm{A}=\dfrac{U_\mathrm{l}}{\sqrt{3}}=220\underline{/0^\circ}\,\mathrm{V}$，

则 A、C 两相线电压 $\dot{U}_\mathrm{AC}=380\underline{/-30^\circ}\,\mathrm{V}$，则 A 相电流 $\dot{I}_\mathrm{A}=\dfrac{\dot{U}_\mathrm{A}}{Z}=$

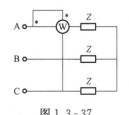

图 1.3-37

$\dfrac{220\underline{/0^\circ}}{44}A=5\underline{/0^\circ}A$。

功率表的功率 $P=U_{AC}I_A\cos\theta=380\times5\times\cos(-30^\circ)$ W $=1645.4$W。

【1.3-44】(2023) 如图 1.3-38 所示，对称三相电路中负载星形联结，电源线电压为 380V，当端线熔断器断开时，两端电压为：

A. 0V　　　　　　　　B. 190V

C. 220V　　　　　　　D. 330V

答案：D

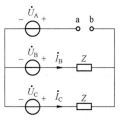

图 1.3-38

解题过程：利用节点电压法，选择星形中性点为参考 0 点，则

$U_a=U_A$, $U_b\left(\dfrac{1}{Z}+\dfrac{1}{Z}\right)=\dfrac{U_B}{Z}+\dfrac{U_C}{Z}$，因此，$U_a-U_b=\dot U_A-\dfrac{1}{2}(\dot U_B+\dot U_C)\xrightarrow{\dot U_B+\dot U_C+\dot U_A=0}$

$|U_a-U_b|=\left|\dfrac{3}{2}\dot U_A\right|=330$V。

【1.3-45】(2022) 图 1.3-39 所示对称三相电路中，线电压为 380V，则电压表 V1 和 V2 的读数分别是：

A. 110V，0V　　　　　B. 220V，0V

C. 220V，220V　　　　D. 220V，不确定

答案：B

解题过程：$U_{BN}=\dfrac{U}{\sqrt3}=220V=U_1$

$U_2=0=U_{NN'}$

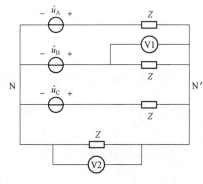

图 1.3-39

【1.3-46】(2021) 电路如图 1.3-40 所示，电路是对称三相三线制电路，负载为星形联结，线电压为 $U_1=380$V。若因故障 B 相断开（相当于 S 打开），则电压表 V 的读数为：

A. 0V　　　　　　　　B. 190V

C. 220V　　　　　　　D. 380V

答案：B

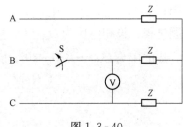

图 1.3-40

解题过程：当 B 相断开时，其负载 Z 上没有流过电流，其两端的电压相等，所以电压表测的读数值为线电压的一半，即 $U_1/2=190$V。

【1.3-47】(2020) 对称三相电路，三相总功率 $P=\sqrt3UI\cos\varphi$，其中 φ 是：

A. 线电压与线电流的相位差　　　　　　B. 相电压与相电流的相位差

C. 线电压与相电流的相位差　　　　　　D. 相电压与线电流的相位差

答案：B

解题过程：$P=3U_pI_p\cos\varphi=\sqrt3U_lI_l\cos\varphi$。其中，$\varphi$ 是相电压与相电流之间的相位差。

【1.3-48】(2019) 电源与负载均为星形联结的对称三相电路中，电源联结不变，负载改

为三角形联结，则负载的电流有效值：

A. 增大　　　　　　　B. 减小　　　　　　　C. 不变　　　　　　　D. 时大时小

答案：A

解题过程：星形—三角形联结时，负载侧的三角形联结的对称负载等效变换为星形联结的对称负载进行计算，$Z_Y = \frac{1}{3} Z_\triangle$，负载电流增大。

【1.3-49】(2017) 如图 1.3-41 所示电路，已知 $Z = 38\underline{/-30^\circ}\Omega$，线电压 $\dot{U}_{BC} = 380\underline{/-90^\circ}$ V，线电流 $\dot{I}_A$ 等于：

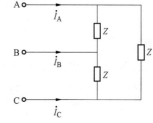

A. $5.77\underline{/-30^\circ}$　　　　　B. $5.77\underline{/90^\circ}$

C. $17.37\underline{/30^\circ}$　　　　　D. $17.37\underline{/90^\circ}$

答案：C

解题过程：根据 $\dot{U}_{BC} = 380\underline{/-90^\circ}$ V 可得，A 相相电压为 $\dot{U}_A = 220\underline{/0^\circ}$ V。负载 Z 进行三角形—星形转换后，以 A 相电路进行计算。则 A 相电流为

图 1.3-41

$$\dot{I}_A = \frac{\dot{U}_A}{\dfrac{Z}{3}} = \frac{220\underline{/0^\circ}}{\dfrac{38\underline{/-30^\circ}}{3}}A = \frac{660}{38}\underline{/30^\circ}A = 17.368\underline{/30^\circ}A$$

星形联结，线电流等于对应的相电流。

【1.3-50】(2016) 图 1.3-42 所示三相对称电路中，$\dfrac{X_1}{R_1} = \dfrac{R_2}{X_2} = \dfrac{1}{\sqrt{3}}$，线电压为正序组，则 $\dot{U}_{mn}$ 的值为：

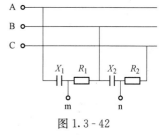

A. $380\underline{/90^\circ}$V　　　　　B. $220\underline{/60^\circ}$V

C. $380\underline{/-90^\circ}$V　　　　D. $220\underline{/-60^\circ}$V

图 1.3-42

答案：A

解题过程：设相电压为 $\dot{U}_A = U_p\underline{/0^\circ}$，$\dot{U}_B = U_p\underline{/-120^\circ}$，$\dot{U}_C = U_p\underline{/120^\circ}$；

线电压为 $\dot{U}_{AB} = \sqrt{3}U_p\underline{/30^\circ}$，$\dot{U}_{BC} = \sqrt{3}U_p\underline{/-90^\circ}$，$\dot{U}_{CA} = \sqrt{3}U_p\underline{/150^\circ}$。

则

$$\dot{U}_m = \dot{U}_{AB}\frac{R_1}{R_1 - jX_1} = \dot{U}_{AB}\frac{1}{1 - j\dfrac{X_1}{R_1}} = \sqrt{3}U_p\underline{/30^\circ} \times \frac{1}{1 - j\dfrac{1}{\sqrt{3}}}$$

$$= \sqrt{3}U_p\underline{/30^\circ} \times \frac{\sqrt{3}}{2}\underline{/30^\circ} = 1.5U_p\underline{/60^\circ}$$

$$\dot{U}_n = \dot{U}_{BC}\frac{R_2}{R_2 - jX_2} = \dot{U}_{BC}\frac{1}{1 - j\dfrac{X_2}{R_2}} = \sqrt{3}U_p\underline{/-90^\circ} \times \frac{1}{1 - j\sqrt{3}} = \sqrt{3}U_p\underline{/-90^\circ} \times \frac{1}{2}\underline{/60^\circ} = \frac{\sqrt{3}}{2}U_p\underline{/-30^\circ}$$

$$\dot{U}_{mn} = \dot{U}_m - \dot{U}_n = \frac{3}{2}U_p\underline{/60^\circ} - \frac{\sqrt{3}}{2}U_p\underline{/-30^\circ}$$

$$= U_p\left\{\frac{3}{2} \times (\cos 60^\circ + j\sin 60^\circ) - \frac{\sqrt{3}}{2}[\cos(-30^\circ) + j\sin(-30^\circ)]\right\} = j\sqrt{3}U_p = 380\underline{/90^\circ}V$$

【1.3-51】（2016） 在对称三相电路中，星形联结，每相负载由电阻 $R=60\Omega$ 和感抗 $X_L=80\Omega$ 串联而成，电源线电压为 $U_{AB}(t)=380\sqrt{2}\sin(314t+30°)\text{V}$，则 A 相负载的线电流为：

A. $2.2\sqrt{2}\sin(314t+37°)\text{A}$ 　　　　　　B. $2.2\sqrt{2}\sin(314t-37°)\text{A}$

C. $2.2\sqrt{2}\sin(314t-53°)\text{A}$ 　　　　　　D. $2.2\sqrt{2}\sin(314t+53°)\text{A}$

答案：C

解题过程：已知 A 相负载 $Z=R+jX_L=(60+j80)\Omega$，线电压 $U_{AB}(t)=380\sqrt{2}\sin(314t+30°)$，则相电压 $U_A(t)=220\sqrt{2}\sin(314t)\text{V}$，则 A 相电流的有效值 I 为：$\dot{I}=\dfrac{\dot{U}_A}{Z}=\dfrac{220\underline{/0°}}{60+j80}\text{A}=2.2\underline{/-53.13°}\text{A}$。

　　星形联结，相电流＝线电流。则 A 相负载的线电流 $2.2\sqrt{2}\sin(314t-53.13°)\text{A}$。

【1.3-52】（2014） 图 1.3-43 所示三相电路中，三相电源电压有效值为 U，Z 为已知，则 $\dot{I}_A$ 为：

A. $\dfrac{\dot{U}_A}{Z}$ 　　　　　　B. 0

C. $\dfrac{\sqrt{3}\dot{U}_A}{Z}$ 　　　　　　D. $\dfrac{\dot{U}_A}{Z}\underline{/120°}$

答案：A

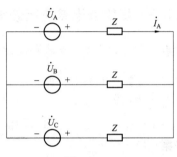

图 1.3-43

解题过程：$\dot{I}_A=\dfrac{\dot{U}_A}{Z}$。

【1.3-53】（2014） 三个相等的负载 $Z=(40+j30)\Omega$，星形联结，其中点与电源中性点通过阻抗 $Z_N=(1+j0.9)\Omega$ 相联结，已知对称三相电源的线电压为 380V，则负载的总功率 P 为：

A. 1682.2W 　　　B. 2323.2W

C. 1221.3W 　　　D. 2432.2W

答案：B

解题过程：根据题意做出图 1.3-44，对称三相负载，在中性线上没有电流流过。已知线电压为 380V，则设相电压 $\dot{U}_A=220\underline{/0°}\text{V}$，则 A 电流 $\dot{I}_A$ 为

$$\dot{I}_A=\frac{\dot{U}_A}{Z}=\frac{220\underline{/0°}}{40+j30}\text{A}=4.4\underline{/-36.87°}\text{A}$$

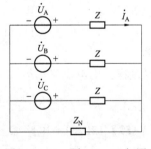

图 1.3-44　题 1.3-53 解图

则负载的总功率为

$$P=3U_A I_A\cos36.87°=3\times220\times4.4\times\cos36.87°\text{W}=2323.2\text{W}$$

考点 9：不对称三相电路

【1.3-54】（2018） 电源对称（星形联结）的负载不对称的三相电路如图 1.3-45 所示，$Z_1=(150+j75)\Omega$，$Z_2=75\Omega$，$Z_3=(45+j45)\Omega$，电源相电压 220V，电源线电流 I_A 等于：

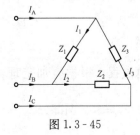

图 1.3-45

A. $I_A=6.8\angle-85.95°$ A   B. $I_A=5.67\angle-143.53°$ A

C. $I_A=6.8\angle 85.95°$ A   D. $I_A=5.67\angle 143.53°$ A

答案： A

解题过程： 设 $\dot{U}_{AB}=\dot{U}_A-\dot{U}_B=380\angle 0°$V，$\dot{U}_{CA}=\dot{U}_C-\dot{U}_A=380\angle 120°$V，则

$$\dot{I}_1=\frac{\dot{U}_{AB}}{Z_1}=\frac{380\angle 0°}{150+j75}=2.26588\angle-26.56°=2.0266-j1.013A$$

$$\dot{I}_3=\frac{\dot{U}_{CA}}{Z_3}=\frac{380\angle 120°}{45+j45}=5.971\angle 75°=1.5454+j5.7675A$$

$$\dot{I}_A=\dot{I}_1-\dot{I}_3=0.4812-j6.87=6.886\angle-85.99°\ A$$

1.3.3 发输变电专业高频考点与历年真题解析

考点 1： 正弦量的三要素和有效值

【1.3-55】（2023） 已知两正弦交流电 $i_1=10\sin(628t)$A，$i_2=10\cos(628t-120°)$A，则二者的相位关系为：

A. 同相   B. 反相   C. 相差 120°   D. 相差 30°

答案： D

解题过程： $i_1=10\sin(628t)=10\cos(628t-90°)$

$$\varphi=-90°-(-120°)=30°$$

【1.3-56】（2022） 如图 1.3-46 所示，$U_1=15$V，$U_2=80$V，$U_3=100$V，则电路 ab 端电压有效值为：

A. 195V   B. 25V

C. 20V   D. 95V

答案： B

解题过程： 由电压三角形可求得电路的端电压有效值

$$U=\sqrt{U_1^2+(U_3-U_2)^2}=\sqrt{15^2+20^2}\ V=25V$$

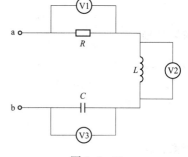

图 1.3-46

【1.3-57】（2020） 电路如图 1.3-47 所示 $L=1$H，$R=1\Omega$，$u_S=\left(\frac{1}{\sqrt{2}}+\sqrt{2}\cos t\right)$V，则 i 的有效值为：

A. $\frac{1}{\sqrt{2}}$A   B. $\sqrt{\frac{3}{2}}$A

C. $\sqrt{2}$A   D. 1A

答案： D

解题过程： 根据叠加定理，u_S 分为直流 $u_{S1}=\frac{1}{\sqrt{2}}$V 和交流

$u_{S2}=\sqrt{2}\cos t$V 两部分。

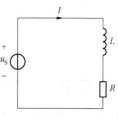

图 1.3-47

①直流 u_{S1} 作用时，L 短路　$i_{S1}=\dfrac{u_{S1}}{R}=\dfrac{\sqrt{2}}{2}$A

②直流 u_{S2} 作用时，$X_L=wL=1$　$X=R+jX_L=1+j1$

$$i_{S2}=\frac{u_{S2}}{X}=\frac{\sqrt{2}\cos t}{1+j1}=\cos\ (t-45°)$$

$i=i_{S1}+i_{S2}=\dfrac{\sqrt{2}}{2}+\cos\ (t-45°)$，有效值 $I=\sqrt{\left(\dfrac{\sqrt{2}}{2}\right)^2+\left(\dfrac{1}{\sqrt{2}}\right)^2}A=1$A

【1.3-58】(2018)　正弦电压 $u=100\cos\ (\omega t+30°)$ V 对应的有效值为：

A. 100V　　　　　B. $50\sqrt{2}$ V　　　　　C. $100\sqrt{2}$ V　　　　　D. 50V

答案：B

解题过程：电压有效值为 $\dfrac{U_m}{\sqrt{2}}=\dfrac{100}{\sqrt{2}}V=50\sqrt{2}$ V。

【1.3-59】(2018)　图 1.3-48 所示正弦电流
电路已标明理想交流电压表的读数（对应电
压的有效值），则电容电压的有效值为：

A. 10V　　　　　B. 30V

C. 40V　　　　　D. 90V

答案：B

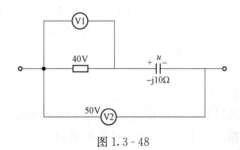

图 1.3-48

解题过程：根据题图可得电容电压 u 的有效

值为 $u=\sqrt{U_2^2-U_1^2}=\sqrt{50^2-40^2}$ V$=30$V。

【1.3-60】(2014)　某一供电线路的负载功率是 85kW，功率因数是 0.85（$\varphi>0$）。已知
负载两端的电压为 1000V，线路的电阻为 0.5Ω，感抗为 1.2Ω，则电源的端电压有效
值为：

A. 1108V　　　　　B. 554V　　　　　C. 1000V　　　　　D. 130V

答案：A

解题过程：设负载端电压 $\dot{U}=U\underline{/0°}=1000\underline{/0°}$V，根据题意可知负载电流有效值 I 可根据

$P=UI\cos\varphi$ 进行计算，则 $I=\dfrac{P}{U\cos\varphi}=\dfrac{85\times10^3}{1000\times0.85}A=100$A。电流 $\dot{I}=I\underline{/-\arccos\varphi}=$

$100\underline{/-31.788°}$，则电源端电压 $\dot{U}_S=\dot{U}+\dot{I}\ (R+jX)=1000\underline{/0°}V+100\underline{/-31.788°}\times(0.5+$

j1.2)V$=1108.299\underline{/3.19°}$V。

考点 2：功率因数

【1.3-61】(2023)　如图 1.3-49 所示的电路中，$u_S=141.4\cos(314t)$ V，
电阻消耗的功率为 100W，则该电路的功率因数应为：

A. 0.25　　　　　B. 0.4

C. 0.5　　　　　D. 0.8

答案：C

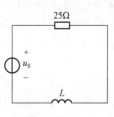

图 1.3-49

解题过程： $U=\dfrac{141.4}{\sqrt{2}}=100\text{V}$，$P=I^2R\Rightarrow I=\sqrt{\dfrac{100}{25}}=2\text{A}$，$P=UI\cos\varphi$；得 $\cos\varphi=\dfrac{P}{UI}=\dfrac{100}{100\times2}=0.5$。

【1.3-62】(2014) 已知某感性负载接在 220V，50Hz 的正弦电压上，测得其有功功率和无功功率各为 7.5kW 和 5.5kvar，其功率因数为：

A. 0.686　　　　B. 0.906　　　　C. 0.706　　　　D. 0.806

答案： D

解题过程： 根据题意可知 $P=7.5\text{kW}$，$Q=5.5\text{kvar}$，则视在功率为 $S=\sqrt{P^2+Q^2}=\sqrt{7.5^2+5.5^2}\text{kVA}=9.3\text{kVA}$，功率因数 $\cos\varphi=P/S=7.5/9.3=0.806\,45$。

考点3：最大功率传输

【1.3-63】(2017、2016) 图 1.3-50 所示正弦交流电路中，已知 $\dot{U}_\text{S}=100\underline{/0^\circ}\text{V}$，$R=10\Omega$，$X_\text{L}=20\Omega$，$X_\text{C}=30\Omega$。当负载 Z_L 为多大时可获得最大功率？

A. $(10+\text{j}26)\ \Omega$　　　　　　　　B. $(8-\text{j}26)\ \Omega$

C. $(10-\text{j}26)\ \Omega$　　　　　　　　D. $(8+\text{j}26)\ \Omega$

答案： D

解题过程： 求等效阻抗时，将电压源短路，其电路如图 1.3-51 所示。

根据图 1.3-51 可得电路等效阻抗为

$$Z_\text{eq}=(R\,/\!/\,\text{j}X_\text{L})+(-\text{j}X_\text{C})=(10\,/\!/\,\text{j}20)-\text{j}30=8-\text{j}26\,\Omega$$

最佳匹配时 $Z_\text{L}=Z_\text{eq}^*=8+\text{j}26\,\Omega$，获得最大功率。

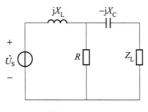

图 1.3-50

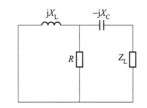

图 1.3-51　题 1.3-63 解图

考点4：正弦电流电路分析的相量方法

【1.3-64】(2024) 在如图 1.3-52 所示的正弦电流电路中，电流表 A1、A2、A3 的读数分别为 6A、10A、18A，则电流表 A 的读数为：

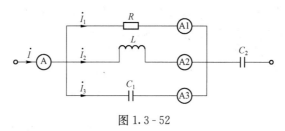

图 1.3-52

A. 10A　　　　　　B. 14A

C. 20A　　　　　　D. 34A

答案： A

图 1.3 - 53

题 1.3 - 64 解图

解题过程： 做题解图如图 1.3 - 53 所示，满足 $\dot{I}=\dot{I}_1+\dot{I}_2+\dot{I}_3$，$I=$ $\sqrt{(18-10)^2+6^2}\,\mathrm{A}=10\mathrm{A}$。

【1.3 - 65】（2024）　利用如图 1.3 - 54 所示的电路可以测量线圈的 R、L 值。电源电压 $U_\mathrm{S}=80\mathrm{V}$，调节电路的角频率为 $\omega=10\mathrm{rad/s}$，得到电容的 电压 $U_\mathrm{C}=60\mathrm{V}$、线圈两端的电压 $U_\mathrm{RL}=100\mathrm{V}$、回路电流为 2A。则 R、L 的值分别为：

A. 0Ω、1H　　　　B. 40Ω、3H

C. 50Ω、1H　　　　D. 50Ω、3H

答案： B

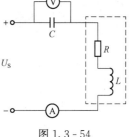

图 1.3 - 54

解题过程： 根据题意可知：电容的容抗 $X_\mathrm{C}=\dfrac{U_\mathrm{C}}{I}=\dfrac{60}{2}\Omega=30\Omega$，

线圈阻抗 $Z_\mathrm{RL}=\sqrt{R^2+X_\mathrm{L}^2}=\dfrac{U_\mathrm{RL}}{I}=\dfrac{100}{2}\Omega=50\Omega$，电路总阻抗 $Z=$

$\sqrt{R^2+(X_\mathrm{L}-X_\mathrm{C})^2}=\dfrac{U_\mathrm{S}}{I}=\dfrac{80}{2}\Omega=40\Omega$。联立求得 $X_\mathrm{L}=30\ \Omega$、

$R=40\ \Omega$，$X_\mathrm{L}=\omega L \Rightarrow L=\dfrac{X_\mathrm{L}}{\omega}=\dfrac{30}{10}\mathrm{H}=3\mathrm{H}$。

【1.3 - 66】（2024）　在如图 1.3 - 55 所示的电路中，已知 $i(t)=14.14\cos10t\,\mathrm{A}$，电路消耗 的功率 $P=1\mathrm{kW}$，则电阻 R 的值为：

A. 5Ω　　　　　　B. 10Ω

C. 50Ω　　　　　　D. 100Ω

答案： B

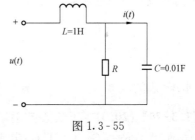

图 1.3 - 55

解题过程： 电流有效值 $I=\dfrac{14.14}{\sqrt{2}}\mathrm{A}=10\mathrm{A}$，电容两端电

压 $U_\mathrm{C}=\dfrac{1}{\omega C}I=\dfrac{1}{10\times0.01}\times10\mathrm{V}=100\mathrm{V}$，电阻两端电压

$U_\mathrm{R}=100\mathrm{V}$，则 $R=\dfrac{U_\mathrm{R}^2}{P}=\dfrac{100^2}{1000}\Omega=10\Omega$。

【1.3 - 67】（2023）　在一个由电阻、电感、电容串联组成的电路中，X_C 的值为 25Ω，若 保持电路总电压不变而将电感短路，电路总电流的有效值与原来相同，则 X_L 的值应为：

A. 50Ω　　　　B. 40Ω　　　　C. 25Ω　　　　D. 5Ω

答案： A

解题过程： 电阻、电感、电容串联电路的阻抗为 $Z_1=R+\mathrm{j}X_\mathrm{L}-\mathrm{j}X_\mathrm{C}$，将电感短路后的阻 抗为 $Z_2=R-\mathrm{j}X_\mathrm{C}$，根据题意可知，总电压不变，总电流有效值不变，可得 $Z_1=Z_2$，则可 求得 $X_\mathrm{L}=50\Omega$。

【1.3 - 68】（2021）　电路如图 1.3 - 56 所示，正弦交流电路在 $\omega=1\mathrm{rad/s}$ 时，其等效并联 电路元件参数分别是：

A. $R=1\Omega$，$L=1\text{H}$　　B. $R=0.5\Omega$，$L=0.5\text{H}$

C. $R=2\Omega$，$L=2\text{H}$　　D. $R=1\Omega$，$C=1\text{F}$

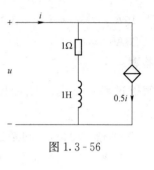

图 1.3-56

答案：B

解题过程：设电流 $i=I\underline{/0^\circ}$，根据图 1.3-56，应用基尔霍夫电流定律和基尔霍夫电压定律可得

$$u=(R+j\omega L)\times 0.5i=(1+j1)\times 0.5i=0.5\sqrt{2}\,I\underline{/45^\circ}$$

则等效阻抗 $Z=\dfrac{u}{i}=\dfrac{0.5\sqrt{2}\,I\underline{/45^\circ}}{I\underline{/0^\circ}}=0.5\sqrt{2}\underline{/45^\circ}=0.5+j0.5=$

$R+j\omega L$，则 $R=0.5\Omega$，$L=0.5\text{H}$。

【1.3-69】（2021） 电路如图 1.3-57 所示，正弦交流稳态电路，已知 $\dot{U}_{\text{S}}=10\underline{/45^\circ}\text{V}$，$R=\omega L=10\Omega$，可求得功率表的读数是：

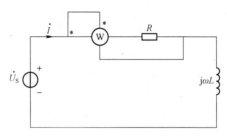

图 1.3-57

A. 2.5W　　　　B. 5W　　　　C. $5\sqrt{2}$W　　　　D. 10W

答案：B

解题过程：据题意和题图可得 $\dot{I}=\dfrac{\dot{U}_{\text{S}}}{R+j\omega L}=\dfrac{10\underline{/45^\circ}}{10+j10}=\dfrac{10\underline{/45^\circ}}{10\sqrt{2}\underline{/45^\circ}}=\dfrac{\sqrt{2}}{2}\underline{/0^\circ}\text{A}$

$$\dot{U}_{\text{R}}=\dot{I}R=\dfrac{\sqrt{2}}{2}\underline{/0^\circ}\times 10=5\sqrt{2}\underline{/0^\circ}\text{V}$$

则功率表的读数 $\qquad W=\dot{I}\dot{U}_{\text{R}}=\dfrac{\sqrt{2}}{2}\underline{/0^\circ}\times 5\sqrt{2}\underline{/0^\circ}=5\text{W}$

【1.3-70】（2020） 正弦稳态电路如图 1.3-58 所示，若 $u_{\text{S}}=10\cos 2t\text{V}$，$R=2\Omega$，$L=1\text{H}$，电流 i 与 u_{S} 的相应关系为：

A. i 滞后 $u_{\text{S}}\,90^\circ$　　B. 电流 i 超前电源 $u_{\text{S}}\,90^\circ$

C. i 滞后 $u_{\text{S}}\,45^\circ$　　　D. i 超前 $u_{\text{S}}\,45^\circ$

答案：C

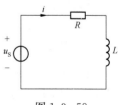

图 1.3-58

解题过程：由基尔霍夫电压定律可知：

$$iR+i\cdot j\omega L=u_{\text{S}}$$

所以 $\qquad\qquad i=\dfrac{u_{\text{S}}}{R+j\omega L}=\dfrac{u_{\text{S}}}{2+j2}=\dfrac{5\sqrt{2}}{2}\cos(2t-45^\circ)$

所以 i 滞后 $u_{\text{S}}\,45^\circ$。

【1.3-71】（2019） 电路如图 1.3-59 所示，支路电流 $\dot{I}$ 和 $\dot{I}_2$ 分别是：

A. $\dot{I}=(1+j5)$ A，$\dot{I}_2=(1+j)$A 　　B. $\dot{I}=(1-j5)$ A，$\dot{I}_2=(1-j)$ A

C. $\dot{I}=(1-j5)$ A，$\dot{I}_2=(1+j)$A 　　D. $\dot{I}=(1+j5)$ A，$\dot{I}_2=(1-j)$ A

答案： D

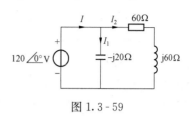

图 1.3-59

解题过程： 根据题图可得

$$\dot{I}_1=\frac{120\underline{/0^\circ}}{(60+j60)\ //\ (-j20)}\text{A}$$

$$=\frac{120\underline{/0^\circ}}{\dfrac{(600+j60)\times(-j20)}{(60+j60)+(-j20)}}\text{A}=(1+j5)\ \text{A}$$

$$\dot{I}_2=\frac{120\underline{/0^\circ}}{60+j60}\text{A}=(1-j)\ \text{A}$$

【1.3-72】(2018) 　图1.3-60所示正弦交流电路中，若各电流有效值均相等，即 $I=I_1=I_2$，且电路吸收的有功功率 $P=866\text{W}$，则电路吸收的无功功率 Q 等于：

A. 500var 　　　　　　B. -500var

C. 707var 　　　　　　D. -707var

答案： B

解题过程： 由于电阻元件端电压与电流同相位，电感元件
端电压超前电流 90°，电容元件电流超前端电压 90°，可绘出相量图，如图1.3-61所示。

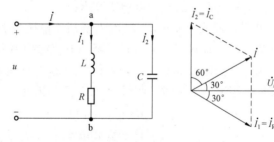

图 1.3-61　题 1.3-72 解图

由图1.3-61可知，由于

$$\dot{I}=\dot{I}_1+\dot{I}_2$$

且

$$|\dot{I}|=|\dot{I}_1|+|\dot{I}_2|$$

所以三个电流相量组成一个正三角形。有功功率为：$P=U_{ab}I\cos30^\circ=866\text{W}\Rightarrow U_{ab}I=866/\cos30^\circ$，则无功功率为：$Q=U_{ab}I\sin30^\circ=866\times\tan30^\circ=500\text{var}$。从相量图中可以看出总电压滞后于总电流，则该电路吸收的为容性无功功率，即 $Q'=-500\text{var}$。

【1.3-73】(2017、2016) 　正弦电流 $i_1(t)=15\sqrt{2}\sin(\omega t+45^\circ)\text{A}$，电流 $i_2(t)=10\sqrt{2}\sin(\omega t-30^\circ)$，电流 i_1 与 i_2 之和为：

A. $20.07\sqrt{2}\sin(\omega t-16.23^\circ)\text{A}$ 　　　　B. $20.07\sqrt{2}\sin(\omega t+15^\circ)\text{A}$

C. $20.07\sqrt{2}\sin(\omega t+16.23°)$ A
D. $20.07\sqrt{2}\sin(\omega t+75°)$ A

答案：C

解题过程：正弦电流的相量表示为 $\dot{I}_1=15\underline{/45°}$ A，$\dot{I}_2=10\underline{/-30°}$ A。

据题意可得 $\dot{I}_1+\dot{I}_2=15\underline{/45°}+10\underline{/-30°}=(19.2668+j5.6066)$ A $=20.066\underline{/16.22°}$ A。

则电流的正弦函数形式为 $i(t)=20.066\sqrt{2}\sin(\omega t+16.22°)$ A。

【1.3-74】(2014) 某些应用场合中，常常欲使某一电流与某一电压的相位差为 $90°$，如图 1.3-62 所示电路中，如果 $Z_1=100+j500\Omega$，$Z_2=400+j1000\Omega$，当 R 取多大时，才可能使电流 $\dot{I}_2$ 与电压 $\dot{U}$ 的相位相差 $90°$（$\dot{I}_2$ 滞后于 $\dot{U}$）？

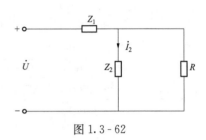

图 1.3-62

A. 460Ω
B. 920Ω

C. 520Ω
D. 260Ω

答案：B

解题过程：设电压 $\dot{U}=U\underline{/0°}$ V，根据题意可知

$$\dot{I}_2=\frac{\dot{U}}{Z_1+(Z_2//R_1)}\times\frac{R_1}{Z_2+R_1}=\frac{R_1U\underline{/0°}}{Z_1Z_2+Z_1R_1+Z_2R_1}$$

$$=\frac{R_1U\underline{/0°}}{(100+j500)\times(400+j1000)+R_1(100+j500+400+j1000)}$$

$$=\frac{R_1U\underline{/0°}}{(500R_1-460\,000)+j(300\,000+1500R_1)}$$

当 $500R_1-460\,000=0$ 时，即 $R_1=920\Omega$，电流 I_2 滞后于电压 U 角度为 $-90°$。

【1.3-75】(2014) 通过测量流入有互感的两串联线圈的电流和功率和外施电压，能够确定两个线圈之间的互感。现在用 $U=220$ V，$f=50$ Hz 的电源进行测量。当顺向串接时，测得 $I=2.5$ A，$P=62.5$ W；当反向串接时，测得 $P=250$ W。因此，两线圈的互感 M 为：

A. 42.85mH
B. 45.89mH

C. 88.21mH
D. 35.49mH

答案：D

解题过程：设负载端电压 $\dot{U}=U\underline{/0°}$ V，$\omega=2\pi f=314$，根据题意可知顺向连接时，该电路阻抗 $\dot{U}=\dot{I}(R_1+j\omega L_1+j\omega M+R_2+j\omega L_2+j\omega M)$ 则 $R_1+R_2=\dfrac{P}{I^2}=\dfrac{62.5}{2.5^2}\Omega=10\Omega$，$|R_1+$

$j\omega L_1+j\omega M+R_2+j\omega L_2+j\omega M|=\dfrac{U}{I}=\dfrac{220}{2.5}\Omega=88\Omega$，则

$$\omega(L_1+L_2+2M)=87.43\Omega \tag{1}$$

反向串联时，$I=\sqrt{\dfrac{P}{R_1+R_2}}=\sqrt{\dfrac{250}{10}}$ A $=5$ A，$|R_1+R_2+j\omega L_1+j\omega L_2-j2\omega M|=\dfrac{220}{5}\Omega=$

44Ω，则

$$\omega(L_1+L_2-2M)=\sqrt{44^2-10^2}\Omega=42.848\,57\Omega \tag{2}$$

联立式（1）、式（2）可得 $M=35.494$ mH。

考点 5：谐振

【**1.3-76**】（**2024**）　在如图 1.3-63 所示的电路中，已知 $U(t)=10+14.14\cos(1000t)$ V 求电流 $i(t)$ 的有效值为：

A. 10A　　　　　　　　B. 14.14A

C. 20A　　　　　　　　D. 28.28A

答案：A

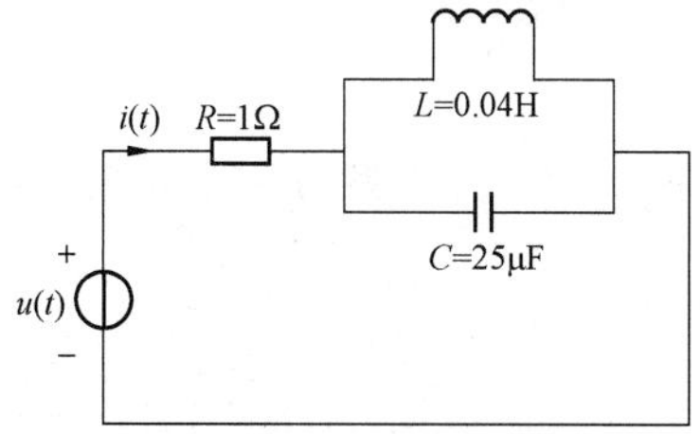

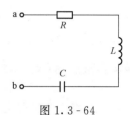

图 1.3-63

解题过程：由题可知 $\omega L=1000\times 0.04\Omega=40\Omega$，$\dfrac{1}{\omega C}=$
$\dfrac{1}{1000\times 25\times 10^{-6}}\Omega=40\Omega$，并联谐振，直流分量 $I_{dc}=$
$\dfrac{U_{dc}}{R}=\dfrac{10}{1}A=10$A，$i(t)$ 有效值为 10A。

【**1.3-77**】（**2022**）　RLC 串联电路如图 1.3-64 所示，已知端电压 $u=10\sqrt{2}\cos(2500t+15°)$ V。当电容 $C=8\mu$F 时，电路吸收的平均功率最大值达到 100W，则此时电路的 R 和 L 值分别为：

A. 10Ω，0.02H　　　　B. 1Ω，0.02H

C. 10Ω，0.01H　　　　D. 1Ω，0.01H

答案：B

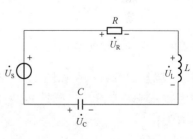

图 1.3-64

解题过程：由题知，$C=8\mu$F 时电路发生谐振，电流 I 最大，吸收功率 $P_{max}=100$W 达到最大。则　$L=\dfrac{1}{\omega_0^2 C}=\dfrac{1}{2500^2\times 8\times 10^{-6}}H=0.02$H，电路呈电阻性，得

$$R=\frac{U^2}{P_{max}}=\frac{10^2}{100}\Omega=1\Omega$$

【**1.3-78**】（**2021**）　电路如图 1.3-65 所示，$\dot U_S$ 保持不变，发生串联谐振所满足的条件为：

A. $\dot U_L=\dot U_C$　　　　　B. $\dot U_L=-\dot U_C$

C. $\dot I=0$　　　　　　D. $\dot U_S\ne\dot U_R$

答案：A

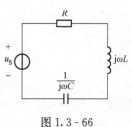

图 1.3-65

解题过程：根据图 1.3-65 和串联谐振的条件可知，$\dot U_L-\dot U_C=0$。

【**1.3-79**】（**2020**）　如图 1.3-66 所示 RLC 串联电路，u_S 保持不变，发生串联谐振的条件为：

A. $\omega L=\dfrac{1}{\omega C}$　　　　　B. $j\omega L=\dfrac{1}{j\omega C}$

C. $L=\dfrac{1}{C}$　　　　　　D. $R+j\omega L=\dfrac{1}{j\omega C}$

答案：A

图 1.3-66

解题过程： 串联谐振条件为：电路的电抗为零，即 $X = \omega L - \dfrac{1}{\omega C} = 0$ $\Rightarrow$ $\omega L = \dfrac{1}{\omega C}$。

【1.3-80】(2017、2016) 将 $R = 20\Omega$ 电阻、$L = 0.25\text{mH}$ 电感和可变电容相串联，为了接收到某广播电台 560kHz 的信号，可变电容应将电容值调至：

A. 153pF　　　　　B. 253pF　　　　　C. 323pF　　　　　D. 353pF

答案： C

解题过程： 当电路发生串联谐振时，接收信号效果最好，故有 $\omega L = \dfrac{1}{\omega C}$，则

$$C = \frac{1}{\omega^2 L} = \frac{1}{(2\pi f)^2 L} = \frac{1}{(2\pi \times 17.7 \times 10^3)^2 \times 0.25 \times 10^{-3}}\text{F} = 3.234 \times 10^{-9}\text{F}$$
$$= 3.23 \times 10^{-10}\text{F} = 323\text{pF}$$

【1.3-81】(2014) 图 1.3-67 所示并联谐振电路，已知 $R = 10\Omega$、电感 $L = 40\text{mH}$ 和电容 $C = 10.5\mu\text{F}$，则其谐振频率 f 为：

A. 1522Hz　　　　　B. 761Hz

C. 121.1Hz　　　　　D. 242.3Hz

答案： D

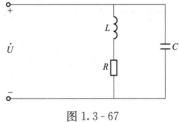

图 1.3-67

解题过程： 设负载端电压 $\dot{U} = U\underline{/0}$，根据题意可知该电路阻抗为 $(R + j\omega L) \mathbin{/\mkern-5mu/} \left(-j\dfrac{1}{\omega C}\right)$。整理上式分子，当其虚部为零时电路产生谐振，即 $-j\dfrac{R^2}{\omega C} - j\dfrac{L}{C}\left(\omega L - \dfrac{1}{\omega C}\right) = 0$，可得谐振角频率 $\omega =$

$$\sqrt{\frac{1}{LC} - \frac{R^2}{L^2}} = \sqrt{\frac{1}{40 \times 10^{-3} \times 10.5 \times 10^{-6}} - \frac{10^2}{(40 \times 10^{-3})2}}\text{rad/s} = 1522.6465\text{rad/s}，则谐振频率}$$

$f = \dfrac{\omega}{2\pi} = 242.3367\text{Hz}。$

考点 6：对称三相电路

【1.3-82】(2024) 在如图 1.3-68 所示的对称三相电路中，已知线电压为 380V，功率因数 $\cos\varphi = 0.866$（感性），对称三相负载吸收的功率为 2856W，求功率表 W1 的读数为：

A. 2850W　　　　　B. 2100W

C. 1900W　　　　　D. 950W

答案： C

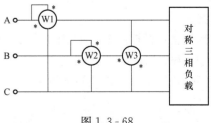

图 1.3-68

解题过程： $P = \sqrt{3}\,U_\text{L} I_\text{L}\cos\varphi$，线电流 $I_\text{L} = \dfrac{P}{\sqrt{3}U_\text{L}\cos\varphi} = \dfrac{2850}{\sqrt{3} \times 380 \times 0.866}\text{A} = 5\text{A}$，功率表 W1 的读数为 $P_1 = U_\text{L} I_\text{L}\cos(\varphi - 30°) = 380 \times 5 \times 1\text{W} = 1900\text{W}$。

【1.3-83】(2023) 如图 1.3-69 所示三相对称电路中，负载阻抗 $Z = 19\underline{/-30°}\,\Omega$，线电压

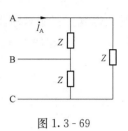

$\dot{U}_{BC}=380\underline{/60^\circ}V$，则线电流 $\dot{I}_A$ 等于：

A. $20\underline{/-30^\circ}A$

B. $20\underline{/30^\circ}A$

C. $34.64\underline{/-60^\circ}A$

D. $34.64\underline{/60^\circ}A$

图 1.3 - 69

答案： C

解题过程： 根据题意可得 $\dot{I}_{BC}=\dfrac{380\underline{/60^\circ}}{19\underline{/-30^\circ}}=20\underline{/90^\circ}A$，得 $\dot{I}_{AB}=20\underline{/-30^\circ}A$，得相电流 $\dot{I}_A=$

$\sqrt{3}\dot{I}_{AB}\underline{/-30^\circ}=\sqrt{3}\times20\underline{/-60^\circ}A=34.64\underline{/-60^\circ}A$。

【1.3 - 84】(2022) 在三相电路中，中线的作用是：

A. 强迫负载对称

B. 强迫负载电流对称

C. 强迫负载电压对称

D. 强迫中线电流为零

答案： C

解题过程： 中线的作用是保证负载上的各相电压接近对称，在负载不平衡时不致发生电压升高或降低，若一相断线其他两相电压不变。

【1.3 - 85】(2021) 在三相电路中，三相对称负载所必须满足的条件是：

A. 相同的阻抗模

B. 相同的能量

C. 相同的电压

D. 相同的参数

答案： D

解题过程： 在三相电路中，负载对称是指三相负载完全相等。

【1.3 - 86】(2020) 如图 1.3 - 70 所示电路，星形—星形联结对称三相电路中原先电流表指示 1A（有效值）。发生 A 相断开（即 S 打开）故障，此时电流表读数为：

A. 1A

B. $\dfrac{\sqrt{3}}{4}A$

C. $\dfrac{\sqrt{3}}{2}A$

D. 0.5A

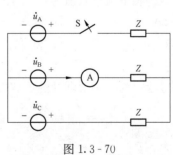

图 1.3 - 70

答案： C

解题过程： 未断开开关 S 时，$I=\dfrac{U}{Z}=1A$

断开开关 S 后，$Z'=2Z$，电压变为线电压 $U'=\sqrt{3}U$

此时电流 $I'=\dfrac{U'}{Z'}=\dfrac{\sqrt{3}U}{2Z}=\dfrac{\sqrt{3}}{2}A$。

【1.3 - 87】(2019) 三相负载作星形联结，接入对称的三相电源，负载线电压与相电压关系满足 $U_L=\sqrt{3}U_P$ 成立的条件是三相负载：

A. 对称

B. 都是电阻

C. 都是电感

D. 都是电容

答案： A

解题过程：三相对称负载星形联结时，满足上述关系。

【1.3-88】(2019)　已知对称三相负载如图 1.3-71 所示，对称线电压 380V，则负载相电流：

A. $I_A = \dfrac{220\,\underline{/0°}}{Z}$，$I_B = \dfrac{220\,\underline{/-120°}}{Z}$，$I_C = \dfrac{220\,\underline{/120°}}{Z}$

B. $I_A = \dfrac{380\,\underline{/30°}}{Z}$，$I_B = \dfrac{380\,\underline{/-90°}}{Z}$，$I_C = \dfrac{380\,\underline{/150°}}{Z}$

C. $I_A = \dfrac{220\,\underline{/0°}}{Z+Z_N}$，$I_B = \dfrac{220\,\underline{/-120°}}{Z+Z_N}$，$I_C = \dfrac{220\,\underline{/120°}}{Z+Z_N}$

D. $I_A = \dfrac{380\,\underline{/30°}}{Z+Z_N}$，$I_B = \dfrac{380\,\underline{/-90°}}{Z+Z_N}$，$I_C = \dfrac{380\,\underline{/150°}}{Z+Z_N}$

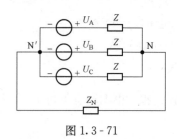

图 1.3-71

答案：A

解题过程：三相对称负载，则 $U_{NN'} = 0$。

线电压为 380V，相电压 $U_A = 220\,\underline{/0°}$V、$U_B = 220\,\underline{/-120°}$ V、$U_C = 220\,\underline{/120°}$ V。则相电流

$$I_A = \frac{U_A}{Z} = \frac{220\,\underline{/0°}}{Z}A，\quad I_B = \frac{U_B}{Z} = \frac{220\,\underline{/-120°}}{Z}A，\quad I_C = \frac{U_C}{Z} = \frac{220\,\underline{/120°}}{Z}A$$

【1.3-89】(2018)　如图 1.3-72 所示对称三相电路中，已知电源线电压为 380V，线阻抗 $Z_L = j2Ω$，负载 $Z_\triangle = (24+j12)$ Ω，则负载的相电流有效值为：

A. 22A　　　　　　　B. 38A

C. 38/3A　　　　　　D. $22\sqrt{3}$ A

答案：A

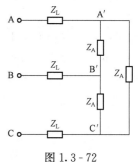

图 1.3-72

解题过程：对三角形联结的负载进行"三角形⇒星形"变换

$$Z'_\triangle = \frac{Z_\triangle}{3} = \frac{24+j12}{3}Ω = (8+j4) \ Ω$$

$$Z_{eq} = Z'_\triangle + Z_L = 8+j4+j2 = 8+j6 = 10\,\underline{/36.87°}$$

设相电压 $\dot{U}_{AN} = 220\,\underline{/0°}$

相电流 $\dot{I}_{AN} = \dfrac{\dot{U}_{AN}}{Z_{eq}} = \dfrac{220\underline{/0°}}{10\,\underline{/36.87°}}A = 22\underline{/-36.87°}A$

【1.3-90】(2017、2016)　图 1.3-73 所示三相电路中，工频电源线电压为 380V，对称感性负载的有功功率 $P = 15$kW，功率因数 $\cos\varphi = 0.6$。为了将线路的功率因数提高到 $\cos\varphi = 0.95$，每相应并联的电容器的电容为：

A. 110.74μF　　　　B. 700.68μF

C. 705.35μF　　　　D. 710.28μF

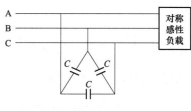

图 1.3-73

答案： A

解题过程： 未并联电容前，功率因数 $\cos\varphi_1=0.6$，$\tan\varphi_1=1.333\,33$，将系统功率因数提高到 $\cos\varphi_2=0.95$，$\tan\varphi_2=0.328\,68$，则联结成星形的每相电容为

$$C=\frac{P_1\,(\tan\varphi_1-\tan\varphi_2)}{\omega U^2}=\frac{15\,000\times(1.333\,33-0.328\,68)}{3\times2\pi\times50\times220^2}\text{F}=330.39\,\mu\text{F}$$

题图中补偿电容接成三角形，则电容为 $C'=\dfrac{C}{3}=110.13\,\mu\text{F}$。

【1.3-91】（2014） 一个三相变压器做三角形联结，空载时其每相的等效阻抗 $Z=\text{j}100\Omega$，其额定相电压为 380V，经过端线复阻抗 $Z_1=1+\text{j}2\Omega$ 的三相输电线与电源连接。如要求变压器在空载时的端电压为额定值，此时电源的线电压应为：

A. 421V
B. 404V
C. 398V
D. 390V

答案： D

解题过程： 三角形联结时，线电压等于相电压 $\dot{U}_1=\dot{U}_p=380\underline{/0^\circ}$V。变压器三角形联结负载的相电流 $\dot{I}_p=\dfrac{U_p\underline{/0^\circ}}{Z}=\dfrac{380\underline{/0^\circ}}{\text{j}100}A=3.8\underline{/-90^\circ}$A，其线电流为 $\dot{I}_1=\sqrt{3}\,\dot{I}_p\underline{/-30^\circ}=\sqrt{3}\times$ $3.8\underline{/-120^\circ}$A，电源的线电压为 $\dot{U}=\dot{I}_1Z_1+\dot{U}_1=[\sqrt{3}\times3.8\underline{/-120^\circ}\times(1+\text{j}2)+380\underline{/0^\circ}]V=$ $(388.1091-\text{j}12.282\,49)V=388.3\underline{/-1.81^\circ}$V。

1.4　非正弦周期电流电路

1.4.1　知识点提示

1. 非正弦周期量的有效值、平均值和平均功率的定义和计算方法

（1）有效值。

非正弦周期电流 i 的傅里叶级数表达式为 $i=I_0+\sum\limits_{k=1}^{\infty}I_{km}\cos(k\omega_1t+\varphi_k)$。

电流 i 的有效值等于恒定电流分量的二次方与各次谐波有效值的二次方之和的平方根，即 $I=\sqrt{I_0^2+I_1^2+I_2^2+\cdots}=\sqrt{I_0^2+\sum\limits_{k=1}^{\infty}I_k^2}$。

（2）平均值。

非正弦周期量的平均值等于非正弦周期电流绝对值的平均值，即 $I_{\text{av}}=\dfrac{1}{T}\int_0^T|i|\,\text{d}t$。

（3）瞬时功率 p。

任一端口的瞬时功率 p（吸收）为

$$p=ui=\left[U_0+\sum_{k=1}^{\infty}U_{km}\cos(k\omega_1t+\varphi_{uk})\right]\times\left[I_0+\sum_{k=1}^{\infty}I_{km}\cos(k\omega_1t+\varphi_{ik})\right]$$

（4）平均功率（有功功率）P。

平均功率（有功功率）　　　　$$P=\frac{1}{T}\int_0^Tp\,\text{d}t$$

同频率的电压与电流产生该频率下的功率，则平均功率

$$P = U_0 I_0 + U_1 I_1 \cos\varphi_1 + U_2 I_2 \cos\varphi_2 + \cdots + U_k I_k \cos\varphi_k + \cdots$$

式中　$U_k = \dfrac{U_{km}}{\sqrt{2}}$，$I_k = \dfrac{I_{km}}{\sqrt{2}}$，$\varphi_k = \varphi_{uk} - \varphi_{ik}$，$k = 1, 2, \cdots$。

平均功率等于恒定分量构成的功率和各次谐波平均功率的代数和。

2. 非正弦周期电流电路的计算

（1）利用傅里叶级数，将非正弦周期函数展开成若干种频率的谐波信号。

（2）对各次谐波分别应用相量法计算。（注意：交流各谐波的 X_L、X_C 不同，对直流 C 相当于开路、L 相于短路）

（3）将以上计算结果转换为瞬时值叠加。

1.4.2　供配电专业高频考点与历年真题解析

考点 1：平均功率

★【1.4-1】（2014、2008）　某一端口网络的端电压 $u = 311\sin 314t$ V，流入的电流为 $i = 0.8\sin(314t - 85°) + 0.25\sin(942t - 105°)$A。该网络吸收的平均功率为：

A. 20.9W

B. 10.84W

C. 40.18W

D. 21.68W

答案：B

解题过程：根据平均功率的定义可得 $P = U_1 I_1 \cos\varphi_1 = \dfrac{311}{\sqrt{2}} \times \dfrac{0.8}{\sqrt{2}} \cos 85° \text{W} = 10.84\text{W}$。

【1.4-2】（2014）　图 1.4-1 所示电路中，$u(t) = 20 + 40\cos\omega t + 14.1\cos(3\omega t + 60°)$ V，$R = 16\Omega$，$\omega L = 2\Omega$，$\dfrac{1}{\omega C} = 18\Omega$。电路中的有功功率 P 为：

A. 122.85W

B. 61.45W

C. 31.25W

D. 15.65W

答案：C

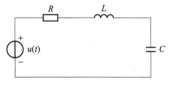

图 1.4-1

解题过程：电路中电流相量的一般表达式为

$$\dot{I}_{(k)} = \dfrac{\dot{U}_{(k)}}{R + \mathrm{j}\left(k\omega_1 L - \dfrac{1}{k\omega_1 C}\right)}$$

式中　$\dot{I}_{(k)}$ ——k 次谐波电流的有效值；

　　　$\dot{U}_{(k)}$ ——k 次谐波电压的有效值。

当 $k = 0$ 时，直流分量：$U_0 = 20\text{V}$，$I_0 = 0$，$P_0 = 0$；

当 $k = 1$ 时，$\dot{U}_1 = \dfrac{40}{\sqrt{2}}\underline{/0°}$ V，$\dot{I}_1 = \dfrac{\dfrac{40}{\sqrt{2}}\underline{/0°}}{16 + \mathrm{j}2 - \mathrm{j}18} = 1.25\underline{/45°}$ A；

当 $k = 3$ 时，$\dot{U}_3 = 10\underline{/60°}$ V，$\dot{I}_3 = \dfrac{10\underline{/60°}}{16 + \mathrm{j}2 \times 3 - \mathrm{j}\dfrac{18}{3}} = 0.625\underline{/60°}$ A。

根据平均功率（有功功率）的定义可得

$$P = U_0 I_0 + U_1 I_1 \cos\varphi_1 + U_3 I_3 \cos\varphi_3$$

$$= 20 \times 0 + \frac{40}{\sqrt{2}}\mathrm{W} \times 1.25 \times \cos(0° - 45°)\mathrm{W} + 10 \times 0.625 \times \cos(60° - 60°)\mathrm{W}$$

$$= 0\mathrm{W} + 25\mathrm{W} + 6.25\mathrm{W} = 31.25\mathrm{W}$$

考点2：非正弦周期电路电流计算

【1.4-3】**（2024）** 已知一非正弦电流 $i(t) = 3 + 4\sin(\omega t + 30°) + 8\sin(3\omega t)$，求电流有效值

A. 3A　　　　　　B. 7A　　　　　　C. 9.3A　　　　　　D. 15A

答案： B

解题过程： 根据题意可得直流分量等于 3，基波有效值为 $\frac{4}{\sqrt{2}}$，三次谐波有效值为 $\frac{8}{\sqrt{2}}$，根据 $I = \sqrt{I_0^2 + I_1^2 + I_3^2} = \sqrt{9 + 8 + 32}\,\mathrm{A} = 7\mathrm{A}$。

【1.4-4】**（2022）** 已知非正弦周期电压 $u(t) = (40\cos\omega t + 20\cos3\omega t)\mathrm{V}$，则它的有效值为：

A. $\sqrt{2000}\,\mathrm{V}$　　　B. 40V　　　C. $\sqrt{1200}\,\mathrm{V}$　　　D. $\sqrt{1000}\,\mathrm{V}$

答案： D

解题过程： $U = \sqrt{\left(\frac{40}{\sqrt{2}}\right)^2 + \left(\frac{20}{\sqrt{2}}\right)^2}\,\mathrm{V} = \sqrt{800 + 200}\,\mathrm{V} = \sqrt{1000}\,\mathrm{V}$

【1.4-5】**（2021）** 如图 1.4-2 所示电路，已知 $i_s = (10 + 5\cos10t)$ A，$R = 1\Omega$，$L = 0.1\mathrm{H}$，则电压 $u_{ab}(t)$ 为：

A. $10 + 2.5\sqrt{2}\cos(10t - 45°)\mathrm{V}$

B. $10 + 2.5\sqrt{2}\cos(10t + 45°)\mathrm{V}$

C. $2.5\sqrt{2}\cos(10t - 45°)\mathrm{V}$

D. $2.5\sqrt{2}\cos(10t + 45°)\mathrm{V}$

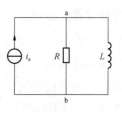

图 1.4-2

答案： D

解题过程： 直流电流源作用时，电感短路，ab 端电压为零。

$i_{s1} = 5\cos10t = 5\underline{/0°}$ 电流作用时，$Z_{ab} = R // \mathrm{j}\omega L = 1 // \mathrm{j}10 \times 0.1 = \frac{\sqrt{2}}{2}\underline{/45°}$，$U_{ab} = i_{s1} Z_{ab} = $

$5\underline{/0°} \times \frac{\sqrt{2}}{2}\underline{/45°} = 2.5\sqrt{2}\underline{/45°}$。则 $U_{ab}(t) = 2.5\sqrt{2}\cos(10t + 45°)$ V

【1.4-6】**（2020）** 如图 1.4-3 所示电路，已知 $u = (10 + 5\sqrt{2}\cos3\omega t)$ V，$R = 5\Omega$，$\omega L = 5\Omega$，$\frac{1}{\omega C} = 45\Omega$，电压表和电流表均测有效值，其读数分别为：

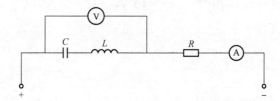

图 1.4-3

A. 0V，0A　　　　　B. 1V，1A　　　　　C. 10V，0A　　　　　D. 10V，1A

答案：D

解题过程：由题意可知：

（1）直流电源作用时，电容断路、电感短路，则电压表的值为 $U_0=10\text{V}$，电流表的值为 $I_0=0\text{A}$。

（2）三次谐波分量作用时，3 次电压有效值为 $U_3=5\text{V}$，此时电路总阻抗为：

$$Z_3=R+\text{j}3\omega L-\text{j}\frac{1}{3\omega C}=\left(5+\text{j}3\times5-\text{j}\frac{1}{3}\times45\right)\Omega=5\Omega$$

则电路中 3 次电流有效值为 $I_3=\dfrac{U_3}{Z}=\dfrac{5}{5}=1\text{A}$；所以电流表中流过的 3 次电流为 $I_3=1\text{A}$；电压表测得的 3 次电压有效值为 $U'_3=0\text{V}$。

因此：电流表的读数为 $I_0+I_3=0+1\text{A}=1\text{A}$；电压表测得电压为 $U=U_0+U'_3=10\text{V}$。

【1.4-7】（2017） 图 1.4-4 所示网络中，已知 $i_1=3\sqrt{2}\cos(\omega t)$ A，$i_2=3\sqrt{2}\cos(\omega t+120°)\text{A}$，$i_3=4\sqrt{2}\cos(2\omega t+60°)\text{A}$，则电流表读数（读数为有效值）为：

A. 5A　　　　　　B. 7A

C. 13A　　　　　 D. 1A

答案：A

解题过程：根据题意可得：基波电流 $\dot{I}_1=3\underline{/0°}$，$\dot{I}_2=3\underline{/120°}$，则

$$i_1+i_2=3\cos0°+\text{j}3\sin0°+3\cos120°+\text{j}3\sin120°=1.5+\text{j}2.598=3\underline{/60°}\text{A}$$

二次谐波电流　　　　　　　　　　　$\dot{I}_3=4\underline{/60°}$

则电流表的读数为：　　　　　　　　$\sqrt{3^2+4^2}\text{A}=5\text{A}$

★**【1.4-8】（2017、2016）** RLC 串联电路中，已知 $R=10\Omega$，$L=0.05\text{H}$，$C=50\mu\text{F}$，电源电压为 $u(t)=[20+90\sin(314t)+30\sin(942+45°)]\text{V}$。电路中的电流 $i(t)$ 为：

A. $1.32\sin(314t-78.2°)+0.77\sqrt{2}\sin(942t-23.9°)\text{A}$

B. $1.3\sqrt{2}\sin(314t+78.2°)+0.77\sqrt{2}\sin(942t-23.9°)\text{A}$

C. $1.32\sin(314t+78.2°)+0.77\sqrt{2}\sin(942t+23.9°)\text{A}$

D. $1.3\sqrt{2}\sin(314t-78.2°)+0.77\sqrt{2}\sin(942t+23.9°)\text{A}$

答案：B

解题过程：电路中电流相量的一般表达式见题 [1.4-2] 解析。

（1）当 $k=0$ 直流分量作用时，电感短路，电容开路，RLC 串联电路的电流分量 $I_0=0\text{A}$。

（2）当 $k=1$ 基波分量作用时，$\omega L=15.7$，$\dfrac{1}{\omega C}=63.7$，$\dot{U}_{\text{m}(1)}=\dfrac{90}{\sqrt{2}}\underline{/0°}\text{V}$，$\dot{I}_{\text{m}(1)}=$

$$\frac{\dfrac{90}{\sqrt{2}}\underline{/0°}}{10+\text{j}15.7-\text{j}63.69}=1.2987\underline{/78.23°}\text{A}。$$

（3）当 $k=3$ 时三次谐波作用时：$3\omega L=47.1$，$\dfrac{1}{3\omega C}=21.23$，$\dot{U}_{\text{m}(3)}=\dfrac{30}{\sqrt{2}}\underline{/45°}\text{V}$，电流

i 的三波谐波分量为 $\dot{I}_{\text{m}(3)} = \dfrac{\dfrac{30}{\sqrt{2}}\underline{/45°}}{10+\text{j}47.1-\text{j}21.23} = \dfrac{\dfrac{30}{\sqrt{2}}\underline{/45°}}{27.74\underline{/68.87°}}\text{A} = 0.765\underline{/-23.87°}\text{A}。$

按时域形式叠加为 $i(t) = 1.3\sqrt{2}\sin(\omega t+78.23°)+0.77\sqrt{2}\sin(3\omega t-23.87°)\text{A}$

1.4.3 发输变电专业高频考点与历年真题解析

考点 1: *平均功率*

【1.4-9】(2023) 某一端口网络的电压 $u=200\sin(100t)\text{V}$,流入的电流 $i=2.5\sin(100t-60°)+3.6\sin(300t-120°)\text{A}$,则该网络吸收的平均功率为:

A. 72.5W   B. 125W   C. 500W   D. 1220W

答案: B

解题过程: 根据题意得 $P=\dfrac{200}{\sqrt{2}}\times\dfrac{2.5}{\sqrt{2}}\times\cos[0-(-60°)]\text{W}=125\text{W}$。

【1.4-10】(2019) 如图 1.4-5 所示电路中,$u(t)=(10+20\cos\omega t)\text{V}$,已知 $R=\omega L=5\Omega$,则电路的功率是:

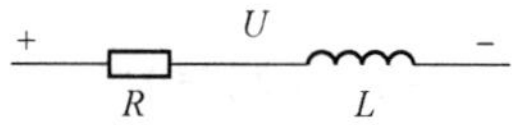

A. 20W   B. 40W

C. 80W   D. 10W

图 1.4-5

答案: B

解题过程: 直流分量 $U_0=10\text{V}$,$I_0=\dfrac{U_0}{R}=\dfrac{10}{5}\text{A}=2\text{A}$,$P_0=U_0I_0=10\times2\text{W}=20\text{W}$

基波分量 $\dot{U}_{(1)}=\dfrac{20}{\sqrt{2}}\underline{/0°}\text{V}$,$\dot{I}_{(1)}=\dfrac{\dot{U}_1}{R+\text{j}\omega L}=\dfrac{\dfrac{20}{\sqrt{2}}\underline{/0°}}{5+\text{j}5}\text{A}=2\underline{/-45°}\text{A}$

根据平均功率(有功功率)的定义可得

$P=U_0I_0+U_1I_1\cos\varphi_1=10\times2\text{W}+\dfrac{20}{\sqrt{2}}\times2\times\cos[0°-(-45°)]\text{W}=20\text{W}+20\text{W}=40\text{W}$

【1.4-11】(2018) 如图 1.4-6 所示电路中,N 为无源网络,$u=50\cos(t-45°)+50\cos2t+20\cos(3t+45°)\text{V}$,$i=80\cos(t+15°)+20\cos(3t-15)\text{A}$,网络 N 消耗的平均功率为:

A. 1100W   B. 2200W

C. 3300W   D. 4400W

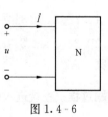

图 1.4-6

答案: A

解题过程: 电压电流表示为相量形式

$$\begin{cases}\dot{U}_1=\dfrac{50}{\sqrt{2}}\underline{/-45°} \\[2mm] \dot{I}_1=\dfrac{80}{\sqrt{2}}\underline{/15°}\end{cases} \quad \begin{cases}\dot{U}_2=\dfrac{50}{\sqrt{2}}\underline{/0°} \\[2mm] \dot{I}_2=0\end{cases} \quad \begin{cases}\dot{U}_3=\dfrac{20}{\sqrt{2}}\underline{/45°} \\[2mm] \dot{I}_3=\dfrac{20}{\sqrt{2}}\underline{/-15°}\end{cases}$$

$$P=P_1+P_2+P_3=U_0I_0\cos\varphi_1+U_2I_2\cos\varphi_2+U_3I_3\cos\varphi_3$$

$$= \frac{50}{\sqrt{2}} \times \frac{80}{\sqrt{2}} \times \cos\ (-60°)\ + \frac{50}{\sqrt{2}} x^0 + \frac{20}{\sqrt{2}} \times \frac{20}{\sqrt{2}} \cos 60°$$

$$= (1000 + 0 + 100)\ \text{W}$$

$$= 1100\text{W}$$

考点 2：非正弦周期电路电流计算

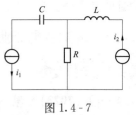

图 1.4 - 7

【1.4 - 12】(2022) 　如图 1.4 - 7 所示电路中，已知 $L = 1\text{H}$，$C = 1\text{F}$，$R = 1\Omega$，$i_1 = 4\sqrt{2} \cos 2t\,\text{A}$，$i_2 = 3\sqrt{2} \cos t\,\text{A}$，电阻 R 消耗的功率是：

A. 16W B. 25W C. 9W D. 49W

答案： B

解题过程： 在使用交流电过程中，电阻元件是纯阻性元件，电阻消耗的功率为有功功率，即 $P = IR^2$，其中电流 I 为有效值，由此得

$$P_R = I_1^2 R + I_2^2 R = 16\text{W} + 9\text{W} = 25\text{W}$$

【1.4 - 13】(2021) 　一个非正弦周期电压为 $U = U_0 + \sqrt{2} U_1 \cos\ (\omega t + \varphi_1) + \sqrt{2} U_2 \cos\ (2\omega t + \varphi_2) + \cdots$ 那么，其电压有效值为：

A. $U = U_0 + \sqrt{U_1^2 + U_2^2 + \cdots}$ 　　　　B. $U = \sqrt{U_0^2 + U_1^2 + U_2^2 + \cdots}$

C. $U = \sqrt{0.5 U_0^2 + U_1^2 + U_2^2 + \cdots}$ 　　　　D. $U = U_0 + U_1 + U_2 + \cdots$

答案： B

解题过程： 电流 U 的有效值等于直流电压分量平方与各次谐波有效值平方之和的平方根，即 $U = \sqrt{U_0^2 + U_1^2 + U_2^2 + \cdots}$

【1.4 - 14】(2014) 　把 $R = 20\Omega$，$C = 400\mu\text{F}$ 的串联电路接到 $u(t) = 220\sqrt{2} \sin(314t)\text{V}$，接通后电路中的电流 $i(t)$ 为：

A. $10.22\sqrt{2} \sin(314t + 21.7°)\text{A} - 5.35\text{e}^{-125t}\text{A}$

B. $10.22\sqrt{2} \sin(314t - 21.7°)\text{A} - 5.35\text{e}^{-125t}\text{A}$

C. $10.22\sqrt{2} \sin(314t + 21.7°)\text{A} + 5.35\text{e}^{-125t}\text{A}$

D. $10.22\sqrt{2} \sin(314t - 21.7°)\text{A} + 5.35\text{e}^{-125t}\text{A}$

答案： A

解题过程： 系统进入稳态后，电流 $\dot{I}_1 = \dfrac{U / 0°}{R - \text{j}\dfrac{1}{\omega C}} = \dfrac{220 / 0°}{20 - \text{j}\dfrac{1}{314 \times 400 \times 10^{-6}}}\text{A} = 10.2199 / 21.7°\text{A}$，

则

$$i_1(t) = 10.2199\sqrt{2} \sin(314t + 21.7°)$$

$$\dot{U}_{c1} = 10.2199 / 21.7° \times \frac{1}{\text{j}\omega C} = 10.2199 / 21.7° \times \frac{-\text{j}}{314 \times 400 \times 10^{-6}} = 81.3686 / -68.3°\text{V}$$

$$u_{c1} = 81.3686\sqrt{2} \sin(314t - 68.3°)\text{V}$$

应用 KVL，有 $RC\dfrac{\text{d}u_c(t)}{\text{d}t} + u_c(t) = u_S(t)$，其特征方程为 $RCp + 1 = 0$，特征根为

$$p = -\frac{1}{RC} = -\frac{1}{20 \times 400 \times 10^{-6}} = -125。$$

设 $u_c(t) = 81.3686\sqrt{2}\sin(314t - 68.3°) + Ae^{-125t}$，当 $t = 0$ 时，有 $u_c(0_+) = u_c(0_-) = 0$，

$\left.\dfrac{du_c(t)}{dt}\right|_{t=0_+} = 0$。由初始条件可得 $0 = 81.3686\sqrt{2}\sin(-68.3°) + A = -106.91768 + A$，

则 $A = 106.91768$，则 $u_{c2}(t) = 106.91768e^{-125t}$，$i_2(t) = C\dfrac{du_c(t)}{dt} = 400 \times 10^{-6} \times$

$106.91768 \times (-125)e^{-125t} = -5.345884e^{-125t}$ A，则总电流 $i(t) = i_1(t) + i_2(t) =$

$10.2199\sqrt{2} \times \sin(314t + 21.7°)$ A $- 5.345884e^{-125t}$ A。

1.5　简单动态电路的时域分析

1.5.1　知识点提示

1. 换路定则及电压、电流初始值的确定

（1）换路定则。在电路发生换路后的一瞬间，电感元件上通过的电流 i_L 和电容元件的极间电压 u_C，都应保持换路前一瞬间的原有值不变。取 $t = 0$，换路前的瞬间为 $t = 0_-$，换路后的瞬间为 $t = 0_+$，即电路在 $t = 0$ 时发生换路。

当电容电流为有限值，则电容上的电荷 q_C 和电压 u_C 不能跃变，即

$$u_C(0_+) = u_C(0_-)；\qquad q_C(0_+) = q_C(0_-)$$

当电感电压为有限值时，则电感上的磁链 ψ_L 和电流 i_L 不能跃变，即

$$i_L(0_+) = i_L(0_-)；\qquad \psi_L(0_+) = \psi_L(0_-)$$

（2）求解。求响应的初始值。

1）求换路前电路的 $u_C(0_-)$ 或 $i_L(0_-)$。直流电源激励的电路，$t = 0_-$ 时刻电路处于稳态，则电路处于直流稳态。将电路中的电容断路、电感短路，用电阻电路的分析方法求 $u_C(0_-)$ 或 $i_L(0_-)$。

2）确定初始状态 $u_C(0_+)$ 或 $i_L(0_+)$。当电路中的电容电压和电感电流无跃变时，然后根据换路定则求出它们的初始值；当电容电压发生跃变时，根据电荷守恒定律确定 $u_C(0_+)$；当电感电流发生跃变时，根据磁链守恒定律确定 $i_L(0_+)$。

3）画出 $t = 0_+$ 时刻的等效电路图，求初始值。根据 $t = 0_+$ 的等效电路图，用前面学过的电路分析方法求出其他各响应的初始值。

2. 一阶电路分析的基本方法

一阶电路为电路中只含一个独立储能元件，其微分方程为一阶微分方程。一阶电路有电阻电容（RC）一阶电路和电阻电感（RL）一阶电路。

（1）一阶电路的零输入响应。一阶电路的零输入响应是由储能元件的初始值引起的响应，是由初始值衰减为零的指数衰减函数，则

$$f(t) = f(0_+)e^{-\frac{t}{\tau}}$$

（2）三要素法。

在直流电源激励下，若初始值为 $f(0_+)$，稳态值为 $f(\infty)$，时间常数为 τ，则可用直流一阶三要素公式求解一阶电路中的电压和电流，这种方法称为三要素法。直流一阶三要素公式为

$$f(t) = f(\infty) + [f(0_+) - f(\infty)]e^{-\frac{t}{\tau}}$$

（3）稳态值的确定。

①画出动态电路稳态时的等效电路，在这个等效电路中，电容元件开路处理，电感元件短路处理。

②根据稳态时的等效电路应用前面所学过的电路分析方法求出各响应的稳态值。

（4）时间常数 τ 的确定。

①时间常数 τ 的计算公式。

RC 一阶电路 $\qquad\qquad\qquad\qquad \tau = RC$

RL 一阶电路 $\qquad\qquad\qquad\qquad \tau = \dfrac{L}{R}$

式中 R——从储能元件两端看进去的二端网络的戴维南等效电阻。

②电阻 R 的求取：将电路中的独立电源置零后，即独立电压源短路、独立电流源断路后，从储能元件两端看进去的二端网络的输入电阻。

3. 二阶电路分析的基本方法

二阶电路是用二阶微分方程描述的电路，一般含有两个独立的储能元件（电容与电感）。

（1）非振荡电路：$R > 2\sqrt{\dfrac{L}{C}}$。

（2）振荡电路：$R < 2\sqrt{\dfrac{L}{C}}$。

（3）临界振荡电路：$R = 2\sqrt{\dfrac{L}{C}}$。

1.5.2 供配电专业高频考点与历年真题解析

考点 1：换路定则及初始值确定

【1.5-1】（2024） 图 1.5-1 所示电路，$t < 0$ 时电路处于稳态，在 $t = 0$ 时，S 打开，则 $t = 0_+$ 时电容电压 $u_C(0_+)$ 为：

A. 2.6V   B. 6.47V   C. 9V   D. 15V

答案： C

解题过程： 当电路处于稳态时，电容相当于开路。

3Ω 电阻两端电压 U 为电容两端电压，$U = \dfrac{24}{5+3} \times$

$3\text{V} = 9\text{V}$。换路瞬间，电容电压不能突变，u_C

$(0_+) = u_C(0_-) = U = 9\text{V}$。

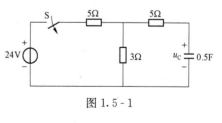

图 1.5-1

【1.5-2】（2022） 如图 1.5-2 所示，已知 $I_s = 2\text{A}$，$L = 1\text{H}$，$C = 1\text{F}$，$R = 10\Omega$，开关闭合前电路处于稳态，$t = 0$ 时 S 闭合，此时 $U_R(t)$ 为：

A. 0V   B. 10V

C. 20V   D. -20V

答案： C

解题过程： $t = 0_-$ 时，电路处于稳态，得

$$U_C(0_-) = 20\text{V} = U_R(0_-)$$

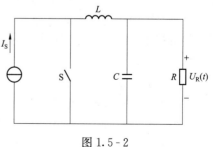

图 1.5-2

$$I_C(0_-)=2A$$

由换路定则得
$$U_C(0_+)=U_C(0_-)=20V$$
$$I_C(0_-)=I_C(0_+)=2A$$

则
$$U_R(0_+)=20V$$

【1.5-3】(2021)　在动态电路中，初始电压等于零的电容元件，接通电源，$t=0_+$ 时，电容元件相当于：

A. 开路　　　　　　　　　　　　B. 短路

C. 理想电压源　　　　　　　　　D. 理想电流源

答案：B

解题过程：电容元件在 $t=0_-$ 时 $U_C(0_-)=0$，且 $U_C(0_-)=U_C(0_+)=0$，0_+ 时刻电容元件相当于电压源，电压源电压为 0，相当于短路。

【1.5-4】(2021)　电路如图 1.5-3 所示已处于稳态，$t=0$ 时开关打开，U_S 为直流稳压源，则电流的初始储能：

A. 在 C 中　　　　B. 在 L 中

C. 在 C 和 L 中　　D. 在 R 和 C 中

答案：B

解题过程：$t=0_-$ 时，电感和电容都是储能元件、有初始储能，电流的初始储能在电感中。

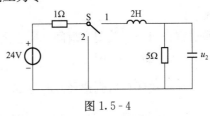

图 1.5-3

【1.5-5】(2019)　在直流 RC 电路换路过程中，电容的：

A. 电压不能突变　　　　　　　　B. 电压可以突变

C. 电流不能突变　　　　　　　　D. 电压为零

答案：A

解题过程：直流 RC 电路换路过程中，电容电压不能突变。

【1.5-6】(2018)　图 1.5-4 所示电路，$t=0$ 时，开关 S 由 1 扳向 2，在 $t\le 0$ 时电路已达稳定，电感和电容元件的初始值 $i(0_+)$ 和 $u_2(0_+)$ 分别是：

A. 4A，20V　　　　B. 4A，15V　　　　C. 3A，20V　　　　D. 3A，15V

答案：A

图 1.5-4

解题过程：原系统稳态，则 $i=\dfrac{24}{6}A=4A$

$$u_2=20V$$

当开关 S 从 1 扳向 2 时，电感上的电流不能突变，则 $i(0_+)=4A$；电容上的电压不能突变，则 $u_2(0_+)=20V$。

【1.5-7】(2016)　如图 1.5-5 所示，激励源为冲击电流源，则电容 C 的零状态响应 $u_C(0_+)$ 为：

A. $(10^7-4e^{-2t})V$　　　　B. 10^7V

C. $(10^7+4e^{-2t})V$　　　　D. 10^8V

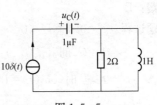

图 1.5-5

答案：B

解题过程：电路的激励源为冲击电流源，在 0_- 时刻 $u_C(0_-)=0$，$0_-\sim 0_+$ 时刻电容充电，充电电流为 $10\delta(t)$，即 $C\dfrac{\mathrm{d}u_C(t)}{\mathrm{d}t}=10\delta(t)$，则

$$\int_{0_-}^{0_+}C\frac{\mathrm{d}u_C(t)}{\mathrm{d}t}=\int_{0_-}^{0_+}10\delta(t)=10,\ C[u_C(0_+)-u_C(0_-)]=10,\ 则\ u_C(0_+)=\frac{10}{C}=\frac{10}{1\times10^{-6}}=10^7\text{V}。$$

考点 2：零输入响应

【1.5-8】（2017）　若一阶电路的时间常数为 3s，则零输入响应换路后经过 3s 后衰减为初始值的：

A. 50% 　　　　　B. 75% 　　　　　C. 13.5% 　　　　　D. 36.8%

答案：D

解题过程：根据 $f(t)=f(0_+)\mathrm{e}^{-\frac{t}{\tau}}$，时间常数 $\tau=3\text{s}$，当经过 3s 时，$f(t)=f(0_+)\mathrm{e}^{-1}=0.368f(0_+)$。

考点 3：三要素法

【1.5-9】（2023）　在如图 1.5-6 所示的电路中，开关 S 闭合前电路已处于稳态，在 $t=0$ 时，开关闭合，则电容电压 $u_C(t)$ 为：

A. $(25+75\mathrm{e}^{-2t})$ V 　　B. $(25-75\mathrm{e}^{-2t})$ V

C. $(75+25\mathrm{e}^{-20t})$ V 　　D. $(75-25\mathrm{e}^{-20t})$ V

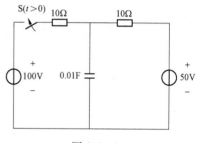

图 1.5-6

答案：D

解题过程：（1）开关闭合瞬间，电容上电压的初始值 $u_C(0_+)=u_C(0_-)=50\text{V}$。

（2）开关闭合后到达稳态时有 $u_C(\infty)=\dfrac{100-50}{10+10}\text{A}\times10\Omega+50\text{V}=75\text{V}$。

（3）时间常数 $\tau=RC=(10/\!/10)\times0.01\text{s}=0.05\text{s}$。

（4）根据三要素法可得电容上的电压

$$u_C(t)=u_C(\infty)+[u_C(0_+)-u_C(\infty)]\mathrm{e}^{-\frac{t}{\tau}}=(75-25\mathrm{e}^{-20t})\text{V}$$

【1.5-10】（2022）　电路如图 1.5-7 所示，$U_S=3\text{V}$，$C=1/4\text{F}$，$R_1=2\Omega$，$R_2=4\Omega$，换路前电路处于稳态。开关 S 在 $t=0$ 闭合，在 $t\geqslant0$ 时电容的电压为：

A. 0 　　　　　　B. 3V

C. 5V 　　　　　D. 1.5V

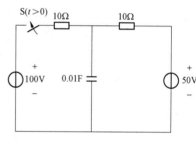

图 1.5-7

答案：B

解题过程：$t=0_-$ 时，$U_C(0_-)=3\text{V}$

$\qquad t=0_+$ 时，$U_C(0_+)=U_C(0_-)=3\text{V}$，$U_C[\infty]=3\text{V}$

$\qquad t>0$ 时，$U_C(t)=U_C(\infty)+[U_C(0_+)-U_C(0_-)]\mathrm{e}^{-\frac{t}{\tau}}=3\text{V}$

【1.5-11】(2021) 电路如图 1.5-8 所示，已知 $i_L(0_-)=2A$，在 $t=0$ 时合上开关 S，则电感两端的电压 $u_L(t)$ 为：

A. $-16e^{-2t}$ V   B. $16e^{-2t}$ V

C. $-16e^{-t}$ V   D. $16e^{-t}$ V

答案： A

解题过程： 当开关 S 合上时，题图变换为图 1.5-9 所示，可得 $0.5u_L(t)=4i_L(t)+u_L(t)$，

则等效电阻为 $R_{eq}=\dfrac{u_L(t)}{-i_L(t)}=8\Omega$；时间常数 $\tau=L/R_{eq}=4/8s=0.5s$。

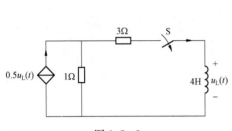

图 1.5-8

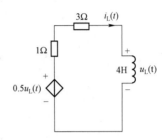

图 1.5-9 题 1.5-11 解图

已知 $i_L(0_-)=2A$，电感上的电流不能突变，则开关 S 合上时 $i_L(0_+)=2A$，$u_L(0_+)=-16V$；进入稳态时 $u_L(\infty)=0V$，根据三要素可得

$$u_L(t)=u_L(\infty)+[u_L(0_+)-u_L(\infty)]e^{-\frac{t}{\tau}}=-16e^{-2t}V$$

【1.5-12】(2020) 电路如图 1.5-10 所示，当 $t=0$ 时开关S1打开，S2闭合。在开关动作前电路已达到稳态。$t \geqslant 0$ 时通过电感的电流是：

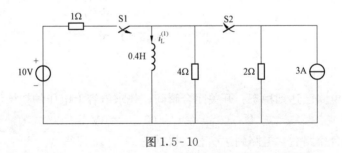

图 1.5-10

A. $3\left(1+e^{-\frac{t}{0.3}}\right)A$ B. $3\left(1-e^{-\frac{t}{0.3}}\right)A$

C. $\left(3-7e^{-\frac{t}{0.3}}\right)A$ D. $\left(3+7e^{-\frac{t}{0.3}}\right)A$

答案： D

解题过程：（1）求 $i_L(0_+)$：$t=0$，开关S1打开，S2闭合。$t=0_-$ 时刻电路如图 1.5-11（a）

所示，$i_L(0_-)=\dfrac{10V}{1\Omega}=10A$，则 $i_L(0_+)=i_L(0_-)=10A$。

（2）求 $i_L(\infty)$：$t=0$，开关S1打开，S2闭合后稳态电路如图 1.5 - 11（b）所示，则 $i_L(\infty)=3A$。

（3）时间常数 $\tau=\dfrac{L}{R_{eq}}=\dfrac{0.4H}{(2//4)\ \Omega}=0.3s$。

（4）根据三要素法可得电感电流为

$$i_L(t)=i_L(\infty)+[i_L(0^+)-i_L(\infty)]e^{-\frac{t}{\tau}}=\left(3+7\,e^{-\frac{t}{0.3}}\right)A$$

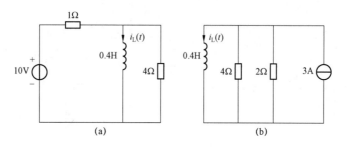

图 1.5 - 11　题 1.5 - 12 解图

【1.5 - 13】（2020） 一阶动态电路的三要素法中的三个要素分别是：

A. $f(-\infty),f(+\infty),\tau$　　　　　　　　B. $f(0_+),f(+\infty),\tau$

C. $f(0_-),f(+\infty),\tau$　　　　　　　　D. $f(0_+),f(0_-),\tau$

答案：B

解题过程：三要素分析初始值为 $f(0_+)$，稳态值 $f(+\infty)$，时间常数 τ。

【1.5 - 14】（2019）　电路如图 1.5 - 12 所示，换路前电路已达到稳态。已知 $U_C(0_-)=0$，换路后的电容电压 $U_C(t)$ 为：

A. $-3(1-e^{-1.25t})$ V　　　　　　　　B. $-3e^{-1.25t}$ V

C. $3e^{-1.25t}$ V　　　　　　　　　　D. $3(1-e^{-1.25t})$ V

答案：A

解题过程：

（1）换路前电路已达到稳态。开关闭合瞬间，先求电容上电压的初始值

$$U_C(0_+)=U_C(0_-)=0V$$

（2）开关闭合换路后，电路到达稳态，根据图 1.5 - 13 可得

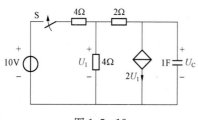

图 1.5 - 12

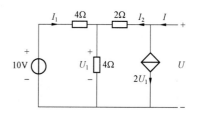

图 1.5 - 13　题 1.5 - 14 解图

$$I_2=I-2U_1$$

$$I_1 = \frac{U_1}{4} - I_2$$

联立上式可得

$$U = 0.8I - 3$$
$$10 = 4I_1 + U_1$$
$$U = 2I_2 + U_1$$

则电容电压的稳态值 $U_C(\infty) = -3V$，等效电阻 $R_{eq} = 0.8\Omega$。

（3）时间常数：$\tau = R_{eq}C = 0.8 \times 1s = 0.8s$。

（4）根据三要素法可得电容上的电压为

$$U_C(t) = U_C(\infty) + [U_C(0_+) - U_C(\infty)]e^{-\frac{t}{\tau}} = -3 + [0 - (-3)]e^{-1.25t} = -3(1 - e^{-1.25t})V$$

【1.5-15】(2018)　如图 1.5-14 所示电路中，$t = 0$ 时开关由 1 扳向 2，$t<0$ 时电路已达稳定状态，$t \geqslant 0$ 时电容的电压 $u_c(t)$ 是：

A. $(12 - 20e^{-t})$ V

B. $(12 + 20e^{-t})$ V

C. $(-8 + e^{-t})$ V

D. $(8 + 20e^{-t})$ V

答案：A

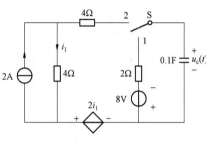

图 1.5-14

解题过程：$t<0$ 时，系统已达稳态，则 $u_c(0_+) = -8V$。$t>0$ 后，开关由位置 1 扳向位置 2，可得图 1.5-15（a），求等效电阻，可得图 1.5-15（b）。

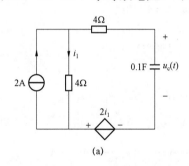 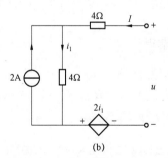

(a)　　　　　　　(b)

图 1.5-15　题 1.5-15 解图

根据图 1.5-15（b）可得

$$i_1 = 2 + I$$
$$u = 4I + 4i_1 + 2i$$

则

$$u = 10I + 12, \quad R_{eq} = 10\Omega, \quad u_{oc} = 12V$$

开关扳向位置 2，随之进入稳态后，电容两端的电压 $u_c(\infty) = 12V$，$\tau = R_{eq}C = 1s$。根据三要素法得

$$u_C(t) = u_C(\infty) + [u_C(0_+) - u_C(\infty)]e^{-t/\tau} = 12 + (-8 - 12)e^{-t/1} = (12 - 20e^{-t})V$$

【1.5-16】(2017)　暂态电路三要素不包含：

A. 待求量的稳态值

B. 待求量的初始值

C. 时间常数

D. 任一特征值

答案：D

解题过程：在直流电源激励下，一阶电路中的三要素为初始值 $f(0_+)$、稳态值 $f(\infty)$，时

间常数 τ。

★【1.5-17】(2016) 如图 1.5-16 所示电路中，已知 $u_C(0_-)=6V$，$t=0$ 时将开关 S 闭合，则 $t>0$ 时电流 $i(t)$ 为：

A. $-6e^{-4\times10^3 t}$　　　　B. $-6\times10^{-3}e^{-4\times10^3 t}$　　C. $6e^{-4\times10^3 t}$　　　　　　D. $6\times10^{-3}e^{-4\times10^3 t}$

答案：B

解题过程：(1) 开关闭合前，$u_C(0_-)=6V$，则开关闭合 $t=0_+$ 时，$u_C(0_+)=6V$。

(2) 换路后电路的响应为零输入响应，从电容两端看进去的等效电阻用外施电压源法求解，如图 1.5-17 所示。

$$R_{eq}=-\frac{u}{i} \tag{1}$$

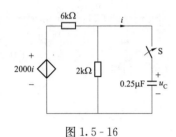

图 1.5-16　　　　　　　　　　图 1.5-17　题 1.5-17 解图

根据图 1.5-17 可知，$i_1=\dfrac{u}{2\times10^3}$，$i_2=-(i+i_1)=-\left(i+\dfrac{u}{2\times10^3}\right)$，$u=6\times10^3\times i_2+2000i=-6\times10^3\times\left(i+\dfrac{u}{2\times10^3}\right)+2000i$，则 $4u=-4000i$。

根据式 (1) 解得　　　　　　$R_{eq}=-\dfrac{u}{i}=1000\Omega$

(3) 到达稳态时有：$u_C(\infty)=0V$。

(4) 时间常数：$\tau=R_{eq}\times C=1000\times0.25\times10^{-6}s=0.25\times10^{-3}s$。

(5) 三要素法：$u_C(t)=u_C(\infty)+[u_C(0_+)-u_C(\infty)]e^{-\frac{t}{\tau}}=6e^{-4\times10^3 t}V$，则电流 $i(t)=C\dfrac{du_C(t)}{dt}=0.25\times10^{-6}\times6\times(-4\times10^3)e^{-4\times10^3 t}A=-6\times10^{-3}e^{-4\times10^3 t}A$。

【1.5-18】(2014) 图 1.5-18 中所示电路，开关闭合后，C_1 上的电压为：

A. $(2-e^{-1000t})V$　　　B. $(2+e^{-1000t})$ V

C. $\left(1-\dfrac{1}{2}e^{-1000t}\right)V$　　D. $\left(1+\dfrac{1}{2}e^{-1000t}\right)V$

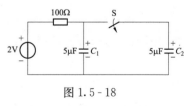

图 1.5-18

答案：A

解题过程：(1) 开关闭合前，$u_{C_1}(0_-)=2V$，$u_{C_2}(0_-)=0V$。

(2) 开关闭合后，$t=0_+$ 时，根据 KVL 应有

$$u_{C_1}(0_+)+u_{C_2}(0_+)=2V \tag{1}$$

(3) 电容上的电压不能突变，换路前后瞬间电容上电荷守恒有

$$C_1 u_{C_1}(0_+)+C_2 u_{C_2}(0_+)=C_1 u_{C_1}(0_-)+C_2 u_{C_2}(0_-) \tag{2}$$

由式 (1)、式 (2) 解得

$$u_{C1}(0_+)=\frac{C_2}{C_1+C_2}U=\frac{5}{5+5}\times 2\text{V}=1\text{V}$$

$$u_{C2}(0_+)=\frac{C_1}{C_1+C_2}U=\frac{5}{5+5}\times 2\text{V}=1\text{V}$$

（4）到达稳态时有 $u_{C1}(\infty)=u_{C2}(\infty)=2\text{V}$。

（5）时间常数 $\tau=R(C_1+C_2)=100\times(5+5)\times 10^{-6}\text{s}=1\times 10^{-3}\text{s}=1000\text{ms}$。

（6）依三要素法得 $u_{C1}(t)=u_{C1}(\infty)+[u_{C1}(0_+)-u_{C1}(\infty)]\text{e}^{-\frac{t}{\tau}}=(2-\text{e}^{-1000t})\text{V}$。

【1.5-19】(2014) 如图 1.5-19 所示电路中，将电路中的开关 S 闭合后，等待一段时间直到 100Ω 电阻上发出的热量不再变化，则 100Ω 电阻上总共发出的热量为：

A. 110J 　　　　　B. 220J

C. 440J 　　　　　D. 400J

答案： B

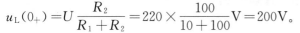

解题过程： 当开关 S 闭合瞬间，电感上的电压初始值

$$u_L(0_+)=U\frac{R_2}{R_1+R_2}=220\times\frac{100}{10+100}\text{V}=200\text{V}。$$

进入稳态后，电感上的电压稳态值 $u_L(\infty)=0\text{V}$。

等效电阻 $R_{eq}=\frac{R_1R_2}{R_1+R_2}=\frac{10\times 100}{10+100}\Omega=\frac{100}{11}\Omega$。

图 1.5-19

时间常数 $\tau=\frac{L}{R_{eq}}=\frac{11}{10}\text{s}$。

则电感两端的电压 $u_L(t)=u_L(\infty)+[u_L(0_+)-u_L(\infty)]\text{e}^{-\frac{t}{\tau}}=200\text{e}^{-\frac{10t}{11}}\text{V}$。

则电阻 100Ω 上发出的热量

$$W=\int_0^\infty\frac{u_L^2(t)}{R_2}\text{d}t=\int_0^\infty\frac{200^2\text{e}^{-\frac{20t}{11}}}{100}\text{d}t=-400\times\frac{11}{20}\text{e}^{-\frac{20t}{11}}\Big|_0^\infty=220\text{J}$$

★**【1.5-20】(2017、2016、2011)** 图 1.5-20 所示电路，换路前已处于稳定状态，在 $t=0$ 时开关 S 打开，换路后的电流 $i(t)$ 为：

A. $(3-\text{e}^{20t})\text{A}$ 　　　B. $(3-\text{e}^{-20t})\text{A}$ 　　　C. $(3+\text{e}^{-20t})\text{A}$ 　　　D. $(3+\text{e}^{20t})\text{A}$

答案： C

解题过程： （1）原电路已进入稳态，则电感短路，电感电流初始值 $i(0_-)=\frac{30}{10//30}\text{A}=4\text{A}$，开关 S 打开时，根据换路定则可得 $i(0_+)=i(0_-)=4\text{A}$。

（2）开关 S 打开后，电路如图 1.5-21 所示，则稳态电流 $i(\infty)=\frac{30\text{V}}{10\Omega}=3\text{A}$。

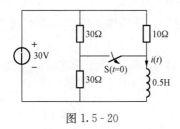

图 1.5-20

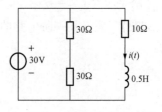

图 1.5-21　题 1.5-20 解图

（3）时间常数 τ。将图 1.5 - 24 中的 30V 电压源短路，则等效电阻 $R = 10\Omega$，时间常数 $\tau = \dfrac{L}{R} = \dfrac{0.5\mathrm{H}}{10\Omega} = 0.05\mathrm{s}$。

（4）根据三要素公式可得 $i(t) = i(\infty) + [i(0_+) - i(\infty)]\mathrm{e}^{-\frac{t}{\tau}} = (3 + \mathrm{e}^{-20t})\mathrm{A}$。

考点 4：二阶电路

【1.5 - 21】（2019）　RLC 串联电路中，$R = 2\sqrt{\dfrac{L}{C}}$ 的特点是：

A. 非振荡衰减过程，过阻尼　　　　　B. 振荡衰减过程，欠阻尼

C. 临界非振荡过程，临界阻尼　　　　D. 无振荡衰减过程，无阻尼

答案：C

解题过程：临界阻尼状态，主临界非振荡过程。

1.5.3　发输变电专业高频考点与历年真题解析

考点 1：初始值

【1.5 - 22】（2022）　初始电流等于零的电感元件，在换路 $t = 0_+$ 时，电感元件相当于：

A. 开路　　　　　　　　　　　　　　B. 短路

C. 理想电压源　　　　　　　　　　　D. 理想电流源

答案：A

解题过程：换路前，储能元件没有储能，换路瞬间 $t = 0_+$ 的等效电路中，可视为电容元件短路，电感元件开路。

考点 2：三要素法

【1.5 - 23】（2024）　在如图 1.5 - 22 所示的电路中，$i_L(0_-) = 0$，在 $t = 0$ 时闭合开关 S，则 $i_L(t)$ 为：

A. $10\mathrm{e}^{-1000t}\mathrm{A}$　　　　B. $(10 + 10\mathrm{e}^{-1000t})$ A

C. $-10\mathrm{e}^{-1000t}\mathrm{A}$　　　　D. $(10 - 10\mathrm{e}^{-1000t})$ A

答案：D

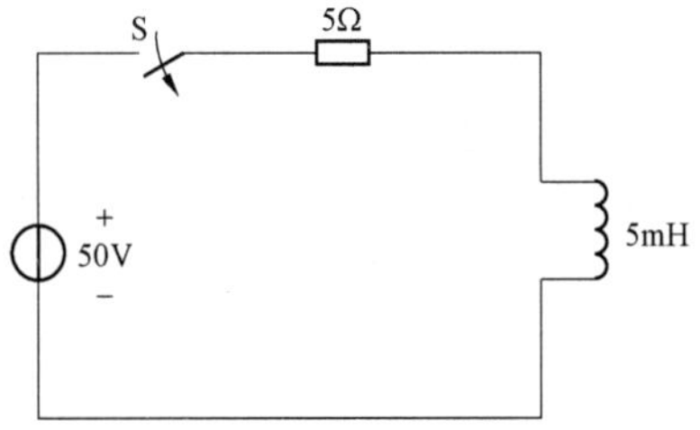

图 1.5 - 22

解题过程：由题意可知，$i_L(0_-) = i_L(0_+) = 0\mathrm{A}$，$i_L(\infty) = \dfrac{50}{5}\mathrm{A} = 10\mathrm{A}$，$\tau = \dfrac{L}{R} = 10^{-3}\mathrm{S}$，

则 $i_L(t) = i_L(\infty) + [i_L(0_+) - i_L(\infty)]\mathrm{e}^{-\frac{t}{\tau}} = (10 - 10\mathrm{e}^{-1000t})\mathrm{A}$。

【1.5 - 24】（2023）　假设某一阶电路的时间常数为 5s，则零输入响应换路经过 10s 后衰减为初始值的：

A. 13.5%　　　　　B. 37%　　　　　C. 50%　　　　　D. 67.5%

答案：A

解题过程：零输入响应 $f(t) = f(0_+)\mathrm{e}^{-\frac{t}{\tau}} = f(0_+)\mathrm{e}^{-\frac{t}{5}}$，当 $t = 10\mathrm{s}$ 时，$f(t) = f(0_+)\mathrm{e}^{-\frac{10}{5}} \approx 0.135 f(0_+)$。

【1.5-25】（2022）　如图 1.5-23 所示，电路已处于稳态，当 $t=0$ 时开关 S 闭合，则 $t \geqslant 0$ 时电容的电压 $U_C(t)$ 等于：

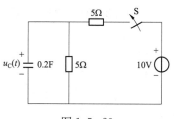

图 1.5-23

A. $5(1-e^{-t})V$ 　　　B. $5(1-e^{-2t})V$

C. $10(1-e^{-t})V$ 　　D. $10(1-e^{-2t})V$

答案： B

解题过程： 等效电阻 $R'=R//R=2.5\Omega$，故 $\tau=R'C=2.5 \times 0.2=0.5$

开关闭合后达到稳定状态时　$U_C(\infty)=5V$

得　$U_C(t)=U_C(\infty)+[U_C(0^+)-U_C(\infty)]e^{\frac{t}{\tau}}$
$$=5+(0-5)e^{-2t}=5(1-e^{-2t})V$$

【1.5-26】（2021）　一阶电路的全响应可以分解为稳态分量和：

A. 固态分量 　　　B. 暂态分量 　　　C. 静态分量 　　　D. 状态分量

答案： B

解题过程： 常识，需记忆。全响应分解为稳态分量和暂态分量。

【1.5-27】（2021）　电路如图 1.5-24 所示，$t=0$ 时开关 S 闭合，则换路后 $u_C(t)$ 等于：

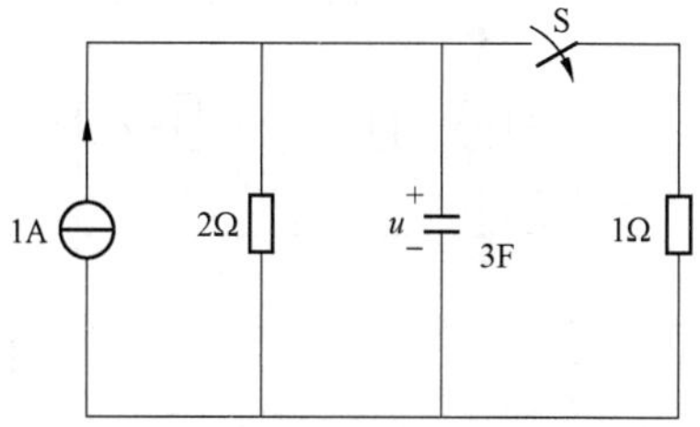

A. $\dfrac{2}{3}e^{-0.5t}V$ 　　　B. $\dfrac{2}{3}(1-e^{-0.5t})V$

C. $\left(\dfrac{2}{3}+\dfrac{4}{3}e^{-0.5t}\right)V$ 　　D. $\left(\dfrac{2}{3}+\dfrac{4}{3}e^{-t}\right)V$

答案： C

图 1.5-24

解题过程：（1）换路前电路已达到稳态。开关闭合瞬间，先求电容上电压的初始值。
$$u_C(0_+)=u_C(0_-)=2V$$

（2）开关闭合换路后，电路到达稳态，如图 1.5-25 所示。

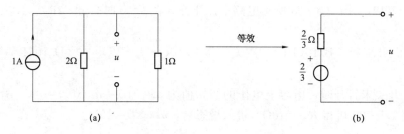

（a）　　　　　　　　　　　　　　　（b）

图 1.5-25　题 1.5-27 解图

$$R_{eq}=\frac{2}{3}\Omega, \quad u_C(\infty)=\frac{2}{3}V$$

（3）时间常数：$\tau=R_{eq}C=\dfrac{2}{3} \times 3s=2s$

（4）根据三要素法可得电容上的电压为

$$u_C(t)=u_C(\infty)+[u_C(0_+)-u_C(\infty)]e^{-\frac{t}{2}}=\frac{2}{3}+\left(2-\frac{2}{3}\right)e^{-\frac{t}{2}}=\left(\frac{2}{3}+\frac{4}{3}e^{-0.5t}\right)V$$

【1.5 - 28】（2020） 电路如图 1.5 - 26 所示，S 闭合前电路处于稳态，$t=0$ 时开关闭合，在 $t \geqslant 0$ 时的电感电流为：

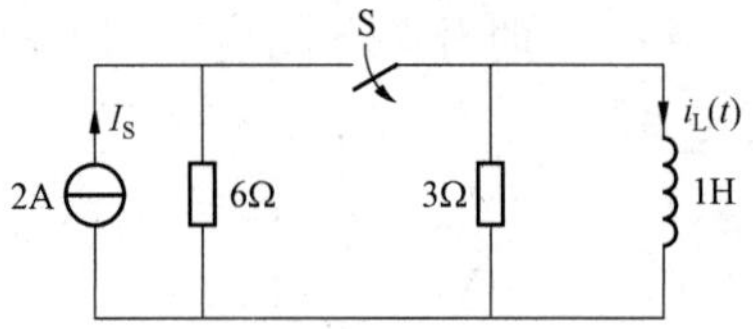

A. $2(1-e^{-3t})$ A
B. $2e^{-3t}$ A
C. $2e^{-2t}$ A
D. $2(1-e^{-2t})$ A

答案：D

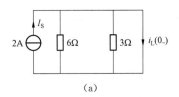

图 1.5 - 26

解题过程：利用三要素法：

（1）求 $i_L(0_+)$。0_- 时刻稳态电路如图 1.5 - 27（a）所示。
$$i_L(0_-)=0A$$

根据换路原则可得 $i_L(0_+)=i_L(0_-)=0A$。

（2）求 $i_L(\infty)$。稳态电路如图 1.5 - 27（b）所示。
$$i_L(\infty)=2A$$

（3）求 τ。$R_{eq}=6//3=2\Omega$ $\qquad \tau=L/R_{eq}=0.5s$
$$i(t)=i_L(\infty)+[i_L(0_+)-i_L(\infty)]e^{-t/\tau}=2(1-e^{-2t})A$$

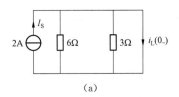

(a)

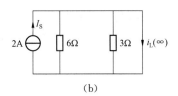

(b)

图 1.5 - 27 题 1.5 - 28 解图

【1.5 - 29】（2019） 某一电路发生突变，如开关突然通断，参数的突然变化以及其突发意外事故或干扰统称为：

A. 短路
B. 断路
C. 换路
D. 通路

答案：C

解题过程：电路中由于电源的接入或断开，元件参数或电路结构的突然改变，统称为换路。

【1.5 - 30】（2019） 图 1.5 - 28 所示电路中，开关 S 在 $t=0$ 时打开，在 $t \geqslant 0_+$ 后电容电压 $u_C(t)$ 为：

A. $10e^{-1000t}$
B. $10(1+e^{-1000t})$
C. $10(1-e^{-1000t})$
D. $10(1-e^{-100t})$

答案：C

解题过程：开关未打开时，电容上电压的初始值为 $u_C(0_+)=u_C(0_-)=0V$。开关 S 打开后，根据图 1.5 - 29 可得 $R_{eq}=10\Omega$。进入稳态后，$u_C(\infty)=10V$。

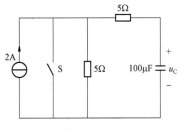

图 1.5 - 28

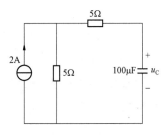

图 1.5 - 29 题 1.5 - 30 解图

则时间常数　　　　$\tau=R_{eq}C=10\times100\times10^{-6}\,\text{s}=1\times10^{-3}\,\text{s}$

根据三要素法可得电容上的电压为：

$$u_C(t)=u_C(\infty)+[u_C(0_+)-u_C(\infty)]e^{-\frac{t}{\tau}}=10+(0-10)e^{-1000t}\,\text{V}=10(1-e^{-1000t})\,\text{V}$$

考点 3：稳态值

【1.5-31】(2018)　如图 1.5-30 所示动态电路，$t<0$ 时电路已经处于稳态，当 $t=0$ 时开关 S 闭合，则当电路再次达到稳态时，其中电流值与换路前的稳态值相比较，下列描述中正确的是：

A. i_L 减小为零，i 变为 $U_S/(R_1+R_2)$

B. i_L 减小为 $U_S/(R_1+R_2)$

C. i_L 不变，i 也不变

D. i_L 不变，i 变为 $U_S/(R_1+R_2)$

答案：C

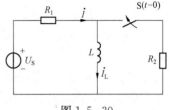

图 1.5-30

解题过程：根据题意可知，换路前电路已处于稳态。电感 L 上流过的电流 $I_L=\dfrac{U_S}{R_1}=I$，$t=0$ 时开关 S 闭合，电路到达新的稳态时，R_2 被短路，电流从电感上流过，则 $I_L=\dfrac{U_S}{R_1}=I$。

考点 4：时间常数

【1.5-32】(2020)　一阶电路的时间常数只与电路元件有关的是：

A. 电阻和动态元件　　　　　　　　B. 电阻和电容

C. 电阻和电感　　　　　　　　　　D. 电感和电容

答案：A

解题过程：对于 RC 电路，$\tau=R_{eq}C$；对于 RL 电路，$\tau=\dfrac{L}{R_{eq}}$。因此一阶电路时间常数与电阻和动态元件相关。

考点 5：二阶电路

【1.5-33】(2023)　在由 $R=12\Omega$，$L=16\text{mH}$，$C=40\mu\text{F}$ 串联组成的电路中，电路的暂态响应性质应该是：

A. 非振荡　　　　　　　　　　　　B. 振荡

　C. 临界振荡　　　　　　　　　　D. 无法确定

答案：B

解题过程：$2\sqrt{\dfrac{L}{C}}=2\sqrt{\dfrac{16\times10^{-3}}{40\times10^{-6}}}\,\Omega=40\Omega>12\Omega$；当 $R<2\sqrt{\dfrac{L}{C}}$，电路处于欠阻尼振荡状态。

【1.5-34】(2022)　如图 1.5-31 所示，原电路处于临界阻尼状态。现增添一个如虚线所示的电容 C_2，其结果将使电路成为：

A. 过阻尼　　　　　B. 欠阻尼　　　　　C. 临界阻尼　　　　　D. 无阻尼

答案：A

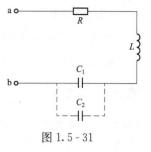

解题过程：原电路处于临界阻尼，则有 $R = 2\sqrt{\dfrac{L}{C_1}}$

并联 C_2 后，$R = 2\sqrt{\dfrac{L}{C_1}} > 2\sqrt{\dfrac{L}{C_1 + C_2}}$，所以为过阻尼。

图 1.5-31

【1.5-35】（2021）　已知某二阶电路的微分方程为 $\dfrac{\mathrm{d}^2 u}{\mathrm{d}t^2} + 8\dfrac{\mathrm{d}u}{\mathrm{d}t} + 12u = 0$。则该电路的响应性质是：

A. 无阻尼振荡　　　B. 衰减振荡　　　C. 非振荡　　　D. 振荡发散

答案：C

解题过程：求解该微分方程的特征根可得：$p^2 + 8p + 12 = 0 \Rightarrow p_1 = -2$，$p_2 = -6$，两个不相等的负实根，该电路为过阻尼二阶系统，其响应为非振荡。

【1.5-36】（2019）　对于二阶电路，用来求解动态输出响应的方法是：

A. 三要素法　　　B. 相量法　　　C. 相量图法　　　D. 微积分法

答案：D

解题过程：采用解微分方程的经典方法分析求解二阶电路。

【1.5-37】（2018）　含有两个线性二端动态元件的电路：

A. 一定是二阶电路　　　　　　　　B. 有可能是一阶电路

C. 一定是一阶电路　　　　　　　　D. 有可能是三阶电路

答案：B

解题过程：可以用一阶微分方程描述的电路称为一阶电路；用二阶微分方程描述的电路称为二阶电路。当 $i_L(t)$ 与 $u_C(t)$ 之间相互独立时，即 $u_C(t)$ 的值的大小不会影响 $i_L(t)$ 的取值，含两个动态元件的电路可能是一阶电路。

【1.5-38】（2017、2016）　RLC 串联电路中，$C = 1\mu\mathrm{F}$，$L = 1\mathrm{H}$。当 R 小于多少时，放电过程是振荡性质的？

A. 1000Ω　　　B. 2000Ω　　　C. 3000Ω　　　D. 5000Ω

答案：B

解题过程：$R < 2\sqrt{\dfrac{L}{C}}$ 时，放电过程为振荡性质。因此本题中 $R < 2\sqrt{\dfrac{L}{C}} = 2\sqrt{\dfrac{1}{1 \times 10^{-6}}} = 2000\Omega$。

【1.5-39】（2014）　图 1.5-32 所示电路中，$R = 2\Omega$，$L_1 = L_2 = 0.1\mathrm{mH}$，$C = 100\mu\mathrm{F}$，要使电路达到临界阻尼情况，则互感值 M 应为：

A. 1mH　　　　　　　B. 2mH

C. 0mH　　　　　　　D. 3mH

答案：C

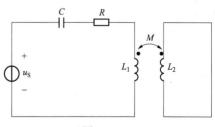

图 1.5-32

解题过程：根据题图可得其一次侧、二次侧方程为：

$$\dot{U}_S = \dot{I}_1\left(R + \mathrm{j}\omega L_1 - \mathrm{j}\dfrac{1}{\omega C}\right) + \mathrm{j}\omega M \dot{I}_2$$

$$0=\mathrm{j}\omega M \dot{I}_1 + \mathrm{j}\omega L_2 \dot{I}_2$$

则 $\dot{U}_\mathrm{S} = \dot{I}_1 \left(R + \mathrm{j}\omega L_1 - \mathrm{j}\omega M \dfrac{M}{L_2} - \mathrm{j}\dfrac{1}{\omega C} \right)$。临界阻尼时，$R = 2\sqrt{\dfrac{L_1 - \dfrac{M^2}{L_2}}{C}}$，根据题意代入相应数据可得 $M = 0\mathrm{mH}$。

1.6　静电场

1.6.1　知识点提示

1. 电场强度、电位的概念

（1）库仑定律。真空中距离为 r 的静止点电荷 q_1、q_0 之间的作用力 $F = \dfrac{q_1 q_0}{4\pi\varepsilon_0 r^2} e_r$，单位为 N。$\varepsilon_0$ 为真空中的介电常数，$\varepsilon_0 = 8.85 \times 10^{-12}\mathrm{F/m}$。

（2）电场强度 E（V/m）：某 P 点处的电场强度 E 为单位正电荷 q_0 在该点所受的力。则该点处的电场强度为 $E(x,y,z) = \lim\limits_{q_0 \to 0} \dfrac{F(x,y,z)}{q_0}$。

1）点电荷 q 在无限大真空中所产生的电场强度 $E = \dfrac{q}{4\pi\varepsilon_0 r^2} e_r$。

2）给定电荷分布球电场强度：任何电荷分布，分成许多可看成点电荷的元电荷 $\mathrm{d}q$，在无限大真空中，元电荷在其距离 r 处所产生的电场强度 $\mathrm{d}E = \dfrac{\mathrm{d}q}{4\pi\varepsilon_0 r^2} e_r$。则全部电荷在该点所产生的电场强度 $E = \displaystyle\int \mathrm{d}E = \dfrac{1}{4\pi\varepsilon_0} \int \dfrac{\mathrm{d}q}{r^2} e_r$，其中 $\mathrm{d}q$ 随电荷的体分布、面分布或线分布，分别用 $\rho\mathrm{d}V$、$\rho\mathrm{d}S$ 或 $\rho\mathrm{d}l$。

（3）电位。在静电场中，即相对于观察者为静止的电荷产生的电场中，电位的定义为试验电荷 q_0 在静电场中移动一段有限的路程 l 时，静电场力对电荷 q_0 做的功 $W = \displaystyle\int_l \mathrm{d}W = q_0 \displaystyle\int_l E\mathrm{d}l$，则其电位 $\varphi = \lim\limits_{q_0 \to 0} \dfrac{W}{q_0} = \displaystyle\int_l E\mathrm{d}l$。

试验电荷 q_0 在点电荷 q 的电场中由 a 点移动到 b 点时，静电场力所做的功为

$$W = \int_a^b \mathrm{d}W = \int_{r_\mathrm{a}}^{r_\mathrm{b}} \frac{q_0 q}{4\pi\varepsilon r^2}\mathrm{d}r = \frac{q_0 q}{4\pi\varepsilon}\left(\frac{1}{r_\mathrm{a}} - \frac{1}{r_\mathrm{b}}\right), \quad 电位\ \varphi = \frac{q}{4\pi\varepsilon}\left(\frac{1}{r_\mathrm{a}} - \frac{1}{r_\mathrm{b}}\right)$$

式中　r_a、r_b——试验电荷 q_0 的始点和终点到电荷 q 的距离。

静电场力所做的功与路径无关。

①静电场环路定律：电场强度的环路线积分恒等于零，$\displaystyle\oint_l E\mathrm{d}l = 0$。静电场中，沿闭合路径移动电荷，电场力所做功恒为零。

②电压：单位正试验电荷从 a 点移动到 b 点时，电场力所做的功为两点间的电位差，即两点间的电压 U_ab。即 $U_\mathrm{ab} = \varphi_\mathrm{a} - \varphi_\mathrm{b} = \displaystyle\int_a^b E\mathrm{d}l$。

③位于坐标原点的点电荷在无限大真空中引起的电位：$\varphi(r)=\dfrac{q}{4\pi\varepsilon_0 r}$。

④点电荷系电场中的电位：$\varphi=\dfrac{1}{4\pi\varepsilon_0}\displaystyle\sum_{i=1}^{n}\dfrac{q_i}{r_i}$。

（4）E 和 φ 的关系。

1）微分关系：$E=-\nabla\varphi$。直角坐标系中 $E=-\left(\dfrac{\partial\varphi}{\partial x}e_x+\dfrac{\partial\varphi}{\partial y}e_y+\dfrac{\partial\varphi}{\partial z}e_z\right)$。

2）积分关系：$E\mathrm{d}l=-\nabla\varphi\mathrm{d}l=-\left(\dfrac{\partial\varphi}{\partial x}\mathrm{d}x+\dfrac{\partial\varphi}{\partial y}\mathrm{d}y+\dfrac{\partial\varphi}{\partial z}\mathrm{d}z\right)=-\mathrm{d}\varphi-\displaystyle\int_{P}^{P_0}\mathrm{d}\varphi=\varphi(P)-\varphi(P_0)=\displaystyle\int_{P}^{P_0}E\mathrm{d}l$。

静电场中某 P 点处的电位为单位正试验电荷从该点经过任意的路径移到无限远处电场力所做的功，即 $\varphi=\displaystyle\int_{P}^{\infty}E\mathrm{d}l$。

2. 高斯定律

（1）高斯定律。

1）真空中静电场的高斯定律：S 为无限大真空中的任意封闭曲面，V 是 S 限定的体积。

$$\oint_{s}E\mathrm{d}S=\frac{q}{\varepsilon_0}=\frac{t}{\varepsilon_0}\int_{v}\rho\mathrm{d}V$$

2）电解质中的高斯定律。电通（量）密度也称电位移 $D=\varepsilon_0 E+P$（$\mathrm{C/m^2}$），各向同性、线性、均匀介质的极化强度 $P=X_e\varepsilon_0 E$，$D=\varepsilon_0 E+P=\varepsilon_0\varepsilon_r E=\varepsilon E$。$X_e$ 为电介质的极化率；$\varepsilon_r=1+X_e$ 为相对介电常数；ε 为介电常数，单位（$\mathrm{F/m}$）。

①微分形式：根据 $\oint_{s}D\mathrm{d}S=\displaystyle\int_{v}\rho\mathrm{d}V$ 得 $\nabla\cdot D=\rho$。静电场中任一点上电通密度 D 的散度等于该点的自由电荷体密度。

②积分形式：$\oint_{s}D\mathrm{d}S=q$。

（2）高斯定律计算对称性分布的静电场。

1）球对称分布。均匀带电的球面，球体和多层同心球壳等。

①均匀带电球面。

若金属球所带电量为 q，金属球的半径为 R，则金属球内的电场强度将为零，金属球外的电场强度 $E=\dfrac{q}{4\pi\varepsilon r^2}$（$r\geqslant R$）。

若设无穷远处为电位参考点，则 $\varphi=\dfrac{q}{4\pi\varepsilon r}$（$r\geqslant R$）。

金属球的电位等于球面的电位，为一定值，即 $\varphi=\dfrac{q}{4\pi\varepsilon R}$。

②均匀带电球体。半径为 a 的球体内均匀分布着体密度为 ρ 的电荷，则球内 $D=\dfrac{\rho r}{3}e_r$（$r\leqslant a$），$E=\dfrac{\rho r}{3\varepsilon_0}e_r$（$r\leqslant a$），$\varphi=\dfrac{\rho}{2\varepsilon_0}\left\{a^2-\dfrac{r^2}{3}\right.$（$r<a$）；球外 $D=\dfrac{\rho a^3}{3r^2}e_r$（$r>a$），$E=\dfrac{\rho a^2}{3\varepsilon_0 r^2}$

e_r（$r>a$），$\varphi=\dfrac{\rho a^3}{3\varepsilon_0 r}$（$r>a$）。

2）轴对称分布：如无限长均匀带电的直线，圆柱面，圆柱壳等。

电荷线密度为 τ 无限长均匀带电体的电场：$D=\dfrac{\tau}{2\pi r}e_r$，$E=\dfrac{D}{\varepsilon_0}=\dfrac{\tau}{2\pi\varepsilon_0 r}e_r$；若给定内、

外圆柱面的半径 a、b 和外加电压 U，则 $U=\displaystyle\int_a^b E\,\mathrm{d}r=\int_a^b\dfrac{\tau}{2\pi\varepsilon r}\mathrm{d}r=\dfrac{\tau}{2\pi\varepsilon}\ln\dfrac{b}{a}$，$E(r)=$

$\dfrac{U}{r\ln\dfrac{b}{a}}e_r$。

3）无限大平面电荷：无限大的均匀带电平面、平板等。

无限大面电荷分布在 $x=0$ 的平面上，如果面电荷密度为一常数 σ（均匀分布），周围

的介质为均匀介质，则其电场强度为 $E=\dfrac{\sigma}{2\varepsilon}e_x$（$x>0$），$E=-\dfrac{\sigma}{2\varepsilon}e_x$（$x<0$）。

3．静电场边值问题的镜像法和电轴法及典型的电场计算

分界面上的衔接条件。

（1）电位移矢量 D 的衔接条件：$D_{2n}-D_{1n}=\sigma$。

（2）电场强度 E 的衔接条件：$E_{2t}=E_{1t}$。

当分界面为导体与电介质的交界面时，分界面上的衔接条件为：$D_{2n}=\sigma$，$E_{2t}=0$ 在

交界面上不存在 σ 时，E、D 满足折射定律 $\dfrac{\tan\alpha_1}{\tan\alpha_2}=\dfrac{\varepsilon_1}{\varepsilon_2}$。

4．电位函数 φ 表示分界面上的衔接条件

$\varphi_1=\varphi_2$；$D_{1n}=\varepsilon_1 E_{1n}=-\varepsilon_1\dfrac{\partial\varphi_1}{\partial n}$，$D_{2n}=\varepsilon_2 E_{2n}=-\varepsilon_2\dfrac{\partial\varphi_2}{\partial n}$；$\varepsilon_1\dfrac{\partial\varphi_1}{\partial n}-\varepsilon_2\dfrac{\partial\varphi_2}{\partial n}=\sigma$。

（1）唯一性定理：静电场中凡满足电位微分方程和给定边界条件的解，是给定静电场

的唯一解。

（2）镜像法：用虚设的电荷分布等效替代媒质分界面上复杂电荷分布，虚设电荷的个

数、大小与位置使静电场的解答满足唯一性定理。

平面导体的镜像：边值问题：除 q 所在点外的区域 $\nabla^2\varphi=0$，导板及无穷远处 $\varphi=0$，

S 为包围 q 的闭合面，$\displaystyle\oint_s D\mathrm{d}S=q$；上半场域除点电荷边值问题：$\nabla^2\varphi=0$，$\varphi=\dfrac{q}{4\pi\varepsilon_0 r}-$

$\dfrac{q}{4\pi\varepsilon_0 r}=0$，$\displaystyle\oint D\mathrm{d}S=q$。

（3）电轴法：用置于电轴上的等效线电荷来代替圆柱导体面上分布电荷，而求解电场

的方法。

5．电场力及其计算

（1）静电能量：$W=\dfrac{1}{2}\displaystyle\int_v DE\mathrm{d}V$。$n$ 个点电荷系统的静电能量为 $W=\dfrac{1}{2}\displaystyle\sum_{i=1}^n q_i\varphi_i$。

（2）广义电场力：$f=\left.\dfrac{\partial W_e}{\partial g}\right|_{\varphi_k=\mathrm{const}}$，广义力是代数量，根据 f 的"$\pm$"号判断力的

方向。

（3）平行板电容器极板的电场力：$W_e = \dfrac{1}{2}CU^2$，$C = \dfrac{\varepsilon_0 S}{d}$。取 d 为广义坐标，则 $f = \dfrac{\partial W_e}{\partial d}\Big|_{\varphi=c} = \dfrac{U^2}{2} \times \dfrac{\partial C}{\partial d} = -\dfrac{U^2 \varepsilon_0 S}{2d^2} < 0$。负号表示电场力企图使平行板之间的距离 d 减小，电容增大。

6. 电容与部分电容

（1）电容器的电容 $C = \dfrac{Q}{U}$，计算思路为 $Q \rightarrow E \rightarrow U = \displaystyle\int_l E \mathrm{d}l \rightarrow C = \dfrac{Q}{U}$。

（2）部分电容。

1）概念：表明各导体间电压对各导体电荷的贡献，分为自有部分电容和互有部分电容。所有部分电容都是正值，且仅与导体的形状、尺寸、相互位置及介质的 ε 有关。$(n+1)$ 个导体静电独立系统中，共应有 $\dfrac{n(n+1)}{2}$ 个部分电容；部分电容是否为零，取决于两导体之间有否电力线相连。

2）电磁屏蔽：把带电体用一个接地的金属壳罩起来，隔绝有害的静电影响。

（3）电容计算。

1）平行板电容

$$C = \frac{\varepsilon S}{d}$$

式中　S——极板面积；

　　　d——两个导体之间的距离。

2）圆柱形电容：$C = \dfrac{2\pi\varepsilon L}{\ln(R_2/R_1)}$；电极共轴，中间填充介质，内外半径为 R_1、R_2（$R_2 > R_1$），长度为 L。

3）球形电容：$C = \dfrac{4\pi\varepsilon R_2 R_1}{R_2 - R_1}$，中间填充介质，内外半径为 R_1、R_2（$R_2 > R_1$）的球形电容器。

1.6.2　供配电专业高频考点与历年真题解析

考点 1：电场的基本概念

【1.6-1】（2022）库仑定律中的电荷作用力：

A. 正比于电荷量的乘积　　　　　　　B. 正比于电荷量平方

C. 反比于电荷量平方　　　　　　　　D. 正比于距离平方

答案：A

解题过程：库仑定律指出，真空中两个静止的点电荷之间相互作用力同他们电荷量乘积成正比，与它们之间距离成反比，作用力方向在它们连线上。

【1.6-2】（2020）平行板电容器之间的电流属于：

A. 传导电流　　　　B. 运流电流　　　　C. 位移电流　　　　D. 线电流

答案：C

解题过程：平行电容器充电时，极板间的电场强度发生变化，产生位移电流。位移电流与传导电流的共同点是都可以在空间激发磁场，不同点为：位移电流的本质是变化着的电场，而传导电流则是自由电荷的定向运动；传导电流在通过导体时会产生焦耳热，而位移电流则不会产生焦耳热；位移电流也即变化着的电场可以存在于真空、导体、电介质中，而传导电流只能存在于导体中。

【1.6-3】(2019) 电力线的方向是指向：

A. 电位增加的方向　　　　　　　　B. 电位减小的方向
C. 电位相等的方向　　　　　　　　D. 和电位无关

答案：B

解题过程：电场线也称电力线；电场线从正电荷出发，于负电荷终止。

【1.6-4】(2014) 真空中，一平面场强为 $\dot{E}=0.70e_x-0.35e_y-1.00e_z$（V/m），则该点的电荷面密度为（设该点的场强与表面外法线向量一致）：

A. -0.65×10^{-12}C/m² 　　　　B. 0.65×10^{-12}C/m²
C. -11.24×10^{-12}C/m² 　　　　D. 11.24×10^{-12}C/m²

答案：D

解题过程：已知 $E=\dfrac{\rho}{\varepsilon_0}$，场强的模为 $|\dot{E}|=\sqrt{0.70^2+0.35^2+1^2}$ V/m=1.27V/m，则该点的电荷面密度 $\rho=\varepsilon_0E=8.854\times10^{-12}\times1.27$C/m²=11.24458$\times10^{-12}$C/m²。

考点 2： 电场强度的计算

【1.6-5】(2024) 空间存在一个孤立的正电荷，带电量为 1nC，距离该电荷 10km 远处的电场强度和方向为：

A. 9×10^{-2}N/C，朝向电荷　　　B. 9×10^{-8}N/C，朝向电荷
C. 9×10^{-2}N/C，远离电荷　　　D. 9×10^{-8}N/C，远离电荷

答案：D

解题过程：真空中点电荷的电场强度 $E=\dfrac{Q}{4\pi\varepsilon_0R^2}=\dfrac{1\times10^{-9}}{4\pi\times8.85\times10^{-12}\times(10\times10^3)^2}$ N/C= 8.99×10^{-8}N/C。远离电荷。

【1.6-6】(2023) 在一个均匀的电场中，两个平行金属板的面积分别为 1m² 和 2m²，两个金属板之间的电势差为 10V，距离为 0.2m，平板之间的电场强度大小为：

A. 50V/m　　　　B. 20V/m　　　　C. 25V/m　　　　D. 35V/m

答案：A

解题过程：平板之间的电场强度 $E=\dfrac{U}{d}=\dfrac{10\text{V}}{0.2\text{m}}=50$V/m。

【1.6-7】(2019) 无限大真空中，一半径为 a（$a\ll3$m）的球，内部均匀分布有体电荷，电荷总量为 q，在距离其 3m 处会产生一个电场强度为 E 的电场，若此球体电荷总量减小一半，同样距离下产生的电场强度应为：

A. $\dfrac{E}{2}$　　　　B. $2E$　　　　C. $\dfrac{E}{1.414}$　　　　D. $1.414E$

答案：A

解题过程：点电荷电场强度 $E = \dfrac{kq}{r^2}$。

若点电荷电荷量变为 $\dfrac{1}{2}q$，则 $E' = \dfrac{k\dfrac{q}{2}}{r^2} = \dfrac{E}{2}$。

【1.6‑8】(2018)　无限大真空中有一半径为 a 的球，内部均匀部分有体电荷，电荷总量为 q，在 $r < a$ 的球内部，任意一 r 处的电场强度的大小为 E 为：

A. $\dfrac{q}{4\pi\varepsilon_0 a}$ V/m

B. $\dfrac{q}{4\pi\varepsilon_0 a^2}$ V/m

C. $\dfrac{q}{4\pi\varepsilon_0 r^2}$ V/m

D. $\dfrac{qr}{4\pi\varepsilon_0 a^3}$ V/m

答案：D

解题过程：均匀带电球体内的电场强度为 $E = \dfrac{\rho r}{3\varepsilon_0} = \dfrac{qr}{4\pi\varepsilon_0 a^3}$（$r \leqslant a$）。

【1.6‑9】(2018)　空气中半径为 R 的球域内存在电荷体密度 $\rho = 0.5r$ 的电荷，则空间最大的电场强度为：

A. $\dfrac{R^2}{8\varepsilon_0}$

B. $\dfrac{R}{8\varepsilon_0}$

C. $\dfrac{R^2}{4\varepsilon_0}$

D. $\dfrac{R}{4\varepsilon_0}$

答案：A

解题过程：半径为 R 的非均匀带电球体，球体内的电场强度为 $E = \dfrac{\rho R}{4\varepsilon_0} = \dfrac{R^2}{8\varepsilon_0}$。

【1.6‑10】(2016)　在真空中，有一半径为 R 的均匀带电球面，面密度为 σ，球心处的电场强度为：

A. $\dfrac{\sigma}{2\varepsilon_0}$

B. $\varepsilon_0\sigma$

C. $\dfrac{\sigma}{\varepsilon_0}$

D. 0

答案：D

解题过程：均匀带电球面的电场。在球面外，点 P 的电场强度为 $E = \dfrac{q}{4\pi\varepsilon r^2}$（$r > R$），方向为沿半径指向球外（如 $q < 0$，则沿半径指向球内）；在球面内，点 P 的电场强度为 $E = 0$（$r < R$）。

【1.6‑11】(2014)　在真空中，一半径为 a、体密度为 ρ 的均匀带电球体，球内外的介电常数均为 ε_0，则在均匀带电球中心的电场强度 E 为：

A. $\dfrac{\rho}{3\varepsilon_0}$

B. 0

C. $\dfrac{\rho a}{3\varepsilon_0}$

D. $\dfrac{\rho a^2}{3\varepsilon_0}$

答案：B

解题过程：选择坐标原点与球心重合，则不论球内外，D、E 都是径向的，即为 D_r，E_r。当 $r < a$ 时，$4\pi r^2 D_r = \rho\left(\dfrac{4}{3}\pi r^3\right)$。则 $D_r = \rho r/3$，$E_r = \rho r/3\varepsilon_0$。球心处 $r = 0$，则 $E_r = 0$。

考点 3：电位的计算

【1.6‑12】(2024)　一点电荷 $Q = 5\mu\text{C}$，则距点电荷 2m 处的电位为：

A. 11.24kV　　　　B. 11.24V　　　　C. 22.48kV　　　　D. 22.48V

答案：C

解题过程： 真空中电荷产生电势 $\varphi = \dfrac{Q}{4\pi\varepsilon_0 R} = \dfrac{5\times10^{-6}}{4\pi\times8.85\times10^{-12}\times2}$V = 22.48kV。

考点 4：电容

【1.6-13】（2024） 平板电容器每个平板面积 15cm²，两平板间距离为 3cm，施加电 13.5V，求电容器的容值为：

A. 9.31×10^{-11}F　　　　　　　　　B. 4.43×10^{-13}F

C. 1.29×10^{-12}F　　　　　　　　　D. 3.33×10^{-13}F

答案：B

解题过程： 平行板电容器 $C = \dfrac{\varepsilon S}{d} = \dfrac{8.85\times10^{-12}\times15\times10^{-4}}{3\times10^{-2}}$F = 4.425$\times10^{-13}$F。

【1.6-14】（2023） 真空中方形平板电容器由面积分别为 10cm² 和 15cm² 的平行金属板组成，金属板之间的距离为 2mm，忽略边缘效应和介质极化，理想情况下电容器的电容值为：

A. 3.2×10^{-16}F　　B. 6.64×10^{-17}F　　C. 5.28×10^{-12}F　　D. 4.43×10^{-12}F

答案：D

解题过程： 真空中，绝对介电常数 $\varepsilon = 8.85\times10^{-12}$F/m，根据平板电容器的电容公式 $C = \dfrac{\varepsilon S}{d} = \dfrac{8.85\times10^{-12}\times10\times10^{-4}}{2\times10^{-3}}$F = 4.425$\times10^{-12}$F ≈ 4.43$\times10^{-12}$F。

【1.6-15】（2018） 两半径为 a 和 b（$a<b$）的同心导体球面间电位差为 V_0，则两电极间电容为：

A. $4\pi\varepsilon\dfrac{ab}{b-a}$　　　　　　　　　　　B. $4\pi\varepsilon\dfrac{ab}{b+a}$

C. $4\pi\varepsilon\dfrac{a}{b}$　　　　　　　　　　　　D. $4\pi\varepsilon\dfrac{ab}{(b-a)^2}$

答案：A

解题过程： 两半径为 a 和 b 的同心导体球面间电位差 $V_0 = \dfrac{q}{4\pi\varepsilon}\times\dfrac{b-a}{ba}$。

则同心导体球电容器的电容为 $C = \dfrac{q}{V_0} = \dfrac{q}{\dfrac{q}{4\pi\varepsilon}\times\dfrac{b-a}{ba}} = 4\pi\varepsilon\dfrac{ba}{b-a}$。

考点 5：电场力的计算

【1.6-16】（2024） 在一个电场强度为 2160N/C 的电场中，一带电颗粒受到 0.01296N 电场力，则颗粒带电量为：

A. $6\mu C$　　　　　B. $4\mu C$　　　　　C. $2\mu C$　　　　　D. $9\mu C$

答案：A

解题过程： 根据 $F = QE$ 可得：$Q = \dfrac{F}{E} = \dfrac{0.01296}{2160}$C = 6$\times10^{-6}$C = 6$\mu C$。

1.6.3　发输变电专业高频考点与历年真题解析

考点 1： 电场的基本概念

【1.6-17】（2024） 图 1.6-1 中沿着两个电荷之间的连线上电压为零的位置为：

A. Q_B左边 1.2m

B. Q_B右边 1.2m

B. Q_A右边 1.2m

D. 没有电压为零的位置

图 1.6-1

答案： D

解题过程： 设从电荷 A 到电荷 B 之间的连线上存在一点 r 使电压为 0，则 $U_{AB}=\varphi_A-\varphi_B=$ $\dfrac{1}{4\pi\varepsilon_0}\left(\dfrac{Q_A}{r}-\dfrac{Q_B}{2-r}\right)=0$，$\dfrac{Q_A}{r}-\dfrac{Q_B}{2-r}=0$，解得 $r=6\mathrm{m}$，显然不在电荷 A、B 之间的连线上。

【1.6-18】（2023） 下面对电位描述中，正确的是：

A. 电容器中存储的电荷量　　　　　　　B. 电路中电流的变化率

C. 单位面积表面上的电荷量　　　　　　D. 电场中某一点单位电荷所具有的电势能量

答案： D

解题过程： 电位的定义是电场中某一点单位电荷所具有的电势能量。

【1.6-19】（2022） 电场线用一族空间曲线形象描述了：

A. 电荷受力情况　　　　　　　　　　　B. 电场分布情况

C. 电荷作用力分布情况　　　　　　　　D. 电磁场分布情况

答案： B

解题过程： 电场线用一簇空间曲线形象描述了电场分布情况。

【1.6-20】（2022） 点电荷系的电场中某点的电势，等于各个点电荷单独在该点产生电势的代数和，该原理称为：

A. 电荷叠加原理　　　　　　　　　　　B. 电场叠加原理

C. 电势叠加原理　　　　　　　　　　　D. 电流叠加原理

答案： C

解题过程： 电势叠加原理主要用于研究多电荷问题。带电体系静电场中一点的电势等于每一点电荷单独存在时在该点的电势的代数和。

【1.6-21】（2021） 在分界面上的电场强度的切向分量应为：

A. 连续的　　　　　B. 不连续的　　　　　C. 等于零　　　　　D. 不确定

答案： A

解题过程： 在分界面上电场强度的切向分量连续，电流密度的法向分量连续。

【1.6-22】（2021） 电场强度是：

A. 描述电场对电荷有作用力性质的物理量

B. 描述电场对所有物体有作用力性质的物理量

C. 描述电荷运动的物理量

D. 以上都不对

答案：A

解题过程：电场强度是描述电场对电荷有作用力性质的物理量。

★【1.6-23】（2021、2019）　在静电场中，场强小的地方，其电位会：

A. 更高　　　　　　　　　　　　　B. 更低

C. 接近于 0　　　　　　　　　　　D. 高低不定

答案：D

解题过程：电位大小取决于电势零点的选取，其数值只具有相对的意义，与电场强度大小无关。一般取无穷远处为电势零点（人为规定）。

【1.6-24】（2020）　静电场为：

A. 无旋场　　　　　　　　　　　　B. 散场

C. 有旋场　　　　　　　　　　　　D. 以上都不是

答案：A

解题过程：根据静电场的基本方程可以判断静电场是有源无旋场。

【1.6-25】（2020）　以下定律中，能反映恒定电场中电流连续性的是：

A. 欧姆定律　　　　　　　　　　　B. 电荷守恒定律

C. 基尔霍夫电压定律　　　　　　　D. 焦耳定律

答案：B

解题过程：对于恒定电场，电荷的分布不随时间变化，电荷守恒定律表达式为 $\nabla \cdot J = 0$。表明在恒定电场中，从任意封闭面或点流进和流出的电流代数和为零，此时电流连续，因此能反映恒定电场中电流连续性的是电荷守恒定律。

【1.6-26】（2019）　静电荷是指：

A. 相对静止、量值恒定的电荷　　　B. 绝对静止、量值随时间变化的电荷

C. 绝对静止、量值恒定的电荷　　　D. 相对静止、量值随时间变化的电荷

答案：A

解题过程：静电荷是一种处于静止状态的电荷，是相对静止且量值不随时间变化的电荷。

【1.6-27】（2018）　函数 $\varphi = 2(x^2 + y^2) + 4(x + y) + 10$ V。则场点 A（1，1）处的场强 E 为（V/m）：

A. 10　　　　　　　　　　　　　　B. $6e_x + 6e_y$

C. $-8e_x - 8e_y$　　　　　　　　　D. $-12e_x - 10e_y$

答案：C

解题过程：$E = -\dfrac{\partial \varphi}{\partial x} e_x - \dfrac{\partial \varphi}{\partial y} e_y = (-4x - 4)e_x + (-4y - 4)e_y$ 在点 A（1，1）处的场强为 $E = -8e_x - 8e_y$（V/m）。

考点 2：电场强度的计算

【1.6-28】（2024）　平面坐标原点处有一电量为 $+3\mu C$ 的点电荷，坐标单位为 m，则在坐标点（3，4）处的电场强度大小为：

A. 1078.8N/C　　B. 8990N/C　　　　C. 1685.6N/C　　　D. 1480N/C

答案：A

解题过程： 根据题意得 $E=k\dfrac{Q}{r^2}=8.99\times10^9\times\dfrac{3\times10^{-6}}{(\sqrt{3^2+4^2})^2}$ N/C $=1.0788\times10^3$ N/C $=$
1078.8N/C。

【1.6-29】(2023) 真空中一个电荷量为 $+4\mu C$ 的点电荷距离测试点 2m 远，测试点处的
电场强度 E 为：

A. 9000N/C　　　　B. 2000N/C　　　　C. 4000N/C　　　　D. 1600N/C

答案： A

解题过程： 根据题意得 $E=\dfrac{kQ}{r^2}=\dfrac{8.99\times10^9\times4\times10^{-6}}{2^2}$ N/C $=8990$ N/C ≈9000 N/C。

【1.6-30】(2020) 有一圆形气球，电荷均匀分布在其表面，在此气球被缓缓吹大的过程
中，始终处于球外两点，其电场强度：

A. 变大　　　　B. 变小　　　　C. 不变　　　　D. 无法判断

答案： C

解题过程： 因为电荷均匀分布在气球表面，所以可以等效为一个位于球心处的点电荷，在
气球吹大的过程中，点电荷的大小不变，对始终处于球外的点的作用不变，电场强度也
不变。

【1.6-31】(2017、2016) 在真空中，半径为 R 的均匀带电半球面，其面电荷密度为 σ，
该半球面球心处的电场强度值为：

A. 0　　　　B. $\dfrac{\sigma}{4\varepsilon_0}$　　　　C. $\dfrac{\sigma}{2\varepsilon_0}$　　　　D. $\dfrac{\sigma}{2}$

答案： B

解题过程： 如解图 1.6-2 所示，取半径为 r，宽度为 $\mathrm{d}l$ 的细圆环
带，面积为 $\mathrm{d}s=2\pi r\mathrm{d}l$，带电量为 $\mathrm{d}q=\sigma\times2\pi r\mathrm{d}l=\sigma\times2\pi rR\mathrm{d}\theta$，再
利用均匀圆环轴线上场强公式，即半径为 r，带电量为 q 的细圆环
轴线上，距环心 x 远处的电场强度为

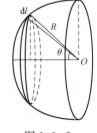

图 1.6-2
题 1.6-31 解图

$$E_r=\dfrac{xq}{4\pi\varepsilon_0\ (r^2+x^2)^{\frac{3}{2}}}$$

则细圆环带在球心 O 点的电场强度为

$$\mathrm{d}E_r=\dfrac{x\mathrm{d}q}{4\pi\varepsilon_0\ (r^2+x^2)^{\frac{3}{2}}}=\dfrac{R\cos\theta\sigma2\pi R^2\sin\theta\mathrm{d}\theta}{4\pi\varepsilon_0R^3}=\dfrac{\sigma}{4\varepsilon_0}\times2\cos\theta\sin\theta\mathrm{d}\theta$$

方向沿对称轴向，半球面在球内 O 点的电场强度大小为

$$E_r=\int\mathrm{d}E=\dfrac{\sigma}{4\varepsilon_0}\int_0^{\frac{\pi}{2}}2\cos\theta\sin\theta\mathrm{d}\theta=\dfrac{\sigma}{4\varepsilon_0}$$

考点 3： 电位的计算

【1.6-32】(2014) 一个圆柱形电容器，外导体的内半径为 2cm，其间介质的击穿强度为
200kV/cm。若内导体的半径可以自由选择，则电容器能承受的最大电压为：

A. 284kV   B. 159kV   C. 252kV   D. 147kV

答案： D

解题过程： 若给定外导体的内半径 $b=2$cm，内导体的半径为 a，为了保证圆柱形电容器获得最高耐压，应在保持内、外导体之间的电压 U 不变的情况下，使得圆柱形电容器最大的电场强度达到最小值，即应使内导体表面在 $r=a$ 处的电场其强度达到最小值。则圆柱形电容器单位长度内的电容 $C_1=\dfrac{2\pi\varepsilon}{\ln\dfrac{b}{a}}$。圆柱形电容器在 $r=a$ 处的电场强度 $E(a)=$

$\dfrac{U}{a\ln\dfrac{b}{a}}$，当 $b/a=\mathrm{e}$ 时，$E(a)$ 取最小值，则圆柱形电容器获得最高耐压。则电容器能承受的最

大电压 $U=a\ln\dfrac{b}{a}E(a)=\dfrac{2}{\mathrm{e}}\times\ln\mathrm{e}\times200\mathrm{kV}=147.15\mathrm{kV}$。

考点 4： 电场力的计算

【1.6-33】(2017、2016) 真空中两平行均匀带电平板相距为 d，面积为 S，且有 $d^2\ll S$，带电量分别为 $+q$ 和 $-q$，则两极间的作用力大小为：

A. $\dfrac{q^2}{4\pi\varepsilon_0 d^2}$ B. $\dfrac{q^2}{\varepsilon_0 S}$ C. $\dfrac{2q^2}{\varepsilon_0 S}$ D. $\dfrac{q^2}{2\varepsilon_0 S}$

答案： B

解题过程： 无限大面电荷分布在 $x=0$ 的平面上，如果面电荷密度 σ 为一常数，周围的介质为均匀介质，则由对称特点可知其场强为

$$E=\frac{\sigma}{2\varepsilon}e_x \ (x>0), \ E=-\frac{\sigma}{2\varepsilon}e_x \ (x<0)$$

则真空中两平行均匀带电平板之间的电场强度为

$$E=\frac{\sigma}{\varepsilon_0}e_x=\frac{q}{\varepsilon_0 S}e_x \left(-\frac{d}{2}<x<\frac{d}{2}\right)$$

由库仑定律可知，两平行均匀带电平板之间的作用力为 $F=qE=\dfrac{q^2}{\varepsilon_0 S}$。

考点 5： 电容

【1.6-34】(2024) 制作一个容值为 1F 的平板电容器，平板之间的距离为 1mm，则平板的面积应为：

A. $1.1\times10^5\mathrm{m}^2$ B. $1.1\times10^8\mathrm{m}^2$

C. $2.2\times10^5\mathrm{m}^2$ D. $2.2\times10^8\mathrm{m}^2$

答案： B

解题过程： 根据平板电容器的电容公式 $C=\dfrac{\varepsilon_0\varepsilon_r A}{d}$，得平板的面积 $A=\dfrac{Cd}{\varepsilon_0\varepsilon_r}=$

$\dfrac{1\times1\times10^{-3}}{8.85\times10^{-12}\times1}\mathrm{m}^2=1.1\times10^8\mathrm{m}^2$。

【1.6-35】（2018） 三芯对称的屏蔽电缆如图 1.6-3 所示，若将电缆中三个导体中的 1、2 号导体相连，测得另外一导体与外壳间的等效电容为 $36\mu F$；若将电缆中三个导体相连，测得导体与外壳间的等效电容为 $54\mu F$，则导体 3 与外壳间的部分电容 C_{30} 及导体 2、3 之间的部分电容 C_{23} 为：

A. $C_{30}=18\mu F$，$C_{23}=18\mu F$

B. $C_{30}=18\mu F$，$C_{23}=12\mu F$

C. $C_{30}=9\mu F$，$C_{23}=12\mu F$

D. $C_{30}=9\mu F$，$C_{23}=18\mu F$

答案： A

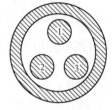

图 1.6-3

解题过程： 等效电路如图 1.6-4 所示。

$$C_{10}=C_{20}=C_{30}=C_0$$
$$C_1=C_{23}=C_3=C_1$$
$$C_1=0$$

故等效电容为三个电容并联，即

$$3C_0=54\mu F \Rightarrow C_0=18\mu F$$

将导体 1、2 相联，等效为 C_{10}、C_{10} 并联、C_{12}、C_{13} 并联它们串联后再与 C_0 串联。

等值电容为 $C_0+（C_1+C_1）//（C_0+C_0）=18+2C_1//（18+18）=36\mu F$。

解得 $C_1=18\mu F$。

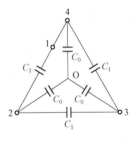

图 1.6-4　题 1.6-35 解图

【1.6-36】（2018） 真空中半径为 a 的金属球，其电容为：

A. $4\pi\varepsilon_0 a^2$　　　　B. $4\pi\varepsilon_0 \ln a$　　　　C. $1/4\pi\varepsilon_0 a^2$　　　　D. $4\pi\varepsilon_0 a$

答案： D

解题过程： 设球形电容器带电荷为 τ，球内场强

$$E=\frac{\tau}{4\pi\varepsilon_0 r^2}\boldsymbol{e}_r$$

由电压的积分公式可得

$$U=\int_a^x \frac{\tau}{4\pi\varepsilon_0 r^2}\mathrm{d}r=\frac{\tau}{4\pi\varepsilon_0} \Rightarrow C=\frac{\tau}{U}=4\pi a\varepsilon_0$$

【1.6-37】（2014） 一根导体平行地放置于大地上方，其半径为 1.5mm，长度为 40m，轴心离地面 5m，该导体对地面的电容为：

A. 126.3pF　　　　　　　　　　B. 98.5pF

C. 157.8pF　　　　　　　　　　D. 252.6pF

答案： D

解题过程： 已知 $h=5m$，$r=1.5mm$，$h\gg r$，则导体单位长度的对地电容 $C_0=\dfrac{2\pi\varepsilon_0}{\ln\dfrac{2h}{r}}$，导体长度 $l=40m$，则电容 $C=\dfrac{2\pi\varepsilon_0 l}{\ln\dfrac{2h}{r}}=\dfrac{2\pi\times 8.85\times 10^{-12}\times 40}{\ln\dfrac{2\times 5}{1.5\times 10^{-3}}}F=252.6pF$。

1.7 恒定电场

1.7.1 知识点提示

电导和接地电阻的概念

（1）电导。

1）定义：$G=I/U$。

2）计算：

①直接用电流场计算：设 $I \to J \to E = \dfrac{J}{\gamma} \to U = \int E \mathrm{d}l \to G = \dfrac{I}{U}$；或者设 U（或 φ）$\to$

$E \to J = \gamma E \to I = \int J \mathrm{d}S \to G = \dfrac{I}{U}$。

②静电比拟法：当恒定电场与静电场边界条件相同时，用静电比拟法，由电容计算电导。

$$\frac{G}{C} = \frac{Q/U}{I/U} = \frac{\int_s D \mathrm{d}S / \int_L E \mathrm{d}l}{\int_s J \mathrm{d}S / \int_L E \mathrm{d}l} = \frac{\varepsilon \int_s E \mathrm{d}s}{\gamma \int_s E \mathrm{d}s} = \frac{\gamma}{\varepsilon}, \quad 即 \frac{G}{C} = \frac{\gamma}{\varepsilon}$$

③同轴电缆的绝缘电阻。设内外的半径分别为 R_1、R_2，长度为 l，中间媒质的电导率

为 γ，介电常数为 ε。漏电导为 $G = \dfrac{I}{U} = \dfrac{2\pi\gamma l}{\ln \dfrac{R_2}{R_1}}$，绝缘电阻为 $R = \dfrac{1}{G} = \dfrac{1}{2\pi\gamma l} \ln \dfrac{R_2}{R_1}$。

（2）接地电阻。

1）半球接地体。半径为 R_0 的半球接地体，流出的电流为 I，土壤的电导率为 γ。该

半球流出的电流 I 是对称的，因此，电流密度 $J = \dfrac{I}{2\pi r^2}$，电场强度 $E = \dfrac{I}{2\pi\gamma r^2}$，半球无穷

远处的电压 $U = \int_{R0}^{\infty} \dfrac{I}{2\pi\gamma r^2} \mathrm{d}r = \dfrac{I}{2\pi\gamma R_0}$，接地体的电阻 $R = \dfrac{U}{I} = \dfrac{1}{2\pi\gamma R_0}$。

2）球形接地体。半径为 R_0 的球形接地体，深埋于电导率为 γ 土壤中。金属球体在

均匀导电媒质中向无穷远处电流流散，若流出电流为 I，则电流密度 $J = \dfrac{I}{4\pi r^2}$，电场强

度 $E = \dfrac{I}{2\pi\gamma r^2}$，无穷远处的电压 $U = \int_{R0}^{\infty} \dfrac{I}{4\pi\gamma r^2} \mathrm{d}r = \dfrac{I}{4\pi\gamma R_0}$，接地体的电阻 $R = \dfrac{U}{I} =$

$\dfrac{1}{4\pi\gamma R_0}$。

3）圆柱形接地体的接地电阻 $R = \dfrac{U}{I} = \dfrac{1}{2\pi\gamma L} \ln \dfrac{4L}{d}$。

（3）跨步电压（半球接地体的跨步电压）。

半径为 R_0 的半径接地体，流出的电流为 I，土壤的电导率为 γ。距球心 x 处向球心

进一步（步长为 b）时的跨步电压为：

$$U_x = \int_{x-b}^{x} \frac{I}{2\pi\gamma r^2} \mathrm{d}r = -\frac{I}{2\pi\gamma r} \bigg|_{x-b}^{x} = \frac{I}{2\pi\gamma} \left(\frac{1}{x-b} - \frac{1}{x} \right)$$

若人体的跨步电压允许值为 U_{mx}，确定该接地体危险区的半径（设 $x \gg b$），则

$$\frac{1}{x-b} - \frac{1}{x} = \frac{b}{(x-b)x} \approx \frac{b}{x^2}$$

因此人体所允许的最大跨步电压 $U_{mx} = \frac{Ib}{2\pi\gamma x^2}$。

危险区半径 $x = \sqrt{\frac{Ib}{2\pi\gamma U_{mx}}}$，取决于接地体流出的电流 I。

1.7.2 供配电专业高频考点与历年真题解析

考点 1：基本概念

【1.7-1】(2024) 下面哪种情况下产生的电场叫恒定电场?
A. 静止电荷产生的   B. 静止带电体产生的
C. 恒定电流产生的   D. 无法产生
答案：C
解题过程：当导体中有恒定电流通过时，导体内部的电荷分布达到一种动态平衡状态，形成的电场不随时间变化，这种电场就叫作恒定电场。

【1.7-2】(2022、2019) 在恒定电场中，电流密度的闭合面积分等于:
A. 电荷之和   B. 电流之和   C. 非零常数   D. 零
答案：D
解题过程：在恒定电场中，电流密度的闭合面积分等于零。

【1.7-3】(2021) 导电媒质中的功率损耗反映的电路定律是:
A. 电荷守恒定律   B. 焦耳定律
C. 基尔霍夫电压定律   D. 欧姆定律
答案：B
解题过程：焦耳定律反应功率损耗。

【1.7-4】(2021) 不会在闭合回路中产生感应电动势的情况是:
A. 通过导体回路的磁通量发生变化   B. 导体回路的面积发生变化
C. 通过导体回路的磁通量恒定   D. 穿过导体回路磁感应强度变化
答案：C
解题过程：穿过导体回路的磁通量恒定不变，则不会产生感应电动势。

考点 2：电导

【1.7-5】(2023) 一根电阻为 R 的导体横截面为 A，长度为 L，导体两端施加电压 U，通过导体的电流为 I，电导的正确计算公式为:
A. $G = \frac{R}{LA}$ B. $G = \frac{LA}{R}$ C. $G = \frac{I}{U}$ D. $G = \frac{U}{1}$
答案：C
解题过程：电导计算公式为 $G = \frac{I}{U}$。

【1.7-6】（2016）　长度为 1m，内外导体半径分别为 $R_1=5$cm，$R_2=10$cm 的圆柱形电容器中间的非理想电解质的电导率为 $\gamma=10^{-9}$S/m，该圆柱形电容器的漏电导 G 为：

A. 4.35×10^{-9}S　　　　B. 9.70×10^{-9}S　　　　C. 4.53×10^{-9}S　　　　D. 9.06×10^{-9}S

答案： D

解题过程： 设内导体流出的漏电流为 I，则电流密度为 $J=\dfrac{I}{2\pi rL}$

则

$$E=\frac{J}{\gamma}=\frac{I}{2\pi rL\gamma}$$

圆柱体内外导体间电压为

$$U=\int_{R_1}^{R_2}E\,\mathrm{d}r=\int_{R_1}^{R_2}\frac{I}{2\pi rL\gamma}\,\mathrm{d}r=\frac{I}{2\pi L\gamma}(\ln R_2-\ln R_1)=\frac{I}{2\pi L\gamma}\ln\frac{R_2}{R_1}$$

该圆柱体电容器的漏电导为

$$G=\frac{I}{U}=\frac{I}{\dfrac{I}{2\pi L\gamma}\ln\dfrac{R_2}{R_1}}=\frac{2\pi L\gamma}{\ln\dfrac{R_2}{R_1}}=\frac{2\pi\times1\times10^{-9}}{\ln\dfrac{10}{5}}\text{S}=\frac{2\pi\times1\times10^{-9}}{\ln2}\text{S}=9.064\,72\times10^{-9}\text{S}$$

考点3：接地电阻

★ **【1.7-7】（2023）**　如图 1.7-1 所示半球接地体半径为 R_0，电导率为 γ，其接地电阻计算公式为：

A. $R=\dfrac{1}{4\pi\gamma R_0}$　　　　B. $R=\dfrac{1}{4\pi\gamma}\ln\dfrac{1}{R_0}$

C. $R=\dfrac{1}{2\pi\gamma R_0}$　　　　D. $R=\dfrac{1}{2\pi\gamma}\ln\dfrac{1}{R_0}$

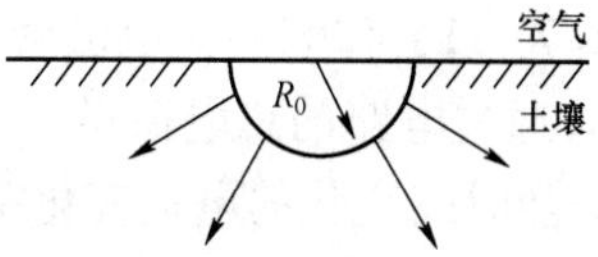

答案： C

图 1.7-1

解题过程： 半球形接地极接地电阻计算公式为 $R=\dfrac{1}{2\pi\gamma R_0}$。

★ **【1.7-8】（2018）**　一半径为 1m 的导体球作为接地极，深埋于地下，土壤的电导率 $\gamma=10^{-2}$S/m，则此接地导体的电阻应为：

A. 31.84Ω　　　　　　　　　　B. 7.96Ω

C. 63.68Ω　　　　　　　　　　D. 15.92Ω

答案： B

解题过程： 球形接地体的接地电阻 $R=\dfrac{1}{4\pi\gamma R_0}=\dfrac{1}{4\pi\times10^{-2}\times1}\Omega=7.957\Omega$。

【1.7-9】（2017）　一半径 $R=0.5$m 导体球作接地电阻，深埋地下，电导率 $\gamma=10^{-2}$S/m，则接地电阻为：

A. 7.96Ω　　　　　　　　　　B. 15.92Ω

C. 31.84Ω　　　　　　　　　　D. 63.68Ω

答案： B

解题过程： 球形接地体的接地电阻为 $R=\dfrac{U}{I}=\dfrac{1}{4\pi\gamma R_0}$。

本题中，$R = \dfrac{1}{4\pi\gamma R_0} = \dfrac{1}{4\pi\times 10^{-2}\times 0.5}\Omega = 15.92\Omega$。

考点 4：跨步电压

【1.7-10】(2014)　一半球形接地系统，已知其接地电阻为 4Ω，土壤的电导率 $\gamma = 10^{-2}\text{S/m}$，当短路电流 250A，从该接地体流出。有人正以 0.6m 的步距向此接地中心前进，且其后足距接地体中心 2m，则跨步电压为：

A. 852.65V

B. 426.32V

C. 419.52V

D. 326.62V

答案：A

解题过程：已知 $b=0.6\text{m}$，$x=2\text{m}$，$I=250\text{A}$。跨步电压为

$$U_x = \int_{x-b}^{x} \frac{I}{2\pi\gamma r^2}\mathrm{d}r = -\frac{I}{2\pi\gamma r}\Big|_{x-b}^{x} = \frac{I}{2\pi\gamma}\left(\frac{1}{x-b}-\frac{1}{x}\right)$$

$$= \frac{250}{2\pi\times 10^{-2}}\left(\frac{1}{2-0.6}-\frac{1}{2}\right)\text{V} = 852.615\text{V}$$

1.7.3　发输变电专业高频考点与历年真题解析

考点 1：基本概念

【1.7-11】(2023)　电流密度 J 指的是：

A. 通过电路的总电荷量

B. 电路中的电势差

C. 随时间变化的电荷变化率

D. 导体单位面积上的电流量

答案：D

解题过程：电流密度是一个矢量，方向与导体中某点的正电荷运动方向相同，大小或等于与正电荷运动方向垂直的单位面积上的电流强度。电流强度定义为单位时间内通过某导线截面的电荷量。

【1.7-12】(2023)　真空中存在位于点 A 的 $+2\mu\text{C}$ 的电荷 Q_1 和位于点 B 的 $-4\mu\text{C}$ 的电荷 Q_2，点 A 和点 B 之间距离 2m，点 C 位于离点 A 为 3m 处，则点 C 处的恒定电场大小和方向分别为：

A. $2.4\times 10^4\text{N/C}$，指向点 A 方向

B. $1.92\times 10^4\text{N/C}$，指向点 B 方向

C. $3.4\times 10^4\text{N/C}$，指向点 A 方向

D. $3.6\times 10^4\text{N/C}$，指向点 B 方向

答案：C

解题过程：Q_1 在点 C 处产生的电场 $E_1 = \dfrac{kQ_1}{r_1^{\,2}} = \dfrac{8.99\times 10^9\times 2\times 10^{-6}}{3^2}\text{N/C} = 0.19978\times$

10^4N/C，方向是从 Q_1 指向点 C；Q_2 在点 C 处产生的电场 $E_2 = \dfrac{kQ_2}{r_2^{\,2}} = \dfrac{8.99\times 10^9\times 4\times 10^{-6}}{(3-2)^2}$

$\text{N/C} = 3.596\times 10^4\text{N/C}$，方向是从点 C 指向 Q_2；则点 C 处的总电场 $E = E_2 - E_1 = 3.39622\times$

$10^4\text{N/C}\approx 3.4\times 10^4\text{N/C}$，方向指向点 A 方向。

【1.7-13】(2021)　恒定电场不会随着以下哪种情况变化而发生改变：

A. 位置变化

B. 时间变化

C. 温度变化　　　　　　　　　　　　　D. 压力变化

答案：B

解题过程：恒定电场与静电场都属于静态场，电场量都不是时间的函数。

考点2：电导

【1.7-14】（2018）　一同轴电缆长 $L=2\text{m}$，其内导体半径 $R_1=1\text{cm}$，外导体内半径为 $R_2=6\text{cm}$，导体间绝缘材料的电阻率 $\rho=1\times10^9\,\Omega\cdot\text{m}$。当内外导体间电压为 500V 时，绝缘层中漏电流为：

A. $3.51\mu\text{A}$　　　　B. $7.02\mu\text{F}$　　　　C. 1.76mA　　　　D. 8.86mA

答案：A

解题过程：同轴电缆中单位长度导体的漏电流为 I，则电流密度 $J=\dfrac{I}{2\pi r}e_r$；

介质中的电场强度 $E=\dfrac{I}{2\pi\gamma r}e_r\ (a<r<b)$；$\gamma=\dfrac{1}{\rho}=1\times10^{-9}$。

内外导体之间的电压 $U=\displaystyle\int_{R_1}^{R_2}E(r)\mathrm{d}r=\int_{R_1}^{R_2}\dfrac{I}{2\pi\gamma r}\mathrm{d}r=\dfrac{I}{2\pi\gamma}\ln\dfrac{R_2}{R_1}$。

则长度为 2m 的同轴电缆的漏电流为

$$I'=LI=L\dfrac{U2\pi\gamma}{\ln\dfrac{R_2}{R_1}}=2\times\dfrac{500\times2\pi\times1\times10^{-9}}{\ln\dfrac{6}{1}}\text{A}=3.5067\times10^{-6}\text{A}=3.51\mu\text{A}$$

考点3：接地电阻

【1.7-15】（2024）　一个半径为 0.4m 的导体球当作接地电极深埋地下，设土壤的电导率为 0.6S/m，忽略地面影响，电极与地之间的电阻为：

A. 0.3317Ω　　　　B. 0.3421Ω　　　　C. 0.2344Ω　　　　D. 0.2145Ω

答案：A

解题过程：半径为 r 的球形接地电阻为：

$$R=\dfrac{1}{4\pi\sigma r}=\dfrac{1}{4\times3.14\times0.6\times0.4}\Omega=\dfrac{1}{3.0144}\Omega\approx0.3317\Omega$$

【1.7-16】（2023）　如图 1.7-2 所示半径为 R_0 的深埋接地球，当 $h\gg R_0$ 时接地电阻为：

A. $R=\dfrac{1}{4\pi\gamma R_0}$

B. $R=\dfrac{1}{8\pi\gamma R_0}\left(1+\dfrac{R_0}{2h}\right)$

C. $R=\dfrac{1}{2\pi\gamma}\left(\dfrac{1}{R_0}+\dfrac{1}{2h}\right)$

D. $R=\dfrac{1}{2\pi L}\ln\dfrac{L}{R}$

答案：A

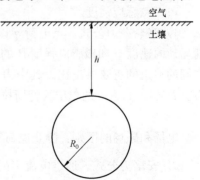

图 1.7-2

解题过程：球形接地极接地电阻为 $R=\dfrac{1}{4\pi\gamma R_0}$。

【1.7-17】(2014) 半球形电极位置靠近一直而深的陡壁，如图 1.7-3 所示。若 $R=0.3\text{m}$，$h=10\text{m}$，土壤的电导率 $\gamma=10^{-2}\text{S/m}$。该半球形电极的接地电阻为：

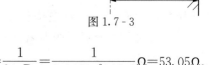

图 1.7-3

A. 33.84Ω　　　　　　　B. 43.12Ω

C. 53.05Ω　　　　　　　D. 63.98Ω

答案： C

解题过程： 根据半球接地体的接地电阻公式可得 $R=\dfrac{1}{2\pi\gamma R_0}=\dfrac{1}{2\pi\times10^{-2}\times0.3}\Omega=53.05\Omega$。

考点 4：跨步电压

【1.7-18】(2017、2016) 一个由钢条组成的接地体系统，已知其接地电阻为 100Ω，土壤的电导率 $\gamma=10^{-2}\text{S/m}$，设有短路电流 500A 从钢条流入地中，有人正以 0.6m 的步距向此接地体系统前进，前足距钢条中心 2m，则跨步电压为下列哪项数值？（可将接地体系统用一等效的半球形接地器代替）

A. 420.2V　　　　B. 520.2V　　　　C. 918.2V　　　　D. 1020.2V

答案： C

解题过程： 采用恒定电场的基本方程 $\oint_S J\,dS=0$，$J=rE$，

设流出的电流为 I，题解图如图 1.7-4 所示，则

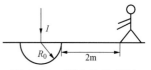

图 1.7-4　题 1.7-18 解图

$$J=\frac{I}{2\pi r^2},\quad E=\frac{I}{2\pi\gamma r^2}$$

则跨步电位差

$$U_l=\int_{2}^{2.6}\frac{I}{2\pi\gamma r^2}\,dr=\frac{500}{2\pi\times10^{-2}}\times\left(\frac{1}{2}-\frac{1}{2.6}\right)\text{V}=918.2\text{V}$$

1.8 恒定磁场

1.8.1 知识点提示

1. 磁感应强度、磁场强度及磁化强度的概念

（1）磁感应强度。

1）洛仑兹力公式。点电荷 q 以速度 v 运动时，磁场对运动电荷产生的力的大小与电荷运动的速度 v 和磁感应强度 B 的大小成正比，与速度 v 的方向和磁感应强度 B 的方向之间的夹角的正弦成正比。其中力 f 的方向符合右手螺旋法则，恒与电荷运动的方向垂直。磁感应强度 B 的单位为特斯拉，T。

$$f=q(v\times B)$$

电场和磁场的区别：静止电荷不会受到磁场力，但会受到电场力。

2）安培力公式。通过电流 I 的导线段 dl 的安培力为：$f=I\int dl\times B$。

均匀磁场中长度为 l 的一段直导线，当 l 的方向与 $\boldsymbol{B}$ 的方向垂直时，$f=IlB$。

3）毕奥-萨伐尔定律。真空中，电流 I 产生的磁感应强度 $B = \dfrac{\mu_0}{4\pi}\oint_l \dfrac{I\mathrm{d}l \times e_r}{r^2}$。$\mu_0$ 为真空中的磁导率，$\mu_0 = 4\pi \times 10^{-7}$ H/m。

无限长载流直导线外的磁感应强度，$B = \dfrac{\mu_0 I}{2\pi a}$。其中，$\mu_0 = 4\pi \times 10^{-7}\,\mathrm{N/A^2}$，为真空磁导率。$a$ 为该点到直导线距离。

（2）磁场强度 H：$H = \dfrac{B}{\mu_0} - M$。

（3）磁化强度：$M = \lim\limits_{\Delta V \to 0} \dfrac{\sum\limits_{i=1}^{n} m_i}{\Delta V}\ (\mathrm{A/m})$。

2. 安培环路定律

（1）真空中的安培环路定律：磁感应强度沿任意回路的环量等于真空磁导率乘以该回路包围的电流的代数和 $\oint_l B\mathrm{d}l = \mu_0 \sum I_k$。

（2）磁介质中的安培环路定律。

积分形式：$\oint_l H\mathrm{d}l = I$；微分形式：$\nabla \times H = J$。

在各向同性的线性磁介质中 $M = \chi_{\mathrm{m}} H$，χ_{m} 为磁化率。

$$B = \mu_0(H + M) = \mu_0 H(1 + \chi_{\mathrm{m}}) = \mu_0 \mu_r H = \mu H$$

（3）应用安培环路定律求解对称性分布磁场。

1）轴对称性。有一磁导率为 μ，半径为 a 的无限长导磁圆柱，其轴线处有无限长的线电流 I，圆柱外是空气（μ_0）。圆柱内外的磁场强度 $H = \dfrac{I}{2\pi\rho}e_\varphi\ (0 < \rho < \infty)$，磁化强度

$$M = \dfrac{B}{\mu} - H = \begin{cases} \dfrac{\mu - \mu_0}{\mu} \times \dfrac{I}{2\pi\rho}e_\varphi & (\rho < a) \\[3mm] 0 & (a < \rho < \infty) \end{cases} \quad ;\ \text{磁感应强度}\ B = \begin{cases} \dfrac{\mu I}{2\pi\rho}e_\varphi & (0 < \rho < a) \\[3mm] \dfrac{\mu_0 I}{2\pi\rho}e_\varphi & (0 < \rho < \infty) \end{cases} \ 。$$

2）导线内均匀流过的电流为 I，则

$$\oint_l H\mathrm{d}l = I' = \dfrac{\rho^2 - a^2}{b^2 - a^2}I$$

$$H = \dfrac{(\rho^2 - a^2)I}{2\pi(b^2 - a^2)\rho} \quad (a \leqslant \rho \leqslant b)$$

$$B = \mu_0 H = \dfrac{\mu_0(\rho^2 - a^2)I}{2\pi(b^2 - a^2)\rho} \quad (a \leqslant \rho \leqslant b)$$

3. 自感与互感

（1）自感。包括内自感和外自感。

1）内自感。由导体内部磁链产生。设通过均匀分布的电流 I 半径为 R 的长直导线的内自感 $L_i = \dfrac{\psi_i}{I} = \dfrac{\mu_0 l}{8\pi}$。单位长度的内自感是常数，$L_{i0} = \dfrac{\mu_0}{8\pi}$。

2）外自感。外自感 $L_0 = \dfrac{\psi_0}{I}$。

（2）互感。线圈 1 的电流 I_1 产生的磁场，在线圈 2 中产生的磁链为 ψ_{21}，则线圈 1 对线圈 2 的互感 $M_{21} = \dfrac{\psi_{21}}{I_1}$。

4. 磁场力

磁场力（电磁力）是磁场具有能量的一种体现（孤立的载流回路，载流回路之间、磁铁之间、电流和磁铁之间，均有此种磁场力的存在）。

（1）安培力——载流回路在磁场中受力。

$$\mathrm{d}\vec{F} = I(\mathrm{d}\vec{l} \times \vec{B}) \text{ 则 } F = \oint_l I \mathrm{d}l \times B$$

（2）洛仑兹力计算公式——运动电荷受力。

$$\mathrm{d}\vec{F} = \mathrm{d}q(\vec{v} \times \vec{B})$$

（3）虚位移法。

$$\mathrm{d}W = \mathrm{d}W_m + f\mathrm{d}g \quad 即 \quad \mathrm{d}\left(\sum_{k=1}^{n} I_k\psi_k\right) = \mathrm{d}\left(\frac{1}{2}\sum_{k=1}^{n} I_k\psi_k\right) + f\mathrm{d}q$$

广义力 $f = \dfrac{\partial W_m}{\partial g}\Big|_{I_k = 常量}$。

1.8.2 供配电专业高频考点与历年真题解析

考点 1：磁场的基本概念

【1.8-1】（2024） 月球半径 $1.74 \times 10^5 \mathrm{m}$，假定载流导线沿月球赤道绕一圈，若导线上电流 $1 \times 10^5 \mathrm{A}$，圆心处磁场强度为：

A. $3.14 \times 10^{-7} \mathrm{T}$ B. $7.77 \times 10^{-7} \mathrm{T}$

C. $8.85 \times 10^{-7} \mathrm{T}$ D. $3.61 \times 10^{-7} \mathrm{T}$

答案： D

解题过程： 电流在圆心处产生的磁感应强度 $B = \dfrac{\mu_0 I}{2R} = \dfrac{4\pi \times 10^{-7} \times 1 \times 10^5}{2 \times 1.74 \times 10^5} \mathrm{T} = 3.611 \times 10^{-7} \mathrm{T}$。

【1.8-2】（2023） 磁感应强度是描述磁场强度的物理量，通常用字母 B 表示，根据磁感应强度的定义，下列说法正确的是：

A. B 是单位磁通里通过垂直截面的数量

B. B 是单位电流在垂直于电流方向的磁场中所受的力

C. B 是单位电荷在磁场中所受的洛仑兹力

D. B 是单位面积垂直于磁场方向的磁通量

答案： D

解题过程： 磁感应强度 B 又称磁通密度。$\Phi = \int_s \vec{B} \cdot \mathrm{d}\vec{S}$，故 $B = \dfrac{\mathrm{d}\Phi}{\mathrm{d}S}$。

【1.8-3】（2022） 真空中，半径为 10m 长直导线通有 $I = 10\mathrm{A}$ 电流，则距离 3m 处磁场强度为：

A. 0.53A/m   B. 1.06A/m   C. 0.18A/m   D. 0.27A/m

答案： A

解题过程：由介质中强场强度　　$\oint_L H \mathrm{d}_L = \sum I$。

$$H = \frac{I}{2\pi\rho} = \frac{10}{2\pi \times 3}\text{ A/m} = 0.5305\text{A/m}$$

【**1.8-4**】（**2021**）　电磁波的波形式是：

A. 横波 　　　　　　　　　　　　　　B. 纵波

C. 既是纵波也是横波 　　　　　　　　D. 以上均不是

答案：A

解题过程：电磁波的波形是横波。

【**1.8-5**】（**2021**）　如图 1.8-1 所示平面上有一个方
形线圈，其边长为 L，线圈中流过大小为 I 的电流，
线圈能够沿中间虚线旋转（图中箭头标示方向为逆
时针方向）。如果给一个磁场强度为 B 的恒定磁场，
从而在线圈上产生一个顺时针方向的转矩 τ，则这
个转矩的最大值应为：

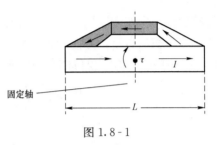

图 1.8-1

A. $\tau = IL^2B$ 　　　　　　B. $\tau = 2IL^2B$

C. $\tau = 4ILB$ 　　　　　　D. $\tau = 4IL^2B$

答案：A

解题过程：转矩 $T = BLI\dfrac{D}{2}$，其中 D 是电枢外径，本题中 $D = L$，转轴两侧各有一段导

体，因此 $T = 2BLI\dfrac{D}{2} = BL^2I$。

【**1.8-6**】（**2020**）　在时变电磁场中，场量和场源除了是时间的函数，还是：

A. 角坐标的函数 　　　　　　　　B. 空间坐标的函数

C. 极坐标的函数 　　　　　　　　D. 正交坐标的函数

答案：B

解题过程：时变电磁场中，电场和磁场不仅是时间的函数，还是空间坐标的函数。它们相
互依存，相互转化，构成统一的电磁场的两个方面：①变化的电场会产生磁场；②变化的
磁场会产生电场。

【**1.8-7**】（**2020**）　一般衡量电磁波用的物理量是：

A. 幅值 　　　　B. 频率 　　　　C. 功率 　　　　D. 能量

答案：B

解题过程：电磁波的波速是一定的，波长与频率成反比。它们三者之间的关系式是 $c = \lambda f$。

【**1.8-8**】（**2020**）　均匀平面波垂直入射至导电媒质中，在传播过程中下列说法正确的是：

A. 空间各点电磁场振幅不变 　　　　B. 不再是均匀平面波

C. 电场和磁场不同相 　　　　　　　D. 电场和磁场同相

答案：C

解题过程：平面电磁波在导电媒质中传播的特点：

　　（1）仍是平面波，且电场垂直于磁场；

　　（2）电场和磁场的幅度随传输距离的延伸按指数规律衰减；

（3）波阻抗为复数，且随信号的频率而化；

（4）在空间同一点上，电场和磁场在时间上不同相；

（5）相速度为 ω/β。

【1.8-9】(2020) 下面关于电流密度的描述正确的是：

A. 电流密度的大小为单位时间通过任意截面积的电荷量

B. 电流密度的大小为单位时间垂直穿过单位面积的电荷量，方向为负电荷运动的方向

C. 电流密度的大小为单位时间穿过单位面积的电荷量，方向为正电荷运动的方向

D. 电流密度的大小为单位时间垂直穿过单位面积的电荷量，方向为正电荷运动的方向

答案： D

解题过程： 电流密度的定义：空间任一点的电流密度 J 为单位时间垂直穿过以该点为中心的单位面积的电量，方向为正电荷在该点的运动方向。

【1.8-10】(2020) 单位体积内的磁场能量称为磁场能量密度，其公式为：

A. $\omega_\mathrm{m} = \dfrac{H^2}{2\mu}$ 　　　 B. $\omega_\mathrm{m} = \dfrac{B^2}{2\mu}$ 　　　 C. $\omega_\mathrm{m} = \mu H^2$ 　　　 D. $\omega_\mathrm{m} = \mu B^2$

答案： B

解题过程： 单位体积内的磁场能量称为能量密度，磁场能量密度

$$\omega_\mathrm{m} = \frac{1}{2}HB = \frac{1}{2}H \cdot \mu H^2 = \frac{B^2}{2\mu}$$

【1.8-11】(2020) 下面物质能被磁体吸引的是：

A. 银 　　　　　 B. 铅 　　　　　 C. 水 　　　　　 D. 铁

答案： D

解题过程： 磁体能够产生磁场，具有吸引铁磁性物质如铁、镍、钴等金属的特性，由于银、铅、水不具有铁磁性，不能被磁体吸引。

【1.8-12】(2019) 在磁路中，对应电路中电流的是：

A. 磁通 　　　　 B. 磁场 　　　　 C. 磁动势 　　　　 D. 磁流

答案： A

解题过程： 常识，需记忆。

【1.8-13】(2019) 磁感应强度 B 的单位为：

A. 特斯拉 　　　 B. 韦伯 　　　　 C. 库仑 　　　　 D. 安培

答案： A

解题过程： 常识，需记忆。

【1.8-14】(2019) 研究宏观电磁场现象的理论基础是：

A. 麦克斯韦方程组 　　　　　　　 B. 安培环路定理

C. 电磁感应定律 　　　　　　　　 D. 高斯通量定理

答案： A

解题过程： 常识，需记忆。

【1.8-15】(2018) 半径为 a 的长直导线通有电流 I，周围是磁导率为 μ 的均匀煤质，$r > a$ 的煤质磁场强度大小为：

A. $\dfrac{I}{2\pi r}$ 　　　 B. $\dfrac{\mu I}{2\pi r}$ 　　　 C. $\dfrac{\mu I}{2\pi r^2}$ 　　　 D. $\dfrac{\mu I}{\pi r}$

答案：A

解题过程：常用公式，长直载流导体产生的磁场强度为 $H=\dfrac{I}{2\pi r}$。

【1.8‑16】(2018) 各向同性线性煤质的磁导率为 μ，其中存在磁场磁感应强度 $B=\dfrac{\mu Il\sin\theta}{4\pi r^2}e_a$，该煤质的磁化强度为：

A. $\dfrac{Il\sin\theta}{4\pi r^2}e_a$

B. $\dfrac{\mu Il\sin\theta}{4\pi r^2}e_a$

C. $\dfrac{(\mu+\mu_0)Il\sin\theta}{4\pi\mu_0 r^2}e_a$

D. $\dfrac{(\mu-\mu_0)Il\sin\theta}{4\pi\mu_0 r^2}e_a$

答案：D

解题过程：各向同性线性磁介质的磁化强度 $M(\mu_r-1)H$，磁感应强度 $B=\mu H$，则

$$M=(\mu_r-1)\frac{B}{\mu}=(\mu_r-1)\frac{Il\sin\theta}{4\pi r^2}e_a=\left(\frac{\mu_r\mu_0-\mu_0}{\mu_0}\right)\frac{Il\sin\theta}{4\pi r^2}e_a=\frac{(\mu-\mu_0)Il\sin\theta}{4\pi\mu_0 r^2}e_a$$

【1.8‑17】(2017) 真空中，无限长直线电流 $I=500\mathrm{A}$，距离 1m 处的磁感应强度 B 为：

A. $0.5\times10^{-4}\mathrm{T}$　　　B. $1\times10^{-4}\mathrm{T}$　　　C. $2\times10^{-4}\mathrm{T}$　　　D. $4\times10^{-4}\mathrm{T}$

答案：B

解题过程：根据题意可得 1m 处的磁感应强度为 $B=\dfrac{\mu_0 I}{2\pi a}=\dfrac{4\pi\times10^{-7}\times500}{2\pi\times1}\mathrm{T}=1\times10^{-4}\mathrm{T}$。

考点 2：自感、互感

【1.8‑18】(2023) 自感为 L 的直导线，通有电流 I，则其磁场能量为：

A. $\dfrac{1}{2}I^2 L$　　　　B. $\dfrac{1}{2}IL^2$　　　　C. $\dfrac{1}{2}\times\dfrac{I^2}{L}$　　　　D. $\dfrac{1}{2}\times\dfrac{I}{L^2}$

答案：A

解题过程：常用公式，电感线圈储存的磁场能量为 $W=\dfrac{1}{2}LI^2$。

考点 3：磁场力的计算

【1.8‑19】(2016) 真空中，一无限长载流直导线与一无限长薄电流板构成闭合回路，电流为 I，电流板宽为 a，二者相距也为 a，导线与板在同一平面内，如图 1.8‑2 所示，导线单位长度受到的作用力为：

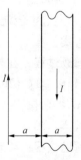

图 1.8‑2

A. $\dfrac{\mu_0 I^2}{4\pi a}\ln2$

B. $\dfrac{\mu_0 I}{4\pi a}\ln2$

C. $\dfrac{\mu_0 I^2}{2\pi a}\ln2$

D. $\dfrac{\mu_0 I}{2\pi a}\ln2$

答案：C

解题过程：长直导线周围的磁感应强度的相量形式为 $\dot{B}=\dfrac{\mu I}{2\pi x}\dot{e}$。取任

意一细长条电流 $x\sim(x+\mathrm{d}x)$，其中 $\mathrm{d}I=i\mathrm{d}x=\dfrac{I}{a}\mathrm{d}x$。则单位长度受力为 $\mathrm{d}f=1\times\mathrm{d}I\times$

$B=1\times\dfrac{I}{a}\mathrm{d}x\times\dfrac{\mu I}{2\pi x}$，则

$$f=\int_a^{2a}1\times\frac{I}{a}\mathrm{d}x\times\frac{\mu I}{2\pi x}=\frac{\mu I^2}{2\pi a}(\ln2a-\ln a)=\frac{\mu I^2}{2\pi a}\ln2$$

1.8.3　发输变电专业高频考点与历年真题解析

考点 1：磁场的基本概念

【1.8-20】（2024）　磁铁的北极指向地理上的北极，则地理上的北极为地球磁场的：

A. 南极　　　　　　　　　　　　　B. 北极

C. 电极　　　　　　　　　　　　　D. 以上都不是

答案：A

解题过程：根据磁场"同性相斥、异性相吸"可知，磁铁的北极与地球磁场的南极相互吸引。

【1.8-21】（2024）　三个电流强度不同的电流 I_1、I_2 和 I_3 均穿过闭合环路 L 所包围的面，当三个电流中的任意两个在环路内的位置互换，环路不变，则安培环路定律的表达式中：

A. B 变化，$\sum I_i$ 不变　　　　　B. B 变化，$\sum I_i$ 变化

C. B 不变，$\sum I_i$ 变化　　　　　D. B 不变，$\sum I_i$ 不变

答案：A

解题过程：根据安培环路定律，闭合环路 L 中的磁场 B 与穿过该环路的电流 I 之间的关系为 $\oint_L B\cdot\mathrm{d}l=\mu_0\sum I_i$，其中，$B$ 是磁场，$\mathrm{d}l$ 是环路 L 的微元路径，μ_0 是真空磁导率，$\sum I_i$ 是穿过环路 L 的总电流。磁场 B 由电流产生，电流的位置变化会影响 B 的分布，因此，当电流位置互换时，B 会发生变化；总电流 $\sum I_i$ 是穿过环路 L 的所有电流的代数和，电流位置互换不会改变总电流的值，因为 $\sum I_i$ 不变。

【1.8-22】（2023）　下面对磁化过程的描述，准确的是：

A. 通过施加外部磁场使物体产生磁性　　B. 物体自身具有的固有磁性

C. 通过电流流过线圈产生磁场　　　　　D. 通过摩擦或碰撞生成磁性

答案：A

解题过程：在外磁场的作用下，电子的运动状态要产生变化，这种现象称为物质的磁化。

【1.8-23】（2022）　磁感应强度 B 的单位是：

A. 特斯拉　　　　　B. 韦伯　　　　　C. 库仑　　　　　D. 安培

答案：A

解题过程：磁感应强度 B 的单位是特斯拉（符号为 T）。

【1.8-24】（2022）　研究宏观电磁场现象的理论基础为：

A. 麦克斯韦方程组　　　　　　　　B. 安培环路定律

C. 电磁感应定律　　　　　　　　　D. 高斯通量定理

答案：A

解题过程：研究宏观电磁场现象的理论基础是麦克斯韦方程组。

【1.8 - 25】（2022）　恒定磁场在自由空间中是：

A. 有散无旋　　　　　　　　　　　B. 有旋无散

C. 无旋无散　　　　　　　　　　　D. 有旋有散

答案：B

解题过程：恒定磁场在自由空间中是有旋无源场（无散场）。

【1.8 - 26】（2022）　电磁铁在以下情况下，会产生磁场的是：

A. 被加热时　　　　　　　　　　　B. 接触其他磁场时

C. 与大地磁场排成一列时　　　　　D. 连接电源时

答案：D

解题过程：电磁铁是能够把电能转换为磁能的装置，包含线圈和铁芯。其中线圈是产生磁性的部件，因为当线圈中有电流时，线圈周围会产生磁场。

【1.8 - 27】（2022）　一根足够长的铜管竖直放置，一条磁铁沿其轴线从静止开始下落，不计空气阻力，磁铁的运动速率将会：

A. 越来越大　　　B. 越来越小　　　C. 先增大后减小　　　D. 先增大后不变

答案：D

解题过程：磁铁下落过程中，铜管中产生感应电流、则磁铁下落过程中受重力和安培力作用，速度越大，感应电流越大，安培力越大，磁铁合外力减小，加速度会逐渐减小，故速率先增大后不变。

★【1.8 - 28】（2022、2019）　在方向朝西的磁场中有一条电流方向朝北的带电导线，导线的受力为：

A. 向下的力　　　B. 向上的力　　　C. 向西的力　　　D. 不受力

答案：B

解题过程：通电导线在磁场中受力问题。

应用"左手定则"，四指为电流方向，磁场方向穿过手心，拇指方向为通电导线受力方向，如图 1.8 - 3 所示。

根据"左手定则"可判断受力方向向上。

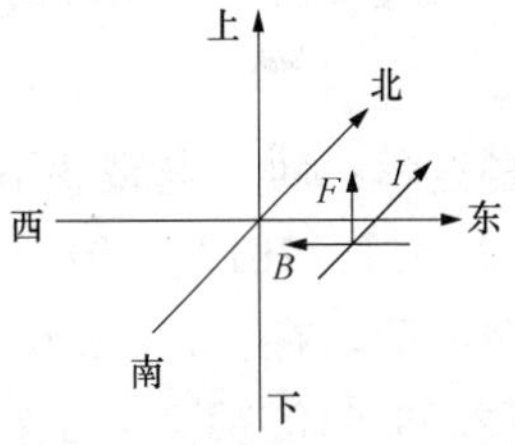

图 1.8 - 3

【1.8 - 29】（2021、2020）　磁路中的磁通势对应电路中的电动势，在磁路中对应电路中电流的物理量是：

A. 磁通　　　　　B. 磁场　　　　　C. 磁势　　　　　D. 磁流

答案：A

解题过程：永久磁铁、铁磁性材料，以及电磁铁中，磁通经过的闭合路径叫作磁路。而电流流过的回路叫作电路，因此磁路中的磁通对应电路中的电流。

【1.8 - 30】（2021）　古代人发现有磁性的石头，称之为天然磁石，其在当时主要用途是：

A. 生火　　　　　B. 罗盘　　　　　C. 雕塑　　　　　D. 听筒

答案：B

解题过程：天然磁石具有指示方向的特性，在古代主要用途是罗盘。

【1.8 - 31】（2021、2019）　图 1.8 - 4 所示是一个简单的电磁铁，能使磁场变得更强的方式是：

A. 将导线在钉子上绕更多圈

B. 用一个更小的电源

C. 将电源正负极反接

D. 将钉子移除

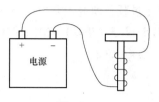

图 1.8-4

答案：A

解题过程： 通电线圈产生磁场的强弱，与线圈的匝数、电流以及是否插入铁心有关。通电线圈的匝数越多，电流越大，插入铁心，磁场越强；反之磁场越小。

本题可看作通电线圈，A 选项将导线在钉子上绕更多圈即加大线圈匝数。

【1.8-32】(2020) 恒定磁场的散度等于：

A. 磁荷密度

B. 矢量磁位

C. 零

D. 磁荷密度与磁导率之比

答案：C

解题过程： 无散性是磁场的基本性质之一，因此恒定磁场的散度等于 0。

【1.8-33】(2019) 一般用来描述电磁辐射的参数是：

A. 幅值　　　　B. 频率　　　　C. 功率　　　　D. 能量

答案：D

解题过程： 变化的电场与磁场交替地产生，由近及远，互相垂直（亦与自己的运动方向垂直），并以一定速度在空间传播的过程中不断地向周围空间辐射能量，这种辐射的能量称为电磁辐射，也称为电磁波。

【1.8-34】(2019) 在时变电磁场中，场量和场源除了是时间的函数，还是：

A. 角坐标

B. 空间坐标

C. 极坐标

D. 正交坐标

答案：B

解题过程： 时变电磁场不仅是时间的函数，还是空间的函数。

【1.8-35】(2017、2016) 在真空中，有两条长直导线各载有 5A 的电流，分别沿 x、y 轴正向流动，在 (40，20，0) cm 处的磁感应强度 B 的大小为：

A. 2.56×10^{-6} T

B. 3.58×10^{-6} T

C. 4.54×10^{-6} T

D. 5.53×10^{-6} T

答案：A

解题过程： 根据题意得题解图，如图 1.8-5 所示，无线长直导线对垂直距离为 r_0 的 P 点的磁感应强度为

$$dB = \frac{\mu_0}{4\pi} \frac{I\,dz\sin\theta}{r^2}$$

$$B = \int dB = \frac{\mu_0}{4\pi} \int_{CD} \frac{I\,dz\sin\theta}{r^2}$$

$$z = -r_0\cot\theta, \quad r = \frac{r_0}{\sin\theta}$$

$$dz = \frac{r_0\,d\theta}{\sin^2\theta}$$

$$B = \frac{\mu_0 I}{4\pi r_0} \int_{\theta_1}^{\theta_2} \sin\theta \, d\theta$$

则

$$B = \frac{\mu_0 I}{4\pi r_0} \int_{\theta_1}^{\theta_2} \sin\theta \, d\theta = \frac{\mu_0 I}{4\pi r_0} \int_0^\pi \sin\theta \, d\theta = \frac{\mu_0 I}{2\pi r_0} (e_\varphi)$$

x 轴电流对应 P 点的磁感应强度为 [见图 1.8-5 (a)]

$$\boldsymbol{B}_x = \frac{\mu_0 I}{2\pi r_0} e_z = \frac{4\pi \times 10^{-7} \times 5}{2\pi \times 0.2} e_z = 5.0 \times 10^{-6} \text{T} \ (e_z), \ 方向为 z \ 轴正向;$$

y 轴电流对应 P 点的磁感应强度为 [见图 1.8-5 (b)]

$$\boldsymbol{B}_y = \frac{\mu_0 I}{2\pi r_0} e_{-z} = \frac{4\pi \times 10^{-7} \times 5}{2\pi \times 0.4} e_{-z} = 2.5 \times 10^{-6} \text{T} \ (e_{-z}), \ 方向为 z \ 轴负向。$$

则总磁感应强度: $\boldsymbol{B} = \boldsymbol{B}_x + \boldsymbol{B}_y = (5.0 - 2.5) \times 10^{-6} \text{T} = 2.5 \times 10^{-6} \text{T} \ (e_z)$, 方向为 z 轴正向。

注意: μ_0 为真空磁导率, 其单位为 H/m (亨利/米), 其数值为: $\mu_0 = 4\pi \times 10^{-7} \text{H/m}$。

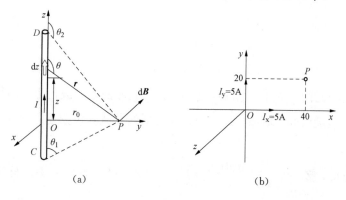

(a)　　　　　　　　　　　　　(b)

图 1.8-5　题 1.8-35 解图

考点 2: 电磁波

【1.8-36】(2021) 能使人晒黑的电磁波是:

A. 无线电波　　　　B. 微波　　　　C. 红外线　　　　D. 紫外线

答案: D

解题过程: 紫外线是阳光中频率为 750THz~30PHz, 对应真空中波长为 400~10nm 的光线。紫外线照射会让皮肤产生大量自由基, 导致细胞膜的过氧化反应, 使黑色素细胞产生更多的黑色素, 并往上分布到表皮角质层, 造成黑色斑点。

【1.8-37】(2020) 可传播电磁波的介质为:

A. 空气　　　　B. 水　　　　C. 真空　　　　D. 以上都有

答案: D

解题过程: 电磁波的实质是电磁场的传播, 是一种能量波, 电磁波以变化场的形式在空间中传播, 因此可以在空气、水、真空中传播。

【1.8-38】(2020) 如果 $\vec{E}$ 和 $\vec{B}$ 分别代表电磁波中的电场向量和磁场向量, 则电磁波的传播方向为:

A. $\vec{E}$　　　　B. $\vec{B}$　　　　C. $\vec{B} \times \vec{E}$　　　　D. $\vec{E} \times \vec{B}$

答案： D

解题过程： 电磁场中的电场强度 E 与磁场强度 B 叉乘所得的矢量表示电磁场的能流密度，即 $\vec{E} \times \vec{B} = \vec{S}$，又表示一个与垂直通过单位面积的功率相关的矢量，所以方向为 $\vec{E} \times \vec{B}$。

1.9　均匀传输线

1.9.1　知识点提示

1. 均匀传输线的基本方程

（1）正弦稳态解。距离传输线始端 x 处的电压、电流向量表达式为：

$$\begin{cases} \dot{U}_x = \dot{A}_1 e^{-\gamma x} + \dot{A}_2 e^{\gamma x} = \dot{U}_x^+ + \dot{U}_x^- \\ \dot{I}_x = \dfrac{\dot{A}_1}{Z_C} e^{-\gamma x} - \dfrac{\dot{A}_2}{Z_C} e^{\gamma x} = \dot{I}_x^+ - \dot{I}_x^- \end{cases}$$

式中　γ——传播常数，$\gamma = \sqrt{Z_0 Y_0} = \sqrt{(R_0 + j\omega L_0)(G_0 + j\omega C_0)} = \alpha + j\beta$；

α——衰减系数，单位为 $1m^{-1}$ 或 $1km^{-1}$；

β——相位系数，单位为 $1m^{-1}$ 或 $1km^{-1}$。

$\dot{U}_x^+$ 和 $\dot{I}_x^+$ 是随时间 t 增加由始端向终端传播的衰减的正弦波，为正向行波，也称为入射波；$\dot{U}_x^-$ 和 $\dot{I}_x^-$ 是随时间 t 增加由终端向始端传播的衰减的正弦波，为反向行波，也称为反射波。

Z_C 为特性阻抗，$Z_C = \sqrt{\dfrac{R_0 + j\omega L_0}{G_0 + j\omega C_0}} = \sqrt{\dfrac{Z_0}{Y_0}} = |Z_C| e^{j\theta}$，单位为 Ω，与行波之间的关系为 $Z_C = \dfrac{\dot{U}_x^+}{\dot{I}^+} = \dfrac{\dot{U}_x^-}{\dot{I}^-}$。直流工作状态下，均匀传输线的特性阻抗 $Z_C = \sqrt{\dfrac{R_0}{G_0}}$。

（2）电压、电流。

1）以均匀传输线的始端（$x = 0$ 处）作为计算距离的起点，始端电压 $\dot{U}_1$ 和电流 $\dot{I}_1$ 为已知时，距离始端 x 处的电压、电流为

$$\begin{cases} \dot{U} = \dot{U}_1 \cosh(\gamma x) - Z_C \dot{I}_1 \sinh(\gamma x) \\ \dot{I} = \dfrac{\dot{U}_1}{Z_C} \sinh(\gamma x) - \dot{I}_1 \cosh(\gamma x) \end{cases}$$

2）以均匀传输线的终端（$x' = 0$ 处）作为计算距离的起点，终端电压 $\dot{U}_2$ 和电流 $\dot{I}_2$ 为已知时，距离终端 x' 处的电压、电流为

$$\begin{cases} \dot{U} = \dot{U}_2 \cosh(\gamma x') + Z_C \dot{I}_2 \sinh(\gamma x') \\ \dot{I} = \dfrac{\dot{U}_2}{Z_C} \sinh(\gamma x') + \dot{I}_2 \cosh(\gamma x') \end{cases}$$

3）总线长为 l 时，始端处的电压、电流为

$$\begin{cases} \dot{U} = \dot{U}_2 \cosh(\gamma l) + Z_\mathrm{C} \dot{I}_2 \sinh(\gamma l) \\ \dot{I} = \dfrac{\dot{U}_2}{Z_\mathrm{C}} \sinh(\gamma l) + \dot{I}_2 \cosh(\gamma l) \end{cases}$$

（3）参数。

1）相速 v_φ：行波的传播速度（波的同相位点的运动速度），简称相速，且 $v_\varphi = \dfrac{\omega}{\beta} = \dfrac{2\pi f}{\beta}$。

2）波长 λ：波的相位差为 2π 的两点间的距离，且 $\lambda = \dfrac{2\pi}{\beta} = \dfrac{v_\varphi}{f}$。

3）反射系数 n。传输线上任意处的反向行波向量和正向行波向量之比称为反射系数，当终端负载为 Z_2，距离终端的距离为 x' 时，反射系数为

$$n = \frac{\dot{U}^-(x')}{\dot{U}^+(x')} = \frac{\dot{I}^-(x')}{\dot{I}^+(x')} = \frac{Z_2 - Z_\mathrm{C}}{Z_2 + Z_\mathrm{C}} \mathrm{e}^{-2\gamma x'}$$

当信号源内阻抗为 Z_1，始端反射系数 $n_1 = \dfrac{Z_1 - Z_\mathrm{C}}{Z_1 + Z_\mathrm{C}}$，不常用。终端反射系数 $n_2 = \dfrac{Z_2 - Z_\mathrm{C}}{Z_2 + Z_\mathrm{C}}$，常用。

4）输入阻抗

$$Z_\mathrm{in} = \frac{Z_2 \cosh(\gamma l) + \sinh(\gamma l)}{\cosh(\gamma l) + \dfrac{Z_2}{Z_\mathrm{C}} \sinh(\gamma l)}$$

传输线上的电压、电流既是时间 t 的函数，也是距离 x 的函数，传输线上电压和电流是随时间 t 增加由始端向终端传播的正向行波；始端电压信号传输到终端需要时间，不是瞬间完成的。

（4）终端为不同负载情况的分析。

1）终端匹配的均匀传输线（$Z_2 = Z_\mathrm{C}$）。传输线上只有入射波，无反射波，反射系数为零，电压、电流分别为

$$\begin{cases} \dot{U} = \dot{U}^+ = \dot{U}_2 \mathrm{e}^{\gamma x} \\ \dot{I} = \dot{I}^+ = \dfrac{\dot{U}_2}{Z_\mathrm{C}} \mathrm{e}^{\gamma x} = \dot{I}_2 \mathrm{e}^{\gamma x} \end{cases}$$

沿线任意处向终点看的输入阻抗 Z_in 总等于特性阻抗 Z_C。传输线的功率称为自然功率，始端从电源吸收功率 $P_1 = U_1 I_1 \cos\varphi$，终端负载获得功率 $P_2 = U_2 I_2 \cos\varphi$，$\varphi$ 为负载的阻抗角，也是 Z_C 的幅角。

2）终端开路的均匀传输线。当传输线长度改变时，输入阻抗改变，有

$$\dot{U} = \dot{U}_2 \cosh(\gamma x), \dot{I} = \frac{\dot{U}_2}{Z_\mathrm{C}} \sinh(\gamma x), Z_\mathrm{in} = \frac{\dot{U}}{\dot{I}} = Z_\mathrm{C} \coth(\gamma x)$$

3）终端短路的均匀传输线，有

$$\dot{U}=Z_{\mathrm{C}}\dot{I}_2\sinh(\gamma x),\ \dot{I}=\dot{I}_2\cosh(\gamma x),\ Z_{\mathrm{in}}=\frac{\dot{U}}{\dot{I}}=Z_{\mathrm{C}}\coth(\gamma x)$$

2. 无损耗均匀传输线

（1）基本概念。传输线的电阻 $R_0=0$，线间的电导 $G_0=0$，不消耗功率，为无损耗传输线（无损线）。

1）传播系数 $\gamma=\mathrm{j}\beta=\mathrm{j}\omega\sqrt{L_0C_0}$。

2）无损均匀传输线的特性阻抗 $Z_{\mathrm{C}}=\sqrt{\dfrac{L_0}{C_0}}$，为纯电阻特性。

3）传播速度 $v=\dfrac{1}{\sqrt{L_0C_0}}$，无损架空线的传播速度近似为光速 $v=3\times10^8\,\mathrm{m/s}$。

（2）正弦稳态解。衰减系数 $\alpha=0$，沿线行波分量不衰减。若已知无损耗传输线终端电压相量 $\dot{U}_2$ 和电流相量 $\dot{I}_2$，距离终端 x' 处的电压、电流为

$$\begin{cases}\dot{U}=\dot{U}_2\cos\beta x'+\mathrm{j}Z_{\mathrm{C}}\dot{I}_2\sin\beta x'\\[2mm]\dot{I}=\mathrm{j}\dfrac{\dot{U}_2}{Z_{\mathrm{C}}}\sin\beta x'+\dot{I}_2\cos\beta x'\end{cases}$$

（3）阻抗匹配。

1）阻抗匹配：终端接入的负载 Z_2 等于均匀传输线的特性阻抗 Z_{C}，称传输线工作在匹配状态。电压、电流为只含有无衰减的正向行波，沿线各处电压有效值、电流有效值均相同。各处的输入阻抗均等于特性阻抗。

当终端接负载 Z_2，x' 为距离终端的距离时，无损均匀传输线任意处的输入阻抗（向终端看去的阻抗）为

$$Z_{\mathrm{in}}=\frac{\dot{U}_2\cos(\beta x')+\mathrm{j}\dot{I}_2Z_{\mathrm{C}}\sin(\beta x')}{\dot{I}_2\cos(\beta x')+\mathrm{j}\dfrac{\dot{U}_2}{Z_{\mathrm{C}}}\sin(\beta x')}=\frac{Z_2\cos(\beta x')+\mathrm{j}Z_{\mathrm{C}}\sin(\beta x')}{\cos(\beta x')+\mathrm{j}\dfrac{Z_2}{Z_{\mathrm{C}}}\sin\beta x'}=Z_{\mathrm{C}}\frac{Z_2+\mathrm{j}Z_{\mathrm{C}}\tan\left(\dfrac{2\pi}{\lambda}x'\right)}{Z_{\mathrm{C}}+\mathrm{j}Z_2\tan\left(\dfrac{2\pi}{\lambda}x'\right)}$$

2）终端开路状态（$Z_2=\infty$，$\dot{I}_2=0$）。设终端电压为参考正弦量 $\dot{U}_2=U_2\underline{/0^\circ}$，对应不同 x' 处的电压、电流为驻波，沿线各处的电压按余弦分布，电流按正弦分布，在某点 x' 处的电压、电流同时为时间的正弦函数。分别为 $\dot{U}=\sqrt{2}U_2\cos(\beta x')\sin(\omega t)=U_{\mathrm{m}}\sin(\omega t)$，$\dot{I}=\dfrac{\sqrt{2}U_2}{|Z_{\mathrm{C}}|}\sin(\beta x')\cos(\omega t)=I_{\mathrm{m}}\sin\left(\omega t+\dfrac{\pi}{2}\right)$。

从始端看进去的输入阻抗为 $Z_{\mathrm{in}}=\dfrac{\dot{U}_2\cos(\beta x')}{\mathrm{j}\dfrac{\dot{U}_2}{Z_{\mathrm{C}}}\sin(\beta x')}=-\mathrm{j}Z_{\mathrm{C}}\cot(\beta x')=-\mathrm{j}Z_{\mathrm{C}}\cot\left(\dfrac{2\pi}{\lambda}x'\right)$，相当于一个纯阻抗。当 $x'<\dfrac{1}{4}\lambda$ 时，相当于一个电容；当 $\dfrac{1}{4}\lambda<x'<\dfrac{1}{2}\lambda$ 时，相当于一个电感；当 $x'=\dfrac{1}{4}\lambda$ 时，$Z_{\mathrm{in}}=-\mathrm{j}Z_{\mathrm{C}}\cot(\beta x')=-\mathrm{j}Z_{\mathrm{C}}\cot\left(\dfrac{2\pi}{\lambda}x'\right)=\mathrm{j}Z_{\mathrm{C}}\cot\dfrac{\pi}{2}=0$，相当于始端

短路，相当于发生串联谐振；当 $x'=\dfrac{1}{2}\lambda$ 时，$Z_{in}=-jZ_C\cot\dfrac{2\pi}{\lambda}x'=jZ_C\cot\pi=\infty$，相当于始端开路，相当于发生并联谐振。

3）终端短路状态（$Z_2=0$，$\dot U_2=0$）。设终端电流为参考正弦量 $\dot I_2=I_2\underline{/0^\circ}$，对应不同 x' 处的电压、电流为驻波，分别为 $\dot U=\sqrt2\,Z_C I_2\sin(\beta x')\cos(\omega t)$，$\dot I=\sqrt2\,I_2\cos(\beta x')\sin(\omega t)$。

从始端看进去的输入阻抗为 $Z_{in}=jZ_C\tan(\beta x')=jZ_C\tan\left(\dfrac{2\pi}{\lambda}x'\right)$，相当于一个纯阻抗。当 $x'<\dfrac{1}{4}\lambda$ 时，即小于 1/4 波长的终端短路相当于一个电感；当 $\dfrac{1}{4}\lambda<x'<\dfrac{1}{2}\lambda$ 时，相当于一个电容；当 $x'=\dfrac{1}{4}\lambda$ 时，$Z_{in}=jZ_C\tan\left(\dfrac{2\pi}{\lambda}x'\right)=jZ_C\tan\dfrac{\pi}{2}=\infty$，相当于始端开路，相当于并联谐振；当 $x'=\dfrac{1}{2}\lambda$ 时，$Z_{in}=jZ_C\tan\dfrac{2\pi}{\lambda}x'=0$，相当于始端短路，相当于串联谐振。

4）终端接纯电抗负载（$Z_2=\pm jX_2$）时，沿线将出现电压和电流的驻波现象。原因为电抗可用一段适当长的开路或短路无损耗传输线代替。

（4）长度为 1/4 波长的无损耗线，可以用来作为接在传输线和负载之间的匹配元件，作用同阻抗变换器。

设无损均匀传输线的特性阻抗为 Z_{C1}，负载阻抗为 Z_2，且 Z_2 为纯电阻（$Z_2=R_2$），Z_2 与 Z_{C1} 匹配的条件是：在传输线的终端与负载 Z_2 之间插入一段 $x'=\dfrac{1}{4}\lambda$ 的无损耗线（图 1.9-1），这段无损耗线的输入阻抗 Z_{in} 为

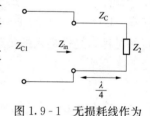

图 1.9-1 无损耗线作为阻抗变换器

$$Z_{in}=Z_C\frac{Z_2+jZ_C\tan\left(\dfrac{2\pi}{\lambda}\times\dfrac{\lambda}{4}\right)}{Z_C+jZ_2\tan\left(\dfrac{2\pi}{\lambda}\times\dfrac{\lambda}{4}\right)}=\frac{Z_C^2}{Z_2}$$

式中，Z_C 为无损耗线的特性阻抗，为了达到匹配的目的，使 $Z_{in}=Z_{C1}$，则 $\dfrac{1}{4}\lambda$ 无损耗线的特性阻抗为 $Z_C=\sqrt{Z_{C1}Z_2}$。

在超高频技术中，固体介质做成的支持传输线的绝缘子，其介质损耗太大，会失去绝缘作用。有时采用金属绝缘子，即一段长度为 $\dfrac{1}{4}\lambda$ 的短路传输线作为支架，这种短路传输线的输入阻抗非常大（理想情况下为无限大），因此其损耗小于介质绝缘子中的损耗。

1.9.2 供配电专业高频考点与历年真题解析

考点1：无损耗均匀传输线

【1.9-1】（2022）20mm 微波的频率 f 为：

A. 100MHz   B. 15GHz   C. 400MHz   D. 73GHz

答案：B

解题过程：$\lambda = \dfrac{v_\varphi}{f} \Rightarrow f = \dfrac{v_\varphi}{\lambda} = \dfrac{3 \times 10^8}{20 \times 10^{-3}} \mathrm{Hz} = 1.5 \times 10^{10} \mathrm{Hz} = 15 \mathrm{GHz}$

【1.9-2】(2016)　一波阻抗 $Z = 50\Omega$ 的无损耗线，周围电介质的物理参数 $\varepsilon_r = 2.26$、$\mu_r = 1$，接有 $R = 1\Omega$ 的负载，当 $f = 100\mathrm{MHz}$ 时，线长为 $\dfrac{\lambda}{4}$，该线几何长度 L 为：

A. 0.75m　　　　B. 0.5m　　　　C. 7.5m　　　　D. 5m

答案：B

解题过程：无损传输线的电能传输为电磁波的传输，电磁波的波速为

$$v = \frac{1}{\sqrt{\varepsilon\mu}} = \frac{1}{\sqrt{\varepsilon_r \varepsilon_0 \mu_r \mu_0}} = \frac{1}{\sqrt{\varepsilon_r \times 8.85 \times 10^{-12} \mu_r \times 4\pi \times 10^{-7}}} = \frac{3 \times 10^8}{\sqrt{\varepsilon_r \mu_r}} = \frac{3 \times 10^8}{\sqrt{2.26 \times 1}} \mathrm{m/s} =$$

$1.994\,66 \times 10^8 \mathrm{m/s}$。

$$波长\ \lambda = \frac{v}{f} = \frac{1.994\,66 \times 10^8}{100 \times 10^6} \mathrm{m} = 2\mathrm{m}，则\ L = \frac{\lambda}{4} = 0.5\mathrm{m}。$$

考点2：均匀传输线特性阻抗和阻抗匹配

【1.9-3】(2018)　无损耗传输线的原参数为 $L_0 = 1.3 \times 10^{-3} \mathrm{H/km}$，$C_0 = 8.6 \times 10^{-9} \mathrm{F/km}$，欲使该路线工作在匹配状态，则终端应接多大的负载：

A. 289Ω　　　　B. 389Ω　　　　C. 489Ω　　　　D. 589Ω

答案：B

解题过程：终端接入的负载 Z_L 等于均匀传输线的特性阻抗 Z_C，为线路工作在匹配状态。

$$Z_2 = Z_C = \sqrt{\frac{L_0}{C_0}} = \sqrt{\frac{1.3 \times 10^{-3}}{8.6 \times 10^{-9}}} = 388.79\Omega$$

【1.9-4】(2016)　假设 220kV 架空线路正序电抗为 $0.4\Omega/\mathrm{km}$，正序电纳为 $2.5 \times 10^{-6} \mathrm{S/km}$，则线路的波阻抗和自然功率分别为：

A. 380Ω，121MW　　　　　　　　　　B. 400Ω，121MW

C. 380Ω，242MW　　　　　　　　　　D. 400Ω，242MW

答案：B

解题过程：线路的 $r_1 = 0$，$g_1 = 0$ 为无损耗线路。线路末端所接负荷等于波阻抗时，线路末端的功率为纯有功功率。

$$本题中，波阻抗\ Z_C = \sqrt{\frac{x_1}{b_1}} = \sqrt{\frac{0.4}{2.5 \times 10^{-6}}} \Omega = 400\Omega。$$

$$自然功率\ P_C = \frac{U^2}{Z_C} = \frac{220^2}{400} \mathrm{MW} = 121\mathrm{MW}。$$

★【1.9-5】(2014、2013、2010)　终端开路的无损耗传输线的长度为波长的几倍时，其输入端阻抗的绝对值不等于特性阻抗？

A. 11/8　　　　　　　　　　B. 5/8

C. 7/8　　　　　　　　　　D. 1/2

答案：D

解题过程：无损均匀传输线的输入阻抗

$$Z_{in} = \frac{\dot{U}_2 \cos\beta l + j\dot{I}_2 Z_C \sin\beta l}{\dot{I}_2 \cos\beta l + j\dfrac{\dot{U}_2}{Z_C}\sin\beta l} = \frac{Z_L \cos\beta l + jZ_C \sin\beta l}{\cos\beta l + j\dfrac{Z_L}{Z_C}\sin\beta l}$$

终端开路状态（$Z_L = \infty$），$\dot{I}_2 = 0$，则

$$Z_{in} = \frac{\dot{U}_2 \cos\beta l}{j\dfrac{\dot{U}_2}{Z_C}\sin\beta l} = jZ_C \cot\beta l = jZ_C \cot\left(\frac{2\pi}{\lambda} \times \frac{4\lambda}{8}\right) = \infty$$

输入端阻抗的绝对值不等于特性阻抗。

1.9.3　发输变电专业高频考点与历年真题解析

考点 1： 无损耗均匀传输线

【1.9-6】（2018）　无损耗均匀传输线的特性阻抗 Z_C 随频率的增加而：

A. 增加 B. 减少

C. 不变 D. 增减均有可能

答案： C

解题过程： 无损耗均匀传输线的特性阻抗为 $Z_C = \sqrt{\dfrac{L_0}{C_0}}$。

【1.9-7】（2017、2016）　特性阻抗 $Z_C = 100\Omega$，长度为 $\dfrac{\lambda}{8}$ 的无损耗线，输出端接有负载 $Z_L = (200 + j300)\ \Omega$，输入端接有内阻为 100Ω，电压为 $500\underline{/0°}\text{V}$ 的电源，传输线输入端的电压为：

A. $372.68\underline{/-26.565°}\text{V}$ B. $372.68\underline{/26.565°}\text{V}$

C. $-372.68\underline{/26.565°}\text{V}$ D. $-372.68\underline{/-26.565°}\text{V}$

答案： A

解题过程： 等效入端阻抗为

$$Z_{in} = Z_C\frac{Z_L + jZ_C\tan\beta l}{jZ_L\tan\beta l + Z_C} = Z_C\frac{Z_L + jZ_C\tan\left(\dfrac{2\pi}{\lambda}\times\dfrac{\lambda}{8}\right)}{jZ_L\tan\left(\dfrac{2\pi}{\lambda}\times\dfrac{\lambda}{8}\right) + Z_C} = 100\times\frac{200 + j300 + j100}{100 + j\ (200 + j300)} = 100\times\frac{1 + j2}{-1 + j}$$

$$= 50\times(1 - j3)$$
$$= 50\sqrt{10}\underline{/-71.565°}$$

等效电路如图 1.9-2 所示，由电源端求出输入端的电压

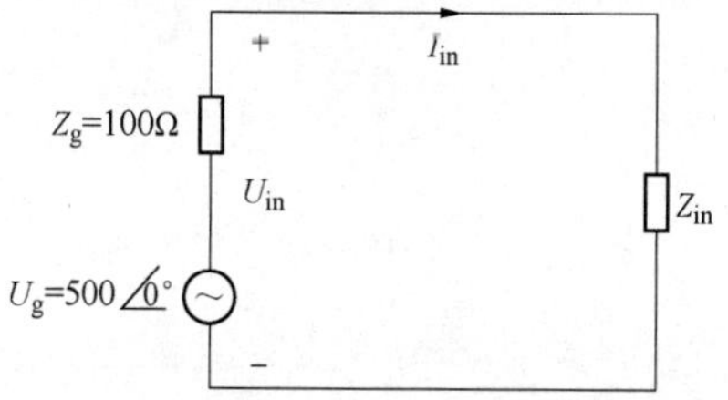

$$\dot{U}_{in} = \frac{Z_{in}}{Z_g + Z_{in}}\dot{U}_g = \frac{50\sqrt{10}\underline{/-71.565°}}{100 + 50\ (1 - j3)}\times 500\underline{/0°}\text{V}$$

$$= \frac{\sqrt{10}\underline{/-71.565°}}{3\sqrt{2}\underline{/-45°}}\times 500\underline{/0°}\text{V} = 372.678\underline{/-26.565°}\text{V}$$

图 1.9-2　题 1.9-7 解图

考点 2：均匀传输线特性阻抗和阻抗匹配

【1.9-8】(2018) 某高压输电线的波阻抗 $Z_C = 380 \underline{/-60°}\,\Omega$，在终端匹配时始端电压为 $U_1 = 147\text{kV}$，终端电压为 $U_2 = 127\text{kV}$，则传输线的传输效率为：

A. 64.4%　　　　　B. 74.6%　　　　　C. 83.7%　　　　　D. 90.2%

答案： B

解题过程： 均匀传输线，终端接特性阻抗后，沿线任何一点的电压相量和电流相量之比都等于特性阻抗，即 $Z_C = \dfrac{\dot{U}}{\dot{I}} = \dfrac{\dot{U}_1}{\dot{I}_1} = \dfrac{\dot{U}_2}{\dot{I}_2}$。

当传输线终端的阻抗为特性阻抗时，该线传输的是自然功率。在始端从电源吸收的功率为 $P_1 = U_1 I_1 \cos\theta$；在终端，负载获得的功率为 $P_2 = U_2 I_2 \cos\theta$；其中 θ 为特性阻抗的幅角。传输效率为 $\eta = \dfrac{P_2}{P_1} = \dfrac{U_2 I_2 \cos\theta}{U_1 I_1 \cos\theta} = \dfrac{U_2^2/Z_C}{U_1^2/Z_C} = \dfrac{127^2}{147^2} = 0.746$。

【1.9-9】(2014) 特性阻抗 $Z_0 = 300\Omega$ 的传输线通过长度为 $\lambda/4$、特性阻抗 Z_i 的无损耗线接向 250Ω 的负载，为使负载和特性阻抗为 150Ω 的传输线相匹配，Z_i 应为：

A. 200Ω　　　　　B. 193.6Ω　　　　　C. 400Ω　　　　　D. 100Ω

答案： B

解题过程： 设无损耗线的特性阻抗为 $Z_0 = Z_{C1} = 150\Omega$，负载阻抗为 $Z_2 = 250\Omega$，使 Z_2 与 Z_{C1} 匹配，则在传输线的终端与负载 Z_2 之间插入一段长度 l 为 1/4 波长的无损耗线。为了达到匹配的目的，使 $Z_{in} = Z_{C1}$，长度为 1/4 波长的无损耗线的特性阻抗 $Z_{in} =$

$$Z_C \frac{Z_2 + jZ_C \tan\left(\frac{2\pi}{\lambda} \times \frac{\lambda}{4}\right)}{Z_C + jZ_2 \tan\left(\frac{2\pi}{\lambda} \times \frac{\lambda}{4}\right)} = \frac{Z_C^2}{Z_2}$$，则 $\frac{1}{4}\lambda$ 无损耗线的特性阻抗为 $Z_{in} = \sqrt{Z_{C1} Z_2} = \sqrt{150 \times 250}$

$\Omega = 193.65\Omega$。

第2章 模拟电子技术

考试大纲

2.1 半导体及二极管
1. 掌握二极管和稳压管特性、参数
2. 了解载流子，扩散，漂移；PN结的形成及单向导电性

2.2 放大电路基础
1. 掌握基本放大电路、静态工作点、直流负载和交流负载线
2. 掌握放大电路的基本的分析方法
3. 了解放大电路的频率特性和主要性能指标
4. 了解反馈的概念、类型及极性；电压串联型负反馈的分析计算
5. 了解正负反馈的特点；其他反馈类型的电路分析；不同反馈类型对性能的影响；自激的原因及条件
6. 了解消除自激的方法，去耦电路

2.3 线性集成运算放大器和运算电路
1. 掌握放大电路的计算；了解典型差动放大电路的工作原理；差模、共模、零漂的概念，静态及动态的分析计算，输入输出相位关系；集成组件参数的含义
2. 掌握集成运算放大器的特点及组成；了解多级放大电路的耦合方式；零漂抑制原理；了解复合管的正确接法及等效参数的计算；恒流源作有源负载和偏置电路
3. 了解多级放大电路的频响
4. 掌握理想运算放大器的虚短、虚地、虚断概念及其分析方法；反相、同相、差动输入比例器及电压跟随器的工作原理，传输特性；积分微分电路的工作原理
5. 掌握实际运算放大器电路的分析；了解对数和指数运算电路工作原理，输入输出关系；乘法器的应用（平方、方均根、除法）
6. 了解模拟乘法器的工作原理

2.4 信号处理电路
1. 了解滤波器的概念、种类及幅频特性；比较器的工作原理，传输特性和阈值，输入、输出波形关系
2. 了解一阶和二阶低通滤波器电路的分析；主要性能，传递函数，带通截止频率，电压比较器的分析法；检波器、采样保持电路的工作原理
3. 了解高通、低通、带通电路与低通电路的对偶关系、特性

2.5 信号发生电路
1. 掌握产生自激振荡的条件，RC型文氏电桥式振荡器的起振条件，频率的计算；LC型振荡器的工作原理、相位关系；了解矩形、三角波、锯齿波发生电路的工作原理，

振荡周期计算

2. 了解文氏电桥式振荡器的稳幅措施；石英晶体振荡器的工作原理；各种振荡器的适用场合；压控振荡器的电路组成，工作原理，振荡频率估算，输入、输出关系

2.6 功率放大电路

1. 掌握功率放大电路的特点；了解互补推挽功率放大电路的工作原理，输出功率和转换功率的计算

2. 掌握集成功率放大电路的内部组成；了解功率管的选择、晶体管的几种工作状态

3. 了解自举电路；功放管的发热

2.7 直流稳压电源

1. 掌握桥式整流及滤波电路的工作原理、电路计算；串联型稳压电路工作原理，参数选择，电压调节范围，三端稳压块的应用

2. 了解滤波电路的外特性；硅稳压管稳压电路中限流电阻的选择

3. 了解倍压整流电路的原理；集成稳压电路工作原理及提高输出电压和扩流电路的工作原理

供配电专业历年真题统计

内容	2014 年	2016 年	2017 年	2018 年	2019 年	2020 年	2021 年	2022 年	2023 年	2024 年
半导体及二极管	0	0	1	0	1	1	1	1	1	1
放大电路基础	2	1	1	2	2	2	2	2	1	1
线性集成运算放大器和运算电路	3	5	1	2	2	2	2	1	1	2
信号处理电路	0	1	0	0	0	0	0	0	1	0
信号发生电路	1	0	1	1	0	0	0	0	1	1
功率放大电路	0	1	1	1	0	0	1	0	0	1
直流稳压电源	0	0	1	0	1	1	1	0	1	0

发输变电专业历年真题统计

内容	2014 年	2016 年	2017 年	2018 年	2019 年	2020 年	2021 年	2022 年	2023 年	2024 年
半导体及二极管	0	0	0	1	1	1	1	1	2	1
放大电路基础	3	2	2	1	1	2	2	1	1	1
线性集成运算放大器和运算电路	1	2	2	1	1	2	2	1	1	3
信号处理电路	0	0	0	0	0	0	0	0	0	0
信号发生电路	0	1	0	1	2	0	0	2	1	0
功率放大电路	0	0	0	1	0	0	0	1	0	0
直流稳压电源	1	0	0	1	1	1	1	1	0	1

2.1 半导体及二极管

2.1.1 知识点提示

1. 二极管和稳压管特性、参数

（1）二极管。二极管的特性见表 2.1-1。

表 2.1-1 二 极 管 的 特 性

二极管	特 性	特性参数
正向特性 $(U>0)$	$0<U<U_{th}$ 时，正向电流为零	死区电压或开启电压 U_{th} 硅二极管 $U_{th}\approx 0.5V$ 锗二极管 $U_{th}\approx 0.1V$
	$U>U_{th}$ 时，出现正向电流，并按指数规律增长	
反向特性 $(U<0)$	$U_{BR}<U<0$ 时，反向电流很小，为反向饱和电流 I_s	反向击穿电压 U_{BR} 锗二极管的反向击穿特性比较硬、反向饱和电流很小； 硅二极管的反向击穿特性比较软，反向饱和电流较大
	$U>U_{BR}$ 时，反向电流较大	

硅二极管的正向电压降 $U_F\approx 0.6\sim 0.8V$，锗二极管的 $U_F\approx 0.2\sim 0.3V$。

（2）稳压二极管。

稳压二极管在反向击穿时，在一定的功率损耗范围内，端电压几乎不变，表现出稳压特性，见表 2.1-2。

表 2.1-2 稳 压 二 极 管 的 特 性

稳定电压 U_Z	在规定的稳压管反向工作电流 I_z 的反向击穿电压
动态电阻 r_Z	越小，稳压特性越好
最大耗散功率 P_{ZM}	取决于 PN 结的面积和散热等条件
稳定工作电流范围 $I_{Zmin}\sim I_{Zmax}$	稳压管的最大稳定工作电流 I_{Zmax} 取决于最大耗散功率 P_{ZM}，$I_Z<I_{Zmin}$ 则不能稳压
稳定电压温度系数 U_{VZ}	当 $U_Z>7V$ 时，具有正温度系数，反向击穿是雪崩击穿；当 $U_Z<4V$ 时，具有负温度系数，反向击穿是齐纳击穿；当 $4V<U_Z<7V$ 时，温度系数近似为零，为标准稳压管

稳压二极管在工作时应反接，并串入一只电阻。电阻的作用：一是限流，以保护稳压管；二是当输入电压或负载电流变化时，通过该电阻上电压降的变化，取出误差信号以调节稳压管的工作电流，从而起到稳压作用。

2. PN 结的形成及单向导电性

（1）PN 结。

1）半导体。导电能力介于导体和绝缘体之间的物体。分为不宜直接使用的本征半导体和掺杂半导体。掺杂半导体有 N 型半导体和 P 型半导体，见表 2.1-3。

表 2.1-3　　　　　　　　　　　　　　　掺杂半导体

掺杂半导体	本征半导体中掺入元素	多子	少子	对外呈
N 型半导体	少量的五价杂质元素	电子	空穴	电中性
P 型半导体	少量的三价杂质元素	空穴	电子	电中性

　　2）PN 结的形成。在 N 型（或 P 型）半导体基片上，掺入一定的三价（或五价）杂质元素，产生一个 P 型（或 N 型）半导体区间。在 N 区和 P 区之间的交界面附近将形成一个极薄的空间电荷层，称为 PN 结。

　　（2）PN 结的单向导电性。PN 结加正向电压时，PN 结导通，呈现低电阻，具有较大的正向扩散电流；PN 结加反向电压时，PN 结截止，呈现高电阻，流过微安（μA）级电流。

2.1.2　供配电专业高频考点与历年真题解析

考点：二极管和稳压管特性、参数

【2.1-1】（2024）　如图 2.1-1 所示，设二极管正向压降均为 0.7V，则输出端电压是：

A. 4.3V　　　　　　B. 3.6V　　　　　　C. 1.4V　　　　　　D. 5V

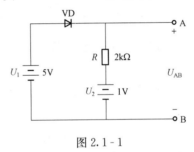

图 2.1-1

答案： A

解题过程： VD 导通电压为 0.7V，则输出电压 $U_{AB}=5V-0.7V=4.3V$。

【2.1-2】（2023）　如图 2.1-2 所示，设硅稳压管 VD_{Z1} 和 VD_{Z2} 稳定电压分别为 5V 和 10V，正向压降均为 0.7V，则四个电路的输出电压顺序为：

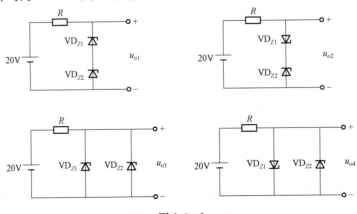

图 2.1-2

A. $u_{o4} < u_{o3} < u_{o2} < u_{o1}$ B. $u_{o4} < u_{o3} < u_{o1} < u_{o2}$

C. $u_{o3} < u_{o4} < u_{o2} < u_{o1}$ D. $u_{o3} < u_{o4} < u_{o1} < u_{o2}$

答案：A

解题过程： 第一个电路稳压管 VD_{Z1}、VD_{Z2} 均处于反向击穿状态，$u_{o1} = 5 + 10 = 15V$；

第二个电路稳压管 VD_{Z1} 正向导通，稳压管 VD_{Z2} 反向击穿，故 $u_{o2} = 0.7 + 10 = 10.7V$；

第三个电路，VD_{Z1} 反向击穿电压小于 VD_{Z2}，故 VD_{Z1} 反向击穿、VD_{Z2} 反向截止，故 $u_{o3} = 5V$；

第四个电路稳压管 VD_{Z1} 正向导通，稳压管 VD_{Z2} 承受反向电压为 0.7V，反向截止，故 $u_{o4} = 0.7V$。

【2.1 - 3】（2022） 如图 2.1 - 3 所示，已知稳压管 VD_{Z1} 稳定电压为 6V，VD_{Z2} 稳定电压为 9V，则电路输出电压 U_O 为：

A. 3V   B. 6V   C. 9V   D. 18V

答案：B

解题过程： 稳压管并联时，稳压值较高的稳压管不起作用，故电路输出电压为 6V。

【2.1 - 4】（2021） 理想稳压管的电路如图 2.1 - 4 所示，已知 $U_I = 12V$，稳压管 $U_{Z1} = 5V$，$U_{Z2} = 8V$，则 U_O 值为：

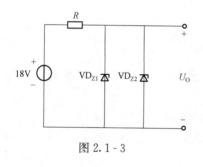 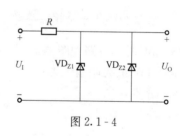

图 2.1 - 3   图 2.1 - 4

A. 5V   B. 8V   C. 3V   D. 13V

答案：A

解题过程： VD_{Z1} 和 VD_{Z2} 工作在反偏状态，且 U_I 大于他们的稳态值，故他们可能击穿达到稳压的目的；又 $U_{Z1} < U_{Z2}$，VD_{Z1} 先击穿达到稳压状态，而 VD_{Z2} 并在 VD_{Z1} 达到稳压后不能被击穿，只能工作在反偏状态，所以 $U_O = U_{Z1} = 5V$。

【2.1 - 5】（2020） 电路如图 2.1 - 5 所示，二极管的正向压降忽略不计，则电压 U_A 为：

A. 0V   B. 4V

C. 6V   D. 12V

答案：A

解题过程： 据图 2.1 - 5 可得 $U_A = U_O$，由题意可知二极管的正向压降忽略不计，所以当 O 处电压分别为 4V、6V、12V 时，0V 对应的二极管均导通，此时 O 处电压为 0V，与前面矛盾，故 $U_A = U_O = 0V$。

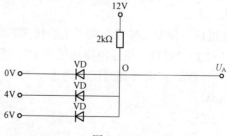

图 2.1 - 5

【2.1 - 6】（2019） 图 2.1 - 6 所示电路中二极管为硅管，电路输出电压 U_O 为：

A. 10V

B. 3V

C. 0.7V

D. 3.7V

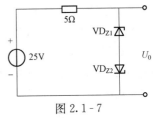

图 2.1-6

答案：C

解题过程：由图 2.1-6 可知 VD₂ 导通即硅管导通电压为 0.7V，$U_O=0.7V$。

【2.1-7】(2017)　如图 2.1-7 所示，已知 VD_{Z1}、VD_{Z2} 的击穿电压分别是 5V、7V，正向导通压降是 0.7V，那么 U_0 为：

A. 7V　　　　　　　B. 7.7V

C. 5V　　　　　　　D. 5.7V

答案：D

解题过程：稳压二极管在反向击穿时，在一定的功率损耗范围内端电压几乎不变，表现出稳压特性。本题中，VD_{Z1} 先反向击穿，VD_{Z2} 正向导通，则 $U_0=5.7V$。

图 2.1-7

2.1.3　发输变电专业高频考点与历年真题解析

考点 1：二极管和稳压管特性、参数

【2.1-8】(2023)　电路如图 2.1-8（a）所示，输入电压 u_1 的波形如图 2.1-8（b）所示，试问指示灯 HL 的亮暗情况为：

A. 亮 1s，暗 2s，亮 1s　　　　　B. 暗 1s，亮 2s，暗 1s

C. 亮 1s，暗 2s，暗 1s　　　　　D. 暗 1s，亮 2s，亮 1s

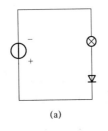

(a)

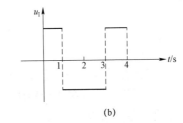

(b)

图 2.1-8

答案：B

解题过程：根据二极管单向导电性可知选项 B 正确。

【2.1-9】(2022)　稳压电路如图 2.1-9 所示，$u_i=18V$，$U_{Z1}=U_{Z2}=6.3V$，正向导通时压降均为 0.7V，其输出电压 u_o 为：

A. 18V

B. 12.6V

C. 6.3V

D. 1.4V

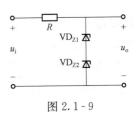

图 2.1-9

答案：B

解题过程：$u_i = 18V$，故 VD_{Z1} 和 VD_{Z2} 均反向击穿 $u_o = U_{Z1} + U_{Z2} = 6.3V + 6.3V = 12.6V$。

【2.1-10】（2021）　图 2.1-10 所示电路中二极管为硅管，电路输出电压 U_O 为：

A. 7V　　　　　　　B. 0.7V　　　　　　　C. 10V　　　　　　　D. 3V

答案：B

解题过程：将 VD_1 和 VD_2 断开。

VD_1 的阳极电位为 10V，阴极电位为 3V。

VD_2 的阳极电位为 10V，阴极电位为 0V。

VD_1、VD_2 均正向偏置。硅二极管的正向电压降约为 0.7V。

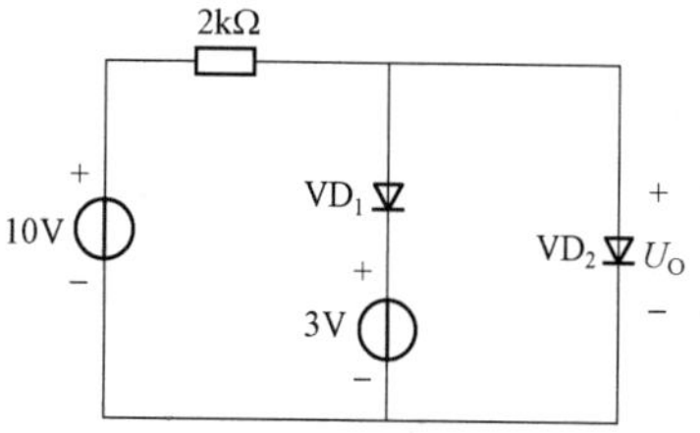

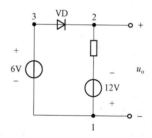

图 2.1-10

【2.1-11】（2020）　如图 2.1-11 所示，设二极管理想 u_o 值为：

A. $-6V$　　　　　　B. $-12V$　　　　　　C. 6V　　　　　　D. 12V

答案：C

解题过程：题解图如图 2.1-12 所示。

假设二极管截止，令 1 处为零电位点，此时 $u_2 = -12V$，又 $u_3 = 6V$，则 $u_3 > u_2$，说明二极管不处于截止状态，而是导通状态。

故　$u_o = u_{31} = u_{21} = 6V$

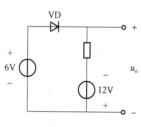

图 2.1-11

图 2.1-12　题 2.1-11 解图

【2.1-12】（2019）　如图 2.1-13 所示电路，设 VD_1 为硅管，VD_2 为锗管，则 AB 两端之间的电压 U_{AB} 为：

A. 0.7V

C. 0.3V

B. 3V

D. 3.3V

答案：C

解题过程：硅管的导通电压为 0.7V，锗管的导通电压为 0.3V。电压升高至 0.3V，锗管导通，硅管不会导通，即 $U_{AB} = 0.3V$。

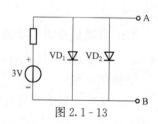

图 2.1-13

【2.1-13】（2018）　电路如图 2.1-14 所示，设硅稳压管 VD_{Z1} 和 VD_{Z2} 的稳压值分别为 5V 和 8V，正向导通压降均为 0.7V，输出电压 U_O 为：

A. 0.7V

C. 5.0V

B. 8.0V

D. 7.3V

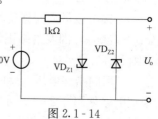

图 2.1-14

答案：A

解题过程： 由于 VD_{Z1} 的稳压值小于 VD_{Z2} 的稳压值，因此 VD_{Z1} 优先导通，导通后 $U_{AB}=0.7V$。而此时 VD_{Z2} 上加了反向电压，则 VD_{Z2} 截止，输出电压 $U_O=U_{AB}=0.7V$。

考点 2：PN 结的形成及单向导电性

【2.1-14】（2024） 在半导体中，N 型半导体是在本征半导体中掺入极微量的五价元素组成的。这种半导体内多数载流子为：

A. 正离子   B. 空穴   C. 负离子   D. 自由电子

答案：D

解题过程： 掺入 +5 价元素后，电子浓度远远高于空穴浓度。空穴为少数载流子，电子为多数载流子。

【2.1-15】（2023） PN 结外加反向电压时，空间电荷区将：

A. 变窄   B. 变宽   C. 基本不变   D. 不能确定

答案：B

解题过程： PN 结正向偏置时，空间电荷层（区）变窄，内电场变弱，PN 结正向导通。当 PN 外加反向电压时为反向偏置，空间电荷层（区）变宽，内电场增强，PN 结反向截止。

2.2　放大电路基础

2.2.1　知识点提示

1. 基本放大电路、静态工作点

（1）晶体管。

1）参数。

①交流参数：交流电流放大系数。

（a）共发射极交流电流放大系数 $\beta=\Delta I_C/\Delta I_B|_{U_{CE}}=const$（常数）。在放大区，$\beta$ 值基本不变。

（b）共基极交流电流放大系数 $\alpha=\Delta I_C/\Delta I_E|_{U_{CB}}=const$（常数）。当 I_{CBO} 和 I_{CEO} 很小时，$\bar{\alpha}\approx\alpha$、$\bar{\beta}\approx\beta$，可以不加区分。

②极限参数。

（a）集电极最大允许电流 I_{CM}。当集电极电流增加时，β 就要下降，当 β 值下降到线性放大区 β 值的 30%～70% 时，所对应的集电极电流称为集电极最大允许电流 I_{CM}。

（b）集电极最大允许功率损耗 P_{CM}。集电极电流通过集电结时所产生的功耗，$P_{CM}=I_C U_{CB}\approx I_C U_{CE}$，因发射结正偏，呈低阻，所以功耗主要集中在集电结上。在计算时往往用 U_{CE} 取代 U_{CB}。

（c）反向击穿电压。反向击穿电压表示晶体管电极间承受反向电压的能力，其测试时的原理电路如图 2.2-1 所示。

对于 $U_{(BR)EBO}$ 表示集电极开路时发射结的击穿电压。击穿电压的关系为：

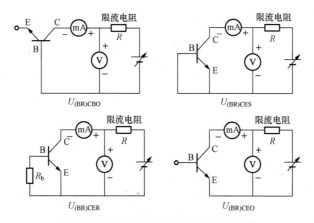

图 2.2-1　晶体管击穿电压的测试电路

$U_{(BR)CBO}$—发射极开路时的集电结击穿电压，其中，下标 BR 代表击穿之意，是 Breakdown 的缩写，

C、B 代表集电极和基极，O 代表第三个电极 E 开路；$U_{(BR)CEO}$—基极开路时集电极和发射极间的击穿电压；

$U_{(BR)CER}$—BE 间接有电阻；$U_{(BR)CES}$—BE 间是短路的

$$U_{(BR)CBO} \approx U_{(BR)CES} > U_{(BR)CER} > U_{(BR)CEO} > U_{(BR)EBO}$$

由最大集电极功率损耗 P_{CM}、I_{CM} 和击穿电压 $U_{(BR)CEO}$，在输出特性曲线上还可以确定过损耗区、过电流区和击穿区，如图 2.2-2 所示。

③温度对晶体管的特性和参数的影响。

温度每升高 1℃，β 值增大 0.5%～1%。

温度每升高 1℃，U_{BE} 减小 2～2.5mV。

温度每升高 10℃，I_{CBO} 约增大 1 倍，即

$$I_{CBO}(T_2) = I_{CBO}(T_1) \times 2^{(T_2-T_1)/10}$$

④晶体管的电流分配关系。

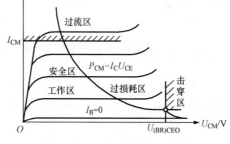

图 2.2-2　输出特性曲线上的
过损耗区和击穿区

$$I_E = I_C + I_B; \quad I_C = \beta I_B; \quad I_E = (1+\beta)I_B$$

⑤正向电压降。

硅 NPN 型为 +(0.6～0.8)V，硅 PNP 型为 -(0.6～0.8)V。

锗 NPN 型为 +(0.2～0.4)V，锗 PNP 型为 -(0.2～0.4)V。

2）工作状态见表 2.2-1。

表 2.2-1　　　　　　　　　　　　　　　工 作 状 态 表

工作状态	直流偏置条件	电位关系		特点
		NPN 管	PNP 管	
放大	发射结正偏，集电结反偏	$U_C > U_B > U_E$	$U_C < U_B < U_E$	$I_C = \beta I_B$
饱和	发射结正偏，集电结正偏	$U_B > U_E, U_B > U_C$	$U_B < U_E, U_B < U_C$	$U_{CE} = U_{CES}$
截止	发射结反偏，集电结反偏	$U_B < U_E, U_B < U_C$	$U_B > U_E, U_B > U_C$	$I_C = 0$

（2）基本放大电路。

1）基本放大电路一般是指由一个三极管组成的三种基本组态放大电路。

2）主要技术指标见表 2.2-2。

表 2.2-2   **主 要 技 术 指 标**

放大倍数			输入电阻	输出电阻	阻性负载的输出功率	效率
电压	电流	功率				
$\dot{A}_u =$ $\dot{U}_o / \dot{U}_i$	$\dot{A}_i =$ $\dot{I}_o / \dot{I}_i$	$A_p = P_o / P_i$ $= \dot{U}_o \dot{I}_o / \dot{U}_i \dot{I}_i$	$R_i = \dot{U}_i / \dot{I}_i$ 输入电阻反应放大电路从信号源吸取的电流大小，R_i 大，放大电路从信号源吸取的电流小	$R_o = \Delta \dot{U}_o / \Delta \dot{I}_o$ 输出电阻是表明放大电路带负载的能力，R_o 大，表明放大电路带负载的能力差	$P_o = \dfrac{V_{om}}{\sqrt{2}} \times \dfrac{I_{om}}{\sqrt{2}} =$ $\dfrac{1}{2} V_{om} I_{om}$	$\eta = \dfrac{P_{om}}{P_V}$ P_V——直流电源消耗的功率

（3）静态工作点 Q。

当输入信号为 0 时，晶体管各极的电流 I_B、I_C（或 I_E）和 B-E 间电压 U_{BE}、管压降 U_{CE} 称为放大电路的静态工作点 Q，记为 I_{BQ}、I_{CQ}（或 I_{EQ}）、U_{BEQ}、U_{CEQ}。U_{BEQ} 的取值范围：硅管：$0.6 \sim 0.8\text{V}$，取 0.7V；锗管：$0.1 \sim 0.3\text{V}$，取 0.2V。

静态工作点 Q 处：$I_B = \dfrac{U_{CC} - U_{BE}}{R_B}$，$I_C = \beta I_B$，$U_{CE} = U_{CC} - I_C R_C$。

为了使晶体管在交流输入信号的整个周期内都工作在放大状态，放大电路必须设置合适的静态工作点。否则，当交流输入信号小于 B-E 间的开启电压时，会引起输出电压失真。

2. 放大电路的基本分析方法

（1）基本分析。

为了使电路正常放大，直流量和交流量必须共存于放大电路中。

1）直流通路。直流通路是直流电源作用用于分析放大电路的静态工作点所形成的电流通路，电容相当于开路，电感相当于短路，信号源电压为零，保留内阻。

2）交流通路。交流通路是交流信号作用所形成的电流通路，电容相当于短路，直流电源为恒压源，因内阻为零相当于短路。用于分析放大电路的动态参数。

（2）静态工作点对波形失真的影响。

若静态工作点设置合适，当输入正弦波信号幅值较小时，则电路中各动态电压和动态电流也为正弦波，且输出电压信号与输入信号电压相位相反，如图 2.2-3 所示。

1）截止失真（图 2.2-4）。当静态工作点 Q 较低时，在输入信号负半周靠近峰值的区域，晶体管发射结电压 U_{BE} 有可能小于开启电压 U_{on}，晶体管截止，基极电流 i_B 将产生底部失真，集电极电流 i_C 随之产生失真，输出电压失真（顶部），这种因静态工作点 Q 偏低而产生的失真称为截止失真。

消除方法：增大基极直流电源 V_{BB}，减小基极偏置电阻 R_b。

2）饱和失真（图 2.2-5）。当静态工作点 Q 较高时，在输入信号正半周靠近峰值的区域，晶体管进入饱和区，导致集电极电流 i_C 产生失真，输出电压失真（底部），因 Q 点偏

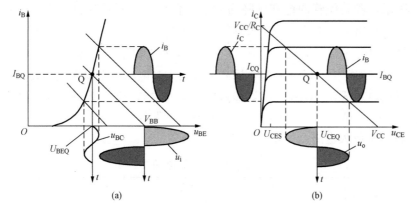

图 2.2 - 3　输入正弦波时电压放大倍数的分析

（a）输入信号作用时 u_{BE}、i_B 的变化；（b）i_C、u_{BE}、u_o 的变化

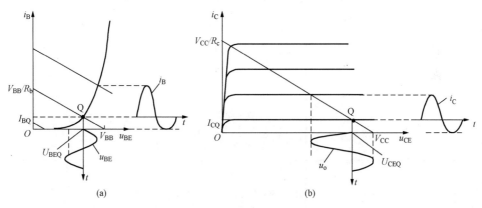

图 2.2 - 4　截止失真

（a）截止失真的 i_B 波形；（b）截止失真的 i_C、u_{CE} 波形

高而产生的失真称为饱和失真。

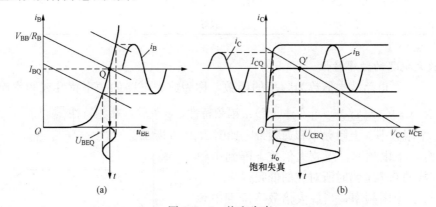

图 2.2 - 5　饱和失真

（a）饱和失真的 i_B 波形；（b）饱和失真的 i_C、u_{CE} 波形

消除方法：增大 R_b，减小 R_c，减小 β，增大 V_{CC}。

3）最大不失真输出电压。最大不失真输出电压是指不失真时能输出的最大电压，用

有效值 U_{om} 表示。若晶体管的饱和压降为 U_{CES}，输出电压不产生饱和失真的最大幅值为 $(U_{CEQ}-U_{CES})$；输出电压不产生截止失真的最大幅值为 $(V_{CC}-U_{CEQ})$。因此最大不失真输出电压应等于 $(U_{CEQ}-U_{CES})$ 和 $(V_{CC}-U_{CEQ})$ 中的小者除以 $\sqrt{2}$，即

$(U_{CEQ}-U_{CES})<(V_{CC}-U_{CEQ})$ 时，输入信号增大时电路首先出现饱和失真；

$(U_{CEQ}-U_{CES})>(V_{CC}-U_{CEQ})$ 时，输入信号增大时电路首先出现截止失真；

$(U_{CEQ}-U_{CES})=(V_{CC}-U_{CEQ})$ 时，电路的最大不失真输出电压最大。

（3）三种基本放大电路，见表 2.2-3。

表 2.2-3　　　　　　　　三种基本放大电路

性能	共射组态	共集组态（射极跟随器）	共基组态
电路			
$\dot{A}_i$	大（β）	大（$1+\beta$）	小（α）
$\|\dot{A}_u\|$	大 $\dot{A}_u=-\dfrac{\beta R'_L}{r_{BE}}$	近似等于 1 $\dot{A}_u=\dfrac{(1+\beta)R'_L}{r_{BE}+(1+\beta)R'_L}$	大 $\dot{A}_u=\dfrac{\beta R'_L}{r_{BE}}$
R_i	中 $R_i\approx r_{BE}$	大 $R_i=R_B /\!/ [r_{BE}+(1+\beta)R'_L]$	小 $R_i\approx\dfrac{r_{BE}}{1+\beta}$
R_o	大 $R_o\approx R_C$	小 $R_o\approx\dfrac{r_{BE}+R_S'}{1+\beta}$	大 $R_o\approx R_C$
特点	既放大电压又放大电流	只放大电流不放大电压	只放大电压不放大电流
频率响应	差	较好	好

3. 放大电路的频率特性

（1）定义。电路放大倍数为频率的函数，称为放大电路的频率特性或频率响应。即
$\dot{A}_u=|\dot{A}_u|\,(f)\,\underline{/\varphi\,(f)}$，$|\dot{A}_u|\,(f)$：幅频特性，$\varphi\,(f)$：相频特性。

（2）下限频率、上限频率和通频带，如图 2.2-6 所示。

1）f_L：下限频率，当放大倍数下降到中频区放大倍数的 0.707 倍时所对应的低频频率。

2）f_H：上限频率，当放大倍数下降到中频区放大倍数的 0.707 倍时所对应的高频频率。

3）BW：通频带，$BW=f_H-f_L$，放大电路对不同频率的输入信号的响应能力。

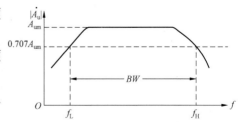

图 2.2-6　下限频率、上限频率和通频带

4. 反馈的概念、类型及极性

（1）定义：将输出信号取出一部分或全部送回到放大电路的输入回路，与原输入信号相加或相减后再作用到放大电路的输入端。

（2）类型：

1）正反馈和负反馈：输入量不变时，正反馈引入反馈后输出量变大；负反馈引入反馈后输出量变小。

2）电压反馈和电流反馈。电压反馈，反馈信号的大小与输出电压成比例的反馈称为电压反馈；电流反馈，反馈信号的大小与输出电流成比例的反馈称为电流反馈。

3）并联反馈和串联反馈。并联反馈，反馈信号与输入信号是电流相加减；串联反馈，反馈信号与输入信号是电压相加减。

4）交流反馈和直流反馈。反馈信号只有交流成分时为交流反馈，反馈信号只有直流成分时为直流反馈，既有交流成分又有直流成分时为交直流反馈。

5. 负反馈

（1）基本概念（图 2.2-7）。

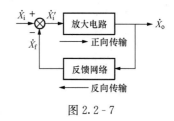

图 2.2-7

1）放大电路的开环放大倍数：$\dot{A}=\dfrac{\dot{X}_o}{\dot{X}_i'}$。

2）反馈网络的反馈系数：$\dot{F}=\dfrac{\dot{X}_f}{\dot{X}_o}$。

3）放大电路的闭环放大倍数：$\dot{A}_f=\dfrac{\dot{X}_o}{\dot{X}_i}$。

（2）负反馈对放大电路性能的影响。

1）使放大倍数下降。放大电路的闭环放大倍数公式如下

$$\dot{A}_f=\frac{\dot{X}_o}{\dot{X}_i}=\frac{\dot{A}}{1+\dot{A}\dot{F}}$$

式中　$1+\dot{A}\dot{F}$——反馈深度。

① 一般负反馈：$|1+\dot{A}\dot{F}|>1$，$|\dot{A}_f|<|\dot{A}|$。

② 深度负反馈：$|1+\dot{A}\dot{F}|\gg1$，$\dot{A}_f\approx\dfrac{1}{\dot{F}}$。

③ 正反馈：$|1+\dot{A}\dot{F}|<1$，$|\dot{A}_f|>|\dot{A}|$。

④ 无反馈：$|1+\dot{A}\dot{F}|=1$，$|\dot{A}_f|=|\dot{A}|$。

⑤ 自激振荡：$|1+\dot{A}\dot{F}|=0$，$|\dot{A}_f|\to\infty$。

2）负反馈使放大倍数稳定性提高。引入负反馈后，放大倍数 A_f 的相对变化是未加负反馈前放大倍数 A 相对变化的 $\dfrac{1}{1+AF}$，即 $\dfrac{\mathrm{d}A_f}{A_f}=\dfrac{1}{1+AF}\dfrac{\mathrm{d}A}{A}$。

3）负反馈使放大电路的频带扩展。

4）负反馈可以减小放大器产生的非线性失真。

5）负反馈可以抑制放大电路内部的干扰和噪声。

6）负反馈影响放大电路的输入电阻和输出电阻。串联负反馈，提高输入电阻；并联负反馈，降低输入电阻；电压负反馈，降低输出电阻，使输出电压稳定；电流负反馈，提高输出电阻，使输出电流稳定。

（3）四种负反馈的比较见表 2.2-4。

表 2.2-4　　　　　　四种负反馈组态的电压放大倍数、反馈系数之比较

联结方式	输出信号	反馈信号	放大网络的放大倍数	反馈系数
电压串联式	$\dot{U}_o$	$\dot{U}_f$	电压放大倍数 $\dot{A}_{uu}=\dfrac{\dot{U}_o}{\dot{U}'_i}$	$\dot{F}_{uu}=\dfrac{\dot{U}_f}{\dot{U}_o}$
电压并联式	$\dot{U}_o$	$\dot{I}_f$	转移电阻 $\dot{A}_{ui}=\dfrac{\dot{U}_o}{\dot{I}'_i}$（Ω）	$\dot{F}_{iu}=\dfrac{\dot{I}_f}{\dot{U}_o}$（S）
电流串联式	$\dot{I}_o$	$\dot{U}_f$	转移电导 $\dot{A}_{iu}=\dfrac{\dot{I}_o}{\dot{U}'_i}$（S）	$\dot{F}_{ui}=\dfrac{\dot{U}_f}{\dot{I}_o}$（Ω）
电流并联式	$\dot{I}_o$	$\dot{I}_f$	电流放大倍数 $\dot{A}_{ii}=\dfrac{\dot{I}_o}{\dot{I}'_i}$	$\dot{F}_{ii}=\dfrac{\dot{I}_f}{\dot{I}_o}$

2.2.2　供配电专业高频考点与历年真题解析

考点 1：晶体管

【2.2-1】（2024） 电路如图 2.2-8 所示，若将基极电阻 R_B 减小，则集电极电流 I_C 和集电极电位 V_C 的变化情况为：

A. 集电极电流 I_C 和集电极电位 V_C 都增加

B. 集电极电流 I_C 增加，集电极电位 V_C 减小

C. 集电极电流 I_C 增加，集电极电位 V_C 不变

D. 集电极电流 I_C 减小，集电极电位 V_C 增加

答案： B

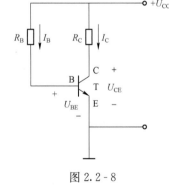

图 2.2-8

解题过程： 共射极放大电路，当基极电阻 R_B 减小时，

基极电流 $I_B=\dfrac{U_{CC}-U_{BE}}{R_B}$ 增大。放大区工作时，集电极

电流 $I_C \approx \beta I_B$ 增大，集电极电位 $U_C=U_{CE}=U_{CC}-I_C R_C$ 减小。

【2.2-2】（2022） 测得某电路几个三极管各电极电位如下，工作在放大区的是：

A. $U_{BE}=0.7V$，$U_{CE}=0.3V$　　　　　　　B. $U_B=4V$，$U_C=4.3V$

C. $U_B=-7.3V$，$U_C=3V$，$U_E=-3V$　　　D. $U_B=1V$，$U_C=7V$，$U_E=2V$

答案： B

解题过程： 在放大电路中，NPN 管电位大小为 $U_C>U_B>U_E$，PNP 管电位大小为 $U_E>U_B>U_C$。选项 A 中，$U_{CE}=0$，三极管工作于饱和区；选项 B 中，$U_C>U_B$，三极管工作于

放大区；选项 C 中，三极管工作于截止区；选项 D 中，三极管工作于截止区。

【2.2-3】(2021)　设某晶体管三个极的电位分别为 $U_E=-3V$，$U_B=-2.3V$，$U_C=6.5V$，则该管是：

A. PNP 型锗管 　　　　　　　　　　B. NPN 型锗管

C. PNP 型硅管 　　　　　　　　　　D. NPN 型硅管

答案：D

解题过程：$U_C>U_B>U_E$，发射集正偏，集电极反偏，又 $U_B-U_E=0.7V$，晶体管为 NPN 型硅管。

【2.2-4】(2020)　已知放大电路中某晶体管三个电极的电位分别为 $U_E=-1.7V$，$U_B=-1.4V$，$U_C=5V$，则该管类型为：

A. NPN 型硅管 　　　　　　　　　　B. NPN 型锗管

C. PNP 型硅管 　　　　　　　　　　D. PNP 型锗管

答案：B

解题过程：$U_C>U_B>U_E$，发射集正偏，集电极反偏，又 $U_B-U_E=0.3V$，晶体管为 NPN 型锗管。

【2.2-5】(2019)　某放大电路中，测得三极管三个电极的静态电位分别为 0V、10V、9.3V，则这只三极管是：

A. NPN 型硅管 　　　　　　　　　　B. NPN 型锗管

C. PNP 型硅管 　　　　　　　　　　D. PNP 型锗管

答案：C

解题过程：PNP 型硅管三个电极电位 $0=U_C<U_B<U_E$，且 $U_E-U_B=0.7V$。

NPN 型硅管三个电极电位 $0=U_C>U_B>U_E$，且 $U_B-U_E=0.7V$。

【2.2-6】(2018)　测得一放大电路中三极管各级电压如图 2.2-9 所示，则该三极管为：

A. NPN 型锗管 　　　B. NPN 型硅管

C. PNP 型锗管 　　　D. PNP 型硅管

答案：D

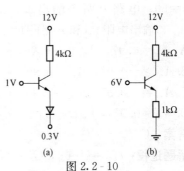

图 2.2-9

解题过程：NPN 管：$U_C>U_B>U_E$；PNP 管：$U_E>U_B>U_C$。由图可知，$U_B=-2.6V$，且 $U_{BEQ}=-2V-(-2.6V)=0.6V$，为硅管（0.6～0.8V）。$U_E=-2V$，$U_C=-6V$，$U_E>U_B>U_C$，故为 PNP 型硅管。

【2.2-7】(2017)　已知图中 $U_{BE}=0.7V$，判断图 2.2-10 (a)、(b) 的状态：

A. 放大，饱和 　　　B. 截止，饱和

C. 截止，放大 　　　D. 放大，放大

答案：C

解题过程：已知发射结电压 $U_{BE}=0.7$，图 2.2-10 (a)：晶体管处于截止状态。图 2.2-10 (b)：晶体管 $U_C=12V>U_B=6V>U_E=0V$，因此晶体管工作于放大状态。

考点 2：放大电路分析

【2.2-8】（2023） 已知某放大电路电压放大倍数的表达式为 $A_u = \dfrac{5\mathrm{j}f}{\left(1+\mathrm{j}\dfrac{f}{20}\right)+\left(1+\mathrm{j}\dfrac{f}{10^5}\right)}$,

则该电路的电压增益为：

A. 5dB　　　　　　B. 20dB　　　　　　C. 40dB　　　　　　D. 100dB

答案： C

解题过程： 放大电路电压增益频率特性为：$\dot{A}_u = \dot{A}_{um} \cdot \dfrac{\mathrm{j}\dfrac{f}{f_L}}{\left(1+\mathrm{j}\dfrac{f}{f_L}\right)\left(1+\mathrm{j}\dfrac{f}{f_H}\right)}$

根据题意可知 $f_L = 20\mathrm{Hz}$，$f_H = 10^5\,\mathrm{Hz}$，则 $A_{um} = 100$，则电压增益为 $20\lg|A_{um}| = 20\lg 100\mathrm{dB} = 40\mathrm{dB}$。

【2.2-9】（2022） 如图 2.2-11 所示，射极输出器中，已知 $\beta = 100$，$R_S = 40\Omega$，$R_B = 100\mathrm{k}\Omega$，$R_E = 1.5\mathrm{k}\Omega$，$r_{BE} = 0.95\mathrm{k}\Omega$，则电压放大倍数 A_u、r_i 和 r_o 分别是：

A. $A_u = 0.99$，$r_i = 60.4\mathrm{k}\Omega$，$r_o = 9.9\Omega$

B. $A_u = 9.9$，$r_i = 60.4\mathrm{k}\Omega$，$r_o = 9.9\mathrm{k}\Omega$

C. $A_u = 0.99$，$r_i = 60.4\mathrm{k}\Omega$，$r_o = 9.9\mathrm{k}\Omega$

D. $A_u = 9.9$，$r_i = 60.4\mathrm{k}\Omega$，$r_o = 9.9\Omega$

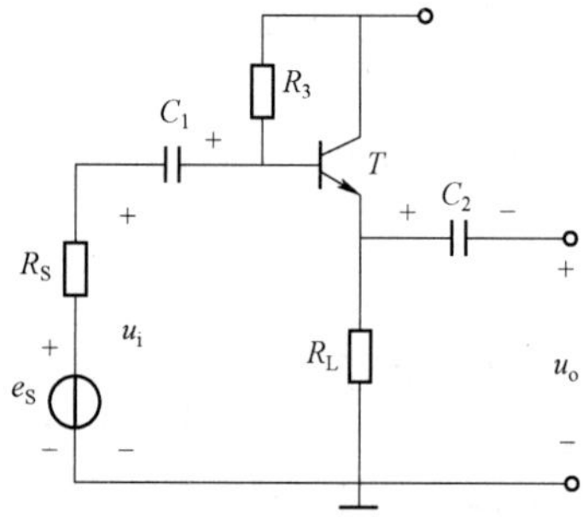

答案： A

图 2.2-11

解题过程： 射极输出器特点 $\begin{cases} \dot{A}_u \approx 1 & 输入输出同相 \\ r_i = R_B // \left[r_{BE} + (1+\beta)\,R'_L\right] & 高 \\ r_o = \dfrac{\dot{U}}{\dot{I}} = \dfrac{r_{BE} + R_B // R_S}{1+\beta} & 低 \end{cases}$

本题中输出电阻 $r_o = \dfrac{r_{BE} + R_B // R_S}{1+\beta} = \dfrac{0.95 \times 10^3 + 40}{101} \approx 9.9\Omega$。

【2.2-10】（2021） 放大电路如图 2.2-12 所示。已知 $U_{CC} = 12\mathrm{V}$，$R_C = 2\mathrm{k}\Omega$，$R_E = 2\mathrm{k}\Omega$，$R_B = 300\mathrm{k}\Omega$，$r_{BE} = 1\mathrm{k}\Omega$，$\beta = 50$。电路有两个输出端，试求电压放大倍数 A_{u1} 和 A_{u2}，输出电阻 r_{o1} 和 r_{o2} 分别是：

A. $A_{u1} = 0.97$，$A_{u2} = -0.99$，$r_{o1} = 2\mathrm{k}\Omega$，$r_{o2} = 21\Omega$

B. $A_{u1} = -0.97$，$A_{u2} = 0.99$，$r_{o1} = 21\Omega$，$r_{o2} = 2\mathrm{k}\Omega$

C. $A_{u1} = -0.97$，$A_{u2} = 0.99$，$r_{o1} = 2\mathrm{k}\Omega$，$r_{o2} = 21\Omega$

D. $A_{u1} = 0.97$，$A_{u2} = -0.99$，$r_{o1} = 21\Omega$，$r_{o2} = 2\mathrm{k}\Omega$

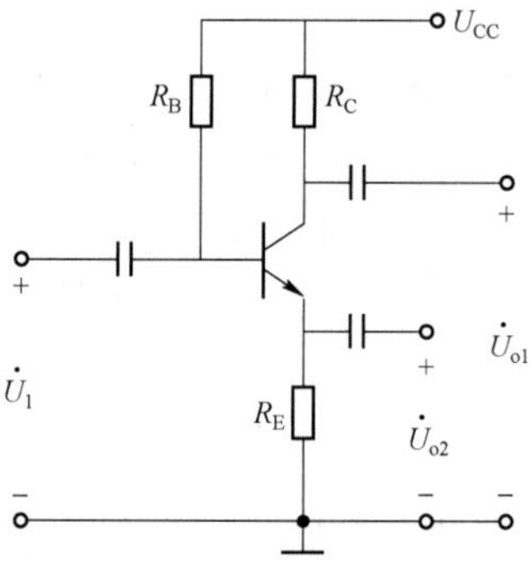

答案： C

图 2.2-12

解题过程： $U_{o1} = U_i A_{u1}$，$U_{o2} = U_i A_{u2}$

$$A_{u1} = \frac{U_{o1}}{U_i} = -\frac{\beta R_C}{r_{BE} + (1+\beta)\,R_E} = -\frac{50 \times 2}{1 + (1+50) \times 2} = -0.97$$

$$A_{u2}=\frac{U_{o2}}{U_i}=\frac{(1+\beta)\,R_E}{r_{BE}+\,(1+\beta)\,R_E}=\frac{(1+50)\times2}{1+\,(1+50)\times2}=0.99$$

$$r_{o1}=R_C=2k\Omega$$

$$r_{o2}=R_E/\!/\frac{r_{BE}}{1+\beta}=2/\!/\frac{1}{1+50}=0.0194k\Omega=19.4\Omega$$

答案 C 最接近。

【2.2-11】（2020）　图 2.2-13 所示电路中，$V_{CC}=+12V$，已知晶体管的 $\beta=37.5$，则放大电路的 A_u，R_i 和 R_0 分别是：

A. $A_u=71.2$，$R_i=0.79k\Omega$，$R_o=2k\Omega$

B. $A_u=-71.2$，$R_i=0.79k\Omega$，$R_o=2k\Omega$

C. $A_u=71.2$，$R_i=796k\Omega$，$R_o=21k\Omega$

D. $A_u=-71.2$，$R_i=79k\Omega$，$R_o=2k\Omega$

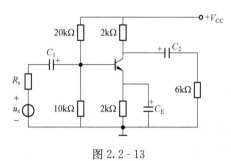

图 2.2-13

答案：B

解题过程：从题图可知，$R_{B1}=20k\Omega$、$R_{B2}=10k\Omega$、$R_E=2k\Omega$、$R_C=2k\Omega$、$R_L=6k\Omega$、$U_{BEQ}=0.7V$。简化求解，则

$$U_{BQ}\approx\frac{R_{B2}}{R_{B1}+R_{B2}}V_{CC}=\frac{10}{20+10}\times12V=4V;\quad I_{EQ}=\frac{U_{BQ}-U_{BEQ}}{R_E}=\frac{4-0.7}{2\times10^3}A=1.65mA$$

取 $r_{BB'}=200\Omega$，$U_T=26mV$，则 $r_{BE}=r_{BB'}+(1+\beta)\frac{U_T}{I_{EQ}}=\left(200+38.5\times\frac{26}{1.65}\right)\Omega=0.806k\Omega$

输入电阻 $R_i=R_{B1}/\!/R_{B2}/\!/r_{BE}=20/\!/10/\!/0.806=0.719k\Omega$

输出电阻 $R_o=R_C=2k\Omega$

电压放大倍数 $\dot{A}_u=-\beta\frac{R_C/\!/R_L}{r_{BE}}=-37.5\times\frac{2/\!/6}{0.806}=-37.5\times\frac{1.5}{0.806}=-69.789$

最接近的答案为 B。

【2.2-12】（2019）　如图 2.2-14 所示的射极输出器中，已知 $R_S=50\Omega$，$R_{B1}=100k\Omega$，$R_{B2}=30k\Omega$，$R_E=1k\Omega$，晶体管的 $\beta=50$，$r_{BE}=1k\Omega$，则放大电路的 A_U，r_1 和 r_0 分别是

A. $A_U=98$，$r_1=16k\Omega$，$r_0=2.1\Omega$　　　　B. $A_U=9.8$，$r_1=16k\Omega$，$r_0=21\Omega$

C. $A_U=0.98$，$r_1=16k\Omega$，$r_0=21\Omega$　　　　D. $A_U=0.98$，$r_1=16k\Omega$，$r_0=2.1\Omega$

答案：C

解题过程：小信号等效电路如图 2.2-15 所示。

$$R_L'=R_L/\!/R_E=1k\Omega$$

$$R_s'=R_s/\!/R_{B1}/\!/R_{B2}=0.05/\!/100/\!/30k\Omega=0.04989k\Omega$$

则　　　$$A_U=\frac{(1+\beta)R_L'}{r_{BE}+(1+\beta)R_L'}=\frac{(1+50)\times1}{1+(1+50)\times1}=\frac{51}{52}=0.98$$

输入电阻　$r_1=R_{B1}/\!/R_{B2}/\!/[r_{BE}+(1+\beta)R_L']=100/\!/30/\!/[1+(1+50)\times1]k\Omega=15.98k\Omega\approx16k\Omega$

因为 $R_E\gg\dfrac{R_s'+r_{BE}}{1+\beta}$ 且 $\beta\gg1$，输出电阻　$r_0\approx\dfrac{r_{BE}+R_s'}{\beta}=\dfrac{1+0.04989}{50}k\Omega=20.99\Omega\approx21\Omega$

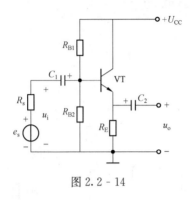

图 2.2 - 14

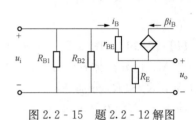

图 2.2 - 15 题 2.2 - 12 解图

【2.2 - 13】(2018)　如图 2.2 - 16 所示电路所加输入电压为正弦波。电压放大倍数 $\dot{A}_{u1}=\dot{U}_{o1}/\dot{U}_i$，$\dot{A}_{u2}=\dot{U}_{o2}/\dot{U}_i$ 分别是：

A. $\dot{A}_{u1}\approx1$，$\dot{A}_{u2}\approx1$　　　　B. $\dot{A}_{u1}\approx-1$，$\dot{A}_{u2}\approx-1$

C. $\dot{A}_{u1}\approx-1$，$\dot{A}_{u2}\approx1$　　　　D. $\dot{A}_{u1}\approx1$，$\dot{A}_{u2}\approx-1$

答案: C

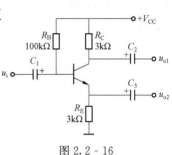

图 2.2 - 16

解题过程: 因为通常 $\beta\gg1$，所以电压放大倍数分别应为

$$\dot{A}_{u1}=-\frac{\beta R_C}{r_{BE}+(1+\beta)R_E}\approx-\frac{R_C}{R_E}=-1$$

$$\dot{A}_{u2}=\frac{(1+\beta)R_E}{r_{BE}+(1+\beta)R_E}\approx1$$

【2.2 - 14】(2014)　如图 2.2 - 17 (a) 所示放大电路，晶体管的输出特性和交、直流负载线如图 2.2 - 17 (b) 所示。已知 $U_{BE}=0.6V$，$r_{BB'}=300\Omega$。试求在输出电压不产生失真的条件下，最大输入电压的峰值为：

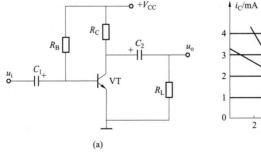

(a)

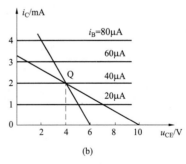

(b)

图 2.2 - 17

A. 78mV　　　　　B. 62mV　　　　　C. 38mV　　　　　D. 18mV

答案: C

解题过程: 从图 2.2 - 17 (b) 可知，$+V_{CC}=10V$，$I_{BQ}=40\mu A$，$I_{CQ}=2mA$，$U_{CEQ}=4V$。最大不失真输出电压幅值受截止失真的限制，输出电压峰值的最大值为 $U_{op}=$

$I_{CQ}R'_L = 2V$。

根据 $U_{CEQ} = V_{CC} - I_{CQ}R_C$，可得 $R_C = \dfrac{V_{CC} - U_{CEQ}}{I_{CQ}} = \dfrac{10-4}{2 \times 10^{-3}}\Omega = 3k\Omega$。

根据 $U_{op} = I_{CQ}R'_L$，得 $R'_L = R_L /\!/ R_C = \dfrac{U_{op}}{I_{CQ}} = \dfrac{2}{2 \times 10^{-3}}\Omega = 1k\Omega$。

又　$\beta = \dfrac{\Delta i_C}{\Delta i_B} = \dfrac{2-1}{(40-20) \times 10^{-3}} = 50$，$I_{EQ} = (1+\beta)\,I_{BQ} = 51 \times 40 \times 10^{-6}$ A $=$

2040mA，则 $r_{BE} = r_{BB'} + (1+\beta)\dfrac{26}{I_{EQ}} = \left(0.3 + 51 \times \dfrac{26}{2040}\right)k\Omega = 0.95k\Omega$。

电路的电压放大倍数 $\dot{A}_u = -\beta\dfrac{R'_L}{r_{BE}} = -50 \times \dfrac{1}{0.95} \approx -52.63$。

则不失真时，最大输入电压的峰值 $U_{ip} = \dfrac{U_{op}}{|\dot{A}_u|} = \dfrac{2}{52.63}V \approx 38mV$。

考点 3：负反馈

【2.2-15】（2016） 电路的闭环增益 40dB，基本放大电路增益变化 10%，反馈放大器的闭环增益相应变化 0.1%，此时电路开环增益为：

A. 60dB
B. 80dB
C. 100dB
D. 120dB

答案： B

解题过程：（1）放大倍数：$\dot{A}_f = \dfrac{\dot{X}_o}{\dot{X}_i} = \dfrac{\dot{A}}{1+\dot{A}\dot{F}}$

（2）负反馈使放大倍数稳定性提高，即 $\dfrac{dA_f}{A_f} = \dfrac{1}{1+AF} \times \dfrac{dA}{A}$。

根据已知条件可得 $\dfrac{dA_f}{A_f} = \dfrac{1}{1+AF} \times \dfrac{dA}{A} \Rightarrow 0.1\% = \dfrac{1}{1+AF} \times 10\%$

则　　　　　　　　　　　　$1 + AF = 100$　　　　　　　　　　　　　　（1）

（3）已知 $A_f = 40dB$，则 $20lg\dfrac{A}{1+AF} = 40dB$。

可得　　　　　　　　　　　$\dfrac{A}{1+AF} = 100$　　　　　　　　　　　　（2）

联立式（1）、式（2）求解可得：$A = 10\,000$，$F = 0.0099$。
则开环增益为 $20lgA = 80dB$。

【2.2-16】（2014） 由集成运放组成的放大电路如图 2.2-18 所示，反馈类型为：

A. 电流串联负反馈
B. 电流并联负反馈
C. 电压串联负反馈
D. 电压并联负反馈

答案： A

解题过程： 图 2.2-18 中，运放 A_2 构成电压跟随器，反馈网络是电阻 R，该电路中的反馈是电流串联负反馈。

2.2.3 发输变电专业高频考点与历年真题解析

考点 1： 晶体管

【2.2-17】（2017、2016、2009） 晶体管的参数受温度的影响较大，当温度升高时，晶体管的 β、I_{CBO}、U_{BE} 的变化情况为：

A. β 和 I_{CBO} 增加，U_{BE} 减小   B. β 和 U_{BE} 减小，I_{CBO} 增加

C. β 增加，I_{CBO} 和 U_{BE} 减小   D. β、U_{BE} 和 I_{CBO} 增加

答案： A

解题过程： 温度每升高 1℃，β 值增大 $0.5\%\sim1\%$。温度每升高 1℃，U_{BE} 减小 $2\sim2.5\mathrm{mV}$。温度每升高 10℃，I_{CBO} 约增大 1 倍。

考点 2： 放大电路分析

【2.2-18】（2023） 放大电路如图 2.2-18 所示，已知晶体管 $\beta=100$，$r_{BE}=1\mathrm{k}\Omega$，若负载电阻 $R_L=5\mathrm{k}\Omega$，为使输入电压有效值为 $1\mathrm{mV}$ 时，输出电压有效值大于 $200\mathrm{mV}$，则 R_C 至少应为：

A. $2\mathrm{k}\Omega$ B. $3.3\mathrm{k}\Omega$ C. $3\mathrm{k}\Omega$ D. $2.5\mathrm{k}\Omega$

答案： B

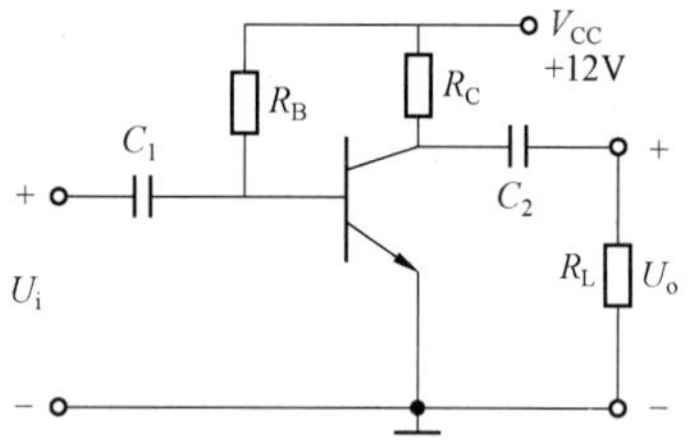

解题过程： 根据题意可得 $\dot{A}_u=-\dfrac{U_o}{U_i}=-200$，$\dot{A}_u=$

$-\dfrac{U_o}{U_i}\geqslant-\dfrac{200}{1}\geqslant-200$；

电路的电压放大倍数：$\dot{A}_u=-\beta\dfrac{R'_L}{r_{BE}}=-\beta\dfrac{R_L//R_C}{r_{BE}}=$

$-100\times\dfrac{5//R_C}{1}=-200$；

求得 $R_C=\dfrac{10}{3}=3.3\mathrm{k}\Omega$。

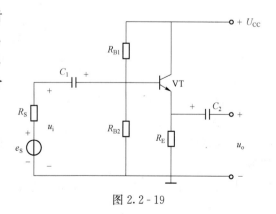

图 2.2-18

【2.2-19】（2022） 如图 2.2-19 所示的射极输出器中：已知 $R_S=50\Omega$，$R_{B1}=100\mathrm{k}\Omega$，$R_{B2}=30\mathrm{k}\Omega$，$R_E=2\mathrm{k}\Omega$，晶体管的 $\beta=50$，$r_{BE}=1\Omega$，则放大电路的 A_u、r_i 和 r_o，分别是：

A. $A_u=98$，$r_i=1.6\mathrm{k}\Omega$，$r_o=2\mathrm{k}\Omega$

B. $A_u=0.98$，$r_i=160\mathrm{k}\Omega$，$r_o=21\Omega$

C. $A_u=-0.98$，$r_i=1\mathrm{k}\Omega$，$r_o=2\mathrm{k}\Omega$

D. $A_u=0.98$，$r_i=16\mathrm{k}\Omega$，$r_o=21\Omega$

答案： D

图 2.2-19

解题过程：
$$A_u = \frac{(1+\beta)R_E}{r_{BE}+(1+\beta)R_E} = \frac{(1+50)\times 2}{1+(1+50)\times 2} \approx 0.98$$

$$r_i = R_{B1}//R_{B2}//[r_{BE}+(1+\beta)R_E] = 100//30//[1+(1+50)\times 2] \approx 16k\Omega$$

$$r_o = \frac{R_S//R_{B1}//R_{B2}+r_{BE}}{1+\beta}//R_E \approx \frac{R_S+r_{BE}}{\beta} = \frac{50+1000}{50} = 21\Omega$$

【2.2‑20】(2021)　图 2.2‑20 所示电路中，画出了放大电路及其输入、输出电压的波形，若要使 u_o 波形不产生失真，则应：

A. 增大 R_C　　　　　　　　　　B. 减小 R_B

C. 增大 R_B　　　　　　　　　　D. 减小 R_C

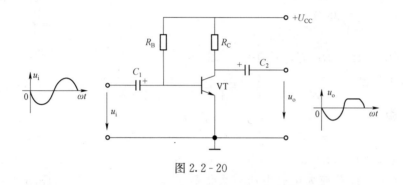

图 2.2‑20

答案： B

解题过程： 根据题图可知，该失真为截止失真；消除截止失真的方法为增大基级电源 V_{BB}，减小基级偏置电阻 R_B。

【2.2‑21】(2021)　已知图 2.2‑21 所示电路中 VT_1 和 VT_2 管的饱和管压降 $|U_{CES}|=2V$，导通时的 $|U_{BE}|=0.7V$，输入电压足够大，A、B、C、D 点的静态电位分别是：

A. $U_A=1.4V$，$U_B=9.3V$，$U_C=11.4V$，$U_D=20V$

B. $U_A=0.7V$，$U_B=0.3V$，$U_C=11.4V$，$U_D=10V$

C. $U_A=2.1V$，$U_B=9.3V$，$U_C=10.4V$，$U_D=20V$

D. $U_A=0.7V$，$U_B=9.3V$，$U_C=11.4V$，$U_D=10V$

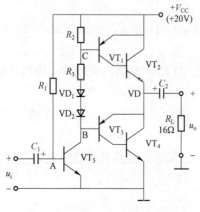

图 2.2‑21

答案： D

解题过程： $U_D = \frac{1}{2}V_{CC} = 10V$。$U_C$ 经过 VT$_1$、VT$_2$ 管导通后得到 U_D，所以 $U_C = U_D + 2 \times$

$0.7 = 11.4V$，$U_B = U_D - U_{BE} = 9.3V$。静态时，$u_i = 0$，而 VT$_5$ 导通，$U_A = 0.7V$。

【2.2-22】 (2020) 基本电压放大电路如图 2.2-22 所

示，已知 $U_{BE} = 0.7$，$\beta = 50$，$r_{BE} = 588\Omega$，$R_B = 75k\Omega$，

电压放大倍数 A_u 和输入电阻 r_i 为：

A. $A_u = 0.98$，$r_i = 19.3k\Omega$

B. $A_u = -0.98$，$r_i = 0.9k\Omega$

C. $A_u = 98$，$r_i = 19.3k\Omega$

D. $A_u = 0.098$，$r_i = 200\Omega$

答案： A

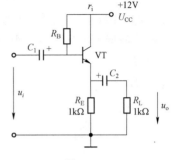

图 2.2-22

解题过程： $R'_L = R_E // R_L = 1 // 1k\Omega = 0.5k\Omega$

电压放大倍数 $\qquad A_u = \dfrac{(1+\beta)\,R'_L}{r_{BE} + (1+\beta)\,R'_L} = \dfrac{(1+50)\times 0.5}{0.588 + (1+50)\times 0.5} \approx 0.98$

输入电阻 $\qquad r_i = R_b // [r_{BE} + (1+\beta)\,R'_L]$

$\qquad\qquad = 75k\Omega // [0.588 + (1+50)\times 0.5]\,k\Omega \approx 19.3k\Omega$

【2.2-23】 (2019) 如图 2.2-23 所示，已知 $\beta =$

100，$r_{BE} = 1k\Omega$，计算放大电路电压放大倍数 A_u，

输入电阻 r_i 和输出电阻 r_o 为：

A. $A_u = -7.07$，$r_i = 5.07k\Omega$，$r_o = 2k\Omega$

B. $A_u = -7.07$，$r_i = 3.9k\Omega$，$r_o = 20k\Omega$

C. $A_u = -6.5$，$r_i = 1k\Omega$，$r_o = 6k\Omega$

D. $A_u = 65$，$r_i = 200\Omega$，$r_o = 2k\Omega$

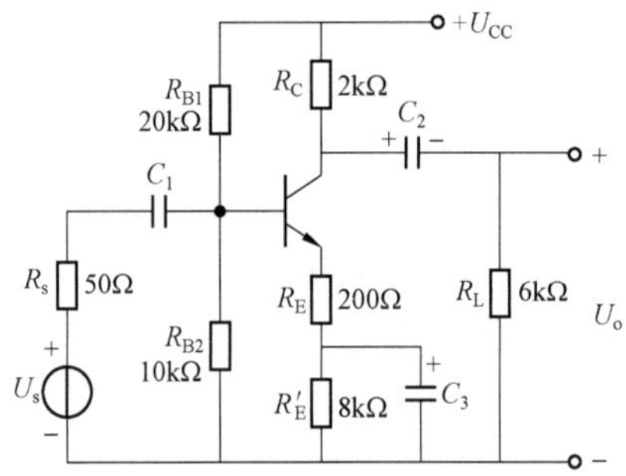

答案： A

图 2.2-23

解题过程： 电压放大倍数 $\quad A_u = -\beta \dfrac{R_C // R_L}{r_{BE} + (1+\beta)R_E} =$

$-100 \times \dfrac{2//6}{1 + 101 \times 0.2} = -7.075$

输入电阻 $\quad r_i = R_{B1} // R_{B2} // [r_{BE} + (1+\beta)R_E] = 20 // 10 // [1 + (1+100)\times 0.2]k\Omega = 5.07k\Omega$

输出电阻 $\qquad\qquad\qquad\qquad r_0 = R_C = 2k\Omega$

【2.2-24】 (2018) 如图 2.2-24 所示电路出现故障，测得直流电位 $U_E = 0$，$U_C = V_{CC}$，故

障的原因可能是：

A. R_C 开路 B. R_C 短路 C. R_{B1} 开路 D. R_{B2} 开路

答案： C

解题过程： 题解图如图 2.2-25 所示，根据选项逐一代入分析：

题解图 R_C 开路：$I_C = 0$，$U_C \approx U_B = \dfrac{R_{B2}}{R_{B1} + R_{B2}} V_{CC} \neq 0 \Rightarrow I_B \neq 0 \Rightarrow U_E \neq 0$

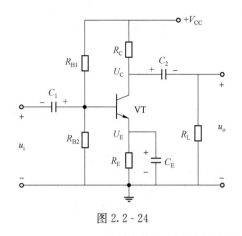

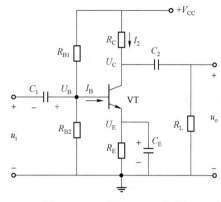

图 2.2-24　　　　　　　　　　　图 2.2-25　题 2.2-24 解图

R_C 短路：$U_C = V_{CC}$，$U_C \approx U_B = \dfrac{R_{B2}}{R_{B1}+R_{B2}} V_{CC} \neq 0 \Rightarrow I_B \neq 0 \Rightarrow U_E \neq 0$

R_{B1} 开路：$U_B = 0 \Rightarrow I_B = 0 \Rightarrow U_E = 0$，$U_C = V_{CC}$

R_{B2} 开路：$U_B = V_{CC} \Rightarrow I_B \neq 0 \Rightarrow U_E \neq 0$，$U_C = V_{CC}$

【2.2-25】(2017、2016)　电路如图 2.2-26 所示，若更换晶体管，使 β 由 50 变为 100，则电路的电压放大倍数变为：

A. 原来值的 1/2

B. 原来的值

C. 原来值的 2 倍

D. 原来值的 4 倍

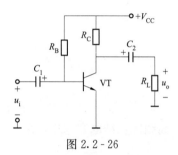

图 2.2-26

答案： C

解题过程： 电路的电压放大倍数为 $\dot{A}_u = -\beta \dfrac{R'_L}{r_{BE}}$，$\beta$ 由 50 变为 100，则放大倍数约为原来值的 2 倍。

【2.2-26】(2014)　电路如图 2.2-27 所示，晶体管 VT 的 $\beta = 50$，$r_{BB'} = 300\Omega$，$U_{BE} = 0.7\text{V}$，结电容可以忽略。$R_S = 0.5\text{k}\Omega$，$R_B = 300\text{k}\Omega$，$R_C = 4\text{k}\Omega$，$R_L = 4\text{k}\Omega$，$C_1 = C_2 = 10\mu\text{F}$，$V_{CC} = 12\text{V}$，$C_L = 1600\text{pF}$。放大电路的电压放大倍数 $A_u = \dfrac{u_o}{u_i}$ 为：

A. 67.1　　　　　B. 101

C. −67.1　　　　D. −101

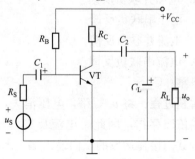

图 2.2-27

答案： D

解题过程： $I_{BQ} \approx \dfrac{V_{CC} - U_{BE}}{R_B} = \dfrac{12 - 0.7}{300} \times 10^{-3}\text{A}$

$\qquad\qquad\quad = 37.67\mu\text{A}$

$$I_{EQ} = 1.921\text{mA}$$

$$r_{\text{BE}} = r_{\text{BB}'} + (1+\beta)\frac{26 \times 10^{-3}}{I_{\text{EQ}}} = 300\Omega + \frac{26 \times 10^{-3}}{37.67 \times 10^{-6}}\Omega \approx 990\Omega$$

$$\dot{A}_u = \frac{\dot{U}_o}{\dot{U}_i} = -\frac{\beta(R_{\text{C}} /\!/ R_{\text{L}})}{r_{\text{BE}}} = -\frac{50 \times (4 /\!/ 4)}{0.9} = -101.01$$

【2.2-27】(2014) 如图 2.2-27 所示电路，晶体管 VT 的 $\beta=50$，$r_{\text{BB}'}=300\Omega$，$U_{\text{BE}}=0.7\text{V}$，结电容可以忽略。$R_{\text{S}}=0.5\text{k}\Omega$，$R_{\text{B}}=300\text{k}\Omega$，$R_{\text{C}}=4\text{k}\Omega$，$R_{\text{L}}=4\text{k}\Omega$，$C_1=C_2=10\mu\text{F}$，$V_{\text{CC}}=12\text{V}$，$C_{\text{L}}=1600\text{pF}$。则下限截止频率 f_{L} 和上限截止频率 f_{H} 分别为：

A. 25Hz，100kHz

B. 12.5Hz，100kHz

C. 12.5Hz，49.8kHz

D. 50Hz，100kHz

答案： C

解题过程： 根据题 [2.2-26] 可知 $R_i = R_{\text{B}} /\!/ r_{\text{BE}} \approx r_{\text{BE}} \approx 990\Omega = 0.99\text{k}\Omega$。

低频区：直流电源视为短路；结电容、分布电容和负载视电容为开路；耦合电容和旁路电容保留。输入回路的时间常数为 $\tau_1 = (R_i + R_s)C_1 = (990+500) \times 10 \times 10^{-6} = 0.0149\text{s}$，输出回路的时间常数为 $\tau_2 = (R_{\text{C}} + R_{\text{L}})C_2 = (4000+4000) \times 10 \times 10^{-6}\text{s} = 0.08\text{s}$。因为 $\tau_2 \gg \tau_1$，则下限截止频率为

$$f_{\text{L}} = \frac{1}{2\pi\tau_1} = \frac{1}{2\pi \times 0.0149}\text{Hz} = 10.68\text{Hz}$$

$$f_{\text{L1}} = \frac{1}{2\pi(R_i + R_s)C_1} = \frac{1}{2\pi \times 0.0149}\text{Hz} = 10.68\text{Hz}$$

$$f_{\text{L2}} = \frac{1}{2\pi(R_{\text{C}} + R_{\text{L}})C_2} = \frac{1}{2\pi \times 0.08}\text{Hz} = 1.989\text{Hz}$$

高频区：结电容忽略，影响上限截止频率只有负载电容。上限截止频率为

$$f_{\text{H}} = \frac{1}{2\pi(R_{\text{C}} /\!/ R_{\text{L}})C_{\text{L}}} = \frac{1}{2\pi \times (4 /\!/ 4) \times 10^3 \times 1600 \times 10^{-12}}\text{Hz} = 49.7\text{kHz}$$

考点3：负反馈

【2.2-28】(2024) 图 2.2-28 所示电路的反馈组态为：

A. 电压并联负反馈

B. 电压串联负反馈

C. 电流并联负反馈

D. 电流串联负反馈

答案： C

解题过程： 将 u_o 短路，电压消失，而电流经过 R_2 支路依旧存在，因此是电流反馈。反馈信号与输入信号共同接在运放的反向输入端，因此为并联反馈。

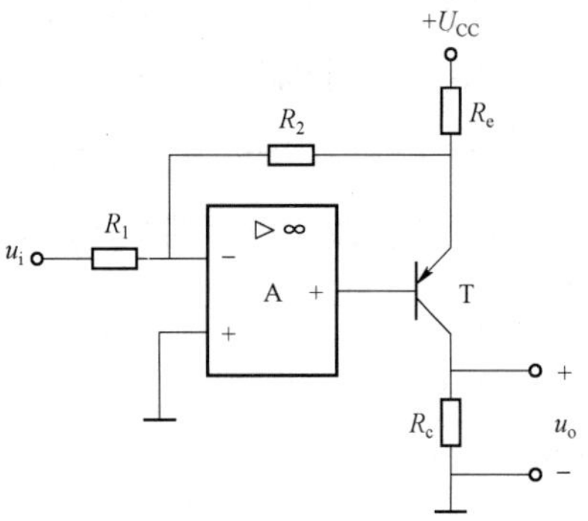

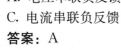

图 2.2-28

【2.2-29】(2020) 如图 2.2-29 所示，两级放大电路中，反馈电阻 R_{F} 引入的反馈类型是：

A. 电压串联负反馈

B. 电压并联负反馈

C. 电流串联负反馈

D. 电流并联负反馈

答案： A

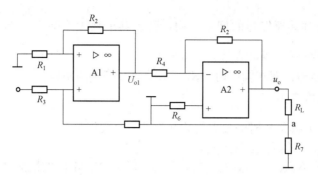

图 2.2 - 29

解题过程： 反馈桥梁在输出端连接输出电压的"上端"（或"下端"），就形成电压反馈（或电流反馈）；反馈桥梁在输入端连接输入信号的"前端"（或"后端"）就为并联反馈（或串联反馈）。根据电路图可知为电压串联负反馈。

故选 A。

【2.2 - 30】（2014） 电路如图 2.2 - 30 所示，电路的反馈类型为：

A. 电压串联负反馈　　　　　　　　　　B. 电压并联负反馈

C. 电流串联负反馈　　　　　　　　　　D. 电流并联负反馈

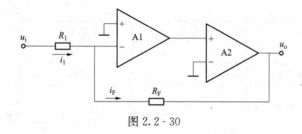

图 2.2 - 30

答案： B

解题过程： 反馈电流 i_F 和输入信号 i_1 在运放 A1 的负极相加，所以为并联负反馈。把输出点短路，令 $u_o = 0$，此时反馈电流 $i_F = 0$，即输出电压短路，反馈信号不存在，所以反馈信号取自电压，为电压反馈。综上该反馈为电压并联负反馈。

2.3　线性集成运算放大器和运算电路

2.3.1　知识点提示

1. 差动（差分）放大电路

（1）主要特点。

1）电路具有对称性。

2）抑制零点漂移。双端输出时电路的零点漂移为零；单端输出时射极电阻 R_E 的共模负反馈具有抑制零点漂移的能力。差分放大电路利用电路的对称性和共模负反馈抑制零点漂移。

3）抑制共模信号。双端输出时，输出共模信号近似为零。

为了衡量电路对共模信号的抑制作用，引入共模放大系数 A_c，$A_c = \dfrac{\Delta u_{oc}}{\Delta u_{Ic}}$。$|A_c|$ 越小，电路的对称性越好，理想情况下，$A_c = 0$。

4）放大差模信号。双端输出时，输出差模信号等于两边输出电压之和，该电路对差模信号有较大的放大能力。

放大电路输入差模信号时的放大倍数称为差模放大倍数 A_d，$A_d = \dfrac{\Delta u_{od}}{\Delta u_{Id}}$。

5）共模抑制比 K_{CMR}。$K_{CMR} = \left| \dfrac{A_d}{A_c} \right|$，$K_{CMR}$ 越大，放大电路的性能越优良、抗干扰能力越强、抑制零漂能力越强。理想情况下，$K_{CMR} = \infty$。

（2）主要类型。双端输入双端输出、双端输入单端输出、单端输入双端输出、单端输入单端输出四种类型。四种类型性能比较见表 2.3 - 1。

表 2.3 - 1   **差分放大电路四种类型性能比较**

性能 ＼ 接法	双端输入双端输出	双端输入单端输出	单端输入双端输出	单端输入单端输出
A_d	$-\dfrac{\beta\left(R_C /\!/ \dfrac{R_L}{2}\right)}{R + r_{BE}}$	$-\dfrac{1}{2} \times \dfrac{\beta\left(R_C /\!/ R_L\right)}{R + r_{BE}}$	$-\dfrac{\beta\left(R_C /\!/ \dfrac{R_L}{2}\right)}{R + r_{BE}}$	$-\dfrac{1}{2} \times \dfrac{\beta\left(R_C /\!/ R_L\right)}{R + r_{BE}}$
K_{CMR}	很高	较高	很高	较高
R_{id}	$2(R + r_{BE})$	$2(R + r_{BE})$	$\approx 2(R + r_{BE})$	$\approx 2(R + r_{BE})$
R_o	$2R_C$	R_C	$2R_C$	R_C
特征	1. A_d 与单管放大电路基本相同。 2. 在理想情况下，$K_{CMR} \to \infty$。 3. 适用于双端输入双端输出，输入信号及负载的两端均不接地的情况	1. A_d 约为双端输出时的一半。 2. 由于引入共模负反馈，仍有较高的 K_{CMR}。 3. 适用于将双端输入转换为单端输出	1. A_d 与单管放大电路基本相同。 2. 在理想情况下，$K_{CMR} \to \infty$。 3. 适用于将单端输入转换为双端输出	1. A_d 约为双端输出时的一半。 2. 比单管放大电路具有较强的抑制零漂的能力。 3. 适用于输入、输出均要求接地的情况。 4. 选择不同管子输出，可使输出电压与输入电压反相或同相

2. 集成运算放大器

（1）集成运算放大器的组成，见表 2.3 - 2。

表 2.3 - 2   **集 成 运 算 放 大 器**

组成	要 求	采用电路
输入级	输入阻抗高、放大倍数大、抑制温漂能力强	差分放大电路
中间级	足够大的放大倍数	共射（或共源）放大电路
输出级	输出电阻小、带负载能力强、不失真输出电压高	互补输出级电路
偏置电路	给各级电路提供一个合适的静态电流，确定合适的静态工作点	电流源电路

（2）零漂抑制原理。

1）零点漂移现象产生的原因。电源电压的波动、元件的老化和半导体器件对温度的敏感性等，而半导体器件参数受温度的影响是不可克服的，故将零漂也称为温漂。

2）集成运放中，利用相邻元件参数一致性好的特点构成差分放大电路，有效地抑制温漂。

3）复合晶体管。复合晶体管可增大电流放大系数，在电压放大级可增大电压放大倍数，在输出级可增大电流的负载能力。输出级电路要求输出电阻小、负载能力强。常用的复合晶体管电路及其特性见表 2.3-3。

表 2.3-3　　　　　　　　　　　　常用的复合晶体管电路及其特性

VT_1-VT_2	NPN－NPN	PNP－PNP	NPN－PNP	PNP－NPN
复合管 电路结构 及类型	 NPN	 PNP	 NPN	 PNP
u_{BE}	$u_{BE}=u_{BE1}+u_{BE2}$		$u_{BE}=u_{BE1}$	
β	$\beta\approx\beta_1\beta_2$			
r_{BE}	$r_{BE}=r_{BE1}+(1+\beta_1)r_{BE2}$		$r_{BE}=r_{BE1}$	

3. 多级放大电路的频率响应

（1）多级放大电路的电压放大倍数：$\dot{A}_u=\dot{A}_{u1}\cdot\dot{A}_{u2}\cdots\dot{A}_{un}$，对数幅频特性为：

$$20\lg|\dot{A}_u|=20\lg|\dot{A}_{u1}|+20\lg|\dot{A}_{u2}|+\cdots+20\lg|\dot{A}_{un}|=\sum_{k=1}^{n}20\lg|\dot{A}_{uk}|。$$

（2）上限频率：$\dfrac{1}{f_H}\approx1.1\sqrt{\dfrac{1}{f_{H1}^2}+\dfrac{1}{f_{H2}^2}+\cdots+\dfrac{1}{f_{Hn}^2}}$。

（3）下限频率：$f_L\approx1.1\sqrt{f_{L1}^2+f_{L2}^2+\cdots+f_{Ln}^2}$。

4. 理想运算放大器及典型电路

（1）比例放大电路见表 2.3-4。

表 2.3-4　　　　　　　　　　　　比 例 放 大 电 路

比例放大电路	电路	电压增益	输入电阻	输出电阻	应用
同相		$A_u=\dfrac{u_O}{u_1}$ $=1+\dfrac{R_2}{R_1}$	$R_i=\dfrac{u_1}{i_1}$	$R_O\to0$	电压跟随器 $A_u=\dfrac{u_O}{u_1}\approx1;$ $u_O=u_n\approx$ $u_p=u_1$

续表

比例放大电路	电路	电压增益	输入电阻	输出电阻	应用
反相	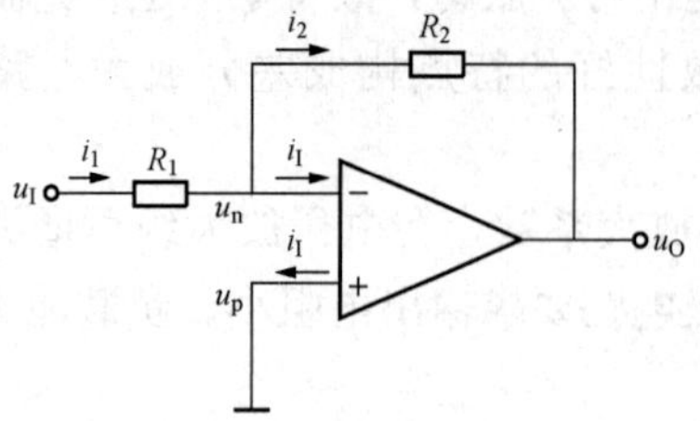	$A_u = \dfrac{u_O}{u_I}$ $= -\dfrac{R_2}{R_1}$	$R_i = R_1$	$R_O \to 0$	反相器

（2）加减法电路见表 2.3-5。

表 2.3-5　　　　　　　　　　加 减 法 电 路

名称	电路	输出电压
加法电路	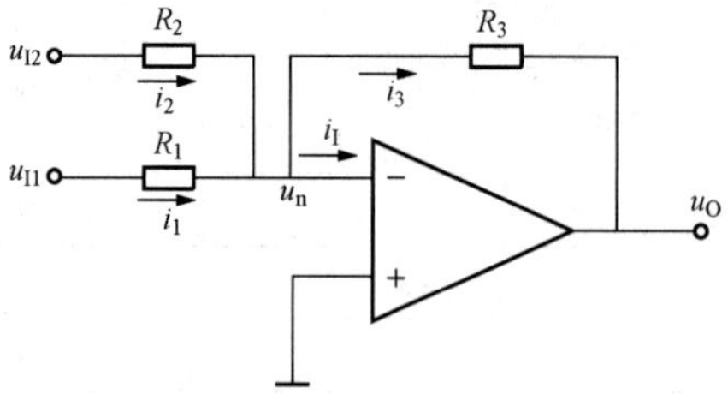	$-u_O = \dfrac{R_3}{R_1} u_{I1} + \dfrac{R_3}{R_2} u_{I2}$
减法电路	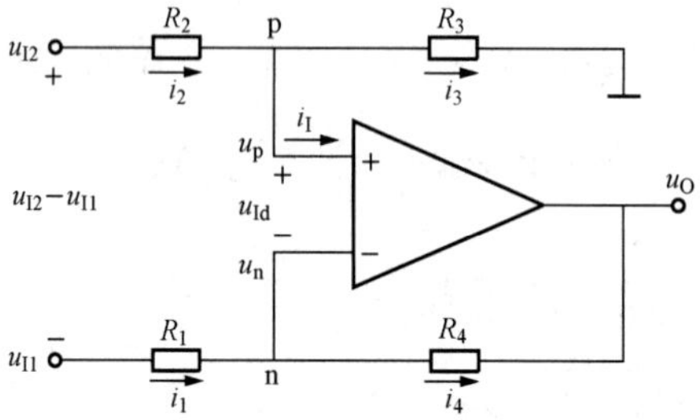	$u_O = \left(\dfrac{R_1 + R_4}{R_1}\right)\left(\dfrac{R_3}{R_2 + R_3}\right) u_{I2} - \dfrac{R_4}{R_1} u_{I1}$

5. 模拟乘法器及其应用

模拟乘法器可实现两路输入信号乘运算，与运放结合可实现除法运算、求根运算和求幂运算，广泛应用于通信、广播、仪表和测量等领域。

（1）基本运算，$u_O = K u_X u_Y$。

（2）平方运算电路。将输入电压同时接在模拟乘法器的两个输入端即可，$u_O = K u_I^2$。

（3）开平方运算电路。如图 2.3-1 所示，$u_O = \sqrt{-\dfrac{u_I}{K}}$。输入电压 u_I 必须小于零，才能构成负反馈。

（4）除法运算。如图 2.3-2 所示，$u_O = -\dfrac{R_2}{KR_1} \times \dfrac{u_{I1}}{u_{I2}}$。只有 $u_{I2} > 0$，才能构成负反馈。

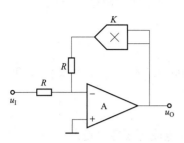

图 2.3-1 开平方运算电路

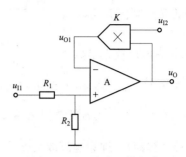

图 2.3-2 除法运算电路

2.3.2 供配电专业高频考点与历年真题解析

考点1：差分放大电路

【2.3-1】(2016) 如图 2.3-3 所示，某差动放大器从

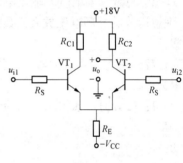

图 2.3-3

单端输出，已知其差模放大倍数 $A_{ud}=200$，当 $u_{i1}=1.095V$，$u_{i2}=1.055$ V，$K_{CMR}=60dB$ 时，u_o 为：

A. $10V \pm 1.85V$

B. $8V \pm 1.85V$

C. $10V \pm 0.215V$

D. $8V \pm 0.215V$

答案：D

解题过程：差动放大电路的输出电压：$u_o = A_{ud}u_{id} + A_{uc}u_{ic}$

共模抑制比：$K_{CMR}=60=20\lg|A_{ud}/A_{uc}| \Rightarrow \left|\dfrac{A_{ud}}{A_{uc}}\right|=1000$

由 $A_{ud}=200$，得 $A_{uc}=\pm 0.2$。

$$u_{id}=u_{i1}-u_{i2}=1.095-1.055=0.04V$$

$$u_{ic}=\frac{u_{i1}+u_{i2}}{2}=\frac{1.095+1.055}{2}=1.075V$$

则输出电压 $u_o = A_{ud}u_{id} + A_{uc}u_{ic}$

$$=200 \times 0.04 \pm 0.2 \times 1.075$$

$$=8 \pm 0.215V$$

【2.3-2】(2014) 某差分放大器从双端输出，已知其差模放大倍数 $A_{ud}-80dB$。当 $u_{i1}-1.001V$，$u_{i2}=0.999V$，$K_{CMR}=80dB$ 时，u_o 为：

A. $2V \pm 1V$ B. $2V \pm 0.1V$

C. $10V \pm 1V$ D. $20V \pm 1V$

答案：D

解题过程：电路两边参数对称，双端输出时，共模电压放大倍数为零，输出信号中只有差模信号，已知差模电压放大倍数为 $20\lg A_{ud}=80dB$。

$$A_{ud}=\frac{\Delta u_{od}}{\Delta u_{id}}=\frac{\Delta u_{o1}-\Delta u_{o2}}{\Delta u_{i1}-\Delta u_{i2}}=\frac{2\Delta u_{o1}}{1.001-0.999}=10^4$$

当共模抑制比 $K_{CMR}=20\lg\left|\dfrac{A_{ud}}{A_{uc}}\right|=80dB$ 时，共模电压输入信号 $u_{ic}=\dfrac{1}{2}(u_{i1}+u_{i2})=$

1V，则共模电压放大倍数 $A_{uc}=\pm\dfrac{A_{ud}}{K_{CMR}}=\pm1$。

输出信号 $u_O=A_{ud}u_{id}+A_{uc}u_{ic}=[10^4\times(1.001-0.999)+(\pm1)\times1]V=(20\pm1)$ V。

考点 2：理想运算放大器及典型电路

【2.3-3】(2024) 理想运算放大器的两输入端的输入电流等于零（虚断），下列说法正确的是：

A. 理想运算放大器差模输入电阻接近于无穷大

B. 同向端和反向端的输入电流相等，而方向相反

C. 理想运算放大器的开环输出电阻接近于零

D. 理想运放的开环电压放大倍数接近于无穷大

答案：A

解题过程： 理想运算放大器（简称运放）的特性：差模输入电阻接近于无穷大，输入电流几乎为零。

【2.3-4】(2022) 如图 2.3-4 所示，已知 $u_i=-2V$，则输出电压 u_o 等于：

A. 4V

B. 88V

C. 16V

D. 0.4V

答案：A

解题过程： A1 是电压跟随器，其输出电压 $u_{o1}=u_1=-2V$。

A2 是反向放大器，$u_o=-\left(1+\dfrac{R_4}{R_3}\right)u_{o1}=4V$。

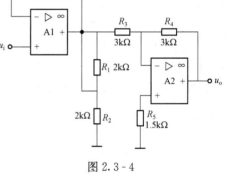

图 2.3-4

【2.3-5】(2021) 图 2.3-5 所示电路，输出电压 u_o 为：

A. u_i B. $-u_i$

C. $2u_i$ D. $-2u_i$

答案：B

解题过程： 图 2.3-5 所示电路为减法电路，则 $u_o=$

$\left(1+\dfrac{2R}{R}\right)\left(\dfrac{R}{2R+R}\right)u_i-\dfrac{2R}{R}u_i=-u_i$。

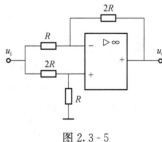

图 2.3-5

【2.3-6】(2019) 电路如图 2.3-6 所示，已知 $R_1=10k\Omega$，$R_2=20k\Omega$，若 $u_i=1V$，则 u_o 是：

A. $-2V$ B. $-1.5V$ C. $-0.5V$ D. 0.5V

答案：C

解题过程： 图 2.3-6 所示电路为减法电路，则

$$u_o = \left(1 + \frac{R_2}{R_1}\right)\left(\frac{R_i}{R_i + R_i}\right)u_i - \frac{R_2}{R_1}u_i = \left(1 + \frac{20}{10}\right) \times \frac{1}{2} \times$$

$$1 - \frac{20}{10} \times 1 = -0.5V$$

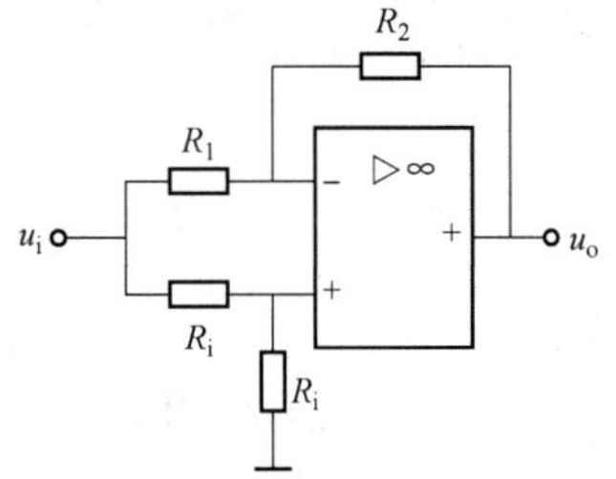

图 2.3 - 6

【2.3 - 7】(2016) 欲在正弦波电压上叠加一个直流量，应选用的电路为：

A. 反相比例运算电路

B. 同相比例运算电路

C. 差分比例运算电路

D. 同相输入求和运算电路

答案： D

解题过程： 同相输入求和运算电路。

【2.3 - 8】(2014) 试将正弦波电压移相＋90°，应选用的电路为：

A. 比例运算电路   B. 加法运算电路

C. 积分运算电路   D. 微分运算电路

答案： C

解题过程： 积分运算电路的输入输出关系 $u_o = -\frac{1}{RC}\int u_1 dt$。当输入信号为正弦波电压时，

$u_1 = \sin t$，则其输出为 $u_o = \frac{1}{RC}\cos t$，而 $\sin(90° + t) = \cos t$，因此选项 C 正确。

考点3： 实际运算放大器电路的分析

【2.3 - 9】(2024) 电压比较器如图 2.3 - 7 所示，设集成运放为理想运放，且 $U_{REF} = -1V$，$U_Z = 5V$，则门限电压 U_{TH} 为：

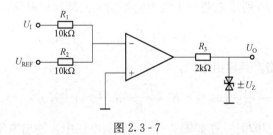

图 2.3 - 7

A. −1V   B. 1V   C. ±1V   D. ±5V

答案： B

解题过程： 根据题图可知，理想运放的同相输入端电压 $u_+ = 0$，反相输入端电压 $u_- = \frac{U_I - U_{REF}}{R_1 + R_2} \times R_2 + U_{REF} = \frac{U_I + U_{REF}}{2} = \frac{U_I - 1}{2}$。当输入信号使 $u_+ = u_-$ 时，即 $\frac{U_I - 1}{2} = 0$，电路输出状态发生跃变，则比较器的阈值电压（门限电压）为 $U_{TH} = U_I = 1V$。

【2.3 - 10】(2023) 电路如图 2.3 - 8 所示，若 $R_1 = 500k\Omega$，$R_3 = R_4 = 100k\Omega$，$R_5 = 2k\Omega$，则该电路的电压放大倍数为：

A. -52

B. -104

C. -4

D. -2

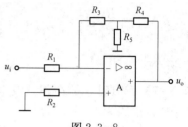

图 2.3 - 8

答案： B

解题过程： 根据题解图 2.3 - 9 可得：输入电阻 $R_i=R_1=$ $500k\Omega$；$u_M=-0.2u_1$。

$i_{R3}=i_{R4}+i_{R5}$，即 $-\dfrac{u_M}{R_3}=\dfrac{u_M}{R_5}+\dfrac{u_M-u_O}{R_4}$。

根据题意可得 $0.01u_O=0.52u_M=-1.04u_1$，则电压放

大系数 $A_u=\dfrac{u_O}{u_1}=-104$。

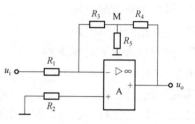

图 2.3 - 9　题 2.3 - 10 解图

【2.3 - 11】(2021) 如图 2.3 - 10 所示电路是利用两个运算放大器组成的具有较高输入电阻的差分放大电路，试求出 u_o 与 u_{i1}、u_{i2} 的运算关系是：

A. $u_o=(1+K)(u_{i2}+u_{i1})$

B. $u_o=(1+K)(u_{i2}-u_{i1})$

C. $u_o=(1+K)(u_{i1}-u_{i2})$

D. $u_o=(1-K)(u_{i2}+u_{i1})$

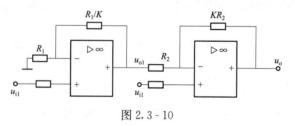

图 2.3 - 10

答案： B

解题过程： 题图 2.3 - 10 所示电路第 1 级为同相输入比例运算电路，其输出电压

$$u_{o1}=\left(1+\frac{R_1/K}{R_1}\right)u_{i1}=\frac{K+1}{K}u_{i1}$$

第 2 级为减法电路，其输出电压

$$u_o=-\frac{KR_2}{R_2}u_{o1}+\left(1+\frac{KR_2}{R_2}\right)u_{i2}=-K\times\frac{K+1}{K}u_{i1}+(1+K)u_{i2}=(1+K)(u_{i2}-u_{i1})$$

★**【2.3 - 12】(2021、2020)** 在如图 2.3 - 11 所示电路中，输出电压 u_o 为：

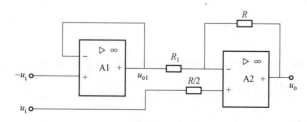

图 2.3 - 11

A. $3u_i$

B. $-3u_i$

C. u_i

D. $-u_i$

答案： A

解题过程： 题图 2.3 - 11 所示 A1 级运算电路的其输出电压 $u_{o1} = -u_i$

A2 级为减法电路，其输出电压

$$u_o = -\frac{R}{R}u_{o1} + \left(1 + \frac{R}{R}\right)u_i = -\frac{R}{R} \times (-u_i) + \left(1 + \frac{R}{R}\right)u_i = 3u_i$$

【**2.3 - 13**】（**2020**）　运算放大器电路如图 2.3 - 12 所示，求电路电压放大倍数 A_u：

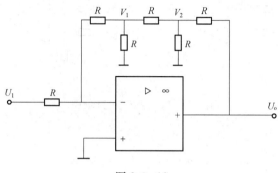

图 2.3 - 12

A. $A_u = -8$ 　　　　B. $A_u = -18$ 　　　　C. $A_u = 8$ 　　　　D. $A_u = 18$

答案： A

解题过程： 由图 2.3 - 12 可知输入电阻 $R_i = R$，$V_1 = -U_1$

由基尔霍夫电流定律得

$$\frac{-V_1}{R} = \frac{V_1}{R} + \frac{V_1 - V_2}{R}$$

得　　　　　　　　　　$V_2 = 3V_1$

又　　　　　　　　　$\frac{V_1 - V_2}{R} = \frac{V_2}{R} + \frac{V_2 - U_o}{R}$

得　　　　　　　$3V_2 - V_1 = U_o = 9V_1 - V_1 = 8V_1$

又　　　　　　　　　　$V_1 = -U_1$

得　　　　　　　　　　$U_o = -8U_1$

$$A_u = \frac{U_o}{U_1} = -8$$

【**2.3 - 14**】（**2019**）　如图 2.3 - 13 所示电路，若 $R_{F1} = R_1$，$R_{F2} = R_2$，$R_3 = R_4$，则 u_{i1} 与 u_{i2} 的关系是：

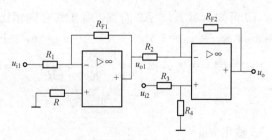

图 2.3 - 13

A. $u_o = u_{i2} + u_{i1}$ 　　　　　　B. $u_o = u_{i2} - u_{i1}$

C. $u_o = u_{i2} - 2u_{i1}$　　　　　　D. $u_o = u_{i1} - u_{i2}$

答案： A

解题过程： 此题为两级放大电路，分析如图 2.3-14 所示。

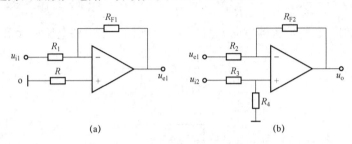

图 2.3-14　题 2.3-14 解图

$$u_{o1} = 0 - u_{i1} = -u_{i1}$$

$$u_o = u_{i2} - u_{o1} = u_{i2} - (-u_{i1}) = u_{i1} + u_{i2}$$

【**2.3-15**】(2018)　在图 2.3-15 所示电路中，已知 $u_{I1} = 4V$，$u_{I2} = 1V$。当开关 S 闭合时，分别求解 A、B、C、D 和 u_O 的电位分别是：

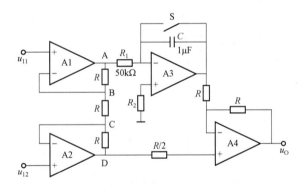

图 2.3-15

A. $U_A = -7$ V，$U_B = -4$ V，$U_C = -1$ V，$U_D = 2$ V，$u_O = 4$ V

B. $U_A = 7$ V，$U_B = 4$ V，$U_C = 1$ V，$U_D = 2$ V，$u_O = -4$ V

C. $U_A = -7$ V，$U_B = -4$ V，$U_C = 1$ V，$U_D = -2$ V，$u_O = 4$ V

D. $U_A = 7$ V，$U_B = 4$ V，$U_C = 1$ V，$U_D = -2$ V，$u_O = -4$ V

答案： D

解题过程： 根据图 2.3-15 可知，对 A1、A2 而言，都工作在同相比例运算状态，得

$$U_B = u_{N1} = u_{P1} = u_{I1} = 4 \text{ V}; \quad U_C = u_{N2} = u_{P2} = u_{I2} = 1 \text{ V}$$

由于三个 R 从上而下流过同一电流，得 $i_R = \dfrac{U_B - U_C}{R} = \dfrac{3}{R}$，$U_A = U_B + \dfrac{3}{R}R = 7\text{V}$；$U_D = U_C - \dfrac{3}{R}R = -2\text{V}$。

当开关 S 闭合时，A3 输出 $u_{O3} = 0$。

则

$$u_O = \left(1 + \frac{R}{R}\right)U_D = 2U_D = -4 \text{ V}$$

【2.3-16】(2018) 如图 2.3-16 所示放大电路的输入电阻 R_i 和比例系数 A_u 分别是：

A. $R_i = 100\text{k}\Omega$，$A_u = 104$

B. $R_i = 150\text{k}\Omega$，$A_u = -104$

C. $R_i = 50\text{k}\Omega$，$A_u = -104$

D. $R_i = 250\text{k}\Omega$，$A_u = 104$

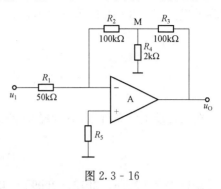

图 2.3-16

答案：C

解题过程： 由图 2.3-16 可知，输入电阻 $R_i = R_1 = 50\text{k}\Omega$；$u_M = -2u_I$。

$$i_{R2} = i_{R4} + i_{R3} \quad \text{即} \quad -\frac{u_M}{R_2} = \frac{u_M}{R_4} + \frac{u_M - u_O}{R_3}$$

则输出电压 $u_O = 52u_M = -104u_I$

比例系数 $A_u = \dfrac{u_O}{u_I} = -104$

【2.3-17】(2017) 如图 2.3-17 所示，求下列运放的放大倍数 u_o/u_i 等于：

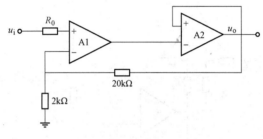

图 2.3-17

A. 10   B. -10 C. 11   D. -11

答案：C

解题过程： 设运放 A2 的输出电压为 u_{o2}，根据图 2.3-17 可知

$$u_o = u_{A2+} = u_{A2-} = u_{o2} = u_{o1} \tag{1}$$

运放 A1，由虚短概念可知 $\quad u_{A1-} = u_{A1+}$ (2)

根据虚断概念有反相输入端的电流

$$\frac{-u_{A1-}}{2} + \frac{u_{o2} - u_{A1-}}{20} = \frac{u_{o2} - 11u_{A1-}}{20} = 0 \tag{3}$$

同相输入端的电流关系有 $\quad \dfrac{u_i - u_{A1+}}{R_0} = \dfrac{u_i - u_{A1-}}{R_0} = 0$ (4)

联立式（1）～式（4）可得 $\quad u_o = 11u_i$

则 $\quad u_o/u_i = 11$

【2.3-18】(2016) 图 2.3-18 所示电路的电压增益表达式为：

A. $-\dfrac{R_I}{R_F}$ B. $-\dfrac{R_I}{R_F + R_I}$

C. $-\dfrac{R_F}{R_I}$ D. $-\dfrac{R_F + R_I}{R_I}$

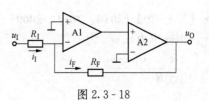

图 2.3-18

答案：C

解题过程：图 2.3 - 18 所示电路中，运放 A1 同相输入输端接地，反相输入端"虚地"，则

$$\dot{i}_{I} = \frac{\dot{u}_1}{R_I}$$

$$\dot{i}_{F} = -\frac{\dot{u}_o}{R_F}$$

在深负反馈的条件下，$\dot{i}_F \approx \dot{i}_I$，所以电路的闭环电压增益

$$\dot{A}_{uF} = \frac{\dot{u}_o}{\dot{u}_I} = -\frac{R_F}{R_I}$$

★【2.3 - 19】（2016、2013、2009） 理想运放如图 2.3 - 19 所示，若 $R_1 = 5\text{k}\Omega$，$R_2 = 20\text{k}\Omega$，$R_3 = 10\text{k}\Omega$，$R_4 = 50\text{k}\Omega$，$u_{I1} - u_{I2} = 0.2\text{V}$，则输出电压 u_O 为：

A. -4V B. 4V C. -40V D. 40V

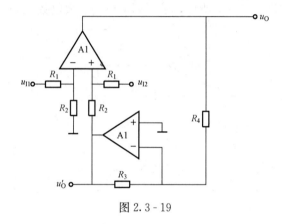

图 2.3 - 19

答案：A

解题过程：由图 2.3 - 19 可知：运放 A2 组成反相输入比例运算电路，则 $u_O' = -\dfrac{R_3}{R_4}u_O$。

运放 A1 的同相和反相输入端电压分别为：

$$u_+ = \frac{R_2}{R_1 + R_2}u_{I2} + \frac{R_1}{R_1 + R_2}u_O' = \frac{R_2}{R_1 + R_2}u_{I2} - \frac{R_1}{R_1 + R_2} \times \frac{R_3}{R_4}u_O$$

$$u_- = \frac{R_2}{R_1 + R_2}u_{I1}$$

由于运放 A1 引入负反馈，工作于线性状态。由虚短概念可知，$u_- = u_+$，则可得

$$u_O = -\frac{R_2 R_4}{R_1 R_3}(u_{I1} - u_{I2}) = -4\text{V}。$$

★【2.3 - 20】（2014、2011、2009） 电路如图 2.3 - 20 所示，设运算放大器有理想的特性，则输出电压 u_O 为：

A. $\dfrac{R_3}{R_2 + R_3}\dfrac{u_{I1} + u_{I2}}{2}$ B. $\dfrac{R_3}{R_2 + R_3}(u_{I1} + u_{I2})$

C. $\dfrac{R_3}{R_2 + R_3}(u_{I1} - u_{I2})$ D. $\dfrac{R_3}{R_2 + R_3}(u_{I2} - u_{I1})$

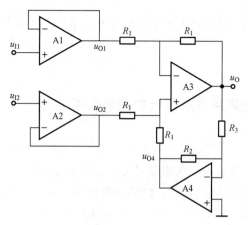

图 2.3 - 20

答案：D

解题过程：根据图 2.3 - 20 可知：

运放 A1、A2 构成电压跟随器，则 $u_{O1}=u_{I1}$，$u_{O2}=u_{I2}$；

运放 A4 组成反相输入比例运算电路，则 $u_{O4}=-\dfrac{R_2}{R_3}u_O$；

运放 A3 组成差分比例运算电路，则 $u_{O4}=-u_{O1}+2u_{+3}$，$u_{+3}=(u_{O2}+u_{O4})/2$；

联立以上各式解得 $u_O=\dfrac{R_3}{R_2+R_3}(u_{I2}-u_{I1})$。

考点 4：模拟乘法器及其应用

【2.3 - 21】(2016)　图 2.3 - 21 所示模拟乘法器（$K>0$）

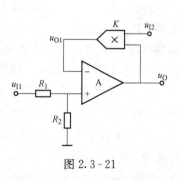

图 2.3 - 21

和运算放大器构成除法运算电路，输出电压 $u_O=-\dfrac{1}{K}\times$

$\dfrac{u_{I1}}{u_{I2}}$，以下哪种输入电压组合可以满足要求？

A. u_{I1} 为正，u_{I2} 任意　B. u_{I1} 为负，u_{I2} 任意

C. u_{I1}、u_{I2} 均为正　　D. u_{I1}、u_{I2} 均为负

答案：C

解题过程：已知该除法电路的 $u_O=-\dfrac{1}{K}\times\dfrac{u_{I1}}{u_{I2}}$，

要求 $u_{I2}>0$，保证运算放大器工作于负反馈状态。因此选项 C 满足。

【2.3 - 22】(2014)　设图 2.3 - 22 所示电路中模拟乘法器（$K>0$）和运算放大器均为理想器件。该电路可以实现的运算功能为：

A. 乘法　　　　　B. 除法

C. 加法　　　　　D. 减法

答案：B

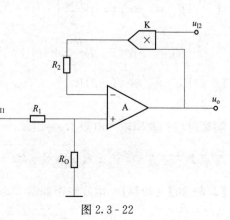

图 2.3 - 22

解题过程：根据图 2.3-22 可知输入与输出的关系为 $\dfrac{u_{I1}}{R_1}=-\dfrac{Ku_{I2}u_o}{R_2}$，则 $u_o=\left(-\dfrac{R_2}{KR_1}\right)\times$

$\dfrac{u_{I1}}{u_{I2}}$。该电路为除法电路。

2.3.3　发输变电专业高频考点与历年真题解析

考点 1：差分放大电路

【2.3-23】(2023)　已知某差动放大电路的差模放大倍数 $A_{ud}=100$，共模抑制比 $k_{CMR}=1000$，若输入 $u_{r1}=100\mu V$，$u_{r2}=8\mu V$，则输出电压为：

A. $9200\mu V$　　　　B. $9210.8\mu V$　　　　C. $9205.4\mu V$　　　　D. $9189.2\mu V$

答案：C

解题过程：根据题意可知：$K_{CMR}=\left|\dfrac{A_{ud}}{A_{uc}}\right|=1000\Rightarrow A_{uc}=0.1$；$u_{id}=u_{r1}-u_{r2}=100\mu V-$

$8\mu V=92\mu V$；$u_{ic}=\dfrac{u_{r1}+u_{r2}}{2}=\dfrac{100+8}{2}\mu V=54\mu V$。

则输出电压 $u_o=A_{ud}u_{id}+A_{uc}u_{ic}=100\times 92\mu V+0.1\times 54\mu V=9205.4\mu V$。

【2.3-24】(2017、2016)　电路如图 2.3-23 所示，其中电位器 R_W 的作用是：

A. 提高 K_{CMR}　　　　B. 调零

C. 提高 $|A_{ud}|$　　　　D. 减小 $|A_{ud}|$

答案：B

解题过程：图 2.3-23 中 R_W 是调零电位器。

【2.3-25】(2017、2016)　电路如图 2.3-23 所示，参数满足 $R_{C1}=R_{C2}=R_C$，$R_{B1}=R_{B2}=R_B$，$\beta_1=\beta_2=\beta$，$r_{BE1}=r_{BE2}=r_{BE}$，电位器滑动端调在中点，则该电路的差模输入电阻 R_{id} 为：

A. $2(R_B+r_{BC})$

B. $\dfrac{1}{2}\left[R_B+r_{BC}+(1+\beta)\dfrac{R_W}{2}\right]$

C. $\dfrac{1}{2}\left[R_B+r_{BC}+(1+\beta)\dfrac{R_W}{2}+2(1+\beta)R_E\right]$

D. $2(R_B+r_{BE})+(1+\beta)R_W$

答案：D

解题过程：差模输入电阻 $R_{id}=2(R_B+r_{BE})+(1+\beta)R_W$。

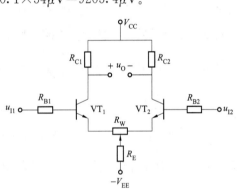

图 2.3-23

考点 2：理想运算放大器及典型电路

【2.3-26】(2024)　运放电路如图 2.3-24 所示，若输入电压 u_i 为 1V，则输出电压 u_o 为：

A. $+6V$　　　　B. $+4V$　　　　C. $-6V$　　　　D. $-4V$

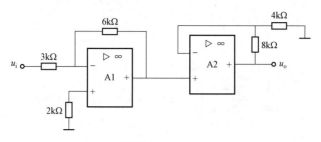

图 2.3 - 24

答案：C

解题过程：根据理想运放的虚短与虚断列方程，设运放 A1 的输出的电压为 U_{A1O}，则有 $U_{A1+}=U_{A1-}=0$，$\dfrac{u_i-0}{3}=\dfrac{0-U_{A1O}}{6}$，得到 $U_{A1O}=-2U_i$。再列 A2 的输入与输出关系：$U_{A1O}=U_{A2+}=U_{A2-}$，$\dfrac{u_0-U_{A2-}}{8}=\dfrac{U_{A2-}-0}{4}$。将 $U_{A1O}=U_{A2+}=U_{A2-}$ 代入，有 $\dfrac{u_0-U_{A1O}}{8}=\dfrac{U_{A1O}}{4}$，化简可得 $u_0=3U_{A1O}=-6u_i=-6\times1V=-6V$。

【2.3 - 27】(2024) 比较器电路如图 2.3 - 25 所示，稳压管 VD_Z 的双向限幅值为 $\pm6V$，则其上门限电压，下门限电压分别为：

A. $+6V$，$-6V$　　　　　　　　　　B. $+3V$，$-3V$

C. $+2V$，$-2V$　　　　　　　　　　D. $+1V$，$-1V$

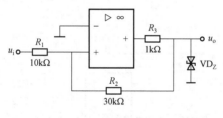

图 2.3 - 25

答案：C

解题过程：根据理想运放虚短与虚断列出输入与输出之间的关系，$u_+=u_-=0$，$\dfrac{u_i-0}{10}=\dfrac{0-u_O}{30}$，化简后可得 $u_O=-3u_i$，稳压管 VD_Z 的双向限幅值为 $\pm6V$，即输出限定在 $\pm6V$，可得 $u_i=\pm2V$。

【2.3 - 28】(2024) 欲实现 $A_u=-100$ 的放大电路，应选用：

A. 反相比例运算电路　　　　　　　B. 同相比例运算电路

C. 积分电路　　　　　　　　　　　D. 微分电路

答案：A

解题过程：若放大倍数为负数（反相）且为常数，只有反相比例运算电路可以实现。

【2.3 - 29】(2021) 电路图 2.3 - 26 所示，当 R_W 的滑动端在最上端时，若 $u_{I1}=10mV$，$u_{I2}=20mV$，则输出电压 u_o 是：

A. 4V　　　　　　　B. 100mV　　　　　　C. $-100mV$　　　　　　D. 0.4V

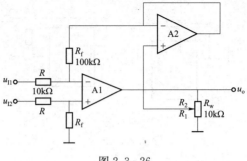

图 2.3 - 26

答案：B

解题过程：当 R_w 的滑动端在最上端时，据题图 2.3 - 26 所示电路第 2 级电路可得

$$u_\mathrm{A2-} = u_\mathrm{A2+} = \frac{R_1}{R_1 + R_2} u_\mathrm{o} = u_\mathrm{o}$$

据第 1 级电路得 $u_\mathrm{A1+} = \dfrac{R_\mathrm{f}}{R + R_\mathrm{f}} u_\mathrm{i2}$，$\dfrac{u_\mathrm{i1} - u_\mathrm{A1-}}{R} = \dfrac{u_\mathrm{A1-} - u_\mathrm{o}}{R_\mathrm{f}} \Rightarrow u_\mathrm{A1-} = \dfrac{R u_\mathrm{o} + R_\mathrm{f} u_\mathrm{i1}}{R + R_\mathrm{f}}$

则输出电压 $u_\mathrm{o} = \dfrac{R_\mathrm{f}}{R} (u_\mathrm{i2} - u_\mathrm{i1}) = 10 \times (20 - 10) \text{ mV} = 100 \text{ mV}$

【2.3 - 30】（2020） 由理想运算放大器组成的电路如图 2.3 - 27 所示，求 u_o1、u_o2、u_o 的运算关系式分别为：

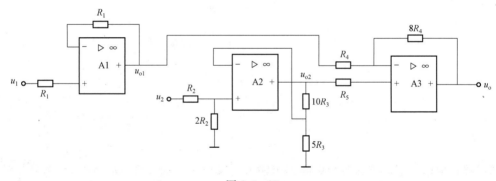

图 2.3 - 27

A. $u_\mathrm{o1} = u_1$，$u_\mathrm{o2} = 2u_2$，$u_\mathrm{o} = 18u_2 - 8u_1$

B. $u_\mathrm{o1} = -u_1$，$u_\mathrm{o2} = 2u_2$，$u_\mathrm{o} = 18u_2 - 8u_1$

C. $u_\mathrm{o1} = u_1$，$u_\mathrm{o2} = 2u_2$，$u_\mathrm{o} = -18u_2 - 8u_1$

D. $u_\mathrm{o1} = u_1$，$u_\mathrm{o2} = -2u_2$，$u_\mathrm{o} = 18u_2 + 8u_1$

答案：A

解题过程：题解图如图 2.3 - 28 所示。

对于 A1，有 $\qquad u_\mathrm{o1} = u_1$，$u_\mathrm{A} = \dfrac{2R_2}{R_2 + 2R_2} u_2 = \dfrac{2}{3} u_2$

对于 A2，有 $\qquad u_\mathrm{B} = u_\mathrm{A} = \dfrac{2}{3} u_2$

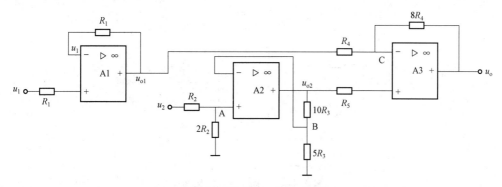

图 2.3-28　题 2.3-30 解图

$$u_{o2}=u_B+10R_3\frac{\frac{2}{3}u_2}{5R_3}=2u_2$$

对于 A3，有
$$u_c=u_{o2}=2u_2$$

流经电阻 R_4 的电流
$$i=\frac{u_{o1}-u_c}{R_4}=\frac{u_1-2u_2}{R_4}$$

$$u_o=u_c-8R_4i=2u_2-8R_4\frac{u_1-2u_2}{R_4}=18u_2-8u_1$$

【2.3-31】(2020)　图 2.3-29 所示电路中，输出电压 u_o 为：

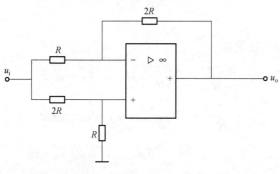

图 2.3-29

A. u_i　　　　　　B. $-2u_i$　　　　　　C. $-u_i$　　　　　　D. $2u_i$

答案：C

解题过程：题解图如图 2.3-30 所示。

$$u_A=\frac{R}{R+2R}u_i=\frac{1}{3}u_i$$

根据理想运算放大器虚短、虚断概念有

$$u_B=u_A=\frac{1}{3}u_A$$

$$i=\frac{u_i-u_B}{R}=\frac{2}{3}\times\frac{u_i}{R}$$

$$u_o=u_B-2R_i=\frac{1}{3}u_i-2R\times\frac{2}{3}\times\frac{u_i}{R}=-u_i$$

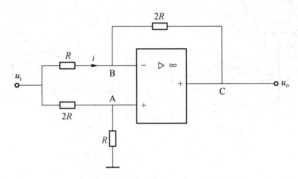

图 2.3-30　题 2.3-31 解图

【2.3-32】(2019) 电路如图 2.3-31 所示，当 $u=0.6V$ 时输出电压 u_o 等于：

A. 16.6　　　　　　B. 6.6V　　　　　　C. 10V　　　　　　D. 6V

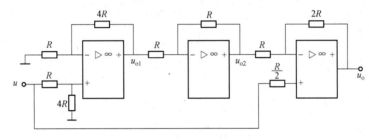

图 2.3-31

答案：B

解题过程：根据图 2.3-31 可知：

第一级运放　　　　　$\dfrac{u-u_+}{R}=\dfrac{u_+-0}{4R}\Rightarrow u_+=\dfrac{4}{5}u=u_-$　　　　　　　　(1)

$\dfrac{0-u_-}{R}=\dfrac{u_--u_{o1}}{4R}\Rightarrow u_{o1}=5u_-=4u$　　　　　　　　(2)

第二级运放　　$\dfrac{u_{o1}-u_-}{R}=\dfrac{u_--u_{o2}}{R}\Rightarrow u_{o2}=-u_{o1}=-4u$　　　　　　(3)

第三级运放　　　　　$\dfrac{u_{o2}-u_-}{R}=\dfrac{u_--u_o}{2R}$　　　　　　　　　　(4)

由虚短、虚断可知　　　　　$u_+=u_-=u$　　　　　　　　　　(5)

联立以上各式进行求解可得　$u_o=11u=11\times0.6V=6.6V$

【2.3-33】(2018) 由理想运放构成的电路如图 2.3-32 所示，该电路的电压放大倍数、输入电阻、输出电阻及该电路的作用为：

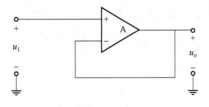

图 2.3-32

A. ∞，∞，0，阻抗变换或缓冲　　　　　B. 1，∞，0，阻抗变换或缓冲

C. 1，∞，∞，放大作用　　　　　　　　D. 1，∞，0，放大作用

答案：B

解题过程：由理想运算放大器"虚断，虚短"的特性可知：有 $u_{i+}=u_{i-}=u_o$，$i_+=i_-=0$ 成立，则电压增益为 $A=u_o/u_1=1$，输入电阻近似无穷大，该电路实质为电压跟随器；无放大功能，但具有明显的缓冲或阻抗变换的作用。

2.4　信号处理电路

2.4.1　知识点提示

1. 滤波器

（1）概念：对于信号频率具有选择性的电路称为滤波电路，允许一定频率范围内的信号顺利通过，阻止或削弱（滤除）其他频率范围的信号。

有源滤波器是一种信号处理电路，组成有源滤波器的集成运算放大器工作在线性区。

（2）种类。

1）低通滤波器（LPF）：通过低频信号，阻止高频信号的滤波器。

2）高通滤波器（HPF）：通过高频信号，阻止低频信号的滤波器。

3）带通滤波器（BPF）：通过某一频率范围的信号，阻止频率低于此范围和高于此范围的信号通过的滤波器。

4）带阻滤波器（BEF）：阻止某一频率范围的信号，通过频率低于此范围的信号和高于此范围信号的滤波器。

（3）滤波器的频率特性。

令 $s=j\omega$ 代入滤波电路的传递函数 $A(s)=\dfrac{V_o(s)}{V_i(s)}$，可得滤波电路的频率特性 $A(j\omega)=|A(j\omega)|e^{j\varphi(\omega)}=|A(j\omega)|\underline{/\varphi(\omega)}$，$|A(j\omega)|$，为幅频特性，$\varphi(\omega)$ 为相频特性。

1）通带增益（通带放大倍数）$\dot{A}_{up}$：通带中的电压放大倍数称为通带增益（通带放大倍数）$\dot{A}_{up}$。

2）通带截止频率 f_p：使通带增益（通带放大倍数）下降到 0.707 倍的频率称为通带截止频率 f_p。

2. 一阶低通滤波器电路的分析

当滤波器的传递函数为 $A(s)=\dfrac{1}{1+RCs}\left(1+\dfrac{R_2}{R_1}\right)$，频率特性为 $A(j\omega)=\dfrac{1}{1+RCj\omega}\left(1+\dfrac{R_2}{R_1}\right)$，则滤波器的通带增益 $A_{up}=\left(1+\dfrac{R_2}{R_1}\right)$，截止角频率 $\omega_0=\dfrac{1}{RC}$。

2.4.2　供配电专业高频考点与历年真题解析

考点：低通滤波器

【2.4-1】（2023）　有源二阶滤波器电路如图 2.4-1 所示，请指出其滤波器类型为：

A. 低通滤波器　　　　　B. 高通滤波器

C. 带通滤波器　　　　　D. 带阻滤波器

答案：A

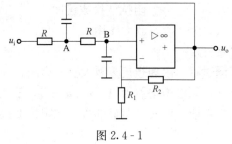

图 2.4 - 1

解题过程：$f=0$ 时电压放大倍数 $A_{up}=\dfrac{U_o(s)}{U_i(s)}=$

$\dfrac{U_o(s)}{U_B(s)}=1+\dfrac{R_2}{R_1}$

则
$$U_o(s)=A_{up}U_B(s)=\left(1+\dfrac{R_2}{R_1}\right)U_B(s) \tag{1}$$

$$U_B(s)=U_A(s)\dfrac{\dfrac{1}{Cs}}{R+\dfrac{1}{Cs}}=U_A(s)\dfrac{1}{RCs+1}$$

$$U_A(s)=\dfrac{R_1(RCs+1)}{R_1+R_2}U_o(s) \tag{2}$$

$$\dfrac{U_i(s)-U_A(s)}{R}=[U_A(s)-U_o(s)]sC+\dfrac{U_A(s)-U_B(s)}{R} \tag{3}$$

联立式（1）～式（3）解得传递函数的复频域表达式：

$$A_u(s)=\dfrac{U_o(s)}{U_i(s)}=\dfrac{R_1+R_2}{R_2\,(sCR)^2+[3R_2-(R_1+R_2)]sCR+R_2}$$

该有源二阶滤波器为低通滤波器。

【2.4 - 2】（2017） 图 2.4 - 2 所示电路以端口电压为激励，以电容电压为响应时属于：

A. 高通滤波电路　　　　B. 带通滤波电路

C. 低通滤波电路　　　　D. 带阻滤波电路

答案：C

图 2.4 - 2

解题过程：根据图 2.4 - 2 可知：$U_C(j\omega)=\dfrac{\dfrac{1}{j\omega C}}{R+\dfrac{1}{j\omega C}}U(j\omega)=$

$\dfrac{1}{j\omega CR+1}U(j\omega)$，则 $A=\dfrac{U_C(j\omega)}{U(j\omega)}=\dfrac{1}{j\omega CR+1}$，当 $\omega=0$，$A=1$；当 $\omega\to\infty$，$A\to0$，则该电路为一阶低通滤波电路。

★【2.4 - 3】（2016、2013） 电路如图 2.4 - 3 所示，已知 $R_1=R_2$，$R_3=R_4=R_5$，且运放的性能均为理想。$\dot{A}_u=\dot{U}_o/\dot{U}_i$ 的表达式为：

A. $-\dfrac{j\omega R_2C}{1+j\omega R_2C}$　　　　B. $\dfrac{j\omega R_2C}{1+j\omega R_2C}$

C. $-\dfrac{j\omega R_3C}{1+j\omega R_3C}$　　　　D. $\dfrac{j\omega R_3C}{1+j\omega R_3C}$

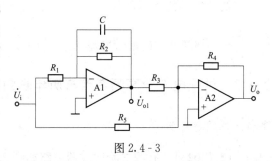

图 2.4 - 3

答案： A

解题过程：（1）$\dot{A}_{\mathrm{ul}}=\dfrac{\dot{U}_{\mathrm{ol}}}{\dot{U}_{\mathrm{i}}}=-\dfrac{R_2 /\!/ \dfrac{1}{\mathrm{j}\omega C}}{R_1}=-\dfrac{R_2}{R_1}\times\dfrac{1}{1+\mathrm{j}\omega R_2 C}=-\dfrac{1}{1+\mathrm{j}\omega R_2 C}$

（2）因为 $\dot{U}_{\mathrm{o}}=-\dfrac{R_4}{R_3}\dot{U}_{\mathrm{ol}}-\dfrac{R_4}{R_5}\dot{U}_{\mathrm{i}}=-\dot{U}_{\mathrm{ol}}-\dot{U}_{\mathrm{i}}=-\dot{A}_{\mathrm{ul}}\dot{U}_{\mathrm{i}}-\dot{U}_{\mathrm{i}}$

$$\dot{A}_{\mathrm{u}}=\dfrac{\dot{U}_{\mathrm{o}}}{\dot{U}_{\mathrm{i}}}=\dfrac{-\dot{A}_{\mathrm{ul}}\dot{U}_{\mathrm{i}}-\dot{U}_{\mathrm{i}}}{\dot{U}_{\mathrm{i}}}=-\dot{A}_{\mathrm{ul}}-1=+\dfrac{1}{1+\mathrm{j}\omega R_2 C}-1=-\dfrac{\mathrm{j}\omega R_2 C}{1+\mathrm{j}\omega R_2 C}$$

（3）因为当 $\omega\to 0$ 时，$|\dot{A}_{\mathrm{ul}}(\omega)|\to 1$，$|\dot{A}_{\mathrm{u}}(\omega)|\to 0$；当 $\omega\to\infty$ 时，$|\dot{A}_{\mathrm{ul}}(\omega)|\to 0$，$|\dot{A}_{\mathrm{u}}(\omega)|\to 1$。故运放 A1 组成一阶低通有源滤波电路；整个电路又是一阶高通有源滤波电路。

2.4.3　发输变电专业高频考点与历年真题解析

考点：低通滤波器

【2.4-4】（2012）　已知某放大器的频率特性表达式为 $A(\mathrm{j}\omega)=\dfrac{200\times 10^6}{\mathrm{j}\omega+10^6}$，该放大器的中频增益为：

A. 200

B. 200×10^6

C. 120dB

D. 160dB

答案： A

解题过程： 已知某放大器的频率特性为 $A(\mathrm{j}\omega)=\dfrac{200\times 10^6}{\mathrm{j}\omega+10^6}=200\times\dfrac{1}{1+10^{-6}\mathrm{j}\omega}$，则放大器的增益为 200，截止角频率为 10^6。

2.5　信号发生电路

2.5.1　知识点提示

1. 正弦波信号发生器与非正弦波信号发生器

（1）正弦波信号发生器。

1）产生正弦波自激振荡的条件。

自激振荡的半衡条件为：

$$\dot{A}\dot{F}=1\begin{cases}\text{幅度平衡条件：}AF=1\\\text{相位平衡条件：}\varphi_{\mathrm{A}}+\varphi_{\mathrm{F}}=2n\pi\quad n=0,\pm 1,\pm 2,\cdots\end{cases}$$

自激振荡的起振条件：

$$\dot{A}\dot{F}>1\begin{cases}\text{幅度条件：}AF>1\\\text{相位条件：}\varphi_{\mathrm{A}}+\varphi_{\mathrm{F}}=2n\pi\quad n=0,\pm 1,\pm 2,\cdots\end{cases}$$

2）RC 正弦波振荡电路见表 2.5-1。

表 2.5 - 1　　　　　　　　　　　　　　　　　　　　RC 正弦波振荡电路

名称	RC 串并联网络振荡电路	移相式振荡电路	双 T 网络选频振荡电路
电路形式			
振荡频率	$f_0 = \dfrac{1}{2\pi RC}$	$f_0 = \dfrac{1}{2\sqrt{3}\pi RC}$	$f_0 \approx \dfrac{1}{5RC}$
起振条件	$|\dot{A}| > 3$	$R_F > 12R$	$R_3 < \dfrac{R}{2}$，$|\dot{A}\dot{F}| > 1$
电路特点及应用场合	可方便地连续调节振荡频率，便于加负反馈稳幅电路，容易得到良好的振荡波形	电路简单，经济方便，适用于波形要求不高的轻便测试设备中	选频特性好，适用于产生单一频率的振荡波形

3）LC 正弦波振荡电路见表 2.5 - 2。

表 2.5 - 2　　　　　　　　　　　　　　　　　　　　LC 正 弦 波 振 荡 电 路

名称	变压器反馈式	电感三点式	电容三点式	电容三点式改进型
电路形式				
振荡频率	$f_0 \approx \dfrac{1}{2\pi\sqrt{LC}}$	$f_0 = \dfrac{1}{2\pi\sqrt{(L_1+L_2+2M)\,C}}$	$f_0 = \dfrac{1}{2\pi\sqrt{L\dfrac{C_1 C_2}{C_1+C_2}}}$	$f_0 \approx \dfrac{1}{2\pi\sqrt{L\dfrac{1}{\frac{1}{C}+\frac{1}{C_1}+\frac{1}{C_2}}}}$
起振条件	$\beta > \dfrac{r_{BE}R'C}{M}$	$\beta > \dfrac{L_1+M}{L_2+M} \times \dfrac{r_{BE'}}{R'}$	$\beta > \dfrac{C_2}{C_1} \times \dfrac{r_{BE'}}{R'}$	同左
频率调节方法及范围	频率可调，范围较宽	同左	频率可调，范围较小	同左
振荡波形	一般	较差	好	好
频率稳定度	可达 10^{-4}	同左	可达 $10^{-4} \sim 10^{-5}$	可达 10^{-5}
适用频率	几千赫～几十兆赫	同左	几千赫～一百兆赫	同左

4）RC 文氏电桥式振荡器。RC 文氏电桥振荡器的电路如图 2.5 - 1 所示，RC 串并联网络是正反馈网络，另外还增加了 R_3 和 R_4 负反馈网络。

C_1、R_1 和 C_2、R_2 正反馈支路与 R_3、R_4 负反馈支路正好构成一个短路，称为文氏桥。

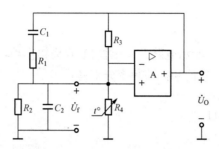

图 2.5 - 1　RC 文氏电桥振荡器

当 $C_1=C_2=C$、$R_1=R_2=R$ 时，$|F|=\dfrac{\dot{U}_f}{\dot{U}_o}=\dfrac{1}{3}$，$\varphi_F=0^\circ$，$f_0=\dfrac{1}{2\pi RC}$。

为满足振荡的幅度条件 $|\dot{A}\dot{F}|=1$，所以 $A_f\geqslant 3$。加入 R_3、R_4 支路，构成串联电压负反馈，即 $A_f=1+\dfrac{R_3}{R_4}\geqslant 3$。

（2）非正弦波信号发生器。方波发生器的 RC 积分电路充放电时间常数不相等时，高电平和低电平持续时间不相等，电路输出信号为矩形波；三角波发生器的积分电路充放电时间常数不相等时，电路输出信号为锯齿波。主要指标见表 2.5 - 3。

表 2.5 - 3　　　　　　　　方波、三角波发生器的主要指标

名称	电路	振荡频率	幅值
方波发生器		$f_0=\dfrac{1}{2RC\ln\,(1+2R_1/R_2)}$	$U_o=\pm U_z$
方波、三角波发生器		$f_0=\dfrac{1}{T}=\dfrac{R_2}{4R_1RC}$	$U_{o1}=\pm U_z$ $U_{om}=\pm\dfrac{R_1}{R_2}U_z$

175

2. 文氏电桥式振荡器的稳幅措施

R_3 采用热敏电阻，当 R_3 温度升高时，阻值下降，$A_f \downarrow = 1 + \dfrac{R_3}{R_4} = 3$，稳幅。

2.5.2　供配电专业高频考点与历年真题解析

考点 1：RC 文氏电桥式振荡器

【2.5-1】(2018)　图 2.5-2 所示电路的稳压管 D_z 起稳幅作用，其稳压值为 ±6V。试估算输出电压不失真情况下的有效值和振荡频率分别是：

A. $U_o \approx 63.6V$，$f_o \approx 9.95Hz$

B. $U_o \approx 6.36V$，$f_o \approx 99.5Hz$

C. $U_o \approx 0.636V$，$f_o \approx 995Hz$

D. $U_o \approx 6.36V$，$f_o \approx 9.95Hz$

答案：D

解题过程：设输出电压不失真情况下的峰值为 U_{om}，此时

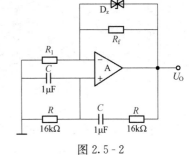

图 2.5-2

$$U_N = U_P = \frac{1}{3} U_{om}$$

由题图可知

$$U_{om} - \frac{1}{3} U_{om} = \frac{2}{3} U_{om} = U_z$$

所以

$$U_{om} = \frac{3}{2} U_z = 9V$$

有效值为

$$U_o = \frac{U_{om}}{\sqrt{2}} \approx 6.36V$$

电路的振荡频率

$$f_o = \frac{1}{2\pi RC} = \frac{1}{2\pi \times 16 \times 10^3 \times 1 \times 10^{-6}} Hz \approx 9.947Hz$$

【2.5-2】(2017、2013)　电路如图 2.5-3 所示，设运放是理想器件，电阻 $R_1 = 10k\Omega$，为使该电路能产生正弦波，则要求 R_F 为：

A. $R_F = 10k\Omega + 4.7k\Omega$（可调）

B. $R_F = 100k\Omega + 4.7k\Omega$（可调）

C. $R_F = 18k\Omega + 4.7k\Omega$（可调）

D. $R_F = 4.7k\Omega + 4.7k\Omega$（可调）

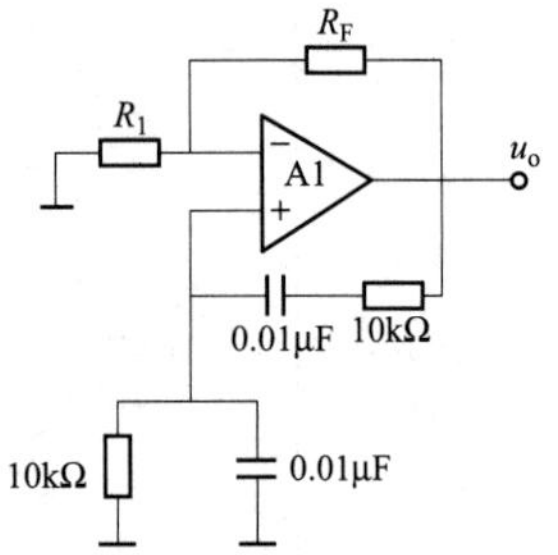

答案：C

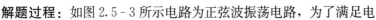

图 2.5-3

解题过程：如图 2.5-3 所示电路为正弦波振荡电路，为了满足电路自行起振的条件，电路的放大倍数应大于或等于 3，即 $A_V = 1 + \dfrac{R_F}{R_1} = 1 + \dfrac{R_P + R_2}{R_1} \geqslant 3$，则 $R_F = R_P + R_2 \geqslant 2R_1 = 2 \times 10k\Omega = 20k\Omega$。

考点 2：非正弦波信号发生器

【2.5-3】(2024)　方波—三角波发生电路如图 2.5-4 所示，则输出波形振荡频率：

A. 400Hz　　　　B. 200Hz　　　　C. 100Hz　　　　D. 50Hz

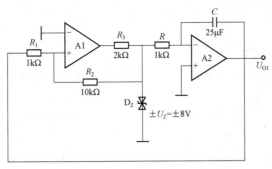

图 2.5 - 4

答案：C

解题过程：根据题意可知输出波形振荡频率

$$f_0 = \frac{R_2}{4R_1RC} = \frac{10 \times 10^3}{4 \times 1 \times 10^3 \times 1 \times 10^3 \times 25 \times 10^{-6}} \text{Hz} = 100 \text{Hz}$$

【2.5 - 4】(2014) 某通用示波器中的时间标准振荡电路如图 2.5 - 5 所示（图中 L_1 是高频扼流线圈，C_3 和 C_4 是去耦电容），该电路的振荡频率为：

A. 5kHz　　　　　　　B. 10kHz

C. 20kHz　　　　　　D. 32kHz

答案：B

解题过程：根据图 2.5 - 5 可知该电路的振荡频率为

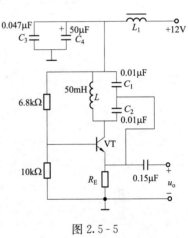

$$f_0 = \frac{1}{2\pi\sqrt{LC}} = \frac{1}{2\pi\sqrt{L\dfrac{C_1C_2}{C_1+C_2}}}$$

$$= \frac{1}{2\pi\sqrt{50 \times 10^{-3} \times \dfrac{0.01 \times 0.01}{0.01 + 0.01} \times 10^{-6}}} \text{Hz}$$

$$\approx 10 \text{kHz}$$

图 2.5 - 5

2.5.3　发输变电专业高频考点与历年真题解析

考点 1：RC 文氏电桥式振荡电路

★**【2.5 - 5】(2023、2022)** 如图 2.5 - 6 所示 RC 正弦波振荡电路，在维持等幅振荡时，若 $R_F = 200$kΩ，则 R_1 为：

A. 50kΩ

B. 200kΩ

C. 100kΩ

D. 400kΩ

答案：C

解题过程：由 $|A_u| = 3$ 可知 $1 + \dfrac{R_F}{R_1} = 3$，$\dfrac{R_F}{R_1} = 2$；

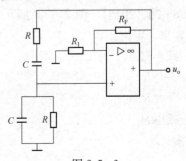

图 2.5 - 6

故
$$R_1 = \frac{R_F}{2} = \frac{200}{2} = 100\text{k}\Omega$$

【2.5-6】（2022）　方框图各点的波形如图 2.5-7 所示，电路 1～4 的名称依次是：

A. 正弦波振荡电路，同相输入过零比较器，反相输入积分运算电路，同相输入带回比较器

B. 同相输入带回比较器，正弦波振荡电路，同相输入过零比较器，反相输入积分运算电路

C. 同相输入过零比较器，正弦波振荡电路，反相输入积分运算电路，同相输入带回比较器

D. 反相输入积分运算电路，同相输入带回比较器，正弦波振荡电路，同相输入过零比较器

答案： A

解题过程： 从波形图可得电路 1 为正弦波振荡电路，电路 2 为同相输入过零比较器。

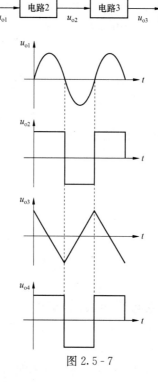

图 2.5-7

【2.5-7】（2019）　图 2.5-8 所示 RC 振荡电路，若减小振荡频率，应该：

A. 减小 C

B. 增大 R

C. 增大 R_1

D. 减小 R_2

答案： B

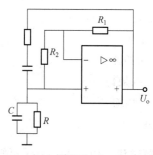

图 2.5-8

解题过程： RC 正弦波振荡电路的振荡频率 $\omega = \dfrac{1}{RC}$，增大电阻 R，即可减小振荡频率。

★【2.5-8】(2018)　正弦波振荡电路如图 2.5-9 所示，R_1 和 R_f 取值合适，$R=100\text{k}\Omega$，$C=0.01\mu\text{F}$，运放的最大输出电压为 $\pm10\text{V}$，当 R_f 开路时，其输出电压波形为：

A. 幅值为 10V 的正弦波

B. 幅值为 20V 的正弦波

C. 幅值为 0（停振）

D. 近似为方波，其峰峰值为 20V

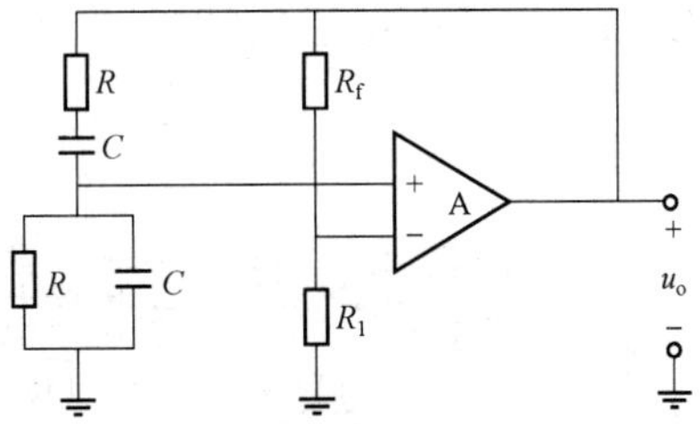

答案： D

图 2.5-9

解题过程： 由题图可得反馈电路的反馈系数为

$$F_V = \frac{1}{\sqrt{3^2 + \left(\dfrac{\omega}{\omega_0} - \dfrac{\omega_0}{\omega}\right)^2}}$$

当 $\omega=\omega_0=1/RC$ 或 $f=f_0=1/(2\pi RC)$ 或时，幅频响应的幅值最大。开始时，有 $\dot{A}_V = 1 + \dfrac{R_f}{R_1}$，$\dot{A}_V$ 略大于 3。

达到稳定平衡状态时，有

$$\dot{A}_V = 3,\ \dot{F}_V = \frac{1}{3 + j\left(\dfrac{\omega}{\omega_0} - \dfrac{\omega_0}{\omega}\right)} = \frac{1}{3}\left(\omega = \omega_0 = \frac{1}{RC}\right)$$

如 $\dot{A}_V \gg 3$，则振幅的增长，致使放大器件工作到非线性区域，波形将产生严重的非线性失真。因此，当 R_f 断路时，$R_f \to \infty$，理想状态下，V_0 为方波。但由于实际运放的转换速率、开环增益等因素的限制，输出电压只是近似为方波。

★【2.5-9】(2016 年)　电路如图 2.5-10 所示，下列说法正确的是：

A. 能输出 159Hz 的正弦波

B. 能输出 159Hz 的方波

C. 能输出 159Hz 的三角波

D. 不能输出任何波形

答案： A

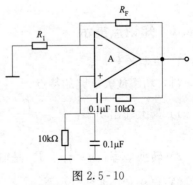

图 2.5-10

解题过程： 根据图 2.5-10 所示 RC 文氏电桥式正弦波发生电路可知，其固有振荡频率为

$$f_0 = \frac{1}{2\pi RC}$$

$$\omega_0 = \frac{1}{RC} = \frac{1}{10 \times 10^3 \times 0.1 \times 10^{-6}} = 1 \times 10^3 = 2\pi f_0 \Rightarrow f_0 = 159.15\text{Hz}$$

考点 2：非正弦波信号发生器

【2.5 - 10】（2023） 方波三角波电路如图 2.5 - 11 所示，该电路的输出三角波幅值和频率分别为：

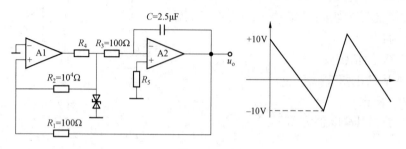

图 2.5 - 11

A. $u_{om}=10V$，$f_o=10^5\,Hz$

B. $u_{om}=6V$，$f_o=100Hz$

C. $u_{om}=10V$，$f_o=100Hz$

D. $u_{om}=6V$，$f_o=10^5\,Hz$

答案：A

解题过程：根据题意得 $u_{om}=10V$，$f_o=\dfrac{R_2}{4R_1R_3C}=\dfrac{10^4}{4\times100\times100\times2.5\times10^{-6}}\,Hz=10^5\,Hz$。

【2.5 - 11】（2019） 电路如图 2.5 - 12 所示，输入电压 $U_i=$（$10\sin\omega t$）mV，则输出电压 U_o 为：

A. 方波
B. 正弦波
C. 三角波
D. 锯齿波

答案：A

解题过程：输出为方波。

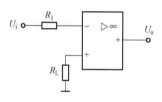

图 2.5 - 12

2.6　功率放大电路

2.6.1　知识点提示

1. 功率放大电路

（1）功率放大电路的特点。

1）最大输出功率：$P_{om}=\dfrac{P_{cem}}{\sqrt{2}}\times\dfrac{I_{cm}}{\sqrt{2}}=\dfrac{1}{2}U_{cem}I_{cm}$。

2）转换效率：$\eta=\dfrac{P_o}{P_v}$。P_o 是输出功率，P_v 是直流电源提供功率。

3）尽量减少非线性失真。

（2）互补推挽功率放大电路。

乙类互补功率放大电路如图 2.6 - 1 所示。

1）输出电压 $u_o\approx u_i$。

最大输出电压 $V_{CC}-U_{CES}$，近似等于电源电压 V_{CC}。

2）输出功率 $P_{\mathrm{o}}=U_{\mathrm{o}}I_{\mathrm{o}}=\dfrac{U_{\mathrm{o}}^2}{R_{\mathrm{L}}}=\dfrac{U_{\mathrm{om}}^2}{2R_1}$。

最大输出功率 $P_{\mathrm{om}}=\dfrac{(V_{\mathrm{CC}}-U_{\mathrm{CES}})^2}{2R_{\mathrm{L}}}\approx\dfrac{V_{\mathrm{CC}}^2}{2R_1}$。

3）电源供给功率 $P_{\mathrm{v}}=2V_{\mathrm{CC}}I_{\mathrm{C(AV)}}=\dfrac{2}{\pi}\dfrac{V_{\mathrm{CC}}U_{\mathrm{om}}}{R_{\mathrm{L}}}$。

4）能量转换效率 $\eta=\dfrac{P_{\mathrm{o}}}{P_{\mathrm{v}}}=\dfrac{\pi}{4}\dfrac{U_{\mathrm{om}}}{V_{\mathrm{CC}}}$。

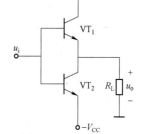

当 $U_{\mathrm{om}}=V_{\mathrm{CC}}$ 时，能量转换效率最大，$\eta_{\mathrm{m}}=\dfrac{\pi}{4}=78.5\%$。　图 2.6-1　乙类互补功率放大电路

5）晶体管的耗散功率 $P_{\mathrm{T}}=P_{\mathrm{v}}-P_{\mathrm{o}}$。

当 $U_{\mathrm{om}}=\dfrac{2}{\pi}V_{\mathrm{CC}}\approx0.6\,V_{\mathrm{CC}}$ 时，晶体管的功耗最大，每只管子的最大功耗为

$$P_{\mathrm{T1m}}=P_{\mathrm{T2m}}=\frac{1}{\pi^2}\frac{V_{\mathrm{CC}}^2}{R\mathrm{L}}\approx0.2\,P_{\mathrm{om}}$$

2. 功率管的选择原则

(1) $P_{\mathrm{CM}}\geqslant0.2\,P_{\mathrm{om}}$；

(2) $|U_{\mathrm{(BR)CEO}}|>2V_{\mathrm{CC}}$；

(3) $I_{\mathrm{CM}}\geqslant V_{\mathrm{CC}}/R_{\mathrm{Lo}}$。

2.6.2　供配电专业高频考点与历年真题解析

考点：功率放大电路

【2.6-1】（2024）　为避免出现交越失真功率，放大电路的工作状态为：

A. 甲类　　　　　　　　　　　　　　　B. 乙类

C. 甲乙类　　　　　　　　　　　　　　D. 小功率时甲类，大功率时乙类

答案： C

解题过程： 交越失真通常发生在乙类放大电路中，因为乙类放大电路在没有信号输入时，晶体管处于截止状态，只有在输入信号达到一定幅度时晶体管才开始导通，这样在信号的正负半周之间会出现"交越"区域，导致输出信号失真。

甲类放大电路虽然可以避免交越失真，但它的效率较低，因为晶体管在信号的整个周期内都处于导通状态，导致更多的功率以热的形式耗散。

甲乙类放大电路结合了甲类和乙类的优点，它在小信号时工作在甲类状态，以避免交越失真；在大信号时工作在乙类状态，以提高效率。因此，甲乙类放大电路既能避免交越失真，又能在一定程度上提高效率。

【2.6-2】（2022、2018）　LM1877N-9 为 2 通道低频功率放大电路，单电源供电，最大不失真输出电压的峰峰值 $U_{\mathrm{OPP}}=$（$V_{\mathrm{CC}}-6$）V，开环电压增益为 70dB。图 2.6-2 所示为 LM1877N-9 中一个通道组成的实用电路，电源电压为 24 V，$C_1\sim C_3$ 对交流信号可视为短路；R_3 和 C_4 起相位补偿作用，可以认为负载为 8 Ω。设输入电压足够大，电路的最大输出

功率 P_{om} 和效率 η 分别是：

A. $P_{om} \approx 56W$, $\eta \approx 89\%$ B. $P_{om} \approx 56W$, $\eta \approx 58.9\%$

C. $P_{om} \approx 5.06W$, $\eta \approx 8.9\%$ D. $P_{om} \approx 5.06W$, $\eta \approx 58.9\%$

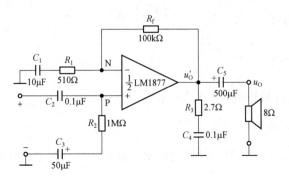

图 2.6 - 2

答案：D

解题过程：图 2.6 - 2 所示电路是 OTL 功率放大电路。

静态时

$$u_O' = u_P = u_N = \frac{V_{CC}}{2} = 12V; \quad u_O' = 0$$

最大输出功率和效率分别为

$$P_{om} = \frac{\frac{(V_{CC}-6)^2}{2}}{2R_L} \approx 5.06W; \quad \eta = \frac{\pi}{4} \times \frac{V_{CC}-6}{V_{CC}} \approx 58.9\%$$

【2.6 - 3】（2017） 单电源乙类互补 OTL 电路如图 2.6 - 3 所示，已知 $V_{CC} = 12V$，$R_L = 8\Omega$，U_i 为正弦电压，若功放管饱和输出压降 $U_{CES} = 0V$，则负载上可能得到的最大输出功率为：

A. 9W

B. 4.5W

C. 2.75W

D. 2.25W

答案：D

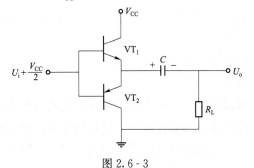

图 2.6 - 3

解题过程：电路的最大输出功率为 $P_{om} = \dfrac{\left(\frac{1}{2}V_{CC}-U_{CES}\right)^2}{2R_L} \approx \dfrac{\left(\frac{1}{2}V_{CC}\right)^2}{2R_L} = \dfrac{6^2}{2 \times 8}W = 2.25W$

2.6.3 发输变电专业高频考点与历年真题解析

考点：**功率放大电路**

【2.6 - 4】（2023） 功率放大电路中直流电源的能量主要消耗在：

A. 负载与偏置电路   B. 负载与功放管

C. 功放管与偏置电路   D. 偏置电路与耦合电容

答案：B

解题过程：在功率放大电路中，直流电源的能量主要消耗在以下两个方面：

（1）负载消耗：直流电流通过连接的外部设备（即负载）时，会产生功率损耗。

（2）功放管损耗：在放大过程中，功放管需要消耗一定的能量来增加输入信号的振幅。

【2.6-5】（2018） 乙类双电源互补对称功率放大电路如图 2.6-4 所示，当输入 u_i 为正弦波时，理想情况下的最大输出功率约为：

A. $\dfrac{V_{CC}^2}{2R_L}$ B. $\dfrac{V_{CC}^2}{4R_L}$

C. $\dfrac{V_{CC}^2}{R_L}$ D. $\dfrac{V_{CC}^2}{8R_L}$

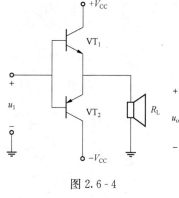

图 2.6-4

答案：A

解题过程：

设输出电压的幅值为 V_{om}，则输出功率为

$$P_o = V_o I_o = \frac{V_{om}}{\sqrt{2}} \times \frac{V_{om}}{\sqrt{2}R_L} = \frac{V_{om}^2}{2R_L}$$

当输入信号足够大时，此时输出电压幅值 V_{om} 近似等

于 V_{CC}，则 $P_{max} = \dfrac{V_{CC}^2}{2R_L}$。

 【2.6-6】（2017、2016） 如图 2.6-5 所示电路中，已知运放性能理想，其最大输出电流为 15mA，最大输出电压为 15V。设晶体管 VT_1 和 VT_2 的性能完全相同，$\beta = 60$，$|U_{BE}| = 0.7V$，$R_L = 10\Omega$，那么，电路的最大不失真输出功率为：

A. 4.19W   B. 11.25W

C. 16.7W   D. 5.63W

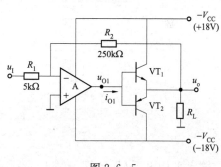

图 2.6-5

答案：A

解题过程：已知运放的 $I_{olm} = 15\text{mA}$，$U_{olm} = 15\text{V}$，根据图 2.6-5 可知，功率放大电路最大的输出电流幅值为

$$I_{om} \approx I_{em} = (1+\beta)I_{olm} = 0.915\text{A}$$

功率放大电路最大的输出电流幅值为

$$U_{om} \approx U_{olm} = 15\text{V}$$

当 $R_L = 10\Omega$ 时，因为 $\dfrac{U_{om}}{R_L} = 1.5\text{A} > I_{om} = 0.915\text{A}$，受输出电流的限制，电路最大不失真输出功率为

$$P_{om} = \frac{1}{2}I_{om}^2 R_L = 0.5 \times 0.915^2 \times 10 \approx 4.19\text{W}$$

2.7　直流稳压电源

2.7.1　知识点提示

1. 桥式整流及滤波电路

（1）单相桥式整流电路。

单相桥式整流电路是最基本的将交流转换为直流的电路，如图2.7-1（a）所示。波形图，如图2.7-1（b）所示。

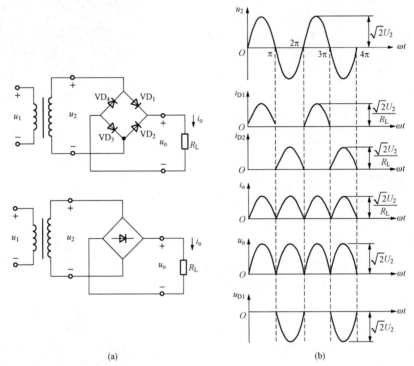

（a）　　　　　　　　　　　　（b）

图2.7-1　单相桥式整流电路

（a）桥式整流电路；（b）波形图

输出平均电压 $U_O = U_L = \dfrac{1}{\pi}\int_0^{\pi}\sqrt{2}U_2\sin\omega t\,\mathrm{d}\omega t = \dfrac{2\sqrt{2}}{\pi}U_2 = 0.9U_2$。

流过负载的平均电流 $I_L = \dfrac{2\sqrt{2}U_2}{\pi R_L} = \dfrac{0.9U_2}{R_L}$。

流过二极管的平均电流 $I_D = \dfrac{I_L}{2} = \dfrac{\sqrt{2}U_2}{\pi R_L} = \dfrac{0.45U_2}{R_L}$。

二极管所承受的最大反向电压 $U_{Rmax} = \sqrt{2}U_2$。

单相桥式整流电路的变压器中只有交流电流流过，变压器效率较高，广泛应用于直流电源之中。

（2）电容滤波电路（单相桥式整流电容滤波电路）。

电容滤波电路如图 2.7‑2 所示，外形特性如图 2.7‑3 所示。

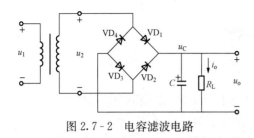

图 2.7‑2　电容滤波电路

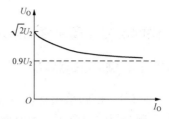

图 2.7‑3　电容滤波电路的外特性

1）输出电压的平均值 $U_{o(AV)}$ 大于变压器二次侧电压的有效值 U_2。

2）输出直流电压 $U_o = \sqrt{2}U_2\left(1 - \dfrac{T}{4R_LC}\right)$ 的大小受负载变化的影响较大，适合于负载不变或输出电流不大的场合。

当 $R_LC \geqslant (3\sim5)\dfrac{T}{2}$（$T$ 为 u_2 的周期）时，$U_o \approx 1.2U_2$。

3）滤波电容越大，滤波效果越好。

4）流过二极管的冲击电流较大，选择二极管的电流参数时应当留有 2~3 倍的裕量。

2. 串联型线性稳压电路

（1）电路组成。串联型线性稳压电路如图 2.7‑4 所示，由基准环节、取样环节、比较放大环节和调整环节组成。串联型线性稳压电路是电压串联负反馈电路。

（2）输出电压及其调节范围。

$$U_{Omin} = \frac{R_1 + R_w + R_2}{R_2 + R_w} U_R$$

$$U_{Omax} = \frac{R_1 + R_w + R_2}{R_2} U_R$$

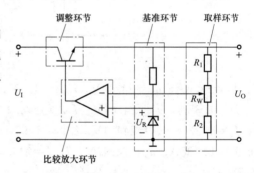

图 2.7‑4　串联型线性稳压电路

（3）电路的主要特点。

1）电压稳定度高，纹波电压小，响应速度快。

2）输出电压可调，输出电流范围较大，输出电阻小。

3）调整管工作在线性状态，管压降较大（通常为 3~5V），电路的功率变换效率较低，为 30%~50%。

3. 三端集成稳压器

（1）将线性串联稳压电源和各种保护电路集成在一起就得到了集成稳压器。早期的集成稳压器外引线较多，现在的集成稳压器只有三个外引线：输入端、输出端和公共端。

（2）应用电路。在输出端和公共端之间是 1.25V 的参考源，输出电压可通过电位器调节。三端可调输出集成稳压器的典型应用电路如图 2.7‑5 所示。

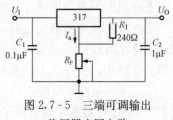

图 2.7‑5　三端可调输出
稳压器应用电路

$$U_O = U_{REF} + \frac{U_{REF}}{R_1}R_P + I_a R_P \approx 1.25 \times \left(1 + \frac{R_P}{R_1}\right)$$

2.7.2　供配电专业高频考点与历年真题解析

考点1：桥式整流及滤波电路

【2.7-1】(2023) 　已知单相桥式整流电容滤波电路中变压器二次侧电压有效值为10V，电容足够大，现测得输出电压平均值为14V，则电路可能为下列哪种工作状态？

A. 正常工作　　　　B. 一个二极管开路　　C. 负载开路　　　　D. 电容开路

答案： C

解题过程： 根据题意可知 $U_o = 14V$，此时 $U_o = \sqrt{2}U_2$，电路故障，负载断开了。

【2.7-2】(2022) 　如图2.7-6所示，已知 $R_L = 80\Omega$，直流电压表 V0 读数为110V。试求：①直流电流表 A 的读数（I_0）；②交流电压表 V1 的读数（u_1）；③整流电流的最大值（I_{0max}）；④ 整流二极管承受的最高反向电压 U_{RM}。

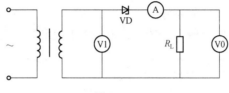

图 2.7-6

A. $I_0 = 13.8A$，$u_1 = 24.44V$，$I_{0max} = 1.95A$，$U_{RM} = 34.58V$

B. $I_0 = 1.38A$，$u_1 = 24.44V$，$I_{0max} = 244.4A$，$U_{RM} = 345.58V$

C. $I_0 = 1.38A$，$u_1 = 244.4V$，$I_{0max} = 1.95A$，$U_{RM} = 345.58V$

D. $I_0 = 0.138A$，$u_1 = 24.44V$，$I_{0max} = 244.4A$，$U_{RM} = 344.558V$

答案： C

解题过程： 由图2.7-6可得该电路为半波整流电路。

$$U_0 = 0.45U_1 \Rightarrow U_1 = \frac{U_0}{0.45} = \frac{110}{0.45}V = 244.44V$$

流过负载的平均电流　　　$I_0 = \frac{U_0}{R_L} = \frac{110}{80}A = 1.375A$

流过负载的最大电流　　　$I_{0max} = \sqrt{2}I_0 = \sqrt{2} \times 1.375A = 1.9445A$

二极管所承受的最大反向电压　　　$U_{RM} = \sqrt{2}U_1 = \sqrt{2} \times 244.44V = 345.63V$

【2.7-3】(2021) 　如图2.7-7所示桥式整流电容滤波电路中，$U_2 = 20V$（有效值），$R_L = 40\Omega$，$C = 1000\mu F$。电路正常时，计算输出电压的平均值 U_O、流过负载的平均电流 I_O、流过整流二极管的平均电流 I_D，整流二极管承受的最高反向电压 U_{RM} 分别是：

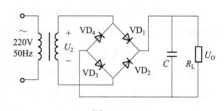

图 2.7-7

A. $U_O = 24V$，$I_O = 600mA$，$I_D = 300mA$，$U_{RM} = 28.28V$

B. $U_O=28V$，$I_O=600mA$，$I_D=300mA$，$U_{RM}=28.28V$

C. $U_O=24V$，$I_O=300mA$，$I_D=600mA$，$U_{RM}=14.14V$

D. $U_O=18V$，$I_O=600mA$，$I_D=600mA$，$U_{RM}=14.14V$

答案：A

解题过程：根据题意可知

$$R_L C=40\times1000\times10^{-6}=0.04\geqslant(3\sim5)\frac{T}{2}=(3\sim5)\frac{1}{2\times50}=0.03\sim0.05$$

近似可求得 $U_O=1.2U_2=24V$，$I_O=\dfrac{U_O}{R_L}=\dfrac{24}{40}A=0.6A$，$I_D=0.5I_O=0.3A$，$U_{RM}=\sqrt{2}U_2=28.28V$。

★【2.7-4】（2021、2020）　电路如图 2.7-8 所示，已知 $U_2=20\sqrt{2}\sin\omega t$（V）。在下列 3 种情况下：

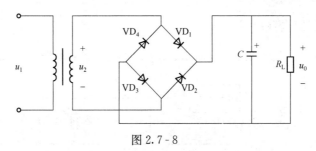

图 2.7-8

（1）滤波电容器 C 因虚焊未连接上，试求输出电压的平均值 U_O；

（2）当负载开路（即 $R_L=\infty$），滤波电容器 C 已连接上，试求输出电压的平均值 U_O；

（3）当二极管 VD_1 因虚焊未连接上，滤波电容器 C 开路，试求输出电压的平均值 U_O；以上三种情况输出电压依次是：

A. 9V，28.28V，18V　　　　　　　B. 18V，28.28V，9V

C. 9V，14.14V，18V　　　　　　　D. 18V，14.14V，9V

答案：B

解题过程：（1）滤波电容器 C 未连接上，那么电路仅为一个单相桥式整流电路，输出电压的平均值

$$U_L=0.9U_2=0.9\times20V=18V$$

（2）有滤波电容器 C，$R_L=\infty$，由于滤波电容器没有放电回路，输出电压的平均值等于二次侧电压 U_2 的幅值，即

$$U_L=U_2=20\sqrt{2}V=28.28V$$

（3）如果二极管 VD_1 因虚焊未连接上，电容 C 开路电路变为单相半波整流电路，输出电压的平均值

$$U_L=0.45U_2=0.45\times20V=9V$$

★【2.7-5】（2019）　如图 2.7-9 所示电路，已知 $u_2=25\sqrt{2}\sin\omega t$ V，$R_L=200\Omega$。计算输出电压的平均值 U_O，流过负载的平均电流 I_O，流过整流二极管的平均电流 I_D、整流二极

管承受的最高反向电压 U_{DRM} 分别是：

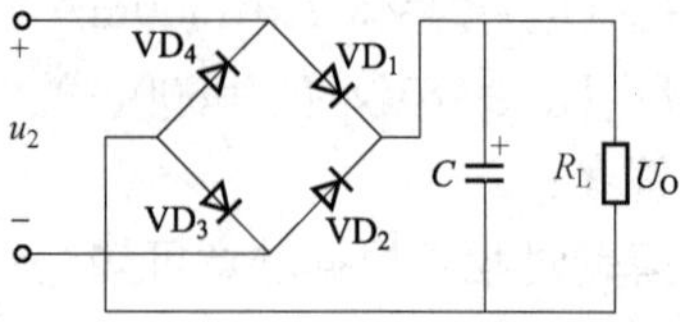

A. $U_O=35V$；$I_O=100mA$，$I_D=75mA$，$U_{DRM}=30V$

B. $U_O=30V$；$I_O=150mA$，$I_D=100mA$，$U_{DRM}=50V$

C. $U_O=35V$；$I_O=75mA$，$I_D=150mA$，$U_{DRM}=30V$

D. $U_O=30V$；$I_O=150mA$，$I_D=75mA$，$U_{DRM}=35V$

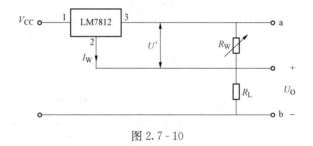

图 2.7 - 9

答案：D

解题过程：在 $R_L C=(3\sim5)T/2$ 的条件下，近似认为

$$U_L=U_O=1.2U_2=1.2\times25V=30V$$

流过负载的平均电流 $\quad I_L=I_O=\dfrac{U_O}{R_L}=\dfrac{30}{200}A=0.15A=150mA$

流过二极管平均电流 $\quad I=0.5I_O=0.5\times150mA=75mA$

二极管所承受的最大反向电压 $\quad U_{RM}=\sqrt{2}U_2=\sqrt{2}\times25V=35.35V$

考点 2：三端集成稳压器的应用

★【2.7-6】(2017)　如图 2.7-10 所示，R_W 不为 0，忽略电流 I_W，求得 U_O 等于：

图 2.7 - 10

A. $\dfrac{12R_L}{R_w}$　　　B. $\dfrac{12R_L}{R_w+R_L}$　　　C. $-\dfrac{12R_L}{R_w}$　　　D. $-\dfrac{12R_L}{R_w+R_L}$

答案：A

解题过程：三端集成稳压器 78×× 系列输出为正电压，后两位表示输出的电压值。所以 $U_{32}=12V$。忽略电流 I_W，则流过 R_W、R_L 的电流近似相等，即 $I=\dfrac{U_{32}}{R_w}=\dfrac{12}{R_w}$，所以 $U_O=\dfrac{12R_L}{R_w}$。

2.7.3　发输变电专业高频考点与历年真题解析

考点 1：桥式整流及滤波电路

【2.7-7】(2024)　已知单相桥式整流电容滤波电路中变压器二次侧电压有效值为20V，电容足够大，现测得输出电压平均值为18V，则电路可能的工作状态为：

A. 正常工作　　　　　　　　　　　　B. 一个二极管开路

C. 负载开路　　　　　　　　　　　　D. 电容开路

答案：D

解题过程： $18/20=0.9$，整流输出的直流电压为输入交流电压的 0.9 倍。所以可以判断是滤波电容开路。

【2.7-8】（2020） 单相桥式整流电路如图 2.7-11 所示，测得 $U_o=9V$，说明电路：

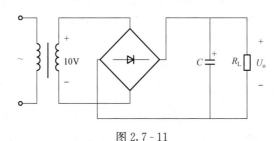

图 2.7-11

A. 电路正常输出　　　　　　　　　　　　B. 电路中负载开路

C. 电路中滤波电容开路　　　　　　　　　D. 电路中二极管短路

答案： C

解题过程： $9/10=0.9$。整流输出的直流电压为输入交流电压的 0.9 倍。所以可以判断是滤波电容开路。

【2.7-9】（2018） 如图 2.7-12 所示电路中，变压器二次侧电压有效值 $U_2=10V$，若电容 C 脱焊，则整流桥输出电压平均值 U_1（AV）为：

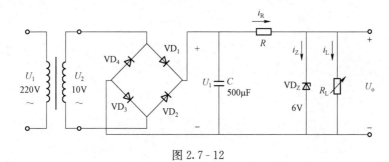

图 2.7-12

A. 9V　　　　　　　B. 4.5V　　　　　　　C. 4V　　　　　　　D. 2V

答案： A

解题过程： 因为滤波电容脱焊，说明是滤波电容开路。所以整流输出的直流电压为输入交流电压的 0.9 倍，即 $0.9 \times 10V=9V$。

考点 2：集成稳压电路

【2.7-10】（2014） 在图 2.7-13 所示电路中，已知 $I_W=3mA$，U_1 足够大，C_3 是容量较大的电解电容器，则输出电压 U_O 为：

A. $-15V$　　　　　　　B. $-22.5V$

C. $-30V$　　　　　　　D. $-33.6V$

答案： D

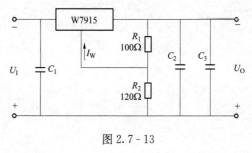

图 2.7-13

解题过程：三端稳压器 W7915 的输出电压为 $-15V$，即 R_1 两端电压为 $U_1=15V$。所以流过 R_1 的电流方向与 I_w 方向相同、自下而上，大小为 $I_1=\dfrac{U_1}{R_1}=\dfrac{15}{100}A=0.15A$。$R_2$ 上流过的电流方向为自下而上，大小为 $I_2=I_1+I_w=0.15A+0.003A=0.153A$。因此输出电压：$U_O=-I_1R_1-I_2R_2=-0.15\times100V-0.153\times120V=-33.36V$。

第 3 章 数字电子技术

3.1 数字电路基础知识

1. 掌握数字电路的基本概念

2. 掌握数制和码制

3. 掌握半导体器件的开关特性

4. 掌握三种基本逻辑关系及其表达方式

3.2 集成逻辑门电路

1. 掌握 TTL 集成逻辑门电路的组成和特性

2. 掌握 MOS 集成门电路的组成和特性

3.3 数字基础及逻辑函数化简

1. 掌握逻辑代数基本运算关系

2. 了解逻辑代数的基本公式和原理

3. 了解逻辑函数的建立和四种表达方法及其相互转换

4. 了解逻辑函数的最小项和最大项及标准与或式

5. 了解逻辑函数的代数化简方法

6. 了解逻辑函数的卡诺图画法、填写及化简方法

3.4 集成组合逻辑电路

1. 掌握组合逻辑电路输入输出的特点

2. 了解组合逻辑电路的分析、设计方法及步骤

3. 掌握编码器、译码器、显示器、多路选择器及多路分配器的原理和应用

4. 掌握加法器、数码比较器、存储器、可编程序逻辑阵列的原理和应用

3.5 触发器

1. 了解 RS、D、JK、T 触发器的逻辑功能、电路结构及工作原理

2. 了解 RS、D、JK、T 触发器的触发方式、状态转换图（时序图）

3. 了解各种触发器逻辑功能的转换

4. 了解 CMOS 触发器结构和工作原理

3.6 时序逻辑电路

1. 掌握时序逻辑电路的特点及组成

2. 了解时序逻辑电路的分析步骤和方法，计数器的状态转换表、状态转换图和时序图的画法；触发器触发方式不同时对不同功能计数器的应用连接

3. 掌握计数器的基本概念、功能及分类

4. 了解二进制计数器（同步和异步）逻辑电路的分析

5. 了解寄存器和移位寄存器的结构、功能和简单应用

6. 了解计数型和移位寄存器型顺序脉冲发生器的结构、功能和分析应用

3.7　脉冲波形的产生

了解 TTL 与非门多谐振荡器、单稳态触发器、施密特触发器的结构、工作原理、参数计算和应用

3.8　数模和模数转换

1. 了解逐次逼近和双积分模数转换工作原理；R-2R 网络数模转换工作原理；模数和数模转换器的应用场合

2. 掌握典型集成数模和模数转换器的结构

3. 了解采样保持器的工作原理

▶ 供配电专业历年真题统计

内容	2014 年	2016 年	2017 年	2018 年	2019 年	2020 年	2021 年	2022 年	2023 年	2024 年
数字电路基础知识	1	1	0	0	0	0	1	0	1	1
集成逻辑门电路	0	0	0	0	0	0	2	1	1	1
数字基础及逻辑函数化简	2	1	2	1	0	2	0	1	1	1
集成组合逻辑电路	1	0	1	1	3	1	0	1	1	0
触发器	0	0	0	2	1	1	1	1	0	2
时序逻辑电路	1	2	2	2	2	2	2	2	2	0
脉冲波形的产生	0	1	1	0	0	0	0	0	0	0
数模和模数转换	1	1	1	0	0	0	0	0	0	1

▶ 发输变电专业历年真题统计

内容	2014 年	2016 年	2017 年	2018 年	2019 年	2020 年	2021 年	2022 年	2023 年	2024 年
数字电路基础知识	1	0	0	1	0	0	0	0	1	1
集成逻辑门电路	0	0	0	1	1	2	3	1	1	1
数字基础及逻辑函数化简	1	1	1	1	1	1	0	1	1	1
集成组合逻辑电路	0	1	0	1	1	0	0	1	1	1
触发器	0	1	1	0	1	0	2	1	1	1
时序逻辑电路	3	1	2	1	1	1	1	1	0	1
脉冲波形的产生	0	0	0	0	0	1	0	0	0	0
数模和模数转换	0	0	0	0	0	0	0	0	1	0

3.1　数字电路基础知识

3.1.1　知识点提示

1. 数制和码制

（1）数制。

1）数制：计数体制。包括基数和位权两种基本因素。基数为 R 的数制称为 R 进制，有二进制（Binary，B）、八进制（Octal，O）、十进制（Decimal，D）和十六进制（Hexadecimal，H）。进位规则：逢 R 进 1，有 0，1，…，$R-1$ 个数码。按权展开为

$$(N)_R = \sum_{i=-m}^{n-1} a_i R_i (R 取不小于 2 的正整数)$$

2）数制之间的转换。

①各种进制转换成十进制：基数为 R 的 R 进制转化为十进制，按照式（1）展开。

②十进制转换为 R 进制：整数部分按除以 R 取余法，小数部分按乘以 R 取整法。

③八进制（十六进制）与二进制间的转换。

八进制（十六进制）转换为二进制：把八进制（十六进制）每位数用三位（或四位）二进制数表示。二进制转换为八进制（十六进制）：以小数点为界，分别向左、向右以 3 位（或 4 位）为一组，最高位不到 3 位（4 位）的用 0 补齐，然后将每 3 位（或 4 位）的二进制用相应的八进制（十六进制）数表示。

3）二进制数表示。二进制数表示有原码、反码和补码。正数的三种表示一致，符号位是 0，其余是二进制数的绝对值（即原码）；负数的原码为符号位 1 加原码，反码为符号位 1 加反码，补码为符号位 1 加补码。

①补码：如 n 位二进制数的原码为 N，则与其对应的补码的定义为

$$[N]_{补} = 2^n - N$$

式中　n——二进制数 N 整数部分的位数。

$[X_1]_{补} + [X_2]_{补} = [X_1 + X_2]_{补}$，符号位参与运算，不需循环进位，如有进位，自动丢弃。

②反码：如 n 位二进制数的原码为 N，则与其对应的反码的定义为

$$[N]_{反} = (2^n - 1) - N$$

式中　n——二进制数 N 整数部分的位数。

$[X_1]_{反} + [X_2]_{反} = [X_1 + X_2]_{反}$，符号位参与运算，当符号位有进位时，需循环进位，把符号位进位加到和的最低位。

（2）码制。

1）BCD 码（二-十进制码）：用 4 位二进制数 $b_3 b_2 b_1 b_0$ 表示十进制数中的 0～9 十个数码。

2）8421BCD 码：4 位二进制数的 0000（0）到 1111（15）十六种组合中的前十种组合，即 0000（0）～1001（9），其余六种组合无效。

2. 三种基本逻辑运算

三种基本逻辑运算包括"与"运算、"或"运算和"非"运算。表 3.1-1 以两变量为例对三种基本逻辑运算进行了描述。

表 3.1-1　　　　　　　　　　　　三 种 基 本 逻 辑 运 算

逻辑运算	条件	逻辑表达式	逻辑符号
与运算	条件同时具备，结果发生	$Y=AB$	A —\[&\]— Y, B
或运算	条件之一具备，结果发生	$Y=A+B$	A —\[≥1\]— Y, B
非运算	条件不具备，结果发生	$Y=\overline{A}$	A —\[1\]o— Y

3.1.2　供配电专业高频考点与历年真题解析

考点： 数制和码制

【3.1-1】（2024）　下列数中与十进制数 2024 相等的是：

A. $(11111101010)_B$　　B. $(11110101010)_D$　　C. $(7E8)_H$　　　　D. $(7DF)_H$

答案：C

解题过程：B 表示二进制的数，选项 A 为 2026；D 表示 10 进制数，选项 B 大于 2024；H 是十六进制数，选项 C 转换为十进制数为 $7\times16^2+14\times16^1+8\times16^0=1792+224+8=2024$；选项 D 转换为十进制数为 $7\times16^2+13\times16^1+15\times16^0=1792+208+15=2015$

【3.1-2】（2023）　十进制数 5684 的 8421BCD 码可以表示为：

A. $(0110011110010100)_{8421BCD}$　　　　B. $(0101011010000100)_{8421BCD}$

C. $(1000100110 1110100)_{8421BCD}$　　　　D. $(1011110011100100)_{8421BCD}$

答案：B

解题过程：根据 8421BCD 码可知 $(5684)_{10}=(0101011010000100)_{8421BCD}$。

【3.1-3】（2021）　要对 250 条信息编码，则二进制代码至少需要：

A. 6 位　　　　　　　B. 7 位　　　　　　　C. 8 位　　　　　　　D. 9 位

答案：C

解题过程：n 位二进制可以编码 2^n 个位，而 $2^8=256$。所以 250 条信息至少需要 8 位二进制数。

【3.1-4】（2016）　8 进制数（234）。转化为 10 进制数为：

A. 224　　　　　　　B. 198　　　　　　　C. 176　　　　　　　D. 156

答案： D

解题过程： $(234)_8 = (2 \times 8^2 + 3 \times 8^1 + 4 \times 8^0)_{10} = 156$

【3.1-5】(2014) 十进制数 89 的 8421BCD 码为：

A. 10001001　　　　B. 1011001　　　　C. 1100001　　　　D. 01001001

答案： A

解题过程： 根据 8421BCD 码可知，$89 = (10001001)_{8421BCD}$。

3.1.3　发输变电专业高频考点与历年真题解析

考点： 数制和码制

【3.1-6】(2024) 将十进制数 169 转换为十六进制数，结果为：

A. 8A　　　　B. 7F　　　　C. A9　　　　D. F6

答案： C

解题过程： $(A9)_{16} = 10 \times 16^1 + 9 \times 16^0 = (169)_{10}$

【3.1-7】(2023) 奇偶校验码由两部分组成，分别为信息位与：

A. 补偿位　　　　B. 检验位　　　　C. 奇数位　　　　D. 偶数位

答案： B

解题过程： 奇偶校验码由两部分组成，分别是信息位和校验位。

【3.1-8】(2018) 下列数最大的是：

A. $(101101)_B$　　　　B. $(42)_O$　　　　C. $(2F)_H$　　　　D. $(51)_D$

答案： D

解题过程： 根据数制转换公式将以上各种数制转换为十进制数。

$$(101101)_B = 1 \times 2^5 + 1 \times 2^3 + 1 \times 2^2 + 1 \times 2^0 = 45$$

$$(42)_O = 4 \times 8^1 + 2 \times 8^0 = 34$$

$$(2F)_H = 2 \times 16^1 + 15 \times 16^0 = 47$$

$$(51)_D = 5 \times 10^1 + 1 \times 10^0 = 51$$

【3.1-9】(2014) 二进制数 $(-1101)_2$ 的补码为：

A. 11101　　　　B. 01101　　　　C. 00010　　　　D. 10011

答案： D

解题过程： 二进制数 $(-1101)_2$ 的原码为 11101，第一位为符号位是 1，原码 $N = 1101$，$n = 4$。则 $[1101]_{补} = 2^4 - 1101 = 0011$，加上符号位 1，$(-1101)_2$ 的补码为 10011。

3.2　集成逻辑门电路

3.2.1　知识点提示

TTL 集成逻辑门电路

(1) TTL 集成门电路。TTL 集成门电路指的是晶体管－晶体管逻辑集成电路。

1) 输入端噪声容限：在保证输出高、低电平基本不变（或者说变化的大小不超过允许限度）的条件下，输入电平的允许波动范围，称为输入端噪声容限。输入为高电平时的噪声容限为 $V_{NH} = V_{OH(min)} - V_{IH(min)}$。输入为低电平时的噪声容限为 $V_{NL} = V_{IL(max)} - V_{OL(max)}$。

74 系列门电路的标准参数为 $V_{OH(min)} = 2.4V$，$V_{OL(max)} = 0.4V$，$V_{IH(min)} = 2.0V$，$V_{IL(max)} = 0.8V$，则可得 $V_{NH} = 0.4V$，$V_{NL} = 0.4V$。

受功耗限制，74 系列门电路最大负载电流不能超过 0.4mA。

2）扇出系数：门电路输出驱动同类门的个数。

①前级输出为高电平时，前级流出电流 I_{OH}（拉电流），$I_{OH} = I_{iH1} + I_{iH2} + \cdots$，为拉电流负载。因 I_{OH} 受限制，故负载数量有限。

根据输出端为高电平时允许的最大拉电流 I_{OHmax}，可求得扇出系数 $N_{OH} = \dfrac{I_{OHmax}}{I_{IH}}$。

②前级输出为低电平时，流入前级的电流 I_{OL}（灌电流），$I_{OL} = I_{iL1} + I_{iL2} + \cdots$，为灌电流负载。因 I_{OL} 受限制，故负载数量有限。

根据输出端为低电平时允许灌入的最大负载电流 I_{OLmax}，可求得扇出系数 $N_{OL} = \dfrac{I_{OLmax}}{I_{IS}}$。

由于 I_{OL}、I_{OH} 的限制，每个门电路输出端所带门电路的个数有限，一般 $N_{OL} > N_{OH}$。一般与非门的扇出系数为 8。

3）TTL 的输入端悬空时相当于接高电平；为了防止干扰，可将悬空的输入端接高电平。

（2）三态门。

三态门电路，当 $\overline{EN} = 0$ 时，电路为正常的与非工作状态，所以称控制端低电平有效，$Y = \overline{AB}$。当 $\overline{EN} = 1$ 时，电路处于高阻状态，为三态与非门的第三状态（静止态）。

1）将若干个三态逻辑门的输出端连接在一起组成单向总线，可实现信号的分时传送。

2）三态门组成的双向总线可实现信号的分时双向传送。

3.2.2　供配电专业高频考点与历年真题解析

考点：逻辑门电路

【3.2-1】(2024) 若 CMOS 反相器的 V_{DD} 增加，则以下说法错误的是：

A. 输入低电平时的噪声容限不变　　　　B. 输入高电平时的噪声容限增加

C. 反相器阈值电压增加　　　　　　　　D. 反相器的传输延迟时间减少

答案： A

解题过程： 当 V_{DD} 增加时，阈值电压增加，噪声容限增加。V_{DD} 增加会加快晶体管的开关速度，从而减少传输延迟时间。

【3.2-2】(2023) 已知 CMOS 门电路电源为 10V，静态电源电流为 $2\mu A$，输入信号为 100kHz 的方波（上升时间和下降时间可忽略不计），负载电容为 200pF，则电源平均电流为：

A. 0.101mA　　　　B. 0.202mA　　　　C. 0.303mA　　　　D. 0.404mA

答案： B

解题过程： 根据题意可求得电路的参数为：

（1）静态功耗：$P_s = I_{DD}V_{DD} = 2 \times 10^{-6} \times 10 = 2 \times 10^{-5}\text{W} = 0.02\text{mW}$；

（2）动态功耗：$P_D = P_C = C_L f V_{DD}^2 = 200 \times 10^{-12} \times 100 \times 10^3 \times 10^2 \text{W} = 2 \times 10^{-3}\text{W} = 2\text{mW}$；

（3）总功耗：$P_{TOT} = P_S + P_D = 2.02\text{mW}$；

则电源平均电流为：$I_{DD(AV)} = \dfrac{P_{TOT}}{V_{DD}} = \dfrac{2.02}{10}\text{mA} = 0.202\text{mA}$。

【3.2-3】（2022）　如图 3.2-1 所示逻辑电路的逻辑运算表达式为：

A. $Y = A + \bar{B}$　　　　B. $Y = A \cdot \bar{B}$

C. $Y = 1$　　　　D. $Y = 0$

答案：C

解题过程：$Y = \overline{A \cdot B \cdot 0} = 1$

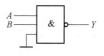

图 3.2-1

★【3.2-4】（2022、2021）　测得某逻辑门输入 A、B 和输出 F 的波形如图 3.2-2 所示，则 F 的表达式是：

A. $F = AB$　　　　B. $F = \overline{AB}$

C. $F = A \oplus B$　　　　D. $F = A + B$

答案：B

解题过程：据题图 3.2-2 可得，$A = 1$、$B = 1$ 时，$F = 0$；$A = 1$、$B = 0$ 时，$F = 1$；$A = 0$、$B = 0$ 时，$F = 1$；则 $F = \overline{AB}$。

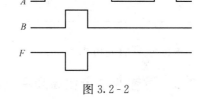

图 3.2-2

【3.2-5】（2020）　图 3.2-3 所示电路实现的逻辑功能是：

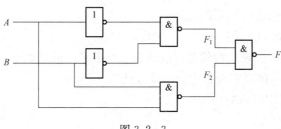

图 3.2-3

A. 半加器　　　　B. 比较器　　　　C. 同或门　　　　D. 异或门

答案：C

解题过程：由图 3.2-3 可列写输出 $F = \overline{\overline{\overline{A}\,\bar{B}}\,\overline{A\,\bar{B}}}$，根据 $\overline{XY} = \bar{X} + \bar{Y}$

得

$$F = \overline{\overline{\overline{A}\,\bar{B}}\,\overline{A\bar{B}}} = \overline{\overline{\overline{A}\,\bar{B}}} + \overline{\overline{A\bar{B}}} = \bar{A}\bar{B} + A\bar{B}$$

由此可知它是个同或门。

【3.2-6】（2019）　图 3.2-4 所示波形是某种组合电路的输入、输出波形，该电路的逻辑表达式为：

A. $Y = AB + \bar{A}\,\bar{B}$　　　　B. $Y = AB + \bar{A}B$

C. $Y = A\bar{B} + \bar{A}B$　　　　D. $Y = \bar{A}\,\bar{B} + \bar{A} + B$

答案：C

解题过程：根据题图 3.2-4 所示波形列出真值表，见表 3.2-1。

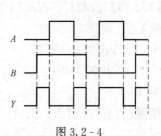

图 3.2-4

表 3.2-1　　　　　　　　　　　　　　真　值　表

A	B	Y
0	0	0
0	1	1
1	1	0
0	1	1
0	0	0
1	0	1
0	0	0
0	1	1

根据该真值表可得 $$Y=\overline{A}B+A\overline{B}$$

3.2.3　发输变电专业高频考点与历年真题解析

考点 1：逻辑门电路

【3.2-7】（2024）　下列说法不正确的是：

A. 集电极开路的门称为 OC 门

B. 三态门输出端有可能出现三种状态（高组态、高电平、低电平）

C. OC 门输出端直接连接可实现正逻辑的线或运算

D. 利用三态门电路可实现双向传输

答案： C

解题过程： 集电极开路的门称为 OC 门，又称集电极开路门，其输出端可以接受较高的电压，可以驱动较高电平的负载，OC 门可以通过外接上拉电阻实现线与逻辑，避免短路电流烧坏器件；三态门电路是一种特殊的数字逻辑门，其输出端可以呈现三种状态：高电平、低电平和高阻态，在需要进行双向数据传输的场合，可以使用三态门来控制数据的发送和接收方向。

【3.2-8】（2023）　以下门电路（输入端的状态不一定相同）中，不能将输出端并联使用的是：

A. TTL 电路的 OC 门　　　　　　　　　　B. TTL 电路的三态输出门

C. TTL 电路的推拉式输出门　　　　　　　D. CMOS 电路三态输出门

答案： C

解题过程： 选项 A、B、D 可以进行并联输出。具有推拉式输出级的 TTL 电路的输出端不能直接并联，否则将使输出电路电流过大，损坏门电路。

【3.2-9】（2021）　测得某逻辑门输入 A、B 和输出 Y 的波形如图 3.2-5 所示，则 Y 的逻辑式是：

A. $Y=A+B$　　　　　　　　　B. $Y=AB$

C. $Y=\overline{AB}$　　　　　　　　　D. $Y=A\odot B$

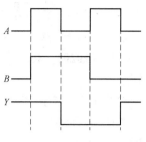

图 3.2-5

答案：D

解题过程：据题图可得，$A=0$、$B=0$ 时，$Y=1$；$A=1$、$B=1$ 时，$Y=1$；$A=0$、$B=1$ 时，$Y=0$；$A=1$、$B=0$ 时，$Y=0$。则 $Y=A\odot B$。

【3.2-10】（2021）　逻辑图和输入 A、B 的波形如图 3.2-6 所示，输出 Y 为"1"的时刻应是：

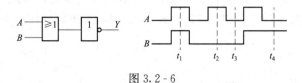

图 3.2-6

A. t_1　　　　　　B. t_2　　　　　　C. t_3　　　　　　D. t_4

答案：C

解题过程：根据题图中的逻辑图可得 $Y=\overline{A+B}$。当波形图 t_3 时刻，$A=0$、$B=0$，$Y=1$。

【3.2-11】（2021）　逻辑电路如图 3.2-7 所示，该电路的逻辑功能是：

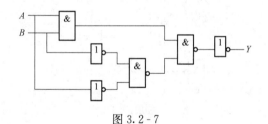

图 3.2-7

A. 比较器　　　　　B. 加法器　　　　　C. 与非门　　　　　D. 异或门

答案：D

解题过程：$Y=\overline{\overline{\overline{AB}\cdot A}\cdot\overline{\overline{AB}\cdot B}}=(\bar{A}+\bar{B})\cdot(A+B)=\bar{A}B+\bar{B}A=A\oplus B$

★【3.2-12】（2021、2020）　TTL 门构成的逻辑电路如图 3.2-8 所示，实现的逻辑功能为：

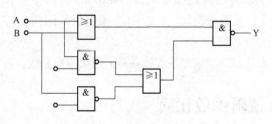

图 3.2-8

A. 或非门　　　　　B. 异或门　　　　　C. 与非门　　　　　D. 同或门

答案：D

解题过程：

$$Y=\overline{(A+B)}\ \overline{(\overline{A}+\overline{B})}=\overline{A+B}+\overline{(\overline{A}+\overline{B})}=\overline{A}\ \overline{B}+AB$$

因此实现的逻辑功能为同或门。

【3.2-13】(2020)　将一个 TTL 异或门（设输入端为 A，B）当作反相器使用，则 A，B 端连接：

A. A 或 B 中有一个接高电平 1　　　　　　　B. A 或 B 中有一个接低电平 0

C. A 和 B 并联使用　　　　　　　　　　　　D. 不能实现

答案：A

解题过程：假设输入端 A 接高电平 1，当另一端 B 输入为 1 时，异或门导致输出为 0；当 B 输入为 0 时，A、B 不同，输出为 1，此时 TTL 异或门可以当作反相器使用。

考点2：三态门

【3.2-14】(2019)　图 3.2-9 所示电路中，G 输出为 0 时，电路的输出状态为：

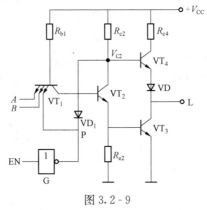

图 3.2-9

A. 低电平　　　　　　B. 高电平　　　　　　C. 高阻态　　　　　　D. 截止状态

答案：C

解题过程：G 输出为 0，即 $V_P=0.3V$，VD_1 导通，$V_{C2}=1V$，VT_4、VD 截止；使 $V_{B1}=1V$，VT_2、VT_3 也截止。这时从输出端 L 看进去，对地和对电源都相当于开路，呈现高阻。所以称这种状态为高阻态，或禁止态。

【3.2-15】(2018)　能实现分时传送数据逻辑功能的是：

A. TTL 与非门　　　B. 三态逻辑门　　　C. 集电极开路门　　　D. CMOS 逻辑门

答案：B

解题过程：将若干个三态逻辑门的输出端连接在一起组成单向总线，可实现信号的分时传送。

3.3　数字基础及逻辑函数化简

3.3.1　知识点提示

1. 逻辑代数基本运算关系

基本运算关系见表 3.3-1。

表 3.3 - 1　　　　　　　　　　　　基 本 运 算 关 系

逻辑运算	逻辑表达式	逻辑符号
与非运算	$Y=\overline{A \cdot B}$	A,B 与非门 $\to Y$（与非）
或非运算	$Y=\overline{A+B}$	A,B 或非门 $\to Y$（或非）
异或运算	$Y=A \oplus B=\overline{A}B+A\overline{B}$	A,B 异或门 $\to Y$（异或）
同或运算	$Y=A \odot B=\overline{A}\,\overline{B}+AB$	A,B 同或门 $\to Y$（同或）
与或非运算	$Y=\overline{AB+CD}$	A,B,C,D 与或非门 $\to Y$（与或非）

2. 逻辑代数的基本公式和原理

基本公式和原理见表 3.3 - 2。

表 3.3 - 2　　　　　　　　　逻辑代数的基本公式和原理

定律名称	公式 加	乘	非
基本定律	$A+0=A$	$A \cdot 0=0$	$A+\overline{A}=1$
	$A+1=1$	$A \cdot 1=A$	$A \cdot \overline{A}=0$
	$A+A=A$	$A \cdot A=A$	$\overline{\overline{A}}=A$
	$A+\overline{A}=1$	$A \cdot \overline{A}=0$	
交换律	$A+B=B+A$	$A \cdot B=B \cdot A$	
结合律	$(A+B)+C=A+(B+C)$	$(AB)C=A(BC)$	
分配律	$A(B+C)=AB+AC$	$A+BC=(A+B)(A+C)$	
吸收律	$A+A \cdot B=A$	$A(A+B)=A$	
	$A+\overline{A}B=A+B$	$(A+B)(A+C)=A+BC$	
摩根定律	$\overline{AB}=\overline{A}+\overline{B}$	$\overline{A+B}=\overline{A} \cdot \overline{B}$	
包含律	$AB+\overline{A}C+BC=AB+\overline{A}C$	$(A+B)(\overline{A}+C)(B+C)=(A+B)(\overline{A}+C)$	

3. 逻辑函数的建立和四种表达方法及其相互转换

（1）逻辑函数：输出和输入（逻辑）变量之间的函数关系，$Y=F$（A，B，C，…）。

（2）表达方法：逻辑函数表示方法：逻辑函数式、逻辑真值表、逻辑图和卡诺图。

1）逻辑函数式。由逻辑变量和"与""或""非"三种基本运算符所构成的表达式称为逻辑函数式。书写方便、形式简洁，便于推演变换和用逻辑符号表示。不具备唯一性。

2）逻辑真值表。将输入、输出之间的逻辑关系用数字符号列成表格的形式称为逻辑真值表。直观明了地反映变量取值和函数值的关系，具有唯一性。

3）逻辑图。将逻辑函数中各变量之间的与、或、非等逻辑关系用图形符号表示出来，画出表示函数关系的逻辑图，不具备唯一性。

4）卡诺图。将逻辑函数的最小项表达式中的各最小项相应的填入一个特定的方格图内，此方格图称为卡诺图。将逻辑函数最小项表达式中出现的最小项在卡诺图对应的小方格内填入"1"，没有出现的最小项则在卡诺图对应的小方格中填入"0"。

4. 逻辑函数的最小项和最大项及标准与式

（1）逻辑函数的最小项。n 个变量的最小项共有 2^n 个。最小项的性质为：

1）对于任意一个最小项，只有一组变量取值使得它的值为 1，而在变量取其他各组值时，最小项的值都是 0。

2）不同的最小项，值为 1 的那一组变量取值也不同。

3）对于变量的任一组取值，任意两个最小项的乘积为 0。

4）对于变量的任一组取值，全体最小项之和为 1。

（2）最小项表达式。任何逻辑函数都可以表示成唯一的一组最小项之和，称为标准与或表达式，也称为最小项表达式。

5. 逻辑函数的代数化简方法

利用逻辑代数的基本公式和原理进行化简。

6. 逻辑函数的卡诺图画法、填写及化简方法

（1）画法、填写。n 个变量的卡诺图是由 $2n$ 个方格构成的图形，每一个方格表示逻辑函数的一个最小项，所有具有逻辑相邻性的最小项在几何位置上也相邻排列。任意一个函数都可表示成"最小项之和"，所以一个函数可用图形中若干方格构成的区域表示，卡诺圈上处在相邻、相对、相重位置的小方格代表的最小项为相邻最小项。

（2）卡诺图化简法。

1）合并最小项的规则：①2 个相邻的最小项用一个包围圈表示，可以消去 1 个取值不同的变量而合并为 1 项；②4 个相邻的最小项用一个包围圈表示，可以消去 2 个取值不同的变量而合并为 1 项；③8 个相邻的最小项用一个包围圈表示，可以消去 3 个取值不同的变量而合并为 1 项。

2）每一个圈写一个最简与项，规则是：对整个圈内方格而言取值恒为"1"的变量用原变量表示，取值恒为"0"的变量用反变量表示，将这些变量相与。将所有与项进行逻辑相加，得最简与一或表达式。

（3）含随意项的逻辑函数的化简。

1）随意项：函数可以随意取值（可以为 0，也可以为 1）或不会出现的变量取值所对应的最小项称为随意项，也叫作约束项或无关项。

无关项与所讨论的逻辑函数没有关系，无关项用字母 d 或 D 和相应的下标表示，卡诺图中，无关项方格里用×或 Φ 表示。

2）含随意项的逻辑函数的化简。

在化简过程中，随意项的取值可视具体情况取 0 或取 1。具体地讲，如果随意项对化简有利，则取 1；如果随意项对化简不利，则取 0。

3.3.2 供配电专业高频考点与历年真题解析

考点 1：逻辑代数基本运算关系

【3.3-1】(2022) 逻辑函数 $Y=\overline{A}B+AC$，欲使 $Y=1$，则 A、B、C 的取值组合是：

A. 000   B. 010   C. 100   D. 001

答案：B

解题过程：$Y=\overline{A}B+AC$，使 $Y=1$ 的组合为 010，对四个选项列真值表，见表 3.3-3。

表 3.3-3   题 3.3-1 真 值 表

A	B	C	Y
0	0	0	0
0	1	0	1
1	0	0	0
0	0	1	0

【3.3-2】(2020) 若 $Y=A\overline{B}+AC=1$，则有：

A. $ABC=001$ B. $ABC=110$ C. $ABC=100$ D. $ABC=011$

答案：C

解题过程：根据题意可得

$$Y=A\overline{B}+AC=A\ (\overline{B}+C)\ =1$$

$$\Rightarrow \begin{cases} A=1 \\ \overline{B}+C=1 \end{cases}$$

$$\Rightarrow \begin{cases} A=1 \\ B=0 \\ C=0\ \text{或}\ 1 \end{cases} \text{或} \begin{cases} A=1 \\ B=1 \\ C=1 \end{cases}$$

因此，$ABC=100$ 或 101 或 111。故选 C。

考点 2：逻辑函数及其化简方法

【3.3-3】(2024) 逻辑函数 $Y(A，B，C，D)=\sum m(1，2，4，5，6，9)$，其约束条件为 $AB+AC=0$，则最简与式为：

A. $B\overline{C}+\overline{C}D+C\overline{D}$ B. $B\overline{C}+\overline{C}D+AC\overline{D}$

C. $A\overline{C}\overline{D}+\overline{C}D+C\overline{D}$ D. $A\overline{B}+B\overline{D}+\overline{A}C$

答案：B

解题过程：根据给定的最小项 $\sum m$ （1，2，4，5，6，9），绘制卡诺图，如图 3.3-1 所示。

CD\AB	00	01	11	10
00	0	1	0	1
01	1	1	0	1
11	0	0	0	0
10	0	1	0	0

图 3.3-1　题 3.3-3 解图一

约束条件 $AB+AC=0$ 意味着 $AB=0$ 且 $AC=0$。因此，任何包含 AB 或 AC 的项都可以被忽略。即在卡诺图中，$AB=11$ 和 $AB=10$ 的行可以被忽略。则得如图 3.3-2 所示卡诺图。

CD\AB	00	01	11	10
00	0	1	0	1
01	1	1	0	1

图 3.3-2　题 3.3-3 解图二

化简卡诺图简化可得最简与或式为 $B\overline{C}+\overline{C}D+AC\overline{D}$ 。

【3.3-4】（2023） 已知用卡诺图化简逻辑函数 $L=\overline{A}\,\overline{B}C+A\overline{B}\,\overline{C}$ 的结果是 $L=C+A$ ，那么该逻辑函数的无关项至少有：

A. 2 个 　　　　 B. 3 个 　　　　 C. 4 个 　　　　 D. 5 个

答案：C

解题过程：根据题意绘制卡诺图如图 3.3-3 所示，则无关项有 4 个。

【3.3-5】（2018） 下列逻辑式中，正确的逻辑公式是：

A. $A+B=\overline{\overline{A}\,\overline{B}}$ 　　　　 B. $A+B=\overline{\overline{AB}}$

C. $A+B=\overline{\overline{A}+\overline{B}}$ 　　　　 D. $A+B=AB$

答案：A

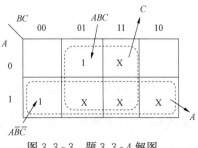

图 3.3-3　题 3.3-4 解图

解题过程：$\overline{\overline{A}\,\overline{B}}=\overline{\overline{A}}+\overline{\overline{B}}=A+B$ ；$\overline{AB}=\overline{A}+\overline{B}$ ；$\overline{\overline{A}+\overline{B}}=\overline{\overline{A}}\,\overline{\overline{B}}=AB$ ，真值表见表 3.3-4。

表 3.3-4　　　　　　　　　　　　　　　　题 3.3-4 真值表

A	B	$A+B$	$\overline{AB}$	$\overline{A}B$	$\overline{A}+\overline{B}$	AB
0	0	0	0	1	0	0
0	1	1	0	1	0	0
1	0	1	0	1	0	0
1	1	1	1	0	1	1

【3.3-6】(2017)　如图 3.3-4 所示，函数 Y 的表达式为：

A. $Y=A+B+\overline{AB}$

B. $Y=AB+\overline{AB}$

C. $Y=(\overline{A}+B)(A+\overline{B})$

D. $Y=\overline{A}B+A\overline{B}$

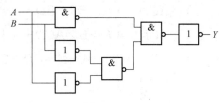

图 3.3-4

答案：D

解题过程：根据图 3.3-4 可得：

$$Y=\overline{\overline{\overline{(AB)}\cdot\overline{\overline{A}\,\overline{B}}}}=\overline{(AB)}\cdot\overline{\overline{A}\,\overline{B}}$$

$$=(\overline{A}+\overline{B})\cdot(A+B)\quad(根据摩根定律\overline{AB}=\overline{A}+\overline{B})$$

$$=(\overline{A}A+\overline{A}B+A\overline{B}+\overline{B}B)=\overline{A}B+A\overline{B}\quad(根据 A\cdot\overline{A}=0)$$

【3.3-7】(2017)　逻辑函数式 $P(A,B,C)=\sum m(3,5,6,7)$，化简为：

A. $BC+AC$

B. $C+AB$

C. $B+A$

D. $BC+AC+AB$

答案：D

解题过程：逻辑函数的卡诺图如图 3.3-5 所示。

根据卡诺图化简得 $L=(AB+AC+BC)$。

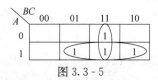

图 3.3-5

★【3.3-8】(2016、2013)　逻辑函数 $L=A\overline{B}C+\overline{A}BC+ABC$ $+AC(DEF+DEG)$ 最简化简结果为：

A. $AC+\overline{A}BC$　　B. $AC+BC$　　C. AB　　D. BC

答案：B

解题过程：$L=A\overline{B}C+\overline{A}BC+ABC+AC(DEF+DEG)$

$L=A\overline{B}C+\overline{A}BC+ABC-A\overline{B}C+BC=C(A\overline{B}\mid B)=C(A+B)=AC+BC$

【3.3-9】(2014)　将逻辑函数 $Y=AB+\overline{A}C+\overline{B}\,\overline{C}$ 化为与或非形式为：

A. $Y=\overline{\overline{AB}\overline{C}+\overline{A}\overline{B}C}$

B. $Y=\overline{\overline{AB}\overline{C}+A\overline{B}C}$

C. $Y=\overline{\overline{A}B+A\overline{B}C}$

D. $Y=\overline{\overline{A}\overline{B}C+A\overline{B}C}$

答案：D

解题过程：$Y=\overline{\overline{AB+\overline{A}C+\overline{B}\,\overline{C}}}$

$$=\overline{\overline{AB}+\overline{A}C\cdot(B+C)}\quad(根据摩根定律\overline{AB}=\overline{A}+\overline{B})$$

$$=\overline{(\overline{A}+\overline{B})}\cdot(A+C)\cdot(B+C)(根据摩根定律\overline{AB}=\overline{A}+\overline{B})$$

$$=\overline{(A\overline{A}+\overline{A}C+\overline{B}A+\overline{B}C)}\cdot(B+C)\quad(根据A\cdot\overline{A}=0)$$

$$=\overline{A}B\overline{C}+A\overline{B}\overline{C}(根据A\cdot\overline{A}=0)$$

【3.3-10】(2014)　将逻辑函数 $Y=(A+B)C\overline{D}+\overline{A}\,\overline{B}+B\overline{C}$ 化为最简与或式为：（其约束条件为 $ABC+ABD+ACD+BCD=0$ ）

A. $Y=\overline{A}+\overline{B}+\overline{C}$　　　B. $Y=\overline{A}+B+C$　　　　C. $Y=\overline{A}B\overline{C}$　　　　D. $Y=\overline{A}B+C$

答案：B

解题过程：根据已知条件可得 $ABC=0,ABD=0,ACD=0,BCD=0$,则

$$Y=(A+B)C\overline{D}+\overline{A}\,\overline{B}+B\overline{C}=AC\overline{D}+\overline{A}\,\overline{B}+B(\overline{C}+C\overline{D})$$

$$Y=AC\overline{D}+\overline{A}\,\overline{B}+B\overline{C}+B\overline{D}+B\overline{B}=AC\overline{D}+\overline{A}\,\overline{B}+BBC\overline{D}$$

$$Y=AC\overline{D}+\overline{A}\,\overline{B}+B=AC\overline{D}+\overline{A}+B$$

$$Y=C\overline{D}+ACD+\overline{A}+B=C\overline{D}+CD+\overline{A}+B$$

$$Y=\overline{A}+B+C$$

3.3.3　发输变电专业高频考点与历年真题解析

考点1：逻辑代数基本运算关系

【3.3-11】(2024)　将 $Y=\overline{A}\,\overline{B}+\overline{A}C+\overline{B}D+\overline{A}\,\overline{C}+A\overline{B}$ 化简后，所得下列四式中错误的是：

A. $Y=\overline{A}\cdot\overline{B}$　　　　　　　　　　B. $Y=AB$

C. $Y=\overline{A}+\overline{B}$　　　　　　　　　　D. $Y=\overline{A}+\overline{B}+\overline{AB}$

答案：B

解题过程：

$$Y=\overline{A}\,\overline{B}+\overline{A}C+\overline{B}D+\overline{A}\,\overline{C}+A\overline{B}=(\overline{A}+A)\overline{B}+\overline{A}C+\overline{B}D+\overline{A}\,\overline{C}=\overline{B}(1+D)+\overline{A}(C+\overline{C})$$

$$=\overline{A}+\overline{B}=\overline{A}\cdot\overline{B}=\overline{A}+\overline{B}+\overline{AB}$$

【3.3-12】(2022)　如图 3.3-6 所示门电路的逻辑式为：

A. $Y=\overline{\overline{AB}+C}$　　　　B. $Y=\overline{AB}$

C. $Y=\overline{\overline{AB}\cdot C\cdot O}$　　D. $Y=A+B$

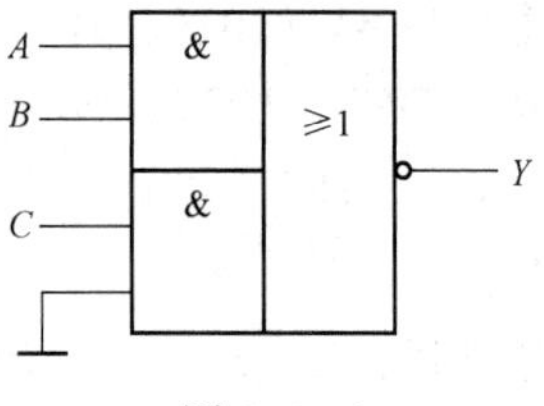

答案：B

解题过程：$Y=\overline{\overline{AB}+C\cdot O}=\overline{AB}$ 。

图 3.3-6

【3.3-13】(2020)　等式不成立的是：

A. $A+\overline{A}B=A+B$　　　　　　　　　B. $(A+B)(A+C)=A+BC$

C. $AB+\overline{A}C+BC=AB+BC$　　　　　D. $A\overline{B}+\overline{A}\,\overline{B}+AB+\overline{A}B=1$

答案：C

解题过程：选项 A 中　$A+\overline{A}B=A+AB+\overline{A}B=A+B$

选项 B 中　$(A+B)(A+C)=A+AC+BA+BC=A+BC$

选项 C 中　$AB+\overline{A}C+BC=AB+\overline{A}C+(A+\overline{A})BC=AB+\overline{A}C+ABC+\overline{A}BC=AB+\overline{A}C$

选项 D 中　$A\overline{B}+\overline{A}\,\overline{B}+AB+\overline{A}B=(A+\overline{A})\overline{B}+(A+\overline{A})B=\overline{B}+B=1$

【3.3-14】(2018)　函数 $Y=\overline{A}B+AC$，欲使 $Y=1$，则 ABC 的取值组合是：

A. 000　　　　　　B. 010　　　　　　C. 100　　　　　　D. 001

答案：B

解题过程：$Y=\overline{A}B+AC=1$，两种可能：$A=0$ 及 $B=1$ 或者 $A=1$ 及 $C=1$。

【3.3-15】(2014)　函数 $Y=A(B+C)+CD$ 的反函数 $\overline{Y}$ 为：

A. $\overline{A}\,\overline{C}+\overline{B}\,\overline{C}+\overline{A}\,\overline{D}$　　　　　　　　B. $\overline{A}\,\overline{C}+\overline{B}\,\overline{C}$

C. $\overline{A}\,\overline{C}+B\overline{C}+\overline{A}\,\overline{D}$　　　　　　　　D. $\overline{A}\,\overline{C}+\overline{B}\,\overline{C}+AD$

答案：A

解题过程：$\overline{Y}=\overline{A(B+C)+CD}=\overline{A(B+C)}\cdot\overline{CD}=(\overline{A}+\overline{B}\,\overline{C})(\overline{C}+\overline{D})$

$\overline{Y}=\overline{A}\,\overline{C}+\overline{A}\,\overline{D}+\overline{B}\,\overline{C}+\overline{B}\,\overline{C}\,\overline{D}=\overline{A}\,\overline{C}+\overline{B}\,\overline{C}+\overline{A}\,\overline{D}$

考点 2：逻辑函数及其化简方法

【3.3-16】(2023)　$L=\overline{A}\,\overline{B}C+\overline{(A+B+C)}+\overline{A}\,\overline{B}CD$ 化简为最简与或式为：

A. $AB+CD$　　　B. ABC　　　C. $\overline{A}\,\overline{B}$　　　D. $\overline{A}B+\overline{C}D$

答案：C

解题过程：$L=\overline{A}\,\overline{B}C+\overline{A}\,\overline{B}\,\overline{C}+\overline{A}\,\overline{B}CD=\overline{A}\,\overline{B}C+\overline{A}\,\overline{B}\,\overline{C}(1+D)=\overline{A}\,\overline{B}C+\overline{A}\,\overline{B}\,\overline{C}$

$=\overline{A}\,\overline{B}(C+\overline{C})=\overline{A}\,\overline{B}$

【3.3-17】(2019)　逻辑函数 $Y=AB+\overline{A}C+\overline{B}C$ 最简与或表达式是：

A. $Y=AB+C$　　B. $Y=\overline{A}B+C$　　C. $Y=A\overline{B}+C$　　D. $Y=\overline{A}\,\overline{B}+C$

答案：A

解题过程：$Y=AB+\overline{A}C+\overline{B}C=AB+(\overline{A}+\overline{B})C=AB+C$

【3.3-18】(2017、2016)　若 $A=B\oplus C$，则下列正确的式子为：

A. $B=A\oplus C$　　　B. $B=\overline{A\oplus C}$

C. $B=AC$　　　　　　D. $B=A+C$

答案：A

解题过程：$A=B\oplus C=\overline{B}C+B\overline{C}$，真值表见表 3.3-5。

则　　　　　　　$B=A\oplus C=A\overline{C}+\overline{A}C$

表 3.3-5　题 3.3-18 真值表

A	B	C
0	0	0
0	1	1
1	0	1
1	1	0

3.4　集成组合逻辑电路

3.4.1　知识点提示

1. 组合逻辑电路

（1）概念：组合逻辑电路指在任一时刻的输出状态只取决于同一时刻输入状态，而与电路原有状态无关的电路。

（2）特点：①没有存储和记忆作用；②由各种门电路组成，不含记忆单元，只存在从输入到输出的道路，没有反馈回路。

2. 组合逻辑电路的分析、设计方法及步骤

（1）基本分析方法：根据给定电路逐级写出输出函数式，并进行必要的化简和变换，然后列出真值表，确定电路的逻辑功能。

（2）基本设计方法：分析设计要求，设置输入输出变量并逻辑赋值；列真值表；写出逻辑表达式，并化简；画逻辑电路图。

用于实现组合逻辑电路的 MSI 组件主要有译码器和数据选择器。

3. 编码器、译码器、显示器、多路选择器及多路分配器的原理和应用

（1）译码器。

1）译码：编码的逆过程，将编码时赋予代码的特定含义"翻译"出来。

2）译码器：实现译码功能的电路。

3）二进制译码器：输入为 n 位二进制代码，输出为 2^n 个状态，则称之为二进制译码器。当 $G_1=1$（高电平），且 $\overline{G_{2A}}$ 和 $\overline{G_{2B}}$ 同时为低电平时，译码器正常译码；当使能信号 $G_1=0$，译码器不译码；当使能信号 $\overline{G_{2A}}+\overline{G_{2B}}=1$，译码器不译码。

4）译码器的扩展：利用译码器的使能端可以方便地扩展译码器的容量。

5）组合逻辑电路。由于译码器的每个输出端分别与一个最小项相对应，因此辅以适当的门电路，便可实现任何组合逻辑函数。

74LS138 为 3 线－8 线译码器。若将选通端中的一个作为数据输入端时，74LS138 还可作数据分配器。

（2）数据选择器（多路开关）。能够按照给定的地址将某个数据从一组数据中选出来的电路，74×153 是双 4 选 1 数选器，$54/74\times253$ 为三态输出的两组 4 选 1 数据选择器。

4. 加法器、数码比较器、存储器、可编程序逻辑阵列的原理和应用

（1）加法器。

1）全加器。全加器能把本位两个加数 A_n、B_n 和来自低位的进位 C_{n-1} 三者相加，得到求和结果 S_n 和该位的进位信号 C_n。

$$S_n=\overline{A_n}\,\overline{B_n}C_{n-1}+\overline{A_n}B_n\,\overline{C_{n-1}}+A_n\,\overline{B_n}\,\overline{C_{n-1}}+A_nB_nC_{n-1}$$
$$=\overline{A_n}\,(B_n\oplus C_{n-1})+A_n\,(\overline{B_n\oplus C_{n-1}})=A_n\oplus B_n\oplus C_{n-1}$$
$$C_n=\overline{A_n}B_nC_{n-1}+A_n\,\overline{B_n}C_{n-1}+A_nB_n=(A_n\oplus B_n)\,C_{n-1}+A_nB_n$$

2）代码转换电路，采用 4 位加法器 74LS283 将十进制 8421 码转换成余 3 码，电路如图 3.4－1 所示。

$$Y_3Y_2Y_1Y_0=DCBA+0011$$

（2）存储器。

1）存储容量。存储容量指存储器内能存储的二进制数的总位数，有字节数或单元数×位数两种表示方法。

①字节（byte，简写为 B）数。计算机中一般用 8 位构成 1 字节，一般用大写字母 B 表示。例如，128B 表示该芯片共有 128 字节，每字节存储 8 位二进制数，则该芯片的存储容量为 128×8 位。

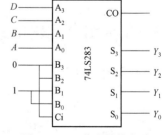

图 3.4－1　代码转换电路

②单元数×位数。若主存按字编址，即每个存储单元存放一个字，当字长超过 8 位时，存储容量用单元数×位数表示。位（bit）是二进制数的基本单位，也是存储器存储信息的最小单位。每个存储单元包含若干位二进制数据，每个存储单元有一个对应的地址码，每个存储单元的地址码是唯一的。存储容量可表示为存储器地址码总数与存储单元位数的乘积。$N\times M=2^n\times M$，则 n 为地址线的根数（即地址码的位数），N 为字数，M 为数据线的

根数（即位数）。如：1K×4 位表示该芯片有 1024（2^{10}）个地址码，$n=10$，地址线为 10 根，对应 1024 个存储单元；$M=4$，即数据线＝位数＝4，4 根数据线表示每个存储单元存储 4 位二进制数据。

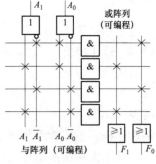

2）存储器容量的扩展方式。位扩展方式只扩大存储器每一个存储单元存储的位数，而存储单元的总数不变。地址数不变。

（3）可编程序逻辑阵列 PLA。如图 3.4-2 所示为可编程序逻辑阵列 PLA 实现的组合逻辑电路，变量 A_0、A_1 的取值决定了输出 F_0、F_1，F_0、F_1 的逻辑表达式为

$$F_0=A_0\overline{A_1}+\overline{A_0}\,\overline{A_1}\,,\ F_1=A_0A_1+\overline{A_0}A_1$$

图 3.4-2

3.4.2　供配电专业高频考点与历年真题解析

考点 1：组合逻辑电路的分析、设计

【3.4-1】（2023）　在以下四个组合逻辑电路中，能实现 $Y=AB+\overline{AB}$ 逻辑关系的是

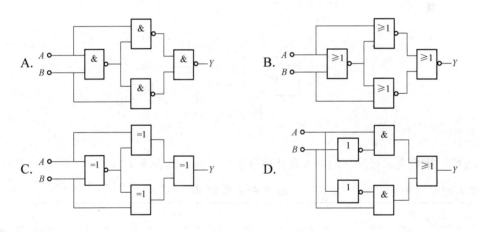

答案： B

解题过程： 选项 B 中，$Y=\overline{\overline{A+B}+A}+\overline{\overline{A+B}+B}=(\overline{\overline{A+B}+A})\cdot(\overline{\overline{A+B}+B})$
$=(\overline{\overline{AB}+A})\cdot(\overline{\overline{AB}+B})=\overline{AB}+AB$。

【3.4-2】（2022）　图 3.4-3 所示电路实现的逻辑功能为：

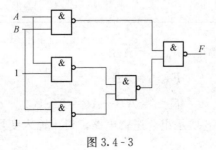

图 3.4-3

A. 半加器　　　　　　　B. 异或门　　　　　　　C. 比较器　　　　　　　D. 同或门

答案： D

解题过程： $F=\overline{\overline{AB}\cdot\overline{\overline{A}\cdot 1}\cdot\overline{\overline{B}\cdot 1}}=\overline{\overline{AB}}\cdot\overline{(A+B)}=AB+\overline{A}\,\overline{B}$

【3.4-3】（2019） 显示译码管的输出 abcdefg 为 1111001，要驱动共阴极接法的数码管，则数码管会显示：

A. H　　　　　　　　　B. L　　　　　　　　　C. 2　　　　　　　　　D. 3

答案： D

解题过程： 数码管引脚图如图 3.4-4（a）所示。

共阴极接法高电平会同时亮，即 abcdg 亮，如图 3.4-4（b）所示。

【3.4-4】（2019） 电路如图 3.4-5 所示，则该电路实现的逻辑功能是：

A. 编码器　　　　　　　B. 比较器

C. 译码器　　　　　　　D. 计数器

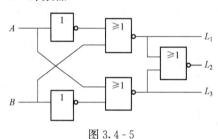

图 3.4-4

图 3.4-5

答案： B

解题过程： 根据电路可知该电路实现比较器逻辑功能，见表 3.4-1。

表 3.4-1　　　　　　　　　　题 3.4-4 真 值 表

输入		输出		
A　B	$F_{A>B}$	$F_{A<B}$	$F_{A=B}$
0　0	0	0	1
0　1	0	1	0
1　0	1	0	0
1　1	0	0	1

$$F_{A>B}=\overline{A}B$$

$$F_{A<B}=\overline{A}B$$

$$F_{A=B}=\overline{A}\,\overline{B}+AB=\overline{A\oplus B}$$

【3.4-5】（2018） 图 3.4-6 所示组合逻辑电路，对于输入变量 A、B、C，输出函数 Y_1 和 Y_2 两者不相等组合是：

A. $ABC=00\times$　　　　　　　　　　　　B. $ABC=01\times$

C. $ABC=10\times$ D. $ABC=11\times$

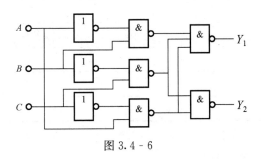

图 3.4 - 6

答案：B

解题过程：由逻辑图写出输出 L 的逻辑表达式为：

$$\begin{cases} Y_1 = \overline{(\overline{\overline{AB}}) \cdot (\overline{\overline{BC}}) \cdot (\overline{A\,\overline{C}})} \\ Y_2 = \overline{(\overline{\overline{BC}}) \cdot (\overline{A\,\overline{C}})} \end{cases}$$

Y_1 与 Y_2 不相等的条件为 $\overline{\overline{AB}} = A + \overline{B} = 0$，则选项 B 满足。

考点 2： 加法器和可编程序逻辑阵列

【3.4 - 6】(2020)　集成译码器 74LS138 在译码状态时，其输出端的有效电平个数是：

A. 1   B. 2   C. 4   D. 8

答案：D

解题过程：集成译码器 74LS138 为 3 - 8 线译码器，有 8 个输出，每次输出一个有效电平。

【3.4 - 7】(2014)　如图 3.4 - 7 所示电路的逻辑功能为：

A. 全加器   B. 半加器

C. 表决器   D. 减法器

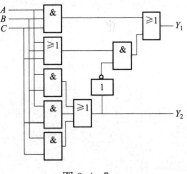

图 3.4 - 7

答案：A

解题过程：$Y_1 = ABC + (A + B + C) \cdot \overline{AB + AC + BC}$

$\qquad\qquad = ABC + A\,\overline{B}\,\overline{C} + \overline{A}B\overline{C} + \overline{A}\,\overline{B}C$

$\qquad\quad Y_2 = AB + BC + AC$

由表 3.4 - 2 可知，这是一个全加器电路。A、B、C 为加数、被加数和来自低位的进位，Y_1 是和，Y_2 是进位输出。

表 3.4 - 2   题 3.4 - 7 真 值 表

A	B	C	Y_1	Y_2
0	0	0	0	0
0	0	1	1	0
0	1	0	1	0
0	1	1	0	1

A	B	C	Y_1	Y_2
1	0	0	1	0
1	0	1	0	1
1	1	0	0	1
1	1	1	1	1

考点 3：存储器

【3.4-8】(2017)　某 EPROM 有 8 条数据线，13 条地址线，则其存储的容量为：

A. 8kbit　　　　　　　B. 8kbyte　　　　　　　C. 16kbyte　　　　　　　D. 64kbyte

答案：D

解题过程：存储器地址码总数为 $2^{13}=8192=8\times1024=8KB=8kbyte$。

存储单元位数：8 位。

存储容量＝存储器地址码总数×存储单元位数＝8KB×8＝64KB＝64kbyte。

3.4.3　发输变电专业高频考点与历年真题解析

考点 1：组合逻辑电路的分析、设计

【3.4-9】(2024)　某同学参加三门课程的考试，规定：课程 A、课程 B、课程 C 及格分别得 1 分、2 分、3 分，不及格得 0 分。若总分大于或等于 4 分可以结业，F 为 1 表示结业，0 表示不结业，则下列可表示此功能的逻辑电路是：

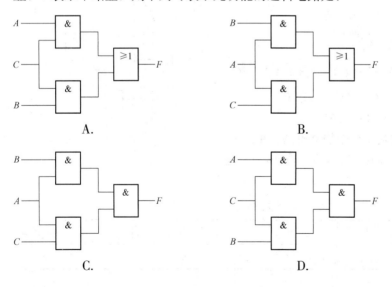

答案：A

解题过程：根据题意列写真值表，见表 3.4-3。

表 3.4 - 3		题 3.4 - 9 真值表		
A	B	C	D	F
0	0	0	0	0
0	0	0	1	0
0	0	1	0	0
0	0	1	1	0
0	1	0	0	0
0	1	0	1	0
0	1	1	0	1
0	1	1	1	1
1	0	0	0	0
1	0	0	1	0
1	0	1	0	1
1	0	1	1	1
1	1	0	0	0
1	1	0	1	0
1	1	1	0	1
1	1	1	1	1

根据真值表可知 $F = AC + BC$。

选项 A 中 $F = AC + BC$，选项 B 中 $F = AB + AC$，选项 C 中 $F = AB \cdot AC = ABC$，选项 D 中 $F = AC \cdot BC = ABC$。

【3.4 - 10】(2023) 图 3.4 - 8 所示电路实现的逻辑功能是：

A. $Y = A\overline{B} + B\overline{C} + \overline{A}C$　　　B. $Y = ABC + \overline{A}\,\overline{B}\,\overline{C}$

C. $\overline{ABC + \overline{A}\,\overline{B}\,\overline{C}}$　　　D. $\overline{A}B + \overline{B}C + A\overline{C}$

答案：B

解题过程：选项 B 中，$Y = ABC + \overline{\overline{A} + B} \cdot \overline{C} = ABC + \overline{A}\,\overline{B}\,\overline{C}$。

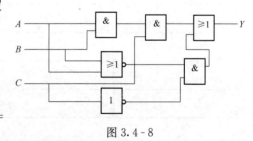

图 3.4 - 8

【3.4 - 11】(2022) 电路如图 3.4 - 9 所示，则该组合逻辑电路实现的逻辑功能是：

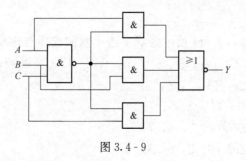

图 3.4 - 9

A. 比较器　　　　　　　B. 加法器　　　　　　　C. 与非门　　　　　　　D. 异或门

答案：A

解题过程：$Y=\overline{\overline{ABCA}+\overline{ABCB}+\overline{ABCC}}=\overline{(\overline{ABC})}\,(A+B+C)=ABC+\overline{(A+B+C)}$
$=ABC+\overline{A}\,\overline{B}\,\overline{C}$，即比较器。

【3.4-12】(2019)　逻辑电路如图 3.4-10 所示，该电路实现逻辑功能是：

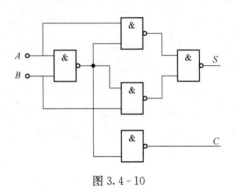

图 3.4-10

A. 编码器　　　　　　　B. 译码器　　　　　　　C. 计数器　　　　　　　D. 半加器

答案：D

解题过程：根据题图可得：$C=AB$，$S=A\oplus B$，S 表示和位输出，C_O 表示进位输出。其真值表见表 3.4-4。

表 3.4-4　　　　　　　　　　题 3.4-12 真 值 表

输　　入		输　　出	
A	B	C_O	S
0	0	0	0
0	1	0	1
1	0	0	1
1	1	1	0

该电路只考虑两个加数本身，不考虑由低位来的进位，为半加器。

考点 2： 数据选择器

【3.4-13】(2018)　如图 3.4-11 所示为双 4 选 1 数据选择器构成的组合逻辑电路，输入变量为 A、B、C，输出 F_1 (A, B, C)，F_2 (A, B, C) 的逻辑函数分别为：

A. Σm (1, 2, 4, 7)，Σm (3, 5, 6, 7)

B. Σm (1, 2, 4, 7)，Σm (1, 3, 6, 7)

C. Σm (1, 2, 4, 7)，Σm (4, 5, 6, 7)

D. Σm (1, 2, 3, 7)，Σm (3, 5, 6, 7)

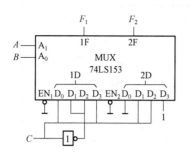

数据选择器74LS153功能表

EN_1	A_1	A_0	F_1	EN_2	A_1	A_0	F_2
1	×	×	0	1	×	×	0
0	0	0	$1D_0$	0	0	0	$2D_0$
0	0	1	$1D_1$	0	0	1	$2D_1$
0	1	0	$1D_2$	0	1	0	$2D_2$
0	1	1	$1D_3$	0	1	1	$2D_3$

图 3.4-11

答案：A

解题过程：双 4 选 1 数据选择器是指在一块芯片上有两个 4 选 1 数据选择器，F_1 和 F_2 的真值表如图 3.4-12 所示。

A	B	C	符号	F_1	A	B	C	符号	F_1
0	0	0	m_0	0	0	0	1	m_1	1
0	1	0	m_2	1	0	1	1	m_3	0
1	0	0	m_4	1	1	0	1	m_5	0
1	1	0	m_6	0	1	1	1	m_7	1

$\Longrightarrow \Sigma m(1,2,4,7)$

A	B	C	符号	F_2	A	B	C	符号	F_2
0	0	0	m_0	0	0	0	1	m_1	0
0	1	0	m_2	0	0	1	1	m_3	1
1	0	0	m_4	0	1	0	1	m_5	1
1	1	0	m_6	1	1	1	1	m_7	1

$\Longrightarrow \Sigma m(3,5,6,7)$

图 3.4-12 题 3.4-13 解图

3.5 触发器

3.5.1 知识点提示

重点关注 RS、D、JK、T 触发器的逻辑功能、电路结构及工作原理。

（1）触发器。

1）触发器具有记忆功能，存储二进制信息的双稳态电路。广泛应用于计数器、运算器、存储器等部件中。

2）触发器的基本性质。①具有两个互补的输出：原码输出 Q，反码输出 $\overline{Q}$。当 $Q=1$ 时，$\overline{Q}=0$。②具有两个稳定的状态：将 $Q=1$ 和 $\overline{Q}=0$ 称为触发器处于 1 状态；将 $Q=0$ 和 $\overline{Q}=1$ 称为触发器处于 0 状态。③在输入信号的作用下，触发器可以由一个稳态到另一个稳态；若输入信号不变，则触发器将长期稳定在其中一个状态，具有记忆功能。

一个触发器可存储 1 位二进制码，存储 n 位二进制码则需用 n 个触发器。

（2）触发器的逻辑功能是指触发器的次态与现态及输入信号之间的逻辑关系，见表 3.5-1。

表 3.5 - 1 逻 辑 关 系 表

触发器	特性表	特性方程
RS	R S Q^{n+1} 0 0 Q^n 0 1 1 1 0 0 1 1 不定	$\begin{cases} Q^{n+1}=S+\overline{R}Q^n \\ RS=0 \text{（约束条件）} \end{cases}$
D	D Q^{n+1} 0 0 1 1	$Q^{n+1}=D$
JK	J K Q^{n+1} 0 0 Q^n 0 1 0 1 0 1 1 1 $\overline{Q^n}$	$Q^{n+1}=J\,\overline{Q^n}+\overline{K}Q^n$
T	T Q^{n+1} 0 Q^n 1 $\overline{Q^n}$	$Q^{n+1}=T\oplus Q^n$

3.5.2 供配电专业高频考点与历年真题解析

考点：触发器

【3.5-1】（2024） JK 触发器特性方程：

A. $Q^{n+1}=J\,\overline{Q^n}+\overline{K}Q^n$　　　　　　　B. $Q^{n+1}=T\oplus Q^n$

C. $Q^{n+1}=\overline{R}Q^n+S$　　　　　　　　　　　D. $Q^{n+1}=TQ^n$

答案：A

解题过程：JK 触发器的特性方程是：$Q^{n+1}=J\,\overline{Q^n}+\overline{K}Q^n$

【3.5-2】（2024） 电路如图 3.5 - 1 所示，设触发器当前的状态 $Q_2Q_1Q_0$ 为"011"，请问时钟作用下，触发器下一个状态为：

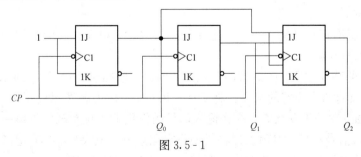

图 3.5 - 1

A. 110　　　　　　　B. 100　　　　　　　C. 010　　　　　　　D. 000

答案：B

解题过程：设各触发器的起始状态均为 0，题图所示电路的状态转换图和波形图如

图 3.5 - 2 所示。则当前的状态 $Q_2Q_1Q_0$ 为 "011"，下一个状态为 "100"。

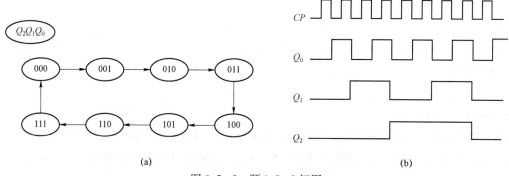

(a)

(b)

图 3.5 - 2　题 3.5 - 2 解图

【3.5 - 3】(2022)　如图 3.5 - 3 所示，输入为 A、B，同它功能相同的是：

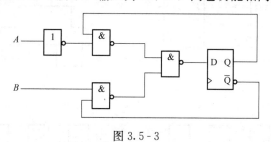

图 3.5 - 3

A. 可控 RS 触发器　　B. JK 触发器　　　　C. 可控 RS 触发器　　D. T 触发器

答案： B

解题过程： 由题意可得解图，如图 3.5 - 4 所示。

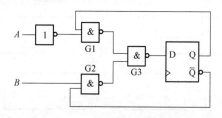

图 3.5 - 4　题 3.5 - 3 解图

当 $A=1$、$B=0$ 时，G1、G2 封锁，$D=0$，输出 $Q=1$，$\overline{Q}=0$

当 $A=0$、$B=1$ 时，无论 $Q=0$ 或 $Q=1$，$D=1$，输出 $Q=0$，$\overline{Q}=1$

当 $A=0$、$B=0$ 时，若 $Q=0$，则 $D=0$，输出 $Q=1$，$\overline{Q}=0$

　　　　　　　　　　若 $Q=1$，则 $D=1$，输出 $Q=0$，$\overline{Q}=1$ 达到翻转功能

当 $A=1$、$B=1$ 时，若 $Q=0$，则 $D=1$，输出 $Q=0$，$\overline{Q}=1$

　　　　　　　　　　若 $Q=1$，则 $D=0$，输出 $Q=1$，$\overline{Q}=0$ 达到保持作用

通过分析该逻辑电路功能可知，与其功能相同的是 JK 触发器。

【3.5 - 4】(2020)　逻辑电路如图 3.5 - 5 所示，$A=$ "1"，C 脉冲来到后 JK 触发器：

A. 保持原状态　　B. 置 "0"　　　　　　C. 置 "1"　　　　　　D. 具有计数功能

答案： D

解题过程： 假设初始条件 $Q=0$，$\overline{Q}=1$。由于 $A=1$ 则通过与门后进入 J 端口的值为 1，$J=1$，$K=1$ 则取反 $Q=1$，$\overline{Q}=0$；由于 $A=1$，则通过与门后进入 J 端口的值为 0，$J=0$，$K=1$ 则 $Q=0$，$\overline{Q}=1$。因此为循环计数。

$J=A\overline{Q^n}=\overline{Q^n}$，$K=1$，$Q^{n+1}=J\overline{Q^n}+\overline{K}Q^n=\overline{Q^n}$。所以是计数状态。

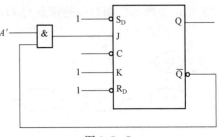

图 3.5-5

【3.5-5】（2019）　逻辑电路图及相应的输入 CP、A、B 的波形如图 3.5-6（a）、（b）所示，初始状态 $Q_1=Q_2=0$，当 $\overline{R_D}=1$ 时，D、Q_1、Q_2 端输出的波形分别是：

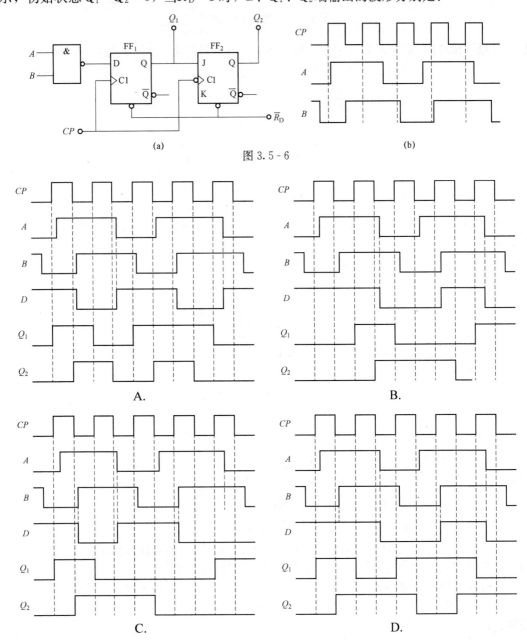

（a）　　　　　　　　　　　　　　　　（b）

图 3.5-6

A.　　　　　　　　　　　B.

C.　　　　　　　　　　　D.

答案：A

解题过程：根据图3.5-6（a）可得：

（1）或非门，见表3.5-2。

表3.5-2　　　　　　　　　**题3.5-5或非门**

A	B	$Y=\overline{A+B}$
0	0	1
0	1	0
1	0	0
1	1	0

（2）D触发器，见表3.5-3。

表3.5-3　　　　　　　　　**题3.5-5 D触发器**

D	Q
0	0
1	1

（3）JK触发器，见表3.5-4。

表3.5-4　　　　　　　　　**题3.5-5 JK触发器**

J	K	Q^{n+1}
0	0	Q^n
0	1	0
1	0	1
1	1	与Q^n相反

综合（1）、（2）和（3）可得答案为A。

【3.5-6】（2018）　图3.5-7所示逻辑电路，当$A=$"1"，$B=$"0"时，则CP脉冲来到后D触发器状态是：

A. 保持原状态

B. 具有计数功能

C. 置"0"

D. 置"1"

答案：B

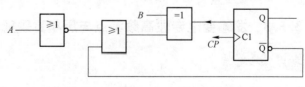

图3.5-7

解题过程：CP上升沿出发

$$Q^{n+1}=D=\overline{(\overline{A+\overline{Q^n}})\ B}+\overline{(\overline{A+\overline{Q^n}})\ \overline{B}}=AQ^nB+\overline{AB}+\overline{Q^n}\ \overline{B}$$

当$A=1$，$B=0$时，$Q^{n+1}=D=\overline{Q^n}$。

【3.5-7】（2018）　图3.5-8所示电路中，对于A、B、$\overline{R_D}$和D的波形，触发器FF0和FF1输出端Q_0、Q_1的波形是：

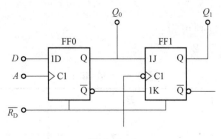

图 3.5-8

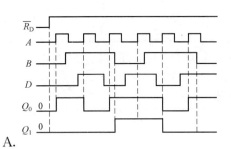

A.

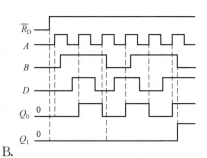

B.

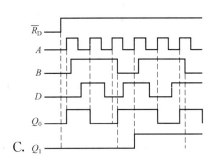

C.

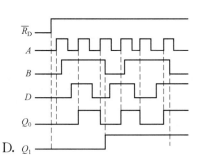

D.

答案： B

解题过程： FF0 为 D 触发器，CP 即 A 的波形上升沿动作，$Q_0^{n+1}=D$。

FF1 为 JK 触发器，CP 即 B 的波形下降沿动作

$$Q_1^{n+1}+J_1\overline{Q_1^n}+\overline{K}Q_1^n=Q_0^n\overline{Q_1^n}+Q_0^nQ_1^n=Q_0^n$$

根据图形分析，答案为 B。

3.5.3 发输变电专业高频考点与历年真题解析

考点：触发器

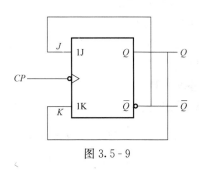

【3.5-8】**(2024)** 图 3.5-9 所示触发器具有的功能是：

A. 保持 B. 计数

C. 置位 D. 复位

答案： B

图 3.5-9

解题过程： $Q^{n+1}=J\overline{Q^n}+\overline{K}Q^n=\overline{Q^n}\cdot\overline{Q^n}+\overline{\overline{Q^n}}Q^n=\overline{Q^n}$

【3.5-9】**(2023)** 用与非门构成的基本 RS 触发器处于置 1 状态时，其输入信号应为：

A. $\overline{R}\,\overline{S}=00$　　　B. $\overline{R}\,\overline{S}=01$　　　C. $\overline{R}\,\overline{S}=10$　　　D. $\overline{R}\,\overline{S}=11$

答案： C

解题过程： 对于基本 RS 触发器，当其处于置一状态时，其输入信号应该是使能信号和复位信号。在逻辑电路中，与非门是基本的逻辑门之一，执行逻辑非运算。对于与非门构成的 RS 触发器，当输入信号 R（复位）为 0 且 S（置位）为 1 时，触发器将被置为 1 状态。因此，对于与非门构成的基本 RS 触发器处于置一状态时，其输入信号应该是：$R=0$ 且 $S=1$。

【3.5 - 10】（2022） 在图 3.5 - 10 所示电路中，触发器的原状态是 $Q_1Q_0=01$，则在下一个 CP 作用后，输出端 Q_1Q_0 的状态是：

A. 02　　　　　B. 01

C. 10　　　　　D. 11

答案： C

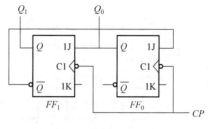

图 3.5 - 10

解题过程： $J_0=\overline{Q_1}$，$K_0=1$，代入 JK 触发器方程

$$J_1=Q_0,K_1=0,Q_{n+1}=J_n\overline{Q_n}+\overline{K_n}Q_n$$

$$\Rightarrow Q_{0(n+1)}=\overline{Q_{1(n)}}\cdot\overline{Q_{0(n)}}$$

$$Q_{1(n+1)}=Q_{0(n)}\cdot\overline{Q_{1(n)}}+Q_{1(n)}$$

若触发器原状态为 $Q_1Q_0=01$，代入上述方程中

$$Q_{0(n+1)}=\overline{0}\cdot\overline{1}=0$$

$$Q_{1(n+1)}=1\cdot\overline{0}+0=1$$

则在下一个 CP 作用下，有 $Q_1Q_0=10$。

【3.5 - 11】（2021） 如图 3.5 - 11 所示逻辑电路中，在 CP 脉冲作用下，当 $A=$ "0"，$R=$ "0" 时，RS 触发器的功能是：

A. 保持原状态　　　B. 置 "1"

C. 置 "0"　　　　　D. 计数状态

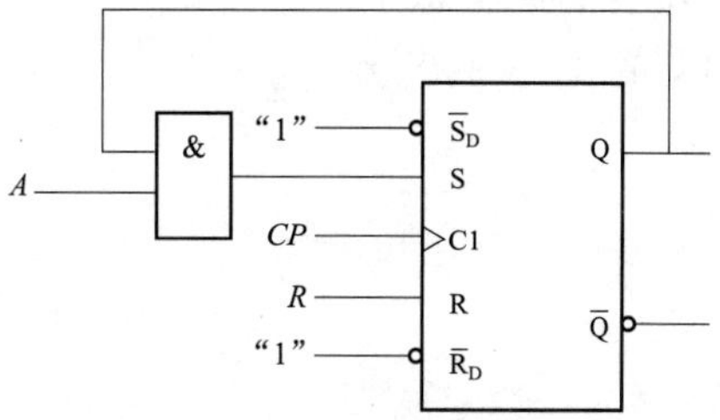

答案： A

解题过程： 触发器特征方程为 $\begin{cases}Q^{n+1}=S+\overline{R}Q^n\\ SR=0\ (约束条件)\end{cases}$

图 3.5 - 11

　由 $A=0$。得 $S=0$

　$CP=1$ 期间，$S=0$，$R=0$，触发器维持原态不变。

【3.5 - 12】（2021） 如图 3.5 - 12（a）所示电路，已知 CP、R_D 和 D 的波形如图 3.5 - 12（b）所示，两触发器输出端 Q_1、Q_2 的波形是：

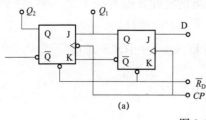

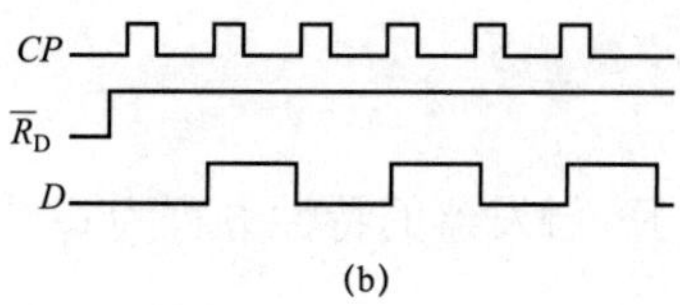

图 3.5 - 12

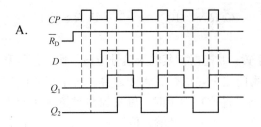

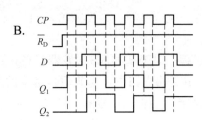

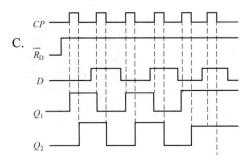

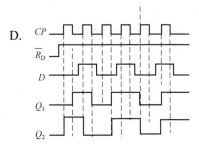

答案：A

解题过程：如图 3.5 - 12 所示，D 触发器：当 $CP=0$ 时，$Q_1^{n+1}=Q_1^n$；当 $CP=1$ 时，$Q_1^{n+1}=D$。

JK 触发器：$Q_2^{n+1}=J\overline{Q_2^n}+\overline{K}Q_2^n$。则 $Q_2^{n+1}=Q_1^n\overline{Q_2^n}+\overline{Q_1^n}Q_2^n$。

JK 触发器为下降沿触发，可得答案 A。

★**【3.5 - 13】**（2021、2019）　图 3.5 - 13 所示逻辑电路，当 $A=0$，$B=1$ 时，CP 脉冲到来后 D 触发器：

A. 保持原状态
B. 置 0
C. 置 1
D. 具有计数功能

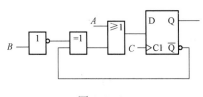

图 3.5 - 13

答案：D

解题过程：根据图 3.5 - 13 可得 $Q^{n+1}=D=(\overline{B}Q^n+B\overline{Q^n})+A$。

CP 上升沿出发，当 $A=0$，$B=1$ 时，$Q^{n+1}=D=\overline{Q^n}$。

★**【3.5 - 14】**（2017、2016、2006）　JK 触发器的特性方程为：

A. $Q^{n+1}=\overline{J}Q^n+\overline{K}Q^n$
B. $Q^{n+1}=D$
C. $Q^{n+1}=\overline{R}Q^n+S$
D. $Q^{n+1}=JQ^n+K\overline{Q^n}$

答案：A

解题过程：JK 触发器的特性方程为 $Q^{n+1}=\overline{J}Q^n+\overline{K}Q^n$。

3.6　时序逻辑电路

3.6.1　知识点提示

1. 时序逻辑电路的分析步骤和方法

（1）分析方法：根据逻辑图，确定时序逻辑电路的状态和输出信号在输入信号和时钟信号作用下的变化规律，确定电路的逻辑功能。

（2）步骤。

1）根据时序逻辑电路的逻辑图，写出各触发器的时钟方程、驱动方程和电路的输出方程。

2）将触发器的驱动方程代入相应触发器的特征方程，求出每个触发器的状态方程，即各个触发器次态输出的逻辑函数式。

3）在时钟触发沿或电平触发满足要求的条件下，将电路的输入变量和电路的初态的取值代入状态方程和输出方程，计算出电路的次态和输出。以得到电路的状态转换表。

4）根据状态转换表作状态转换图。

5）根据状态转换表或状态转换图画时序图。

6）根据状态转换表、状态转换图和时序图，确定电路的逻辑功能。

2. 计数器的基本概念、功能及分类

（1）计数器概念。对输入脉冲 CP 个数进行计数以及对其他物理量计量的电路。

（2）计数器的分类。

1）按计数进制可分为二进制计数器和非二进制计数器。非二进制计数器中最典型的是十进制计数器。

2）按数字的增减趋势可分为加法计数器、减法计数器和可逆计数器。

3）按计数器中触发器翻转是否与计数脉冲同步分为同步计数器和异步计数器。

3. 二进制计数器（同步和异步）逻辑电路的分析

（1）同步计数器。

1）同步二进制计数器。4 位同步二进制计数器 74LS161。同步二进制加法计数器，在多位二进制数末位加 1，若第 i 位以下皆为 1 时，则第 i 位应翻转，同步二进制减法计数器，在多位二进制数末位减 1，若第 i 位以下皆为 0 时，则第 i 位应翻转。

2）同步十进制计数器。74LS160 为同步十进制计数器，同步十进制加法计数器在四位二进制计数器基础上修改，当计到 1001 时，则下一个时钟电路状态回到 0000，同步十进制减法计数器对二进制减法计数器进行修改，在 0000 时减"1"后跳变为 1001，按二进制减法计数。

（2）异步计数器。

1）异步二进制计数器。4 位异步二进制计数器 74LS161。异步二进制加法计数器，在末位＋1 时，从低位到高位逐位进位方式工作；每 1 位从"1"变"0"时，向高位发出进位，使高位翻转。异步二进制减法计数器，在末位－1 时，从低位到高位逐位借位方式工作；每 1 位从"0"变"1"时，向高位发出进位，使离位翻转。

2）异步十进制计数器，异步十进制加法计数器在 4 位二进制异步加法计数器上修改而成。74LS290 为二-五-十进制异步计数器。

（3）任意进制计数器的构成方法。用已有的 M 进制芯片，组成 N 进制计数器。

1）$M > N$。计数循环过程中设法跳过 $M - N$ 个状态，可通过置数法和清零法实现。同步清零端或置数端实现 N 进制计数器，应根据 S_{N-1} 对应的二进制代码写反馈函数，无瞬态，S_{N-1} 为有效计数状态。异步清零端或置数端实现 N 进制计数器，应根据 S_N 对应的二制代码写反馈函数。

①异步端控制。

Ⅰ. 异步置数。在异步置数端接上置数信号，计数器将数据输入信号的信息置入计数器中，构成计数初态 S_0，置数信号消失后，计数器从 S_0 开始计数。

Ⅱ. 异步清零。清零信号由计数器输出利用反馈电路产生的。

异步消零不需要时钟信号，只要消零端接上清零信号，计数器立即清零。适用于具有异步清零端的集成计数器。

异步清零法实现 N 进制计数器，计数有效状态为 0～（$N-1$）。在状态 N 时利用异步清零端实现清零，状态 N 为瞬态。

②同步端控制。

Ⅰ. 同步清零指当清零端接上清零信号后，计数时钟脉冲的上升沿或下降沿到来后，计数器才清零。

Ⅱ. 同步置数的集成计数器实现 N 进制计数，若预置数为 M，则需要在状态（$N+M-1$）时反馈置数，计数器的有效状态时 M～（$N+M-1$）。

2）$M < N$。$N = N_1 N_2$，N_1 和 N_2 间的连接有两种方式：

①并行进位方式：用同一个时钟，低位片的进位输出作为高位片的计数控制信号（如74160 的 EP 和 ET）。

②串行进位方式：低位片的进位输出作为高位片的时钟，两片始终同时处于计数状态。用两片 74160 接成一百进制计数器，如图 3.6-1 所示。

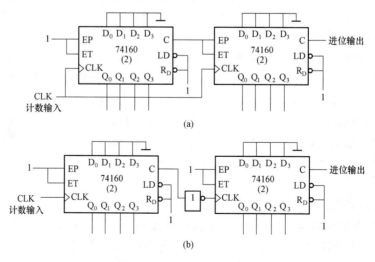

图 3.6-1　一百进制计数器

（a）并行进位法；（b）串行进位法

4. 寄存器和移位寄存器的结构、功能和简单应用

（1）寄存器。

寄存器是存放数码的部件，构成寄存器的核心部件是触发器。

1 个触发器只能存储 1 位二值数码，N 个触发器能存储 N 位二值数码，N 个触发器可以构成 N 位寄存器。

（2）移位寄存器。不但可以存放数码，还能对数码进行移位操作。移位寄存器有单向移位寄存器和双向移位寄存器。集成移位寄存器 74LS194，是由四个触发器构成的四位双向移位寄存器，移位寄存器常用于实现数据的串并行转换，构成环形计数器、扭环计数器和顺序脉冲发生器等。

1）环形计数器。74LS194 构成的环形计数器的逻辑图和状态图如图 3.6-2 所示。当正脉冲启动信号 START 到来时，使 $S_1S_0=11$，从而不论移位寄存器 74LS194 的原状态如何，在 CP 作用下总是执行置数操作使 $Q_0Q_1Q_2Q_3=1000$。当 START 由 1 变 0 之后，$S_1S_0=01$，在 CP 作用下移位寄存器进行右移操作。在第四个 CP 到来之前 $Q_0Q_1Q_2Q_3=0001$。这样在第四个 CP 到来时，由于 $D_{SR}=Q_3=1$，故在此 CP 作用下 $Q_0Q_1Q_2Q_3=1000$。可见该计数器共 4 个状态，为模 4 计数器。

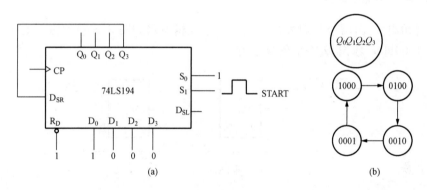

图 3.6-2 用 74LS194 构成的环形计数器
(a) 逻辑图；(b) 状态图

环形计数器的电路十分简单，N 位移位寄存器可以计 N 个数，实现模 N 计数器，且状态为 1 的输出端的序号即代表收到的计数脉冲的个数，通常不需要任何译码电路。

2）扭环形计数器：可增加有效计数状态，扩大计数器的模。

N 位移位寄存器构成的扭环形计数器可以得到含有 $2N$ 个有效状态的循环，但仍有 2^N-2N 个状态没有被利用。

将图 3.6-2（a）所示的移位寄存器的 74LS194 的末级输出 Q_3 反相后，接到串行输入端 D_{SR}，就构成了扭环形计数器，如图 3.6-3（a）所示。从图 3.6-3（b）所示的状态图可见，该电路有 8 个计数状态，为模 8 计数器。

将 N 位移位寄存器末级输出反相后，接到串行输入端，可以组成模 $2N$ 的扭环形计数器。

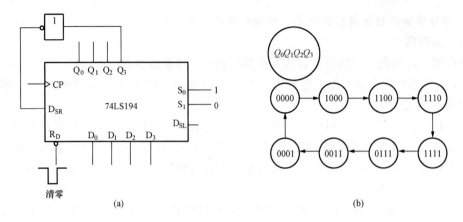

图 3.6 - 3　74LS194 构成的扭环形计数器

（a）逻辑图；（b）状态图

3.6.2　供配电专业高频考点与历年真题解析

考点 1：时序逻辑电路的分析

【3.6 - 1】(2023)　由两个 D 触发器组成的时序逻辑电路如图 3.6 - 4 所示，已知 CP 脉冲的频率为 1000Hz，输出 Q_2 波形的频率为：

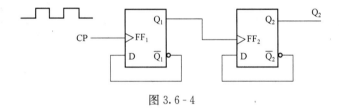

图 3.6 - 4

A. 2000Hz　　　　　B. 1000Hz　　　　　C. 500Hz　　　　　D. 250Hz

答案：C

解题过程：D 触发器，Q_1 接 FF$_2$ 的 CP 端，且 FF$_2$ 为上升沿触发，则仅当 Q_1 由 $0 \to 1$ 时，Q_2 翻转一次，即每经过 2 个 CP 脉冲，Q_2 变动一次。由此可知，Q_2 的频率为 CP 脉冲的一半，500Hz。

【3.6 - 2】(2023)　已知计数器电路如图 3.6 - 5 所示，设三个触发器的初始状态为"000"，则该电路是：

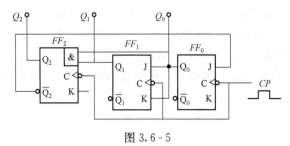

图 3.6 - 5

A. 同步五进制加法计数器　　　　　　B. 同步六进制加法计数器

C. 同步七进制加法计数器　　　　　　D. 同步八进制加法计数器

答案： A

解题过程： 驱动方程为 $\begin{cases}J_0=\overline{Q}_2\\K_0=1\end{cases}$，$\begin{cases}J_1=Q_0\\K_1=Q_0\end{cases}$，$\begin{cases}J_2=Q_1Q_0\\K_2=1\end{cases}$

状态方程 $\begin{cases}Q_2^{n+1}=Q_1^nQ_0^n\overline{Q}_2^n\\Q_1^{n+1}=Q_0^n\overline{Q}_1^n+\overline{Q}_0^nQ_1^n\\Q_0^{n+1}=\overline{Q}_2^nQ_0^n\end{cases}$

列写真值表，见表 3.6-1，为五进制计数器。

表 3.6-1　　　　　　　　　　　　**真　值　表**

Q_2^n	Q_1^n	Q_0^n	Q_2^{n+1}	Q_1^{n+1}	Q_0^{n+1}
0	0	0	0	0	1
0	0	1	0	1	0
0	1	0	0	1	1
0	1	1	1	0	0
1	0	0	0	0	0

【3.6-3】（2022） 图 3.6-6 所示异步时序电路逻辑功能是：

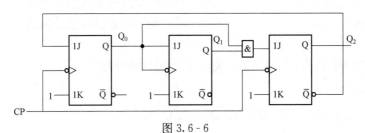

图 3.6-6

A. 八进制加法计数器　　　　　　　　B. 八进制减法计数器

C. 五进制加法计数器　　　　　　　　D. 五进制减法计数器

答案： C

解题过程： 本电路无输入控制变量，输出是各级触发器状态变量组合。触发器均为 JK 触发器，在时针下降沿进行状态转移。Q_1、Q_3 共用外部提供时钟信号，Q_2 触发器为计数器工作方式，其时钟信号由 Q_1 提供，表 3.6-2 为脉冲顺序转移表。

表 3.6-2　　　　　　　　　　　　**脉 冲 顺 序 转 移 表**

脉冲 C	触发器初状态			触发器次状态		
	Q_2^n	Q_1^n	Q_0^n	Q_2^{n+1}	Q_1^{n+1}	Q_0^{n+1}
1	0	0	0	0	0	1
2	0	0	1	0	1	0
3	0	1	0	0	1	1
4	0	1	1	1	0	0

脉冲 C	触发器初状态			触发器次状态		
	Q_2^n	Q_1^n	Q_0^n	Q_2^{n+1}	Q_1^{n+1}	Q_0^{n+1}
5	1	0	0	0	0	0
6	1	0	1	0	1	0
7	1	1	0	0	1	0
8	1	1	1	0	0	0

故该逻辑电路为五进制加法计数器。

【3.6-4】（2021） 如图 3.6-7 所示同步时序电路，该电路的逻辑功能是：

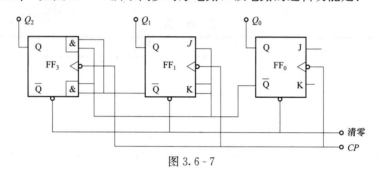

图 3.6-7

A. 同步八进制加法计数器　　　　　B. 同步八进制减法计数器

C. 同步五进制加法计数器　　　　　D. 同步八进制减法计数器

答案： B

解题过程： 因为该电路的 CP 端连在一起，因此是同步计数器。

列写驱动方程：$J_0 = K_0$，$J_1 = K_1 = \overline{Q_0^n}$，$J_2 = K_2 = \overline{Q_0^n}\ \overline{Q_1^n} = \overline{Q_0^n + Q_1^n}$

列写状态方程：$Q_0^{n+1} = J_0\ \overline{Q_0^n} + \overline{K_0} Q_0^n = J_0\ \overline{Q_0^n} = \overline{Q_0^n}$

$Q_1^{n+1} = J_1\ \overline{Q_1^n} + \overline{K_1} Q_1^n = \overline{Q_0^n}\ \overline{Q_1^n} + Q_0^n Q_1^n = Q_0^n \odot Q_1^n$

$Q_2^{n+1} = J_2\ \overline{Q_2^n} + \overline{K_2} Q_2^n = \overline{Q_0^n}\ \overline{Q_1^n}\ \overline{Q_2^n} + (Q_0^n + Q_1^n)\ Q_2^n = \overline{Q_0^n + Q_1^n}\ \overline{Q_2^n} + (Q_0^n + Q_1^n)\ Q_2^n$

$= (Q_0^n + Q_1^n) \odot Q_2^n$

列写真值表，见表 3.6-3。

表 3.6-3　　　　　　　　　　　　题 3.6-4 真值表

Q_2^n	Q_1^n	Q_0^n	Q_2^{n+1}	Q_1^{n+1}	Q_0^{n+1}
0	0	0	1	1	1
0	0	1	0	0	0
0	1	0	0	0	1
0	1	1	0	1	0
1	0	0	0	1	1
1	0	1	1	0	0
1	1	0	1	0	1
1	1	1	1	1	0

计数循环如图 3.6-8 所示。

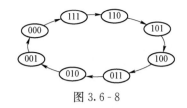

图 3.6-8

故为同步八进制减法计数器。

【3.6-5】（2021）　图 3.6-9 所示电路是集成计数器 74LS161 构成的可变进制计数器。试分析当控制变量 A 为 1 或 0 时电路各为几进制计数器？

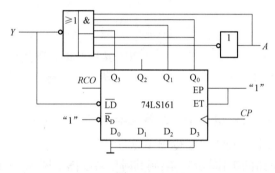

图 3.6-9

A. A＝1 时为十二进制计数器，A＝0 时为十进制计数器

B. A＝1 时为十一进制计数器，A＝0 时为十进制计数器

C. A＝1 时为十进制计数器，A＝0 时为十二进制计数器

D. A＝1 时为十进制计数器，A＝0 时为十一进制计数器

答案： A

解题过程： 74LS161 功能见表 3.6-4。

表 3.6-4　　　　　　　　　　　　　**74LS161 功 能 表**

CP	$\overline{R_\mathrm{D}}$	$\overline{LD}$	EP	ET	工作状态
×	0	×	×	×	置零
↑	1	0	×	×	预置数
×	1	1	0	1	保持
×	1	1	×	0	保持（但 C＝0）
↑	1	1	1	1	计数

由图 3.6-7 知 $EP=ET=1$，所以为计数过程。此时 $Y=1$，$\overline{R_\mathrm{D}}=1$　$\overline{LD}=1$。

①当 $A=1$ 时，$Q_3Q_2Q_1Q_0=1011$，后给出 $\overline{LD}=0$ 信号，此时计数范围：0000～1011⇒十二进制。

②当 $A=0$ 时，$Q_3Q_2Q_1Q_0=1001$，后给出 $\overline{LD}=0$ 信号，此时计数范围：0000～1001，为十进制。

★【3.6-6】（2021、2020）　如图 3.6-10 所示电路，设初始状态为"000"，该电路实现的逻辑功能：

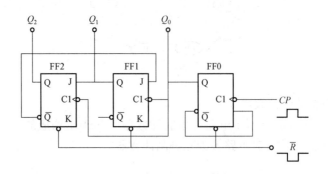

图 3.6-10

A. 同步八进制加法计数器　　　　　　B. 异步八进制减法计数器

C. 异步六进制加法计数器　　　　　　D. 异步六进制减法计数器

答案：C

解题过程：如图 3.6-10 所示电路中，D 触发器：当 $CP=0$ 时，$Q_1^{n+1}=Q_1^n$；当 $CP=1$ 时，$Q_1^{n+1}=D$。JK 触发器：$Q^{n+1}=J\overline{Q^n}+\overline{K}Q^n$。

根据题意，分析电路的工作状态，绘制其时序转换图如图 3.6-11 所示。

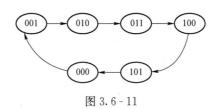

图 3.6-11

分析该电路为异步六进制加法器。

【3.6-7】（2019）　如图 3.6-12 所示的逻辑电路，设触发器的初始状态均为"0"，当 $\overline{R}_D=1$ 时，该电路的逻辑功能为：

A. 同步八进制加法计数器　　　　　　B. 同步八进制减法计数器

C. 同步六进制加法计数器　　　　　　D. 同步六进制减法计数器

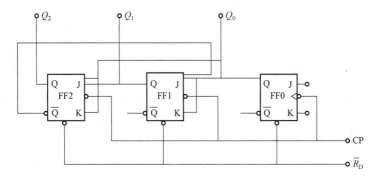

图 3.6-12

答案：C

解题过程：根据逻辑电路，列写驱动方程：

$$J_2 = Q_1^n Q_0^n \quad K_2 = Q_0^n$$

$$J_1 = \overline{Q_2^n} Q_0^n \quad K_1 = Q_0^n$$

状态方程为：

$$Q_2^{n+1} = Q_1^n Q_0^n \overline{Q_2^n} + \overline{Q_0^n} Q_2^n$$

$$Q_1^{n+1} = Q_0^n \overline{Q_2^n} \overline{Q_1^n} + \overline{Q_0^n} Q_1^n$$

$$Q_0^{n+1} = \overline{Q_0^n}$$

异步置零端为高电平，无效。CP 在脉冲下降沿有效。触发器初始状态为 000，当第一个 CP 脉冲下降沿时，$Q_2 Q_1 Q_0 = 001$，则计数循环 $000 \rightarrow 001 \rightarrow 010 \rightarrow 011 \rightarrow 100 \rightarrow 101 \rightarrow 000$。故为同步六进制加法计数器。

【3.6 - 8】（2018） 如图 3.6 - 13 所示异步时序电路，该电路的逻辑功能：

A. 八进制加法计数器   B. 八进制减法计数器

C. 五进制加法计数器   D. 五进制减法计数器

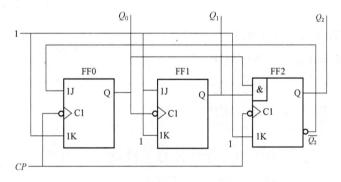

图 3.6 - 13

答案：C

解题过程：时钟方程：下降沿触发，$CP_0 = CP_2 = CP$；$CP_1 = Q_0^n$。

驱动方程

$$J_0 = \overline{Q_2^n}, \ K_0 = 1$$

$$J_1 = Q_0^n, \ K_1 = 1$$

$$J_2 = Q_1^n Q_0^n, \ K_2 = 1$$

状态方程

$$Q_0^{n+1} = J_0 \overline{Q_0^n} + \overline{K_0} Q_0^n = \overline{Q_2^n} \overline{Q_0^n}$$

$$Q_1^{n+1} = J_1 \overline{Q_1^n} + \overline{K_1} Q_1^n = \overline{Q_1^n}$$

$$Q_2^{n+1} = J_2 \overline{Q_2^n} + \overline{K_2} Q_2^n = Q_1^n Q_0^n \overline{Q_2^n}$$

列状态转换真值表见表 3.6 - 5，设电路初始状态为 $Q_2^n Q_1^n Q_0^n = 000$，则该电路为异步五进制加法计数器。

表 3.6 - 5 　　　　　　　**题 3.6 - 8 状态转换真值表**

现态			次态			时钟脉冲		
Q_2^n	Q_1^n	Q_0^n	Q_2^{n+1}	Q_1^{n+1}	Q_0^{n+1}	CP_2	CP_1	CP_0
0	0	0	0	0	1	↓	↑	↓
0	0	1	0	1	0	↓	↓	↓
0	1	0	0	1	1	↓	↑	↓
0	1	1	1	0	0	↓	↓	↓
1	0	0	0	0	0	↓		↓

【3.6 - 9】(2014) 　如图 3.6 - 14 所示电路的逻辑功能为：

A. 异步八进制计数器

B. 异步七进制计数器

C. 异步六进制计数器

D. 异步五进制计数器

答案： D

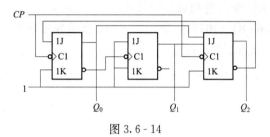

图 3.6 - 14

解题过程： 驱动方程式和时钟方程

$$J_0 = \overline{Q_2^n},\ K_0 = 1;\qquad CP_0 = CP$$

$$J_1 = K_1 = 1;\qquad CP_1 = \overline{Q_0^n}$$

$$J_2 = Q_1^n Q_0^n,\ K_2 = 1;\quad CP_2 = CP$$

状态方程为

$$Q_0^{n+1} = J_0 \overline{Q_0^n} + \overline{K_0} Q_0^n = \overline{Q_2^n}\,\overline{Q_0^n}\qquad (CP)$$

$$Q_1^{n+1} = \overline{Q_1^n}\qquad (CP_1)$$

$$Q_2^{n+1} = \overline{Q_2^n} Q_1^n Q_0^n\qquad (CP)$$

状态真值表见表 3.6 - 6，状态转换图如图 3.6 - 15 所示。

表 3.6 - 6 　　**题 3.6 - 9 真 值 表**

Q_2^n	Q_1^n	Q_0^n	Q_2^{n+1}	Q_1^{n+1}	Q_0^{n+1}	CP_2	CP_1	CP_0
0	0	0	0	1	1	↓	↓	↓
0	0	1	0	0	0	↓		↓
0	1	0	0	0	1	↓	↓	↓
0	1	1	1	1	0	↓		↓
1	0	0	0	0	0	↓		↓

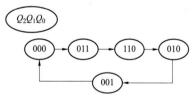

图 3.6 - 15　题 3.6 - 9 状态转换图

该电路的逻辑功能为异步五进制计数器。

考点 2：计数器的基本概念、功能及分类

★**【3.6 - 10】(2022)** 　由 74LS161 集成计数器构成的电路如图 3.6 - 16 所示，该电路实现

的逻辑功能是：

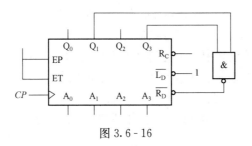

图 3.6-16

A. 十六进制加法计算器　　　　　　B. 十一进制加法计算器

C. 十进制加法计　　　　　　　　　D. 九进制

答案：C

解题过程： 由集成计数器 74LS161 和与非门组成的计数器。图中触发器的输出端 Q_3、Q_1 通过与非门反馈到异步清零端，即 $\overline{R}_D = \overline{(Q_3 Q_1)}$。计数器从"0000"开始计数，当 10 个计数脉冲输入后，状态到达"1010"，即 $Q_3 Q_1 = 11$，则 $\overline{R}_D = \overline{Q_3 Q_1} = 0$，计数器进入清零工作状态。为十进制加法计数器。

考点 3：二进制计数器（同步和异步）逻辑电路

【3.6-11】(2020) 　如图 3.6-17 所示逻辑电路在 $M=1$ 和 $M=0$ 时的功能分别是：

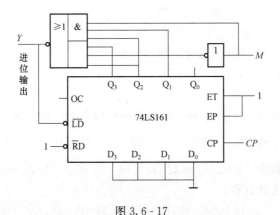

图 3.6-17

A. $M=1$ 时为五进制计数器，$M=0$ 时为十五进制计数器

B. $M=1$ 时为十进制计数器，$M=0$ 时为十六进制计数器

C. $M=1$ 时为十五进制计数器，$M=0$ 时为五进制计数器

D. $M=1$ 时为十六进制计数器，$M=0$ 时为十进制计数器

答案：C

解题过程： 输入端口 $D_3 D_2 D_1 D_0$ 为 0000，当 Y 为 0 时导致输入 LD 端口的值为 0，使输出端口 $Q_3 Q_2 Q_1 Q_0$ 的值等于输入端口 $D_3 D_2 D_1 D_0$ 的值，即清零也就意味着一个循环的结束。

（1）当 $M=1$ 时，通过非门后变为 0 导致输入的其中一个与门（下面的与门）的值 0。要想 Y 等于 0（使通过与或非门的值为 0）只能是另外一个的与门（上面的与门）的值为

1，即 $Q_3Q_2Q_1$ 都为 1。所以当 $Q_3Q_2Q_1Q_0$ 的值为 1110 时会导致 Y 等于 0 使输出端口 $Q_3Q_2Q_1Q_0$ 的值等于输入端口 $D_3D_2D_1D_0$ 的值，即清零。二进制 1110 为十进制的 14，0 到 14 共 15 个数字，因此为十五进制计数器。

（2）当 $M=0$ 时，导致其中一个与门（上面的与门）的值为 0。要想 Y 等于 0（使通过与或非门的值为 0）只能是另外一个的与门（下面的与门）的值为 1，即 Q_2 为 1，所以当 $Q_3Q_2Q_1Q_0$ 的值为 0100 时会导致 Y 等于 0 使输出端口 $Q_3Q_2Q_1Q_0$ 的值等于输入端口 $D_3D_2D_1D_0$ 的值，即清零。二进制 0100 为十进制的 4，0 到 4 共 5 个数字，因此为五进制计数器。

【3.6-12】（2019） 如图 3.6-18 所示电路，集成计数器 74LS160 在 $M=1$ 和 $M=0$ 时，其功能分别为：

A. $M=1$ 时为六进制计数器，$M=0$ 时为八进制计数器

B. $M=1$ 时为八进制计数器，$M=0$ 时为六进制计数器

C. $M=1$ 时为十进制计数器，$M=0$ 时为八进制计数器

D. $M=1$ 时为六进制计数器，$M=0$ 时为十进制计数器

答案： A

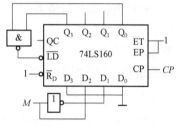

图 3.6-18

解题过程： 由图 3.6-18 可得：当 $M=1$ 时为六进制计数器；当 $M=0$ 时为八进制计数器。

【3.6-13】（2018） 如图 3.6-19 所示的 74LS161 集成计数器构成的计数器电路和 74LS290 集成计数器构成的计数器电路所实现的逻辑功能依次是：

A. 九进制加法计数器，七进制加法计数器

B. 六进制加法计数器，十进制加法计数器

C. 九进制加法计数器，六进制加法计数器

D. 八进制加法计数器，七进制加法计数器

答案： A

解题过程： 由集成计数器 74LS161 和与非门组成的计数器。图中触发器的输出端 Q_3、Q_0 通过与非门反馈到异步清零端，即 $\overline{R}_D=(Q_3Q_0)$。计数器从 "0000" 开始计数，当 9 个计数脉冲输入后，状态到达 "1001"，即 $Q_3Q_0=11$，则 $\overline{R}_D=\overline{Q_3Q_0}=0$，计数器进入清零工作状态。为九进制加法计数器。

74LS290 构成如图 3.6-19 所示，当计数器状态为 0111 时，$R_{0(1)}R_{0(2)}=Q_2Q_1Q_0=1$，复位条件满足，计数器复位到 0000，完成一次计数循环。该计数器为异步七进制加法计数器。

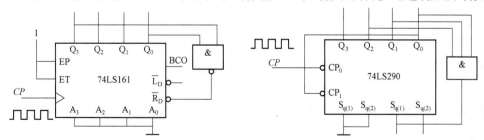

图 3.6-19

【3.6-14】（2017） 采用中规模加法计数器 74LS161 构成的计数器电路如图 3.6-20 所示，

该电路的进制为：

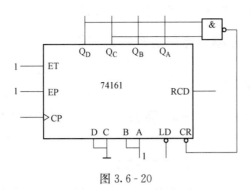

图 3.6 - 20

A. 十一进制　　　　　B. 十二进制　　　　　C. 八进制　　　　　D. 十进制

答案： D

解题过程： 根据图 3.6 - 20 可得：$\overline{CR}=\overline{Q_DQ_C}$，所置最小数是（$DCBA=0011$）。74161 当 $\overline{CR}=0$ 时，计数器异步清零，与 CP 无关。$Q_DQ_CQ_BQ_A=1100$ 时，$\overline{CR}=\overline{Q_DQ_C}=0$，计数器异步清零。所以 74161 计数有 0011～1100 共 10 个状态，为十进制计数器。

【3.6 - 15】（2016） 74161 的功能见表 3.6 - 7，如图 3.6 - 21 所示电路的功能为：

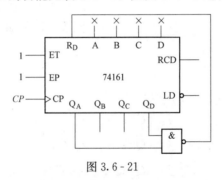

图 3.6 - 21

表 3.6 - 7　　　　　　　　　　　　　**74161 功 能 表**

CP	$\overline{R_D}$	$\overline{LD}$	EP	ET	工作状态
×	0	×	×	×	置零
↑	1	0	×	×	预置数
×	1	1	0	1	保持
×	1	1	×	0	保持（但 C=0）
↑	1	1	1	1	计数

A. 六进制计数器　　B. 七进制计数器　　C. 八进制计数器　　D. 九进制计数器

答案： D

解题过程： 如图 3.6 - 21 所示为九进制计数器，由集成计数器 74LS161 和与非门组成。利用 74LS161 的清零端构成九进制计数器，图中触发器的输出端 Q_D、Q_A 通过与非门反馈到异步清零端，即 $\overline{R_D}=\overline{(Q_DQ_A)}$。计数器从"0000"开始计数，当 6 个计数脉冲输入后，状态到达"1001"，即 $Q_DQ_A=11$，则 $\overline{R_D}=\overline{Q_DQ_A}=0$，计数器进入清零工作状态。

74LS161 为异步清零，所以触发器立即清零，即计数器跳过了后面的所有状态直接回到"0000"状态。计数器到达"0000"状态后，清零信号消失，计数器回到计数工作状态。

3.6.3 发输变电专业高频考点与历年真题解析

考点 1：时序逻辑电路的分析

【3.6-16】（2019） 如图 3.6-22 所示逻辑电路，设触发器的初始状态均为 0，该电路实现的逻辑功能是：

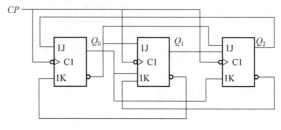

图 3.6-22

A. 同步十进制加法计数器   B. 同步八进制加法计数器

C. 同步六进制加法计数器   D. 同步三进制加法计数器

答案： C

解题过程：（1）写方程式。

1）驱动方程

$$J_0 = Q_2^n；\quad K_0 = \overline{Q_1^n}$$
$$J_1 = \overline{Q_0^n}；\quad K_1 = \overline{Q_2^n Q_0^n}$$
$$J_2 = Q_1^n \overline{Q_0^n}；\quad K_2 = Q_0^n$$

2）状态方程

$$Q_0^{n+1} = J_0 \overline{Q_0^n} + \overline{K_0} Q_0^n = Q_2^n \overline{Q_0^n} + Q_1^n Q_0^n$$
$$Q_1^{n+1} = \overline{Q_1^n}\ \overline{Q_0^n} + Q_2^n Q_1^n + Q_1^n \overline{Q_0^n}$$
$$Q_2^{n+1} = \overline{Q_2^n} Q_1^n \overline{Q_0^n} + Q_2^n \overline{Q_0^n}$$

（2）全状态转换表，见表 3.6-8。

表 3.6-8   全 状 态 转 换 表

Q_2^n	Q_1^n	Q_0^n	Q_2^{n+1}	Q_1^{n+1}	Q_0^{n+1}
0	0	0	0	1	0
0	0	1	0	0	0
0	1	0	1	1	0
0	1	1	0	0	1
1	0	0	1	1	1
1	0	1	0	0	0

Q_2^n	Q_1^n	Q_0^n	Q_2^{n+1}	Q_1^{n+1}	Q_0^{n+1}
1	1	0	1	1	1
1	1	1	0	1	1

（3）状态转换图，如图 3.6 - 23 所示。

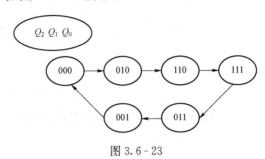

图 3.6 - 23

该电路的有效循环中有 6 个独立状态，故其功能为同步六进制计数器。

【3.6 - 17】（2017、2016）　如图 3.6 - 24 所示电路的逻辑功能为：

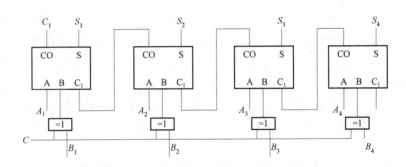

图 3.6 - 24

A. 四位二进制加法器　　　　　　　　B. 四位二进制减法器

C. 四位二进制加/减法器　　　　　　D. 四位二进制比较器

答案： C

解题过程： 当 $C=1$ 时，其逻辑表达式为：

$$(CI)_i = (CO)_{i-1}$$
$$S_i = A_i \oplus B_i \oplus (CI)_i$$
$$(CO)_i = A_i B_i + (A_i + B_i)(CI)_i$$

该电路为四位二进制加法器。

当 $C=0$ 时，通过异或门和 C 将 B_i 变为负数的补码，实现加法器功能因此该电路为可控的加/减法器。

【3.6 - 18】（2014）　如图 3.6 - 25 所示电路中，当开关 A、B、C 均断开时，电路的逻辑功能为：

A. 八进制加法计数　　　　　　　　　B. 十进制加法计数

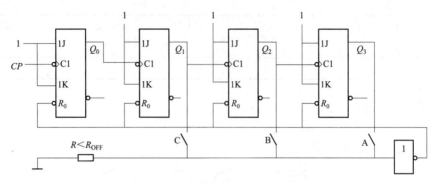

图 3.6-25

C. 十六进制加法计数　　　　　　　　　　D. 十进制减法计数

答案： C

解题过程： 如图 3.6-25 所示电路为 4 个下降沿触发的 JK 触发器组成。每个 JK 触发器的 J、K 端接高电平 1，为计数型触发器；输入 CP 脉冲加到第一级触发器计数脉冲输入端，第一级的 Q_0 端输出作为第二级的计数脉冲输入，以此类推，该电路为异步时序逻辑电路。

当开关 A、B、C 均断开时，由于非门输入端对地电阻 $R < R_{OFF}$，相当于接逻辑 0，则非门输出为逻辑 1。各触发器的 $\overline{R}_D = 1$，不起作用。实现十六进制加法计数功能。

【3.6-19】(2014) 图 3.6-25 所示电路中，当开关 A、B、C 分别闭合时，电路实现的逻辑功能分别是：

A. 十六、八、四进制加法计数　　　　　B. 十六、十、八进制加法计数
C. 十、八、四进制加法计数　　　　　　D. 八、四、二进制加法计数

答案： D

解题过程： 如图 3.6-25 所示电路为 4 个下降沿触发的 JK 触发器组成。每个 JK 触发器的 J、K 端接高电平 1，为计数型触发器；输入 CP 脉冲加到第一级触发器计数脉冲输入端，第一级的 Q_0 端输出作为第二级的计数脉冲输入，以此类推，该电路为异步时序逻辑电路。

当开关 A 闭合时，因为 $\overline{R}_D = \overline{Q}_3$，当 $Q_3 = 1$ 时，计数状态为 1000 时，复位到 0，重新开始计数，则该电路是一个异步三位二进制加法器，实现八进制加法计数功能。

当开关 B 闭合时，因为 $\overline{R}_D = \overline{Q}_2$ 当 $Q_2 = 1$ 时，计数状态为 100 时，复位到 0，重新开始计数，该电路是一个异步二位二进制加法器，实现四进制加法计数功能。

当开关 C 闭合时，因为 $\overline{R}_D = \overline{Q}_1$ 当 $Q_2 = 1$ 时，计数状态为 10 时，复位到 0，重新开始计数，该电路是一个异步一位二进制加法器，实现二进制加法计数功能。

考点 2：二进制计数器（同步和异步）逻辑电路

【3.6-20】(2024) 图 3.6-26 所示的由 74160 构成的计数器为：

A. 四进制计数器　　　　　　　　　　　B. 五进制计数器
C. 六进制计数器　　　　　　　　　　　D. 七进制计数器

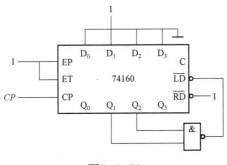

图 3.6 - 26

答案： B

解题过程： 74LS160 为十进制同步加法计数器，具有同步置数，异步清零功能，当 $Q_1 =$ 1、$Q_2 = 1$ 首次出现时，即输出为（0110）重新进行预置数，计数范围为 0010～0110，即为五进制计数器。

【3.6 - 21】（2020） 如图 3.6 - 27 所示 74LS161 同步进制计数器：

A. 十六进制加法计数　　　　　　　　　B. 十二进制加法计数

C. 十进制加法计数　　　　　　　　　　D. 九进制加法计数

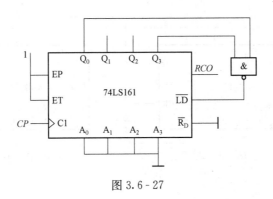

图 3.6 - 27

答案： C

解题过程： 由题可知，输入端口 $A_3 A_2 A_1 A_0$ 为 0000。当 LD 端口的值为 0 时，输出端口 $Q_3 Q_2 Q_1 Q_0 = A_3 A_2 A_1 A_0$，意味着一个循环的结束，即清零。当 Q_0、Q_3 都等于 1 时，通过与非门后的值为 0，即输入端口 LD 的值为 0，此时重新开始一个循环。所以当 $Q_3 Q_2 Q_1 Q_0$ 的值为 1001 时，输出端口的值等于输入端口的值。0000～1001 共有 10 个数，所以为十进制加法计数。故选 C。

【3.6 - 22】（2018） 采用中规模加法计数器 74LS161 构成的电路如图 3.6 - 28 所示，该电路构成几进制加法计数器：

A. 九进制　　　　　　B. 十进制　　　　　　C. 十二进制　　　　　　D. 十三进制

答案： A

解题过程： 由图 3.6 - 28 中的功能表可以看出：加法计数器 74LS161 预置数为 $DCBA =$ $(0011)_2$，当 $Q_D = 1$，$Q_C = 1$ 首次出现时，即输出为 $(1100)_2$ 重新进行预置数。其他情况继续保持计数。从 $(0011)_2$ 到 $(1100)_2$ 需计数 9 次，因此为九进制计数器。

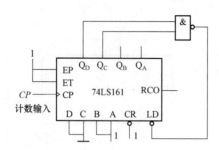

图 3.6 - 28

74LS161功能表

CP	$\overline{CR}$	$\overline{LD}$	EP	ET	D	C	B	A	工作状态
$\times$	0	$\times$	$\times$	$\times$	$\times$	$\times$	$\times$	$\times$	置零
$\uparrow$	1	0	$\times$	$\times$	D	C	B	A	预置数
$\times$	1	1	0	$\times$	$\times$	$\times$	$\times$	$\times$	保持
$\times$	1	1	$\times$	0	$\times$	$\times$	$\times$	$\times$	保持（但$c=0$)
$\uparrow$	1	1	1	1	$\times$	$\times$	$\times$	$\times$	计数

【3.6 - 23】（2014） 如图 3.6 - 29 所示电路中，计数器 74163 构成电路的逻辑功能为：

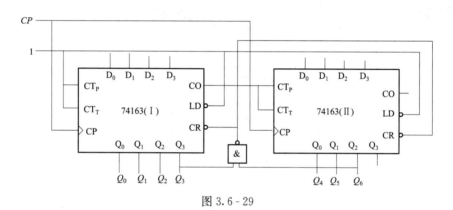

图 3.6 - 29

A. 同步八十四进制加法计数　　　B. 同步七十三进制加法计数

C. 同步七十二进制加法计数　　　D. 同步三十二进制加法计数

答案： B

解题过程： 74163 为同步十六进制集成加法计数器。该电路为同步级联，通过 $\overline{CR}$ 执行全局反馈清零，因 74163 的 $\overline{CR}$ 为同步操作方式，直接连线到的电路的 S_{n-1} 状态，故计数 $N = S_{n-1}+1 = [01001000]_B+1 = 73$。

该电路实现同步七十三进制加法计数器功能。

考点3：寄存器和移位寄存器

【3.6 - 24】（2017、2016） 四位双向移位寄存器 74194 组成的电路如图 3.6 - 30 所示，74194 的功能表见表 3.6 - 9，该电路的状态转换图为：

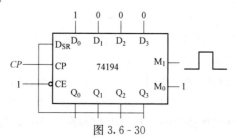

图 3.6 - 30

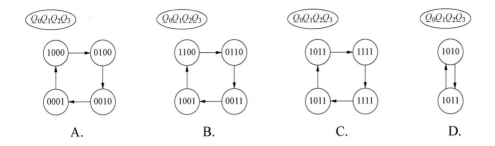

A.　　　　　B.　　　　　C.　　　　　D.

表 3.6 - 9　功 能 表

输　入										输　出				实现的操作
$\overline{CR}$	M_1	M_0	CP	D_{SL}	D_{SR}	D_0	D_1	D_2	D_3	Q_A	Q_B	Q_C	Q_D	
0	×	×	×	×	×	×	×	×	×	0	0	0	0	复位
1	0	0	×	×	×	×	×	×	×	Q_A^n	Q_B^n	Q_C^n	Q_D^n	保持
1	0	1	↑	×	1	×	×	×	×	1	Q_A^n	Q_B^n	Q_C^n	右移，D_{SR} 为串行输入，Q_D 为串行输出
1	0	1	↑	×	0	×	×	×	×	0	Q_A^n	Q_B^n	Q_C^n	
1	1	0	↑	1	×	×	×	×	×	Q_B^n	Q_C^n	Q_D^n	1	左移，D_{SL} 为串行输入，Q_A 为串行输出
1	1	0	↑	0	×	×	×	×	×	Q_B^n	Q_C^n	Q_D^n	0	
1	1	1	↑	×	×	D_0	D_1	D_2	D_3	D_0	D_1	D_2	D_3	置数，即并行输入

答案： A

解题过程： M_1 和 CP 的第一个脉冲应为置数，从 1000 开始。

3.7　脉冲波形的产生

3.7.1　知识点提示

1. 施密特触发器

（1）施密特触发器是脉冲波形变换电路，将边沿变化缓慢的信号整形成边沿陡峭的矩形波，将叠加在矩形波高低电平上的噪声有效地清除。

（2）施密特触发器的应用。

1）波形变换。施密特电路把变化比较缓慢的正弦波、三角波等变换成矩形脉冲信号。输出波形的周期或频率与输入信号相同。

2）脉冲整形。对边沿较差或畸变脉冲进行整形。

3）脉冲鉴幅。施密特触发器输入一串幅度不等的脉冲时，幅度超过上限阈值电压 U_{T+} 的脉冲才能使其输出端输出一个矩形脉冲。

2. 单稳态触发器

单稳态触发器是一种脉冲整形电路，在外加触发脉冲作用下输出一个固定宽度的矩形脉冲。

(1) 特点：接通电源，电路出现稳态；外加触发信号，电路翻转为暂态。暂态维持一段时间，自动返回稳态；暂态维持时间的长短，只和电路参数有关，与触发信号的幅度、电源电压的高低无关。

(2) 用途：整形→输出矩形波。定时→输出一定宽度的矩形波。延时→将输入信号延长一定时间后输出。

3. 多谐振荡器

(1) 多谐振荡器：不需要外加触发信号，电路自激振荡，没有稳态。可用来产生脉冲方波。施密特触发器构成多谐振荡器，如图 3.7-1 (a) 所示。

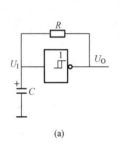 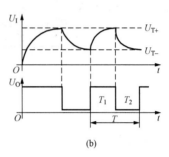

图 3.7-1　多谐振荡器

(a) 电路图；(b) 波形图

1) 振荡周期。从图 3.7-1 (b) 可知，$T_1 = RC\ln\dfrac{V_{DD}-U_{T-}}{V_{DD}-U_{T+}}$，$T_2 = RC\ln\dfrac{U_{T+}}{U_{T-}}$。

振荡周期 $T = T_1 + T_2 = RC\ln\left(\dfrac{V_{DD}-U_{T-}}{V_{DD}-U_{T+}} \times \dfrac{U_{T+}}{U_{T-}}\right)$。

2) 占空比可调电路。占空比可调电路如图 3.7-2 所示。充电经过 R_2，放电经过 R_1。

这时，$T_1 = R_2 C\ln\dfrac{V_{DD}-U_{T-}}{V_{DD}-U_{T+}}$，$T_2 = R_1 C\ln\dfrac{U_{T+}}{U_{T-}}$。

振荡周期 $T = T_1 + T_2$。

占空比 $q = \dfrac{T_1}{T}$。调节 R_2 或 R_1，即可调节 q。

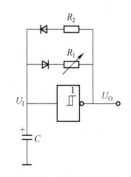

(2) 石英晶体多谐振荡器。石英晶体多谐振荡器对振荡器频率稳定度要求很高的场合，需要采取稳频措施。石英晶体有两个谐振频率，当 $f = f_s$ 时，为串联谐振，石英晶体的电抗 $X = 0$；当 $f = f_p$ 时，为并联谐振，石英晶体的电抗为无穷大。$0 \sim f_s$ 之间，石英晶体呈电容性；$f_s \sim f_p$，石英晶体呈电感性；超过 f_p，石英晶体呈电容性。

图 3.7-2　占空比可调电路

4. 555 定时器的应用

(1) 555 定时器构成单稳态触发器。

单稳态触发器电路组成及工作波形如图 3.7-3 所示。

输出脉冲宽度 t_W。输出脉冲宽度就是暂稳态维持时间，也是定时电容的充电时间。

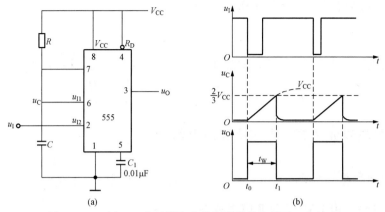

图 3.7 - 3 用 555 定时器构成的单稳态触发器及工作波形

$$t_W = RC\ln3 = 1.1RC$$

(2) 555 定时器构成多谐振荡器。

1) 电路组成及工作原理，如图 3.7 - 4 所示。

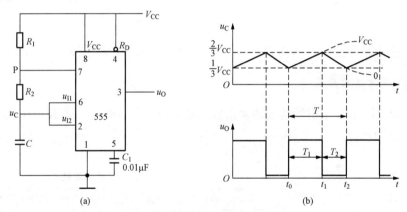

图 3.7 - 4 用 555 定时器构成的多谐振荡器

2) 振荡频率的估算。

①电容充电时间 T_1。电容充电时，时间常数 $\tau_1 = (R_1 + R_2)C$，起始值 $u_C(0_+) = \frac{1}{3}V_{CC}$，终了值 $u_C(\infty) = V_{CC}$，转换值 $u_C(T_1) = \frac{2}{3}V_{CC}$，代入 RC 过渡过程计算公式进行计算

$$T_1 = \tau_1 \ln \frac{u_C(\infty) - u_C(0_+)}{u_C(\infty) - u_C(T_1)} = \tau_1 \ln \frac{V_{CC} - \frac{1}{3}V_{CC}}{V_{CC} - \frac{2}{3}V_{CC}} = \tau_1 \ln2 = 0.7(R_1 + R_2)C$$

②电容放电时间 T_2。电容放电时，时间常数 $\tau_2 = R_2C$，起始值 $u_C(0_+) = \frac{2}{3}V_{CC}$，终了值 $u_C(\infty) = 0$，转换值 $u_C(T_2) = \frac{1}{3}V_{CC}$，代入 RC 过渡过程计算公式进行计算得 $T_2 = 0.7R_2C$。

243

③电路振荡周期 $T = T_1 + T_2 = 0.7(R_1 + 2R_2)C$。

④电路振荡频率 $f = \dfrac{1}{T} \approx \dfrac{1.43}{(R_1 + 2R_2)C}$。

⑤输出波形占空比 $q = T_1/T$，即脉冲宽度与脉冲周期之比，称为占空比。

$$q = \frac{T_1}{T} = \frac{0.7(R_1 + R_2)C}{0.7(R_1 + 2R_2)C} = \frac{R_1 + R_2}{R_1 + 2R_2}$$

3.7.2 供配电专业高频考点与历年真题解析

考点1： 单稳触发器

【3.7-1】（2016） 由 CMOS 与非门组成的单稳态触发器如图 3.7-5 所示，已知 $R = 51\text{k}\Omega$，$C = 0.01\mu\text{F}$，$V_{DD} = 10\text{V}$。触发信号作用下产生脉冲的宽度为：

A. 1.12ms
B. 0.7ms
C. 0.56ms
D. 0.35ms

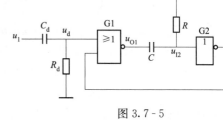

图 3.7-5

答案： D

解题过程： 输出脉冲宽度 $t_W \approx 0.7RC = 0.7 \times 51 \times 10^3 \times 0.01 \times 10^{-6}\text{s} = 0.357\text{ms}$。

考点2： 555 定时器的应用

【3.7-2】（2017） 555 定时器构成的多谐振荡器如图 3.7-6 所示，若 $R_A = R_B$，则输出矩形波的占空比为：

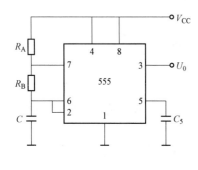

555 定时器的功能表

R_D（④脚）	U_{TH}（⑥脚）	U_{TL}（②脚）	U_0（③脚）	VT（⑦脚）
0	×	×	0	导通
1	$> \frac{2}{3}V_{CC}$	$> \frac{1}{3}V_{CC}$	0	导通
1	$< \frac{2}{3}V_{CC}$	$> \frac{1}{3}V_{CC}$	保持	保持
1	$< \frac{2}{3}V_{CC}$	$< \frac{1}{3}V_{CC}$	1	截止
1	$> \frac{2}{3}V_{CC}$	$< \frac{1}{3}V_{CC}$	1	截止

图 3.7-6

A. $\dfrac{1}{2}$
B. $\dfrac{1}{3}$
C. $\dfrac{2}{3}$
D. $\dfrac{3}{4}$

答案： C

解题过程： 多谐振荡电路输出波形占空比 $q = T_1/T$，本题中

$$q = \frac{T_1}{T} = \frac{R_A + R_B}{R_A + 2R_B} = \frac{2}{3}$$

3.7.3 发输变电专业高频考点与历年真题解析

考点 1： 多谐振荡器

【3.7‑3】（2020） 为了将正弦信号转换成与之频率相同的脉冲信号，可采用：

A. 多谐振荡器 　　 B. 施密特触发器 　　 C. 移位寄存器 　　 D. 顺序脉冲发电器

答案： B

解题过程： 利用施密特触发器状态过程中的正反馈作用，只要输入的信号幅度大于 U_{T+}，即可以在输出端得到频率相同的矩形脉冲信号。

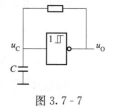

图 3.7‑7

【3.7‑4】（2017、2016） 利用 CMOS 集成施密特触发器组成的多谐振荡器如图 3.7‑7 所示，设施密特触发器的正、负向阈值电平分别为 $U_{T+}=\dfrac{2}{3}V_{DD}$、$U_{T-}=\dfrac{1}{3}V_{DD}$，则电路的振荡周期约为：

A. $0.7RC$ 　　　　 B. $1.1RC$ 　　　　 C. $1.4RC$ 　　　　 D. $2.2RC$

答案： C

解题过程： 振荡周期

$$T=T_1+T_2=RC\ln\left(\frac{V_{DD}-U_{T-}}{V_{DD}-U_{T+}}\times\frac{U_{T+}}{U_{T-}}\right)=RC\ln\left(\frac{V_{DD}-\dfrac{1}{3}V_{DD}}{V_{DD}-\dfrac{2}{3}V_{DD}}\times\frac{\dfrac{2}{3}V_{DD}}{\dfrac{1}{3}V_{DD}}\right)=RC\ln4\approx1.4RC$$

考点 2： 555 定时器的应用

【3.7‑5】（2018） 由 555 定时器构成单稳态触发器，其输出脉冲宽度取决于：

A. 电源电压

B. 触发信号幅度

C. 触发电压宽度

D. 外接 R、C 的数值

答案： D

解题过程： 单稳态触发器输出脉冲宽度 t_W 仅决定于定时元件 R、C 的取值，与输入触发信号和电源电压无关，调节 R、C 的取值，即可方便地调节 t_W。

3.8　数模和模数转换

3.8.1　知识点提示

1. A/D 转换器（ADC）

常用的双积分式 A/D 转换器有 3 位、3 位半（相当于二进制 11 位分辨率）、$3\dfrac{3}{4}$ 位和 $4\dfrac{1}{2}$ 位精度，分别对应计数器容量 3 个十进制计数器 0～999、1999、3999 和 19 999。

（1）分辨率：ADC 对输入模拟信号的分辨能力。能分辨的最小输入电压是输出数字量变化一个相邻数码所对应的模拟输入电压的变化量，其值为 $U_{LSB}=U_{REF}/2^n$，分辨率是

U_{LSB} 与输出数字量全为 1 所对应的输入模拟电压之比。即分辨率 $=\dfrac{U_{LSB}}{(2^n-1)\,U_{LSB}}=\dfrac{1}{2^n-1}$。

（2）转换误差：称为相对误差。是 ADC 的实际输出数字量与理论输出数字量的差值，通常指最大差值。

2. D/A 转换器（DAC）

D/A 转换器是将二进制数 N 转换成为与它成比例的电压量（或电流量）的电路。常用的有权电阻 D/A 转换器和倒 T 形 D/A 转换器。

（1）n 位二进制数倒 T 形 D/A 转换器的输出电压表达式为

$$U_O=-\frac{U_{REF}}{2^n}\Big[\sum_{i=0}^{n-1}(d_i\times 2^i)\Big]$$

（2）分辨率。分辨率为 D/A 转换器输出最小电压的能力，是最小输出电压 U_{LSB}（对应的输入数字量的最低位为 1）与最大输出电压 U_m（对应的输入数字量各有效位全为 1）之比，即

$$分辨率=\frac{U_{LSB}}{U_m}=\frac{1}{2^n-1}$$

式中　　n——输入数字量的位数。

3.8.2　供配电专业高频考点与历年真题解析

考点 1： A/D 转换器（ADC）

【3.8-1】（2017）　$3\frac{1}{2}$ 位双积分型 A/D 转换器的计数器的容量为：

A. 1999　　　　　　B. 2999　　　　　　C. 3999　　　　　　D. 3000

答案： A

解题过程： 3 位半双积分式 A/D 转换器的计数器的容量为 0~1999。

【3.8-2】（2016）　若一个 8 位 ADC 的最小量化电压为 19.8mV，当输入电压为 4.4V 时，输出数字量为：

A. $(11001001)_B$　　　B. $(11011110)_B$　　　C. $(10001100)_B$　　　D. $(11001100)_B$

答案： B

解题过程： 输出数字量 $N=\dfrac{u_I}{U_{LSB}}=\dfrac{4.4}{19.8\times 10^{-3}}=(222)_{10}=(11011110)_2$。

考点 2： D/A 转换器（DAC）

【3.8-3】（2024）　某 8 位 D/A 转换器，当输入数字量只有最低位为 1 时，输出电压为 0.02V。当只有最高位为 1 时，则输出电压为：

A. 0.039V　　　　　　B. 2.56V　　　　　　C. 1.27V　　　　　　D. 0.68V

答案： B

解题过程： 对于一个 8 位的 D/A 转换器，当输入数字量只有最低位为 1 时，输出电压为 0.02V。这意味着最低位（LSB）对应的电压是 0.02V。在 8 位 D/A 转换器中，最高位（MSB）的权重是最低位的 128 倍，因为 $2^7=128$。

所以，当只有最高位为 1 时，输出电压应该是最低位电压的 128 倍，即 0.02V×128=2.56V。

【3.8-4】(2014)　如果对输入二进制数码进行 D/A 转换，要求输出电压能分辨 2.5mV 的变化量，最大输出电压要达到 10V，应选择 D/A 转换器的位数为：

A. 14　　　　　　　　B. 13　　　　　　　　C. 12　　　　　　　　D. 10

答案： C

解题过程： 单位量化电压为最小输出电压 U_{LSB}，因为 $\dfrac{U_{LSB}}{U_m} = \dfrac{1}{2^n - 1}$，所以 $U_{LSB} = \dfrac{U_m}{2^n - 1} =$

$\dfrac{10V}{2^{12} - 1} = 2.442 \times 10^{-3} V < 2.5mV$ 或 $\dfrac{10V}{2.5mV} = 4000 < 2^{12} = 4096$。

　　因此可选择 12 位的 D/A 转换器。

3.8.3　发输变电专业高频考点与历年真题解析

考点 1： A/D 转换器（ADC）

【3.8-5】(2023)　已知 8 位 A/D 转换器的参考电压为 $-5V$，输入模拟电压为 3.91 时，输出数字量为：

A. $(11001000)_B$　　　B. $(11001001)_B$　　　C. $(11001010)_B$　　　D. $(11001011)_B$

答案： A

解题过程： 输出数字量 $N = \dfrac{u_I}{U_{LSB}} = \dfrac{3.91}{5/256} = 200.2 = 200 = (11001000)_B$。

考点 2： D/A 转换器（DAC）

【3.8-6】(2019)　如图 3.8-1 所示电路中，权电阻网络 D/A 转换器中，若取 $U_{REF} = 5V$，则当输入数字量为 $d_3 d_2 d_1 d_0 = 1101$ 时，输出电压为：

A. $-4.0625V$　　　B. $-0.8125V$　　　C. $4.0625V$　　　D. $0.8125V$

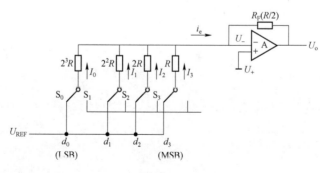

图 3.8-1

答案： A

解题过程： 题解图如图 3.8-2 所示，则由运算放大器虚短可知

$$U_e = U_+ = 0V$$

则

$$i_e = \frac{U_{REF} - U_e}{R_总} = \frac{U_{REF}}{8R \mathbin{/\mkern-3mu/} 2R \mathbin{/\mkern-3mu/} R}$$

根据运算放大器虚断可知

$$i_e = \frac{U_e - U_o}{\dfrac{R}{2}} = \frac{U_{REF}}{8R /\!/ 2R /\!/ R} = -\frac{U_o}{\dfrac{R}{2}}$$

可得 $U_o = -4.0625\text{V}$。

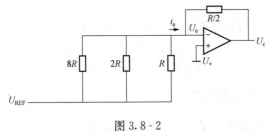

图 3.8 - 2

第4章 电气工程基础

4.6 变压器

1. 了解三相组式变压器及三相心式变压器结构特点
2. 掌握变压器额定值的含义及作用
3. 了解变压器电压比和参数的测定方法
4. 掌握变压器工作原理
5. 了解变压器电动势平衡方程式及各量含义
6. 掌握变压器电压调整率的定义
7. 了解变压器在空载合闸时产生很大冲击电流的原因
8. 了解变压器的效率计算及变压器具有最高效率的条件
9. 了解三相变压器联结组和铁心结构对谐波电流、谐波磁通的影响
10. 了解用变压器组联结方式及极性端判断三相变压器联结组别的方法
11. 了解变压器的绝缘系统及冷却方式、允许温升

4.7 感应电动机

1. 了解感应电动机的种类及主要结构
2. 掌握感应电动机转矩、额定功率、转差率的概念及其等效电路
3. 了解感应电动机三种运行状态的判断方法
4. 掌握感应电动机的工作特性
5. 掌握感应电动机的起动特性
6. 了解感应电动机常用的起动方法
7. 了解感应电动机常用的调速方法
8. 了解转子电阻对感应电动机转动性能的影响
9. 了解电机的发热过程、绝缘系统、允许温升及其确定、冷却方式
10. 了解感应电动机拖动的形式及各自的特点
11. 了解感应电动机运行及维护工作要点

4.8 同步电机

1. 了解同步电机额定值的含义
2. 了解同步电机电枢反应的基本概念
3. 了解电枢反应电抗及同步电抗的含义
4. 了解同步发电机并入电网的条件及方法
5. 了解同步发电机有功功率及无功功率的调节方法
6. 了解同步电动机的运行特性
7. 了解同步发电机的绝缘系统、温升要求、冷却方式
8. 了解同步发电机的励磁系统
9. 了解同步发电机的运行和维护工作要点

4.9 过电压及绝缘配合

1. 了解电力系统过电压的种类
2. 了解雷电过电压特性
3. 了解接地和接地电阻、接触电压和跨步电压的基本概念
4. 了解氧化锌避雷器的基本特性

5. 了解避雷针、避雷线保护范围的确定

4.10 断路器

1. 掌握断路器的作用、功能、分类
2. 了解断路器的主要性能与参数的含义
3. 了解断路器常用的熄弧方法
4. 了解断路器的运行和维护工作要点

4.11 互感器

1. 掌握电流、电压互感器的工作原理、接线形式及负载要求
2. 了解电流、电压互感器在电网中的配置原则及接线形式
3. 了解各种形式互感器的构造及性能特点

4.12 直流电机

1. 了解直流电机的分类
2. 了解直流电机的励磁方式
3. 掌握直流电动机及直流发电机的工作原理
4. 了解并励直流发电机建立稳定电压的条件
5. 了解直流电动机的机械特性（他励、并励、串励）
6. 了解直流电动机稳定运行条件
7. 掌握直流电动机的起动、调速及制动方法

4.13 电气主接线

1. 掌握电气主接线的主要形式及对电气主接线的基本要求
2. 了解各种主接线中主要电气设备的作用和配置原则
3. 了解各种电压等级电气主接线限制短路电流的方法

4.14 电气设备选择

1. 掌握电器设备选择和校验的基本原则和方法
2. 了解硬母线的选择和校验的原则和方法

供配电专业历年真题统计

内容	2014 年	2016 年	2017 年	2018 年	2019 年	2020 年	2021 年	2022 年	2023 年	2024 年
电力系统基本知识	1	1	2	1	1	1	1	1	4	3
电力线路、变压器的参数与等效电路	1	2	2	1	1	1	3	1	3	2
简单电网的潮流计算	4	2	2	2	1	2	1	1	1	2
无功功率平衡和电压调整	1	1	2	2	2	1	1	2	3	3
短路电流计算	4	5	2	3	1	4	3	3	4	3
变压器	1	3	3	2	3	3	1	3	3	0
感应电动机	2	2	3	3	5	5	4	4	3	4
同步电机	2	2	2	3	4	3	4	3	2	3

续表

内容	2014 年	2016 年	2017 年	2018 年	2019 年	2020 年	2021 年	2022 年	2023 年	2024 年
过电压及绝缘配合	3	2	2	1	2	1	1	2	1	1
断路器	0	0	0	0	0	1	0	0	0	0
互感器	1	1	1	3	2	3	4	3	1	2
直流电机	1	2	2	2	1	1	2	2	2	3
电气主接线	1	1	3	3	2	1	0	2	2	3
电气设备选择	1	1	3	2	5	4	4	5	1	1

发输变电专业历年真题统计

内容	2014 年	2016 年	2017 年	2018 年	2019 年	2020 年（部分）	2021 年	2022 年	2023 年	2024 年
电力系统基本知识	1	1	1	4	2	2	5	6	3	6
电力线路、变压器的参数与等效电路	1	2	1	2	1		4	4	2	4
简单电网的潮流计算	3	2	1	3	4		1	1	2	1
无功功率平衡和电压调整	1	4	4	3	0		1	0	3	5
短路电流计算	4	5	5	5	2		2	2	3	4
变压器	4	4	4	2	4		4	4	3	5
感应电动机	3	2	2	3	3		6	3	3	2
同步电机	3	2	2	1	5		2	3	3	1
过电压及绝缘配合	7	7	7	2	4		0	3	3	1
断路器	0	2	1	1	0		0	0	1	0
互感器	0	2	2	2	1		0	0	1	1
直流电机	1	1	1	1	1		1	1	1	0
电气主接线	1	1	1	0	1		0	1	1	0
电气设备选择	1	0	0	2	2		3	2	1	0

4.1　电力系统基本知识

4.1.1　知识点提示

1. 电力系统运行特点和基本要求

（1）电力系统。

1）电力系统是由发电机、变压器、电力线路以及各种用电设备等在电气上相互连接所组成的整体。电力网是电力系统中输送和分配电能的部分，包括升压变压器、降压变压器、相关变电设备和各种电压等级的输、配电线路。

2) 电能的生产。发电厂根据一次能源的不同，有火电厂、水电厂、核电厂、风电场、太阳能电站、地热能电站、生物质能电厂和潮汐电站等。

3) 电能的变换与传输。电力变压器的作用是进行电压的变换和将不同电压等级的电网连接。电能的传输形式有交流输电和直流输电。输电线路有架空输电线路和电缆输电线路。

(2) 特点：①电能不能大量储存；②电能生产、输送和消费同时完成；③电力系统过渡过程非常快；④电能质量要求严格；⑤电能与国民经济和人民生活关系密切。

(3) 运行要求：①保证安全可靠供电；②保证良好的电能质量；③保证电力系统运行的经济性，尽量降低电网损耗率、电厂的煤耗率和厂用电率。

2. 电能质量的各项指标

衡量电能质量的指标为电压、频率和波形。

(1) 电压质量：35kV 及以上供电电压正、负偏差绝对值之和不超过标称电压的 10%；20kV 及以下三相供电电压偏差为标称电压的 ±7%；220V 单相供电电压偏差为标称电压的 +7%，-10%。

(2) 频率质量：±(0.2~0.5) Hz。实际运行中，我国各跨省电力系统频率都保持在 +0.1~-0.1Hz 的范围内。

(3) 波形质量：110kV 电网要求电压总畸变率不超过 2.0%，66kV、35kV 不超过 3.0%，10kV、6kV 不超过 4%，380V/220V 不超过 5%。

3. 电力系统中各种接线方式及特点

电力系统的接线包括发电厂的主接线、变电站的主接线和电力网的接线。

(1) 电力网的主接线方式按供电可靠性分为无备用和有备用接线。

1) 无备用接线。负荷只能从一条路径获得电能的接线方式，有单回路放射式、干线式和树状网络。优点：简单、经济、运行方便。缺点：供电可靠性差，任一段线路发生故障或检修时，都要中断部分用户的用电。

2) 有备用接线。负荷至少能从两条路径获得电能的接线方式。优点：供电可靠性高、电压质量高。缺点：不够经济或运行调度复杂。双回放射式、干线式、链式接线的缺点是不够经济；环式接线运行调度复杂、故障时电压质量差；双端供电网络供电可靠性高。

(2) 电力网按其职能分为输电网络和配电网络。

1) 输电网络：将大容量发电厂的电能可靠经济地输送到负荷集中地区。由电源向电力负荷中心输送电能的线路，远距离、大容量、高电压。

2) 配电网络：分配电能。在负荷中心，把电能分配给各个用户，短距离、小容量、低压。

4. 电力系统元件的额定电压

在国家规定标准电压的范围内，根据输送功率和输送距离选择合适的电压等级。电压等级高的优点是当输送功率一定时，电流小、导线等载流部分的截面积越小，投资越小；当导线截面积一定时，网损小。缺点是对绝缘要求高，绝缘投资大。

(1) 输电线路的额定电压和系统的额定电压相等，常称为网络的额定电压 U_N。

(2) 用电设备的额定电压。取与输电线路的额定电压 U_N 相等。

（3）发电机的额定电压 U_{GN}。发电机接在线路的首端，发电机的额定电压应比输电线路的额定电压高 5%，$U_{GN} = (1+5\%) U_N$。

（4）变压器的额定电压。变压器两侧的额定电压之比，称为变压器电压比。

1）变压器的一次侧是接收电能的，相当于用电设备，其额定电压与用电设备的额定电压相等，即 $U_{1N} = U_N$。而直接与发电机相连接的变压器，其一次侧额定电压等于发电机额定电压，即 $U_{1N} = U_{GN} = (1+5\%) U_N$。

2）变压器的二次侧是送出电能的，相当于发电机（电源），其额定电压比线路额定电压高 5%，即 $U_{2N} = (1+5\%) U_N$，空载运行。若考虑变压器负载运行时变压器内部有 5% 的压降，则变压器二次侧额定电压比线路的额定电压高 10%，即 $U_{2N} = (1+10\%) U_N$。当变压器漏抗较小时（一般高压侧电压小于或等于 35kV 且短路阻抗小于 7.5% 的配电变压器），其二次侧额定电 $U_{2N} = (1+5\%) U_N$。

3）变压器的电压比。变压器的电压比 k_T 是变压器两侧绕组实际抽头的空载线电压之比，即

$$k_T = \frac{U_{1N}\,(1+\text{挡位}\times\text{挡距})}{U_{2N}}$$

5. 电力系统中性点接地方式

电力系统的中性点是指星形联结的变压器绕组或发电机的中性点。中性点的运行方式关系到绝缘水平、继电保护、供电可靠性、系统稳定、通信干扰、电压等级和系统接线等很多方面。电压等级越高，绝缘投资占比越大。

（1）分类。根据电力系统中发生单相接地故障（占 65%）时接地故障电流的大小，可将中性点接地方式分为两类：小电流接地系统，包括中性点不接地和经消弧圈接地；大电流接地系统，包括中性点直接接地和经电阻接地。110kV 及以上的电力系统中都采用中性点直接接地的运行方式，60kV 及以下的电力系统采用中性点不接地或经消弧线圈接地的运行方式。

（2）接地方式。

1）中性点不接地。3～60kV 电力系统采用中性点不接地方式。中性点不接地系统发生单相接地故障时：

①中性点对地电压升高至相电压，线电压不变，而非故障相对地电压升高到原来相电压的 $\sqrt{3}$ 倍，即线电压；因此相对地的绝缘水平按照线电压设计。

②单相接地电流（容性电流）等于正常运行时单相对地电容电流的 3 倍，可能在接地点引起"弧光接地"、引起线路谐振而产生过电压。

③线电压的大小和相位差仍对称，维持不变，线电压仍然对称，不影响对电力用户的供电，允许继续运行不超过 2h。

④单相接地电容电流 $I_k^{(1)}$：3～10kV 电力网不得超过 30A，35～66kV 电力网不得超过 10A，发电机不得超过 5A。$I_k^{(1)}$ 大于超过以上规定值时，需在中性点安装消弧线圈，对电容电流进行补偿。

2）中性点经消弧线圈接地。

单相接地电流大于 30A 的 3～10kV 电力网和大于 10A 的 35kV 电力网采用中性点经消弧线圈接地方式。

消弧线圈是具有铁心的可调电感线圈，中性点经消弧线圈接地方式发生单相接地故障时，消弧线圈上的感性电流 I_L，与容性电流 I_C 的方向相反，相互补偿。①全补偿：$I_L = I_C$，接地故障点电流为零，线路中产生串联谐振，形成过电压。②欠补偿：$I_L < I_C$，接地故障点电流没有消除，为容性电流，可能出现串联谐振，造成过电压。③过补偿：$I_L > I_C$，接地点电流为感性的，实际中主要采用过补偿方式，可减小接地故障点的故障电流，提高了供电可靠性。

中性点经消弧线圈接地发生单相接地故障时：

①中性点对地电压升高至相电压，线电压不变，而非故障相对地电压升高到原来相电压的 $\sqrt{3}$ 倍，即线电压；相对地的绝缘水平按照线电压设计，运行可靠性高，绝缘投资大。

②电力用户可继续运行 2h，应装保护装置。

3）中性点直接接地。为降低工程造价，我国 110kV 及以上的电力系统中都采用中性点直接接地的运行方式；为保证人身安全，我国 380/220V 低压配电系统广泛采用中性点直接接地方式。

中性点直接接地系统发生单相接地故障时：

①中性点电位仍为零，非故障相的电压仍为相电压，不影响设备绝缘；

②接地相短路电流很大，须迅速切除故障线路，中断向用户供电，供电可靠性不高。

4.1.2　供配电专业高频考点与历年真题解析

考点1：我国规定的网络额定电压与发电机、变压器等元件的额定电压

【4.1-1】(2024)　如图 4.1-1 所示供电系统图中变压器 T2 的额定电压为：

A. 110/35kV　　　　B. 110/38.5kV　　　　C. 121/35kV　　　　D. 121/38.5kV

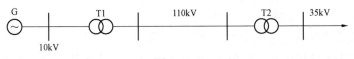

图 4.1-1

答案：B

解题过程：变压器 T2 一次侧与电网连接，额定电压为电网的额定电压 110kV；二次侧额定电压为 $1.1U_N = 35 \times (1 + 10\%)\text{kV} = 38.5\text{kV}$。

【4.1-2】(2024)　输电变压器一次绕组的额定值 U_{1N} 与电网额定值 U_N 的关系是：

A. $U_{1N} = U_N$　　　　B. $U_{1N} = 1.05U_N$　　　　C. $U_{1N} = 1.1U_N$　　　　D. $U_{1N} = 0.95U_N$

答案：A

解题过程：当变压器直接与发电机相连时，变压器一次绕组相当于用电设备，其额定电压应与发电机额定电压相同，$U_{1N} = 1.05U_N$。当变压器连接在线路上时，变压器一次绕组也相当于用电设备，其额定电压应与电网额定电压相同，即 $U_{1N} = U_N$。本题未提及变压器是否与发电机直接相连等条件，认为变压器连接在线路上，所以 $U_{1N} = U_N$。

【4.1-3】(2023)　平均额定电压的应用场合为：

A. 发电机　　　　B. 变压器　　　　C. 受供电设备　　　　D. 线路

答案：D

解题过程：由于电力线路上存在电压损耗，电力线路的额定电压为平均额定电压，是线路首末端电压的平均值，等于电网额定电压。

【4.1-4】(2017) 连接 110kV 和 35kV 的降压变压器，额定电压是（kV）：

A. 110/35   B. 110/38.5   C. 121/35   D. 121/38.5

答案：B

解题过程：降压变压器一次绕组的额定电压与电网额定电压相同，则一次侧电压为 110kV，二次绕组相当于一个供电电源，它的额定电压要比用电设备的额定电压高出 10%，二次侧额定电压为 $1.1U_N = 38.5kV$。

考点 2：电能质量

【4.1-5】(2024) 衡量电能质量的指标为：

A. 电流波形的质量及供电可靠性   B. 电流、电压、功率

C. 电压、波形、频率   D. 功率因数、电压波形

答案：C

解题过程：电能质量的指标包括：电压、频率和波形。

【4.1-6】(2023) 电能质量的标准包括：

A. 电压、频率、波形   B. 电压、电流、频率

C. 电压、电流、波形   D. 电压、电流、功率因数

答案：A

解题过程：电能质量包括电压、频率及波形。

考点 3：电力网络中性点运行方式及对应的电压等级

【4.1-7】(2023) 如果系统中的 N 线与 PE 线全部分开，则此系统称为：

A. TN—C   B. TN—S   C. TN—C—S   D. TT

答案：B

解题过程：短横线后的字母表示中性导体与保护导体的组合情况：S 为中性导体和保护导体是分开的，C 为中性导体和保护导体是合一的，C—S 为系统近电源端的中性导体和保护线合并成 PEN 线，然后中性导体和保护导体分开，分开后再也不能合并。

【4.1-8】(2023) 在中性点经消弧线圈接地系统中一般采用：

A. 欠补偿   B. 过补偿   C. 全补偿   D. 无补偿

答案：B

解题过程：一般采用过补偿，因欠补偿和全补偿易产生谐振过电压。

【4.1-9】(2022) 中性点不直接接地系统发生单相短路时，线电压：

A. 相位发生变化、幅值不变   B. 幅值发生变化、相位不变

C. 幅值、相位均发生变化   D. 幅值、相位均不变

答案：D

解题过程：发生单相短路时，中性点对地电压变为相电压，未故障相的对地电压升高到 $\sqrt{3}$ 倍，系统三相的线电压仍然保持对称且大小不变。

★【4.1-10】(2021) 10kV 电力系统中性点不接地系统，单相接地短路时，非故障相对地电压为：

A. 10kV   B. 0kV   C. $10\sqrt{3}$ kV   D. $\dfrac{35}{\sqrt{3}}$ kV

答案：A

解题过程：中性点不接地系统发生单相完全接地故障时，非故障相的电压由原来的相电压升为线电压。该题中 10kV 是线电压。

【4.1-11】(2020)　中性点不接地系统发生单相接地短路时，接地故障点处对地的电容电流：

A. 保持不变　　　　B. 升高 2 倍　　　　C. 升高 $\sqrt{3}$ 倍　　　　D. 升高 3 倍

答案：D

解题过程：中性点不接地系统发生单相接地短路时，接地故障点处对地电容电流是正常运行每相对地电容电流的 3 倍。

【4.1-12】(2019)　中性点绝缘系统发生单相短路时，中性点对地电压：

A. 升高到相电压　　　　　　　　B. 升高到相电压的 2 倍

C. 升高到相电压的 $\sqrt{3}$ 倍　　　　D. 为零

答案：A

解题过程：中性点不接地系统发生单相完全接地故障时，中性点电压升高为相电压。

【4.1-13】(2018)　中性点绝缘系统发生单相短路时，非故障相对地电压：

A. 保持不变　　　B. 升高 2 倍　　　C. 升高 $\sqrt{3}$ 倍　　　D. 为零

答案：C

解题过程：中性点不接地（绝缘）系统发生单相完全接地故障时，非故障相对地电压幅值都等于正常运行时的线电压，即升高到相电压的 $\sqrt{3}$ 倍。

【4.1-14】(2016)　当 35kV 及以下系统采用中性点经消弧线圈接线方式运行时，消弧线圈的补偿度应该选择为：

A. 全补偿　　　B. 过补偿　　　C. 欠补偿　　　D. 以上都可以

答案：B

解题过程：中性点经消弧线圈接线方式运行时，主要采用过补偿的补偿方式。

【4.1-15】(2014) 以下关于高压厂用电系统中性点接地方式描述不正确的是：

A. 接地电容电流小于 10A 的高压厂用电系统中可以采用中性点不接地的运行方式

B. 中性点经高阻接地的运行方式适用于接地电容电流小于 10A，且为了降低间歇性弧光接地过电压水平的情况

C. 大型机组高压厂用电系统接地电容电流大于 10A 的情况下，应采用中性点经消弧线圈接地的运行方式

D. 为了便于寻找接地故障点，对于接地电容电流大于 10A 高压厂用电系统，普遍采用中性点直接接地的运行方式

答案：D

解题过程：A 项、C 项正确，D 项错误。60kV 及以下的电力系统中采用中性点不接地或经消弧线圈接地的运行方式。按国家规定，在 3～60kV 电力网中，电容电流超过下列数值时，中性点应装设消弧线圈：①3～10kV 电力网 30A；②35～66kV 电力网 10A。B 项正确。中性点经高电阻接地系统，以限制由于间歇性电弧接地故障产生的瞬态电压，同时将电力系统的单相接地故障电流控制在 10A 以内。

4.1.3 发输变电专业高频考点与历年真题解析

考点 1： 电力系统运行特点和基本要求

【4.1-16】(2024) 目前，我国输电网络电压为 800kV 的输电方式为：

A. 直流　　　　　B. 单相交流　　　　C. 多相交流　　　　D. 三相交流

答案：A

解题过程： 我国输电网络电压为 800kV 的输电方式是直流。与交流输电相比，特高压直流输电线路在长距离传输过程中损失更少。

【4.1-17】(2020) 目前，我国的电能主要输送方式是：

A. 直流　　　　　B. 单相交流　　　　C. 多相交流　　　　D. 三相交流

答案：D

解题过程： 输电方式按所输送电流性质分为直流输电和交流输电，我国的电能主要输送方式是三相交流电。

【4.1-18】(2018) 构成电力系统的四个最基本的要素是：

A. 发电厂、输电网、供电公司、用户　　　　B. 发电公司、输电网、供电公司、负荷

C. 发电厂、输电网、供电网、用户　　　　　D. 电力公司、电网、配电所、用户

答案：C

解题过程： 电力系统主要由发电厂、输电系统、配电系统和负荷组成。

考点 2： 电能质量

【4.1-19】(2024、2021) 我国电力系统三相交流电额定周期是：

A. 0.01s　　　　B. 0.05s　　　　C. 0.015s　　　　D. 0.02s

答案：D

解题过程： 我国电力系统三相交流电标准频率为 50Hz，额定周期为 1/50Hz＝0.02s。

【4.1-20】(2022) 在我国大容量电力系统中，属于交流电周期正常值的是：

A. 0.0167s　　　　B. 0.0195s　　　　C. 0.0201s　　　　D. 0.157s

答案：C

解题过程： 电网容量在 3000MVA 以上，交流电频率允许偏差为 ±0.2Hz，故周期 0.0199~0.0201s 为正常值。

【4.1-21】(2018) 大容量系统中允许的偏差范围的频率为：

A. 60.1Hz　　　　B. 50.3Hz　　　　C. 49.9Hz　　　　D. 59.9Hz

答案：C

解题过程： 在《全国供用电规则》中有规定："供电局供电频率的允许偏差：电网容量在 300 万 kW 及以上者为 0.2Hz；电网容量在 300 万 kW 以下者为 0.5Hz。"实际运行中，我国各跨省电力系统频率都保持在 ＋0.1～－0.1Hz 的范围内。

考点 3： 我国规定的网络额定电压与发电机、变压器等元件的额定电压

【4.1-22】(2024) 3kV 标准电压等级下，电气设备可以工作的最高电压为：

A. 3.6kV　　　　B. 3kV　　　　C. 3.15kV　　　　D. 4kV

答案： A

解题过程： 电气设备可以在标准电压下的 1.2 倍工作，则在 3kV 的标准电压等级下，电气设备可以工作的最高电压为 3kV×1.2＝3.6kV。

【4.1-23】（2024） 电力系统接线如图 4.1-2 所示，其中变压器 T1 的 A 侧接入电压为 34kV，则 T1 变压器 B 侧出口处电压为：

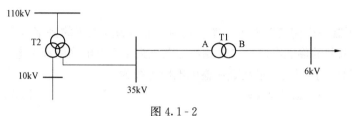

图 4.1-2

A. 6kV B. 6.3kV C. 6.12kV D. 5.83kV

答案： C

解题过程： 根据题意，确定 T1 的变比为 35/6.3。当 A 侧输入电压为 34kV，那么 B 侧输出电压为 $U_2 = \dfrac{34 \times 6.3}{35} \text{kV} = 6.12 \text{kV}$。

【4.1-24】（2024、2021） 各级电网的额定电压如图 4.1-3 所示，变压器 T1、T2、T3 的额定电压比为：

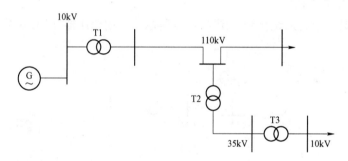

图 4.1-3

A. 10/110，110/35，35/10（kV） B. 10/110，110/38.5，38.5/10（kV）
C. 10.5/121，110/38.5，35/11（kV） D. 10.5/110，110/35，35/10.5（kV）

答案： C

解题过程： 发电机额定电压比其所接电网额定电压高 5%。发电机额定电压为 $1.05U_{N1} = 10.5 \text{kV}$。

　　变压器 T1：一次侧与发电机相连，额定电压为发电机的额定电压 10.5kV；二次侧额定电压为 $1.1U_{N2} = 121 \text{kV}$。其变比为 10.5/121（kV）。

　　变压器 T2：一次侧与电网相连，额定电压为电网的额定电压 110kV；二次侧额定电压为 $1.1U_{N3} = 38.5 \text{kV}$。其变比为 110/38.5（kV）。

　　变压器 T3：一次侧与电网相连，额定电压为电网的额定电压 35kV；二次侧额定电压为 $1.1U_{N4} = 11 \text{kV}$。其变比为 35/11（kV）。

【4.1-25】（2023） 在 3kV 标准电压等级下，电气设备可以工作的最高电压为：

A. 4kV B. 3kV C. 3.15kV D. 3.6kV

答案： D

解题过程： 同题【4.1-22】。

【4.1-26】(2023) 变压器与发电机直接连接时，变压器一次侧绕组的额定电压是网络额定电压的：

A. 1 倍　　　　B. 1.025 倍　　　　C. 1.05 倍　　　　D. 1.1 倍

答案： C

解题过程： 变压器一次侧与发电机相连，其额定电压为发电机的额定电压；发电机的额定电压为 1.05 倍电网的额定电压；二次侧额定电压为 1.1 倍电网的额定电压。

【4.1-27】(2022) 我国电网最高交流输电电压等级为：

A. 1000kV　　　　B. 750kV　　　　C. ±800kV　　　　D. 500kV

答案： A

解题过程： 我国电力系统的最高电压等级是长治—荆门线的交流 1000kV，直流 ±1100kV。

【4.1-28】(2022) 发电机接入 6kV 网络，变压器一次侧接发电机，二次侧接 35kV 线路，发电机和变压器一次侧的额定电压分别为：

A. 6kV，6kV　　B. 6kV，6.3kV　　C. 6.3kV，6.3kV　　D. 6.3kV，6kV

答案： C

解题过程： 发电机的电压为 $1.05U_N = 6.3kV$；变压器一次侧与发电机相连，额定电压为发电机的额定电压 6.3kV。

【4.1-29】(2022) 电力系统接线如图 4.1-4 所示，其中变压器 T1 的额定电压为：

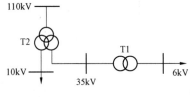

图 4.1-4

A. 35kV/6kV　　B. 35kV/6.6kV　　C. 38.5kV/6kV　　D. 38.5kV/6.6kV

答案： B

解题过程： 变压器 T1 一次侧与电网相连，额定电压为电网的额定电压 $U_N = 35kV$；二次侧额定电压为 $1.1U_N = 6.6kV$。

【4.1-30】(2022) 某电力系统，各级电网的额定电压如图 4.1-5 所示，变压器 T2 工作于主抽头，T3 工作于 −2.5% 抽头，则 T2、T3 的实际变压比为：

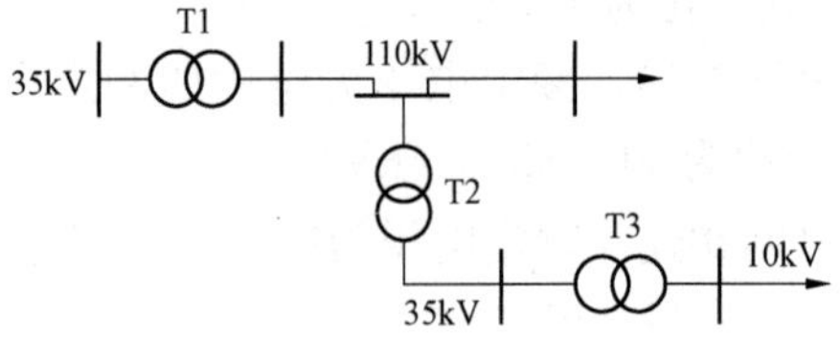

图 4.1-5

A. 2.857，3.182　　　B. 3.143，3.5　　　C. 2.857，3.102　　　D. 3.143，3.102

答案：C

解题过程：根据变压器电压比的定义可得：$K_{T2}=110\text{kV}/1.1\times35\text{kV}=2.857$，$K_{T3}=35\times(1-2.5\%)\text{kV}/1.1\times10\text{kV}=3.102$。

【4.1-31】(2021)　发电机接入 6kV 网络。变压器一次侧接发电机，二次侧接 35kV 线路，发电机输出侧和变压器二次侧的额定电压分别为：

A. 6.6kV，35kV　　B. 6.6kV，38.5kV　　C. 6.3kV，35kV　　D. 6.3kV，38.5kV

答案：D

解题过程：发动机额定电压比其所接电网额定电压高 5%，即发电机输出侧额定电压为：6kV×（1+5%）=6.3kV。

　　变压器的二次绕组相当于一个供电电源，额定电压比系统的额定电压高 10%，即变压器二次侧的额定电压为：35kV×（1+10%）=38.5kV。

【4.1-32】(2019)　接入 10kV 线路的发电机，其额定电压为：

A. 10kV　　　　B. 11kV　　　　C. 10.5kV　　　　D. 9.5kV

答案：C

解题过程：发电机的额定电压较电网的额定电压高 5%，因此本题中 $U=10\times(1+0.05)\text{kV}=10.5\text{kV}$。

【4.1-33】(2018)　额定电压 35kV 变压器二次绕组电压为：

A. 35kV　　　　B. 33.5kV　　　　C. 38.5kV　　　　D. 40kV

答案：C

解题过程：变压器的二次绕组相当于一个供电电源，它的额定电压要比用电设备的额定电压高出 10%。则为 35kV×（1+10%）=38.5kV。

【4.1-34】(2018)　电压基准值为 10kV，发电机端电压标幺值为 1.05，发电机端电压为：

A. 11kV　　　　B. 10.5kV　　　　C. 9.5kV　　　　D. 11.5kV

答案：B

解题过程：发电机端电压等于基准值乘以标幺值，则为 10.5kV。

【4.1-35】(2014、2010)　发电机与 10kV 母线相连，变压器一次侧接发电机，二次侧接 110kV 线路，发电机和变压器的额定电压分别为：

A. 10.5kV，10.5/121kV　　　　　　　B. 10.5kV，10.5/110kV

C. 10kV，10/110kV　　　　　　　　　D. 10.5kV，10/121kV

答案：A

解题过程：发电机的电压为 $1.05U_N=10.5\text{kV}$。变压器：10.5/121kV。

考点 4：电力网络中性点运行方式及对应的电压等级

【4.1-36】(2024、2022)　35kV 电力系统中性点不接地系统，单相接地短路时，中性点对地电压为：

A. 35kV　　　　B. 0kV　　　　C. $35\sqrt{3}$ kV　　　　D. $\dfrac{35}{\sqrt{3}}$ kV

答案：D

解题过程： 电力系统中性点不接地系统，单相接地短路时，中性点对地电压升高为相电压，即 $\frac{35}{\sqrt{3}}$ kV。

【4.1-37】(2023) 在 10kV 网络中，中性点不装设线圈时，单相接地电容电流不超过：

A. 100A　　　　B. 10A　　　　C. 15A　　　　D. 20A

答案： D

解题过程： 根据《交流电气装置的过电压保护和绝缘配合设计规范》（GB/T 50064—2014），10kV 架空线路系统单相接地故障电流大于 20A 或 10kV 电缆线路系统单相接地故障电流大于 30A 时应装设消弧线圈。

【4.1-38】(2021) 我国的 35kV 系统采用中性点经消弧线圈接地方式，要求其电容电流超过：

A. 30A　　　　B. 20A　　　　C. 10A　　　　D. 50A

答案： C

解题过程： 在 3~66kV 电力网中，电容电流超过下列数值时，中性点应经消弧线圈接地：①3~10kV 电力网 30A；②35~66kV 电力网 10A。

【4.1-39】(2020) 相关规范中规定，以下电网电压系统中性点不接地的为：

A. 35kV　　　　B. 220kV　　　　C. 110kV　　　　D. 500kV

答案： A

解题过程： 在我国，110kV 及以上的系统中性点直接接地，35kV 及以下系统中性点不接地。故选 A

【4.1-40】(2019) 中性点不接地系统中，正常运行时，三相对地电容电流均为 15A，当 A 相发生接地故障，A 相故障电流属性为：

A. 感性　　　　B. 容性　　　　C. 阻性　　　　D. 无法判断

答案： B

解题过程： 中性点不接地系统发生单相 A 相接地故障时，A 相对地电容电流变为零，单相接地电流（电容电流）为正常时每相电容电流的 3 倍。

【4.1-41】(2017、2016) 中性点不接地系统，单相接地故障时非故障相电压升高到原来对地电压的：

A. $\frac{1}{\sqrt{3}}$ 倍　　　　B. 1 倍　　　　C. $\sqrt{2}$ 倍　　　　D. $\sqrt{3}$ 倍

答案： D

解题过程： 中性点不接地系统发生单相完全接地故障时，非故障相的电压幅值增大了 $\sqrt{3}$ 倍，由原来的相电压升为线电压。

【4.1-42】(2014) 以下关于中性点经销弧线圈接地系统的描述，正确的是：

A. 不论采用欠补偿或过补偿，原则上都不会发生谐振，但实际运行中消弧线圈多采用欠补偿方式，不允许采用过补偿方式

B. 实际电力系统中多采用过补偿为主的运行方式，只有某些特殊情况下，才允许短时间以欠补偿方式运行

C. 实际电力系统中多采用全补偿运行方式，只有某些特殊情况下，才允许短时间以过补偿或欠补偿方式运行

D. 过补偿、欠补偿及全补偿方式均无发生谐振的风险，能满足电力系统运行的需要，设计时根据实际情况选择适当的运行方式

答案：B

解题过程：实际运行中主要采用过补偿方式，全补偿产生谐振过电压，欠补偿有可能产生谐振过电压。

4.2　电力线路、变压器的参数与等效电路

4.2.1　知识点提示

1. 输电线路

（1）结构。

1）架空线路的结构。

①组成：导线、避雷线、杆塔、绝缘子和金具。

（a）导线：传输电能。

多股绞线，钢芯铝绞线 LGJ：LGJJ（加强）、LGJQ（轻型）。特点：钢芯承载，拉伸；铝的导电性较好；电流的集肤效应。

扩径导线：减小电晕损耗或电抗，增大截面积：用在 1000kV 特高压输电。

分裂导线：也叫复导线，将每相导线分裂成很多根，并将它们布置在圆周上，电抗减小，电容增大。

（b）避雷线。一般都采用多股钢导线，如 GJ－50、GJ－70。作用是从被保护物体上方引导雷电通过，并安全泄入大地，防止雷电直击，减小在其保护范围内的电器设备（架空输电线路及通电设备）和建筑物遭受直击雷的概率。

（c）杆塔：支持导线和避雷线。

（d）绝缘子。使导线和导线、导线和杆塔保持绝缘。架空线路的绝缘子片数与电压等级有关，规程规定见表 4.2－1。

表 4.2-1　　　　　　　　　　　　　　绝缘子片数

线路	35kV	60kV	110kV	220kV	330kV	500kV
绝缘子片数	不少于 3 片	不少于 5 片	不少于 7 片	不少于 13 片	不少于 19 片	不少于 25 片

（e）金具。支持、接续、保护导线和避雷线，连接和保护绝缘子。

②架空线路换位。

架空线路的换位：为了减少三相参数的不平衡。在高压输电线路上，当三相导线的排列不对称时，各相导线的电抗不等。即使三相导线中通过对称负荷，各相中的电压降也不相同；另外，由于三相导线不对称，相间电容和各相对地电容也不相等，从而会有零序电压出现。长度为 50～250km 的 222kV 架空线路，通过一次整循环换位后，由三相参数不平衡引起的不对称电流是不换位的 1/10。整循环换位如图 4.2－1 所示，一定长度内有两次换位而三相导线分别处于三个不同位置，完成一次完整的循环。换位方式有滚式换位和换位杆塔换位。

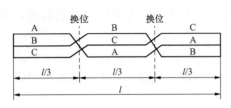

图 4.2 - 1　整循环换位

2) 电缆线路的结构。

①组成。导线、绝缘层和包护层。导线的作用是传输电能，绝缘层使导线与导线、导线与包护层互相隔绝。包护层保护绝缘层，并防止绝缘油外溢和水分浸入。

②电缆的适用范围：发电厂和变电站内部，以及在建筑物和居民密集的地区，交通道路两侧，穿过江河、海峡时，均因地理位置的限制，不允许架设架空线，因此只能用电缆来输送电能。

③电力电缆的优点：供电可靠性高；安全；市容整齐美观；不受路面建筑物的影响；运行简单方便，维护工作少，费用较低；电缆的电容有助于提高功率因数。缺点：投资是架空线的 10 倍；敷设后不易变动，不易扩建；线路连接分支较困难；如果受外力破坏，寻找故障困难；出现故障时，一般为永久故障，因此不准装自动重合闸；修理较困难，时间长，且费用较大。

(2) 四个参数。以下分析中，电压是指线电压，电流是指线电流，功率是三相功率，阻抗、导纳是单相的阻抗和导纳。

输电线路的参数包括电阻、电抗、电导和电纳。电阻反映线路通过电流时产生有功功率损失的效应，电抗反映载流导线周围产生的磁场效应，电纳反映带电导线周围产生的电场效应，电导反映电晕现象产生的有功功率损失。

1) 单位长度的电阻。

$$r = \frac{\rho}{S} \ (\Omega/\mathrm{km})$$

式中　ρ——导线材料的电阻率，$\Omega \cdot \mathrm{mm}^2/\mathrm{km}$，$\rho_{\mathrm{Cu}} = 18.8\,\Omega \cdot \mathrm{mm}^2/\mathrm{km}$，$\rho_{\mathrm{Al}} = 31.5\,\Omega \cdot \mathrm{mm}^2/\mathrm{km}$；

　　　　S——导线载流部分的截面积，mm^2。

2) 单位长度的电抗。

$$x = 0.1445 \lg \frac{D_{\mathrm{m}}}{r} + 0.0157 \ (\Omega/\mathrm{km})$$

分裂导线

$$x = 0.1445 \lg \frac{D_{\mathrm{m}}}{r_{\mathrm{eq}}} + \frac{0.0157}{n} \ (\Omega/\mathrm{km})$$

$$r_{\mathrm{eq}} = \sqrt[n]{r\,(d_{12}d_{13}\cdots d_{1n})} = \sqrt[n]{r d_{\mathrm{m}}^{n-1}}$$

式中　　　　D_{m}——三相导线几何均距，简称几何均距，mm，$D_{\mathrm{m}} = \sqrt[3]{D_{\mathrm{ab}}D_{\mathrm{bc}}D_{\mathrm{ca}}}$，水平布置时，$D_{\mathrm{ab}} = D$、$D_{\mathrm{bc}} = D$、$D_{\mathrm{ca}} = 2D$，则 $D_{\mathrm{m}} = 1.26D$；

　　　　n——分裂根数；

　　　　r——单根导体的半径，mm；

　　　　r_{eq}——等值半径；

$d_{12}, d_{13}, \cdots, d_{1n}$——某根导线与其余 $n-1$ 根导线间的距离。

导线半径 r 越大，x 越小，采用分裂导线、扩径导线能够减小线路电抗。几何均距 D_{m} 越大，x 越大，则高压线路的电抗大，低压线路的电抗小；架空线路的电抗大，电缆线路的电抗小。导线的布置方式、截面积大小对线路电抗没有显著影响，架空线路的电抗一般为 $0.4\,\Omega/\mathrm{km}$。

3）单位长度的电纳。

$$b=2\pi fC=\frac{7.58}{\lg\dfrac{D_{\mathrm{m}}}{r}}\times10^{-6}\quad(\mathrm{S/km})$$

分裂导线

$$b=\frac{7.58}{\lg\dfrac{D_{\mathrm{m}}}{r}}\times10^{-6}\quad(\mathrm{S/km})$$

采用分裂导线相当于增大了导线的等效半径，能增大电容。35kV 及以下电压或短线路时，电纳可忽略，110kV 电网中，普通架空线路单位长度的电纳 $b\approx2.85\times10^{-6}\mathrm{S/km}$。

4）单位长度的电导。

$$g=\frac{\Delta P_{\mathrm{g}}}{U_{\mathrm{L}}^2}\quad(\mathrm{S/km})$$

式中 ΔP_{g}——三相线路单位长度泄漏损耗和电晕损耗功率之和，MW/km；$\Delta P_{\mathrm{g}}=\Delta P_{\mathrm{c}}+\Delta P_1$，$\Delta P_{\mathrm{c}}$ 为电晕消耗的有功功率即电晕损耗，ΔP_1 为绝缘子的泄漏损耗；

U_{L}——线路线电压，kV。

防止电晕的方法：增大导线半径，采用分裂导线。一般情况下设 $g\approx0$。

2. 变压器参数计算与等值电路

（1）双绕组变压器。变压器的参数包括等效电路中的电阻 R_{T}（Ω）、电抗 X_{T}（Ω）、电导 G_{T}（S）和电纳 B_{T}（S）以及变压器的电压比 k_{T}。前四个参数可从变压器铭牌上对应的短路损耗 P_{k}（kW）、短路电压百分比 $U_{\mathrm{k}}\%$、空载损耗 P_0（kW）、空载电流百分比 $I_0\%$ 计算获得。

电阻 R_{T}、电抗 X_{T}（一相等效电阻和电抗）通过短路试验获得，电导 G_{T} 和电纳 B_{T}（一相等效电导和电纳）通过空载试验获得。以下公式计算中，S_{N} 为变压器额定容量（MVA），U_{N} 为变压器额定电压（kV），I_{N} 为变压器额定电流（kA）。

1）电阻。变压器短路损耗 P_{k} 近似等于额定电流流过变压器时高低压绕组中总的铜耗 P_{Cu}，于是有：

$$P_{\mathrm{k}}\approx P_{\mathrm{Cu}}=3I_{\mathrm{N}}^2R_{\mathrm{T}}=3\left(\frac{S_{\mathrm{N}}}{\sqrt{3}U_{\mathrm{N}}}\right)^2R_{\mathrm{T}}=\frac{S_{\mathrm{N}}^2}{U_{\mathrm{N}}^2}R_{\mathrm{T}}$$

则

$$R_{\mathrm{T}}=\frac{P_{\mathrm{k}}}{1000}\times\frac{U_{\mathrm{N}}^2}{S_{\mathrm{N}}^2}$$

2）电抗。

$$U_{\mathrm{k}}\%=\frac{U_{\mathrm{k}}}{U_{\mathrm{N}}}\times100=\frac{\sqrt{3}I_{\mathrm{N}}X_{\mathrm{T}}}{U_{\mathrm{N}}}\times100$$

则

$$X_{\mathrm{T}}=\frac{U_{\mathrm{k}}\%}{100}\times\frac{U_{\mathrm{N}}^2}{S_{\mathrm{N}}}$$

双绕组变压器 35kV 的 $U_{\mathrm{k}}\%\approx6.5\sim8$，110 kV 的 $U_{\mathrm{k}}\%\approx10.5$，220 kV 的 $U_{\mathrm{k}}\%\approx12\sim14$。

3）电导。电导对应的是铁心损耗，而空载损耗包括铁心损耗和空载电流引起的绕组中的铜损耗。铁心损耗 P_{Fe} 近似等于空载损耗 P_0，于是有

$$P_0\approx P_{\mathrm{Fe}}=3\times\left(\frac{U_{\mathrm{N}}}{\sqrt{3}}\right)^2G_{\mathrm{T}}\times10^3$$

则

$$G_{\mathrm{T}}=\frac{P_0}{U_{\mathrm{N}}^2}\times10^{-3}$$

4) 电纳。变压器空载试验时，流经励磁支路的空载电流 I_0 分解为有功电流和无功电流，有功分量较无功分量小得多，所以空载电流约等于无功电流。

$$I_0\% = \frac{I_0}{I_N} \times 100$$

则
$$B_T = \frac{I_0\%}{100} \times \frac{S_N}{U_N^2}$$

工程计算中，因变压器的电压变化不太大，往往将变压器的励磁支路以额定电压下的励磁功率来代替，变压器的等效电路可用图 4.2-2 表示。

U_N 选哪一侧，则参数就是那一侧的参数；参数都是单相参数。

图 4.2-2 中，励磁功率损耗为

$$\Delta P_0 = \frac{P_0}{1000}(\text{MW})$$

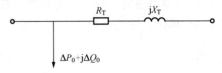

图 4.2-2　变压器的等效电路

$$\Delta Q_0 = \frac{I_0\% S_N}{100} = U_N^2 B_T(\text{Mvar})$$

5) 电压比 k_T。变压器两侧绕组实际抽头的空载线电压之比，即

$$k_T = \frac{U_{1N}(1 + 挡位 \times 挡距)}{U_{2N}}$$

(2) 三绕组变压器。三绕组变压器等效电路（图 4.2-3）中的参数也需折算到同一侧。励磁导纳的计算方法与双绕组变压器完全相同，用空载损耗和空载电流进行计算。

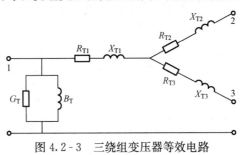

图 4.2-3　三绕组变压器等效电路

三绕组变压器的电感和漏抗计算需要在两两绕组之间分别进行短路试验，因此按变压器三个绕组容量比的不同有三种不同类型的计算方法。

第一种类型的变压器为 100%/100%/100%，三侧绕组的额定容量都等于变压器的额定容量，为升压变压器。

第二种类型的变压器为 100%/100%/50%，第三侧绕组的导线截面减少 1/2，额定电流减小 1/2，额定容量为变压器额定容量的 1/2。

第三种类型的变压器为 100%/50%/100%，第二侧绕组的导线截面减少 1/2，额定电流减小 1/2，额定容量为变压器额定容量的 1/2。

1) 电阻。

①对于第一种类型 100%/100%/100% 的变压器，由已知的三绕组变压器两两间的短路损耗来求取电阻。由于 $P_{k(1-2)} = P_{k1} + P_{k2}$，$P_{k(2-3)} = P_{k2} + P_{k3}$，$P_{k(3-1)} = P_{k3} + P_{k1}$，则各绕组的短路损耗为

$$P_{k1} = \frac{1}{2} \left[P_{k(1-2)} + P_{k(3-1)} - P_{k(2-3)} \right]$$

$$P_{k2} = \frac{1}{2} \left[P_{k(1-2)} + P_{k(2-3)} - P_{k(3-1)} \right]$$

$$P_{k3} = \frac{1}{2} \left[P_{k(2-3)} + P_{k(3-1)} - P_{k(1-2)} \right]$$

各绕组的电阻为 $R_{T1} = \dfrac{P_{k1}U_N^2}{1000S_N^2}$，$R_{T2} = \dfrac{P_{k2}U_N^2}{1000S_N^2}$，$R_{T3} = \dfrac{P_{k3}U_N^2}{1000S_N^2}$。

②对于第二、第三种类型的变压器，由于其各绕组的容量不同，制造商提供的短路损耗数据不是额定情况下的数据，而是使绕组中容量较大的一个绕组达到 $I_N/2$ 的电流，容量较小的一个绕组达到它本身的额定电流时，测得的这两绕组间的短路损耗，所以应先将两绕组间的短路损耗数据折合为额定电流下的值，再运用上述公式求取各绕组的短路损耗和电阻。

对于 100%/50%/100% 类型变压器，如果给出的三个短路损耗分别为 $P'_{k(1-2)}$、$P'_{k(1-3)}$、$P'_{k(2-3)}$，则先将短路损耗折算到变压器额定容量下的损耗值为 $P_{k(1-2)} = \left(\dfrac{I_N}{I_N/2}\right)^2 P'_{k(1-2)} = \left(\dfrac{S_{N1}}{S_{N2}}\right)^2 P'_{k(1-2)}$，$P_{k(2-3)} = \left(\dfrac{I_N}{I_N/2}\right)^2 P'_{k(2-3)} = \left(\dfrac{S_{N3}}{S_{N2}}\right)^2 P'_{k(2-3)}$，$P_{k(3-1)} = P'_{k(3-1)}$。

2）电抗。三绕组变压器的电抗是根据制造商提供的各绕组两两间的短路电压百分值来求取。

由绕组两两间短路电压百分值求出各绕组的短路电压百分数如下

$U_{k(1-2)}\% = U_{k1}\% + U_{k2}\%$，$U_{k(2-3)}\% = U_{k2}\% + U_{k3}\%$，$U_{k(3-1)}\% = U_{k3}\% + U_{k1}\%$
由上式可得

$$U_{k1}\% = \frac{1}{2} \left[U_{k(1-2)}\% + U_{k(3-1)}\% - U_{k(2-3)}\% \right]$$

$$U_{k2}\% = \frac{1}{2} \left[U_{k(1-2)}\% + U_{k(2-3)}\% - U_{k(3-1)}\% \right]$$

$$U_{k3}\% = \frac{1}{2} \left[U_{k(2-3)}\% + U_{k(3-1)}\% - U_{k(1-2)}\% \right]$$

各绕组的漏电抗为 $X_{T1} = \dfrac{U_{k1}\%U_N^2}{100S_N}$，$X_{T2} = \dfrac{U_{k2}\%U_N^2}{100S_N}$，$X_{T3} = \dfrac{U_{k3}\%U_N^2}{100S_N}$。

3. 电网等值电路中有名值和标幺值参数的简单计算

（1）有名值。制造商提供的参数有发电机额定容量 S_{GN}(MVA)、额定有功功率 P_N(MW)、额定功率因数 $\cos\varphi_N$、额定电压 U_{GN}(kV) 及电抗百分值 $X_G\%$，据此可求得发电机电抗 X_G(Ω)，$X_G = \dfrac{X_G\%U_{GN}^2}{100S_N} = \dfrac{X_G\%}{100} \times \dfrac{U_{GN}^2\cos\varphi_N}{P_N}$。

（2）基准值的选择。电力系统中，三相交流电路对称，一般首先选定 S_B（三相功率）、U_B（线电压）为功率和电压的基准值如下

$$S_B = \sqrt{3}U_B I_B, \quad U_B = \sqrt{3} I_B Z_B$$

S_B 取 100MVA。U_B 取设备、电网的额定电压 U_N 或电网的平均额定电压 U_{av}，$U_{av} = 1.05U_N$。

I_B（线电流）、Z_B（每相阻抗）、Y_B（每相导纳）等基准值可按电路关系派生出来，即有

$$Z_B = \frac{U_B^2}{S_B}, \quad Y_B = \frac{S_B}{U_B^2}, \quad I_B = \frac{S_B}{\sqrt{3}U_B}$$

（3）标幺值。

$$标幺值 = \frac{实际值（任意单位）}{基准值（与实际值同单位）}$$

在等值电路的参数计算或电压归算时，采用电网或元件的额定电压和变压器的额定变比进行计算，称为精确计算；采用各电压等级的平均额定电压进行计算，称为近似计算。电力系统稳态分析计算时，常采用精确计算；电力系统故障分析计算时，常采用近似计算。计算公式见表4.2-2。

表 4.2-2 计 算 公 式

应用	精确计算 （$S_B = 100\text{MVA}$，U_B额定电压、通过变比折算）	近似计算 （$S_B = 100\text{MVA}$，$U_B = U_{av}$）
发电机	$X_{G*} = \dfrac{X_G\%}{100} \times \dfrac{U_{GN}^2}{S_{GN}} \times \dfrac{S_B}{U_B^2}$	$X_{G*} = \dfrac{X_G\%}{100} \times \dfrac{S_B}{S_{GN}}$
变压器	$X_{T*} = \dfrac{U_k\%}{100} \times \dfrac{U_{TN}^2}{S_{TN}} \times \dfrac{S_B}{U_B^2}$	$X_{T*} = \dfrac{U_k\%}{100} \times \dfrac{S_B}{S_{TN}}$
线路	$X_{L*} = x_1 \times l \times \dfrac{S_B}{U_B^2}$	$X_{L*} = x_1 \times l \times \dfrac{S_B}{U_{av}^2}$
电抗器	$X_{R*} = \dfrac{X_R\%}{100} \times \dfrac{U_{RN}}{\sqrt{3}I_{RN}} \times \dfrac{S_B}{U_B^2}$	$X_{R*} = \dfrac{X_R\%}{100} \times \dfrac{U_{RN}}{\sqrt{3}I_{RN}} \times \dfrac{S_B}{U_{av}^2}$

（4）理想变压器的电压比标幺值

$$k_{T*} = \frac{实际电压比}{基准电压比} = \frac{U_I / U_{II}}{U_{BI} / U_{BII}}$$

4.2.2 供配电专业高频考点与历年真题解析

考点1： 输电线路参数及数学模型

【4.2-1】（2024） 对于小于100km的短距离输电电力线路，一般采用的等值电路为：

A. T型　　　　　　B. 一型　　　　　　C. π型　　　　　　D. T型和π型

答案： C

解题过程： 在电力系统分析中，输电线路的等值电路有π型和T型。工程计算中，长度不超过300km的输电线路可用一个π型电路来代替。

【4.2-2】（2024） 输电线路中，反映载流线路周围产生的电场效应的物理量是：

A. 电阻R　　　　　B. 电抗X　　　　　C. 电导G　　　　　D. 电纳B

答案： D

解题过程： 输电线路中，电阻反映线路通过电流时产生有功功率损失的效应，电抗反映载流导线周围产生的磁场效应，电纳反映带电导线周围产生的电场效应，电导反映电晕现象产生的有功功率损失。

【4.2 - 3】 (2017)　架空输电线路等值参数中表征消耗有功功率的是：

A. 电阻，电导　　　　B. 电导，电纳　　　　C. 电纳，电阻　　　　D. 电导，电感

答案：A

解题过程：输电线路在输送功率的过程中，除了电流在线路电阻内产生有功功率损耗之外，在周围的绝缘介质中还将产生功率损耗。输电线路的电导与后一部分功率损耗有关。

【4.2 - 4】 (2016)　高压输电线路与普通电缆相比，其电抗和电容变化是：

A. 电抗变大，电容变大　　　　　　　　B. 电抗变小，电容变大

C. 电抗变大，电容变小　　　　　　　　D. 电抗变小，电容变小

答案：B

解题过程：线路的电抗和电容公式为

$$x_1 = 0.1445 \lg \frac{D_m}{r'} \quad (\Omega/\text{km}), \quad C_1 = \frac{0.0241}{\lg \frac{D_m}{r}} \times 10^{-6} \quad (\text{F/km})$$

对高压架空输电线路的三相导线的几何均距 D_m 远大于电缆电路，因此架空输电线路的电抗大于普通电缆电路，电容小于普通电缆电路。

【4.2 - 5】 (2014)　当输电线路采用分裂导线时，与普通导线相比，输电线路单位长度的电抗、电容值的变化为：

A. 电抗变大，电容变小　　　　　　　　B. 电抗变大，电容变大

C. 电抗变小，电容变小　　　　　　　　D. 电抗变小，电容变大

答案：D

解题过程：电力系统高压和超高压远距离输电线路中，为防止电晕，减少电抗，往往采用分裂导线。分裂导线线路由于每相导线等值半径的增大，每相电抗减小，比单根导线线路的电抗约减小 20% 以上。增大了每相导线的电纳，电容增大。

考点 2：电网等值电路中有名值和标幺值参数的简单计算

【4.2 - 6】 (2023)　双绕组变压器，将励磁支路前移的 T 形等值电路中，其导纳为：

A. $G_T + jB_T$　　　　B. $-G_T - jB_T$　　　　C. $G_T - jB_T$　　　　D. $-G_T + jB_T$

答案：C

解题过程：双绕组变压器 T 形等值电流如图 4.2 - 4 所示。阻抗为 $Z_T = R_T + jX_T$，导纳为 $G_T - jB_T$。

【4.2 - 7】 (2023)　在标幺制中，只需选定两个基准，常选的是：

A. 电压电流　　　　B. 电压功率

C. 电压阻抗　　　　D. 电流阻抗

答案：B

解题过程：标幺制中选择三相功率和线电压作为功率和电压的基准值。

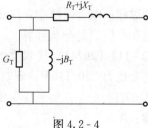

图 4.2 - 4

【4.2 - 8】 (2023)　在变压器等值参数 $B_T = \frac{I_0\% S_N}{100 U_N^2} \times 10^{-3}$ 分子中的 $I_0\%$ 表示：

A. 额定电流　　　　　　　　　　　　　B. 短路电流百分数

C. 空载电流百分数　　　　　　　　　　D. 正常工作电流

答案：C

解题过程：变压器电纳 $B_T = \dfrac{I_0\% S_N}{100 U_N^2} \times 10^{-3}$，其中 $I_0\%$ 为变压器的空载电流百分数，S_N 为变压器额定容量，kVA；U_N 为变压器绕组的额定电压，kV。

【4.2-9】(2022、2021、2020)　图 4.2-5 所示简单系统是额定电压为 110kV 双回输电线路，变电站中装有两台三相 110kV/11kV 的变压器。每台的容量为 15MVA，其参数为：$\Delta P_0 = 40.5\text{kW}$，$\Delta P_k = 128\text{kW}$，$u_k\% = 10.5$，$I_0\% = 3.5$。两台变压器并联运行时，它们的等值电抗和等值电阻分别为：

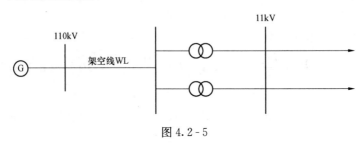

图 4.2-5

A. 3.44Ω，42.4Ω　　　　　　　　　　B. 1.22Ω，70.8Ω

C. 42.4Ω，3.44Ω　　　　　　　　　　D. 70.8Ω，1.22Ω

答案：C

解题过程：两台变压器并联运行时，其等值电抗为

$$X_T = \frac{1}{2} \times \frac{u_k\%}{100} \times \frac{U_N^2}{S_N} = \frac{1}{2} \times \frac{10.5}{100} \times \frac{110^2}{15} = 42.35\Omega$$

两台变压器并联运行时，其等值电阻为

$$R_T = \frac{1}{2} \times \frac{\Delta P_k}{1000} \times \frac{U_N^2}{S_N^2} = \frac{1}{2} \times \frac{128}{1000} \times \frac{110^2}{15^2}\Omega = 3.44\Omega$$

★**【4.2-10】(2022、2013、2005)**　在电力系统分析和计算中，功率和阻抗一般分别是指：

A. 一相功率，一相阻抗　　　　　　　　　　B. 三相功率，一相阻抗

C. 三相功率，三相阻抗　　　　　　　　　　D. 三相功率，一相等效阻抗

答案：D

解题过程：电力系统中，三相交流电路对称，选定三相功率、线电压、线电流、一相等效电阻和电抗进行分析计算。

【4.2-11】(2021)　某双绕组变压器的额定容量为 1200kVA，短路损耗为 $\Delta P_k = 120\text{W}$，额定变比为 220/11kV，则归算到高压侧等值电阻为：

A. 4.03Ω　　　　　B. 0.39Ω　　　　　C. 0.016Ω　　　　　D. 39.32Ω

答案：A

解题过程：高压侧等值电阻 $R_T = \dfrac{\Delta P_k}{1000} \times \dfrac{U_{1N}^2}{S_N^2} = \dfrac{0.12}{1000} \times \dfrac{220^2}{1.2^2}\Omega = 4.03\Omega$。

【4.2-12】(2021)　负荷计算中，当单相负荷的总容量全部按三相对称负荷计算时，其条件是单相负荷小于计算范围内三相对称负荷总容量的：

A. 10%　　　　　B. 15%　　　　　C. 20%　　　　　D. 25%

答案：B

解题过程：单相负荷的总计算容量小于计算范围内三相对称负荷总计算容量的 15％ 时，可全部按三相对称负荷计算；超过 15％ 时，宜将单相负荷换算为等效三相负荷，再与三相负荷相加。

【4.2-13】(2019)　一容量为 63 000kVA 的双绕组变压器，额定电压为 $(121\pm2\times2.5\%)$ kV，短路电压百分数 $u_k\%=10.5$，若变压器在 -2.5% 的分接头上运行，基准功率为 100MVA，变压器两侧基准电压分别取 110kV 和 10kV，则归算到高压侧的电抗标幺值为：

A. 0.192　　　　　B. 192　　　　　C. 0.405　　　　　D. 405

答案：A

解题过程：变压器归算到高压侧的电抗标幺值为

$$X_{T*}=\frac{u_k\%}{100}\times\frac{U_N^2}{S_N}\times\frac{S_B}{U_B^2}=\frac{10.5}{100}\times\frac{(121\times97.5\%)^2}{63}\times\frac{100}{110^2}=0.192$$

【4.2-14】(2018)　某双绕组变压器的额定容量为 20 000kVA，短路损耗为 $\Delta P_k=130$kW，额定变比为 220kV/11kV，则归算到高压侧等值电阻为：

A. 15.73Ω　　　　B. 0.039Ω　　　　C. 0.016Ω　　　　D. 39.32Ω

答案：A

解题过程：一次侧等值电阻为 $R_T=\dfrac{P_k}{1000}\times\dfrac{U_{1N}^2}{S_N^2}=\dfrac{130}{1000}\times\dfrac{220^2}{20^2}\Omega=15.73\Omega$。

【4.2-15】(2017)　标幺制中，导纳基准表示为：

A. U^2/S　　　　B. S/U^2　　　　C. S/U　　　　D. U/S

答案：B

解题过程：电力系统中，选定 S_B（三相功率）、U_B（线电压）为功率和电压的基准值，则 I_B（线电流）、Z_B（每相阻抗）、Y_B（每相导纳）等基准值可按电路关系派生出来，即有

$$I_B=\frac{S_B}{\sqrt{3}U_B},\ Z_B=\frac{U_B^2}{S_B},\ Y_B=\frac{S_B}{U_B^2}$$

4.2.3　发输变电专业高频考点与历年真题解析

考点 1：输电线路参数及数学模型

【4.2-16】(2024)　35kV 架空输电线路，长度为 50km，导线为 LGJ-185，铜电阻系数 18.5，铝电阻系数 31.5，其线路电阻为：

A. 18.93Ω　　　　B. 1.89Ω　　　　C. 17Ω　　　　D. 8.5Ω

答案：D

解题过程：LGJ-185 是截面积 185mm² 的钢芯铝绞线，其单位长度电阻为 $r=\dfrac{\rho}{S}=\dfrac{31.5}{185}\Omega/km=0.17\Omega/km$，50km 线路电阻为 8.5Ω。

【4.2-17】(2023)　110kV 架空线路，长度为 100km，导线采用 LGJ-185，铜芯系数 18.5、铝芯系数 31.5，其线路电阻为：

A. 18.95Ω　　　　B. 1.89Ω　　　　C. 17Ω　　　　D. 1.72Ω

答案：C

解题过程： LGJ－185 是截面积 185mm² 的钢芯铝绞线，其单位长度电阻为 $r = \dfrac{\rho}{S} = \dfrac{31.5}{185}\Omega/\text{km} = 0.17\Omega/\text{km}$，100km 线路电阻为 17Ω。

【4.2－18】（2022） 在架空线路中，一般用于反映输电线路热效应的是：

A. 电抗　　　　　　　B. 电阻　　　　　　　C. 电容　　　　　　　D. 磁通

答案： B

解题过程： 电阻 R 反映电力线路的发热效应。

【4.2－19】（2021） 反映输电线路的磁场效应的参数为：

A. 电抗　　　　　　　B. 电阻　　　　　　　C. 电容　　　　　　　D. 电导

答案： A

解题过程： 电抗反映载流导线周围产生的磁场效应。

【4.2－20】（2018） 架空输电线路进行导线换位的目的是：

A. 减小电晕损耗　　　　　　　　　　B. 减少三相参数不平衡

C. 减小线路电抗　　　　　　　　　　D. 减小泄漏电流

答案： B

解题过程： 架空输电线路换位的目的是减少三相参数的不平衡。

【4.2－21】（2014、2013） 输电线路电气参数电阻和电导反应输电线路的物理现象分别为：

A. 电晕现象和热效应　　　　　　　　B. 热效应和电场效应

C. 电场效应和磁场效应　　　　　　　D. 热效应和电晕现象

答案： D

解题过程： 电阻 R 反映电力线路的发热效应；流过架空线路传输电能时，电流流过导线因电阻损耗产生热量，电流越大、损耗越大，发热越严重。电导 G 反映线路的电晕现象和泄漏现象；高压作用下，导线表面的电场强度过高时，将导致输电线周围的空气游离放电（电晕现象），由于绝缘不完善，引起少量的电流泄漏。

考点 2：电网等值电路中有各值和标幺值参数的简单计算

【4.2－22】（2024、2021） 双绕组变压器短路实验和空载实验可以获得的参数依次为：

A. 电阻，电抗，电容，电导　　　　　B. 电阻，电抗，电导，电纳

C. 电导，电纳，电阻，电抗　　　　　D. 电阻，电导，电抗，电纳

答案： B

解题过程： 变压器的四个参数短路损耗 P_k（kW），短路电压百分比 $U_k\%$，空载损耗 P_0（kW），空载电流百分比 $I_0\%$。前两个数据由短路试验得到，用以确定电阻 R_T、电抗 X_T；后两个数据由空载试验得到，用以确定电导 G_T 和电纳 B_T。

【4.2－23】（2024） 变压器短路实验测得短路电压百分比 $U_k\% = 10$，取 $S_B = 100\text{MVA}$，变压器容量为 500kVA，则变压器电抗标幺值为：

A. 0.15　　　　　B. 20　　　　　C. 150　　　　　D. 1.5

答案： B

解题过程： 变压器 $X_{T*} = \dfrac{U_k\%}{100} \times \dfrac{S_B}{S_{TN}} = 0.1 \times \dfrac{100}{0.5} = 20$。

【4.2-24】（2024）　如图 4.2-6 所示的电力系统中，基准容量值取 100MVA，计算电抗器的标幺值为：

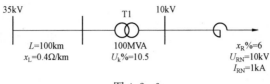

图 4.2-6

A. 0.604　　　　　B. 0.302　　　　　C. 6.284　　　　　D. 0.3142

答案： D

解题过程： U_{av} 是电抗器所在网络的平均额定电压值，则电抗器标幺值为：

$$X_{R*}=\frac{X_R\%}{100}\times\frac{U_{RN}}{\sqrt{3}\,I_{RN}}\times\frac{S_B}{U_{av}^2}=\frac{6}{100}\times\frac{10}{\sqrt{3}\times1}\times\frac{100}{10.5^2}=0.3142$$

【4.2-25】（2023）　一台 SFL20000/110 变压器向 10kV 网络供电，其实验数据见表 4.2-3，其归算到高压侧变压器的电阻和电抗为：

表 4.2-3　　　　　　　　　　　　　　　　**实　验　数　据**

P_k/kW	$U_k\%$	P_0/kW	$I_0\%$
120	10	20	1

A. 1.93Ω，11.52Ω　B. 3.63Ω，60.5Ω　C. 36.3Ω，6.05Ω　D. 19.3Ω，11.52Ω

答案： B

解题过程： 根据题意可知，$S_N=20\,000$kVA，高压侧电压 $U_N=110$kV，则

折算到高压侧等值电阻 $R_T=P_k\times\dfrac{U_N^2}{S_N^2}\times1000=120\times\dfrac{110^2}{20\,000^2}\times1000\Omega=3.63\Omega$，

折算到高压侧等值电抗 $X_T=U_k\%\times\dfrac{U_N^2}{S_N}\times10=10\times\dfrac{(110)^2}{20\,000}\times10\Omega=60.5\Omega$。

【4.2-26】（2022）　如图 4.2-7 所示电力系统，基值为 100MVA，用近似计算法，则线路、变压器及电抗器的标幺值为：

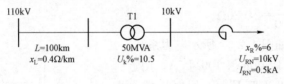

图 4.2-7

A. 0.302，0.21，0.451　　　　　　B. 0.44，0.21，0.628

C. 0.302，0.21，0.628　　　　　　D. 0.44，0.21，0.451

答案： C

解题过程　线路电抗　$x_{L*}=L\times x_L\times\dfrac{S_B}{U_{av}^2}=100\times0.4\times\dfrac{100}{115^2}=0.302$

变压器电抗　$x_{T1*}=\dfrac{U_k\%}{100}\times\dfrac{S_B}{S_{T1N}}=\dfrac{10.5}{100}\times\dfrac{100}{50}=0.21$

电抗器电抗　$x_{R*} = \dfrac{x_R\%}{100} \times \dfrac{U_{RN}}{\sqrt{3}\,I_{RN}} \times \dfrac{S_B}{U_{av}^2} = 0.628$

【4.2-27】（2022）　有一台 SFL1-20000/110 型变压器向 35kV 网络供电，铭牌参数为 $\Delta P_0 = 20$kW，$I_k\% = 0.8$，$S_N = 20\,000$kVA。归算到高压侧的变压器电导、电纳为：

A. 1.7×10^{-6}S，1.7×10^{-6}S
B. 1.7×10^{-6}S，13.22×10^{-6}S

C. 13.22×10^{-6}S，13.22×10^{-6}S
D. 1.22×10^{-6}S，3.22×10^{-6}S

答案：B

解题过程：$S_N = 20\,000$kVA $= 20$MVA

$$G_T = \frac{\Delta P_0}{U_N^2} \times 10^{-3} = \frac{20}{110^2} \times 10^{-3}\,S = 1.65 \times 10^{-6}\,S$$

$$B_T = \frac{I_k\%}{100} \times \frac{S_N}{U_N^2} = \frac{0.8}{100} \times \frac{20}{110^2}\,S = 13.22 \times 10^{-6}\,S$$

【4.2-28】（2021）　一额定电压 220kV 三相三绕组自耦变压器，额定容量 100MVA，容量比为 100/100/100，实测的短路实验数据如下，其中 1、2、3 分别代表高中低绕组，上标 "'" 表示未归算到额定量，$U'_{k(1-2)}\% = 12.5$，$U'_{k(1-3)}\% = 12$，$U'_{k(2-3)}\% = 10.5$，三绕组变压器归算到低压侧的等效电路中的 X_{T1}，X_{T2}，X_{T3} 分别为：

A. 3.630，11.38，44.47
B. 36.30，11.38，44.47

C. 0.1815，0.569，2.223
D. 33.88，26.62，24.20

答案：D

解题过程：根据题意可得每个绕组的短路电压百分比为：

$$U_{k1}\% = \frac{1}{2}[U_{k(1-2)}\% + U_{k(3-1)}\% - U_{k(2-3)}\%] = 0.5 \times (12.5 + 12 - 10.5) = 7$$

$$U_{k2}\% = \frac{1}{2}[U_{k(1-2)}\% + U_{k(2-3)}\% - U_{k(3-1)}\%] = 0.5 \times (12.5 + 10.5 - 12) = 5.5$$

$$U_{k3}\% = \frac{1}{2}[U_{k(2-3)}\% + U_{k(3-1)}\% - U_{k(1-2)}\%] = 0.5 \times (10.5 + 12 - 12.5) = 5$$

则 $X_{T1} = \dfrac{U_{k1}\% U_N^2}{100 S_N} = \dfrac{7 \times 220^2}{100 \times 100} = 33.88\Omega$，$X_{T2} = \dfrac{U_{k2}\% U_N^2}{100 S_N} = \dfrac{5.5 \times 220^2}{100 \times 100} = 26.62\Omega$，$X_{T3}$

$= \dfrac{U_{k3}\% U_N^2}{100 S_N} = \dfrac{5 \times 220^2}{100 \times 100} = 24.20\Omega$。

【4.2-29】（2021）　如图 4.2-8 所示电力系统，其参数图中已注明，取基准值 100MVA，用近似计算法得发电机及变压器 T1 的电抗标幺值为：

A. 0.67，0.21
B. 0.44，0.21

C. 0.44，0.56
D. 0.15，0.5

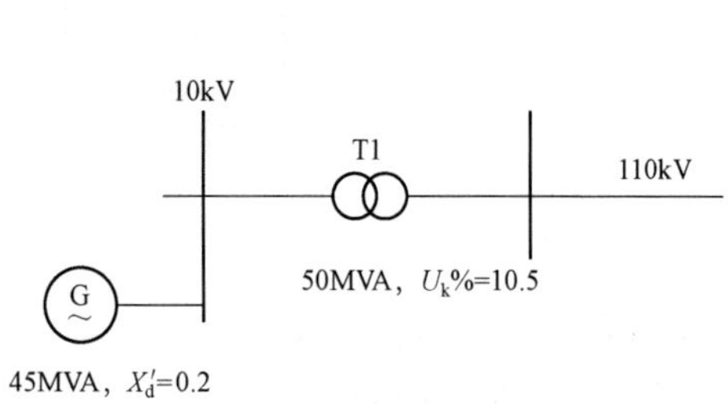

答案：B

图 4.2-8

解题过程：根据近似计算公式可得：

（1）发电机的电抗标幺值：$X_{G*} = \dfrac{X_G\%}{100} \times \dfrac{S_B}{S_{GN}} = X'_d \times \dfrac{100}{45} = 0.2 \times \dfrac{100}{45} = 0.44$

（2）变压器 T1 的电抗标幺值：$X_{T1*} = \dfrac{U_k\%}{100} \times \dfrac{S_B}{S_{TN}} = \dfrac{10.5}{100} \times \dfrac{100}{50} = 0.21$

【4.2-30】（2019）　发电机与 10kV 线路连接，以发电机端电压为基准值，则线路电压标幺值为：

A. 1　　　　　　B. 1.05　　　　　　C. 0.905　　　　　　D. 0.952

答案： D

解题过程： 发电机的端电压为 10.5kV，因此电压的基准值为 10.5kV。则线路电压标幺值为 $10/10.5 = 0.952$。

【4.2-31】（2018）　有一台 SFL1-20000/110 型变压器向 35kV 网络供电，铭牌参数：短路损耗 $\Delta P_k = 135$kW，短路电压百分数 $u_k\% = 10.5$，空载损耗 $\Delta P_0 = 22$kW。空载电流百分数 $I_0\% = 0.8$，$S_N = 20\,000$kVA，归算到高压侧的变压器参数为：

A. 4.08Ω，63.53Ω　　B. 12.58Ω，26.78Ω　　C. 4.08Ω，12.58Ω　　D. 12.58Ω，63.53Ω

答案： A

解题过程：
$$R_T = \frac{P_k}{1000} \times \frac{U_N^2}{S_N^2} = \frac{\Delta P_k}{1000} \times \frac{U_N^2}{S_N^2} = \frac{135}{1000} \times \frac{110^2}{20^2}\Omega = 4.083\Omega$$

$$X_T = \frac{u_k\%}{100} \times \frac{U_N^2}{S_N} = \frac{10.5}{100} \times \frac{110^2}{20}\Omega = 63.525\Omega$$

【4.2-32】（2017、2016）　已知变压器的铭牌数据，确定变压器电抗 X_T 的计算公式是：

A. $\dfrac{I_0\% S_{TN}}{100 U_{TN}^2}$　　　　B. $\dfrac{u_k\% U_{TN}^2}{100 S_{TN}}$　　　　C. $\dfrac{u_k\% U_{TN}}{100 S_{TN}}$　　　　D. $\dfrac{I_0\% U_{TN}^2}{100 S_{TN}}$

答案： B

解题过程： 变压器电抗公式 $X_T = \dfrac{u_k\% U_{TN}^2}{100 S_{TN}}$。

4.3　简单电网的潮流计算

4.3.1　知识点提示

电压（包括幅值和相角）和功率（包括有功功率和无功功率）是表征电力系统稳态运行的主要物理量。确定系统中各处的电压和功率分布（实为功率流，俗称潮流）称为潮流计算。

1. 电压降落、电压损耗、功率损耗的定义

线路的 Ⅱ 型等效电路如图 4.3-1 所示。

（1）电压降落。电力线路首末两端电压的相量差为电压降落，$d\dot{U} = \dot{U}_1 - \dot{U}_2$。

1）如果已知末端电压为 $\dot{U}_2 = U_2 \underline{/0°}$、线路阻抗支路的末端功率为 S_2'，则线路的首端电压 $\dot{U}_1$ 为

$$\dot{U}_1 = \dot{U}_2 + \left(\frac{S_2'^*}{U_2}\right)(R + jX) = U_2 + \frac{P_2' - jQ_2'}{U_2}(R + jX) = \dot{U}_2 + \Delta \dot{U}_2 + j\delta \dot{U}_2 = U_1 \underline{/\delta}$$

线路阻抗支路的电压降落为

$$d\dot{U} = \dot{U}_1 - \dot{U}_2 = \Delta U_2 + j\delta U_2 = \frac{P_2'R + Q_2'X}{U_2} + j\frac{P_2'X - Q_2'R}{U_2}$$

ΔU_2、δU_2 分别为电压降落 $d\dot{U}$ 的纵分量和横分量，如图 4.3-2 所示。

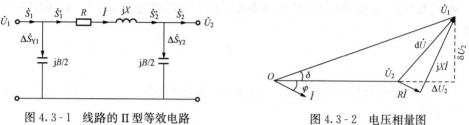

图 4.3-1　线路的 Ⅱ 型等效电路　　　　图 4.3-2　电压相量图

线路阻抗的首端电压幅值 $U_1 = \sqrt{(U_2 + \Delta U_2)^2 + (\delta U_2)^2}$，相角 $\delta = \arctan \dfrac{\delta U_2}{U_2 + \Delta U_2}$。

2）如果已知首端的视在功率 S_1、线电压 $\dot{U}_1 = U_1 \underline{/0°}$ 和线路阻抗支路的首端功率 S'_1，则线路阻抗支路的电压降落为

$$d\dot{U} = \Delta U_1 + j\delta U_1 = \frac{P'_1 R + Q'_1 X}{U_1} + j\frac{P'_1 X - Q'_1 R}{U_1}$$

线路阻抗的末端电压 $\dot{U}_2 = (\dot{U}_1 - \Delta \dot{U}_1) - j\delta \dot{U}_1$，幅值 $U_2 = \sqrt{(U_1 - \Delta U_1)^2 + (\delta U_1)^2}$，相角 $\delta = \arctan \dfrac{-\delta U_1}{U_1 - \Delta U_1}$。

（2）电压损耗。电压损耗为网络元件首、末端电压的数值差 $U_1 - U_2$。电压损耗近似等于电压降落纵分量。电压损耗常以百分值表示，即

$$电压损耗 = \frac{U_1 - U_2}{U_N} \times 100\%$$

（3）电压偏移。电压偏移是电力网中任意点的实际电压 U 同该处网络额定电压 U_N 的数值差。如线路首端或末端电压与线路额定电压的数值差 $U_1 - U_N$ 或 $U_2 - U_N$。电压偏移常以百分值 $m\%$ 表示。

$$m\% = \frac{U - U_N}{U_N} \times 100\%$$

电压损耗过大将直接影响供电电压质量，最大负荷时电压损耗的百分值不应超过 10%。电压偏移直接反映了供电电压的质量。

（4）变压器的功率损耗。

变压器的总损耗为励磁支路损耗和阻抗支路损耗之和，假设变压器运行在额定电压，通过功率为 S_2。

1）变压器的励磁支路损耗可用空载试验的数据表示，即

$$\Delta \dot{S}_{T0} = \Delta P_0 + j\Delta Q_0 = \frac{P_0}{1000} + j\frac{I_0\%}{100}S_N$$

2）变压器绕组阻抗支路中的功率损耗可用短路试验的数据表示为

$$\Delta \dot{S}_{TZ} = \Delta P_T + j\Delta Q_T = \frac{P_k}{1000} \times \frac{S_2^2}{S_N^2} + j\frac{U_k\% S_N}{100} \times \frac{S_2^2}{S_N^2}$$

3）变压器有功损耗为 $\Delta P_\Sigma = \dfrac{P_0}{1000} + \dfrac{P_k}{1000} \times \dfrac{S_2^2}{S_N^2}$

4) 变压器消耗的总无功功率为 $\Delta Q_\Sigma = \dfrac{I_0\%}{100}S_N + \dfrac{U_k\%S_N}{100} \times \dfrac{S_2^2}{S_N^2}$

5) n 台变压器并联运行的总损耗。单台变压器的额定容量为 S_N，当总负荷功率为 S 时，n 台变压器并联运行的总损耗为

$$\Delta P_{T(n)} = \frac{nP_0}{1000} + \frac{nP_k}{1000} \times \left(\frac{S}{nS_N}\right)^2$$

以上各式中，物理量的配合是三相功率（MVA）、线电压（kV）、单相等值电路。电压降和功率损耗公式中，为同一点的功率和电压。

2. 已知不同点的电压和功率情况下的潮流简单计算方法

(1) 已知同一点的功率和电压，求另一点的功率和电压。

根据图 4.3-1，已知末端电压 U_2 和功率 S_2，则求首端的功率和电压的过程如下。

1) 线路末端导纳支路的功率损耗

$$\Delta\dot{S}_{Y2} = -j\frac{B}{2}U_2^2$$

2) 线路阻抗支路末端的功率

$$\dot{S}'_2 = \dot{S}_2 + \Delta\dot{S}_{Y2} = \dot{S}_2 - j\frac{B}{2}U_2^2 = P'_2 + jQ'_2$$

3) 线路阻抗支路的功率损耗

$$\Delta\dot{S}_L = \left(\frac{S'_2}{U_2}\right)^2(R+jX) = \frac{P'^2_2 + Q'^2_2}{U_2^2}(R+jX) = \Delta P_L + j\Delta Q_L$$

4) 线路首端导纳支路的功率损耗

$$\Delta\dot{S}_{Y1} = -j\frac{B}{2}U_1^2$$

5) 线路首端功率

$$\dot{S}_1 = \dot{S}'_1 + \Delta\dot{S}_{Y1} = \dot{S}'_2 + \Delta\dot{S}_L + \Delta\dot{S}_{Y1} = \dot{S}'_2 + \Delta\dot{S}_L - j\frac{B}{2}U_1^2 = P_1 + jQ_1$$

(2) 常见的是已知首端电压和末端功率，求首端功率和末端电压；或已知末端电压、首端功率，求末端功率和首端电压。

设所有未知电压节点的电压为线路的额定电压，根据电压降落、首末端电压、功率公式从已知功率端开始逐段求功率，直至已知电压点的功率；然后从已知电压点开始，用求得的功率和已知电压点的电压，往回逐段向未知点求电压。

3. 输电线路运行特性

(1) 功率传输方向。已知输电线路的末端电压 $\dot{U}_2 = U_2\underline{/0°}$、末端功率 S_2，高压输电线路中 $X \gg R$，若令 $R = 0$，则输电线路的首端电压 $\dot{U}_1$ 为

$$\dot{U}_1 = \dot{U}_2 + \Delta U_2 + j\delta U_2 = \left(U_2 + \frac{Q_2 X}{U_2}\right) + j\frac{P_2 X}{U_2} \tag{1}$$

令线路的首端电压为：　$\dot{U}_1 = U_1\underline{/\delta°} = U_1\cos\delta + jU_1\sin\delta$ 　　(2)

1) 有功功率传输方向。比较式 (1)、式 (2) 的虚部，可得 $\dfrac{P_2 X}{U_2} = U_1\sin\delta$，高压输电

线路首、末端有功功率相等，则 $P_2 = \dfrac{U_1 U_2}{X} \sin\delta$。

当首、末端电压一定时，线路传输功率 P_2 与 δ 的大小有关，δ 越大，则 P_2 越大，最大的传输功率出现在 $\delta = 90°$。$\delta > 0$，$P_2 > 0$，有功功率从电压相位超前端向滞后端输送。

2）无功功率传输方向。比较式（1）、式（2）的实部，可得 $U_2 + \dfrac{Q_2 X}{U_2} = U_1 \cos\delta$，则

$$Q_2 = \frac{(U_1 \cos\delta - U_2) \, U_2}{X}。$$

当 δ 很小时，线路传输的无功功率 Q_2 主要与两端电压幅值 U_1 与 U_2 的差值有关，差值越大，则 $Q_2 \approx \dfrac{(U_1 - U_2) \, U_2}{X}$ 越大。$U_1 > U_2$，则 $Q_2 > 0$，感性无功功率从电压幅值高的一端向低的一端输送，容性无功功率从电压幅值低的一端向高的一端输送。

高压输电系统中，电压降落的纵分量主要取决于元件所传递的无功功率，横分量主要取决于所输送的有功功率。

（2）输电线路的空载运行特性。如图 4.3-1 所示的输电线路空载时，线路末端的功率 $S_2 = 0$，当线路末端的电压 $\dot{U}_2 = U_2 \underline{/0°}$ 已知时，有

$$\dot{S}'_2 = \dot{S}_2 + \Delta \dot{S}_{Y2} = \dot{S}_2 - \mathrm{j}\frac{B}{2}U_2^2 = -\mathrm{j}\frac{B}{2}U_2^2$$

$$\dot{U}_1 = \dot{U}_2 + \Delta U_2 + \mathrm{j}\delta U_2 = \left(U_2 - \frac{BX}{2}U_2\right) + \mathrm{j}\frac{BR}{2}U_2$$

高压线路一般采用的导线截面积较大，在忽略电阻的情况下有 $U_1 = U_2 - \dfrac{BX}{2}U_2$。电路中将流过容性电流，电容上的电压高于电源电势，称为电容效应。

高压输电线路空载时，$U_1 < U_2$，线路末端的电压将高于其首端电压，出现末端电压升高现象。因此高压输电线路不宜空载或轻载运行。

（3）输电线路的负载运行特性。

1）输电线路轻载时末端电压升高。超高压线路并联电抗，吸收线路多余的无功功率，防止线路末端电压升高。

2）输电线路负载电流大于线路电容电流，输电线路末端电压将低于首端电压，输电线路传输的最大功率主要与两端电压幅值的乘积成正比，而与线路的电抗成反比，即

$$P_{\max} = \frac{U_1 U_2}{X}。$$

实际中，考虑到导线发热和系统稳定性等其他因素，实际传输的有功功率比最大功率小得多。

4.3.2 供配电专业高频考点与历年真题解析

考点 1： 电压降落、电压损耗、功率损耗

【4.3-1】（2024） 电力变压器功耗和负荷下列说法正确的是：

A. 负荷大，功耗大   B. 负荷大，功耗小

C. 负荷达到额定时功耗最大   D. 功耗与负荷无关

答案：A

解题过程：电力变压器的电能损耗包括铁损（空载损耗 P_0）和铜损（负载损耗 P_k）。铁损主要是由铁芯中的磁滞和涡流损耗引起的，与变压器的电压、铁芯材料、磁通密度以及频率等有关，与负荷大小无关。铜损是由变压器绕组电阻产生的损耗，与负荷电流的平方成正比；负荷越大，绕组电流越大，铜损也就越大。则负荷增大，铜损增大，变压器总功耗增大。

【4.3-2】(2022、2017)　线路末端的电压偏移是指：

A. 线路首末两端电压相量差　　　　　B. 线路首末两端电压数量差

C. 线路末端电压与额定电压之差　　　D. 线路末端空载时与负载时电压之差

答案：C

解题过程：线路末端的电压偏移是线路末端电压与额定电压的数值差。

【4.3-3】(2021)　电压损失的定义为：

A. 线路首末端电压的几何差　　　　　B. 线路首末端电压的代数差

C. 线路首端电压与额定电压的差值　　D. 线路末端电压与额定电压的差值

答案：B

解题过程：电压损耗为网络元件首、末端电压的数值差。

【4.3-4】(2021、2020)　500kVA、10kV/0.4kV 的变压器，归算到高压侧的阻抗为 $Z_T=1.72+j3.42\Omega$，当负载接到变压器低压侧，负载的功率因数为 0.8 滞后时，归算到变压器高压侧和低压侧的电压分别为：

A. 10 000V，400V　　B. 10 500V，378V　　C. 9829V，393V　　D. 9721V，380V

答案：C

解题过程：由于功率因数为 0.8，所以 $P=0.8S=0.8\times500\text{kVA}=400\text{kA}$，$Q=0.6\times S=0.6\times500\text{kVA}=300\text{kVA}$。即负载为 $S=400+j300\text{kVA}$。根据电压降落的公式计算电压降落的横向分量和纵向分量：

横向分量

$$\Delta U=\frac{PR+QX}{U}=\frac{400\times1.72+300\times3.42}{10}\text{V}=171.4\text{V}$$

纵向分量

$$\delta U=\frac{PX-QR}{U}=\frac{400\times3.42-300\times1.72}{10}\text{V}=85.2\text{V}$$

归算到变压器高压侧的电压

$$U'=\sqrt{(U-\Delta U)^2+(\delta U)^2}=\sqrt{(10\,000-171.4)^2+(85.2)^2}\text{V}=9829\text{V}$$

则归算到变压器低压侧的电压　$U_2=U'\times\frac{0.4}{10}=9829\times\frac{0.4}{10}\text{V}=393\text{V}$

【4.3-5】(2019)　线路首末端电压的代数差为：

A. 电压偏移　　　B. 电压损失　　　C. 电压降落　　　D. 电压偏差

答案：B

解题过程：线路的电压损失：线路首端电压与末端电压的数值差。

★**【4.3-6】(2018)**　线路首末端电压的向量差为：

A. 电压偏移　　　B. 电压损失　　　C. 电压降　　　D. 电压偏差

答案：C

解题过程：线路的电压降落为 $d\dot{U}=\dot{U}_1-\dot{U}_2$。

★**【4.3-7】**(2016) n 台额定功率为 S_N 的变压器在额定电压下并联运行，已知变压器铭牌参数，通过额定功率时，n 台变压器的总有功损耗为：

A. $\dfrac{nP_0}{1000}+\dfrac{1}{n}\times\dfrac{P_k}{1000}$

B. $n\left(\dfrac{P_0}{1000}+\dfrac{P_k}{1000}\right)$

C. $\dfrac{1}{n}\left(\dfrac{P_0}{1000}+\dfrac{P_k}{1000}\right)$

D. $\dfrac{1}{n}\times\left(\dfrac{P_0}{1000}+n\dfrac{P_k}{1000}\right)$

答案：A

解题过程：n 台变压器并联运行的总损耗为 $\Delta P_{T(n)}=n\dfrac{P_0}{1000}+n\dfrac{P_k}{1000}\left(\dfrac{S}{nS_N}\right)^2$，本题中，$S=S_N$ 时，总有功损耗为选项 A。

【4.3-8】(2014) 两台相同的变压器其额定功率为 20MVA，负荷功率为 18MVA，在额定功率下并列运行，每台变压器空载损耗为 22kW，短路损耗 135kW，两台变压器总有功损耗为：

A. 1.829MW   B. 0.191MW   C. 0.0987MW   D. 0.2598MW

答案：C

解题过程：已知 $P_0=22$kW，$P_k=135$kW，变压器的总损耗为绕组功率损耗和铁心功率损耗之和，变压器总有功损耗：

$$\Delta P_\Sigma=2\frac{P_0}{1000}+2\frac{P_k}{1000}\left(\frac{S_{max}/2}{S_N}\right)^2=2\times\frac{22}{1000}+2\times\frac{135}{1000}\times\left(\frac{18/2}{20}\right)^2\text{MW}=0.0987\text{MW}$$

【4.3-9】(2014) 某线路首端电压 $\dot{U}_1=230.5\underline{/12.5^\circ}$ kV，末端电压为 $\dot{U}_2=220.9\underline{/15^\circ}$ kV，试求首、末端电压偏移分别为：

A. 5.11%，0.715%

B. 4.77%，0.41%

C. 3.21%，0.32%

D. 2.75%，0.21%

答案：B

解题过程：首端电压 U_1 的额定电压 $U_{1N}=U_{2N}=220$kV，首端电压偏移为

$$\Delta U\%=\frac{U_1-U_{1N}}{U_{1N}}\times100\%=\frac{230.5-220}{220}\times100\%=4.7727\%$$

末端电压 U_2 的额定电压 $U_{2N}=220$kV，末端电压偏移为

$$\Delta U\%=\frac{U_2-U_{2N}}{U_{2N}}\times100\%=\frac{220.9-220}{220}\times100\%=0.409\,09\%$$

考点2：输电线路中功率传输

【4.3-10】(2023) 环形网络中自然功率的分布规律为：

A. 与支路电阻成反比

B. 与支路电压成反比

C. 与支路阻抗成反比

D. 与支路电纳成反比

答案：C

解题过程：负载阻抗等于波阻抗时，单位长度线路上电感消耗的无功功率等于电容产生的

无功功率，线路没有电压损失，此时线路输送的功率为自然功率，$P_\lambda = \dfrac{u_2^2}{Z_C} = \dfrac{u_2^2}{Z_2}$。

考点3：输电线路的空载与负载运行特性

【4.3-11】（2024）　输电线路带大负载时，线路末端的电压与首端电压关系是：

A. 等于　　　　　　B. 低于　　　　　　C. 高于　　　　　　D. 不确定

答案： B

解题过程： 当输电线路带大负荷时，线路中的电流大，电压降落大。则线路末端电压低于首端电压。

【4.3-12】（2018）　如图4.3-3所示网络中，在不计网络功率损耗的情况下，各段电路状态是：

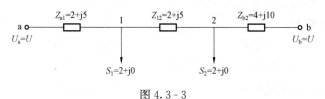

图4.3-3

A. 仅有有功功率　　　　　　　　　　B. 既有有功功率、又有无功功率

C. 仅有无功功率　　　　　　　　　　D. 不能确定有无功功率

答案： B

解题过程： 线路中传输有功功率和无功功率。

【4.3-13】（2017）　110kV 输电线路参数，$r = 0.21\Omega/\text{km}$，$x = 0.4\Omega/\text{km}$，$b/2 = 2.79 \times 10^{-6}\text{S/km}$，线路长度 $l = 100\text{km}$，线路空载，线路末端电压为 120kV，则线路首端电压和充电功率为：

A. $118.66\underline{/0.339°}\text{kV}$，7.946Mvar　　　　B. $121.36\underline{/0.332°}\text{kV}$，8.035Mvar

C. $121.34\underline{/-0.332°}\text{kV}$，8.035Mvar　　D. $118.66\underline{/-0.339°}\text{kV}$，7.946Mvar

答案： A

解题过程： 输电线路空载时，线路末端的功率为0，当线路末端电压 U_2 已知时，线路的首端电压为

$$\dot{U}_1 = U_2 - \frac{B}{2}XU_2 + \text{j}\frac{B}{2}RU_2 = U_2 - \frac{bl}{2}(xl)U_2 + \text{j}\frac{bl}{2}(rl)U_2 \tag{1}$$

将 $U_2 = 120\text{kV}$、$l = 100\text{km}$ 及线路参数代入式（1）得

$$\dot{U}_1 = [120 - (2.79 \times 10^{-6} \times 100) \times (0.4 \times 100) \times 120 + \text{j}(2.79 \times 10^{-6} \times 100) \times$$
$$(0.21 \times 100) \times 120]\text{kV}$$
$$= (118.6608 + \text{j}0.70308)\text{kV} = 118.66288\underline{/0.33948°}\ \text{kV}$$

充电功率 $Q_c = U_N^2 b_1 l = 118.66288^2 \times 2 \times 2.79 \times 10^{-6} \times 100 = 7.857\text{Mvar}$。

【4.3-14】（2016）　330kV 线路 $R = 10.5\Omega$，$X = 40.1\Omega$，$B = 12 \times 10^{-4}\text{S}$，末端电压 $U_2 = 363\underline{/0°}\text{kV}$，线路空载，则线路首端电压和线路总充电功率为：

A. $354.27\underline{/-0.185°}$，158.12Mvar　　　　B. $354.27\underline{/0.185°}$，158.12Mvar

C. $354.27\underline{/-0.185°}$，130.68Mvar　　　　D. $354.27\underline{/0.185°}$，130.68Mvar

答案：B

解题过程：（1）高压输电线路空载，线路末端的功率 $S_2=0$，当线路末端的电压 $\dot U_2=U_2\underline{/0°}=363\underline{/0°}$ 时，输电线路首端电压为：

$$\dot U_1=\left(U_2-\frac{BX}{2}U_2\right)+j\frac{BR}{2}U_2=\left(363-\frac{12\times10^{-4}\times40.1}{2}\times363\right)\text{Mvar}+$$
$$j\frac{12\times10^{-4}\times10.5}{2}\times363\text{Mvar}$$

$$=363\times(0.975\,94+j0.0063)\text{Mvar}$$

$$=(354.266\,22+j2.2869)\text{Mvar}=354.2733\underline{/0.3698°}\,\text{Mvar}$$

（2）总充电功率为：
$$Q_c=\omega CU_2^2=BU_2^2=12\times10^{-4}\times363^2\text{Mvar}=158.1228\text{Mvar}$$

【4.3-15】(2014) 已知 220kV 线路的参数为 $R=31.5\Omega$，$X=58.5\Omega$，$B/2=2.168\times10^{-4}\text{S}$。当线路空载时，线路末端母线电压为 $225\underline{/0°}\text{kV}$，则线路首端电压为：

A. $222.15\underline{/0.396°}\,\text{kV}$　　　　B. $227.85\underline{/0.39°}\,\text{kV}$

C. $222.15\underline{/-0.396°}\,\text{kV}$　　　　D. $227.85\underline{/-0.39°}\,\text{kV}$

答案：A

解题过程：根据题意可知线路空载即线路末端的功率 S_2 为 0，当线路末端的电压 $\dot U_2=225\underline{/0}°\text{kV}$ 已知时，有：

$$\dot U_1=\dot U_2+\Delta U_2+j\delta U_2=U_2-\frac{BX}{2}U_2+j\frac{BR}{2}U_2 \tag{1}$$

将 $\dot U_2=225\underline{/0°}\text{kV}$ 及线路参数代入式（1）得：

$$\dot U_1=225-2.168\times10^{-4}\times58.5\times225+j2.168\times10^{-4}\times31.5\times225 \tag{2}$$

整理式（2）可得 $\dot U_1=222.146\,37+j1.536\,57=222.151\,68\underline{/0.3963°}\,\text{kV}$。

【4.3-16】(2014) 高电压长距离输电线路，当线路空载时，末端电压升高，其原因是：

A. 线路中的容性电流流过电容　　　　B. 线路中的容性电流流过电感

C. 线路中的感性电流流过电感　　　　D. 线路中的感性电流流过电容

答案：B

解题过程：忽略电阻的高压线路的等效电路的电纳 B 是容性的，电路中将流过容性电流。电容上的电压等于电源电动势加上电容电流流过电感造成的电压升高。

4.3.3　发输变电专业高频考点与历年真题解析

考点1：已知不同点的电压和功率情况下的潮流简单计算方法

【4.3-17】(2024) 额定电压为 35kV 的辐射型电网，各段阻抗及负荷如图 4.3-4 所示，则 A 点的电压及始端功率是：

A. $35\underline{/-1.312°}\text{kV}$，$(2.89+j2.07)\text{ MVA}$

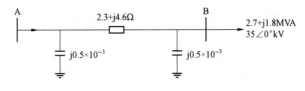

图 4.3-4

B. $35.2\underline{/35°}$kV，$(2.9+j2.7)$ MVA

C. $35.3\underline{/0.45°}$kV，$(2.716+j0.61)$ MVA

D. $35.3\underline{/-1.312°}$kV，$(2.716+j0.61)$ MVA

答案：C

解题过程：（1）线路末端导纳支路的功率损耗为

$$\Delta S_{Y2}=-j\frac{B}{2}U_2^2=-j0.5\times10^{-3}\times35^2=-j0.6125\text{Mvar}$$

（2）线路阻抗支路末端的功率为

$$S_2'=S_2+\Delta S_{Y2}=S_2-j\frac{B}{2}U_2^2=[(2.7+j1.8)+(-j0.6125)]\text{MVA}$$

$$=(2.7+j1.1875)\text{MVA}$$

（3）线路阻抗支路的功率损耗为

$$\Delta S_L=\frac{P_2^2+Q_2^2}{U_2^2}(R+jX)=\frac{2.7^2+1.1875^2}{35^2}\times(2.3+j4.6)\text{MVA}=(0.01633+j0.0327)\text{MVA}$$

（4）电压降落的纵分量、横分量分别为

$$\Delta U_2=\frac{P_2'R+Q_2'X}{U_2}=\frac{2.7\times2.3+1.1875\times4.6}{35}\text{kV}=0.3335\text{kV}$$

$$\delta U_2=\frac{P_2'X+Q_2'R}{U_2}=\frac{2.7\times4.6+1.1875\times2.3}{35}\text{kV}=0.2768\text{kV}$$

（5）始端电压为

$$U_1=U_2+\Delta U_2+j\delta U_2=(35+0.3335+j0.2768)\text{kV}=35.33\underline{/0.45°}\text{ kV}$$

（6）始端功率为

$$S_1=S_2'+\Delta S_L+\Delta S_{Y1}=S_2'+\Delta S_L+\left(-j\frac{B}{2}U_1^2\right)$$

$$=[(2.7+j1.1875)+(0.01633+j0.0327)+(-j0.5\times10^{-3}\times35.33^2)]\text{MVA}$$

$$=(2.716+j0.61)\text{MVA}$$

【4.3-18】（2023）　一条空载运行的 220kV 单回架空输电线路，长 200km，$r=0.108\Omega/\text{km}$，$x=0.426\Omega/\text{km}$，$b=2.66\times10^{-6}$ S/km，末端电压为 205kV，线路始端电压为：

A. 202kV　　　　B. 200.35kV　　　　C. 200.86kV　　　　D. 200kV

答案：B

解题过程：由题意得：空载输电线路末端功率 $S_2=0$，$R=rl=0.108\times200\Omega=21.6\Omega$，$X=xl=0.426\times200\Omega=85.2\Omega$，$B=bl=2.66\times10^{-6}\times200\text{S}=5.32\times10^{-4}$ S。

当线路末端的电压 $\dot{U}_2=205\underline{/0°}$ kV 时，输电线路始端电压为：

$$\dot{U}_1 = U_2 - \frac{BX}{2}U_2 + j\frac{BR}{2}U_2 = 205 - \frac{5.32\times10^{-4}\times85.2}{2}\times205\text{kV}$$

$$+ j\frac{5.32\times10^{-4}\times21.6}{2}\times205\text{kV}$$

$$\dot{U}_1 = 205\text{kV} - 4.646\text{kV} + j1.178\text{kV} = 200.3575\underline{/0.3368°}\text{ kV}$$

【4.3-19】(2021) 如图 4.3-5 所示，一条空载运行的 220kV 单回输电线，长 220km，导线型号 LGJ 300，$r_1 = 0.18\Omega/\text{km}$，$x_1 = 0.41\Omega/\text{km}$，$b_1 = 2.6\times10^{-6}\text{S/km}$，线路受端电压 210kV，则线路送端电压为：

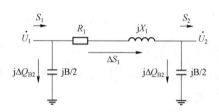

图 4.3-5

A. $210\underline{/-1.312°}\text{kV}$

B. $225\underline{/1.312°}\text{kV}$

C. $204.6\underline{/0.66°}\text{kV}$

D. $210\underline{/0.66°}\text{kV}$

答案： C

解题过程： 令 $\dot{U}_2 = U_2\underline{/0°} = 210\underline{/0°}\text{kV}$

$$R = r_1 l = 0.18\times220 = 39.6\Omega, \quad X = 0.41\times220 = 90.2\Omega$$

$$B = b_1 l = 2.6\times10^{-6}\times220 = 5.72\times10^{-4}\times\frac{B}{2} = 2.86\times10^{-4}\text{s}$$

$$S_2 = P_2 + jQ_2 = 0\text{MVA}$$

$$j\Delta Q_{B2} = -j\frac{B}{2}U_2^2 = -j\frac{B}{2}\times210^2 = -j2.86\times10^{-4}\times210^2\text{Mvar} = -j12.6126\text{Mvar}$$

$$\Delta U_2 = \frac{P_2'R + Q_2'X}{U_2} = \frac{-12.6126\times90.2}{210}\text{kV} = -5.417\text{kV}$$

$$\delta U_2 = \frac{P_2'X - Q_2'R}{U_2} = \frac{12.6126\times39.6}{210}\text{kV} = 2.378\text{kV}$$

得 $U_1 = \sqrt{(U_2+\Delta U_2)^2 + (\delta U_2)^2} = \sqrt{(-5.417+210)^2 + (2.378)^2}\text{kV} \approx 204.6\text{kV}$

$$\delta = \arctan\frac{\delta U_2}{U_2+\Delta U_2} = \arctan\frac{2.378}{210-5.417} = 0.66°$$

【4.3-20】(2019) 如图 4.3-6 所示系统中，已知 220kV 线路的参数为 $R = 20\Omega$，$X = 85\Omega$，$B = 6\times10^{-4}\text{S}$，当线路（220kV）A、B 开关都断开时，A、B 两端母线电压分别为 240kV 和 220kV，开关 A 合上时，开关 B 断口两端的电压差为：

A. 20kV   B. 16.54kV   C. 26.26kV   D. 8.74kV

答案： C

解题过程： 根据图 4.3-6 可知，开关 B 断口相当于输电空载，线路末端的功率 S_2 为零，当线路末端的电压 U_2 已知时，有

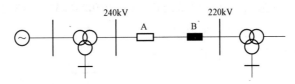

图 4.3-6

$$\dot{U}_1 = \dot{U}_2 + \Delta U_2 + j\delta U_2 = \dot{U}_2 + \frac{-\dfrac{B}{2}U_2^2 X}{U_2} + j\dfrac{\dfrac{B}{2}U_2^2 R}{U_2} = U_2 - \frac{BX}{2}U_2 + j\frac{BR}{2}U_2$$

$$\dot{U}_1 = 240 = U_2 - \frac{6\times10^{-4}\times85}{2}U_2 + j\frac{6\times10^{-4}\times20}{2}U_2$$

$$240 = 0.9745U_2 + j0.006U_2 \Rightarrow U_2 = 246.275\text{kV}$$

开关 B 断口两端的电压差为 $U_2 - 220\text{kV} = 26.275\text{kV}$

【4.3-21】(2019) 额定电压 110kV 的辐射型电网各段阻抗及负荷如图 4.3-7 所示,已知电源 A 的电压为 121kV,C 点电压为:(可以不计电压降落的横分量 σ_u)

A. 105.507kV   B. 107.363kV   C. 110.452kV   D. 115.759kV

答案: D

解题过程: 根据题意可得题解图,如图 4.3-8 所示。

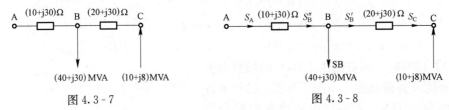

图 4.3-7   图 4.3-8

$$S_C = -(10+j8)\text{MVA}$$

所以 $\Delta S_{ZBC} = \dfrac{P_C^2 + Q_C^2}{U_N^2}(R_{BC} + jX_{BC}) = \dfrac{10^2 + 8^2}{110^2}(20+j30)\text{MVA} = (0.2711 + j0.4066)\text{MVA}$

$$S'_B = S_C + \Delta S_{ZBC} = -(10+j8) + (0.2711 + j0.4066)\text{MVA}$$

$$= (-9.7289 - j7.5934)\text{MVA}$$

$$S''_B = S_B + S'_B = [(40+j30) + (-9.7289 - j7.5934)]\text{MVA} = (30.2711 + j22.4066)\text{MVA}$$

$$\Delta S_{ZAB} = \dfrac{P_B''^2 + Q_B''^2}{U_N^2}(R_{AB} + jX_{AB}) = \dfrac{30.2711^2 + 22.4066^2}{110^2}(10+j30)\text{MVA}$$

$$= (1.1722 + j3.5167)\text{MVA}$$

$$S_A = S''_B + \Delta S_{ZAB} = (30.2711 + j22.4066 + 1.1722 + j3.5167)\text{MVA}$$

$$= (31.4433 + j25.9133)\text{MVA}$$

$$\Delta U_{AB} = \dfrac{P_A R + Q_A X}{U_A} = \dfrac{31.4433\times10 + 25.9133\times30}{121}\text{kV} = 8.9408\text{kV}$$

$$U_B = U_A - \Delta U_{AB} = 112.0592\text{kV}$$

$$\Delta U_{BC} = \dfrac{P'_B R + Q'_B X}{U_B} = \dfrac{-9.7289\times20 + (-7.5934)\times30}{112.0592}\text{kV} = -3.7693\text{kV}$$

$$U_C = U_B - \Delta U_{BC} = 112.0592\text{kV} - (-3.7693)\text{kV} = 115.828\text{kV}$$

【4.3-22】(2018) 图 4.3-9 所示各支路参数为标幺值，则节点导纳 Y_{11}、Y_{22}、Y_{33}、Y_{44} 分别是：

A. $-j4.4$，$-j4.9$，$-j14$，$-j10$

B. $-j25$，$-j2$，$-j14.45$，$-j10$

C. $-j2.5$，$-j2$，$-j14.45$，$-j10$

D. $-j4.4$，$-j4.9$，$-j14$，$-j10$

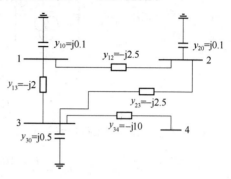

图 4.3-9

答案：A

解题过程：节点导纳矩阵中的各元素为

$$Y_{11} = y_{10} + y_{12} + y_{13} + y_{14} \quad Y_{12} = -y_{12} \quad Y_{13} = -y_{13} \quad Y_{14} = -y_{14}$$

$$Y_{21} = -y_{12} \quad Y_{22} = y_{20} + y_{12} + y_{23} + y_{24} \quad Y_{23} = -y_{23} \quad Y_{24} = -y_{24}$$

$$Y_{31} = -y_{13} \quad Y_{32} = -y_{23} \quad Y_{33} = y_{30} + y_{13} + y_{23} + y_{34} \quad Y_{34} = -y_{34}$$

$$Y_{41} = -y_{14} \quad Y_{42} = -y_{24} \quad Y_{43} = -y_{34} \quad Y_{44} = y_{40} + y_{14} + y_{24} + y_{34}$$

根据题图可得

$$Y_{11} = y_{10} + y_{12} + y_{13} + y_{14} = j0.1 + (-j2.5) + (-j2) + 0 = -j4.4$$

$$Y_{22} = y_{20} + y_{12} + y_{23} + y_{24} = j0.1 + (-j2.5) + (-j2.5) + 0 = -j4.9$$

$$Y_{33} = y_{30} + y_{13} + y_{23} + y_{34} = j0.5 + (-j2) + (-j2.5) + (-j10) = -j14$$

$$Y_{44} = y_{40} + y_{14} + y_{24} + y_{34} = 0 + 0 + 0 + (-j10) = -j10$$

【4.3-23】(2018) 额定电压 110kV 的辐射型电网各段阻抗及负荷如图 4.3-10 所示，已知电源 A 的电压为 121kV，若不计电压降落的横分量 δU，则 B 点电压为：

A. 104.47kV   B. 107.363kV

C. 110.452kV   D. 103.401kV

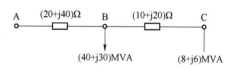

图 4.3-10

答案：A

解题过程：设线路首端电压为额定电压 $U_A = 121\text{kV}$，若不计电压降落的横分量 δU，线路 B 点电压的幅值为：

$$\dot{U}_B = (U_A - \Delta U_A) = 121\text{kV} - \frac{40 \times 20 + 30 \times 40}{121}\text{kV} = 104.47\text{kV}$$

【4.3-24】(2017、2016) 有一台三绕组变压器额定电压为 525kV/230kV/66kV，变压器等值电路参数及功率标于图 4.3-11 中（均为标幺值，$S_B = 100\text{MVA}$），低压侧空载，当 $\dot{U}_2 = 1.0\underline{/-9.53°}$ 时，流入变压器高压侧 $\dot{S}_1$（MVA）及 $\dot{U}_1$ 的实际电压为：

A. （86+j51.6）MVA，527.6 $\underline{/8.89°}$kV

B. （86.7+j63.99）MVA，541.8 $\underline{/5.78°}$kV

C. （86+j51.6）MVA，527.6 $\underline{/-8.89°}$kV

D. （86.7+j63.99）MVA，541.8 $\underline{/-5.78°}$kV

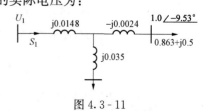

图 4.3-11

答案：C

解题过程： 低压侧空载。三绕组变压器中压侧负载容量为 $S_2 = 0.863 + j0.5$。设基准容量为 $S_B = 100MVA$，基准电压 $U_B = 525kV$，则基准电流 $I_B = 0.11kA$。

三绕组变压器高中压段的阻抗标幺值为 $X_{1-2} = j0.0148 - j0.0024 = j0.0124$。

(1) 高压侧的电压标幺值为：

$$\dot{U}_1 = \dot{U}_2 + \Delta U_2 + j\delta U_2 = \dot{U}_2 + \frac{P_2 R_{1-2} + Q_2 X_{1-2}}{U_2} + j\frac{P_2 X_{1-2} - Q_2 R_{1-2}}{U_2}$$

$$= 1.0 \underline{/-9.53°} + \frac{0.863 \times 0 + 0.5 \times 0.0124}{1} + j\frac{0.863 \times 0.0124 - 0.5 \times 0}{1}$$

$$= 1.0 \underline{/-9.53°} + 6.2 \times 10^{-3} + j0.0107 = 0.992399 - j0.154864$$

$$= 1.0044 \underline{/-8.86948°}$$

(2) 高压侧电压实际值为：

$$525 \times 1.0044 \underline{/-8.86948°} = 527.31 \underline{/-8.86948°}kV$$

(3) 高中压段线路阻抗支路的功率损耗标幺值为：

$$\Delta \dot{S}_L = \frac{P_2^2 + Q_2^2}{U_2^2}(R_{1-2} + jX_{1-2}) = \frac{0.863^2 + 0.5^2}{1^2} \times (0 + j0.0124) = j0.012335$$

(4) 高压侧功率标幺值为：

$$\dot{S}_1 = \dot{S}_2 + \Delta \dot{S}_L = 0.863 + j0.5 + j0.012335 = 0.863 + j0.512335$$

(5) 高压侧功率实际值为：

$$\dot{S}_1 S_B = (0.863 + j0.512335) \times 100 = 86.3 + j51.2335MVA$$

【4.3-25】(2014) 图 4.3-12 所示为一环网，已知两台变压器归算到高压侧的电抗均为 12.1Ω，T-1 的实际变比 110kV/10.5kV，T-2 的实际变比 110kV/11kV，两条线路在本电压级下的电抗均为 5Ω，已知低压母线 B 电压为 10kV，不考虑功率损耗，流过变压器 T-1 和变压器 T-2 的功率分别为：

A. 5+j3.45，3+j2.56　　B. 5+j2.56，3+j3.45

C. 4+j3.45，4+j2.56　　D. 4+j2.56，4+j3.45

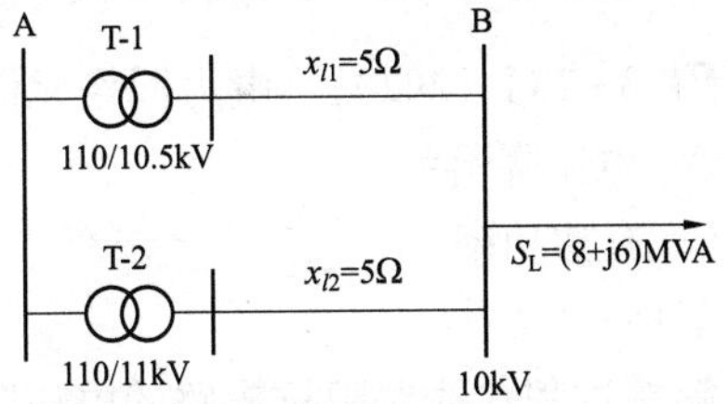

答案： C

图 4.3-12

解题过程： 线路电抗折算到高压侧 $x_{l1*} = x_{l1} \times \left(\frac{110}{10.5}\right)^2 =$

$5 \times \left(\frac{110}{10.5}\right)^2 \Omega = 548.753\Omega$，$x_{l2*} = x_{l2} \times \left(\frac{110}{11}\right)^2 = 5 \times \left(\frac{110}{11}\right)^2 = 500\Omega$。

阻抗均已折算到高压侧，环路电动势宜用高压侧的值。若取顺时针为正方向，则

$\Delta E = U_{N.H}\left(1 - \frac{k_1}{k_2}\right) = 110 \times \left(1 - \frac{110/10.5}{110/11}\right) = -5.238kV$。循环功率为 $S_C =$

$$\frac{\Delta E U_{N.H}}{Z_{T1*} + Z_{T2*} + x_{l1*} + x_{l2*}} = \frac{-5.238 \times 110}{j(12.1 + 12.1 + 548.753 + 500)}MVA = j0.537MVA。$$

两台变压器的实际功率分布

$$S_{T1} = \frac{S \times Z_{T2*}}{Z_{T1*} + Z_{T2*}} + S_C = \left[\frac{(8+j6) \times j12.1}{j(12.1+12.1)} + j0.537\right]MVA = (4+j3.537)MVA$$

$$S_{T2} = S - S_{T1} = [(8+j6) - (4+j3.537)]MVA = (4+j2.463)MVA = (4+j2.463)MVA$$

最接近的答案为 C。

【4.3-26】(2014)　某线路两端母线电压分别为 $\dot{U}_1 = 230.5\underline{/12.5^\circ}$kV，和 $\dot{U}_2 = 220.9\underline{/10.0^\circ}$ kV，线路的电压降落为：

A. 13.76kV

B. 11.6kV

C. $13.76\underline{/56.96^\circ}$kV

D. $11.6\underline{/30.45^\circ}$kV

答案： C

解题过程： 线路的电压降落为：

$$\mathrm{d}\dot{U} = \dot{U}_1 - \dot{U}_2 = 230.5\underline{/12.5^\circ} - 220.9\underline{/10.0^\circ} = 7.492\ 197 + \mathrm{j}11.53 = 13.75\underline{/56.98^\circ}\text{kV}$$

【4.3-27】(2014)　已知 500kV 线路的参数为 $r_1 = 0$，$x_1 = 0.28\Omega/\text{km}$，$g_1 = 0$，$b_1 = 4 \times 10^{-6}\text{S/km}$，线路末端电压为 575kV，当线路空载，线路长度为 400km 时，线路始端电压为：

A. 550.22kV

B. 500.00kV

C. 524.20kV

D. 525.12kV

答案： C

解题过程： 已知输电线路空载，线路末端的功率 S_2 为 0，当线路末端的电压 $\dot{U}_2 = 575\underline{/0^\circ}$kV 已知时，将 $U_2 = 575$kV 及线路参数代入 $\dot{U}_1 = U_2 - \dfrac{BX}{2}U_2 + \mathrm{j}\dfrac{BR}{2}U_2 = U_2 - \dfrac{(b_1 l) \times (x_1 l)}{2}U_2 +$

$\mathrm{j}\dfrac{(b_1 l) \times (r_1 l)}{2}U_2$，有

$$\dot{U}_1 = \left(575 - \frac{4 \times 10^{-6} \times 400 \times 0.28 \times 400}{2} \times 575 + \mathrm{j}\frac{4 \times 10^{-6} \times 400 \times 0 \times 400}{2} \times 575\right)\text{kV}$$

$$= 523.48\text{kV}$$

考点 2：输电线路中功率传输

【4.3-28】(2023)　电力网络元件两端电压的相角差主要决定因素为通过元件的：

A. 电压降落

B. 无功功率

C. 有功功率

D. 电压降落的纵分量

答案： C

解题过程： 线路阻抗支路的电压降落为：

$$\mathrm{d}\dot{U} = \dot{U}_1 - \dot{U}_2 = \Delta U_2 + \mathrm{j}\delta U_2 = \frac{P_2' R + Q_2' X}{U_2} + \mathrm{j}\frac{P_2' X - Q_2' R}{U_2}$$

$$\delta = \arctan\frac{\delta U_2}{U_2 + \Delta U_2}$$

ΔU_2、δU_2 分别为电压降落 $\mathrm{d}\dot{U}$ 的纵分量和横分量，电压的相位主要取决于电压降落的横分量，电压幅值主要取决于电压降落的纵分量，在高压电力网络中，$X \gg R$，所以电压降落的纵分量主要受线路中流过的无功功率的影响，而电压降落的横分量主要受线路中流过的有功功率的影响。

【4.3-29】(2019)　高电压网中，有功功率的方向时：

A. 电压高端向低端流动

B. 电压低端向高端流动

C. 电压超前向电压滞后流动

D. 电压滞后向电压超前流动

答案： C

解题过程：有功功率从电压相位超前的流向电压相位滞后的。

【4.3-30】(2018)　高压电网中，影响电压降落纵分量的是：

A. 电压　　　　　　　B. 电流　　　　　　　C. 有功功率　　　　　　D. 无功功率

答案：D

解题过程：高压输电系统中，电压降落的纵分量主要取决于元件所输送的无功功率；横分量主要取决于元件所输送的有功功率。

考点 3：输电线路的空载与负载运行特性

【4.3-31】(2022)　一条长 50km 的 110kV 线路末端空载，其首端电压 U_1 幅值与末端电压 U_2 幅值的关系是：

A. $U_1 > U_2$　　　　　B. $U_1 = U_2$　　　　　C. $U_1 < U_2$　　　　　D. $U_1 \geqslant U_2$

答案：C

解题过程：高压输电线路空载时，线路末端的电压将高于其首端电压，出现末端电压升高现象。

【4.3-32】(2019)　线路上装设并联电抗器的作用是：

A. 电压电流测量　　　　　　　　　　B. 降低线路末端过电压

C. 提高线路末端低电压　　　　　　　D. 线路滤波

答案：B

解题过程：防止线路末端电压升高。

【4.3-33】(2018)　与无架空地线的单回输电线路相比，架设平行双回路和架空地线后，其等值的每回输电线路零序阻抗 X_0 的变化是：

A. 双回架设使 X_0 升高，架空地线使 X_0 降低

B. 双回架设使 X_0 降低，架空地线使 X_0 升高

C. 双回架设使 X_0 升高，架空地线不影响 X_0

D. 双回架设不影响 X_0，架空地线使 X_0 降低

答案：A

解题过程：由于输电线路是静止元件，其正、负序阻抗及等值电路是相同的，输电线的零序电抗与很多因素有关，包括平行线的回路数、有无架空地线及地线的导电性能等。三相线路中同方向的零序电流互感很人，而双回路间比单回路间的零序互感又进一步增大。因为地线具有耦合作用，所以架设地线后将使得架空输电导线的零序阻抗有所降低。各类输电线路的正负序、零序单位长度电抗值见表 4.3-1。

表 4.3-1　　　　　　　各类输电线路的正负序、零序单位长度电抗值

线路种类	电抗值/ (Ω/km)	
	$x_1 = x_2$	x_0
单回架空线路（无地线）	0.4	$3.5x_1$
单回架空线路（有钢质架空地线）	0.4	$3.0x_1$
单回架空线路（有导电良好的架空地线）	0.4	$2.0x_1$
双回架空线路（无地线）	0.4（每一回）	$5.5x_1$

续表

线路种类	电抗值/（Ω/km）	
	$x_1=x_2$	x_0
双回架空线路（有钢质架空地线）	0.4（每一回）	$4.7x_1$
双回架空线路（有导电良好的架空地线）	0.4（每一回）	$3.0x_1$
6～10kV 电缆线路	0.08	$4.6x_1$
35kV 电缆线路	0.12	$4.6x_1$

4.4 无功功率平衡和电压调整

4.4.1 知识点提示

1. 无功功率平衡概念及无功功率平衡的基本要求

（1）无功功率平衡概念。电压是衡量电能质量的重要指标之一。电压的波动超过允许范围，对电力系统的影响很大。电压的波动是由于系统中无功功率的不平衡引起的。系统中感性无功过剩，则电压升高；感性无功不足，则电压下降。通过无功补偿、无功电源的最优分布解决电压波动问题。

1）无功功率负荷。大量的异步电动机消耗无功功率，异步电动机消耗的无功功率为：

$$Q_M = Q_m + Q_\delta = \frac{U^2}{X_m} + I^2 X_\delta$$

式中　Q_m——异步电动机的励磁功率，它与施加于异步电动机的电压二次方成正比；

　　　Q_δ——异步电动机漏抗的无功损耗，与负荷电流二次方成正比。

在额定电压附近，电动机取用的无功功率随电压的升降而增减。电压明显低于额定电压时，无功功率主要是 Q_δ，电压下降，功率上升。

2）无功损耗。无功损耗有电力线路的无功损耗 Q_L 和变压器上的无功损耗 Q_T。

①电力线路的无功损耗是 Q_L 包括并联导纳中的无功损耗 ΔQ_B 和串联阻抗中的无功损耗 ΔQ_X。输电线路上的串联电抗会产生无功损耗 ΔQ_X，其数值与线路上传输电流的平方成正比，呈感性；输电线路上的并联电纳（电容）中的无功损耗 ΔQ_B 称为充电功率，与线路电压的平方成正比，呈容性。如果容性无功功率大于感性，向系统输送无功功率；如果感性无功功率大于容性，向系统吸收无功功率。

（a）35kV 及以下线路，充电功率很小，消耗无功功率。

（b）110kV 及以上线路，当线路传输功率较大时，线路电抗消耗的无功功率大于充电功率，线路的无功损耗为无功负载；当传输功率较小，小于自然功率时，充电功率大于线路电抗消耗的无功，线路无功损耗为无功电源。

②变压器上的无功损耗 Q_T 分为励磁支路损耗 ΔQ_0 和绕组支路漏抗损耗 ΔQ_δ；励磁支路损耗 ΔQ_0 百分值基本上等于空载电流的百分值，为 1‰～2‰；绕组支路漏抗损耗 ΔQ_δ 等于短路电压的百分值，约为额定容量的 10%。

3）无功功率电源。电力系统中有发电机、同步调相机、电力电容器和静止补偿器等。

（2）无功功率平衡的基本要求。

1）无功功率的平衡。电力系统中所有无功电源发出的无功功率，是为了满足整个系统无功负荷和网络无功损耗的需要。在电力系统运行的任何时刻，电源发出的无功功率总是等于同时刻系统负荷和网络的无功损耗之和，即

$$Q_{GC}(t) = Q_{LD}(t) + \Delta Q_\Sigma(t)$$

式中　$Q_{GC}(t)$——系统中所有无功电源，发电机、同步调相机、电力电容器等发出的无功功率；

$Q_{LD}(t)$——系统中所有负荷消耗的无功功率；

$\Delta Q_\Sigma(t)$——系统中所有变压器、输电线路等网络元件的无功功率损耗。

无功功率平衡应按照最大和最小负荷的运行方式分别计算。

2）运行电压水平。负荷增加后，系统的无功电源不能满足在该电压下的无功平衡，需降低电压水平，取得在较低电压水平下的无功功率平衡。系统应保持一定的无功功率备用，无功备用容量一般可取最大无功负荷的 7%～8%。无功电源不足时，增设无功补偿装置，无功补偿装置应尽可能装在负荷中心，做到无功功率的就地平衡。

10kV 及以下电压等级的电网，由于负荷分散、容量不大，按允许电压损耗选择导线截面是解决电压质量问题的正确途径。

2. 无功电源的调节特性

（1）发电机。

1）发电机的无功功率。发电机是电力系统基本的有功电源，也是重要的无功电源。当发电机处于额定状态下运行时，发电机的容量得到最充分的利用。设发电机的额定视在功率为 S_{GN}，额定有功功率为 P_{GN}，额定功率因数为 $\cos\varphi_N$，则发电机在额定状态下运行时，发出的额定无功功率为

$$Q_{GN} = S_{GN}\sin\varphi_N = P_{GN}\tan\varphi_N$$

2）发电机的无功输出与电压的关系。

$$Q = UI\sin\varphi = \frac{EU}{X}\cos\delta - \frac{U^2}{X}$$

当 P 为一定值时，$Q = \sqrt{\left(\dfrac{EU}{X}\right)^2 - P^2} - \dfrac{U^2}{X}$；则当电动势 E 为一定值时，Q 与 U 的关系曲线，是一条向下开口的抛物线。

3）发电机调压措施。改变发电机励磁，可以改变发电机输出的无功功率和发电机的端电压，是最方便、经济的调压措施，可以与其他措施配合使用。

（2）同步调相机。同步调相机是无功功率发电机，相当于空载运行的同步电动机。

过励磁运行时，同步调相机向系统输送无功功率；欠励磁运行时，同步调相机从系统吸收无功功率。所以，通过调节调相机的励磁可以平滑地改变其输出的无功功率的大小和方向。

调相机一般装在接近负荷中心处，直接供给负荷无功功率，减少传输无功功率所引起的电能损耗和电压损耗。

大容量、集中配在系统枢纽点的无功补偿采用同步调相机或静止补偿器。

（3）电力电容器。电力电容器并联接入电网，向系统供给感性无功功率，供给的

无功功率 Q_C 与其端电压 U 的平方成正比，即 $Q_C = \dfrac{U^2}{X_C}$，其中 $X_C = \dfrac{1}{\omega C}$ 为静电电容器的容抗。

1) 优点：①既可集中使用，又可分散使用，运行维护方便；②有功功率损耗比较小，为额定容量的 $0.3\% \sim 0.5\%$。

2) 缺点：①无功功率调节性能比较差，当系统电压下降需要无功功率时，供给系统的感性无功功率按电压的平方减少，系统电压水平下降；②靠电容器投、切进行调节，调节过程不连续，不能平滑调压。

3) 应用：小容量、分散的无功补偿可采用静电电容器。

（4）静止无功补偿器。静止无功补偿器发出无功功率也吸收无功功率。通过控制回路可平滑地调节无功功率的大小。

优点：①运行维护简单；②功率损耗小；③分相补偿以适应不平衡的负荷变化，对于冲击性负荷有较强的适应性。

3. 电容器进行补偿调压的原理与方法

（1）串联电容器。输电线路上串联电容器以补偿线路电抗，减小电压损耗，达到提高线路末端电压的目的，称为串联补偿调压，又称为参数补偿调压。

1) 补偿调压原理与方法。长距离输电线路的感抗较大，将产生较大的电压损耗和无功功率损耗，限制了线路的输送容量。采用串联电容器"抵消"一部分线路感抗，达到降低电压损耗的目的，如图 4.4-1 所示。

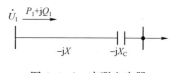

图 4.4-1　串联电容器

从图 4.4-1 可知线路首端功率为 $\dot{S}_1 = P_1 + jQ_1$。加装电容器前后线路首端电压 U_1 保持恒定，线路上串联电容器的容抗为

$$X_C = \frac{(\Delta U - \Delta U_C)\,U_1}{Q_1}$$

其中，$(\Delta U - \Delta U_C)$ 为串联电容器前后线路的电压损耗之差。

2) 补偿效果。

①负荷功率因数低时，无功负荷大时调压效果好，因此，串联补偿调压主要用于 110kV 以下功率因数较低的辐射型配电线路。

②超高压输电线路中的串联电容补偿，作用在于提高输送容量和电力系统运行的稳定性。

3) 串联补偿电容器是由许多单个电容器经串、并联组成时，根据最大负荷时的电流 $I_{max} = \dfrac{S_{max}}{\sqrt{3}\,U_{max}}$（$U_{max}$ 为对应于 S_{max} 且为同一点的电压）所需的串联补偿容抗，电容器额定电压 U_{NC}、额定电流 $I_{NC} = (Q_{NC}/U_{NC})$ 确定电容器组的串数 m 和每串中电容器的个数 n，即

$$m \geqslant I_{max}/I_{NC}, \qquad n \geqslant I_{max}X_C/U_{NC}$$

所需的串联补偿器的容量为 $Q_C = 3mnQ_{NC} \geqslant 3I_{max}^2 X_C$。

（2）并联电容器。降压变压器采用固定分接头，当图 4.4-2 所示线路和变压器的参数都折算到高压侧时，总阻抗为 $R_\Sigma + jX_\Sigma$，忽略网络损耗和电压降落横向量，则

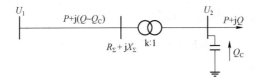

图 4.4-2　并联电容器

1）变压器电压比 k 给定时，并联电容器的容量为

$$Q_C = (kU_2 - U_1)U_1/X_\Sigma + (PR_\Sigma + QX_\Sigma)/X_\Sigma$$

2）电容器容量给定时，变压器电压比为

$$k = \dfrac{U_1 - \dfrac{PR_\Sigma + (Q - Q_C)X_\Sigma}{U_1}}{U_2}$$

3）实际系统中，变压器电压比和电容器容量确定需要兼顾最大负荷和最小负荷下低压母线的电压要求。在最大负荷时，采用由最小负荷所决定的电压比求出所需要的电容器容量，以满足低压母线的电压需求。

设最小负荷为 $P_{min} + jQ_{min}$，令 $Q_C = 0$，变压器的电压比为

$$k = \dfrac{U_{1,min} - \dfrac{P_{min}R_\Sigma + Q_{min}X_\Sigma}{U_{1,min}}}{U_{2,min}}$$

据此选一个邻近的分接头求出实际电压比，由最大负荷 $P_{max} + jQ_{max}$ 及相应的线路始端电压 $U_{1,max}$ 求出所需要的电容器容量。

4. 变压器分接头进行调压时，分接头的选择计算

（1）变压器分接头调压。

1）双绕组变压器的高压绕组，三绕组变压器的高、中压绕组都设有若干分接头供选择。一般与绕组额定电压值相对应的分接头称为主分接头即主抽头，其他分接头为附加分接头。普通变压器运行过程中不能更换分接头，一般有两个或四个附加的分接头。如 $121 \pm 2 \times 2.5\%/10.5kV$ 变压器，有 5 个分接头，主分接头电压为 121kV，4 个附加分接头电压分别为 $121 \times (1 + 2 \times 2.5\%) = 127.05kV$，$121 \times (1 + 2.5\%) = 124.025kV$，$121 \times (1 - 2.5\%) = 117.95kV$，$121 \times (1 - 2 \times 2.5\%) = 114.95kV$。变压器采用不同的分接头时一次侧、二次侧匝数不同，电压比改变，达到调压的作用。

2）分接头调压的适用范围。系统无功功率供应比较充裕时，各变电站的调压问题可以通过选择变压器分接头解决。最大负荷、最小负荷下电压变化幅度不大又不要求逆调压时，调整变压器分接头即可；电压变化幅度大或要求逆调压时，采用带负荷有载调压的变压器，非常灵活有效。

整个系统无功功率不足时，不宜采用调整变压器分接头提高电压。

（2）分接头的选择计算。

1）归算到高压侧。若进入变压器的功率为 $P + jQ$，高压侧母线的实际电压给定为 U_1，变压器折算到高压侧的阻抗为 $R_T + jX_T$，则归算到高压侧的变压器电压损耗为

$$\Delta U_T = \dfrac{PR_T + QX_T}{U_1}$$

2）分接头电压。若低压侧要求的电压为 U_2，则 $U_2 = \dfrac{U_{1t} - \Delta U_T}{K_T}$，其中 $K_T = \dfrac{U_{1t}}{U_{2N}}$，$K_T$ 为变压器电压比，U_{1t} 为待选的变压器高压绕组的分接头电压，U_{2N} 为变压器低压绕组的额定电压。

高压侧分接头电压为

$$U_{1t} = \frac{U_1 - \Delta U_T}{U_2} U_{2N}$$

负荷变化时，U_{1t} 变化，用户提出的电压要求是最大负荷和最小负荷时的电压 $U_{2,\max}$ 和 $U_{2,\min}$，则有

变压器最大负荷时对分接头电压的要求为：

$$U_{1t,\max} = \frac{U_{1,\max} - \Delta U_{\max}}{U_{2,\max}} U_{2N}$$

变压器最小负荷时对分接头电压的要求为：

$$U_{1t,\min} = \frac{U_{1,\min} - \Delta U_{\min}}{U_{2,\min}} U_{2N}$$

有载调压变压器，可根据负荷的情况分别选择合适的分接头，实时进行调整，电压质量高。普通变压器只能在无载时改变分接头，所以最大负荷和最小负荷时变压器用同一分接头，取平均值 $U_{1t,av} = (U_{1t,\max} + U_{1t,\min})/2$。

根据 $U_{1t,av}$，选择一个最接近 $U_{1t,av}$ 的变压器标准分接头电压。

校验所选分接头在最大负荷和最小负荷时变压器低压母线上的实际电压是否符合调压要求。

5. 电压调整和控制方法

为了确定中枢点电压控制的范围，有以下几种中枢点电压控制方式。

（1）逆调压。大负荷时中枢点电压较网络额定电压高 5%，即 $1.05U_N$，以抵偿电压损耗的增大；小负荷时中枢点电压等于网络额定电压 U_N。

适用于大型电力网，如中枢点供电线路长，负荷变化范围较大的场合。一般需要在中枢点装设较贵重的调压设备，如同步调相机、静止补偿器等。

（2）顺调压。即大负荷时允许中枢点电压略低，不低于 $1.025U_N$，小负荷时允许中枢点电压略高，不高于 $1.075U_N$。适用于小型电力网，如中枢点供电线路不长，负荷变化较小的场合。

（3）常（恒）调压。在任何负荷下都保持中枢点电压为基本不变的数值，为 $(1.02 \sim 1.05)U_N$，不必随负荷变化调整中枢点的电压即可保证负荷点的电压质量。适用于中型电力网，负荷变化较小的场合。

6. 有功功率和频率调整

（1）有功功率平衡和频率的关系。系统频率的变化是作用在发电机转轴上的转矩不平衡引起的。机械转矩大于电磁转矩，频率升高。我国规定频率偏移范围 ± $(0.2 \sim 0.5)$ Hz。为了保证频率偏移不超过允许值，需要在系统负荷变化或由于其他原因造成电磁转矩变化时，及时调整原动机的机械功率，使发电机转轴上的功率平衡。

（2）电力系统有功功率电源备用。

1）负荷备用。负荷备用容量与系统负荷的大小有关，为最大负荷的 2% ～ 5%。大系统采用较小的数值，小系统采用较大的数值。

2) 事故备用。事故备用容量与系统容量的大小、机组台数、单机容量以及对系统供电可靠性要求的高低有关。一般为最大负荷的 $5\% \sim 10\%$，不能小于系统中最大一台机组的容量。

3) 检修备用。小修安排在节假日或负荷低谷期，大修，水电厂安排在枯水期，火电厂安排在系统综合负荷最小的季节。一般为最大发电负荷的 $8\% \sim 15\%$。

4) 国民经济备用。最大负荷的 $3\% \sim 5\%$。

前两种为热备用，指运转中的发电设备可能产生的最大功率与实际发电量之差，热备用一般隐含在系统运行着的机组中，一旦需要立即发出功率。热备用越多，供电可靠性越高，电能质量越好；但热备用容量过大将导致发电机低于额定功率运行，偏离发电机的最佳运行点，效率低。

（3）电力系统频率调整。

1) 负荷的工频静特性。负荷的工频静特性（负荷有功功率－频率静态特性）取决于负荷的组成。

$$k_\mathrm{L}=\tan\beta=\Delta P_\mathrm{L}/\Delta f$$

式中　k_L——负荷的工频静特性系数，MW/Hz。

2) 发电机组。发电机组的调差系数是指机组由空载到满载时，转速（频率）变化与发电机输出功率变化之比，即

$$\sigma=-\frac{\Delta f}{\Delta P_\mathrm{G}}$$

式中　σ——调差系数，Hz/MW。标幺值 σ_* 表示发电机组负荷改变时相应的频率偏移，$\sigma_*=0.05$，若负荷变化 1%，频率将偏移 0.05%；若负荷改变 2%，频率将偏移 0.1%（0.05Hz）。

$$k_\mathrm{G}=\frac{1}{\sigma}=-\frac{\Delta P_\mathrm{G}}{\Delta f}$$

式中　k_G——发电机组的工频静特性系数，MW/Hz。频率发生单位变化时，发电机组输出功率的变化量。当频率下降时，发电机组有功功率增加。

3) 频率调整。①频率的一次调整通过调速器自动调整负荷变化引起的频率变化。②负荷变化大时，需进行频率的二次调整保证频率偏移保持在允许的范围内或实现无差调节。二次调频由系统指定的调频厂的发电机组的调频器完成。当有功功率一定时，提高电力网络的功率因数，可降低系统的视在功率，从而减小电能损耗。如在用户处或靠近用户处的变电站中装设无功功率补偿装置，实现就地供给用户所需的无功功率，限制无功功率在电网中的传送，提高用户的功率因数，降低配电网的电能损耗。

4.4.2　供配电专业高频考点与历年真题解析

考点 1：无功功率平衡

【4.4-1】（2023）　电容器并联在系统中，发出的无功功率与并联处的电压：

A. 一次方成正比　　　　B. 平方成正比　　　　C. 三次方成正比　　　　D. 无关

答案：B

解题过程：根据 $Q_\mathrm{C}=\dfrac{U^2}{X_\mathrm{C}}$，并联电容器发出无功功率与所联母线电压平方成正比。

【4.4-2】(2023) 供配电系统工作时需要调节无功功率，维持电压稳定，电压偏差过高需要：

A. 减少无功功率输出   B. 增加无功功率输出

C. 保持无功功率输出不变   D. 不确定

答案：A

解题过程：电力系统的运行电压水平取决于无功功率的平衡，多发无功功率，可以提高电网电压水平。当电压偏高，应减少无功功率。

【4.4-3】(2017) 电力系统中最基本的无功功率电源是：

A. 调相机   B. 电容器   C. 静止补偿器   D. 同步发电机

答案：D

解题过程：电力系统的无功电源有发电机、同步调相机、电力电容器、静止补偿器。发电机是电力系统基本的有功电源，也是重要的无功电源。

考点2：电容器进行补偿调压的原理与方法

【4.4-4】(2024) 电力网络的潮流调整控制时，串联电抗的作用是：

A. 平衡有功功率   B. 无功补偿   C. 限流   D. 降低电压

答案：C

解题过程：串联电抗器可增加线路的总电抗，减少线路的传输功率，限制短路电流。

【4.4-5】(2024) 某建筑变电所低压侧有功计算负荷为240kW，功率因数为0.66，欲使功率因数提高到0.9，需要并联电容器的容量为：

A. 160kvar   B. 100kvar   C. 56kvar   D. 152kvar

答案：D

解题过程：根据补偿前功率因数 $\cos\varphi_1 = 0.66$ 可得 $\tan\varphi_1 \approx 1.12$，则补偿前的无功功率 $Q_1 = P \times \tan\varphi_1 = 240 \times 1.12\text{kvar} = 268.8\text{kvar}$

根据补偿后功率因数 $\cos\varphi_2 = 0.9$ 可得 $\tan\varphi_2 = 0.484$，则补偿后的无功功率 $Q_2 = P \times \tan\varphi_2 = 116.16\text{kvar}$

并联电容器的容量 $Q_c = Q_1 - Q_2 = 152.64\text{kvar} \approx 152\text{kvar}$

【4.4-6】(2022) 某配变电站，低压侧有计算负荷为880kW，功率因数为0.7，欲使功率因数提高到0.98，配电线路中：

A. 计算电流 I_{js} 降低，计算功率 P_{js} 不变   B. 计算电流 I_{js} 不变，计算功率 P_{js} 降低

C. 计算电流 I_{js} 降低，计算功率 P_{js} 降低   D. 计算电流 I_{js} 不变，计算功率 P_{js} 不变

答案：A

解题过程：计算功率 $P_1 = 880\text{kW}$、功率因数 $\cos\varphi$ 由 0.7 提高到 0.98，则根据计算电流 $I_{js} = \dfrac{P_{js}}{\sqrt{3}U_N\cos\varphi} = \dfrac{P_1}{\sqrt{3}U_N\cos\varphi}$ 可知，功率因数提高，则计算电流降低。

【4.4-7】(2020) 某配变电站，低压侧有功计算负荷为880kW，功率因数为0.85，欲使功率因数提高到0.95，需并联电容器的容量为：

A. 580kvar   B. 120kvar   C. 255kvar   D. 367kvar

答案：B

解题过程： 根据补偿的电容器容量计算公式，代入已知数据计算可得：$Q_\mathrm{C}=Q-Q'=$
$P(\tan\varphi-\tan\varphi')=880\times[\tan(\arccos0.85)-\tan(\arccos0.95)]\approx255\mathrm{kvar}$ 所需并联电容器的容量为 $255\mathrm{kvar}$。

【4.4-8】(2019) 一 $35\mathrm{kV}$ 的线路阻抗为 $(6+\mathrm{j}8)$ Ω，输送功率为 $(10+\mathrm{j}8)$ MVA，线路始端电压 $38\mathrm{kV}$，要求线路末端电压不低于 $36\mathrm{kV}$，其补偿容抗为：

A. 10.08Ω B. 6Ω C. 9Ω D. 0.5Ω

答案： B

解题过程： 已知线路首端功率为：$\dot{S}_1=P_1+\mathrm{j}Q_1=(10+\mathrm{j}8)$ MVA

（1）未装设串联电容时线路的电压损耗（补偿前电压损耗）为

$$\Delta U=\frac{P_1R+Q_1X}{U}=\frac{10\times6+8\times8}{35}=3.5428\mathrm{kV}$$

（2）装设串联电容器 C（容抗为 X_C）后，线路的电压损耗为

$$\Delta U_\mathrm{C}=U_1-U_2=38-36=2\mathrm{kV}$$

（3）串联电容器使电压提高的数值为补偿前后的电压损耗之差，即提高的末端电压为

$$\Delta U-\Delta U_\mathrm{C}=\frac{Q_1X_\mathrm{C}}{U}\Rightarrow3.5428-2=\frac{8X_\mathrm{C}}{35}$$

（4）所需的串联电容的容抗为 $X_\mathrm{C}=6.75\Omega$，与选项 B 最接近。

【4.4-9】(2018) 某配变电站，低压侧有计算负荷为 $880\mathrm{kW}$，功率因数为 0.7，欲使功率因数提高到 0.98，需并联的电容器的容量是：

A. $880\mathrm{kvar}$ B. $120\mathrm{kvar}$ C. $719\mathrm{kvar}$ D. $415\mathrm{kvar}$

答案： C

解题过程： $P_1=880\mathrm{kW}$、功率因数 $\cos\varphi=0.7$，则

$$Q_1=P_1\tan\varphi=880\times1.0202\mathrm{kvar}=897.7796\mathrm{kvar}$$

要求并联后的功率因数为 0.98，则并联后的无功功率 Q 为

$$Q=P_1\tan(\arccos0.98)=880\times\tan(\arccos0.98)\mathrm{kvar}=178.6916\mathrm{kvar}$$

则并联电容器的容量为：$Q_1-Q=897.7796\mathrm{kvar}-178.6916\mathrm{kvar}=719.0879\mathrm{kvar}$。

【4.4-10】(2016) 输电系统如图 4.4-3 所示，线路和变压器参数为归算到高压侧的参数，变压器容量为 $31.5\mathrm{MVA}$，额定电压为 $110\pm2\times2.5\%/11\mathrm{kV}$，送端电压为 $112\mathrm{kV}$，忽略电压降的横分量及功率损耗，变压器低压侧母线要求恒调压，末端电压固定在 $10.5\mathrm{kV}$ 时，末端需并联的静电电容器容量为：

A. $1.919\mathrm{Mvar}$ B. $9.19\mathrm{Mvar}$ C. $1.521\mathrm{Mvar}$ D. $15.21\mathrm{Mvar}$

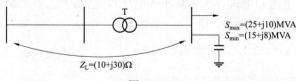

$$S_{\max}=(25+\mathrm{j}10)\mathrm{MVA}$$
$$S_{\min}=(15+\mathrm{j}8)\mathrm{MVA}$$
$$Z_\mathrm{L}=(10+\mathrm{j}30)\Omega$$

图 4.4-3

答案： A

解题过程： 恒调压：要求中枢点电压在任何负荷下均保持基本恒定的数值。

根据题意和恒调压要求，最大负荷和最小负荷时的电压送端 $U_{1,\max}=U_{1,\min}=112\mathrm{kV}$，

末端电压 $U_{2,\max}=U_{2,\min}=10.5\text{kV}$。

（1）计算补偿前低压侧母线归算到高压侧的电压。

$$U'_{2,\max}=U_{1,\max}-\Delta U_{\max}=U_{1,\max}-\frac{P_{\max}R+Q_{\max}X}{U_{1,\max}}=\left(112-\frac{25\times10+10\times30}{112}\right)\text{kV}$$

$$=107.089\text{kV}$$

$$U'_{2,\min}=U_{1,\min}-\Delta U_{\min}=U_{1,\min}-\frac{P_{\min}R+Q_{\min}X}{U_{1,\min}}=\left(112-\frac{15\times10+8\times30}{112}\right)\text{kV}$$

$$=108.5178\text{kV}$$

（2）选择静电电容器容量。

1）按最小负荷无补偿选择变压器分接头。

$$U_{1t}=\frac{U'_{2,\min}}{U_{2,\min}}U_{2N}=\frac{108.5178}{10.5}\times11\text{kV}=113.685\text{kV}$$

$$\frac{U_{1t}-U_{1N}}{U_{1N}}\times100\%=\frac{113.6853-110}{110}\times100\%=3.35\%$$

本题中，分接头之间的电压差为 2.5%，求得的电压偏移 3.35% 与 2.5% 没有超过 1.25%，是允许的，因此可选择 110+2% 分接头，$K_T=112.75/11$。

2）按最大负荷确定静电电容器的额定容量。

$$Q_C=\frac{U_{2,\max}}{X_\Sigma}\left(U_{2,\max}-\frac{U'_{2,\max}}{K_T}\right)K_T^2=\frac{10.5}{30}\times\left(10.5-\frac{107.089}{112.75/11}\right)\times\left(\frac{112.75}{11}\right)^2\text{Mvar}=1.9229\text{Mvar}$$

考点 3：变压器分接头进行调压时，分接头的选择计算

【4.4-11】（2024） 某变电所有一台变比为 $110\pm2\times2.5\%/6.3\text{kV}$，容量为 31.5MVA 的降压变压器，归算到高压侧的变压器阻抗为 $3+\text{j}30\Omega$，变压器低压侧最大负荷为 $25+\text{j}18\text{MVA}$，最小负荷为 $14+\text{j}10\text{MVA}$，变电所高压侧电压在最大负荷时保持 110kV，最小负荷时保持 113kV，变电所低压母线要求恒调压，保持 6.3kV，满足该调压要求的变压器分接头电压为：

A. 110kV　　　　B. 107.25kV　　　　C. 115.4kV　　　　D. 121kV

答案： B

解题过程：（1）计算最大负荷时变压器分接头电压 $U_{1t,\max}$。

1）计算最大负荷时变压器的电压损耗 $\Delta U_{\max}$。

根据公式 $\Delta U=\frac{PR+QX}{U}$（其中 P、Q 分别为负荷的有功功率和无功功率 R、X 为变压器归算到高压侧的电阻和电抗，U 为高压侧电压），已知 $P_{\max}=25\text{MW}$，$Q_{\max}=18\text{Mvar}$，$R=3\Omega$，$X=3\Omega$，$U_{1,\max}=110\text{kV}$，则

$$\Delta U_{\max}=\frac{P_{\max}R+Q_{\max}X}{U_{1,\max}}=\frac{25\times3+18\times30}{110}=\frac{615}{110}\text{kV}\approx5.59\text{kV}$$

2）计算最大负荷时变压器高压侧的实际电压 $U'_{1,\max}$。

$$U'_{1,\max}=U_{\max}-\Delta U_{\max}=110\text{kV}-5.59\text{kV}=104.41\text{kV}$$

3）计算最大负荷时变压器分接头电压 $U_{1t,\max}$。

已知低压侧要求恒调压为 $U_{2N}=6.3\text{kV}$，根据变压器变比公式 $\frac{U_{1t}}{U_{2N}}=\frac{U'_{1,\max}}{U_{2,\max}}$（因为恒调

压 $U_{2,\max}=U_{2N}$），可得：$U_{1t,\max}=\dfrac{U'_{1,\max}U_{2N}}{U_{2,\max}}=104.41\text{kV}$

（2）计算最小负荷时变压器分接头电压 $U_{1,\min}$。

1）计算最小负荷时变压器的电压损耗 $\Delta U_{\min}$

已知 $P_{\min}=14\text{MW}$，$Q_{\min}=10\text{Mvar}$，$R=3\Omega$，$X=30\Omega$，$U_{1,\min}=113\text{kV}$，则

$$\Delta U_{\min}=\frac{P_{\min}R+Q_{\min}X}{U_{1,\min}}=\frac{342}{113}\text{kV}\approx3.03\text{kV}$$

2）计算最小负荷时变压器高压侧的实际电压 $U'_{1,\min}$。

$$U'_{1,\min}=U_{\min}-\Delta U_{\min}=113\text{kV}-3.03\text{kV}=109.97\text{kV}$$

3）计算最小负荷时变压器分接头电压 $U_{1t,\min}$。

因为恒调压 $U_{2,\min}=U_{2N}=6.3\text{kV}$，根据变压器变比公式可得：

$$U_{1t,\min}=\frac{U'_{1,\min}U_{2N}}{U_{2,\min}}=109.97\text{kV}$$

（3）计算变压器分接头电压 U_{1t}。

$$U_{1t}=\frac{U_{1t,\max}+U_{1t,\min}}{2}=\frac{104.41+109.97}{2}\text{kV}=107.19\text{kV}\approx107.25\text{kV}$$

【4.4-12】（2023）　双绕组变压器的分接头装在：

A. 高压绕组　　　　　　　　　　　B. 低压绕组

C. 高压绕组和低压绕组　　　　　　D. 高压绕组和低压绕组之间

答案： A

解题过程： 双绕组变压器的高压绕组和三绕组变压器的高、中压绕组往往有若干分接头可选择，合理选择变压器的分接头可以调节变压器两端的电压。

【4.4-13】（2022）　某变电所有一台电压比为 $10\pm2\times2.5\%/0.4\text{kV}$，容量为 880kVA 的降压变压器，归算到高压侧的变压器阻抗为 $Z_T=(2.95+j4.8)\ \Omega$，变压器低压侧最大负荷为（$640+j180$）kVA，最小负荷为（$470+j180$）kVA，变压器低压母线要求恒调压，保持 0.4kV，满足该调压要求的变压器分接头电压为：（未说明高压侧电压）

A. 10kV　　　　　B. 10.25kV　　　　　C. 9.75kV　　　　　D. 9.5kV

答案： C

解题过程： 根据题意和恒调压要求，最大负荷和最小负荷时的电压 $U_{2,\max}$ 和 $U_{2,\min}$ 均为 0.4kV。

低压侧母线归算到高压侧的电压为：

$$U'_{2,\max}=U_1-\Delta U_{\max}=U_1-\frac{P_{\max}R+Q_{\max}X}{U_1}=\left(10-\frac{0.64\times2.95+0.18\times4.8}{10}\right)\text{kV}$$

$$=9.7248\text{kV}$$

$$U'_{2,\min}=U_1-\Delta U_{\min}=U_1-\frac{P_{\min}R+Q_{\min}X}{U_1}=\left(10-\frac{0.47\times2.95+0.18\times4.8}{10}\right)\text{kV}$$

$$=9.774\ 95\text{kV}$$

取平均值 $U_{1t,av}=0.5\times(9.7248+9.774\ 95)\text{kV}=9.749\ 875\text{kV}$

选择与 $9.749\ 875\text{kV}$ 最接近的分接头电压 9.75kV，即 $10\text{kV}\times(1-2.5\%)=9.75\text{kV}$。

【4.4-14】（2021）　在大负荷时升高电压，小负荷时降低电压的调压方式，称为：

A. 逆调压　　　　　B. 顺调压　　　　　C. 常调压　　　　　D. 线性调压

答案： A

解题过程： 逆调压方式：大负荷时中枢点电压较网络额定电压高 5%，小负荷时中枢点电压等于网络额定电压。

【4.4-15】(2019) 110/10kV 降压变压器，这算到高压侧的阻抗为 (2.44+j40)Ω。最大负荷和最小负荷时流过变压器的功率分别为 (28+j14) MVA 和 (10+j6)MVA，最大负荷和最小负荷时高压侧电压为 110kV 和 114kV，低压母线电压在 10～11kV 范围时，变压器分接头为：

A. ±5%　　　　B. −5%　　　　C. ±2.5%　　　　D. 2.5%

答案： B

解题过程： 根据题意作出简图，如图 4.4-4 所示。

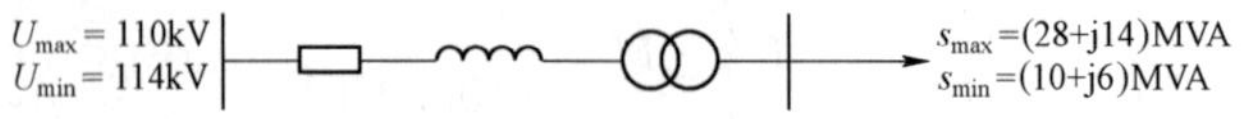

图 4.4-4

最大负荷和最小负荷时变压器低压母线归算到高压侧的电压为：

$$U'_{2,max}=U_{1,max}-\Delta U_{max}=U_{max}-\frac{P_{max}R+Q_{max}X}{U_{max}}=110\text{kV}-\frac{28\times2.44+14\times40}{110}\text{kV}=104.288\text{kV}$$

$$U'_{2,min}=U_{1,min}-\Delta U_{min}=U_{min}-\frac{P_{min}R+Q_{min}X}{U_{min}}=114\text{kV}-\frac{10\times2.44+6\times40}{114}\text{kV}=111.681\text{kV}$$

最大负荷和最小负荷时分接头电压为：

$$U_{1t,max}=\frac{U'_{2,max}}{U_{2,max}}U_{2N}=\frac{104.288}{10}\times10\text{kV}=104.288\text{kV}$$

$$U_{1t,min}=\frac{U'_{2,min}}{U_{2,min}}U_{2N}=\frac{111.681}{11}\times10\text{kV}=101.528\text{kV}$$

取平均值　　　$$U_1=0.5\times(U_{1t,min}+U_{1t,max})=102.908\text{kV}$$

$$\frac{102.9-110}{110}\times100\%=-6.45\%$$

故选择与之最接近的分接头为 −5%。

【4.4-16】(2018) 某变电站有一台变比为 110±2×2.50%kV/6.3kV，容量为 31.5MVA 的降压变压器，归算到高压侧的变压器阻抗为 $Z_T=(2.95+j48.8)$ Ω，变压器低压侧最大负荷为 (24+j18) MVA，最小负荷为 (12+j9) MVA，变压站高压侧电压在最大负荷时保持 110kV，最小负荷时保持 113kV，变压站低压母线要求恒调压，保持 6.3kV，满足该调压要求的变压器分接头分压为：

A. 110kV　　　　B. 104.5kV　　　　C. 114.8kV　　　　D. 121kV

答案： B

解题过程： (1) 变压器的电抗：$Z_T=(2.95+j48.8)$ Ω。

(2) 低压侧母线归算到高压侧的电压为

$$U'_{2,max}=U_{1,max}-\Delta U_{max}=U_{1,max}-\frac{P_{max}R+Q_{max}X}{U_{1,max}}=\left(110-\frac{24\times2.95+18\times48.8}{110}\right)\text{kV}$$

$$=101.37\text{kV}$$

$$U'_{2,\min}=U_{1,\min}-\Delta U_{\min}=U_{1,\min}-\frac{P_{\min}R+Q_{\min}X}{U_{1,\min}}=\left(113-\frac{12\times2.95+9\times48.8}{113}\right)kV$$

$$=108.8kV$$

（3）恒调压低压侧母线电压 $U_{\max}=U_{\min}=6.3kV$，则最大负荷和最小负荷时则分接头

电压为：$U_{\max}=101.37kV\,U_{\min}=\dfrac{U'_{2,\min}}{U_{2,\min}}U_{2N}=\dfrac{108.8}{6.3}\times6.3kV=108.8kV$。

（4）$U_{\text{tav}}=0.5\times(U_{\text{t,max}}+U_{\text{t,min}})=105.085kV$。

选择最接近的分接头电压：$U_{\text{t}}=110\times(1-2\times2.5\%)kV=104.5kV$。

【4.4-17】（2017） 需要断开负荷的条件下，能对变压器进行分接头的调整的变压器为：

A. 变压器的合闸操作　　　　　　　　B. 有载调压变压器

C. 无载调压变压器　　　　　　　　　D. 变压器的分闸操作

答案： C

解题过程： 普通变压器只能在无载时改变分接头，称为无载调压变压器。即无载调压变压器只能在停电的情况下改变分接头位置，调整电压。

★**【4.4-18】（2014）** 某发电厂有一台变压器，电压为 $121\pm2\times2.5\%kV/10.5kV$，变压器高压母线电压最大负荷时为 118kV，最小负荷时为 115kV，变压器最大负荷时电压损耗为 9kV，最小负荷时电压损耗为 6kV（由归算到高压侧参数算出），根据发电厂地区负荷在发电厂母线逆调压且在最大、最小负荷时与发电机的额定电压有相同的电压，则变压器分接头电压为：

A. $121\times(1+2.5\%)kV$　　　　　　B. $121\times(1-2.5\%)kV$

C. $121kV$　　　　　　　　　　　　D. $121\times(1+5\%)kV$

答案： D

解题过程：

根据逆调压和题意的要求，最大负荷和最小负荷时的低压侧电压 $U_{2,\max}=10\times1.05kV=10.5kV$ 和 $U_{2,\min}=10kV$。

变压器分接头电压为：

$$U_{1t,\max}=\frac{U_{1,\max}+\Delta U_{\max}}{U_{2,\max}}U_{2N}=\frac{118+9}{10.5}\times10.5kV=127kV$$

$$U_{1t,\min}=\frac{U_{1,\min}+\Delta U_{\min}}{U_{2,\min}}U_{2N}=\frac{115+6}{10}\times10.5kV=127.05kV$$

$$U_{1t,av}=0.5\times(U_{1t,\max}+U_{1t,\min})=127.025kV$$

选择与 127.025kV 最接近的分接头电压为 127.05kV，即 $121\times(1+5\%)kV=127.05kV$。

4.4.3　发输变电专业高频考点与历年真题解析

考点 1：无功功率平衡

【4.4-19】（2024） 一电力设备的功率因数为 0.85，有功功率为 20kW，则其对应的无功功率为：

A. 10.6kW　　　　B. 10.6kvar　　　　C. 12.4kvar　　　　D. 12.4kW

答案： C

解题过程： 无功功率 $Q=P(\tan\varphi)=20\times\tan(\arccos 0.85)=12.39\mathrm{kvar}$

【4.4-20】(2018) 在额定电压附近，三相异步电动机无功功率与电压的关系为：

A. 与电压升降方向一致　　　　　　　　B. 与电压升降方向相反

C. 电压变化时，无功不变　　　　　　　D. 与电压无关

答案： A

解题过程： 在额定电压附近，异步电动机取用的无功功率随电压的升降而增减。

考点 2：电容器进行补偿调压的原理与方法

【4.4-21】(2024) 一35kV 输电线路，输送有功功率为 30MW，功率因数 0.7。现装设串联电容器使来端电压从 35kV 升高到 37kV，选用标准单相电容器，额定电压 0.66kV，额定容量 40kVA，需要电容器的个数为：

A. 36　　　　　　B. 24　　　　　　C. 63　　　　　　D. 108

答案： D

解题过程： 已知 $U_1=35\mathrm{kV}$，$P=30\mathrm{MW}$，$\cos\varphi=0.7$，则 $Q=P\tan\varphi=30\times\tan(\arccos 0.7)=30.6\mathrm{Mvar}$。

（1）串联补偿电容器使末端电压提高数值为补偿前后的电压损耗之差，因此线路末端电压提高值为：$\Delta U-\Delta U_C=\dfrac{QX_C}{U_1}\Rightarrow 37-35=\dfrac{30.6X_C}{35}\Rightarrow X_C=2.287\Omega$

（2）线路的最大负荷电流为：
$$I_{\max}=\frac{S}{\sqrt{3}U_1}=\frac{P/\cos\varphi}{\sqrt{3}U_1}\mathrm{kA}=\frac{30/0.7}{\sqrt{3}\times35}\mathrm{kA}=0.7069\mathrm{kA}=706.9\mathrm{A}$$

（3）每台电容器的额定电流为：$I_{NC}=Q_{GN}/U_G=40/0.66\mathrm{A}=60.606\mathrm{A}$

（4）容抗为：$X_{NC}=U_G/I_{NC}=0.66\times10^3/60.606\,\Omega=10.89\Omega$

（5）串联电容器组的串数为：$m\geq I_{\max}/I_{NC}=(706.9/60.606)=11.66$，取 $m=12$

（6）每串中电容器的个数为：
$n\geq I_{\max}X_C/U_G=(706.9\times2.287)/(0.66\times10^3)=2.449$，取 $n=3$

（7）所需的串联补偿电容器的数量为：$3mn=3\times12\times3=108$

【4.4-22】(2024) 在 0.4kV 低压侧进行无功补偿时，电容器装置的开关设备和导线长期允许通过电流不应小于电容器额定电流的：

A. 1.5 倍　　　　B. 1.3 倍　　　　C. 1.2 倍　　　　D. 1.1 倍

答案： B

解题过程： 根据《并联电容器装置设计规范》(GB 50227)，单台电容器至母线或熔断器的连接线应采用软导线，其长期允许电流不宜小于单台电容器额定电流的 1.5 倍。并联电容器装置的分组回路，回路导体截面应按并联电容器组额定电流的 1.3 倍选择，并联电容器组汇流母线和均压线导线截面应与分组回路的导体截面相同。

【4.4-23】(2023) 一条 110kV 供电线路，输送有功功率为 30MW，功率因数为 0.7，现装设串联电容器，使末端电压从 110kV 提高到 115kV，选用标准单相电容器，额定电压为 0.66kV，额定容量为 40kvar，应安装的静止电容器的个数为：

A. 30　　　　　　B. 24　　　　　　C. 48　　　　　　D. 28

答案：D

解题过程：已知 $U_1 = 110\text{kV}$，$P = 30\text{MW}$，$\cos\varphi = 0.7$，则 $Q = P\tan\varphi = 30 \times \tan(\arccos 0.7) = 30.6\text{Mvar}$。

（1）串联补偿电容器使末端电压提高数值为补偿前后的电压损耗之差，因此线路末端电压提高值为：$\Delta U - \Delta U_\text{C} = \dfrac{QX_\text{C}}{U_1} \Rightarrow 115 - 110 = \dfrac{30.6X_\text{C}}{110} \Rightarrow X_\text{C} = 17.97\Omega$。

（2）线路的最大负荷电流为：$I_\text{max} = \dfrac{S}{\sqrt{3}U_1} = \dfrac{P/\cos\varphi}{\sqrt{3}U_1} = \dfrac{30/0.7}{\sqrt{3}\times 110} = 0.2249\text{kA} = 224.9\text{A}$。

（3）每台电容器的额定电流为：$I_\text{NC} = Q_\text{GN}/U_\text{G} = 40/0.66\text{A} = 60.606\text{A}$。

（4）容抗为：$X_\text{NC} = U_\text{G}/I_\text{NC} = 0.66 \times 10^3/60.606\Omega = 10.89\Omega$。

（5）串联电容器组的串数：$m \geqslant I_\text{max}/I_\text{NC} = (224.9/60.606) = 3.711$，取 $m = 4$。

（6）每串中电容器的个数为：$n \geqslant I_\text{max}X_\text{C}/U_\text{G} = (224.9 \times 19.97)/(0.66 \times 10^3) = 6.8$，取 $n = 7$。

（7）所需的串联补偿电容器的数量为：$mn = 4 \times 7 = 28$。

【4.4-24】(2023) 在 0.4kV 低压侧进行无功补偿时，单台电容器装置的开关设备和导线长期允许通过电流不应小于电容器额定电流的：

A. 1.5 倍　　　　B. 1.3 倍　　　　C. 1.2 倍　　　　D. 1.1 倍

答案：A

解题过程：根据《并联电容器装置设计规范》（GB 50227—2017），单台保护的外熔断器的熔丝额定电流，可按电容器额定电流的 1.37～1.50 倍选择。单台电容器至母线或熔断器的连接线应采用软导线，其长期允许电流不宜小于单台电容器额定电流的 1.5 倍。并联电容器装置的分组回路，回路导体截面应按并联电容器组额定电流的 1.3 倍选择。

【4.4-25】(2018) 一 35kV 的线路阻抗为 $(10+\text{j}10)\ \Omega$，输送功率为 $(7+\text{j}6)\text{MVA}$，线路始端电压 38kV，要求线路末端电压不低于 36kV，其补偿容抗为：

A. 10.08Ω　　　　B. 10Ω　　　　C. 9Ω　　　　D. 9.5Ω

答案：B

解题过程：已知线路首端功率为：$\dot{S}_1 = P_1 + \text{j}Q_1 = (7+\text{j}6)\text{MVA}$。

（1）未装设串联电容时线路的电压损耗（补偿前电压损耗）为：

$$\Delta U = \frac{P_1 R + Q_1 X}{U} = \frac{7 \times 10 + 6 \times 10}{35}\text{kV} = 3.714\text{kV}$$

（2）装设串联电容器 C（容抗为 X_C）后（见图 4.4-2），线路的电压损耗为：

$$\Delta U_\text{C} = U_1 - U_2 = 38\text{kV} - 36\text{kV} = 2\text{kV}$$

（3）串联电容器使电压提高的数值为补偿前后的电压损耗之差，即提高的末端电压为：

$$\Delta U - \Delta U_\text{C} = \frac{Q_1 X_\text{C}}{U} \Rightarrow 3.714 - 2 = \frac{6X_\text{C}}{35}$$

（4）所需的串联电容的容抗为：

$$X_\text{C} = 10\Omega$$

【4.4-26】(2017、2016) 简单电力系统接线如图 4.4-5 所示，变压器变比为 $110 \times (1 \pm 2 \times 2.5\%)/11\text{kV}$，线路和变压器归算到高压侧的阻抗为 $(27+\text{j}82.4)\ \Omega$，母线 i 电压恒等于 116kV，变压器低压母线最大负荷为 $(20+\text{j}14)\text{MVA}$，最小负荷为 $10+\text{j}7\text{MVA}$，

母线 j 常调压保持 10.5kV，满足以上要求时接在母线 j 上的电容器及变压器 T_j 的变比分别为：（不考虑电压降横分量和功率损耗）

A. 9.76Mvar，115.5/11kV

B. 8.44Mvar，121/11kV

C. 9.76Mvar，121/10.5kV

D. 8.13Mvar，112.75/11kV

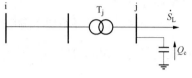

答案： D

图 4.4-5

解题过程： 根据图 4.4-5 可得：

（1）线路阻抗

$$R + jX = (27 + j82.4)\ \Omega$$

（2）最大负荷和最小负荷时变压器的电压损耗分别为：

$$\Delta U_{max} = \frac{P_{max}R + Q_{max}X}{U_1} = \frac{20 \times 27 + 14 \times 82.4}{116}\text{kV} = 14.6\text{kV}$$

$$\Delta U_{min} = \frac{P_{min}R + Q_{min}X}{U_1} = \frac{10 \times 27 + 7 \times 82.4}{116}\text{kV} = 7.3\text{kV}$$

（3）按最小负荷时低压侧母线电压 $U_{min} = 10.5$kV，则分接头电压为：

$$U_{t,min} = \frac{U'_{1,min}}{U_{2,min}}U_{2N} = \frac{U_{1,min} - \Delta U_{min}}{U_{2,min}}U_{2N} = \frac{116 - 7.3}{10.5} \times 11\text{kV} = 113.876\text{kV}$$

（4）选择最接近的分接头电压为：

$$U_t = 110 \times (1 + 2.5\%)\text{kV} = 112.75\text{kV}$$

（5）变压器的电压比为：

$$K_T = \frac{U_t}{U_{2N}} = \frac{112.75}{11} = 10.25$$

（6）按最大负荷时的调压要求确定电容器容量为：

$$Q_C = \frac{U_{2,max}}{X_\Sigma}\left(U_{2,max} - \frac{U'_{2,max}}{K_T}\right)K_T^2 = \frac{10.5}{82.4} \times \left(10.5 - \frac{116 - 14.6}{10.25}\right) \times (10.25)^2\text{Mvar}$$

$$= 8.13\text{Mvar}$$

【4.4-27】(2017、2016) 在高压网中线路串联电容器的目的是：

A. 补偿系统容性无功调压

B. 补偿系统感性无功调压

C. 通过减少线路电抗调压

D. 通过减少线路电抗提高输送容量

答案： D

解题过程： 长距离输电线路串联电容器以抵消一部分线路感抗，达到降低电压损耗的目的；超高压输电线路中串联电容器补偿，用于提高输送容量和电力系统运行的稳定性。

【4.4-28】(2014) 简单的电力系统接线如图 4.4-6 所示，母线 A 电压保持 116kV，变压器低压母线 C 要求恒调压，电压保持 10.5kV，满足以上要求时接在母线 C 上的电容器容量 Q_C 及变压器 T 的电压比分别为：

A. 8.76Mvar，115.5kV/10.5kV

B. 8.44Mvar，112.75kV/11kV

C. 9.76Mvar，121kV/11kV

D. 9.96Mvar，121kV/10.5kV

答案： B

解题过程： 根据图 4.4-6 可得：

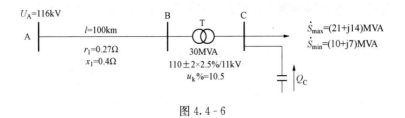

图 4.4 - 6

(1) 线路阻抗为：
$$R_{\mathrm{L}}+jX_{\mathrm{L}}=(r_1+jx_1)l=(0.27+j0.4)\times100\,\Omega=(27+j40)\,\Omega$$

(2) 变压器的电抗为：
$$X_{\mathrm{T}}=\frac{u_{\mathrm{k}}\%}{100}\times\frac{U_{\mathrm{N}}^2}{S_{\mathrm{N}}}=\frac{10.5}{100}\times\frac{110^2}{30}\,\Omega=42.35\,\Omega$$

(3) 低压侧母线归算到高压侧的电压为：
$$U_{2,\max}'=U_1-\Delta U_{\max}=U_1-\frac{P_{\max}R+Q_{\max}X}{U_1}=\left[116-\frac{21\times27+14\times(40+42.35)}{116}\right]\mathrm{kV}$$
$$=101.173\,\mathrm{kV}$$
$$U_{2,\min}'=U_1-\Delta U_{\min}=U_1-\frac{P_{\min}R+Q_{\min}X}{U_1}=\left(116-\frac{10\times27+7\times82.35}{116}\right)\mathrm{kV}$$
$$=108.703\,\mathrm{kV}$$

(4) 按最小负荷时低压侧母线电压 $U_{\min}=10.5\,\mathrm{kV}$，则分接头电压为：
$$U_{\mathrm{t,min}}=\frac{U_{2,\min}'}{U_{2,\min}}U_{2\mathrm{N}}=\frac{108.703}{10.5}\times11\,\mathrm{kV}=113.879\,\mathrm{kV}$$

(5) 选择最接近的分接头电压为：
$$U_{\mathrm{t}}=110\times(1+2.5\%)\,\mathrm{kV}=112.75\,\mathrm{kV}$$

(6) 变压器的电压比为：
$$K_{\mathrm{T}}=\frac{U_{\mathrm{t}}}{U_{2\mathrm{N}}}=\frac{112.75}{11}$$

(7) 按最大负荷时的调压要求确定电容器容量为：
$$Q_{\mathrm{C}}=\frac{U_{2,\max}}{X_{\Sigma}}\left(U_{2,\max}-\frac{U_{2,\max}'}{K_{\mathrm{T}}}\right)K_{\mathrm{T}}^2=\frac{10.5}{82.35}\times\left(10.5-\frac{101.173}{112.75/11}\right)\times\left(\frac{112.75}{11}\right)^2\mathrm{Mvar}$$
$$=8.432\,\mathrm{Mvar}$$

考点 3：变压器分接头进行调压时，分接头的选择计算

【4.4 - 29】(2024)　某变电所有一台变比为 $35\pm2\times2.5\%/10\mathrm{kV}$，容量为 10MVA 的降压变压器，归算到高压侧的变压器阻抗为 $Z_{\mathrm{T}}=2+j2.48\,\Omega$，变压器低压侧最大负荷为 $7.4+j6.8\mathrm{MVA}$，最小负荷为 $2.4+j1.9\mathrm{MVA}$，变电所高压侧电压在最大负荷时保持 33.25kV，最小负荷时保持 36.05kV，变电所低压母线要求恒调压，保持 10kV，满足该调压要求的变压器分接头电压为：

A. 33.25kV　　　　B. 34.125kV　　　　C. 35.875kV　　　　D. 36.75kV

答案：B

解题过程： 根据题意和恒调压要求，最大负荷和最小负荷时低压侧的电压 $U_{2,\max}$ 和 $U_{2,\min}$ 均为 10kV。

（1）变压器通过最大负荷时所求的分接头电压为：

$$U_{1t,\max}=\frac{U_{1,\max}-\Delta U_{\max}}{U_{2,\max}}U_{2N}=\frac{U_{1,\max}-\dfrac{P_{\max}R+Q_{\max}X}{U_{1,\max}}}{U_{2,\max}}U_{2N}$$

$$=\frac{33.25-\dfrac{7.4\times2+6.8\times2.48}{33.25}}{10}\times10\text{kV}=32.30\text{kV}$$

（2）变压器通过最小负荷时所求的分接头电压为：

$$U_{1t,\min}=\frac{U_{1,\min}-\Delta U_{\min}}{U_{2,\min}}U_{2N}=\frac{U_{1,\min}-\dfrac{P_{\min}R+Q_{\min}X}{U_{1,\min}}}{U_{2,\min}}U_{2N}$$

$$=\frac{36.05-\dfrac{2.4\times2+1.9\times2.48}{36.05}}{10}\times10\text{kV}=35.79\text{kV}$$

（3）取平均值 $U_{1t,av}=0.5\times(32.30+35.79)\text{kV}=34.05\text{kV}$，选择与之最接近的分接头电压 34.125kV。

【4.4-30】（2024） 对于供电距离较近、负荷变动不大的变电场所常采用：

A. 逆调压   B. 顺调压   C. 常调压   D. 不确定

答案： B

解题过程： 对于供电距离不长、负荷变化较小的变电所，常采用的调压方式是顺调压。其允许在最大负荷时中枢点电压比线路额定电压低一些，但不低于线路额定电压的 102.5%；在最小负荷时允许中枢点电压高一些，但不超过线路额定电压的 107.5%。

【4.4-31】（2023） 变比为 $35\pm2\times2.5\%/10\text{kV}$，容量为 10MVA 的降压变压器归算到高压侧阻抗为 $Z_T=2+j2.48\Omega$，低压侧最大负荷为 $8.4+j6.8\text{MVA}$，最小负荷 $2.4+1.9\text{MVA}$，最大负荷时高压侧电压 33.25kV，最小负荷时高压侧电压 36.75kV，要求恒调压，低压侧保持 10kV，分接头电压为：

A. 33.25kV   B. 34.125kV   C. 35.875kV   D. 36.75kV

答案： B

解题过程： 根据题意和恒调压要求，最大负荷和最小负荷时的电压 $U_{2,\max}$ 和 $U_{2,\min}$ 均为 10kV。

变压器通过最大负荷时对分接头电压的要求为：

$$U_{1t,\max}=\frac{U_{1,\max}-\Delta U_{\max}}{U_{2,\max}}U_{2N}=\frac{U_{1,\max}-\dfrac{P_{\max}R+Q_{\max}X}{U_{1,\max}}}{U_{2,\max}}\times U_{2N}$$

$$=\frac{33.25-\dfrac{8.4\times2+6.8\times2.48}{33.25}}{10}\times10\text{kV}=32.2375\text{kV}$$

变压器通过最小负荷时对分接头电压的要求为：

$$U_{1t,min}=\frac{U_{1,min}-\Delta U_{min}}{U_{2,min}}U_{2N}=\frac{U_{1,min}-\dfrac{P_{min}R+Q_{min}X}{U_{1,min}}}{U_{2,min}}\times U_{2N}$$

$$=\frac{36.75-\dfrac{2.4\times2+1.9\times2.48}{36.75}}{10}\times10kV=36.491\ 17kV$$

取平均值　　　　$U_{1t,av}=0.5\times(U_{1t,max}+U_{1t,min})=34.364kV$

选择与 34.364kV 最接近的分接头电压 34.125kV，即 $35\times(1-1\times2.5\%)kV=$34.125kV。

【4.4-32】(2021) 图 4.4-7 所示电力系统，各级电网的额定电压如图所示，变压器 T2 一次侧工作于 $+2.5\%$ 抽头，则 T1、T2 的实际变压比为：

A. 2.857，3.182

B. 0.087，3.182

C. 0.087，2.929

D. 3.143，2.929

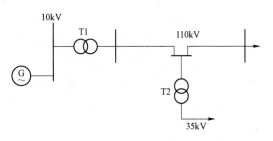

图 4.4-7

答案： C

解题过程： 发电机额定电压比其所接电网额定电压高 5%。发电机额定电压为 $1.05U_{N1}=10.5kV$。

变压器 T1：一次侧与发电机相连，额定电压为发电机的额定电压 10.5kV；二次侧额定电压为 $1.1U_{N2}=121kV$。其变比为 10.5/121=0.087。

变压器 T2：一次侧与电网相连且工作于 $+2.5\%$ 抽头，额定电压为 $(1+2.5\%)U_{N2}=$112.75kV；二次侧额定电压为 $1.1U_{N3}=38.5kV$。其变比为 112.75/38.5=2.929。

考点 4：有功功率和频率调整

【4.4-33】(2018) 系统负荷 4000MW，正常运行时 $f=50Hz$，若发电功率减少 8%，系统频率运行在 48Hz，则系统负荷的频率调节效应系数为：

A. 2　　　　　　　　B. 1000　　　　　　　　C. 100　　　　　　　　D. 0.04

答案： A

解题过程： $K_{L*}=\dfrac{\Delta P_{L*}}{\Delta f_*}=\dfrac{\dfrac{4000\times(1-0.08)-4000}{4000}}{\dfrac{48-50}{50}}=2$

【4.4-34】(2017、2016) 电力系统的一次调整为：

A. 调速器自动调整的有差调节　　　　　　B. 调频器自动调整的有差调节

C. 调速器自动调整的无差调节　　　　　　D. 调频器自动调整的无差调节

答案： A

解题过程： 一次调整通过调速器自动调整负荷变化引起频率变化，负荷增大时，发电机输入功率小于输出功率，转速和频率下降，调速器使发电机输出功率增加，转速和频率上升。负荷减小时，发电机输入功率大于输出功率，使转速和频率增加，调速器使发电机输出功率减小，转速和频率下降，但略高于原来的值。调速器的调节过程是一个有差调节过程。

4.5　短路电流计算

4.5.1　知识点提示

1. 实用短路电流计算的近似条件

短路电流实用计算中，为简化分析，假设如下。

（1）短路发生前，电力系统是三相对称的；

（2）短路是金属性短路，即短路点阻抗为零；

（3）电力系统中各元件磁路不饱和，为线性系统，可用叠加原理；

（4）变压器的励磁支路、架空线的对地分布电容可忽略；

（5）电力系统中所有发电机的相角在短路过程中都相同，频率不变，与正常工作时相同；

（6）对负荷只做近似估计，远离短路点的负荷忽略不计，只考虑接在短路点附近的大容量电动机对短路电流的影响；

（7）在高压电路计算中忽略电阻，在计算低压网络时考虑电阻影响；

（8）在计算短路电流非周期分量的衰减时间常数时应计及电阻的作用。

实用计算法计算的短路电流比实际的短路电流大。

2. 简单系统三相短路电流的实用计算方法

（1）短路电流交流分量初始值计算。在电力系统短路电流的工程计算中，由于快速保护和高速断路器的使用，大多数情况下，只要求计算短路电流交流分量的初始值，即次暂态电流 I''。若已知交流分量初始值，即可近似决定直流分量甚至冲击电流。

1）同步发电机突然三相短路。

①空载情况下定子突然三相短路。定子三相短路后励磁电流中出现了交流分量最后衰减至零，衰减时间常数与定子短路电流直流分量相同。因为感性回路的电流（或磁链）不会突变，定子短路电流、励磁回路电流，在突然短路瞬间均不突变，即三相定子电流均为零，励磁回路电流等于稳态值。

短路电流基频交流分量的初始和稳态有效值。

（a）稳态值 I_∞。短路到稳态后，恒定的励磁电流 $i_{f|0|}$ 产生穿过主磁路的主磁通 Φ_0，Φ_0 在定子三相绕组感应空载电动势（励磁电动势）$E_{q|0|}$。在 $E_{q|0|}$ 作用下，定子三相绕组流过恒幅的三相对称交流电流。定子绕组漏电抗为 X_σ；直轴电枢反应电抗为 X_{ad}，反比于主磁路的磁阻，正比于磁导；直轴同步电抗为 X_d，为一相的等效电抗；定子电流相量为 $\dot{I}_d$，则 $\dot{E}_{q|0|} = j(X_\sigma + X_{ad})\dot{I}_d = jX_d\dot{I}_d$。

稳态电流有效值为 $I_\infty = I_d = E_{q|0|}/X_d$。

（b）初始值 I''（I'）。

a）不计阻尼回路时基波交流分量初始值 I'。与稳态时相比，短路瞬间的电枢反应磁通的磁路变成为励磁绕组漏磁路径、气隙和定子铁心，磁路的磁阻增大了，磁导减小了，定子电阻反应电抗减少，称为直轴暂态电枢反应电抗 $X'_{ad}=\dfrac{1}{\dfrac{1}{X_{ad}}+\dfrac{1}{X_{f\sigma}}}$，其中 $X_{f\sigma}$ 为励磁绕

组漏电抗。则每相定子的等效电抗为 $X'_d=X'_{ad}+X_\sigma$，称为直流暂态电抗。

令定子电流为 I'_d，则初始电流为 $I'=I'_d=E_{q|0|}/X'_d$。由于 $X'_d<X_d$，因此 $I'>I_\infty$。I' 常称为暂态电流。

b）计及阻尼回路作用时的初始值 I''。由于阻尼绕组 D 的作用，$X_{D\sigma}$ 为阻尼绕组漏电抗，对应的为直轴电枢反应电抗 $X''_{ad}=\dfrac{1}{\dfrac{1}{X_{ad}}+\dfrac{1}{X_{D\sigma}}+\dfrac{1}{X_{f\sigma}}}$。则每相定子的等效电抗为 $X''_d=$

$X''_{ad}+X_\sigma$，称为直流次暂态电抗。交轴次暂态电抗为 $X''_q=X_\sigma+\dfrac{1}{\dfrac{1}{X_{aq}}+\dfrac{1}{X_{Q\sigma}}}$。

计及阻尼绕组作用后，短路瞬间的初始电流为 $I''=I''_d=E_{q|0|}/X''_d$。由于 $X''_d<X'_d$，因此 $I''>I'$。I'' 常称为次暂态电流。

c）短路瞬间，转子上阻尼绕组 D 和励磁绕组 f 均感生抵制定子直轴电枢反应磁通穿入的自由直流电流 $i_{D\alpha}$ 和 $i_{f\alpha}$，迫使电枢反应磁通 $\varPhi''_{ad}$ 走 D 和 f 的漏磁路径，磁导小，对应的定子回路等效电抗 X''_d 小，电流 I'' 大，称为此暂态状态。由于 D 和 f 都有电阻，$i_{D\alpha}$ 和 $i_{f\alpha}$ 都要衰减，$i_{D\alpha}$ 很快衰减到很小，直轴电枢反应磁通可以穿入 D，而仅受 f 的抵制仍走 f 的漏磁路径，磁导增加，定子等效电抗 $X'_d>X''_d$，定子电流 $I'<I''$，即所谓暂态状态。随着 $i_{f\alpha}$ 衰减到零，电枢反应磁通全部穿入直轴，此时磁导最大，对应的定子电抗为 X_d，定子电流为 I_∞，即为短路稳态状态。

②负载下定子突然三相短路。虚构电动势 $\dot{E}_Q=\dot{U}+r\dot{I}+jX_q\dot{I}$ 时，空载电动势 $\dot{E}_q=\dot{E}_Q+j(X_d-X_q)\dot{I}_d$。

（a）不计阻尼回路时的初始值 I' 和暂态电动势。

a）交轴方向。交轴暂态电动势 $\dot{E}'_{q|0|}=\dot{U}_{q|0|}+jX'_d\dot{I}_{d|0|}=jX'_d\dot{I}_d$，则直轴暂态电流为 $\dot{I}'_d=\dot{E}'_{q|0|}/jX'_d$，$\dot{I}_d=\dot{E}'_{q|0|}/X'_d$。

b）直轴方向。暂态电流只有直轴分量，即 $I'=I'_d=E'_{q|0|}/X'_d$，若发电机的等效电抗为 X'_d，正常运行时 q 轴方向的电动势 $E'_{q|0|}$ 在发生短路瞬间不变，即可用 $E'_{q|0|}$ 求短路交流（交流分量）初始值。$E'_{q|0|}$ 正比于短路前励磁绕组磁链 $\psi_{f|0|}$，$\psi_{f|0|}$ 在短路瞬间不突变，$E'_{q|0|}$ 也不突变。

$E'_{|0|}$ 为 X'_d 后的虚构电动势，称为暂态电动势，代替交轴暂态电动势 $E'_{q|0|}$，即 $\dot{E}'_{|0|}=\dot{U}_{|0|}+jX'_d\dot{I}_{|0|}$。$E'_{|0|}$ 在交轴上的分量为 $E'_{q|0|}$，相差不大，可用 $E'_{|0|}$ 代替 $E'_{q|0|}$。但 $E'_{|0|}$ 没有短路前后瞬间不变的特性。此时暂态电流近似表达式为 $I'=E'_{|0|}/X'_d$。

（b）计及阻尼回路时的初始值 I'' 和次暂态电动势。

a）交轴方向。交轴次暂态电动势 $\dot{E}''_{q|0|}=\dot{U}_{q|0|}+jX''_d\dot{I}_{d|0|}$，则直轴次暂态电流为 $\dot{I}''_d=\dot{E}''_{q|0|}/jX''_d$。$E''_{q|0|}$ 是正常运行时 X''_d 后交轴方向的电动势，短路前后瞬间不变（正比于 ψ_f 和 ψ_D）。

b）直轴方向。短路后，突然的电枢反应增量 $I''_q - I_{q|0|}$ 受到阻尼绕组 Q 的抵制而不得不走 Q 绕组的漏磁路径，对应的电抗为交轴电枢反应电抗 $X''_{aq} = \dfrac{1}{\dfrac{1}{X_{aq}} + \dfrac{1}{X_{Q\sigma}}}$，$X_{Q\sigma}$ 为 Q 绕组的漏电抗。定子 q 轴的等效电抗为 $X''_q = X''_{aq} + X_\sigma$ 称为交轴次暂态电抗。

直轴次暂态电动势 $\dot{E}''_{d|0|} = -jX_q \dot{I}_{q|0|} + jX''_q \dot{I}_{q|0|} = \dot{U}_{|0|} + jX''_q \dot{I}_{q|0|}$，交轴次暂态电流为 $I''_q = E''_{d|0|} / jX''_q$。$E''_{d|0|}$（正比于 ψ_Q）也和 $E''_{q|0|}$ 一样具有短路前后瞬间不变的特性，$E''_{d|0|}$ 比 $E''_{q|0|}$ 小得多。

次暂态电流为 $\dot{I}'' = \dot{I}''_d + \dot{I}''_q$，$I'' = \sqrt{I''^2_d + I''^2_q}$。次暂态电动势 $\dot{E}''_{|0|} = \dot{U}_{|0|} + jX''_d \dot{I}_{|0|}$，$\dot{I}'' = \dot{E}''_{|0|} / jX''_d$。

由于 X''_d 较小，工程计算中近似取 $E''_{|0|} \approx U_{|0|} = 1$，则 I'' 的标幺值为 $I'' = 1/X''_d$。

2）短路点附近的电动机。异步电动机次暂态电抗 x'' 和异步电动机启动时的电抗相等，$x'' = x_{st} = 1/I_{st}$；其中 x_{st} 为启动电抗标幺值，I_{st} 为启动电流标幺值，约等于 5；x'' 近似为 0.2。若短路前为额定运行方式，则次暂态电势 $\dot{E}_{|0|} \approx 0.9$，电动机端点短路的交流电流初始值约为电动机额定电流的 4.5 倍。近似取 $\dot{E}_{|0|} \approx 1$，电动机端点短路时，其反馈的短路电流初始值等于启动电流标幺值，即 $I'' = 1/x^n = I_{st}$。

3）起始次暂态电流。采用等效法计算起始次暂态电流。

①计算故障前正常运行时的潮流分布。各发电机（短路点附近的大型电动机）的端电压和定子电流及短路点的正常工作电压和正常工作电流，计算次暂态电动势。

发电机：$\dot{E}'' = \dot{U} + j\dot{I}X''$。

电动机：$\dot{E}'' = \dot{U} - j\dot{I}X''$。

②以短路点为中心，将网络化简为等效电动势 $\dot{E}''_\Sigma$ 和等效电抗 X''_Σ 表示的等效电路，计算起始次暂态电流 $\dot{I}'' = \dfrac{\dot{E}''}{jX''_\Sigma}$。

（2）无限大系统供电的三相短路电流计算。

1）选取基准功率 S_B，基准电压 $U_B = U_{av}$，网络的平均电压为 $U_{av} = 1.05 U_N$。计算各元件参数的标幺值。

我国电力系统中各电压等级的平均额定电压规定见表 4.5-1。

表 4.5-1　　　　　　　我国电力系统电压等级的平均额定电压

额定电压/kV	6	10	35	110	220	330	500
平均额定电压/kV	6.3	10.5	37	115	230	345	525

2）无限大系统供电的三相短路电流计算步骤。

绘制等效电路图，标注各元件参数。

利用网络变换原理化简网络，求出电源到短路点之间的总等效电抗标幺值 $X_{f\Sigma}$。

计算短路电流标幺值和有名值，无限大系统供电的网络短路时电源电压保持不变，则 $U_* = 1$，短路电流周期分量标幺值计算式为 $I_{f*} = \dfrac{U_*}{X_{f\Sigma*}} = \dfrac{1}{X_{f\Sigma*}} = S_{f*} = \dfrac{\sqrt{3} U_{av} I_f}{\sqrt{3} U_B I_B}$，再按照

$I_f = I_{f*} \cdot \dfrac{S_B}{\sqrt{3}U_B}$ 换算成短路电流有名值。

3. 短路容量的概念

短路容量 S_f 即短路功率是某支路的短路电流与额定电压构成的三相功率，$S_f = \sqrt{3}U_N I_f$。U_N 是短路处正常工作时的额定电压；I_f 是短路处的短路电流，$I_f = \dfrac{I_m}{\sqrt{2}}$。短路容量主要用来校验开关的切断能力。

标幺值计算时，短路功率标幺值等于短路电流标幺值，即 $S_{f*} = I_{f*}$。

当系统的等效电抗未知时，系统的电抗标幺值可根据与该系统相连的母线的短路容量决定为 $X_{s*} = \dfrac{1}{S_{f*}} = S_B/S_f$。如果母线短路容量未知，近似计算中将接到该母线上的断路器的额定断流容量作为该母线的短路容量。选择断路器时，断路器的容量应大于或等于在断路器后面发生三相短路时的短路容量。因此若已知断路器的断流容量，则其标幺值的倒数为系统的等效电抗标幺值。

4. 冲击电流、最大有效值电流的定义和关系

(1) 短路电流。无限大功率电源供电的三相短路电流分析。

1) 三相 RL 电路发生三相对称短路（图 4.5-1）。假设电路由幅值和频率固定的三相对称电动势源供电，且短路前处于稳态。

电路对称短路前电压、电流的表达式为 $u = U_m\sin(\omega t + \alpha)$，$i = I_m\sin(\omega t + \alpha - \varphi_{[0]})$。

其中，$I_m = \dfrac{U_m}{\sqrt{(R+R')^2 + \omega^2(L+L')^2}}$，为短路前稳态工作电流的幅值；$\varphi_{[0]} = \arctan\dfrac{\omega(L+L')}{R+R'}$，为短路前回路的阻抗角；$\alpha$ 为电源电压的初相角，即 $t = 0$ 时的相位角，也称合闸角。

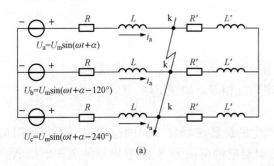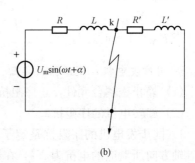

图 4.5-1 三相对称短路

(a) 三相对称短路；(b) a 相

2) k 点发生三相短路。

①a 相电流为：

$$i_a = I_{pm}\sin(\omega t + \alpha - \varphi) + A e^{-\frac{t}{T_a}}$$

式中，$I_{pm} = \dfrac{U_m}{\sqrt{R^2 + \omega^2 L^2}}$，稳态短路电流的幅值；$A = I_m\sin(\alpha - \varphi_{[0]}) - I_{pm}\sin(\alpha - \varphi)$；

$T_a = \dfrac{L}{R}$，短路回路阻抗确定的时间常数；$\varphi = \arctan \dfrac{\omega L}{R}$，短路回路的阻抗角。

②短路电流交流分量的幅值取决于电源电压幅值和短路回路的总电抗。

③短路电流直流分量的幅值随时间衰减的。直流分量的起始值大小与电源电压的初始角 α 及短路前回路中电流值及角 φ 有关。产生直流分量的原因是电感中电流在短路瞬间不能突变。

3）短路前空载。短路前空载，短路前的电流为零；若短路时电源电压正好为零，即 $\alpha = 0$，且电路为纯电感电路时（$\varphi = 90°$），短路瞬时直流分量有最大的起始值，等于交流分量的幅值。

电路原来处于空载，电源电动势刚过零（即初相相位为 0°）时有最大值。

（2）短路冲击电流 i_M。短路电流的最大瞬时值，即短路冲击电流，出现在短路发生经过约半个周期（当为 50Hz 时，此时间约为 0.01s）。主要用于检验电气设备和载流导体的动稳定度。

$$i_M \approx I_m + I_m e^{-\frac{0.01}{T_a}} = (1 + e^{-\frac{0.01}{T_a}}) I_m = K_M I_m$$

K_M 为冲击系数，当短路发生在发电机电压母线时，$K_M = 1.9$；当短路发生在发电厂高压母线侧时，$K_M = 1.85$；短路发生在其他地点时，$K_M = 1.8$。容量 1000kW 以上的异步电动机，$K_M = 1.7 \sim 1.8$。

（3）最大有效值电流 I_M。

1）短路电流有效值 I_t：在短路暂态过程中，任一时刻 t 的 I_t 是以时刻 t 为中心的一个周期内瞬时电流的均方格值。I_t 可用于检验断路器的开断能力。

2）最大有效值电流 I_M 发生在短路后半个周期，$I_M = \dfrac{I_m}{\sqrt{2}} \sqrt{1 + 2(K_M - 1)^2}$

当 $K_M = 1.9$ 时，$I_M = 1.62 \left(\dfrac{I_m}{\sqrt{2}} \right)$；

当 $K_M = 1.8$ 时，$I_M = 1.52 \left(\dfrac{I_m}{\sqrt{2}} \right)$。

5. 同步发电机、变压器、单回、双回输电线路的正、负、零序等值电路

（1）静止磁耦合元件，正序阻抗和负序阻抗相等，如变压器、线路和电抗器等。

（2）旋转电机的序阻抗。

1）同步发电机的序阻抗是定子电流产生的旋转磁场在不同的位置遇到不同的阻值，在 d 轴方向所对应的电抗为 X_d''，在 q 轴方向对应的电抗为 X_q''。发电机的负序电抗 $X_2 = \dfrac{1}{2}(X_d'' + X_q'')$，零序电抗 $X_0 = (0.15 \sim 0.6)X_d''$。发电机的中性点通常是不接地的，零序电流不能流过发电机，等值零序电抗为无限大。

2）异步发电机的序阻抗。近似认为异步发电机的正序电抗等于负序电抗，等于次暂态电抗 X''。$X_1 = X_2 = X''$；异步电动机接成三角形或不接地星形，定子绕组中没有零序电流流通，零序电抗 $X_0 = \infty$。输电线路的负序电抗等于正序电抗，即 $X_2 = X_1$。

（3）输电线路。架空线路中流过零序电流时，须另有回路。当中性点直接接地系统通过三相线路中的零序电流经过大地构成回路。电流在地中流过的等效深度与土壤的导

电性有关。正序电抗 $X_1 = 0.4\Omega/\text{km}$。零序电抗比正序电抗大，近似计算可按表 4.5-2 取值。

表 4.5-2　　　　　　　　　　　　架空线路各序电抗平均值

线路种类		正、负序电抗/（Ω/km）	零序电抗/（Ω/km）
无架空地线	单回路	$X_1 = X_2$	$X_0 = 3.5X_1$
	双回路		$X_0 = 5.5X_1$
有钢质架空地线	单回路		$X_0 = 3X_1$
	双回路		$X_0 = 4.7X_1$
有良导体架空地线	单回路		$X_0 = 2X_1$
	双回路		$X_0 = 3X_1$

电缆线路的零序电抗很难准确计算，近似计算中，三芯电缆 $R_0 \approx 10R_1$、$X_0 \approx (3.5 \sim 4.6)X_1$。实用计算时可按表 4.5-3 取值。

表 4.5-3　　　　　　　　　　　　电缆电抗的平均值

电缆线路	电缆电抗的平均值		电缆线路	电缆电抗的平均值	
	$X_1 = X_2/（\Omega/\text{km}）$	$X_0/（\Omega/\text{km}）$		$X_1 = X_2/（\Omega/\text{km}）$	$X_0/（\Omega/\text{km}）$
1kV 三芯电缆	0.06	0.7	6～10kV 三芯电缆	0.08	$X_0 = 3.5X_1 = 0.28$
1kV 四芯电缆	0.066	0.17	35kV 三芯电缆	0.12	$X_0 = 3.5X_1 = 0.42$

（4）变压器。负序阻抗等于正序阻抗，稳态运行时的等效阻抗。

1）变压器的零序电流有无、大小与变压器三相绕组的联结方式和变压器的结构有关。

①零序电压施加在变压器绕组的三角形侧或不接地星形侧时，变压器零序电抗 $X_0 = \infty$。

②零序电压施加在绕组连接成接地星形一侧时，大小相等、相位相同的零序电流通过三相绕组，经中性点流入大地，但另一侧有无零序电流取决于该侧的接线方式。

三相变压器由 3 个单相变压器组成时，各相磁路独立，各序磁通都以铁心为通路，各相励磁电抗相等，$X_{m0} = \infty$。零序电抗等于一次侧、二次侧漏抗之和零序电抗 $X_T = X_{T1} + X_{T2}$。

变压器为三相三柱式，三相零序磁通同相位，通过油箱构成回路。零序励磁电抗 X_{m0} 比正序电抗小。

变压器为三相三柱式及壳式变压器，零序电流磁通以铁心为回路，$X_{m0} = \infty$。零序电抗等于一次侧、二次侧漏抗之和零序电抗 $X_T = X_{T1} + X_{T2}$。

2）不同绕组的联结方式对变压器零序电流的影响。

①YNd 联结变压器：YN 侧流过零序电流时，在三角形绕组中感生零序电动势。零序电动势在三角形绕组中形成环流，以电压降落形式消耗于三角形绕组的漏抗中，外电路无零序电流流过，相当于该绕组短接，零序阻抗为

$$X_0 = X_{T1} + \frac{X_{T2} X_{m0}}{X_{T2} + X_{m0}}$$

②YNy 联结变压器：YN 侧流过零序电流时，y 侧中性点不接地，零序电流无通路，零序电抗为

$$X_0 = X_{T1} + X_{m0}$$

③YNyn 联结变压器：YN 侧流过零序电流时，在二次绕组中感应零序电动势，是否有零序电流通路取决于变压器二次绕组所连电路外的中性点是否接地。

如果变压器星形侧中性点经过阻抗 Z_n 接地，在变压器流过正序或负序电流时，三相电流之和为零，中性线中没有电流流过，中性点阻抗不需反映在正、负序的等效电路中，等效电路中零序电抗中以 $3Z_n$ 反映中性点电抗。

三绕组变压器：为了消除三次谐波磁通的影响，使变压器的电动势接近正弦波，总有一个绕组是连成三角形的以提供三次谐波电流的通路。常用连接方式 YNdy、YNdyn 和 YNdd。YNdy 中，当 YN 侧流过零序电流时，其 YNd 和 YNy 相当于两台双绕组变压器，d 侧相当于零序短路，y 侧相当于开路。绕组Ⅲ中没有零序电流流过，因此变压器的零序电抗为 $X_0 = X_{T1} + X_{T2}$。YNdyn 连接的变压器，绕组Ⅱ、Ⅲ中都可通过零序电流，Ⅲ绕组中能否有零序电流取决于外电路中有无接地点。YNdd 连接的变压器，绕组Ⅱ、Ⅲ侧各自成为零序电流的闭合通路，Ⅱ、Ⅲ侧绕组中的电压将相等，并等于感应电动势，在等效电路中 X_{T2}、X_{T3} 并联。变压器绕组中的零序电抗为 $X_0 = X_{T1} + \dfrac{X_{T2}X_{T3}}{X_{T2} + X_{T3}}$。三绕组变压器零序等效电路中的电抗 X_{T1}、X_{T2}、X_{T3} 和正序是一样的，不是各绕组的漏电抗，而是等值的电抗。

6. 简单电网的正、负、零序序网的制定方法

（1）正序网络与正常三相对称短路时的等值网络相同。正序电流不经过中性线，中性点的接地阻抗除去。

1）正序网络中含有发电机的次暂态电动势 $\dot{E}''$。

2）元件用正序电抗表示，发电机电抗用 X_d''，异步电动机用 X''。

3）短路点的正序电压 $\dot{U}_{a1}$ 为不对称短路时用对称分量法分解出来的电压。

4）只有正序电流 $\dot{I}_{a1}$，无其他电流分量。

正序网络方程为 $\dot{E}_a - \dot{U}_{a1} = \dot{I}_{a1}Z_{1\Sigma}$。正序网络中各元件的电抗称为正序电抗。式中，$Z_{1\Sigma}$ 表示网络从故障点到电源间的总等值正序电抗。正序电抗也就是三相对称运行时或三相对称短路时的电抗。

（2）负序网络为无源网络。负序电流不经过中性线，可将中性点的接地阻抗除去。短路点的电压为负序电压 $\dot{U}_{a2}$。

（3）零序网络为无源网络，和短路点直接相连的网络中性点接地时，才有零序网络。当零序电流流过中性点电抗 X_n 时，为 $3\dot{I}_{a0}X_n$。中性点电抗 $3X_n$。短路点的电压为负序电压 $\dot{U}_{a0}$。

绘制零序网络时，从短路点出发，由近及远逐段查明零序电流可能的流通路径，零序电流不能流通的元件不必反映到零序网中。单相等效接地时，中性点接地电抗取实际值的 3 倍。

7. 不对称短路的故障边界条件和相应的复合序网

（1）单相接地短路。以 a 相接地短路为例，则 $\dot{U}_a = 0$，$\dot{I}_b = 0$，$\dot{I}_c = 0$。

1) 边界条件。

$$\begin{cases} \dot{U}_{a1} + \dot{U}_{a2} + \dot{U}_{a0} = 0 \\ \dot{I}_{a1} = \dot{I}_{a2} = \dot{I}_{a0} = \dot{I}_a/3 \end{cases}$$

2) 复合序网。各序电流相等，各序电压之和等于零，正序、负序、零序网络互相串联。单相接地短路时的复合序网如图 4.5-2 所示。

3) 根据已知各元件的正、负序参数，则该系统的复合序网中 $\dot{E}_{1\Sigma} = 1.0\underline{/0^\circ}$，$X_{1\Sigma}$，$X_{2\Sigma}$，$X_{0\Sigma}$。

4) 短路点电流和电压的各序分量为

$$\dot{I}_{a1} = \dot{I}_{a2} = \dot{I}_{a0} = \frac{\dot{E}_{1\Sigma}}{X_{1\Sigma} + X_{2\Sigma} + X_{0\Sigma}}$$

$$\dot{U}_{a1} = \dot{E}_{1\Sigma} - jX_{1\Sigma}\dot{I}_{a1} = j(X_{2\Sigma} + X_{0\Sigma})\dot{I}_{a1}$$

$$\dot{U}_{a2} = -jX_{2\Sigma}\dot{I}_{a2}$$

$$\dot{U}_{a0} = -jX_{0\Sigma}\dot{I}_{a0}$$

短路点的短路电流 $\dot{I}_f^{(1)} = \dot{I}_a = \dot{I}_{a1} + \dot{I}_{a2} + \dot{I}_{a0} = 3\dot{I}_{a1}$。

由中性线引出的 Y 形绕组，零序电流通过绕组及其引出线，中性线上有 3 倍零序电流流过，即 $\dot{I}_0 = 3\dot{I}_{a1}$。

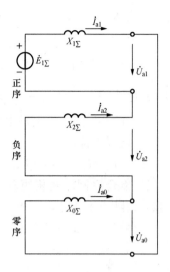

图 4.5-2　单相接地短路时的复合序网

YN 侧流过零序电流时，在 d 侧绕组中感生零序电动势，该零序电动势在三角形绕组中形成环流，消耗在 d 侧绕组的漏抗中，外电流中无零序电流流过，相当于该绕组短接。对于 Yd11 接线的变压器，如果在 Y 侧施加正序电压，d 侧的线电压与 Y 侧的相电压同相位，但 d 侧的相电压超前 Y 侧相电压 30°；如果在 Y 侧施加负序电压，d 侧的相电压滞后 Y 侧相电压 30°。变压器两侧电压、电流的正序负序分量的关系为

$$\dot{U}_{a1} = \frac{1}{k}\dot{U}_{A1}e^{-j30^\circ N} = \frac{1}{k}\dot{U}_{A1}e^{-j30^\circ \times 11} = \frac{1}{k}\dot{U}_{A1}e^{j30^\circ}$$

$$\dot{U}_{a2} = \frac{1}{k}\dot{U}_{A2}e^{j30^\circ N} = \frac{1}{k}\dot{U}_{A2}e^{j30^\circ \times 11} = \frac{1}{k}\dot{U}_{A2}e^{-j30^\circ}$$

$$\dot{I}_{a1} = k\dot{I}_{A1}e^{-j30^\circ N} = k\dot{I}_{A1}e^{j30^\circ}, \quad \dot{I}_{a2} = k\dot{I}_{A2}e^{j30^\circ N} = k\dot{I}_{A2}e^{-j30^\circ}$$

$$k = \frac{U_{1N}}{U_{2N}}$$

式中　k——变压器变比；

　　　U_{1N}——Y 侧线电压；

　　　U_{2N}——d 侧线电压；

　　　N——变压器连接的钟点数。

5) 结论。

单相接地短路点正、负、零序电流分量大小相等、方向相同，短路电流 $\dot{I}_f^{(1)} = 3\dot{I}_{a1}$。短路点故障相的电压等于零，非故障相电压幅值相等。

①当 $X_{0\Sigma} < X_{1\Sigma}$ 时，非故障相电压小于正常时的电压。

②当 $X_{0\Sigma} = 0$ 时，非故障相电压幅值是正常时电压幅值的 $\sqrt{3}/2$ 倍。

③当 $X_{0\Sigma} = X_{1\Sigma}$ 时，非故障相电压等于正常时的电压，不变。

④当 $X_{0\Sigma} > X_{1\Sigma}$ 时，非故障相电压大于正常时的电压。

⑤当 $X_{0\Sigma} = \infty$ 时，中性点不接地系统发生单相接地故障时，非故障相电压升高 $\sqrt{3}$ 倍。

与三相短路相比，单相接地短路的正序分量与在短路点串接一个附加电抗 $X_\triangle$ 时的三相短路电流相等，即 $\dot{I}_{a1} = \dfrac{\dot{E}_{1\Sigma}}{j(X_{1\Sigma} + X_\triangle)}$。

（2）两相短路。f 点发生 b、c 两相短路，则

1）边界条件。

$$\dot{I}_a = 0, \ \dot{I}_b = -\dot{I}_c; \ \dot{U}_{bc} = 0, \ \dot{U}_b = \dot{U}_c; \ \dot{U}_{a1} = \dot{U}_{a2}, \ \dot{I}_{a1} = -\dot{I}_{a2}, \ \dot{I}_{a0} = 0。$$

2）复合序网。两相短路时没有零序电流分量，故障点不接地，零序电流无通路，零序网络不存在，复合序网为正序和负序网络的并联。如图 4.5 - 3 所示。

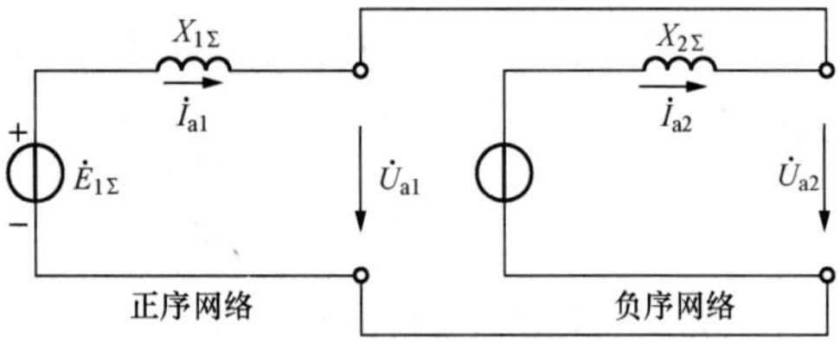

图 4.5 - 3

$$\dot{I}_{a1} = \dfrac{\dot{E}_\Sigma}{j(X_{1\Sigma} + X_{2\Sigma})}, \ \dot{I}_{a2} = -\dot{I}_{a1}, \ \dot{I}_{a0} = 0$$

$$\dot{U}_{a1} = \dot{U}_{a2} = -jX_{2\Sigma}\dot{I}_{a2} = jX_{2\Sigma}\dot{I}_{a1}, \ \dot{U}_{a0} = 0$$

3）两相短路的短路电流和电压。

$$\dot{I}_b = a^2\dot{I}_{a1} + a\dot{I}_{a2} + \dot{I}_{a0} = -j\sqrt{3}\dot{I}_{a1}; \ \dot{I}_c = -\dot{I}_b = j\sqrt{3}\dot{I}_{a1}$$

$$I_f^{(2)} = I_b = I_c = \sqrt{3}I_{a1} = \dfrac{\sqrt{3}E_\Sigma}{X_{1\Sigma} + X_{2\Sigma}} \approx \dfrac{\sqrt{3}}{2}I_f^{(3)}$$

$$\left.\begin{array}{l} \dot{U}_a = \dot{U}_{a1} + \dot{U}_{a2} + \dot{U}_{a0} = 2\dot{U}_{a1} = j2X_{2\Sigma}\dot{I}_{a1} \\[2mm] \dot{U}_b = a^2\dot{U}_{a1} + a\dot{U}_{a2} + \dot{U}_{a0} = -\dot{U}_{a1} = -\dfrac{1}{2}\dot{U}_a \\[2mm] \dot{U}_c = \dot{U}_b = -\dot{U}_{a1} = -\dfrac{1}{2}\dot{U}_a \end{array}\right\}$$

结论：两相短路电流小于三相短路电流；故障相电压是正常电压的 1/2。

两相短路时，短路电流、电压中不存在零序分量；两相短路电流中的正序分量与负序分量大小相等、方向相反，两故障相中的短路电流总是大小相等、方向相反，等于正序电流的 $\sqrt{3}$ 倍。

（3）两相短路接地。

f 点发生 b、c 两相短路接地为例，则

1）边界条件。

$$\dot{I}_a = 0, \ \dot{U}_b = \dot{U}_c = 0; \ \left\{\begin{array}{l} \dot{U}_{a1} = \dot{U}_{a2} = \dot{U}_{a0} = \dfrac{1}{3}\dot{U}_a \\[2mm] \dot{I}_{a1} + \dot{I}_{a2} + \dot{I}_{a0} = \dot{I}_a = 0 \end{array}\right.$$

2）复合序网。根据边界条件其复合序网如图 4.5 - 4 所示，即正序、负序和零序网在短路点并联，则各序电流为

$$\dot{I}_{a1}=\frac{\dot{E}_{1\Sigma}}{X_{1\Sigma}+\dfrac{X_{2\Sigma}X_{0\Sigma}}{X_{2\Sigma}+X_{0\Sigma}}}$$

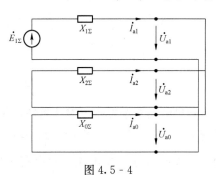

$$\dot{I}_{a2}=-\dot{I}_{a1}\frac{X_{0\Sigma}}{X_{2\Sigma}+X_{0\Sigma}}$$

$$\dot{I}_{a0}=-\dot{I}_{a1}\frac{X_{2\Sigma}}{X_{2\Sigma}+X_{0\Sigma}}$$

图 4.5 - 4

故障相短路电流为

$$\dot{I}_{b}=\dot{I}_{a1}\left(a^2-\frac{X_{2\Sigma}+aX_{0\Sigma}}{X_{2\Sigma}+X_{0\Sigma}}\right);\ \ \dot{I}_{c}=\dot{I}_{a1}\left(a-\frac{X_{2\Sigma}+a^2X_{0\Sigma}}{X_{2\Sigma}+X_{0\Sigma}}\right)$$

如果 $X_{1\Sigma}=X_{2\Sigma}$，令 $k_0=X_{0\Sigma}/X_{2\Sigma}$，则 $\dot{I}_b=\dot{I}_c=\sqrt{3}\times\sqrt{1-\dfrac{k_0}{(k_0+1)^2}}\times\dfrac{1+k_0}{1+2k_0}\dot{I}_f^{(3)}$，式中，$\dot{I}_f^{(3)}$ 为 f 点三相短路时短路电流。

①当 $k_0=0$ 时，$I_{fb}=I_{fc}=\sqrt{3}\dot{I}_f^{(3)}$。

②当 $k_0=1$ 时，$I_{fb}=I_{fc}=\dot{I}_f^{(3)}$。

③当 $k_0=\infty$ 时，$I_{fb}=I_{fc}=\dfrac{\sqrt{3}}{2}\dot{I}_f^{(3)}$。

两相短路接地时流入地中的电流为 $\dot{I}_g=\dot{I}_b+\dot{I}_c=3\dot{I}_{a0}=-\dot{I}_{a1}\dfrac{X_{2\Sigma}}{X_{2\Sigma}+X_{0\Sigma}}$

短路点电压的各序分量为 $\dot{U}_{a1}=\dot{U}_{a2}=\dot{U}_{a0}=\dfrac{X_{2\Sigma}X_{0\Sigma}}{X_{2\Sigma}+X_{0\Sigma}}\dot{I}_{a1}$

短路点非故障相电压为 $\dot{U}_a=\dot{U}_{a1}+\dot{U}_{a2}+\dot{U}_{a0}=3\dot{U}_{a1}$

如果 $X_{1\Sigma}=X_{2\Sigma}$，则 $\dot{U}_a=3\dot{E}_{1\Sigma}\dfrac{k_0}{1+2k_0}$；当 $k_0=0$ 时，$\dot{U}_a=0$；$k_0=1$ 时，$\dot{U}_a=\dot{E}_{1\Sigma}$；$k_0=\infty$ 时，$\dot{U}_a=1.5\dot{E}_{1\Sigma}$。对于中性点不接地系统，非故障相电压升高 1.5 倍。

8. 不对称短路的电流、电压计算

(1) 对称分量法。系统发生单相接地故障、两相接地故障和相间短路时，三相系统不对称，称为不对称短路。分析不对称短路时，把不对称的电压、电流分解成三组对称分量 [幅值相等相位 a 相超前 b 相 120°、b 相超前 c 相 120°的正序分量 $\dot{F}_{a(1)}$、$\dot{F}_{b(1)}$、$\dot{F}_{c(1)}$，幅值相等相序与正序相反的负序分量 $\dot{F}_{a(2)}$、$\dot{F}_{b(2)}$、$\dot{F}_{c(2)}$，幅值相等相位相同的零序分量 $\dot{F}_{a(0)}$、$\dot{F}_{b(0)}$、$\dot{F}_{c(0)}$]，称为对称分量法，即

$$\dot{F}_a=\dot{F}_{a(1)}+\dot{F}_{a(2)}+\dot{F}_{a(0)},\ \ \dot{F}_b=\dot{F}_{b(1)}+\dot{F}_{b(2)}+\dot{F}_{b(0)},\ \ \dot{F}_c=\dot{F}_{c(1)}+\dot{F}_{c(2)}+\dot{F}_{c(0)}$$

取 $a=e^{j120°}=-\dfrac{1}{2}+j\dfrac{\sqrt{3}}{2}$，$a^2=e^{j240°}=-\dfrac{1}{2}-j\dfrac{\sqrt{3}}{2}$，则不对称三相分量与三组对称的相量中的 a 相量的关系为：

$$\begin{bmatrix} \dot{F}_a \\ \dot{F}_b \\ \dot{F}_c \end{bmatrix} = \begin{bmatrix} 1 & 1 & 1 \\ a^2 & a & 1 \\ a & a^2 & 1 \end{bmatrix} \begin{bmatrix} \dot{F}_{a(1)} \\ \dot{F}_{a(2)} \\ \dot{F}_{a(0)} \end{bmatrix}, \quad \begin{bmatrix} \dot{F}_{a(1)} \\ \dot{F}_{a(2)} \\ \dot{F}_{a(0)} \end{bmatrix} = \frac{1}{3} \begin{bmatrix} 1 & a & a^2 \\ 1 & a^2 & a \\ 1 & 1 & 1 \end{bmatrix} \begin{bmatrix} \dot{F}_a \\ \dot{F}_b \\ \dot{F}_c \end{bmatrix}$$

如果电力系统发生不对称短路，只有当三相电流之和不等于零时才有零序分量。三相系统为三角形接法、没有中性线（包括以地代中性线）的星形接法，三相线电流之和总为零，没有零序分量电流。只有在中性线的星形接法中 $\dot{I}_a + \dot{I}_b + \dot{I}_c \neq 0$，中性线中的电流为 3 倍的零序电流，即 $\dot{I}_n = \dot{I}_a + \dot{I}_b + \dot{I}_c = 3\dot{I}_{a(0)}$。零序电流必须有中性线作通路。三相系统的线电压之和总为零，三个不对称的线电压分解成对称分量时，其中总不会有零序分量。

（2）利用对称分量法进行不对称短路的电流、电压计算。

1）计算各元件的正、负、零序参数。

2）分别作出系统的正、负、零序等效电路。

3）根据故障边界条件作出复合序网。

4）复合序网中求出电压、电流的各序分量。

在复合序网中根据正序等效原则进行计算正序分量，如图 4.5-5 所示。

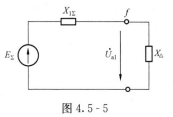

图 4.5-5

$$\dot{I}_{a1} = \frac{\dot{E}_\Sigma}{j[X_{1\Sigma} + X_\triangle^{(n)}]}$$

$$I_f^{(n)} = m^{(n)} I_{a1}^{(n)}$$

附加阻抗 $X_\triangle^{(n)}$ 和比例系数 $m^{(n)}$ 见表 4.5-4。

表 4.5-4　　　　　　　　　　　　附加电抗和比例系数

短路类型 $f^{(n)}$	$X_\triangle^{(n)}$	$m^{(n)}$
三相短路 $f^{(3)}$	0	1
两相短路接地 $f^{(1,1)}$	$\dfrac{X_{2\Sigma}X_{0\Sigma}}{X_{2\Sigma}+X_{0\Sigma}}$	$\sqrt{3}\sqrt{1-\dfrac{X_{2\Sigma}X_{0\Sigma}}{(X_{2\Sigma}+X_{0\Sigma})^2}}$
两相短路 $f^{(2)}$	$X_{2\Sigma}$	$\sqrt{3}$
单相接地短路 $f^{(1)}$	$X_{2\Sigma}+X_{0\Sigma}$	3

5）根据对称分量法由各序分量求出各相电压。

9. 正、负、零序电流、电压经过 Yd11 变压器后的相位变化

例如：对 YNd11 的变压器，当 YN 侧故障时，需要由 YN 侧的 $\dot{U}_{A1}$、$\dot{U}_{A2}$、$\dot{U}_{A0}$、$\dot{I}_{A1}$、$\dot{I}_{A2}$、$\dot{I}_{A0}$，求出 △ 侧的 $\dot{U}_{a1}$、$\dot{U}_{a2}$、$\dot{U}_{a0}$、$\dot{I}_{a1}$、$\dot{I}_{a2}$、$\dot{I}_{a0}$，则有

$$\dot{U}_{a1} = \frac{\dot{U}_{A1}}{\dot{K}_1} = \frac{1}{k}e^{j30°}\dot{U}_{A1} \qquad \dot{U}_{a2} = \frac{\dot{U}_{A2}}{\dot{K}_2} = \frac{1}{k}e^{-j30°}\dot{U}_{A2}$$

$$\dot{I}_{a1} = ke^{j30°}\dot{I}_{A1} \qquad \dot{I}_{a2} = ke^{-j30°}\dot{I}_{A2}$$

其中，正序复变比为 $\dot{K}_1 = \dot{U}_{A1}/\dot{U}_{a1} = k\,e^{j30°\,N}\Big|_{N=11} = k\,e^{-j30°}$。

负序复变比为 $\dot{K}_2 = \dot{U}_{A2}/\dot{U}_{a2} = k\,e^{-j30°\,N}\Big|_{N=11} = k\,e^{j30°}$。

（1）YN→d：正序分量逆时针移 $30°$；负序分量顺时针移 $30°$；d 侧无零序。

（2）d→YN：正序分量顺时针移 $30°$；负序分量逆时针移 $30°$；d 侧无零序，YN 侧也无零序。

如发生两相短路时，三角形侧母线上的各序电流 $\dot{I}_{A1} = \dot{I}_{a1}e^{j30°}$，$\dot{I}_{A2} = \dot{I}_{a2}e^{-j30°}$。

A 相电流为 $\dot{I}_A = \dot{I}_{A1} + \dot{I}_{A2} = j\dfrac{\dot{I}_f}{\sqrt{3}}$。

B 相电流为 $\dot{I}_B = a^2\dot{I}_{A1} + a\dot{I}_{A2} = -j\dfrac{2\dot{I}_f}{\sqrt{3}}$。

C 相电流为 $\dot{I}_C = a\dot{I}_{A1} + a^2\dot{I}_{A2} = j\dfrac{\dot{I}_f}{\sqrt{3}}$。

Y 侧发生两相短路时，d 侧三相中均有电流流过，A、C 相电流相等，方向相同，B 相电流最大，大小是其他两相的两倍，方向相反。

10. 限制短路电流的措施

限制短路电流的措施分电力系统和发电厂变电站限流措施两大类。

（1）从电网结构上采取的限流措施。

1）在电力系统的主网加强联系后，将次级电网解环运行。

2）在允许的范围内，增大系统的零序阻抗、例如采用不带第三绕组或第三绕组为星形接线的全星形变压器，减少变压器中性点的接地点，可以减少系统的单相短路电流。

3）加大变压器的阻抗，或将自耦变压器改为普通三绕组变压器，可以减小短路电流，但一般不宜采取此类措施。

4）根据供电的需要，提高电力系统的电压等级，可以有效地限制短路电流。

5）采用直流输电或直流联网，可以限制系统的短路电流。

（2）发电厂和变电站采取的限流措施。

1）发电厂中，在发电机电压母线分段回路中安装电抗器。

2）变压器分裂运行。

3）变电站中，在变压器回路中装设分裂电抗器或电抗器。

4）采用低压侧为分裂绕组变压器。

5）出线上装设电抗器。

6）发电厂和变电所母线分段运行。

4.5.2　供配电专业高频考点与历年真题解析

考点 1：简单系统三相短路电流的实用计算方法

【4.5-1】（2024）　无穷大电力系统如图 4.5-6 所示，基准功率 $S_B = 100\text{MVA}$，两台变压器分列运行下 k-1 点的三相短路电流标幺值为：

A. 0.58　　　　　　B. 0.21　　　　　　C. 0.11　　　　　　D. 0.30

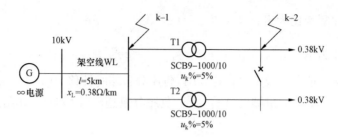

图 4.5-6

答案： A

解题过程： 取 $S_B = 100MVA$，$U_B = 10.5kV$

架空线路的标幺值：$X_{L*} = l \times x_L \times \dfrac{S_B}{U_B^2} = 5 \times 0.38 \times \dfrac{100}{10.5^2} = 1.7233$

k-1 点短路时的短路电流标幺值为：$I_f^* = \dfrac{1}{X_{f\Sigma*}} = \dfrac{1}{X_{L*}} = \dfrac{1}{1.7233} = 0.58$

【4.5-2】（2024） 承载三相平衡负载的电力线路某一位置发生短路，三相短路和两相短路的关系为：

A 三相短路与两相短路相等

B. 三相短路大于两相短路

C. 三相短路小于两相短路

D. 无法比较

答案： B

解题过程： 在无限大容量电力系统中，当承载三相平衡负载的电力线路某一位置发生短路时，对于同一短路点，三相短路电流周期分量有效值 I_{k3} 和两相短路电流周期分量有效值 I_{k2} 的关系为 $I_{k2} = \dfrac{\sqrt{3}}{2} I_{k3}$。

【4.5-3】（2024） 某供电系统如图 4.5-7 所示，已知电力系统出口处短路容量为 500MVA，架空线路截面积为 $95mm^2$，长度 5km，在 k-1 点发生三相短路时的短路电流周期分量有效值和短路容量为：

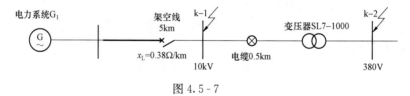

图 4.5-7

A. 2.48kA　45.10MVA

B. 3.12kA　52.01MVA

C. 2.86kA　52.01MVA

D. 2.42kA　55.01MVA

答案： C

解题过程： k-1 点短路时，取 $S_B = 100MVA$，$U_B = 10.5kV$，计算

架空线路的标幺值：$X_{L*} = l \times x_L \times \dfrac{S_B}{U_B^2} = 5 \times 0.38 \times \dfrac{100}{10.5^2} = 1.723356$

电力系统的标幺值：$X_{S*} = \dfrac{S_B}{S_k} = \dfrac{100}{500} = 0.2$

k-1 点短路时的短路电流标幺值为：$I_f^* = \dfrac{1}{X_{f\Sigma *}} = \dfrac{1}{X_{L*} + X_{S*}} = \dfrac{1}{1.923356} = 0.5199$

短路电流有名值 $I_f = I_f^* \dfrac{S_B}{\sqrt{3} U_B} = 0.5199 \times \dfrac{100}{\sqrt{3} \times 10.5} \text{kA} = 2.8589 \text{kA}$

短路容量 $S_f = S_f^* S_B = 0.5199 \times 100 \text{MVA} = 51.99 \text{MVA}$

最接近的为选项 C。

【4.5-4】（2023） 短路冲击系数 k_{im} 的数值变化范围是：

A. $0 \leqslant k_{im} \leqslant 1$ 　　　B. $1 \leqslant k_{im} \leqslant 2$ 　　　C. $0 \leqslant k_{im} \leqslant 2$ 　　　D. $1 \leqslant k_{im} \leqslant 3$

答案： B

解题过程： 短路电流的最大瞬时值即短路冲击电流，出现在短路发生后的半个周期。冲击系数表示冲击电流为短路电流交流分量幅值的倍数，当时间常数由零变到无穷大时，冲击系数的变化范围为 1~2 之间。

【4.5-5】（2023） 同步发电机三相突然短路时，定子次暂态分量短路电流的衰减是由于：

A. 阻尼绕组有电阻 　　　　　　　　　　　B. 励磁绕组有电阻

C. 电枢绕组有电阻 　　　　　　　　　　　D. 励磁和电枢绕组电阻共同作用

答案： A

解题过程： 同步发电机三相突然短路，定子电流衰减主要是因为阻尼绕组的电阻效应。

【4.5-6】（2023） 同步发电机时间常数 T_d 称为：

A. 阻尼绕组非周期性电流的时间常数 　　　B. 励磁绕组时间常数

C. 定子绕组非周期性电流的时间常数 　　　D. 定子绕组周期性电流时间常数

答案： A

解题过程： 同步发电机时间常数 T_d 是阻尼绕组非周期性电流的时间常数。

【4.5-7】（2022） 取 $S_B = 100 \text{MVA}$，$U_B = 0.4 \text{kV}$ 时，发电机并和变压器的电抗标幺值如图 4.5-8 所示，当图中 f 点发生三相短路时，短路点的电路电流为：

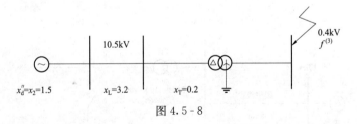

图 4.5-8

A. 30.3kA 　　　B. 24.8kA 　　　C. 21.5kA 　　　D. 14.3kA

答案： A

解题过程： f 点发生三相短路总电抗为 $X_\Sigma = X_2 + X_L + X_T = 4.9$

设 $E_* = 1$　短路电流的标幺值 $I_* = \dfrac{E_*}{X_\Sigma} = 0.21$

S_B 在短路处电压等级的基准电流 $I_B = \dfrac{S_B}{\sqrt{3} U_B} = \dfrac{100}{\sqrt{3} \times 0.4} \text{kA} = 144.34 \text{kA}$

短路点的短路电流 $I = I_* I_B = 30.3 \text{kA}$

【4.5-8】（2022） 某无穷大电力系统如图 4.5-9 所示，$S_B = 100 \text{MVA}$，两台变压器分列

运行下 k‑1 点的三相短路电流的标幺值为：

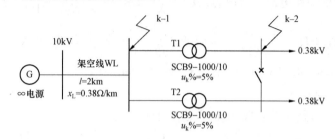

图 4.5 ‑ 9

A. 1.176 B. 1.114 C. 1.302 D. 1.449

答案：D

解题过程：取 $S_B=100\text{MVA}$，$U_B=10.5\text{kV}$

架空线路的标幺值：$X_{L*}=lx_L\dfrac{S_B}{U_B^2}=2\times0.38\times\dfrac{100}{10.5^2}=0.69$

k‑1 点短路时的短路电流标幺值为：$I_f^*=\dfrac{1}{X_{f\Sigma*}}=\dfrac{1}{X_{L*}}=\dfrac{1}{0.69}=1.449$

★【4.5‑9】（2021） 在电力系统短路电流计算中，假设各元件的磁路不饱和的目的是：

A. 避免复数运算 B. 不计过渡电阻

C. 简化故障系统为对称三相系统 D. 可以应用叠加原理

答案：D

解题过程：在电力系统短路电流计算中，假设各元件的磁路不饱和，为线性系统，可以利用叠加定理计算短路电流。

【4.5‑10】（2020） 某无穷大电力系统如图 4.5‑10 所示。两台变压器分列运行下 k‑2 点的三相短路全电流为：

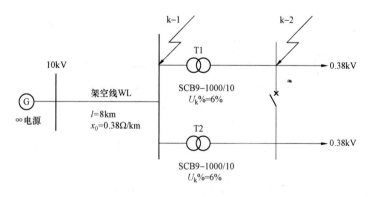

图 4.5 ‑ 10

A. 16.41kA B. 41.86kA C. 25.44kA D. 30.21kA

答案：A

解题过程：取基准值 $S_B=100\text{MVA}$。计算短路电路中各主要元件的电抗标幺值，无穷大电力系统的电抗标幺值 $X_G^*=0$。

架空线路的电抗标幺值 $X_L^* = x_0 l \times \dfrac{S_B}{U_B^2} = 0.38 \times 8 \times \dfrac{100}{10.5^2} = 2.7574$。

电力变压器的电抗标幺值 $X_{T1}^* = \dfrac{U_k\%}{100} \times \dfrac{S_B}{S_{NT1}} = 0.06 \times \dfrac{100}{1} = 6$。

两台变压器分列运行下 k-2 点三相短路时的总电抗标幺值为 $X_\Sigma = X_L^* + X_{T1}^* = 8.7574$

短路电流标幺值 $I_{k-2}^* = \dfrac{1}{X_\Sigma} = 0.114$。

所以所求三相短路全电流的有名值 $I_{k-2} = I_{k-2}^* \times \dfrac{S_B}{\sqrt{3}U_{B2}} = 0.114 \times \dfrac{100}{\sqrt{3} \times 0.4}\text{kA} = 16.45\text{kA}$。

与选项 A 最接近。

【4.5-11】(2019)　发电机、电缆和变压器归算至 $S_B = 100\text{MVA}$ 的电抗标幺值如图 4.5-11 所示，试计算图示网络中 k-1 点发生短路时，短路点的三相短路电流为：

A. 15.88kA　　　　B. 16.71kA　　　　C. 0.64kA　　　　D. 0.6kA

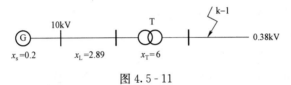

图 4.5-11

答案：A

解题过程： k-1 点发生三相短路时，短路电流标幺值为：

$$I_{f*} = S_{f*} = \frac{U_*}{X_{f\Sigma *}} = \frac{1}{X_{f\Sigma *}} = \frac{1}{0.2 + 2.89 + 6} = 0.11$$

k-1 点发生三相短路时，短路电流有名值为：

$$I_f = I_{f*} \frac{S_B}{\sqrt{3}U_B} = 0.11 \times \frac{100}{\sqrt{3} \times 0.4}\text{kA} = 15.878\text{kA}$$

【4.5-12】(2018)　图 4.5-12 所示为某无穷大电力系统，$S_N = 100\text{MVA}$，两台变压器并联运行下 k-2 点的三相短路电流的标幺值为：

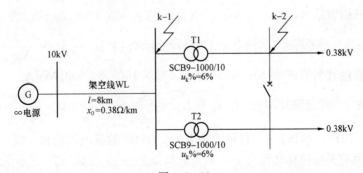

图 4.5-12

A. 0.272　　　　B. 0.502　　　　C. 0.302　　　　D. 0.174

答案：D

解题过程：（1）选 $S_B=100MVA$，计算标幺值。

架空线路：线路 L：$X_L = lx_0 \dfrac{S_B}{U_B^2} = 8 \times 0.38 \times \dfrac{100}{10.5^2} = 2.757$

变压器：$X_{T*} = X_{T1*} = X_{T2*} = \dfrac{u_k\%}{100} \times \dfrac{S_B}{S_{TN}} = \dfrac{6}{100} \times \dfrac{100}{1} = 6$

（2）无穷大系统到短路点的等效阻抗标幺值为：

$$X_\Sigma = (X_L + X_{T1*} /\!/ X_{T2*}) = 2.757 + (6 /\!/ 6) = 5.757$$

（3）$\dot{E} = 1.0 \underline{/0^\circ}$，短路点电流周期分量标幺值为 $I_{f*} = \dfrac{\dot{E}_1}{X_\Sigma} = \dfrac{1}{5.757} = 0.1737$。

【4.5-13】(2017)　如图 4.5-13 所示，已经 QF 的额定断开容量为 500MVA，变压器的额定容量为 10MVA，短路电压 $U_s = 7.5\%$，输电线路 $X_s = 0.4\Omega/km$，请以 $S_B = 100MVA$，$U_B = U_{AV}$ 为基值，求出 f 点发生三相短路时起始次暂态电流和短路容量的有效值为：

A. 7.179kA，78.34MVA

B. 8.789kA，95.95MVA

C. 7.377kA，80.50MVA

D. 7.377kA，124.6MVA

答案：C

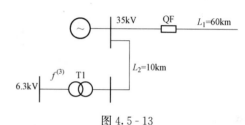

图 4.5-13

解题过程：根据题意可知，$S_B = 100MVA$，$U_{B1} = U_{AV} = 37kV$，$U_{B2} = 6.3kV$。

（1）计算各元件的标幺值如下：

变压器：$X_{T*} = \dfrac{U_s\%}{100} \times \dfrac{S_B}{S_{TN}} = \dfrac{7.5}{100} \times \dfrac{100}{10} = 0.75$。

线路 L_2：$X_{L2*} = X_s L_2 \times \dfrac{S_B}{U_{B1}^2} = 0.4 \times 10 \times \dfrac{100}{37^2} = 0.292\,18$。

断路器 QF 能切断短路电流，系统到变电所母线的电抗标幺值 $X_{QF*} = \dfrac{S_B}{S_{QF}} = \dfrac{100}{500} = 0.2$。

f 点发生三相短路时，$X_{\Sigma*} = X_{QF*} + X_{L2*} + X_{T*} = 0.2 + 0.75 + 0.292\,18 = 1.242\,18$。

（2）f 点发生三相短路时，短路电流计短路容量标幺值为 $I_{f*} = S_{f*} = \dfrac{1}{X_{\Sigma*}} = 0.805\,033$。

（3）短路容量有名值 $S_f = S_{f*} S_B = 0.805\,033 \times 100 = 80.5033MVA$。

（4）f 点发生三相短路时，$I_f = I_{f*} I_B = I_{f*} \times \dfrac{S_B}{\sqrt{3} U_{B2}} = 0.805\,033 \times \dfrac{100}{\sqrt{3} \times 6.3} = 7.3775kA$。

★**【4.5-14】(2017、2016)**　一台额定功率为 200MW 的发电汽轮机，额定电压 10.5kV，$\cos\varphi_N = 0.85$，其有关电抗标幺值为 $x_d = x_q = 2.8$，$x_d' = x_q' = 0.3$，$x_d'' = x_q'' = 0.17$（参数为以发电机额定容量为基准的标幺值）。发电机在额定电压下空载运行时端部突然三相短路，$I_k''(kA)$ 为：

A. 107.6kA　　　　B. 91.48kA　　　　C. 76.1kA　　　　D. 60.99kA

答案：C

解题过程：解法一：取 $U_B=U_{GN}=10.5\text{kV}$，已知 $S_B=S_{GN}=200/0.85=235.2941\text{MVA}$，

则 $I_B=I_{GN}=\dfrac{235.2941}{\sqrt{3}\times10.5}\text{kA}=12.937\,82\text{kA}$。令 $\dot{U}_G=\dot{U}_{GN}=1.0\underline{/0^\circ}$，空载，则 $\dot{I}_G=0$。以下

计算中，短路前瞬时值带下标"（0）"，短路后瞬时值带下标"0"。

$$\dot{E}_{q(0)}=\dot{U}_G+jI_Gx_d=1.0\underline{/0^\circ}=\dot{E}'_{q(0)}=\dot{E}''_{q(0)}$$

$$V_{d(0)}=U_G\sin\delta_{(0)}+jI_Gx_d=1.0\times\sin0^\circ=0,E''_{d(0)}=0$$

短路后瞬时，根据磁链守恒原则，有 $E''_{d0}=E''_{d(0)}=0$，$E''_{q0}=E''_{q(0)}=1$。

则起始次暂态电流 $I''_*=\sqrt{\left(\dfrac{E''_{q0}}{x''_d}\right)^2+\left(\dfrac{E''_{d0}}{x''_q}\right)^2}=\sqrt{\left(\dfrac{1}{0.17}\right)^2+\left(\dfrac{0}{0.17}\right)^2}=5.882\,35$。

则起始次暂态电流有名值 $I''=I''_*I_B=5.882\,35\times12.937\,82=76.07\text{kA}$。

解法二：简化算法，已知 $E_{g(0)}=U_{GN}=1$，$I''_*=\dfrac{1}{x''}=\dfrac{1}{0.17}=5.882\,35$。

则起始次暂态电流有名值 $I''_k=I''_*I_B=5.882\,35\times12.937\,82=76.07\text{kA}$。

【4.5-15】（2016） 同步发电机的暂态电势在短路瞬间为：

A. 零　　　　　　　B. 变大　　　　　　　C. 不变　　　　　　　D. 变小

答案：C

解题过程：同步发电机的暂态电势在短路瞬间不突变。

【4.5-16】（2016） 已知图 4.5-14 所示系统中开关 B 的开断容量为 2500MVA，取 $S_B=100\text{MVA}$，求 f 点三相短路 $t=0$ 时的冲击电流为：

A. 13.49kA　　　　B. 17.17kA

C. 24.28kA　　　　D. 26.31kA

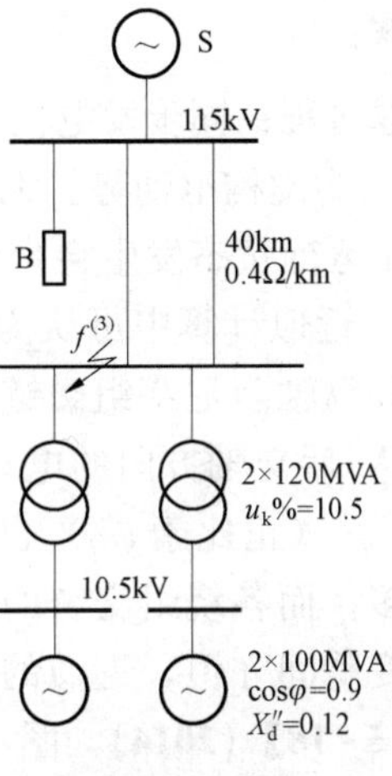

答案：C

解题过程：取 $U_B=U_{av}=115\text{kV}$。已知 $S_B=100\text{MVA}$，$P_{GN}=100\text{MW}$，$S_{TN}=120\text{MVA}$，$l=40\text{km}$，$x_L=0.4\Omega/\text{km}$。开关 B 的开断容量 $S_k=2500\text{MVA}$。

图 4.5-14

（1）参数标幺值计算。

发电机　$x_{G*}=x''_d\times\dfrac{S_B}{S_{GN}}=0.12\times\dfrac{100}{100/0.9}=0.108$

变压器　$x_{T*}=\dfrac{u_k\%}{100}\times\dfrac{S_B}{S_{TN}}=\dfrac{10.5}{100}\times\dfrac{100}{120}=0.0875$

线路　$x_{L*}=l\times x_L\times\dfrac{S_B}{U_B^2}=40\times0.4\times\dfrac{100}{115^2}=0.120\,98$

断路器 B 切断点为 f_1 点，其开关切断容量包括系统短路容量和发电厂短路容量两者之和，即两者的短路电流标幺值相加等于 f_1 点的短路电流标幺值（短路容量标幺值），则

$$\dfrac{2500}{100}=\dfrac{1}{x_{S*}}+\dfrac{1}{\dfrac{1}{2}(x_{G*}+x_{T*}+x_{L*})}=\dfrac{1}{x_{S*}}+\dfrac{1}{\dfrac{1}{2}(0.108+0.0875+0.120\,98)}$$

$$x_{S*}=0.053\,53$$

（2）标幺值等效电路如图 4.5-13 所示。

（3）f 点发生三相短路时，总等效电抗标幺值为：

$$x_{f\Sigma*}=\left(x_{S*}+\frac{1}{2}x_{L*}\right)/\!/\left(\frac{1}{2}x_{G*}+\frac{1}{2}x_{T*}\right)$$

$$=(0.053\,53+0.060\,49)/\!/(0.054+0.043\,75)$$

$$=0.0526$$

（4）短路点的电流为：

$$I_f=I_{f*}\,I_B=\frac{1}{x_{f\Sigma*}}I_B=\frac{1}{0.0526}\times\frac{S_B}{\sqrt{3}U_B}$$

$$=\frac{1}{0.0526}\times\frac{100}{\sqrt{3}\times115}=9.545\text{kA}$$

（5）冲击电流值为 $i_m=\sqrt{2}\times1.8\times I_f=24.28\text{kA}$。

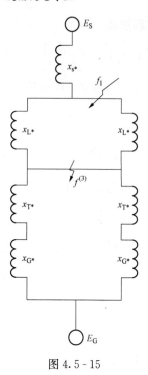

图 4.5-15

【4.5-17】（2014） 同步发电机的电势中与磁链成正比的是：

A. E_q，E_Q，E'_q，E'

B. E_q，E'_q，E'

C. E''_q，E''_d，E'_q，E'

D. E''_q，E''_d，E'_q

答案： D

解题过程： 同步发电机的稳态电动势 $E_q=X_{ad}i_f$；等值隐极机电动势 $\dot{E}_Q=\dot{E}_q-j\dot{I}_d(X_d-X_q)$，为虚构电动势。无阻尼同步发电机的暂态电势 E'_q 与励磁绕组交链的磁链 ψ_f 成正比，ψ_f 在运行状态发生突变瞬间守恒，则 E'_q 在运行状态发生突变瞬间守恒；因为 E' 接近于 E'_q，近似计算中可认为在运行状态突变瞬间 E' 不变。交轴次暂态电势 E''_q 是励磁绕组磁链和纵轴阻尼绕组磁链的线性组合，E''_q 与横轴阻尼绕组磁链成正比，$E''_{q|0|}$ 是正常运行时 X''_d 后交轴方向的电动势，短路前后瞬间不变（正比于 ψ_f 和 ψ_D）。直轴次暂态电动势 $E''_{d|0|}$（正比于 ψ_Q）也和 $E''_{q|0|}$ 一样具有短路前后瞬间不变的特性，$E''_{d|0|}$ 比 $E''_{q|0|}$ 小得多。而各绕组交链的磁链在运行状态发生突变瞬间守恒，故 E''_q、E''_d 在运行状态发生突变瞬间守恒，近似的 E'' 也守恒。

【4.5-18】（2014） 图 4.5-16 所示系统 f 处发生三相短路，各线路电抗均为 $0.4\Omega/\text{km}$，长度标在图中，系统电抗未知，发电机、变压器参数标在图中，取 $S_B=500\text{MVA}$，已知母线 B 的短路容量为 1000MVA，f 处短路电流周期分量起始值及冲击电流（冲击系数取 1.8）分别为：

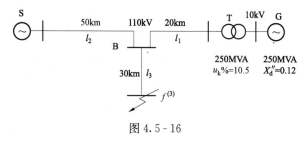

图 4.5-16

A. 2.677kA，6.815kA　　　　　　　　　B. 2.132kA，3.838kA

C. 2.631kA，6.698kA　　　　　　　　　D. 4.636kA，7.786kA

答案：C

解题过程：已知 $S_B=500\text{MVA}$，$S_k=1000\text{MVA}$，$S_{GN}=250\text{MVA}$，$S_{TN}=250\text{MVA}$，$X_{GN}=X''_d=0.12$，$l_1=20\text{km}$，$l_2=50\text{km}$，$l_3=30\text{km}$，$X_L=0.4\Omega/\text{km}$，$u_k\%=10.5$。取 $U_B=U_{av}=115\text{kV}$。

(1) 参数标幺值计算。

线路 L3：$X_{L3*}=l_3X_L\times\dfrac{S_B}{U_B^2}=30\times0.4\times\dfrac{500}{115^2}=\dfrac{240}{529}=0.454$。

变压器 T：$X_{T*}=\dfrac{u_k\%}{100}\times\dfrac{S_B}{S_{TN}}=\dfrac{10.5}{100}\times\dfrac{500}{250}=0.21$。

母线 B 短路时系统电抗：$X_{S*}=\dfrac{S_B}{S_k}=\dfrac{500}{1000}=0.5$。

(2) f 点发生三相短路时的总等效电抗为 $X_{\Sigma*}=X_{L3*}+X_{S*}=0.454+0.5=0.954$。

(3) f 处短路电流周期分量起始值为 $I_f=\dfrac{1}{X_{\Sigma*}}\times\dfrac{S_B}{\sqrt{3}U_B}=\dfrac{1}{0.954}\times\dfrac{500}{\sqrt{3}\times115}\text{kA}=$

2.631kA。

(4) 冲击电流为 $i_{sh}=\sqrt{2}K_MI_f=\sqrt{2}\times1.8\times2.631=6.698\text{kA}$。

考点 2：同步发电机，变压器，单回、双回输电线路的正、负、零序等值电路

【4.5-19】(2020) 三相电压负序不平衡度为：

A. 负序分量均方根与正序分量均方根的百分比

B. 负序分量均方根与零序分量均方根的百分比

C. 负序分量与正序分量的百分比

D. 负序分量与零序分量的百分比

答案：A

解题过程：三相电压负序不平衡度为电压负序分量均方根与正序分量均方根的百分比。

【4.5-20】(2017) 平行架设双回输电的每一回路和等值阻抗与单回输电线路相比，不同在于：

A. 正序阻抗减小，零序阻抗增大　　　　B. 正序阻抗增大，零序阻抗减小

C. 正序阻抗不变，零序阻抗增大　　　　D. 正序阻抗减小，零序阻抗不变

答案：C

解题过程：单回路三相架空输电线的正序、负序和零序阻抗：正序阻抗＝负序阻抗；零序阻抗大于正序阻抗。原因：零序电流三相同相位，互感磁通相互加强。

双回架空输电线的零序阻抗及其等值电路：每回线路的正序阻抗与单回线路的正序阻抗完全相等，因为通过正序（或负序）电流时，两回线路之间无互感磁链作用。每回线路的零序阻抗将增大，因为通过零序电流时，两回线路之间将存在着零序互感磁链。

考点 3：简单电网的正、负、零序序网的制定方法

【4.5-21】(2016) 系统各元件的标幺值电抗如图 4.5-17 所示，当线路中部 f 点发生不

对称短路故障时，其零序等值电抗为：

A. 0.09　　　　　　　B. 0.12　　　　　　　C. 0.14　　　　　　　D. 0.186

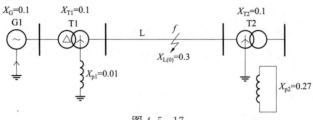

图 4.5 - 17

答案：C

解题过程：绘制零序网络时，从短路点出发，由近及远逐个观察元件零序电流的路径。

根据题意可知，线路 L 零序阻抗 $X_{L(0)} = 0.3$，将计算结果及已知参数绘入零序网络中，则其相应的零序网络如图 4.5 - 18 所示。

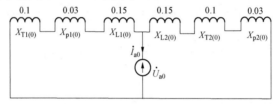

图 4.5 - 18　零序等效网络

则零序电抗为：

$$X_{0\Sigma} = \left[X_{T1(0)} + X_{p1(0)} + X_{L1(0)} \right] \text{ // } \left[X_{L2(0)} + X_{T2(0)} + X_{p2(0)} \right]$$

$$= \left[X_{T1(0)} + 3X_{p1} + \frac{1}{2} X_{L(0)} \right] \text{ // } \left[\frac{1}{2} X_{L(0)} + X_{T2(0)} + \frac{X_{p2}}{9} \right]$$

$$= (0.1 + 3 \times 0.01 + 0.15) \text{ // } (0.15 + 0.1 + 0.03) = \frac{0.28 \times 0.28}{0.28 + 0.28} = 0.14$$

考点 4：不对称短路的电流、电压计算

【4.5 - 22】(2022)　单相接地短路故障系统有：

A. 正序、零序分量　　　　　　　　　　B. 正序、负序分量

C. 负序、零序分量　　　　　　　　　　D. 正序、负序、零序分量

答案：D

解题过程：单相接地短路故障时，系统有正序、负序、零序分量。

【4.5 - 23】(2021)　单相短路的电流为 30A，则其正序分量的大小为：

A. 30A　　　　　　　B. 15A　　　　　　　C. 0A　　　　　　　D. 10A

答案：D

解题过程：以 a 接地短路为例，各序分量等于 a 相接地短路电流的 1/3。

【4.5 - 24】(2020)　可用于判断三相线路是否漏电的是：

A. 正序电流　　　　　　B. 负序电流　　　　　　C. 零序电流　　　　　　D. 都需要

答案：C

解题过程：漏电是指对地形成的电流，漏电流产生条件为发生接地故障，在发生不对称接

地故障时存在零序电流，因此可通过零序电流判断三相线路是否漏电。

【4.5-25】（2020） 发电机和变压器归算至$S_B＝100MVA$的电抗标幺值标在图中，试计算图 4.5-19 所示网络中 f 点发生 BC 两相短路时，短路点的短路电流为：（变压器联结组 YN/d11）

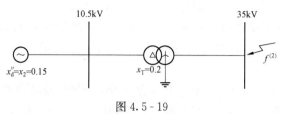

图 4.5-19

A. 1.24kA   B. 3.54kA   C. 4.08kA   D. 4.71kA

答案： C

解题过程：（1）两相短路时没有零序电流分量，故障点不接地，零序电流无通路，零序网络不存在，复合序网为正序和零序网络的并联。

（2）根据已知各元件的正、负序参数，则该系统的复合序网中 $\dot{E}_{1\Sigma}＝1.0\underline{/0°}$，$X_{1\Sigma}＝X''_d＋X_T＝j0.35$，$X_{2\Sigma}＝X_2＋X_T＝j0.35$。

（3）计算短路电流为 $\dot{I}_{a1}＝-\dot{I}_{a2}＝\dfrac{\dot{E}_{1\Sigma}}{j(X_{1\Sigma}＋X_{2\Sigma})}＝\dfrac{1\underline{/0°}}{j0.7}＝-j1.428$

（4）故障点处各相电流如下：

非故障相 a 相电流为零，即 $\dot{I}_a＝0$。

故障相电流 $\dot{I}_b＝-\dot{I}_c＝-j\sqrt{3}\dot{I}_{a1}＝2.474$

短路电流的有名值为 $I_f＝I_f^*\times\dfrac{S_B}{\sqrt{3}U_B}＝2.474\times\dfrac{100}{\sqrt{3}\times35}kA＝4.08kA$

【4.5-26】（2018） 图 4.5-20 所示的变压器联结组别为 YNd11，发电机和变压器归算至 $S_B＝100MVA$ 的电抗标幺值分别为 0.15 和 0.2，网络中 f 点发生 bc 两相短路时，短路点的短路电流为：

A. 1.24kA   B. 2.48kA

C. 2.15kA   D. 1.43kA

答案： A

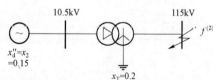

图 4.5-20

解题过程：（1）短路点处：$\dot{I}_a＝0$，$\dot{I}_b＝-\dot{I}_c$，$\dot{U}_{bc}＝0$，$\dot{U}_b＝\dot{U}_c$，$\dot{U}_{a1}＝\dot{U}_{a2}$，$\dot{I}_{a1}＝-\dot{I}_{a2}$，$\dot{I}_{a0}＝0$。

（2）两相短路时没有零序电流分量，故障点不接地，零序电流无通路，零序网络不存在，复合序网为正序和零序网络的并联。

（3）根据已知各元件的正、负序参数，如图 4.5-20 所示。则该系统的复合序网中 $\dot{E}_{1\Sigma}＝1.0\underline{/0°}$，$X_{1\Sigma}＝X''_d＋X_T＝j0.35$，$X_{2\Sigma}＝X_2＋X_T＝j0.35$。

（4）计算短路电流为 $\dot{I}_{a1}＝-\dot{I}_{a2}＝\dfrac{\dot{E}_{1\Sigma}}{j(X_{1\Sigma}＋X_{2\Sigma})}＝\dfrac{1\underline{/0°}}{j0.7}＝-j1.428$。

（5）故障点处各相电流如下：

非故障相 a 相电流为零，即 $\dot{I}_a = 0$。

故障相电流 $\dot{I}_b = -\dot{I}_c = -j\sqrt{3}\dot{I}_{a1} = 2.474$。

短路电流的有名值为 $I_f = I_{f*}\dfrac{S_B}{\sqrt{3}U_B} = 2.474 \times \dfrac{100}{\sqrt{3} \times 115}\text{kA} = 1.242\text{kA}$。

【4.5-27】(2018)　在大接地电流系统中，故障电流中含有零序分量的故障类型是：

A. 两相短路　　　　B. 两相短路接地　　　　C. 三相短路　　　　D. 三相断路接地

答案： B

解题过程： 大接地电流系统中，故障电流中含有零序分量的故障类型是两相短路接地。

【4.5-28】(2017)　取 $S_B = 100\text{MVA}$ 时，系统如图 4.5-21 所示，各元件标幺值 $x''_d = 0.2$、$x_{G(2)} = 0.2$，$x_{T1} = x_{T2} = 0.1$，$x_{L1(1)} = x_{L2(1)} = 0.5$、$x_{L1(0)} = x_{L2(0)} = 1.5$，$E^* = 1$。求短路点 A 相单相短路电流的有名值为：

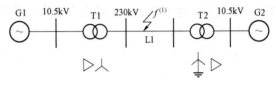

图 4.5-21

A. 0.2350kA　　　　B. 0.3138kA　　　　C. 0.4707kA　　　　D. 0.8152kA

答案： B

解题过程： 根据题图绘制图 4.5-22（a）的正序网络，$X_{1\Sigma} = X_{11} /\!/ X_{21} = 0.8 /\!/ 0.8 = 0.4$。负序网络阻抗与正序相同，则 $X_{2\Sigma} = 0.4$。零序网络如图 4.5-22（b）所示，$X_{0\Sigma} = 1.6$。

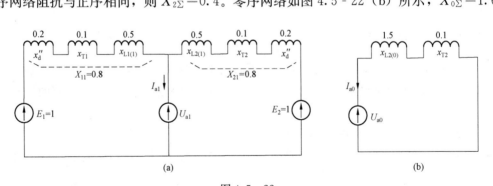

图 4.5-22

（a）正序等值网络；（b）零序等值网络

f 点发生 A 相短路时，短路电流标幺值为：

$$I_{fa*} = \frac{3E^*}{X_{0\Sigma} + X_{1\Sigma} + X_{2\Sigma}} = \frac{3 \times 1}{1.6 + 0.4 + 0.4} = \frac{3}{2.4} = 1.25$$

短路电流有名值为：

$$I_{fa} = I_{fa*}I_B = I_{fa*}\frac{S_B}{\sqrt{3}U_B} = 1.25 \times \frac{100}{\sqrt{3} \times 230}\text{kA} = 0.313\,78\text{kA}$$

【4.5-29】(2016)　系统如图 4.5-23 所示，各元件电抗标幺值为：G1、G2：$X''_d = 0.1$；

T1：Yd11，$X_{T1}=0.104$；T2：Yd11，$X_{T2}=0.1$，$X_p=0.01$；线路 L：$X_L=0.04$，$X_{L(0)}=3X_L$；当母线 A 发生单相短路时，短路点的短路电流标幺值为：

A. 3.175　　　　　　　B. 7.087　　　　　　　C. 9.524　　　　　　　D. 10.239

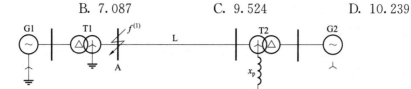

图 4.5-23

答案：D

解题过程：单相接地短路。根据题意可知各元件的电抗标幺值为：

(1) 计算各元件电抗，选 $S_B=30MVA$，$U_B=U_{av}$。

发电机 G1：$E_1=1$，$X_{G1(1)}=X''_d=0.1$，$X_{G1(2)}=X_{(2)}=0.1$。

发电机 G2：$E_2=1$，$X_{G2(1)}=X''_d=0.1$，$X_{G2(2)}=X_{(2)}=0.1$。

变压器 T1：$X_{T1}=0.104$。

变压器 T2：$X_{T2}=0.1$。

线路 L：$X_{L(1)}=X_{L(2)}=X_L=0.04$，$X_0=3X_L=0.12$。

$$X_{p(0)}=3X_p=0.03$$

(2) 根据已知各元件的序参数，绘制该系统故障后的序网，如图 4.5-24 所示。

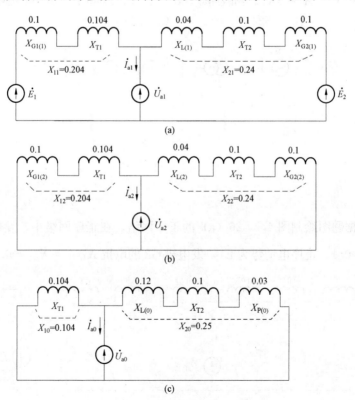

图 4.5-24

(a) 正序等效网络；(b) 负序等效网络；(c) 零序等效网络

（3）计算两端口网络参数：

正序等效电抗为

$$X_{1\Sigma} = [X_{G1(1)} + X_{T1}] /\!/ [X_{L(1)} + X_{T2} + X_{G2(1)}] = X_{11} /\!/ X_{21} = 0.204 /\!/ 0.24 = 0.110\ 27$$

负序等效电抗为

$$X_{2\Sigma} = [X_{G1(2)} + X_{T1}] /\!/ [X_{L(2)} + X_{T2} + X_{G2(2)}] = X_{12} /\!/ X_{22} = 0.204 /\!/ 0.24 = 0.110\ 27$$

零序等效电抗为

$$X_{0\Sigma} = X_{T1} /\!/ [X_{L(0)} + X_{T2} + X_{p(0)}] = X_{10} /\!/ X_{20} = 0.104 /\!/ 0.25 = 0.073\ 446$$

$$E_{1\Sigma} = \frac{E_1 x_{11} + E_2 x_{21}}{x_{11} + x_{21}} = \frac{1 \times 0.204 + 1 \times 0.24}{0.204 + 0.24} = 1$$

（4）短路处各序电流的计算：由于是单相接地短路，复合序网是三序网的串联，则

$$\dot{I}_{a1} = \dot{I}_{a2} = \dot{I}_{a0} = \frac{\dot{E}_{1\Sigma}}{X_{1\Sigma} + X_{2\Sigma} + X_{0\Sigma}} = \frac{\dot{E}_{1\Sigma}}{0.110\ 27 + 0.110\ 27 + 0.073\ 446}$$

$$= \frac{1\ /\!\underline{0^\circ}}{0.293\ 986} = 3.4015$$

$$\dot{I}_a = 3\dot{I}_{a1} = 10.204$$

【4.5 - 30】（2014）　系统如图 4.5 - 25 所示，各元件电抗标幺值为 G1、G2：$X_{d*} = 0.1$，T1：Yd11，$X_{T1} = 0.1$，三角形绕组接入电抗 $X_{p1} = 0.27$；T2：Yd11，$X_{T2} = 0.1$，$X_{p2} = 0.01$。l：$X_L = 0.04$，$X_0 = 3X_L$。当线路 $l/2$ 处发生 A 相短路时，短路点短路电流标幺值为：

A. 7.087　　　　B. 9.524　　　　C. 3.175　　　　D. 10.637

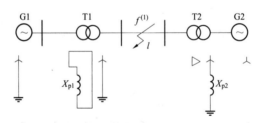

图 4.5 - 25

答案： A

解题过程： 根据题图绘制图 4.5 - 26（a）的正序网络。在正序网络中，发电机 G1 的电抗 $X_{G1d*} = X_{d*} = 0.1$、正序电动势为 $\dot{E}_1$，发电机 G2 的电抗 $X_{G2d*} = X_{d*} = 0.1$、正序电动势

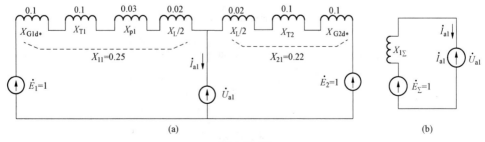

图 4.5 - 26

（a）正序等效网络；（b）正序等效网络化简图

为 $\dot{E}_2$，变压器、线路参数均为正序参数，$\dot{U}_{a1}$ 为故障点的正序电压。$X_{1\Sigma}=X_{11}/\!/X_{21}=0.25/\!/$ 0.22＝0.117 时，正序电路的化简过程如图 4.5-26（b）所示。

与正序网络完全一样，负序网络所有电源电动势为零。各元件参数均为负序参数，$\dot{U}_{a2}$ 为故障点的负序电压。$X_{2\Sigma}=0.117$。

绘制零序网络时，从短路点出发，由近及远逐个观察元件零序电流的路径。

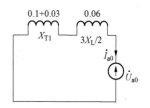

根据题意可知，线路 L 零序阻抗 $X_{L(0)}=3X_L/2=3\times$ 0.04/2＝0.06，将计算结果及已知参数绘入零序网络中，则其相应的零序网络如图 4.5-27 所示。则零序电抗为

$$X_{0\Sigma}=(0.13+0.06)=0.19$$

图 4.5-27　零序等效网络

f 点发生 A 相对地短路时，短路电流标幺值为

$$I_{fA}=\frac{3E_\Sigma}{X_{0\Sigma}+X_{1\Sigma}+X_{2\Sigma}}=\frac{3\times 1}{0.19+0.117+0.117}=\frac{3}{0.424}\approx 7.075$$

考点 5：正、负、零序电流、电压经过 Yd11 变压器后的相位变化

【4.5-31】（2014） 已知图 4.5-28 所示系统变压器星形侧发生 B 相短路时的短路电流为 $\dot{I}_f$，则三角形侧的三相线电流为：

A. $\dot{I}_a=-\dfrac{\sqrt{3}}{3}\dot{I}_f$，$\dot{I}_b=\dfrac{\sqrt{3}}{3}\dot{I}_f$，$\dot{I}_c=0$

B. $\dot{I}_a=-\dfrac{\sqrt{3}}{3}\dot{I}_f$，$\dot{I}_b=0$，$\dot{I}_c=\dfrac{\sqrt{3}}{3}\dot{I}_f$

C. $\dot{I}_a=\dfrac{\sqrt{3}}{3}\dot{I}_f$，$\dot{I}_b=0$，$\dot{I}_c=-\dfrac{\sqrt{3}}{3}\dot{I}_f$

D. $\dot{I}_a=0$，$\dot{I}_b=-\dfrac{\sqrt{3}}{3}\dot{I}_f$，$\dot{I}_c=\dfrac{\sqrt{3}}{3}\dot{I}_f$

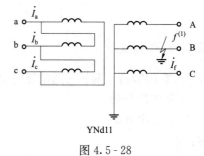

图 4.5-28

答案： A

解题过程： YN 侧流过零序电流时，在 d 侧绕组中感生零序电动势，该零序电动势在三角形绕组中形成环流，消耗在 d 侧绕组的漏抗中，外电流中无零序电流流过，相当于该绕组短接。对于 Yd11 接线的变压器，如果在 Y 侧施加正序电压，d 侧的线电压与 Y 侧的相电压同相位，但 d 侧的相电压超前 Y 侧相电压 30°；如果在 Y 侧施加负序电压，d 侧的相电压滞后 Y 侧相电压 30°。变压器两侧电压、电流的正序负序分量的关系为

$$\dot{U}_{a1}=\frac{1}{k}\dot{U}_{A1}e^{-j30°N}=\frac{1}{k}\dot{U}_{A1}e^{-j30°\times 11}=\frac{1}{k}\dot{U}_{A1}e^{j30°}$$

$$\dot{U}_{a2}=\frac{1}{k}\dot{U}_{A2}e^{j30°N}=\frac{1}{k}\dot{U}_{A2}e^{j30°\times 11}=\frac{1}{k}\dot{U}_{A2}e^{-j30°}$$

$$\dot{I}_{a1}=k\dot{I}_{A1}e^{-j30°N}=k\dot{I}_{A1}e^{j30°},\quad \dot{I}_{a2}=k\dot{I}_{A2}e^{j30°N}=k\dot{I}_{A2}e^{-j30°}$$

$$k=\frac{U_{1N}}{U_{2N}}$$

式中　　k——变压器变比；

U_{1N}——Y 侧线电压；

U_{2N}——d 侧线电压；

N——变压器连接的钟点数。

本题中，星形侧 B 相短路时，故障的边界条件为

$$\dot{U}_B = 0; \quad \dot{I}_A = \dot{I}_C = 0; \quad \dot{I}_B = \dot{I}_f$$

解算条件为：

$$\left.\begin{array}{l} a\dot{I}_{B1} + a^2\dot{I}_{B2} + \dot{I}_{B0} = 0 \\ a^2\dot{I}_{B1} + a\dot{I}_{B2} + \dot{I}_{B0} = 0 \\ \dot{U}_{B1} + \dot{U}_{B2} + \dot{U}_{B0} = 0 \end{array}\right\} \Rightarrow \left\{\begin{array}{l} \dot{I}_{B1} = \dot{I}_{B2} = \dot{I}_{B0} = \dfrac{1}{3}\dot{I}_f \\ \dot{U}_{B1} + \dot{U}_{B2} + \dot{U}_{B0} = 0 \end{array}\right.$$

三角形侧的分量

$$\dot{I}_{b1} = \dot{I}_{B1}\,e^{j30°}, \quad \dot{I}_{b2} = \dot{I}_{B2}\,e^{-j30°}$$

则三角形侧的线电流为

$$\dot{I}_b = \dot{I}_{b1} + \dot{I}_{b2} = \dot{I}_{B1}\,e^{j30°} + \dot{I}_{B2}\,e^{-j30°} = \frac{\sqrt{3}}{3}\dot{I}_f$$

$$\dot{I}_a = a\dot{I}_{b1} + a^2 + \dot{I}_{b2} = \dot{I}_{B1}\,e^{j150°} + \dot{I}_{B2}\,e^{j210°} = -\frac{\sqrt{3}}{3}\dot{I}_f$$

$$\dot{I}_c = a^2\dot{I}_{b1} + a\dot{I}_{b2} = \dot{I}_{B1}\,e^{j270°} + \dot{I}_{B2}\,e^{j90°} = 0$$

考点 6：两相短路

【4.5-32】(2021) 两相短路故障时候，系统有：

A. 正序和零序分量　　　　　　　　B. 正序和负序分量

C. 零序和负序分量　　　　　　　　D. 只有零序分量

答案：B

解题过程： 两相短路时，短路电流、电压中不存在零序分量；两相短路电流中的正序分量与负序分量大小相等、方向相反，两故障相中的短路电流总是大小相等、方向相反，等于正序电流的 $\sqrt{3}$ 倍。

考点 7：限制短路电流的措施

【4.5-33】(2016) 电力系统中，用来限制短路电流的措施为下列哪一项？

A. 降低电力系统的电压等级　　　　B. 采用分裂绕组变压器

C. 采用低阻抗变压器　　　　　　　D. 直流输电

答案：D

解题过程： 采用直流输电或直流联网，可以限制系统的短路电流。

4.5.3　发输变电专业高频考点与历年真题解析

考点 1：短路及实用短路电流计算的近似条件

【4.5-34】(2024) 下列造成短路原因中，属于人为原因的是：

A. 鸟兽跨接在裸露的载流部分　　　　　B. 运行人员带负荷拉刀闸

C. 雷电造成避雷器动作　　　　　　　　D. 大风引起架空线电杆倒塌

答案：B

解题过程：运行人员带负荷拉闸是人为原因，其他都是自然原因。

【4.5‑35】(2019) 高压系统短路电流计算时，短路电路中，电阻 R 计入有效电阻的条件是：

A. 始终计入　　　　　　　　　　　　　B. 总电阻小于总电抗

C. 总电阻大于总电抗的 1/3　　　　　　D. 总电阻大于总电抗的 1/2

答案：C

解题过程：电网电压在 6kV 以上时，除电缆线路应考虑电阻外，网络阻抗一般可视为纯电抗（略去电阻）；若短路电路中总电阻 R_Σ 大于总电抗 x_Σ 的 1/3，则应将其计入有效电阻。

【4.5‑36】(2018) 在短路电流计算中，为简化分析通常会做假定，下列不符合假定的是：

A. 不考虑磁路饱和，认为短路回路各元件的电抗为常数

B. 不考虑发电机间的摇摆现象，认为所有发电机电势的相位都相同

C. 不考虑发电机转子的对称性

D. 不考虑线路对地电容、变压器的励磁支路和高压电网中的电阻，认为等效电路中只有各元件的电抗

答案：C

解题过程：参见知识点 1，考虑转子的对称性。

考点 2：**简单系统三相短路电流的实用计算方法**

【4.5‑37】(2024) 某无穷大电力系统如图 4.5‑29 所示。k‑2 点的三相短路电流为：

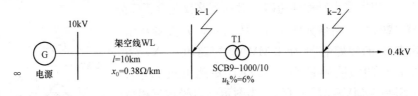

图 4.5‑29

A. 24.5kA　　　　B. 20.5kA　　　　C. 15.25kA　　　　D. 12.5kA

答案：C

解题过程：设定基准容量 $S_B=100$MVA，电源点到短路点 k‑2 通过的元件有线路 l 和变压器 T1。计算各元件参数如下：

线路 l：$X_L=x_0 l\dfrac{S_B}{U_{B1}^2}=0.38\times10\times\dfrac{100}{10.5^2}=3.447$

变压器 T1：$X_T=U_k\%\dfrac{S_B}{S_{TN}}=6\%\times\dfrac{100}{1}=6$

k‑2 发生三相短路电流为：

$$I_k=I_*I_B=\dfrac{E_*}{X_\Sigma}\times\dfrac{S_B}{\sqrt3 U_{B2}}=\dfrac{1}{3.447+6}\times\dfrac{100}{\sqrt3\times0.4}\text{kA}=0.106\times144.34\text{kA}=15.30\text{kA}$$

【4.5-38】（2023） 某供电系统如图 4.5-30 所示，已知电力系统电源的短路容量为 500MVA，则 k1 点的三相稳态短路电流为：

A. 0.98kA   B. 1.86kA   C. 2.45kA   D. 5.88kA

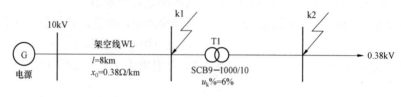

图 4.5-30

答案： B

解题过程： 取 $S_B = 500\text{MVA}$，$U_B = U_{av} = 10.5\text{kV}$。计算各元件的参数如下：

系统 S：
$$X_S = \frac{S_B}{S_S} = \frac{500}{500} = 1$$

线路 l：
$$X_L = x_0 l \times \frac{S_B}{U_B^2} = 0.38 \times 8 \times \frac{500}{10.5^2} = 13.786$$

k1 点发生三相短路电流为：
$$I_k = I_k^* \times \frac{S_B}{\sqrt{3}U_B} = \frac{1}{X_\Sigma} \times \frac{500}{\sqrt{3} \times 10.5}\text{kA} = \frac{1}{1+13.786} \times \frac{500}{\sqrt{3} \times 10.5}\text{kA} = 1.859\text{kA}$$

★**【4.5-39】（2023、2022）** 三相短路的短路电路只会有：

A. 正序分量   B. 负序分量   C. 零序分量   D. 反分量

答案： A

解题过程： 三相短路为对称性短路，对称短路仅包含正序分量。

【4.5-40】（2022） 网络如图 4.5-31 所示，元件参数示图中，系统 S_1 的短路容量为 30MVA，短路电抗 X_{S1} 为 0.05，系统 S_2 的短路容量为 30MVA，短路电抗 X_{S2} 为 0.05，取 $S_B = 60\text{MVA}$，$U_B = U_{av}$，当图示 k 点受这三相短路时，短路点的短路电流为：

A. 91.64kA   B. 16.35kA

C. 34.64kA   D. 32.99kA

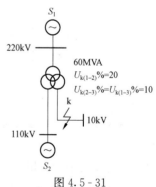

图 4.5-31

答案： D

解题过程： 根据题意可得 $S_B = 60\text{MVA}$，$U_{B1} = 230\text{kV}$，$U_{B2} = 115\text{kV}$，$U_{B3} = 10.5\text{kV}$；$X_{S1} = X_{S2} = 0.05$。

（1）计算各元件的标幺值如下。

系统 S_1、S_2：
$$X_{S1*} = X_{S2*} = X_{S1}\frac{S_B}{S_f} = X_{S2}\frac{S_B}{S_f} = 0.05 \times \frac{60}{30} = 0.1$$

变压器：
$$X_{T*} = \frac{U_k\%}{100} \times \frac{S_B}{S_{TN}}，已知 S_{TN} = 60\text{MVA}$$

根据已知条件得
$$
\begin{cases}
U_{k1}\% = \dfrac{1}{2}\left[U_{k(1-2)}\% + U_{k(3-1)}\% - U_{k(2-3)}\%\right] = \dfrac{1}{2}(20 + 10 - 10) = 10 \\[2mm]
U_{k2}\% = \dfrac{1}{2}\left[U_{k(1-2)}\% + U_{k(2-3)}\% - U_{k(3-1)}\%\right] = \dfrac{1}{2}(20 + 10 - 10) = 10 \\[2mm]
U_{k3}\% = \dfrac{1}{2}\left[U_{k(2-3)}\% + U_{k(3-1)}\% - U_{k(1-2)}\%\right] = \dfrac{1}{2}(10 + 10 - 20) = 0
\end{cases}
$$

则 $X_{T1*} = \dfrac{U_{k1}\%}{100} \times \dfrac{S_B}{S_{TN}} = \dfrac{10}{100} \times \dfrac{60}{60} = 0.1$，$X_{T2*} = \dfrac{U_{k2}\%}{100} \times \dfrac{S_B}{S_{TN}} = \dfrac{10}{100} \times \dfrac{60}{60} = 0.1$，$X_{T3*} = \dfrac{U_{k3}\%}{100} \times \dfrac{S_B}{S_{TN}} = \dfrac{0}{100} \times \dfrac{60}{60} = 0$。

（2）绘制等效电路如图 4.5-32 所示。

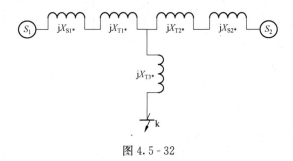

图 4.5-32

（3）系统到短路点之间的总等效电抗标幺值为：
$$
\begin{aligned}
X_{f\Sigma*} &= \left[(X_{S1*} + X_{T1*}) // (X_{S2*} + X_{T2*})\right] + X_{T3*} \\
&= \left[(0.1 + 0.1) // (0.1 + 0.1)\right] + 0 = (0.2 // 0.2) + 0 = 0.1
\end{aligned}
$$

（4）短路电流周期分量标幺值 $I_f^* = \dfrac{U_*}{X_{f\Sigma*}} = \dfrac{1}{X_{f\Sigma*}} = 10$。

（5）短路电流有名值 $I_f = I_f^* \dfrac{S_B}{\sqrt{3}\,U_B} = 10 \times \dfrac{60}{\sqrt{3} \times 10.5}\,\text{kA} = 32.99\,\text{kA}$。

【4.5-41】(2021)　如图 4.5-33 所示，$S_B = 100\text{MVA}$ 时，线路Ⅰ的电抗标幺值为 0.035，当 k1 点三相短路时，短路容量为 1000MVA；当 k3 点短路时，短路容量为 800MVA，则 k2 点发生三相短路时的短路容量为：

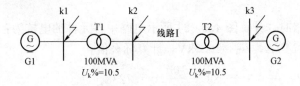

图 4.5-33

A. 916MVA　　　　　B. 1696MVA　　　　　C. 1800MVA　　　　　D. 865MVA

答案： D

解题过程： 设短路容量标幺值为 S_{d*}，$S_{d*} = \dfrac{\sqrt{3}\,U_{av}I_f}{\sqrt{3}\,U_{av}I_B} = I_{f*} = \dfrac{1}{x_*}$，所以 $x_* = \dfrac{1}{S_{d*}}$。

（1）当 k1 点短路时，忽略后边支路

$$x_{d1*} = \frac{1}{S_{d1*}} = \frac{1}{\frac{S_{d1}}{S_B}} = \frac{1}{\frac{1000}{100}} = 0.1$$

（2）当 k3 点短路时，忽略前面支路

$$x_{d3*} = \frac{1}{S_{d3*}} = \frac{1}{\frac{800}{100}} = 0.125$$

$$x_{T1*} = \frac{U_{k\%}}{100} \times \frac{S_B}{S_N} = \frac{10.5}{100} \times \frac{100}{100} = 0.105$$

$$x_{l*} = 0.035$$

$$x_{T2*} = \frac{U_{k\%}}{100} \times \frac{S_B}{S_{TN}} = \frac{10.5}{100} \times \frac{100}{100} = 0.105$$

（3）当 k2 点短路时

$$x_{\Sigma*} = (x_{d1} + x_{T1*}) // (x_{l*} + x_{T2*} + x_{d3*})$$
$$= (0.1 + 0.105) // (0.035 + 0.105 + 0.125)$$
$$= 0.1156$$

则 $S_{d2} = \frac{1}{x_{\Sigma*}} S_B = 8.65 \times 100 = 865\text{MVA}$。

【4.5-42】（2019） 无限大功率电源供电系统如图 4.5-34 所示，已知电力系统出口断路器的断流容量为 600MVA，架空线路 $x = 0.38\Omega/\text{km}$，用户配电所 10kV 母线上 k1 点短路的三相短路电流周期分量有效值和短路容量为：

A. 7.29kA，52.01MVA   B. 4.32kA，52.01MVA

C. 2.91kA，52.9MVA   D. 2.86kA，15.5MVA

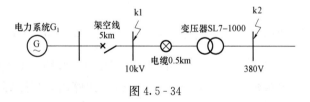

图 4.5-34

答案： C

解题过程： k1 点短路时，计算图 4.5-34 所示电路中各元件的电抗为：

（1）选 $S_B = 100\text{MVA}$，$U_B = 10.5\text{kV}$，计算标幺值。

架空线路 $X_L = lx\frac{S_B}{U_B^2} = 5 \times 0.38 \times \frac{100}{10.5^2} = 1.7233$。

电力系统 $X_{S*} = \frac{S_B}{S_k} = \frac{100}{600} = \frac{1}{6}$。

（2）无穷大系统到短路点的等效阻抗标幺值 $X_\Sigma = (X_L + X_{S*}) = 1.89$。

（3）$\dot{E}_1 = 1.0\underline{/0°}$，短路点电流周期分量标幺值 $I_{f*} = \frac{\dot{E}_1}{X_\Sigma} = \frac{1}{1.89} = 0.529$。

（4）短路电流有名值 $I_f = I_{f*} \dfrac{S_B}{\sqrt{3}U_B} = 0.529 \times \dfrac{100}{\sqrt{3} \times 10.5}$ kA $= 2.909$ kA。

（5）短路容量 $S_f = S_{f*} \cdot S_B = \dfrac{1}{1.89} \times 100$ MVA $= 52.9$ MVA。

【4.5-43】（2017） 同步发电机突然发生三相短路后励磁绕组中的电流分量有：

A. 直流分量，周期交流

B. 倍频分量、直流分量

C. 直流分量、基波交流分量

D. 周期分量、倍频分量

答案： C

解题过程： 励磁绕组电流包含三个分量：①外电源供给的恒定电流 I_{f0}；②瞬变电流的直流分量 i_{fz}；③交流分量 i_{fj}，其中恒定电流 I_{f0} 不会衰减，而直流分量和基波交流分量随时间常数衰减。

【4.5-44】（2017、2016） 图 4.5-35 所示中系统 S 参数不详。已知开关 B 的短路容量为 250MVA，发电厂 G 和变压器 T 的额定容量为 100MVA，$X_d' = 0.795$，$X_{T*} = 0.105$，三条线路单位长度电抗均为 0.4Ω/km，线路长度均为 100km。若母线 A 处发生三相短路，短路点冲击电流和短路容量分别为：（$S_B = 100$MVA）

A. 4.91kA，542.2MVA

B. 3.85kA，385.4MVA

C. 6.94kA，542.9MVA

D. 2.72kA，272.6MVA

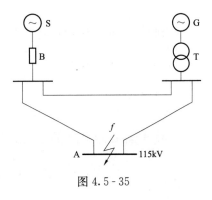

图 4.5-35

答案： C

解题过程： 取 $U_B = U_{av} = 115$kV。已知 $S_B = 100$MVA，$S_{GN} = 100$MVA，$S_{TN} = 100$MVA，$l_1 = l_2 = l_3 = 100$km，$X_L = 0.4$Ω/km。开关 B 的短路容量 $S_f = 250$MVA，系统 S 参数不详。

（1）参数标幺值计算。

$$X_{1*} = X_d'' \times \frac{S_B}{S_{GN}} = 0.195 \times \frac{100}{100} = 0.195$$

$$X_{2*} = X_{T*} = 0.105$$

三条线路分别为 $X_{3*} = X_{4*} = X_{5*} = l_1 X_L \times \dfrac{S_B}{U_B^2} = 100 \times 0.4 \times \dfrac{100}{115^2} = 0.302\,457$。

△—Y 等效变换为 $X_{6*} = X_{7*} = X_{8*} = \dfrac{0.302\,457}{3} = 0.100\,819$。

（2）标幺值等效电路如图 4.5-36 所示。

（3）根据开关 B 的短路容量确定系统等值电抗。当 f_1 点发生三相短路时，发电厂 G 对 f_1 点的等效电抗为：

$$X_{Gf*} = X_{1*} + X_{2*} + X_{7*} + X_{6*} = 0.195 + 0.105 + 0.1 + 0.1 = 0.5$$

短路瞬间发电厂 G 提供 f_1 点的短路功率 $S_{Gf*} = \dfrac{1}{X_{Gf*}} = 1.993\,469$。

有名值 $S_{Gf} = S_{Gf*} \cdot S_B = 200$MVA。

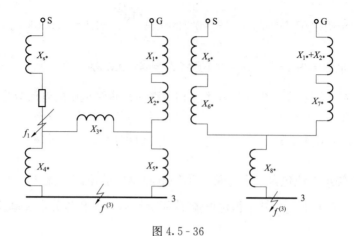

图 4.5-36

因此系统 S 提供的短路功率 $S_{Sf} = S_f - S_{Gf} = 50MVA$。

系统电抗标幺值 $X_{S*} = \dfrac{1}{S_{Sf*}} = 0.02$。

（4）f 点发生短路时

$X_{f\Sigma*} = X_{8*} + [(X_{S*} + X_{6*}) /\!/ (X_{1*} + X_{2*} + X_{7*})] = 0.1 + (0.12 /\!/ 0.4) = 0.1923$

（5）短路点的电流和短路容量分别为

$$I_f = I_{f*} \, I_B = \frac{1}{X_{f\Sigma*}} I_B = \frac{1}{0.2045} \times \frac{S_B}{\sqrt{3} U_B} = 2.61kA$$

$$\dot{S}_f = S_{f*} \, S_B = \frac{1}{X_{f\Sigma*}} S_B = \frac{1}{0.1923} \times 100 = 520.02MVA$$

（6）冲击电流值 $i_m = \sqrt{2} \times 1.8 \times I_f = 6.64kA$。

取比较接近的答案 C。

【4.5-45】（2016） 汽轮发电机突然发生三相短路时，短路电流分量有：

A. 直流分量，电流突变   B. 倍频分量，直流分量

C. 直流分量，基波交流分量   D. 周期分量，倍频分量

答案：C

解题过程： 汽轮发电机突然发生三相短路时，短路电流分量有基波周期分量，非周期分量，这里的非周期分量主要是周期分量突然衰减，为保持 0s 时刻能量守恒，出现反向直流分量，并呈指数衰减。

【4.5-46】（2014） 同步发电机突然发生三相短路后定子绕组中的电流分量为：

A. 基波周期交流、直流、倍频分量   B. 基波周期交流、直流分量

C. 基波周期交流、非周期分量   D. 非周期分量、倍频分量

答案：A

解题过程： 定子短路电流中含有基波交流分量和直流分量。为了维持定子绕组的磁链不变，定子的三相短路电流中，还应该有 2 倍同步频率的电流。

【4.5-47】（2014） 某一简单系统如图 4.5-37 所示，变电所高压母线接入系统，系统的等效电抗未知，已知接到母线的断路器 QF 的额定切断容量为 2500MVA，当变电站低压

母线发生三相短路时，短路点的短路电流和冲击电流为：
(取冲击系数 1.8，S_B＝1000MVA)

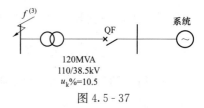

图 4.5 - 37

A. 31.154kA，12.24kA

B. 3.94kA，10.02kA

C. 12.239kA，31.15kA

D. 12.93kA，32.92kA

答案： B

解题过程： (1) 选 S_B＝1000MVA，U_{B1}＝115kV，U_{B2}＝37kV。

(2) 计算各元件的标幺值如下：

变压器：$X_{T*}=\dfrac{u_k\%}{100}\times\dfrac{S_B}{S_{TN}}=\dfrac{10.5}{100}\times\dfrac{1000}{120}=0.875$。

断路器 QF 能切断短路电流，系统到变电站母线的电抗

$$X_{QF*}=\frac{S_B}{S_{QF}}=\frac{1000}{2500}=0.4,X_{\Sigma*}=X_{T*}+X_{QF*}=1.275$$

(3) 短路点的短路电流有名值为：

$$I_f=\frac{U_*}{X_{\Sigma*}}\times\frac{S_B}{\sqrt{3}U_{B1}}=\frac{1}{1.275}\times\frac{1000}{\sqrt{3}\times115}\text{kA}=3.9376\text{kA}$$

(4) 短路冲击电流为：

$$i_{sh}=\sqrt{2}K_MI_f=\sqrt{2}\times1.8\times3.9376\text{kA}=10.023\text{kA}$$

考点 3：短路容量的概念

【4.5 - 48】(2024) 短路容量也称之为短路功率。已知 S_B＝200MVA，I_{S*}＝0.8，则短路功率 S 为：

A. 91MVA　　　　B. 160MVA　　　　C. 80MVA　　　　D. 100MVA

答案： B

解题过程： 短路容量的标幺值与三相电路电流的标幺值相同，则短路容量 $S=S_B\times I_{S*}=0.8\times200=160\text{MVA}$

【4.5 - 49】(2018) 远端短路时，变压器 35/10.5 (6.3) kV，容量 1000kVA，阻抗电压 6.5%，高压侧短路容量为 30MVA，其低压侧三相短路容量是：

A. 30MVA　　　　B. 1000MVA　　　　C. 20.5MVA　　　　D. 10.17MVA

答案： A

解题过程： 变压器高、低压侧短路容量相同。

考点 4：冲击电流、最大有效值电流的定义和关系

【4.5 - 50】(2023) 对于高压系统而言，三相短路电流峰值是短路电流初始值的：

A. 1.09 倍　　　　B.1.84 倍　　　　C.1.51 倍　　　　D.2.55 倍

答案： D

解题过程： 三相短路电流峰值（冲击电流 I_M）出现在短路发生后半个周期（$t=0.01\text{s}$），它与短路电流的周期分量之比称为冲击系数 K_M，有 $I_M=K_M\sqrt{2}I_P$。

高压系统中，一般取 $K_M=1.8$，则 $I_M=K_M\sqrt{2}I_P=1.8\times\sqrt{2}I_P=2.55I_P$。

考点5：同步发电机、变压器、单回、双回输电线路的正、负、零序等效电路

【4.5-51】(2023) 变压器负序阻抗与正序阻抗相比，则有：

A. 比正序阻抗大 　　　　　　　　　　B. 与正序阻抗相等

C. 比正序阻抗小 　　　　　　　　　　D. 变压器连接方式决定

答案： B

解题过程： 变压器是一种静止电器，其负序阻抗与正序阻抗相等。

【4.5-52】(2018) 同步发电机不对称运行时，在气隙中不产生磁场的是：

A. 正序电流 　　　B. 负序电流 　　　C. 零序电流 　　　D. 以上都不是

答案： C

解题过程： 将不对称的三相系统分解为三个对称的系统，即正序系统、负序系统和零序系统。每相电流分解为三个分量，每相磁动势也可分解为三个分量。

当正序电流流过三相绕组时，产生正向旋转磁动势，也称正序旋转磁动势。当负序电流流过三相绕组时，产生负向旋转磁动势。三相零序基波磁动势合成为零，在气隙中不产生零序磁场。

考点6：简单电网的正、负、零序序网的制定方法

【4.5-53】(2018) TN 接地系统低压网络的相线零序阻抗为 10Ω，保护线 PE 的零序阻抗为 5Ω。TN 接地系统低压网络的零序阻抗为：

A. 15Ω 　　　　　B. 5Ω 　　　　　C. 20Ω 　　　　　D. 25Ω

答案： D

解题过程： TN 接地系统低压网络的零序阻抗等于相线的零序阻抗与 3 倍保护线的零序阻抗之和，则本题中为 $10\Omega+3\times5\Omega=25\Omega$。

【4.5-54】(2014) 某简单系统其短路点的等效正序电抗为 $X_{(1)}$，负序电抗为 $X_{(2)}$，零序电抗为 $X_{(0)}$，利用正序等效定则求发生单相接地短路故障处正序电流，在短路点加入的附加电抗为：

A. $\Delta X=X_{(1)}+X_{(2)}$ 　　　　　　　B. $\Delta X=X_{(0)}+X_{(2)}$

C. $\Delta X=X_{(0)}/\!/X_{(1)}$ 　　　　　　　D. $\Delta X=X_{(0)}/\!/X_{(2)}$

答案： B

解题过程： 单相接地短路的基本特点：

（1）短路处出现了零序分量。

（2）短路点故障相中的各序电流大小相等、方向相等，故障相中的电流 $\dot{I}_{ka}^{(1)}=3\dot{I}_{ka1}^{(1)}=3\dot{I}_{ka2}^{(1)}=3\dot{I}_{ka0}^{(1)}$，两个非故障相中的电流均为零。

（3）短路点正序电流的大小与短路点原正序网络上增加一个附加阻抗 $Z_{\triangle}^{(2)}=Z_{2\Sigma}+Z_{0\Sigma}$ 而发生三相短路时的电流相等。

（4）短路点故障相的电压等于零，而两个非故障相电压的幅值总相等。

（5）两个非故障相电压间的相位差位 θ_U，其大小取决于 $Z_{0\Sigma}/Z_{2\Sigma}$ 的比值。若 $Z_{0\Sigma}$ 和 $Z_{2\Sigma}$ 的阻抗角相等，当 $Z_{0\Sigma}/Z_{2\Sigma}=0\sim\infty$ 时，$\theta_U=60°$ 对应 $Z_{0\Sigma}/Z_{2\Sigma}=\infty$；$\theta_U=180°$ 对应

$Z_{0\Sigma}/Z_{2\Sigma}\rightarrow 0$。

本题中，短路点原正序网络上增加的附加阻抗为 $\Delta X = X_{(2)} + X_{(0)}$。

考点 7：不对称短路的电流、电压计算

【4.5-55】(2024)　配电线路中单相短路电流为 60A，则正序分量的大小为：

A. 30A　　　　B. 20A　　　　C. 0A　　　　D. 60A

答案：B

解题过程：单相短路的各序分量等于短路电流的 1/3，$i_0 = i_1 = i_2 = i/3$，则正序分量为 20A。

【4.5-56】(2018)　图 4.5-38 中的参数为基值 $S_B = 100$MVA，$U_B = U_{av}$ 的标幺值，当线路中点发生 BC 两相接地短路时，短路点的正序电流 $I_{(1)}$ 标幺值和 A 相电压的有效值为：

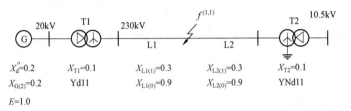

图 4.5-38

A. 1.0256，265.4kV　　　　　　　B. 1.0256，153.2kV

C. 1.1458，241.5kV　　　　　　　D. 1.1458，89.95kV

答案：B

解题过程：根据已知各元件的序参数，绘制该系统故障后的序网，如图 4.5-39 所示。

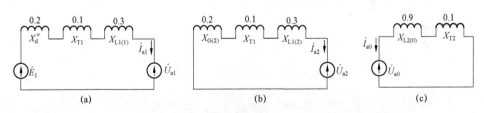

图 4.5-39
(a) 正序等值网络；(b) 负序等值网络；(c) 零序等值网络

正序等效电抗 $X_{1\Sigma} = 0.6$，负序等效电抗 $X_{2\Sigma} = 0.6$，零序等效电抗 $X_{0\Sigma} = 1$。

$$\dot{I}_{a1} = \dot{I}_{a2} = \dot{I}_{a0} = \frac{\dot{E}_1}{j(X_{1\Sigma} + X_{2\Sigma}//X_{0\Sigma})} = \frac{1/0^\circ}{j(0.6 + 0.6//1)} = -j1.0256$$

$$\dot{U}_a = \frac{3\dot{I}_{a1}}{X_{0\Sigma}//X_{2\Sigma}} = \frac{3\times 1.0256}{1//0.6} = 1.158$$

正序电流标幺值　$I_{1(1)} = j1.0256$

短路点 A 相电压的有效值　$U_a \times \dfrac{U_B}{\sqrt{3}} = 1.158 \times \dfrac{230}{\sqrt{3}}$ kV $= 153.274$kV

【4.5-57】(2017、2016)　发电机、变压器和负荷阻抗标幺值标在图 4.5-40 中（$S_B =$

343

100MVA)，试计算图示网络中 f 点发生两相短路接地时，短路点 A 相电压和 B 相电流分别为：

A. 107.64kV，4.94kA

B. 107.64kV，8.57kA

C. 62.15kV，8.57kA

D. 62.15kV，4.94kA

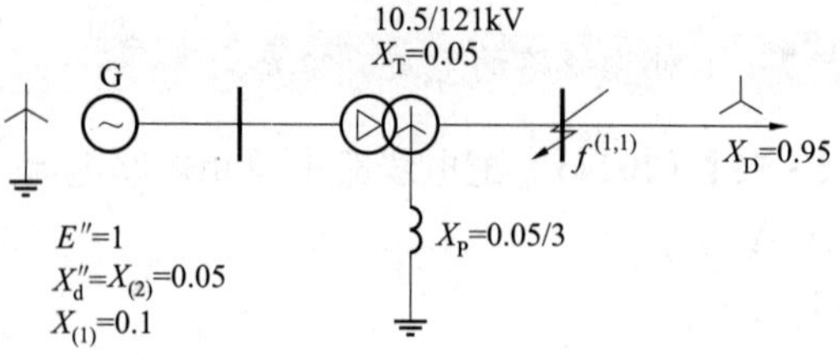

答案： D

图 4.5-40

解题过程： 两相接地短路，b、c 两相接地短路，短路点的边界条件为：

$$\dot{I}_a=0,\ \dot{U}_b=\dot{U}_c=0\ ;\begin{cases}\dot{U}_{a1}=\dot{U}_{a2}=\dot{U}_{a0}=\dfrac{1}{3}\dot{U}_a\\[2mm]\dot{I}_{a1}+\dot{I}_{a2}+\dot{I}_{a0}=\dot{I}_a=0\end{cases}$$

已知 $\dot{E}_0''=1.0\underline{/0^\circ}$，$S_B=100\text{MVA}$，$U_B=115\text{kV}$，则

$$I_B=\frac{S_B}{\sqrt{3}U_B}=\frac{100}{\sqrt{3}\times115}\text{kA}=0.502\text{kA}$$

正负零序阻抗分别为：

$$X_{1\Sigma}=(x_d''+x_T)//x_D=\frac{0.1\times0.95}{0.1+0.95}=0.0905$$

$$X_{2\Sigma}=[x_{(2)}+x_T]//x_D=\frac{0.1\times0.95}{0.1+0.95}=0.0905$$

$$X_{0\Sigma}=x_T+3x_p=0.05+0.05=0.1$$

则 $X_{\triangle}^{(1,1)}=\dfrac{X_{2\Sigma}X_{0\Sigma}}{X_{2\Sigma}+X_{0\Sigma}}=\dfrac{0.0905\times0.1}{0.0905+0.1}=0.0475$

由复合序网得

$$\dot{I}_{a1}=\frac{\dot{E}_0''}{\text{j}[X_{1\Sigma}+X_{\triangle}^{(1,1)}]}=\frac{1\underline{/0^\circ}}{\text{j}(0.0905+0.0475)}=-\text{j}6.06$$

$$\dot{I}_{a2}=-\dot{I}_{a1}\frac{X_{0\Sigma}}{X_{2\Sigma}+X_{0\Sigma}}=\text{j}6.06\times\frac{0.1}{(0.0905+0.1)}=\text{j}3.1811$$

$$\dot{I}_{a0}=-\dot{I}_{a1}\frac{X_{2\Sigma}}{X_{2\Sigma}+X_{0\Sigma}}=\text{j}6.06\times\frac{0.0905}{(0.0905+0.1)}=\text{j}2.879$$

$$\dot{U}_{a1}=\dot{U}_{a2}=\dot{U}_{a3}=\text{j}\frac{X_{2\Sigma}X_{0\Sigma}}{X_{2\Sigma}+X_{0\Sigma}}\times\dot{I}_{a1}=\text{j}\frac{0.0905\times0.1}{0.0905+0.1}\times(-\text{j}6.06)=0.2879$$

A 相电压为：$U_{fA}=U_{fa}U_B=3U_{a1}U_B=3\times0.2879\times\dfrac{115}{\sqrt{3}}\text{kV}=57.34\text{kV}$

B 相电流为：$\dot{I}_b=a^2\dot{I}_{a1}+a\dot{I}_{a2}+\dot{I}_{a0}=-\text{j}6.06\underline{/240^\circ}+\text{j}3.1811\underline{/120^\circ}+\text{j}2.879$

$$=-8+\text{j}4.31845=9.0911\underline{/118.36^\circ}$$

$$I_{fB}=I_bI_B=9.0911\times0.502\text{kA}=4.564\text{kA}$$

选最接近的答案为 D。

【4.5-58】(2014) 系统如图 4.5-41 所示，母线 B 发生两相接地短路时，短路点短路电

流标幺值为（不计负荷影响）：

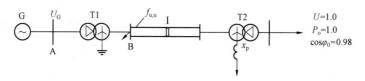

图 4.5 - 41

各元件标幺值参数：

G：$x'_d = 0.3$，$x_d = 0.1$，$x_2 = x'_d$，$x_0 = 0.8$。

T1、T2 相同：$x_{r(1)} = x_{r(2)} = x_{r(0)} = 0.1$，$x_p = 0.1/3$，Yd11。

Ⅰ、Ⅱ回线路相同，每回 $x_{(1)} = x_{(2)} = 0.6$，$x_{(0)} = 2x_{(1)}$。

A. 3.39　　　　　B. 2.93　　　　　C. 5.85　　　　　D. 6.72

答案：C

解题过程：根据题意可知不计负荷影响，绘制图 4.5 - 42 所示的正、负、零序网，零序网络如图 4.5 - 42（c）所示，等效电抗为 $X_{0\Sigma} = X_{10} // X_{20} = 0.1 // 0.8 = 0.088\ 89$。

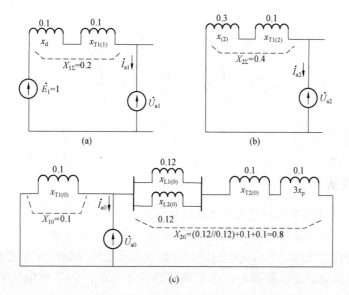

图 4.5 - 42

（a）正序等效网络；（b）负序等效网络；（c）零序等效网络

$$\dot{I}_{a1} = \frac{\dot{E}_\Sigma}{j\left(X_{1\Sigma} + \dfrac{X_{2\Sigma} X_{0\Sigma}}{X_{2\Sigma} + X_{0\Sigma}}\right)} = \frac{1}{j\left(0.2 + \dfrac{0.4 \times 0.088\ 89}{0.4 + 0.088\ 89}\right)} = -j3.667$$

$$I_f^{(1,1)} = \sqrt{3} \times \sqrt{1 - \frac{X_{2\Sigma} X_{0\Sigma}}{X_{2\Sigma} + X_{0\Sigma}}}\ I_{a1} = \sqrt{3} \times \sqrt{1 - \frac{0.4 \times 0.088\ 89}{0.4 + 0.088\ 89^2}} \times 3.667 = 5.8599$$

考点 8：正、负、零序电流、电压经过 Yd11 变压器后的相位变化

★【4.5 - 59】（2017、2016、2013、2006）　已知图 4.5 - 43 所示系统变压器星形侧发生 BC 相短路时的短路电流为 $\dot{I}_f$，则三角形侧的三相线电流为：

A. $\dot{I}_{a} = -\dfrac{1}{\sqrt{3}}\dot{I}_{f}$，$\dot{I}_{b} = -\dfrac{1}{\sqrt{3}}\dot{I}_{f}$，$\dot{I}_{c} = \dfrac{2}{\sqrt{3}}\dot{I}_{f}$

B. $\dot{I}_{a} = \dfrac{1}{\sqrt{3}}\dot{I}_{f}$，$\dot{I}_{b} = -\dfrac{2}{\sqrt{3}}\dot{I}_{f}$，$\dot{I}_{c} = \dfrac{1}{\sqrt{3}}\dot{I}_{f}$

C. $\dot{I}_{a} = -\dfrac{2}{\sqrt{3}}\dot{I}_{f}$，$\dot{I}_{b} = -\dfrac{1}{\sqrt{3}}\dot{I}_{f}$，$\dot{I}_{c} = \dfrac{1}{\sqrt{3}}\dot{I}_{f}$

D. $\dot{I}_{a} = \dfrac{1}{\sqrt{3}}\dot{I}_{f}$，$\dot{I}_{b} = \dfrac{1}{\sqrt{3}}\dot{I}_{f}$，$\dot{I}_{c} = \dfrac{2}{\sqrt{3}}\dot{I}_{f}$

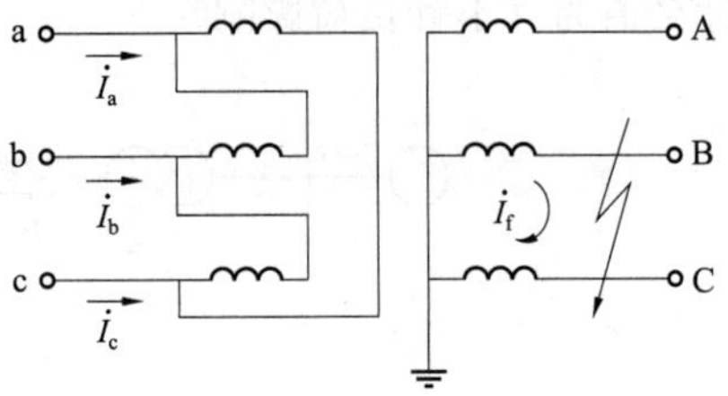

图 4.5 - 43

答案： B

解题过程： 两相短路时，短路电流、电压中不存在零序分量；两相短路电流中的正序分量与负序分量大小相等、方向相反，两故障相中的短路电流总是大小相等、方向相反，等于正序电流的 $\sqrt{3}$ 倍。

三角形侧母线上的各序电流和电压分别为：$\dot{I}_{A1} = \dot{I}_{a1} e^{j30°}$，$\dot{I}_{A2} = \dot{I}_{a2} e^{-j30°}$。

a 相电流　$\dot{I}_{a} = \dot{I}_{A1} + \dot{I}_{A2} = \dfrac{\dot{I}_{f}}{\sqrt{3}} e^{j30°} - \dfrac{\dot{I}_{f}}{\sqrt{3}} e^{-j30°} = j\dfrac{\dot{I}_{f}}{\sqrt{3}}$

b 相电流　$\dot{I}_{b} = a^{2}\dot{I}_{A1} + a\dot{I}_{A2} = \dfrac{\dot{I}_{f}}{\sqrt{3}} e^{j270°} - \dfrac{\dot{I}_{f}}{\sqrt{3}} e^{j90°} = -j\dfrac{2\dot{I}_{f}}{\sqrt{3}}$

c 相电流　$\dot{I}_{c} = a\dot{I}_{A1} + a^{2}\dot{I}_{A2} = \dfrac{\dot{I}_{f}}{\sqrt{3}} e^{j150°} - \dfrac{\dot{I}_{f}}{\sqrt{3}} e^{-j210°} = j\dfrac{\dot{I}_{f}}{\sqrt{3}}$

4.6　变压器

4.6.1　知识点提示

1. 三相组式变压器及三相芯式变压器结构特点

三相变压器按铁心结构分为三相组式变压器及三相芯式变压器。

（1）三相组式变压器。是由完全相同的单相变压器按照三相联结方式连接组成，结构特点为：①三个独立的变压器铁心；②三相磁路互不关联；③三相电压平衡时，三相电流、磁通也平衡。

（2）三相芯式变压器。结构特点为：①三个铁心互不独立；②三相磁路相互关联；③中间相的磁路短、磁阻小，当三相电压平衡时，三相励磁电流稍有不对称。

2. 变压器额定值的含义及作用

（1）额定容量。指在额定状态下变压器的视在功率，额定容量以伏安（VA）、千伏安（kVA）或兆伏安（MVA）为单位。双绕组变压器，一次侧和二次侧的额定容量设计必须相等。对三相变压器，额定容量指三相的总容量。

（2）额定电压。以伏（V）或千伏（kV）为单位。对三相变压器，额定电压指线电压。

（3）额定电流。以安（A）或千安（kA）为单位。对三相变压器，额定电压指线电流。

（4）额定频率。以赫兹（Hz）为单位。我国额定工频为 50Hz。

铭牌上还标有变压器的相数，联结组标号和绕组联结图、阻抗电压等。U_{1N} 指电源加到变压器一次侧的电压；U_{2N} 指一次侧加上额定电压时的二次侧开路电压，空载电压，二次侧电流为零。变压器应能长期可靠工作在额定状态。

3. 变压器变比和参数的测定方法

（1）空载实验。测定变比 k、空载电流 I_0、铁损耗 p_{Fe}、励磁电阻 R_m 和励磁电抗 X_m，高压侧开路。

（2）稳态短路实验。测额定电流时的铜损耗 p_{kN}、短路电压 U_k、短路电阻 R_k 和短路电抗 X_k，高压侧短路。额定电流时，$p_{Cu}=p_{kN}$。

4. 变压器工作原理

在外施电压作用下，变压器一次绕组中有交流电流流过，并在铁心中产生交变磁通，交变磁通的频率和外施电压的频率相同。这个交变磁通同时交链一次、二次绕组，根据电磁感应定律，在一次、二次绕组内感应电动势。二次侧有了电动势，便向负载供电，实现了能量传递。

常用电力变压器，一次侧感应电动势的大小接近于一次侧外施电压，而二次侧感应电动势也接近于二次侧端电压。因此，变压器一次侧、二次侧电压之比，取决于一次、二次绕组匝数之比，只要改变一次、二次绕组的匝数，便可达到改变电压的目的。

变压器利用电磁感应作用，把一种电压的交流电能转变成频率相同的另一种电压的交流电能。

在变压器中，一次侧电动势与二次侧电动势之比称为变压器的变比 K，即

$$K=\frac{E_1}{E_2}=\frac{\dot{E}_1}{\dot{E}_2}=\frac{e_1}{e_2}=\frac{N_1}{N_2}$$

变压器的变比等于一次、二次绕组的匝数比。

单相变压器，当一次侧为额定电压时 $U_1=U_{1N}\approx E_1$，二次侧的 $E_2=U_{20}$，空载时二次侧的电压 $=U_{2N}$，故近似有

$$K=\frac{E_1}{E_2}\approx\frac{U_{1N}}{U_{2N}}$$

单相变压器中，变比约等于额定电压比。三相变压器，变比仍指相电动势之比。一次侧线电压 U_{1N} 和二次侧线电压 U_{2N} 之比，称为电压比。当一次侧和二次侧三相绕组连接法不同时，变比将不等于电压比。

5. 变压器电势平衡方程式及各量含义

一次绕组电压平衡式

$$\dot{U}_1=-\dot{E}_1+\dot{I}_1Z_1$$
$$Z_1=r_1+jX_1$$
$$E_1=4.44fN_1\Phi_m$$

二次绕组电压平衡式

$$\dot{U}_2=\dot{E}_2-\dot{I}_2Z_2$$
$$\dot{U}'_2=\dot{E}'_2-\dot{I}'_2Z'_2$$

$$Z_2 = r_2 + jX_2$$

磁动势平衡式

$$\dot{I}_1 N_1 + \dot{I}_2 N_2 = \dot{I}_m N_1$$

$$\dot{I}_1 + \dot{I}'_2 = \dot{I}_m$$

一次、二次电动势关系式

$$\dot{E}_1 = k\dot{E}_2, \ \dot{E}_1 = \dot{E}'_2, \ k = \frac{N_1}{N_2}$$

励磁支路电压降

$$-\dot{E}_1 = \dot{I}_m Z_m, \ Z_m = r_m + jX_m$$

负载电路电压平衡式

$$\dot{U}_2 = \dot{I}_2 Z_L$$

$$\dot{U}'_2 = \dot{I}'_2 Z'_L$$

$$Z_L = r_L + jX_L$$

式中　$\dot{U}_1$、$\dot{E}_1$、$\dot{I}_1$、r_1、X_1、Z_1——一次侧的相电压、相电动势、相电流、相电阻、
　　　　　　　　　　　　　　　　漏电抗和漏阻抗；

　　　$\dot{U}_2$、$\dot{E}_2$、$\dot{I}_2$、r_2、X_2、Z_2——二次侧的相电压、相电动势、相电流、相电阻、
　　　　　　　　　　　　　　　　漏电抗和漏阻抗；

　　　$\dot{U}'_2$、$\dot{E}'_2$、$\dot{I}'_2$、Z'_2、Z'_L——二次侧相电压、相电动势、相电流、漏阻抗、
　　　　　　　　　　　　　　　　负载阻抗折算到一次侧的值；

　　　　　　　　　　　Φ_m——主磁通；

　　　r_m、X_m、Z_m、$\dot{I}_m$——励磁电阻、电抗、阻抗和励磁电流；

　　　　　　r_L、X_L、Z_L——负载相电阻、电抗和阻抗。

近似关系式：

变压器正常负载运行时，漏阻抗压降很小可忽略，有

$$\dot{U}_1 \approx \dot{E}_1, \ \dot{U}_2 \approx \dot{E}_2, \ U_1 \approx E_1 = 4.44 f N_1 \Phi_m = kE_2$$

由此可见，当变压器匝数 N_1 确定后，变压器的主磁通主要由电源电压 U_1 和频率 f 决定；当 U_1 和频率 f 给定，变压器的主磁通主要由变压器的匝数 N_1 决定。

$$U_1 \approx 4.44 f N_1 \Phi_m = 4.44 f N_1 B_m S, \ \text{则} \ N_1 \approx \frac{U_1}{4.44 f B_m S} \ (\text{匝})，其中 B_m 为磁通密度的$$

最大值，单位为特斯拉（T），采用热轧硅钢片时取 $1.1 \sim 1.475$T，冷轧硅钢片取 $1.5 \sim 1.7$T；S 为铁心的有效截面积，m^2。

6. 变压器电压调整率的定义

变压器的电压调整率（电压变化率）为变压器二次侧电压从空载到负载的变化程度，即 $\Delta U = \dfrac{U_{20} - U_2}{U_{2N}} \times 100\%$。

用一次侧的量表示为 $\Delta U = \dfrac{U_{1N} - U'_2}{U_{1N}} \times 100\%$。

用参数表示为 $\Delta U = \beta(u_a^* \cos\theta_2 + u_r^* \sin\theta_2) \times 100\% = \beta(r_k^* \cos\theta_2 + X_k^* \sin\theta_2) \times 100\%$。

7. 变压器在空载合闸时产生很大冲击电流的原因

（1）变压器的空载合闸。当变压器空载接入电网的合闸瞬间，变压器铁心的饱和现象和剩磁，可能造成很大的冲击电流，大大超过正常的空载电流值，可能引起开关合闸不成功，变压器无法接入电网。

变压器二次侧空载、一次侧绕组在 $t=0$ 时刻接到正弦变化的电网电压 u_1 上，接通过程中，变压器一次侧的电路方程式变换为

$$\Phi = \frac{\sqrt{2}U_1}{\omega N_1}[\cos\alpha - \cos(\omega t + \alpha)] = \Phi_m[\cos\alpha - \cos(\omega t + \alpha)]$$

空载合闸过程中，主磁通 Φ 的大小与合闸相角 α 密切相关。

当 $\alpha=0$ 时，暂态过程出现最严重的情况，主磁通 $\Phi = \Phi_m(1-\cos\omega t)$，主磁通一开始由零增加到 $2\Phi_m$。由于剩磁一般为稳态运行的主磁通的 $20\% \sim 30\%$，实际空载合闸时铁心主磁通最大值可达到稳态运行时的主磁通的 $2.2 \sim 2.3$ 倍。如果铁心处于非常饱和，励磁电流可达额定电流的 $6 \sim 8$ 倍，可超过稳定励磁电流的几十到几百倍。最终是变压器合闸不成功。

电阻 R_1 使得电流脉冲逐渐衰减，衰减的时间常数为 L_1/R_1（L_1 为一次侧绕组的电感）一般在 1s 之内，暂态电流将大大衰减。

（2）变压器的暂态短路。当变压器一次侧接到一个容量相当大的电网上，即电压不变，变压器二次侧短路瞬间的相角为 α，则变压器一次侧的电压平衡式为：

$$u_1 = \sqrt{2}U_1 \sin(\omega t + \alpha) = i_k R_k + L_k \frac{di_k}{dt}$$

$$i_k = \sqrt{2}I_k \sin(\omega t + \alpha - \varphi_k) - \sqrt{2}I_k \sin(\alpha - \varphi_k)e^{-\frac{R_k}{L_k}t} = i_k' + i_k''$$

式中　i_k——短路时的短路电流；

　　　I_k——稳态短路电流有效值；

　　　φ_k——短路阻抗角，$\varphi_k = \arctan\dfrac{X_k}{R_k} \approx 90°$。

短路电流的稳态分量 $i_k' = -\sqrt{2}I_k\cos(\omega t + \alpha)$，暂态电流分量 $i_k'' = (\sqrt{2}I_k\cos\alpha)e^{-\frac{R_k}{L_k}t}$。最严重情况应发生在 $\alpha=0$ 时即端电压过零时发生突然短路，突然短路电流的瞬时值在 $\omega t = \pi$ 时达到最大值，即

$$i_{kmax} = -\sqrt{2}I_k\cos(\pi - e^{-\frac{R_k}{L_k}\times\frac{\pi}{\omega}}) = K_k\sqrt{2}I_k$$

式中　K_k——短路电流的最大瞬时值与稳定短路电流的幅值之比，$K_k = 1 + e^{\frac{R_k}{\omega L_k}\pi}$，一般取 $1.5 \sim 1.8$。

以漏抗标幺值 Z_{k*}（u_k）表示，则 $i_{kmax} = (1.5 \sim 1.8)\dfrac{1}{Z_{k*}}\sqrt{2}I_{kN}$。

8. 变压器的效率计算及变压器具有最高效率的条件

（1）变压器的效率

$$\eta = \frac{P_2}{P_1} = \frac{P_2}{P_2 + p_0 + p_{Cu}} = \frac{\beta S_N \cos\theta_2}{\beta S_N \cos\theta_2 + \beta^2 p_{kN} + p_0} \times 100\%$$

式中　β——负载系数，$\beta = \dfrac{I}{I_N} = \sqrt{\dfrac{p_0}{p_{kN}}}$；

θ_2——负载功率因数角，$\theta_2 > 0$ 为电感性负载，$\theta_2 = 0$ 为纯阻性负载，$\theta_2 < 0$ 为电容性负载；

S_N——变压器的额定容量，VA；

P_1——输入功率，$P_1 = mU_1 I_1 \cos\theta_1$；

p_{Cu}——铜耗（可变损耗），$p_{Cu} = mI_1^2 r_1 + mI_2^2 r_2 = \beta^2 p_{kN}$；

p_{kN}——变压器稳态短路实验时额定电流时的铜耗，W；

p_0——空载实验时额定电压时的铁耗，W。

输出功率 $P_2 = \beta S_N \cos\theta_2$。

（2）最大效率。若 I_2 增大，则 β 增大，输出功率 P_2 增大；若 β 过大，输出功率 P_2 减小。获得最大效率 η_{max} 的条件为 $p_0 = \beta^2 p_{kN}$。

（3）变压器并联运行。

1）定义：变压器并联运行为两台或两台以上的变压器的一次侧、二次侧绕组分别接在各自的公共母线上，同时对负载供电。

2）并联运行的优点：可提高运行效率；能提高供电的可靠性；能适应用电量的增多。

3）并联运行条件。

①各台变压器的联结组相同、额定电压相同、电压比相同、输出电流同相位。

②各变压器之间合理分配负载，要求各变压器应有相同的短路电压标幺值，各台变压器所承担的负荷与其额定容量成正比例分配。

$$\frac{S_A}{S_{AN}} : \frac{S_B}{S_{BN}} = \frac{1}{u_{kA}} : \frac{1}{u_{kB}}$$

式中　S_A、S_B——A、B 台变压器所承担的负荷（即容量）；

S_{AN}、S_{BN}——A、B 台变压器的额定容量；

u_{kA}、u_{kB}——A、B 台变压器的阻抗电压百分值，即 $u_{kA} = \dfrac{U_{kA}}{U_{1NA}}$，$u_{kB} = \dfrac{U_{kB}}{U_{1NB}}$。

当 $u_{kA} = u_{kB}$ 时，则 $\dfrac{I_A}{I_B} = \dfrac{S_{AN}}{S_{BN}} = \dfrac{S_A}{S_B}$，各台变压器所承担的容量与其额定电压成正比例

分配；当 $u_{kA} < u_{kB}$ 时，则 $\dfrac{S_A}{S_{AN}} > \dfrac{S_B}{S_{BN}}$，则 A 台变压器先满载。

③各变压器要求有相同的短路阻抗（标幺值）。

9. 三相变压器联结组和铁心结构对谐波电流、谐波磁通的影响

（1）单相变压器励磁电流的波形。

变压器铁心中的主磁通波形呈正弦波，磁通所需的励磁电流波形也为正弦波。当铁心中的磁通密度较低时，磁路不饱和，励磁电流与磁通成正比；当铁心中的磁通波形呈正弦波形时，励磁电流为正弦波。当磁路饱和后，励磁电流与磁通不再成正比；比磁通增加得更快；当铁心中的磁通波形呈正弦波形时，空载电流为尖顶波形，尖的程度与磁路的饱和程度有关。磁路饱和后，励磁电流波形由磁化曲线和磁通波形求得。

当励磁电流中的 3 次谐波分量不能流通时，磁通波形为平顶波；磁通中存在的谐波所感应的电动势也有谐波分量。

当空载电流为非正弦的尖顶波时，励磁电流的有效值 I_{m} 为

$$I_{\mathrm{m}} = \sqrt{\left(\frac{I_{\mathrm{m1m}}}{\sqrt{2}}\right)^2 + \left(\frac{I_{\mathrm{m3m}}}{\sqrt{2}}\right)^2 + \left(\frac{I_{\mathrm{m5m}}}{\sqrt{2}}\right)^2 + \cdots}$$

式中　I_{m1m}、I_{m3m}、I_{m5m}——基波、3 次、5 次谐波电流的幅值。

（2）三相变压器不同联结组中的电动势波形。

三相变压器的三相绕组中的 3 次谐波电流大小相等、时间相位相同；当三相绕组星形三角形联结、无中性线引出时，3 次谐波电流无法同时流入或流出中点，则 3 次谐波电流不能流通。当三相绕组三角形联结或星形有中性线引出时，3 次谐波电流可以在三角形联结的闭路或星形连接的中性线流通。

1）"YN，y"或"D，y"联结的三相变压器。YN 联结的中性线上的 3 次谐波电流等于每相绕组中的 3 次谐波电流的 3 倍。"YN，y"或"D，y"联结的三相变压器一次侧接三相交流电源后，3 次谐波电流均可在一次侧绕组流通，即使磁路饱和时，铁心中的磁通和绕组中的感应电动势为或接近正弦波。且一次侧、二次侧的线电动势（电压）、相电动势（电压）波形均为正弦波。

2）"Y，y"联结的三相变压器。当磁路饱和时，铁心中的磁通为平顶波，包含奇次谐波分量，3 次谐波磁通影响最大。

①三相组式变压器：各相之间磁路互不关联，3 次谐波磁通 Φ_3 可以同在基波磁通 Φ_1 的路径流通。每相感应电动势中将包含有较大的 3 次谐波电动势 e_3。由于三相中的 3 次谐波电动势各相是同相的、大小相同的，所以在线电压（势）中互相抵消，因此线电压波形仍为正弦波。3 次谐波电动势使相电压增高，略去 5 次及以上的谐波，则每相电动势有效值 E_{p} 为

$$E_{\mathrm{p}} = \sqrt{E_{\mathrm{1p}}^2 + E_{\mathrm{3p}}^2}$$

式中　E_{1p}、E_{3p}——每相感应电动势的基波、3 次谐波分量。

则每相电动势有效值 E_{p} 比基波电动势 E_1 增大 10%～17%，而电动势 e_{p} 的幅值比基波电动势的幅值增大 45%～60%，将危及变压器绕组的纵绝缘。电力变压器中不能采用"Y，y"联结的三相变压器组。

②三相心式变压器：三相铁心互相关联，3 次谐波磁通大大削弱，则主磁通仍接近正弦波，每相电动势也接近正弦波。即使在铁心饱和时，相电动势、线电动势可以认为具有正弦波形。中小型三相心式变压器中，可以采用"Y，y"联结。

3）"Y，d"联结的三相变压器。三角形联结（d）的绕组中可以存在方向相同的 3 次谐波电流，提供励磁电流中所需的 3 次谐波电流分量，从而保持电动势接近于或达到正弦波形。铁心中的磁通决定于一次侧绕组和二次侧绕组的总磁动势，所以三角形连接（d）的绕组在一次侧或二次侧没有区别。该接法为国家标准连接组之一。

10. 用变压器组接线方式及极性端判断三相变压器联结组别的方法

（1）判断原则：高、低压侧绕组的绕向、标号和联结方式。

（2）时钟法：时钟的分（长）针表示高压侧的某线电压的相量，如 $\dot{U}_{\mathrm{AB}}$，固定指向 12 的位置；时钟的时（短）针表示低压侧的对应线电压的相量，如 $\dot{U}_{\mathrm{ab}}$，其所指的钟点数为变压器联结组的标号。

1）Yy 联结：当各相绕组同铁心柱时。

高、低压绕组同极性端有相同的首端标示，高、低压绕组相电动势相位相同，则高、低压绕组对应线电动势也同相位，联结组为 Yy0；Yy0 联结组表示高、低压绕组对应的各线电压同相（因为同极性端标为首端，高、低压绕组对应的各相电压同相），$\dot{U}_{AB}$ 与 $\dot{U}_{ab}$ 都指向 12 点（即 0 点），如图 4.6-1 所示。

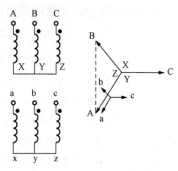

图 4.6-1　Yy0 联结的联结组

2）Yd 联结：高压绕组为 Y 联结，低压绕组为 d 联结。

从 x 点出发，画 $\dot{E}_a$ 与 $\dot{E}_A$ 同相；a 点与 y 点相连，因此 $\dot{E}_b$ 相量从 a 点出发，画 $\dot{E}_b$ 与 $\dot{E}_B$ 同相；b 点与 z 点相连，因此 $\dot{E}_c$ 相量从 b 点出发，画 $\dot{E}_c$ 与 $\dot{E}_C$ 同相；又 c 点和 x 点相连，因此 $\dot{E}_c$ 相量回到 x 点，形成一个闭合三角形。因 $\dot{E}_{ab}=-\dot{E}_b$，所以当 $\dot{E}_{AB}$ 指向 12 点时，$\dot{E}_{ab}$ 指向 11 点，为 Yd11 联结组，如图 4.6-2（a）所示。同理，可得 Yd1 联结组，如图 4.6-2（b）所示。

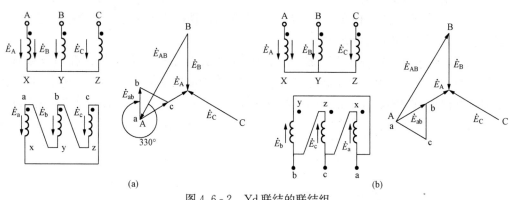

(a)　　　　　　　　　　　　(b)

图 4.6-2　Yd 联结的联结组

(a) Yd11；(b) Yd1

11. 变压器的绝缘系统及冷却方式、允许温升

（1）温升。变压器中某部分的温度与周围冷却介质温度之差称为该部分的温升。变压器各部分的允许温升取决于绝缘材料，变压器绝缘等级确定后最高允许温度也一定。

（2）冷却方式。冷却介质有变压器油和水两种。前者的冷却方式称为油浸式，分为油浸自冷式（ONAN）、油浸风冷式（ONAF）和强迫油循环（强迫导向油循环风冷或水冷）（ODAF 或 ODWF）三种。

12. 自耦变压器

自耦变压器的等效电路和结构如图 4.6-3 所示。

（1）公共绕组。公共绕组是供高、低压两侧共用的绕组 cd，串联绕组是与公共绕组串联后供高压侧使用的绕组 bc。

自耦变压器的变比为 $k_a=\dfrac{U_1}{U_2}=\dfrac{N_{bd}}{N_{cd}}$，忽略漏阻抗压降。为双绕组变压器的变比。

公共绕组电流与一次侧电流之间的关系为 $\dfrac{\dot{I}}{\dot{I}_1}=\dfrac{N_{bd}-N_{cd}}{N_{cd}}=k_a-1$。

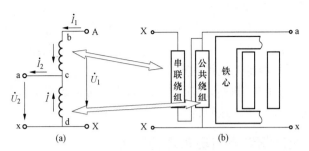

图 4.6 - 3　自耦变压器原理图

(a) 等效电路；(b) 结构

公共绕组电流与二次侧电流之间的关系为 $\dfrac{\dot{I}}{\dot{I}_2} = \dfrac{\dot{I}}{k_a \dot{I}_1} = 1 - \dfrac{1}{k_a}$。

(2) 容量关系。自耦变压器传输的功率为：$S_1 = U_1 I_1 = S_2 = U_2 I_2 = U_2(I_1 + I) = U_2 I_1 + U_2 I = S_C + S_M$。

1) 额定容量。自耦变压器的额定容量 S_N（又叫通过容量）和标准容量（又叫电磁容量）二者是不相等的，额定容量指的是自耦变压器总的输入或输出容量。即 $S_N = U_{1N} I_{1N} = U_{2N} I_{2N}$。

2) 标准容量。又称绕组容量，是指由电磁联系传输的最大功率，即电磁容量 $S_a = S_M = U_2 I = U_2 I_2 \left(1 - \dfrac{1}{k_a}\right) = \left(1 - \dfrac{1}{k_a}\right) S_2 = k_b S_2$，自耦变压器的效益系数为 $k_b = 1 - \dfrac{1}{k_a}$。

3) 传导容量。由电路传递的容量为 $S_C = U_2 I_1 = \dfrac{1}{k_a} U_2 I_2 = \dfrac{1}{k_a} S_2$。

4) 自耦变压器的输出容量。由电源通过变压器传到负载的输出容量分为绕组的电磁容量（通过 Aa 段绕组和 ax 段绕组之间电磁感应传过去的）和传导容量（电流通过传导直接达到负载）。传导容量不需要增加绕组容量，自耦变压器的二次侧可以直接向电源吸收传导功率。

(3) 第三绕组。与普通变压相同，自耦变压器的第三绕组接成三角形，与公共绕组和串联绕组只有电磁联系。第三绕组的作用：

1) 消除三次谐波。

2) 减小自耦变压器的零序阻抗。

3) 单独供电降压型自耦变压器中，功率主要从高压侧流向中压侧，第三绕组与公共绕组并列靠近串联绕组。

(4) 运行方式。运行方式有：自耦运行方式（第三绕组空载）、变压运行方式、联合运行方式（三个绕组均有功率通过，情况复杂）。

最典型的联合运行方式有以下几种方式：运行方式一高压侧同时向中压和低压侧传输功率；运行方式二中压侧同时向高压和低压侧传输功率。

1) 运行方式一：高压侧同时向中压和低压侧（或中压和低压侧同时向高压侧）传输功率。

当中、低压侧功率因数相等时，显然 $S_s > S_c$，串联绕组负荷较大，最大传输功率受到串联绕组容量的限制，运行中应注意监视串联绕组负荷。

2) 运行方式二：中压侧同时向高压和低压侧（或高压和低压侧同时向中压侧）传输

功率。

当高、低压侧功率因数相等时，有 $S_c=K_b S_1+S_3$ 显然 $S_c>S_s$，公共绕组负荷较大，最大传输功率受到公共绕组容量的限制，运行中应注意监视公共绕组负荷。在此运行方式下运行时，自耦变压器的容量不能得到充分利用。

3）运行方式三：低压侧同时向高压和中压侧传输功率或相反限制条件为低压绕组容量，通过容量最大为标准容量，这时自耦变压器的效益最低。

4.6.2　供配电专业高频考点与历年真题解析

考点 1：变压器变比和参数的测定方法

【4.6-1】（2023）　一台变压器加额定电压，现将电源的频率从 50Hz 变为 60Hz，并假定磁路线性，其他情况不变，主磁通、空载电流和励磁阻抗分别为原来的：

A. 0.83 倍、0.83 倍、1 倍　　　　　　　　B. 1 倍、0.83 倍、1 倍

C. 0.83 倍、0.83 倍、1.2 倍　　　　　　　D. 1 倍、0.83 倍、1.2 倍

答案：C

解题过程：当频率 f 变为原来的 1.2 倍时，电压 U 不变，根据 $U\approx E_1=4.44N_1 f\varphi_m$ 可知，则主磁通 φ_m 变为原来的 0.83 倍。Λ_m 不变，励磁阻抗 $Z_m=2\pi f N_1^2 \Lambda_m$，励磁阻抗变为原来的 1.2 倍。$E_1$ 不变，空载电流 $I_0=\dfrac{E_1}{Z_m}$，因励磁阻抗变为原来的 1.2 倍，空载电流为原来的 0.83 倍。

【4.6-2】（2023）　若变压器铁芯在叠装时，由于装配工艺不良，铁芯间隙较大，其空载电流：

A. 减小　　　　　　　B. 增大　　　　　　　C. 不变　　　　　　　D. 没关系

答案：B

解题过程：变压器的铁芯是硅钢片叠制而成的，当硅钢片间的间隙增大时，磁导率减小，从而使得磁路的磁导 Λ_m 减小，根据 $Z_m\approx X_m=2\pi f N_1^2 \Lambda_m$，励磁阻抗减小。再根据空载电流 $I_0=\dfrac{\varepsilon_1}{Z_m}$，变压器在并网运行时，电压不变，所以空载电流增大。

【4.6-3】（2022）　一台 Yd 连接的三相变压器，额定容量 $S_N=3150kVA$，U_{1N}/U_{2N} 35kV/10kV，则二次侧额定电流 I_{2N} 为：

A. 60.6A　　　　　　　B. 315A　　　　　　　C. 105.8A　　　　　　　D. 181.9A

答案：D

解题过程：$I_{2N}=\dfrac{S_N}{\sqrt{3}U_{2N}}=\dfrac{3150}{\sqrt{3}\times10}A=181.86A$

【4.6-4】（2022）　对于 Dy 接线的变压器，假设一次绕组匝数与二次绕组匝数之比是 a，一次绕组的额定电压与二次绕组的额定电压之比是：

A. $\dfrac{1}{a}$　　　　　　　B. $\dfrac{1}{\sqrt{3}a}$　　　　　　　C. a　　　　　　　D. $\sqrt{3}a$

答案：B

解题过程：对一次绕组 D 接线方式，线电压等于相电压，对二次绕组 y 接线方式，线电压

是相电压的 $\sqrt{3}$ 倍，当一次绕组匝数与二次绕组匝数之比为 a 时，一次绕组的额定电压与二次绕组的额定电压之比是 $\dfrac{1}{\sqrt{3}\,a}$ 。

【4.6-5】(2022) 变压器空载试验测得的数据，用于：
A. 励磁电抗及铁心损耗
B. 一次侧漏抗及铁心损耗
C. 二次侧漏抗及二次侧电阻
D. 励磁电抗及二次侧电阻
答案：A
解题过程：通过空载试验可测定变比 k，空载电流 I_0、铁损耗 p_{Fe}、励磁电阻 R_m 和励磁电抗 X_m。

【4.6-6】(2021) 一台三相三绕组变压器，其参数额定容量 2000MVA，额定电压 35/10kV，则该变压器高压侧与低压侧变比为：
A. 3.1
B. 3.5
C. 11
D. 12.1
答案：B

解题过程：$k = \dfrac{35}{10} = 3.5$。

【4.6-7】(2020) 一台 Yd 连接的三相变压器，额定容量 $S_N = 800\text{kVA}$，$U_{1N}/U_{2N} = 10\text{kV}/0.4\text{kV}$，则二次侧额定电流为：
A. 384.9A
B. 222.2A
C. 666.6A
D. 1154.5A
答案：D
解题过程：根据三相变压器二次侧额定电流计算公式可得：
$$I_{2N} = \frac{S_N}{\sqrt{3} \times U_{2N}} = \frac{800}{\sqrt{3} \times 0.4}\text{A} = 1154.73\text{A}$$

【4.6-8】(2020) 对于 Yd 接线的变压器，假设一次绕组匝数与二次绕组匝数之比是 a，一次绕组的额定电压与二次绕组的额定电压之比是：
A. $\dfrac{1}{a}$
B. $\dfrac{1}{\sqrt{3}\,a}$
C. a
D. $\sqrt{3}\,a$
答案：D

解题过程：对一次绕组 Y 接线方式，线电压是相电压的 $\sqrt{3}$ 倍，对二次绕组 d 接线方式，线电压等于相电压，所以当一次绕组匝数与二次绕组匝数之比为 a 时，一次绕组的额定电压与二次绕组的额定电压之比是 $\sqrt{3}\,a$ 。

【4.6-9】(2020) 做变压器短路试验所测的数据，可用于计算：
A. 励磁阻抗及铁心损耗
B. 一次侧漏抗及铁心损耗
C. 二次侧漏抗及二次侧电阻
D. 励磁阻抗及二次侧电阻
答案：C
解题过程：变压器短路试验是指将变压器一侧短路，而从另一侧绕组（分接头额定位置）加入额定功率的交流电压，使变压器绕组内的电流为额定值，测量所加电压和功率即为阻抗电压和短路损耗，可用于计算二次侧漏抗和二次侧电阻。

【4.6-10】(2019) 一台 Yd 连接的三相变压器，额定容量 $S_N = 3150\text{kVA}$，$U_{1N}/U_{2N} = 35\text{kV}/6.3\text{kV}$，则二次侧额定电流为：

A. 202.07A B. 288.68A C. 166.67A D. 151.96A

答案：B

解题过程：$I_{2N}=\dfrac{S_N}{\sqrt{3}U_{2N}}=\dfrac{3150}{\sqrt{3}\times6.3}$ A＝288.675A。

【4.6-11】(2019) 一台三相变压器，Yd 连接，$U_{1N}/U_{2N}=35\text{kV}/6.3\text{kV}$，则该变压器的变比为：

A. 3.208 B. 1 C. 5.56 D. 9.62

答案：A

解题过程：$k=\dfrac{U_{1N}/\sqrt{3}}{U_{2N}}=\dfrac{35/\sqrt{3}}{6.3}=3.2075$。

【4.6-12】(2019) 变压器空载电流小的原因是：

A. 一次绕组匝数多，电阻很大　　　　B. 一次绕组的漏抗很大

C. 变压器的励磁阻抗大　　　　　　　D. 变压器的电阻很大

答案：C

解题过程：变压器空载电流主要用于产生主磁通，空载电流也称为励磁电流。变压器的励磁阻抗大，则空载电流小。

考点 2：变压器工作原理

【4.6-13】(2018) 变压器的基本工作原理是：

A. 电磁感应 B. 电流的磁效应 C. 能量平衡 D. 电流的热效应

答案：A

解题过程：变压器是一种静止的电气设备。它是根据电磁感应的原理，将某一等级的交流电压和电流转换成同频率的另一等级电压和电流的设备。作用：变换交流电压、交换交流电流和变换阻抗。

考点 3：变压器电势平衡方程式及各量含义

【4.6-14】(2017) 若电源电压不变，变压器在空载和负载两种运行情况时的主磁通幅值大小关系为：

A. 完全相等 B. 基本相等 C. 相差很大 D. 不确定

答案：B

解题过程：变压器空载时，一次侧接交流电源电压 u_1，一次绕组中有空载电流（励磁电流）i_0 流过，同时链着一次、二次绕组的磁通称为主磁通，幅值为 ϕ_m，只链一次绕组或二次绕组本身的磁通称为漏磁通。空载时，只有一次绕组漏磁通，幅值为 ϕ_{s1}，空载运行时，主磁通占总磁通的绝大部分，漏磁通很小，仅占 0.1%～0.2%。电力变压器设计时，一次绕组漏抗设得很小，即使在额定负载下运行，一次电流为额定电流时其数值比空载电流 I_0 大很多倍，则 $U_1\approx E_1=4.44fN_1\phi_m$。因此空载、负载运行，其主磁通的数值虽然有些差别，但差别不大。

考点 4：变压器电压调整率

【4.6-15】(2023) 一台三相电力变压器，额定容量 $S_N=1000\text{kVA}$，额定电压 $U_{1N}/U_{2N}=$

10 000V/3300V，Yd11 连接组，每相短路阻抗 $Z_k=0.015+j0.053\Omega$，该变压器一次侧接额定电压，二次侧接三角形对称负载，每相负载阻抗 $Z_L=50+j85\Omega$，计算电压调整率：

A. 2.5%　　　　　B. 1.7%　　　　　C. 5%　　　　　D. 0.1%

答案：B

解题过程：（1）一次侧：

相电压额定值 $U_1=\dfrac{U_{1N}}{\sqrt{3}}=\dfrac{10\ 000}{\sqrt{3}}V=5773.5V$。

相电流额定值 $I_{1N}=\dfrac{S_N}{\sqrt{3}U_{1N}}=\dfrac{1000\times10^3}{\sqrt{3}\times10\ 000}A=57.735A$。

相阻抗基值 $Z_{1N}=\dfrac{U_{1N}^2}{S_N}=\dfrac{10\ 000^2}{1000\times10^3}\Omega=100\Omega$。

短路电抗实际值 $Z_K=Z_K^*Z_{1N}=(0.015+j0.053)\times100\Omega=(1.5+j5.3)\Omega$。

（2）变压器变比 $k=\dfrac{U_1}{U_2}=\dfrac{U_{1N}}{\sqrt{3}U_{2N}}=\dfrac{10\ 000}{\sqrt{3}\times3300}=1.75$。

（3）每相总阻抗 $Z=Z_K+Z_L'=(1.5+j5.3)+k^2Z_L$
$=(1.5+j5.3)+1.75^2\times(50+j85)=154.6+j265.5=307.23\angle59.79°\Omega$。

（4）一次侧电流 $I_1=\dfrac{U_{1N}}{\sqrt{3}Z}=\dfrac{10\ 000}{\sqrt{3}\times307.23}A=18.79A$，二次侧电流为 $I_2=\sqrt{3}kI_1=\sqrt{3}\times1.75\times18.79A=56.96A$。

（5）$\beta=\dfrac{I_2}{I_{2N}}=\dfrac{56.96}{\sqrt{3}\times1.75\times57.735}=0.325$。

（6）$\Delta U=(R_k^*\cos\varphi_2+X_k^*\sin\varphi_2)\beta=[0.015\times\cos59.79°+0.053\times\sin59.79°]\times0.325$
$=0.0174$。

【4.6-16】（2017） 一台变压器工作时额定电压调整率等于零，此负载应为：

A. 电阻性负载　　　　　　　　　B. 电阻电容性负载

C. 电感性负载　　　　　　　　　D. 电阻电感性负载

答案：B

解题过程：电压调整率与变压器的参数、负载的性质和大小有关，电压变化率反映了变压器供电电压的稳定性。

　　在电力变压器中，一般 $X_k\gg r_k$，则纯电阻负载时，ΔU 为正值，且很小。

　　容性负载时，ΔU 也可能会等于零。

【4.6-17】（2017） 一台单相变压器，额定容量 $S_N=1000kVA$，额定电压 $U_N=100/6.3kV$，额定频率 $f_N=50Hz$，短路阻抗 $Z_k=74.9+j315.2\Omega$，该变压器负载运行时电压变化率恰好等于 0，则负载性质和功率因数 $\cos\varphi_2$ 为：

A. 感性负载 $\cos\varphi_2=0.973$　　　　　B. 感性负载 $\cos\varphi_2=0.8$

C. 容性负载 $\cos\varphi_2=0.973$　　　　　D. 容性负载 $\cos\varphi_2=0.8$

答案：C

解题过程：一次侧阻抗　$Z_{1N}=\dfrac{U_{1N}^2}{S_N}=\dfrac{100^2}{1000}=10\ 000\ \Omega=10\ 000\Omega$

一次侧额定电流 $\quad I_{1N}=\dfrac{S_N}{U_{1N}}=\dfrac{1000}{100}$ A$=10$A

根据题意可知短路电阻 $R_K=74.9\Omega$，短路电抗为 $X_K=315.2\Omega$。

短路电阻标幺值 $\quad R_{K*}=\dfrac{R_K}{Z_{1N}}=\dfrac{74.9}{10\ 000}=0.007\ 49$

短路电抗标幺值 $\quad X_{K*}=\dfrac{X_K}{Z_{1N}}=\dfrac{315.2}{10\ 000}=0.031\ 52$

额定负载时，负载率 $\beta=1$，根据题意可知电压调整率为 0，为容性负载，则

$\Delta U=(R_{K*}\cos\varphi_2+X_{K*}\sin\varphi_2)\beta=(0.007\ 49\times\cos\varphi_2+0.031\ 52\times\sin\varphi_2)\times1=0$

$0.007\ 49\times\cos\varphi_2=-0.031\ 52\times\sin\varphi_2\Rightarrow\tan\varphi_2=-\dfrac{0.007\ 49}{0.031\ 52}\Rightarrow\varphi_2=-13.367°$

$$\cos\varphi_2=0.9729$$

【4.6-18】(2016) 一台 $S_N=1800$kVA，$U_{1N}/U_{2N}=10\ 000/400$V，Yyn 联结的三相变压器，其阻抗电压 $u_k=4.5\%$，当有额定电流时的短路损耗 $P_{1N}=22\ 000$W，当一次侧保持额定电压，二次侧电流达到额定且功率因数为 0.8 滞后（时），其电压调整率 ΔU 为：

A. 0.98%   B. 2.6%   C. 3.23%   D. 4.08%

答案：D

解题过程： 由已知可得变压器一次侧额定电流：$I_{1N}=\dfrac{S_N}{\sqrt{3}U_N}=\dfrac{1800}{\sqrt{3}\times10\ 000}kA=103.9$A

短路阻抗 $\quad Z_K=U_K\times\dfrac{U_{1N}}{I_{1N}}=0.045\times\dfrac{10\ 000}{103.9}\Omega=4.33\Omega$

短路电阻 $\quad R_K=\dfrac{P_{kN}}{I_{1N}^2}=\dfrac{22\ 000}{103.9^2}\Omega=2.04\Omega$

短路电抗 $\quad X_K=\sqrt{Z_K^2-R_K^2}=\sqrt{4.33^2-2.04^2}\ \Omega=3.82\Omega$

额定负载下 $\beta=1$，代入电压调整率公式：

$$\Delta U\%=\beta\left(\dfrac{I_{1N}R_K\cos\varphi_2+I_{1N}X_K\sin\varphi_2}{U_{1N}}\right)\times100\%$$

$$=\dfrac{103.9\times2.04\times0.8+103.9\times3.82\times0.6}{10\ 000}\times100\%$$

$$=4.08\%$$

【4.6-19】(2014) 一台单相变压器，$S_N=20\ 000$kVA，$U_{1N}/U_{2N}=127$kV/11kV，短路实验在高压侧进行，测得 $U_K=9240$V，$I_K=157.5$A，$p_K=129$kW。在额定负载下，$\cos\varphi_2=0.8$（$\varphi_2<0$）时的电压调整率为：

A. 4.98%   B. 4.86%   C. −3.71%   D. −3.83%

答案：D

解题过程：
$$Z_{1N}=\dfrac{U_{1N}^2}{S_N}=\dfrac{127\ 000^2}{20\ 000\ 000}\Omega=806.45\Omega$$

$$I_{1N}=\dfrac{S_N}{U_{1N}}=\dfrac{20\ 000}{127\ 000}\text{kA}=157.48\text{A}$$

$$Z_K=\dfrac{U_K}{I_{1N}}=\dfrac{9240}{157.48}\Omega=58.674\Omega$$

$$R_K = \frac{p_K}{I_{1N}^2} = \frac{129\,000}{157.48^2}\Omega = 5.201\,623\,3\,\Omega$$

$$X_K = \sqrt{Z_K^2 - R_K^2} = \sqrt{58.674^2 - 5.201\,623\,3^2}\,\Omega = 58.443\,\Omega$$

$$R_{K*} = \frac{R_K}{Z_{1N}} = \frac{5.201\,623\,3}{806.45} = 0.006\,45$$

$$X_{K*} = \frac{X_K}{Z_{1N}} = \frac{58.443}{806.45} = 0.072\,47$$

额定负载时，负载率 $\beta=1$，根据题意可知 $\sin\varphi_2 = -0.6$（$\varphi_2<0$），则电压调整率为

$\Delta U = (R_{K*}\cos\varphi_2 + X_{K*}\sin\varphi_2)\beta = [0.006\,45 \times 0.8 + 0.072\,47 \times (-0.6)] \times 1 = -3.8322\%$。

考点 5：变压器在空载合闸时产生很大冲击电流的原因

【4.6-20】（2016） 一台单相变压器二次侧开路，若将其一次侧接入电网运行，电网电压的表达式为 $u = U_{1m}\sin(\omega t + \alpha)$，$\alpha$ 为 $t=0$ 合闸时电压的初相角。试问当 α 为何值时合闸电流最小？

A. 0°　　　　　B. 45°　　　　　C. 90°　　　　　D. 135°

答案： C

解题过程： 变压器空载合闸，合闸瞬间，由于变压器铁心的饱和现象和剩磁的存在，可能造成大大超过正常空载电流的冲击电流，很可能引起开关合闸不成功，变压器无法接入电网。变压器二次侧空载，一次侧绕组在 $t=0$ 时接入电网，在接通过程中，变压器一次侧的电路方程式为 $\Phi = \frac{\sqrt{2}U_1}{\omega N_1}[\cos\alpha - \cos(\omega t + \alpha)] = \Phi_m[\cos\alpha - \cos(\omega t + \alpha)]$。

空载合闸过程中，主磁通的大小与合闸角 α 密切相关。当 $\alpha=0°$ 时，暂态过程出现最严重的情况 $\Phi = \Phi_m(1 - \cos\omega t)$，主磁通将达到稳态最大值的 2 倍。当 $\alpha=90°$ 时合闸，则合闸时的磁通为 $\Phi_t = -\Phi_m(\cos\omega t + 90°) = \Phi_m\sin\omega t$，即合闸以后就进入稳定状态，不会发生瞬态过程，这时候的合闸电流最小。

考点 6：变压器的效率及最高效率

★【4.6-21】（2016、2014） 两台变压器 A 和 B 并联运行，已知 $S_{NA}=1200\text{kVA}$，$S_{NB}=1800\text{kVA}$，阻抗电压 $u_{kA}=6.5\%$，$u_{kB}=7.2\%$，且已知变压器 A 在额定电流下的铜耗和额定电压下的铁耗分别为 $p_{CuA}=1500\text{W}$ 和 $p_{FeA}=540\text{W}$，那么两台变压器并联运行，当变压器 A 运行在具有最大效率的情况下，两台变压器所能供给的总负载为：

A. 1695kVA　　　B. 2825kVA　　　C. 3000kVA　　　D. 3129kVA

答案： A

解题过程： 当变压器 A 短路实验时额定电流下的铜耗 $p_{CuA}=1500\text{W}$、空载实验时额定电压时的铁耗 $p_{FeA}=540\text{W}$，当变压器 A 运行在最大效率时，其获得最大效率的负载系数为 $\beta_A = \frac{S_A}{S_{AN}} = \sqrt{\frac{p_{FeA}}{p_{CuA}}} = \sqrt{\frac{540}{1500}} = 0.6$，则其所承担的负荷为 $S_A = \beta_A S_{AN} = 0.6 \times 1200\text{kVA} = 720\text{kVA}$。

已知变压器并联运行，则 $\frac{S_A}{S_{AN}} : \frac{S_B}{S_{BN}} = \frac{1}{u_{kA}} : \frac{1}{u_{kB}}$，将已知数据代入可得 $0.6 : \frac{S_B}{1800} =$

$$\frac{1}{6.5\%} : \frac{1}{7.2\%}，求得 S_B=975kVA。$$

则两台变压器所带总负载为：$S_A+S_B=1695kVA$。

考点7： 用变压器组接线方式及极性端判断三相变压器联结组别的方法

【4.6 - 22】(2018) 对于YNd11接线变压器，下列表示法正确的是：

A. 低压侧电压超前高压侧电压 30°　　　　 B. 低压侧电压滞后高压侧电压 30°

C. 低压侧电流超前高压侧电流 30°　　　　 D. 低压侧电流滞后高压侧电流 30°

答案： A

解题过程： 于YNd11接线的变压器，高压侧为星形带中性点的接线，低压侧为三角形接线，变压器低压侧的线电压超前高压侧线电压 30°。

4.6.3　发输变电专业高频考点与历年真题解析

考点1： 变压器变比和参数的测定方法

【4.6 - 23】(2024) 变压器的其他条件不变时，电源频率减少 15%，假设磁路不饱和，则一次绕组漏电抗 x_1 和二次绕组漏电抗 x_2 会：

A. 增加 10%　　 B. 不变　　　　 C. 减少 15%　　 D. 减少 20%

答案： C

解题过程： 一次绕组漏电抗 $x_1=2\pi fL_1$，二次绕组漏电抗 $x_2=2\pi fL_2$，当 $f'=(1-15\%)f$ 时，一次绕组漏电抗和二次绕组漏电抗均减少 15%。

【4.6 - 24】(2024) 一台变压器的高压绕组由两个完全相同的可以串联也可以并联的绕组组成，当它们并联施以 10kV、50Hz 电压时，其空载电流为 20A，空载损耗 16kW。如果将它们改为串联并施以 10kV、50Hz 电压时，其空载电流与空载损耗分别为：

A. 40A、32kW　　 B. 15A、16kW　　 C. 20A、8kW　　 D. 5A、4kW

答案： D

解题过程： 根据题意可知两台变压器的内阻抗相等。并联时变压器每个绕组的空载电流 $I_0=20A/2=10A$，串联时变压器每个绕组的空载电流 $I_0=10A/2=5A$，则串联时总的空载电流为 5A。并联时变压器每个绕组的空载损耗 $p_0=16kW/2=8kW$，串联时每个绕组的空载损耗 $p_0=8kW/4=2kW$，则串联时总的空载损耗为 $2\times 2kW=4kW$。

【4.6 - 25】(2023) 一般性质的 110kV 变电站中有两台额定容量为 300MVA 的 110/35kV 主变压器，其同时运行的负荷率为 65%，110kV 架空线路进线 2 回，35kV 出线 8 回，110kV 母线穿越功率为 200MVA。最大运行方式下，110kV 进线的额定电流为：

A. 3097A　　　 B. 1575A　　　 C. 2654A　　　 D. 2624A

答案： A

解题过程： 两台变压器在负荷率为 65% 时的同时运行容量为：$S_{T\Sigma}=2\times 300MVA\times 65\%=390MVA$。110kV 母线穿越功率 200MVA，则最大运行方式下，110kV 进线侧总容量：$S_\Sigma=390MVA+200MVA=590MVA$。

则 110kV 进线侧的额定电流：$I=\dfrac{S_\Sigma}{\sqrt{3}\times U_N}=\dfrac{590}{\sqrt{3}\times 110}\times 10^3 A=3096.69A$。

【4.6-26】（2022） 若外加电压随时间正弦变化，当磁路饱和，单相变压器的磁动势随时间变化波形：

A. 平顶波   B. 尖顶波   C. 矩形波   D. 正弦波

答案：B

解题过程：单相变压器由于磁路饱和，当主磁通为正弦波时，励磁电流波形为尖顶波，磁动势与励磁电流成正比，所以单相变压器的励磁磁动势随时间变化的波形亦为尖顶波。

【4.6-27】（2022、2007） 额定频率 50Hz 的变压器接到 60Hz 频率电源上，电压保持不变，那么此时变压器铁的磁通与原来相比（假设磁路不饱和）：

A. 为 0   B. 不变   C. 减少   D. 增加

答案：C

解题过程：额定频率为 50Hz 时，变压器一次侧额定电压为：

$$U_{1N} \approx E_1 = 4.44 N_1 f \phi_m = 4.44 N_1 \times 50 \times \phi_m$$

当频率 $f' = 60$Hz 时，$U_{1N} \approx E_1 = 4.44 N_1 f' \phi'_m = 4.44 N_1 \times 60 \times \phi'_m$；则磁通 ϕ'_m 减小。

【4.6-28】（2022） 一台 Yd 系统的三相变压器，额定容量 $S_N = 3150$kVA，$U_{1N} = U_{2N} = 35$kV/10kV，则二次侧额定电流为：

A. 60.6A   B. 315.0A   C. 105.0A   D. 181.9A

答案：D

解题过程：二次侧额定电流为 $I_{2N} = \dfrac{S_N}{U_{2N}} = \dfrac{3150\text{kVA}}{\sqrt{3} \times 10\text{kV}} = 181.9$A。

【4.6-29】（2021） 变压器的其他条件不变时，电源频率减少 10%，则一次绕组漏电抗 x_1 和二次绕组漏电抗 x_2 会（假设磁路不饱和）：

A. 增加 10%   B. 不变   C. 减少 10%   D. 减少 20%

答案：C

解题过程：变压器一次绕组漏电抗 $x_1 = 2\pi f L_1$、二次绕组漏电抗 $x_2 = 2\pi f L_2$，当 $f' = 0.9f$ 时，一次绕组漏电抗和二次绕组漏电抗均减少 10%。

【4.6-30】（2018） 变压器在做短路实验时：

A. 低压侧接入电源，高压侧开路   B. 低压侧接入电源，高压侧短路

C. 低压侧开路，高压侧接入电源   D. 低压侧短路，高压侧接入电源

答案：D

解题过程：空载实验时，二次绕组开路，一次绕组加额定电压。短路实验时，二次绕组短路，一次绕组加一可调的低电压；即高压侧加电压，低压侧短路。

【4.6-31】（2017、2016） 一台单相变压器，$S_N = 3$kVA，$U_{1N}/U_{2N} = 230$V/115V，一次绕组漏阻抗 $Z_{1\sigma} = 0.2 + j0.6\Omega$，二次绕组漏阻抗 $Z_{2\sigma} = 0.05 + j0.14\Omega$，当变压器输出电流 $I_2 = 21$A，功率因数 $\cos\varphi_2 = 0.75$（滞后）负载时的二次侧电压为：

A. 108.04V   B. 109.4V   C. 110V   D. 115V

答案：C

解题过程：变压器的近似等效电路如图 4.6-4（a）所示；忽略空载电流，简化的等效电路如图 4.6-4（b）所示。$Z_k = Z_1 + Z_2' = r_k + jx_k$；$r_k = r_1 + r_2'$，$x_k = x_{1\sigma} + x'_{2\sigma}$。已知变压器的变比 $K = \dfrac{U_{1N}}{U_{2N}} = \dfrac{230}{115} = 2$，功率因数 $\cos\varphi = 0.75$，则 $\sin\varphi = 0.6614$。

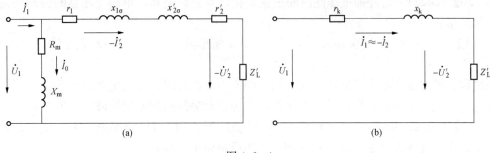

图 4.6 - 4

折算到一次侧的二次侧漏阻抗 $Z'_{2\sigma}=K^2 Z_{2\sigma}=4\times(0.05+j0.14)=0.2+j0.56$。

二次侧负载阻抗 $R_2=\dfrac{P_2}{I_2^2}=\dfrac{S_N\cos\varphi_2}{I_2^2}=\dfrac{3\times10^3\times0.75}{21^2}\Omega=5.1\Omega$

$$X_2=\dfrac{Q_2}{I_2^2}=\dfrac{S_N\sin\varphi_2}{I_2^2}=\dfrac{3\times10^3\times0.6614}{21^2}\Omega=4.499\Omega$$

折算到一次侧的二次侧负载阻抗为

$$Z'_L=k^2 Z_L=2^2\times(5.1+j4.49)=20.40+j17.96\Omega=27.18\underline{/41.36°}$$

一次侧的总漏阻抗 $Z'_{\Sigma\sigma}=0.2+j0.6+0.2+j0.56=0.4+j1.16$

归算到一次侧的二次侧电流 $I'_Z=\dfrac{I_2}{k}=21A/2=10.5A$

归算到一次侧的二次侧电压

$$\dot{U}'_2=\dot{U}_1\dfrac{Z'_L}{Z_{\Sigma\sigma}+Z'_L}=230\times\dfrac{27.18\underline{/41.36°}}{0.4+j1.16+20.40+j17.96}=230\times\dfrac{27.18\underline{/41.36°}}{28.25\underline{/42.59°}}$$

$$=221.3\underline{/-1.23°}$$

则二次侧电压 $U_2=\dfrac{U'_2}{k}=\dfrac{221.3}{2}V=110.65V$。

【4.6 - 32】（2014） 在电源电压不变的情况下，增加变压器二次侧绕组匝数，将二次侧归算到一次侧，则等效电路的 X_m 和励磁电阻 R_m 将：

A. 增大、减小   B. 减小、不变   C. 不变、不变   D. 不变、减小

答案： C

解题过程： 变电器电源电压即一次侧电压不变时，负载变化时，主磁通近似认为不变，则主磁路饱和程度和每相励磁电流基本不变，则励磁电阻和励磁电抗也基本不变。

【4.6 - 33】（2014） 三台相同的单相变压器接成三相变压器组，$f=50Hz$，$k=2$，高压绕组接成星形，加上380V 电压，3 次谐波磁通在高压绕组感应电动势为50V，当低压绕组也接为星形，忽略5 次以上谐波的影响，其相电压为：

A. 110V   B. 112.8V   C. 190.5V   D. 220V

答案： B

解题过程： 已知高压绕组的每相感应电动势 $E_{1p}=380/\sqrt{3}\,V=220V$、$E_{3p}=50V$，则忽略5 次及以上的谐波，高压绕组的每相电动势有效值 E_p 为

$$E_p=\sqrt{E_{1p}^2+E_{3p}^2}=\sqrt{220^2+50^2}\,V=225.61V$$

因为变比 $k=2$，则低压绕组的每相电压为 225.61V$/k$＝225.61V/2＝112.8V。

考点 2：变压器工作原理

【4.6-34】(2023)　当电力系统频率降低时，将导致变压器：
A. 励磁电流增加，所消耗的无功功率减小　B. 励磁电流增加，所消耗的无功功率增加
C. 励磁电流减小，所消耗的无功功率减小　D. 励磁电流减小，所消耗的无功功率增加
答案： B

解题过程： 变压器一次侧电压 $U_1 \approx E_1 = 4.44 f N_1 \phi_m$，$\phi_m \approx \dfrac{U_1}{4.44 f N_1}$。当电源电压和匝数 N_1 一定，频率降低时，主磁通增加，则空载电流 I_0 增大，则无功功率增加。

考点 3：变压器电压调整率

【4.6-35】(2024、2023)　对于满负荷运行的变压器而言，电压损失与功率因数变化的正确关系是：
A. 功率因数与电压损失无关　B. 功率因数减小，电压损失增加
C. 功率因数减小，电压损失减小　D. 功率因数减小，电压损失不变
答案： B

解题过程： 当变压器一次侧电压 U_1 保持不变时，变压器从空载到负载，其二次侧电压相应的变化数值与负载电流的大小、负载的性质（即 $\cos\varphi_2$ 的大小）以及变压器本身的参数有关，二次侧电压的变化程度用电压调整率表示。满载运行时，$\beta=1$，在电力变压器中，一般 $X_k \gg r_k$，则 $\Delta U = (R_K^* \cos\varphi_2 + X_K^* \sin\varphi_2)\beta$，当 $\cos\varphi_2$ 减小时，$\sin\varphi_2$ 增大，则二次侧电压损失增大。

【4.6-36】(2024)　一配电变压器的额定电压比 35kV/10.5kV，其满载时二次侧电压为 10.2kV，变压器的电压调整率为：
A. 15%　　B. 1.5%　　C. 3.8%　　D. 2.9%
答案： D

解题过程： 根据电压调整率的定义，$\Delta U\% = \dfrac{U_{2N}-U_2}{U_{2N}} \times 100\% = \dfrac{10.5-10.2}{10.5} \times 100\% = 2.86\%$

【4.6-37】(2021)　变压器运行时，当二次侧电流增加到额定值，若此时二次侧电压恰好等于其开路电压，即 $\Delta U\%=0$，那么二次侧阻抗的性质为：
A. 感性　　B. 容性　　C. 纯电阻性　　D. 不确定
答案： B

解题过程： 变压器二次侧阻抗为容性，电压调整率有可能等于零。

【4.6-38】(2019)　某单相变压器的额定电压为 10kV/230kV，接在 10kV 的交流电源上，向一电感性负载供电，电压调整率为 0.03，变压器满载时的二次侧电压为：
A. 230V　　B. 220V　　C. 223V　　D. 233V
答案： C

解题过程： 电压调整率 $\Delta U = \dfrac{U_{20}-U_2}{U_{2N}} \times 100\%$

由题意得 $\qquad\qquad\qquad\qquad \Delta U = 0.03$

所以 $\qquad\qquad\qquad\qquad U_{20} - U_2 = 0.03 \times 230V = 6.9V$

$$U_2 = U_{20} - 6.9 = (230 - 6.9)V = 223.1V$$

考点 4：变压器的效率及最高效率

【4.6 - 39】（2024） 一三相变压器，容量为 30000kVA，额定变比为 35/10.5kV，额定频率 50Hz。Yd 联结，已知空载试验（低压侧）$U_0 = 10.5kV$，$I_0 = 50A$，$P_0 = 90kW$；短路实验（高压侧）$U_K = 8.4kV$，$I_K = 151A$，$P_K = 190kW$。当变压器的功率因数为 0.8（滞后）时的效率为

A. 80% B. 98.7% C. 99.5% D. 98.92%

答案：D

解题过程：负载系数 $\beta = \dfrac{I}{I_N} = \sqrt{\dfrac{P_0}{P_K}} = \sqrt{\dfrac{90}{190}} = 0.688$

变压器的效率 $\eta = \dfrac{P_2}{P_1} = \dfrac{P_2}{P_2 + P_0 + P_{Cu}} = \dfrac{\beta S_N \cos\theta_2}{\beta S_N \cos\theta_2 + P_0 + \beta^2 P_{KN}} \times 100\%$

$$= \frac{0.688 \times 30000 \times 0.8}{0.688 \times 30000 \times 0.8 + 90 + 0.688^2 \times 190} \times 100\% = 98.922\%$$

【4.6 - 40】（2022） 三相变压器 $S_N = 40\,000kVA$，额定变比 35kV/10.5kV，$\Delta P_0 = 70kW$，$P_{kN} = 210kW$，功率因数 0.8（保持不变），当变压器效率达到最大时，变压器一次侧输入电流为：

A. 127A B. 381A C. 590A D. 641A

答案：B

解题过程：将参数代入，效率达最大值时的负载系数为 $\beta_m = \sqrt{\dfrac{p_0}{p_{kN}}} = \sqrt{\dfrac{70}{210}} = 0.577\,37$。

此时，变压器一次侧输入电流 $I_1 = \dfrac{\beta_m S_N}{\sqrt{3}U_{1N}} = \dfrac{0.577\,37 \times 40\,000}{\sqrt{3} \times 35}A = 380.1A$。

【4.6 - 41】（2021） 一台三相变压器，容量为 30 000kVA，额定变比为 110kV/10.5kV，额定频率 50Hz，Yd 联结。已知空载实验（低压侧）$U_0 = 10.5kV$，$I_0 = 50A$，$P_0 = 90kW$；短路实验（高压侧）$U_k = 8.4kV$，$I_k = 151A$，$P_{kN} = 190kW$。当变压器功率因数为 0.8（滞后）时的效率为：

A. 80.00% B. 98.70% C. 99.50% D. 98.92%

答案：D

解题过程：负载系数 $\beta = \dfrac{I}{I_N} = \sqrt{\dfrac{P_0}{P_{kN}}} = \sqrt{\dfrac{90}{190}} = 0.688$

效率 $\eta = \dfrac{P_2}{P_1} = \dfrac{P_2}{P_2 + P_0 + P_{Cu}} = \dfrac{\beta S_N \cos\theta_2}{\beta S_N \cos\theta_2 + P_0 + \beta^2 P_{kN}} \times 100\%$

$$= \frac{0.688 \times 30\,000 \times 0.8}{0.688 \times 30\,000 \times 0.8 + 90 + 0.688^2 \times 190} \times 100\%$$

$$= 98.92\%$$

【4.6 - 42】（2021） 一台三相变压器，容量为 63MVA，50Hz，额定变比为 220kV/

10.5kV，YN/d 联结。在额定电压下，空载电流为额定电流的 1%，空载损耗 60kW，其阻抗电压百分比为 12%，额定电流时的短路铜损耗 210kW。一次侧保持额定电压，二次侧电流达到额定电流的 80%，其功率因数为 0.8（滞后）时的效率为：

A. 90.0%　　　　　　B. 98.7%　　　　　　C. 99.5%　　　　　　D. 99.2%

答案：C

解题过程：负载系数 $\beta = \dfrac{I}{I_N} = \sqrt{\dfrac{P_0}{P_{kN}}} = \sqrt{\dfrac{60}{210}} = 0.535$

$$\text{效率}\ \eta = \frac{P_2}{P_1} = \frac{P_2}{P_2 + P_0 + P_{Cu}} = \frac{\beta S_N \cos\theta_2}{\beta S_N \cos\theta_2 + P_0 + \beta^2 P_{KN}} \times 100\%$$

$$= \frac{0.535 \times 63 \times 10^3 \times 0.8}{0.535 \times 63 \times 10^3 \times 0.8 + 60 + 0.535^2 \times 210} \times 100\%$$

$$= 99.5\%$$

【4.6-43】(2019)　一变压器容量为 10kVA，铁耗为 300W，满载时铜耗为 400W。变压器在满载时向功率因数为 0.8 的负载供电时效率为：

A. 0.8　　　　　　B. 0.97　　　　　　C. 0.95　　　　　　D. 0.92

答案：D

解题过程：变压器的效率 $\eta = \dfrac{P_2}{P_1} = \dfrac{P_2}{P_2 + P_{Fe} + P_{Cu}} = \dfrac{10 \times 0.8}{10 \times 0.8 + 0.3 + 0.4} = 0.9195$。

【4.6-44】(2017、2016)　有两台连接组相同，额定电压相同的变压器并联运行，其额定容量分别为 $S_{N1} = 3200\text{kVA}$，$S_{N2} = 5600\text{kVA}$，短路阻抗标幺值为 $Z_{k1*} = 0.07$，$Z_{k2*} = 0.075$，不计阻抗角的差别，当第一台满载，第二台所供负载为：

A. 3428.5kVA　　　　B. 5226.67kVA　　　　C. 5600.5V　　　　D. 5625.5V

答案：B

解题过程：由于变压器 1 的阻抗电压小，变压器 1 先满载，即 $\dfrac{S_1}{S_{N1}} = 1$。

根据 $\dfrac{S_1}{S_{N1}} : \dfrac{S_2}{S_{N2}} = \dfrac{1}{u_{k1}} : \dfrac{1}{u_{k2}} = \dfrac{1}{Z_{k1*}} : \dfrac{1}{Z_{k2*}}$，可得 $1 : \dfrac{S_2}{5600} = \dfrac{1}{0.07} : \dfrac{1}{0.075}$。

求得：$S_2 = 5226.67\text{kVA}$。

【4.6-45】(2014)　两台相同变压器其额定功率为 31.5MVA，在额定功率、额定电压下并联运行，每台变压器空载损耗 294kW，短路损耗 1005kW，两台变压器总有功损耗为：

A. 1.299MW　　　　B. 1.019MW　　　　C. 0.649MW　　　　D. 2.157MW

答案：B

解题过程：已知两台变压器额定功率、额定电压下并联运行，因此负载系数为条件为 $\beta = 0.5$，则每台变压器所带负载为 $S_1 = S_2 = \beta S_N = 0.5 \times 31.5\text{MVA} = 15.75\text{MVA}$，则总负荷为 $S = S_1 + S_2 = 35\text{MVA}$。

变压器的总损耗为绕组功率损耗和铁心功率损耗之和，变压器总有功损耗

$$\Delta P_\Sigma = 2p_0 + 2p_{kN}\left(\frac{S_{max}/2}{S_N}\right)^2 = 2 \times 294\text{kW} + 2 \times 1005 \times \left(\frac{35/2}{31.5}\right)^2 \text{kW} = 1090\text{kW} = 1.09\text{MW}$$

与选项 B 最接近。

考点 5：三相变压器联结组和铁心结构对谐波电流、谐波磁通的影响

【4.6-46】（2019）　图 4.6-5 所示绕组接法是：

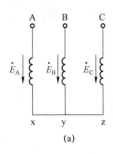 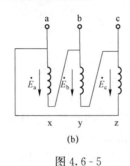 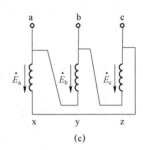

图 4.6-5

A. y 型，d 型顺接，d 型逆接　　　　　　　B. Y 型，D 型顺接，D 型逆接

C. Y 型，d 型顺接，d 型逆接　　　　　　　D. y 型，D 型顺接，d 型逆接

答案： C

解题过程： 图 4.6-5（a）为高压绕组 Y 联结；图 4.6-5（b）为低压绕组 d 顺向联结；图 4.6-5（c）为低压绕组 d 逆向联结。

考点 6：变压器的绝缘系统及冷却方式、允许温升

【4.6-47】（2019）　变压器冷却方式代号 ONAN，具体冷却方式为：

A. 油浸自冷　　　　B. 油浸风冷　　　　C. 油浸水冷　　　　D. 符号标志错误

答案： A

解题过程： ONAN 表示油浸自冷。

【4.6-48】（2018）　变压器冷却方式代号 ONAF，具体冷却方式为：

A. 油浸自冷　　　　B. 油浸风冷　　　　C. 油浸水冷　　　　D. 符号标志错误

答案： B

解题过程： ONAF 表示油浸风冷。

考点 7：自耦变压器

【4.6-49】（2017、2016）　一台三相双绕组变压器，额定容量 $S_N = 100\text{kVA}$，额定电压 $U_{1N}/U_{2N} = 3000\text{V}/400\text{V}$，Yyn0 连接，现将其改为 3000/3400V 的升压自耦变压器，改接后其额定容量与电磁容量之比为：

A. 8.5　　　　　　B. 7.5　　　　　　C. 1.1333　　　　　　D. 1

答案： A

解题过程： 自耦变压器的额定容量 $S_N = U_{1N}I_{1N} = U_{2N}I_{2N}$，标准容量即电磁容量 $S_a = S_M = \left(1 - \dfrac{1}{k_a}\right)S_N$，$k_a = \dfrac{U_1}{U_2} = \dfrac{N_{bd}}{N_{cd}}$ 自耦变压器的效益系数为 $k_b = 1 - \dfrac{1}{k_a}$。

自耦变压器的变比为 $k_a = \dfrac{E_1 + E_2}{E_2} = \dfrac{N_1 + N_2}{N_2} = k + 1$，其中 $k = \dfrac{N_1}{N_2}$ 为双绕组的

变比，则 $k_a = \dfrac{E_1 + E_2}{E_2} = \dfrac{N_1 + N_2}{N_2} = \dfrac{3400}{3000} = 1.1333$。

改接后的自耦变压器的额定容量与电磁容量的关系为

$$\frac{S_N}{S_M} = \frac{1}{1 - \dfrac{1}{k_a}} = \frac{k_a}{k_a - 1} = \frac{1.1333}{0.1333} = 8.5$$

【4.6-50】（2017、2016）　关于自耦变压器的运行方式，以下描述正确的是：

A. 联合运行方式下，当高压侧同时向中压侧和低压侧送电时，最大传输功率受公共绕组容量的限制

B. 联合运行方式下，当中压侧同时向高压侧和低压侧送电时，最大传输功率受串联绕组容量的限制

C. 联合运行方式下，当高压侧同时向中压侧和低压侧送电时，最大传输功率受第三绕组容量的限制

D. 联合运行方式下，当中压侧同时向高压侧和低压侧送电时，最大传输功率受公共绕组容量的限制

答案： D

解题过程： 中压侧同时向高压和低压侧（或高压和低压侧同时向中压侧）传输功率，显然 $S_c > S_s$，公共绕组负荷较大，最大传输功率受到公共绕组容量的限制，运行中应注意监视公共绕组负荷。在此运行方式下运行时，自耦变压器的容量不能得到充分利用。

4.7　感应电动机

4.7.1　知识点提示

1. 感应电动机的种类及主要结构

（1）种类。感应电机是一种转速和所接的交流电源的频率没有严格不变关系的交流电机。它可以是三相的，也可以是单相的。感应电机又分为笼型转子感应电机和绕线转子感应电机。感应电机主要作为电动机运行，电动机拖动机械负载旋转，输出机械功率，电动机把电能转换成机械能。

（2）结构。感应电机主要由固定部分（定子）和旋转部分（转子）两部分组成。定子和转子之间有一很小的气隙。

1）定子。感应电机的定子由定子铁心、定子绕组和机座三部分构成。

定子铁心的作用是作为电机中磁路的一部分和放置定子绕组。定子绕组是电机的电路部分，其主要作用是感应电动势，通过电流以实现机电能量转换，机座的主要作用是固定和支撑定子铁心。

2）转子。感应电机的转子由转子铁心、转子绕组和转轴等组成。

转子铁心是电机中磁路的一部分，一般也由厚 0.5mm 的硅钢片叠成。转子绕组的作用是感应电动势、流过电流和产生电磁转矩，其结构形式有笼型和绕线型两种。

3）气隙。感应电机的特点在于它的气隙很小，在中、小型感应电机中，气隙一般为 0.2～1.5mm。

气隙大小对感应电机的性能有很大的影响。为了降低电机的空载电流和提高电机的功率因数，气隙应尽可能地小。气隙稍大对抑制高次谐波磁场和磁场脉动引起的附加损耗是有利的。

（3）交流绕组。交流绕组是交流电机进行能量转换的核心部件之一，实用的三相交流电机采用分布绕组。

线匝是由不同槽内的两根导体联结而成的匝数为1的线圈。线圈节距 y_1 小于极距 τ 为短距线圈；线圈节距 y_1 等于极距 τ 为整距线圈；线圈节距 y_1 大于极距 τ 为长距线圈。

1）交流绕组中的感应电动势。

①整距线圈的感应电动势。

N_k 匝线圈基波电动势的有效值为 $E_{k1}=4.44 f_1 N_k \Phi_1$。

N_k 匝线圈 ν 次谐波电动势的有效值为 $E_{k\nu}=4.44\nu f_1 N_k \Phi_1$。

②整距分布线圈组的电动势。

（a）q 个相同的线圈串联成的线圈组的总基波电动势有效值为

$$E_{q1}=4.44 f_1 q N_k k_{d1} \Phi_1$$

$$k_{d1}=\frac{\sin q \dfrac{\alpha}{2}}{q\sin\dfrac{\alpha}{2}}$$

式中　k_{d1}——基波分布因数，小于1；

　　　α——槽距角，$\alpha=\dfrac{p\times360°}{Z}$，其中 p 为极对数，Z 为定子槽数。

（b）q 个相同的线圈串联成的线圈组的总谐波电动势有效值为

$$E_{q\nu}=4.44 f_1 q N_k k_{d\nu} \Phi_1$$

式中　$k_{d\nu}$——ν 次谐波分布因数，$k_{d\nu}=\dfrac{\sin q\dfrac{\nu\alpha}{2}}{q\sin\dfrac{\nu\alpha}{2}}$。

③三相单层分布绕组相电动势。

（a）每相绕组基波电动势有效值为

$$E_{\Phi1}=4.44 f_1\left(\frac{pqN_k}{\alpha}\right)k_{d1}\Phi_1=4.44 f_1 N_1 k_{d1}\Phi_1$$

式中　N_1——单层分布绕组的每相串联匝数，$N_1=\dfrac{pqN_k}{\alpha}$，其中 p 为线圈组数。

（b）每相 ν 次谐波电动势有效值为

$$E_{\Phi\nu}=4.44\nu f_1 N_1 k_{d\nu}\Phi_\nu$$

④短距线圈的电动势。

短距线圈两导体边的感应电动势相位误差 $\beta=\dfrac{y_1}{\tau}\pi$，不是180°。

（a）单匝短距线圈基波电动势有效值为

$$E_{k1}=4.44 f_1 \Phi_1 \sin\frac{\beta}{2}=4.44 f_1 \Phi_1 \sin\frac{y_1}{\tau}90°=4.44 f_1 k_{p1}\Phi_1$$

(b) N_k 匝短距线圈基波电动势有效值为

$$E_{k1} = 4.44 f_1 N_k k_{p1} \Phi_1$$

式中　k_{p1}——基波节距因数，$k_{p1} = \sin\dfrac{y_1}{\tau}90°$。

(c) ν 次谐波，短距线圈感应的谐波电动势有效值为

$$E_{k\nu} = 4.44\nu f_1 N_k k_{p\nu} \Phi_\nu \,(\nu = 3,\ 5,\ 7,\ \cdots)$$

式中　$k_{p\nu}$——ν 次谐波节距因数，$k_{p\nu} = \sin\nu\dfrac{y_1}{\tau}90°$。

(d) 削弱高次谐波电动势的方法。适当的选择线圈的节距，使某次谐波的短距系数为零或接近于零，从而达到消除或削弱该次谐波电动势的目的。即 $k_{p\nu} = \sin\nu\dfrac{y_1}{\tau}90° = 0$，则 $y_1 = \left(1 - \dfrac{1}{\nu}\right)\tau$。

⑤三相双层分布短距绕组的电动势。

(a) 基波电动势。一相绕组的基波感应电动势有效值为

$$E_{\Phi1} = 4.44 f_1 N_1 k_{dp1} \Phi_1$$

式中　N_1——双层绕组的每相串联匝数，$N_1 = \dfrac{2pqN_k}{\alpha}$；

　　　k_{dp1}——基波绕组因数，$k_{dp1} = k_{d1} k_{p1}$。

(b) 谐波电动势。一相绕组的 ν 次谐波感应电动势有效值为

$$E_{\Phi\nu} = 4.44\nu f_1 N_1 k_{dp\nu} \Phi_\nu$$

式中　$k_{dp\nu}$——ν 次谐波绕组因数，$k_{dp\nu} = k_{d\nu} k_{p\nu}$。

2) 交流绕组产生的磁动势。交流电机的单相定子绕组通入单相电流后产生脉振磁动势，三相绕定子组通入三相电流后产生旋转磁动势。

①定子单相绕组的磁动势—脉振磁动势。单相脉振磁动势幅值 $F_{\Phi1} = 0.9\dfrac{I_1 N_1}{p}k_{N1}$，脉振磁动势 $f_{\Phi1} = F_{\Phi1}\cos\omega_1 t\cos\alpha = \dfrac{1}{2}F_{\Phi1}\cos(\omega_1 t - \alpha) + \dfrac{1}{2}F_{\Phi1}\cos(\omega_1 t + \alpha) = f_+ + f_-$ 可分解为两个旋转速度相同 $[n_1 = 60f/p\ (\text{r/min})]$、旋转方向相反、振幅为脉振磁动势一半的轨迹为圆形的旋转磁动势分量。

②定子三相绕组的基波合成磁动势—旋转磁动势。

(a) 二相绕组的基波磁动势。相邻两个线圈的空间间隔为槽距角 α，产生的磁动势大小相等，相位互差 α。三相绕组在电机气隙中产生的基波磁动势分别为

$$f_{A1} = F_{\Phi1}\cos\omega_1 t\cos\alpha = \dfrac{1}{2}F_{\Phi1}\cos(\alpha - \omega_1 t) + \dfrac{1}{2}F_{\Phi1}\cos(\alpha + \omega_1 t)$$

$$f_{B1} = F_{\Phi1}\cos\left(\omega_1 t - \dfrac{2}{3}\pi\right)\cos\left(\alpha - \dfrac{2}{3}\pi\right) = \dfrac{1}{2}F_{\Phi1}\cos(\alpha - \omega_1 t) + \dfrac{1}{2}F_{\Phi1}\cos\left(\alpha + \omega_1 t - \dfrac{4}{3}\pi\right)$$

$$f_{C1} = F_{\Phi1}\cos\left(\omega_1 t + \dfrac{2}{3}\pi\right)\cos\left(\alpha + \dfrac{2}{3}\pi\right) = \dfrac{1}{2}F_{\Phi1}\cos(\alpha - \omega_1 t) + \dfrac{1}{2}F_{\Phi1}\cos\left(\alpha + \omega_1 t - \dfrac{2}{3}\pi\right)$$

(b) 三相合成基波磁动势。

$$f_1 = f_{A1} + f_{B1} + f_{C1} = \frac{3}{2} F_{\Phi 1} \cos(\alpha - \omega_1 t) = F_1 \cos(\alpha - \omega_1 t)$$

性质：旋转磁动势。

幅值：$F_1 = \frac{3}{2} F_{\Phi 1} = 1.35 \frac{I_1 N_1}{p} k_{N1}$ 为单相脉振磁动势幅值的 1.5 倍，大小不变，为圆形旋转磁动势。

转向：朝着 $+\alpha$ 的方向旋转，由电流领先相向电流滞后相旋转；取决于三相电流的相序。若要改变三相电动机的动向，只需调换任意两根引线，即调换三相电源之相序即可。

转速：旋转磁动势以同步转速旋转。

(c) 三相合成高次谐波磁动势。三相对称电流流过三相对称绕组产生的磁动势除基波磁动势外，还有 ν 次奇次谐波，$\nu = 6k \pm 1$，其中 5 次谐波及（$6k-1$）次谐波合成磁动势转向与基波合成磁动势转向相反，7 次谐波及（$6k+1$）次谐波合成磁动势转向与基波合成磁动势转向相同。ν 次谐波合成磁动势的转速为 $n_\nu = n_0 / \nu$。当三相绕组不对称或三相电流不对称时，三相合成磁动势为椭圆形旋转磁动势。

2. 感应电动机转矩、额定功率、转差率的概念及其等值电路

(1) 转矩。异步电动机以转速 n 稳态运行时，转子机械角速度为 $\Omega = \frac{2\pi n}{60}$。异步电动机转矩平衡方程见表 4.7-1。

表 4.7-1 异步电动机转矩平衡方程

名称	表达式
电磁转矩	$T = \dfrac{P_m}{\Omega}$
输出转矩	$T_2 = \dfrac{P_2}{\Omega}$
空载转矩	$T_0 = \dfrac{p_0}{\Omega} = \dfrac{p_{mec} + p_{ad}}{\Omega}$
转矩平衡方程	$T = T_2 + T_0$

(2) 功率。U_1、I_1 分别为定子相电压、相电流；$\cos\varphi_1$ 为定子功率因数；转子回路电阻 R_2（转子绕组电阻和串接的附加电阻）；转子回路等效电阻 $\dfrac{R_2'}{s}$。三相异步电动机功率及功率平衡方程见表 4.7-2。

表 4.7-2 三相异步电动机功率及功率平衡方程

名称	表达式
额定功率	$P_N = \sqrt{3} U_N I_N \cos\varphi_N \eta_N$
输入功率	$P_1 = 3 U_1 I_1 \cos\varphi_1 = P_2 + p_{mec} + p_{ad} + p_{Cu2} + p_{Cu1} + p_{Fe} = P_2 + \sum p$
定子铜耗	$p_{Cu1} = 3 I_1^2 R_1$

名称	表 达 式
铁耗	$p_{Fe} = 3I_0^2 R_m$
电磁功率	$P_{em} = 3I_2'^2 \dfrac{R_2'}{s} = 3E_2 I_2 \cos\varphi_2 = P_1 - p_{Cu1} - p_{Fe}$
转子铜耗	$p_{Cu2} = 3I_2'^2 R_2' = 3I_2^2 R_2 = sP_{em}$
机械功率	$P_m = P_{em} - p_{Cu2} = 3I_2'^2 \dfrac{1-s}{s} R_2' = (1-s) P_{em}$
输出功率	$P_2 = P_m - p_{mec} - p_{ad}$
机械损耗	p_{mec}，转子克服摩擦和风阻等阻力转矩所消耗的功率
附加损耗	大型异步电动机，$p_{ad} \approx 0.5\% P_N$；小型异步电动机，$p_{ad} = (1\% \sim 3\%) P_N$

（3）转差率。电网的频率 f_1、定子绕组的极对数 p 时，异步电动机的同步转速、转速、转差率的表达式见表 4.7-3。

表 4.7-3   异步电动机的同步转速、转速、转差率的表达式

名称	表 达 式
同步转速	$n_1 = \dfrac{60f_1}{p}$
转速	$n = \dfrac{60f_1 (1-s)}{p}$
转差率	$s = \dfrac{n_1 - n}{n_1}$ 空载：$s < 0.5\%$；满载：$s < 5\%$

（4）等值电路。

1）频率折算。转子绕组的感应电动势的频率 $f_2 = sf_1$。等效堵转的电动机的转子绕组中串入电阻 $R_2 \dfrac{1-s}{s}$，则转子绕组的每相总电阻为 $\dfrac{R_2}{s}$。用等效堵转的转子代替实际旋转的转子后，转子电动势和电流的频率与定子电流频率相等，这就是频率折算。

2）电流折算。用一个相数为 m_1、匝数为 N_1、绕组系数 k_{N1} 的等效转子代替实际的转子，应该保持转子磁动势不变，即 $I_2' = \dfrac{1}{k_i} I_2$。则异步电动机的电流变比 $k_i = \dfrac{m_1 N_1 k_{N1}}{m_2 N_2 k_{N2}}$。

3）电动势折算。折算后，转子静止时绕组中的电动势 E_2' 与定子绕组中的感应电动势相等，即 $E_2' = E_1 = k_e E_2$。异步电动机的电动势变比 $k_e = \dfrac{N_1 k_{N1}}{N_2 k_{N2}} = \dfrac{E_1}{E_2}$。

4）阻抗折算。折算后，转子绕组的每相电阻为 $R_2' = k_e k_i R_2 = k_z R_2$、漏电抗为 $X_{2\sigma}' = k_e k_i X_{2\sigma} = k_z X_{2\sigma}$。异步电动机的转子绕组的阻抗变比 $k_z = k_e k_i = \dfrac{m_1}{m_2} k_e^2$。

5）等效电路计算。转子电流折算值 $I_2' = \dfrac{U_1}{\sqrt{\left(R_1 + \dfrac{R_2'}{s}\right)^2 + (X_{1\sigma} + X_{2\sigma}')^2}}$，电磁转矩的

参数表达式即异步电动机的机械特性数学表达式为 $T = \dfrac{1}{\Omega_1} \dfrac{3U_1^2 \dfrac{R_2'}{s}}{\left(R_1 + \dfrac{R_2'}{s}\right)^2 + (X_{1\sigma} + X_{2\sigma}')^2}$，其

中 $\Omega_1 = \dfrac{2\pi f_1}{p}$。

6）感应的电动势。感应的电动势 $E_2 = 4.44 f_1 N_2 k_{N2} \Phi_m$。当转子以转差率 s 旋转时，转子导体中感应的电动势和电流的频率为 $f_2 = s f_1$，角速度为 $\omega_2 = s\omega_1$，则转子绕组在转差率为 s 所感应的电动势 $E_{2s} = 4.44 f_2 N_2 k_{N2} \dot{\Phi}_m = 4.44 s f_1 N_2 k_{N2} \dot{\Phi}_m = s E_2$。

3. 感应电动机三种运行状态的判断方法

转差率是异步电动机运行中一个极其重要的参数，与电动机的负载大小以及运行状态有着密切的关系。空载时转差率小于 0.5%，额定运行时转差率小于 5%。

异步电机的运行状态：①电动机状态：$0 < n < n_1$，$0 < s < 1$。②发电机状态：$n > n_1$，$s < 0$。③电磁制动状态：$n < 0$，$s > 1$。

4. 感应电动机的工作特性

（1）机械特性。

1）电磁转矩的参数表达式：$T_{em} = \dfrac{m_1 p}{2\pi f_1} \times \dfrac{U_1^2 \dfrac{R_2'}{s}}{\left(R_1 + \dfrac{R_2'}{s}\right)^2 + (X_{1\sigma} + X_{2\sigma}')^2}$。

2）最大转矩表达式：忽略定子电阻 R_1 时，电动机的最大转矩为 $T_m = \pm \dfrac{m_1 p}{4\pi f_1} \times \dfrac{U_1^2}{X_{1\sigma} + X_{2\sigma}'}$。

最大转矩对应的转差率称为临界转差率 s_m，即 $s_m \approx \pm \dfrac{R_2'}{X_{1\sigma} + X_{2\sigma}'}$，式中，"$+$"号用于电动状态，"$-$"号用于发电状态。

3）过载能力 k_m 是最大转矩 T_m 与额定转矩 T_N 之比，称为过载倍数，也称为过载能力，即 $k_m = \dfrac{T_m}{T_N}$。

4）最大转矩 T_m 均与定子电压 U_1 的二次方成正比。忽略定子电阻时，可近似认为最大转矩与电抗 $(X_{1\sigma} + X_{2\sigma}')$ 成反比。最大转矩与转子电阻无关；临界转差率 s_m 与转子电阻成正比。

（2）效率特性。

效率公式为 $\eta = \dfrac{P_2}{P_1} = \dfrac{P_2}{P_2 + \sum p} = \dfrac{P_2}{P_2 + p_{Cu1} + p_{Fe} + p_{Cu2} + p_{mec} + p_{ad}}$。

效率随负载的变化主要取决于各种损耗和负载。异步电动机效率的损耗主要包括铁心铁耗，机械损耗，以及定、转子绕组的铜耗。从空载到额定负载，电动机的主磁通基本不变，因此铁耗基本不变。在电机正常运行时，异步电动机的转速变化很小，机械损耗也基本不变。铁心铁耗和机械损耗统称为不变损耗。定、转子绕组的铜耗与电流的二次方成正比，因而称为可变损耗。而异步电动机空载时，$P_2 = 0$，$\eta = 0$。随着负载的增加，输出功

率迅速增加，而损耗变化不大，效率也迅速增加。与变压器相似，当不变损耗等于可变损耗时，异步电动机的效率达到最大。之后，当输出功率继续增大时，由于定、转子绕组的铜耗迅速增加，效率反而略微降低。对于中小型异步电动机，在 $(1/4 \sim 1/3)P_N$ 时，效率达到最大。

5. 感应电动机的启动特性

（1）起动。当异步电动机投入电网时，电动机从静止状态开始旋转，然后升速到达稳定运行的转速，这个过程称为起动过程，简称起动。这时，$s=1$，$n=0$。

（2）异步电动机起动的基本要求。有足够大的起动转矩，起动电流限制在允许范围内。此外，起动时间要满足生产机械要求，起动设备要简单、经济、可靠。

（3）异步电动机的起动性能，见表 4.7-4。

表 4.7-4　　　　　　　　　　　异步电动机的起动性能

起动性能	表达式	特　　点
起动电流	$I_{st}=\dfrac{U_1}{\sqrt{(R_1+R_2')^2+(X_1+X_2')^2}}$	定子、转子漏阻抗很小，起动电流很大，远远超过额定电流
起动电流倍数	$K_I=\dfrac{I_{st}}{I_{1N}}$	笼型异步电动机，$K_I=4\sim7$
起动转矩	$T_{st}=\dfrac{m_1 p}{2\pi f_1}\times\dfrac{U_1^2 R_2'}{(R_1+R_2')^2+(X_{1\delta}+X_{2\delta}')^2}$	大转子电阻，可以增大起动转矩。转子侧的功率因数 $\cos\varphi_2$ 很小，起动转矩减小
起动转矩倍数	$K_T=\dfrac{T_{st}}{T_N}$	$K_T\geqslant1.1$，满足起动要求。笼型异步电动机，$K_T=1\sim2$

6. 感应电动机常用的启动方法

自起动分类为失电压自起动、空载自起动和带负载自起动。

（1）三相笼型异步电动机。堵转电流较大，堵转转矩并不大，起动方法见表 4.7-5。

表 4.7-5　　　　　　　　　　　三相笼型异步电动机起动方法

起动方法		定子相电压相对值	起动电流的相对值（电网线电流）	起动电磁转矩相对值	起动设备	特点
全压起动		1	1	1	最简单	$I_{st}=(4\sim7)I_N$ 适用于 7.5kW 以下的小功率笼型异步电动机
降压起动	电抗器起动	K（$K<1$）	K	K^2	一般	
	星—三角起动	$\dfrac{1}{\sqrt{3}}$	$\dfrac{1}{3}$	$\dfrac{1}{3}$	简单	适用于三角形连接 $U_N=$ 380V 的电动机 $I_{stY}=\dfrac{1}{3}I_{st\triangle}$ $T_{stY}=\dfrac{1}{3}T_{st\triangle}$
	自耦变压器起动	K（$K<1$）	K^2	K^2	较复杂	

（2）三相绕线型异步电动机。起动方式有转子回路串电阻和串频敏变阻器两种。转子串电阻 R_{st} 起动时，$I_{st}=\dfrac{U_1}{\sqrt{(R_1+R'_2+R_{st})^2+(X_1+X'_2)^2}}$ 减小，起动转矩增大。

7. 感应电动机常用的调速方法

（1）调压调速。

$$电磁转矩\ T_{em}=\frac{P_{em}}{\Omega_1}=\frac{m_1p}{2\pi f_1}I'^2_2\frac{R'_2}{s}=\frac{m_1p}{2\pi f_1}\cdot\frac{U_1^2\dfrac{R'_2}{s}}{\left(R_1+\dfrac{R'_2}{s}\right)^2+(X_{1\sigma}+X'_{2\sigma})^2}$$

异步电动机运行时，设负载转矩不变，当电源电压降低时，电动势相应降低（定子阻抗压降很小），气隙每极磁通量 Φ 成比例减小。负载转矩不变，电磁转矩也不变，转子电流和定子电流将增大，定、转子铜耗增大，铁耗减小；电动机正常运转时转差率很小，转速变化很小，转速略有降低，机械损耗也略有降低。

调速范围小，不适合空载或轻载调速，适用于风机泵类负载。

（2）串电阻调速。

1）转子串电阻时，同步转速 n_1 不变，最大转矩 T_m 不变，临界转差率 s_m 改变。

2）转子串接电阻越大，机械特性运行段的斜率也越大，同一转矩下，转差率与转子总电阻成正比；外加转子电阻越大，转子转差率越大，转子转速越低。

3）转子串接电阻调速，负载转矩不变时，电动机的定子、转子电流也不变。

4）各级转速下转子回路总的参数值相等，电源电压不变，定转子电流不变。

负载转矩不变时，定子传送到转子的电磁功率 $P_{em}=T\Omega_1$ 不变，但传送到转子后，转速越低转差率越大，机械功率 P_m 变小而转子铜耗 p_{Cu2} 越大，即

$$P_{em}=P_m+p_{Cu2}=(1-s)P_{em}+sP_{em}$$

5）电磁转矩

$$T_{em}=C'_T\Phi_m I'_2\cos\varphi_2$$

由于电源电压保持不变，主磁通为定值。调速过程中为了充分利用电动机的绕组，要求保持 $I_2=I_{2N}$，则 $\dfrac{r_2}{s_N}=\dfrac{r_2+R_\Omega}{s}=$ 常数。

（3）变频调速。当转差率 s 基本不变时，电动机转速 n 与电源频率 f_1 成正比，因此改变频率 f_1 就可以改变电动机转速。变频调速可以实现平滑调速，调速范围宽。

1）从基频向下调节。异步电动机正常运行时，定子相电压 U_1 和频率 f_1、主磁通 Φ_m 的关系为

$$U_1\approx E_1=4.44f_1N_1k_{dp1}\Phi_m$$

主磁通保持不变，降低频率的同时必须降低电压。

2）从基频向上调节。电源电压不能高于电动机的额定电压，当频率从基频向上调节时，电动机端电压只能保持额定值。频率增高，主磁通降低，最大转矩减小。

8. 转子电阻对感应电动机转动性能的影响

转子回路串接电阻 R_Ω 前后，$I_2=I_{2N}$，则 $\dfrac{r_2}{s_N}=\dfrac{r_2+R_\Omega}{s}=$ 常数。负载转矩不变时，电

动机的电磁功率、转子回路功率因数 $\cos\varphi_2$、主磁通、定转子电动势、定转子电流都不变。转子回路串接电阻 R_Ω 越大，转差率 s 越大，转速 n 越低，转子铜损耗越大，效率越低。

4.7.2　供配电专业高频考点与历年真题解析

考点 1：感应电动机的种类及主要结构

【4.7-1】(2023) 交流电机的极数为 12，在一相绕组中通入正弦交流电流，产生基波和三次谐波电动势，则三次谐波电动势和基波电动势之比为：

A. $3:1$　　　　　B. $1:1$　　　　　C. $1:3$　　　　　D. 不确定

答案： C

解题过程： 对于 v 次谐波，极数 $p_v=vp_1$，频率 $f_v=vf_1$，转速 $n_v=n_1=n_s$；v 次谐波的极距是基波的 $\dfrac{1}{v}$，则磁通 $\varPhi_{mv}=\dfrac{1}{v}\varPhi_m$，电动势 $E_v=\dfrac{1}{v}E_1$，题目中，$E_3=\dfrac{1}{3}E_1$。

【4.7-2】(2020) 下面关于感应电动机表述正确的是：

A. 只产生感应电动势，不产生电磁转矩　　　　B. 只产生电磁转矩，不产生感应电动势

C. 不产生感应电动势和电磁转矩　　　　D. 产生感应电动势和电磁转矩

答案： D

解题过程： 感应电动机通过定子产生的旋转磁场与转子绕组的相对运动，转子绕组切割磁感线产生感应电动势，从而使转子绕组中产生感应电流。转子绕组中的感应电流与磁场作用，产生电磁转矩，使转子旋转。

【4.7-3】(2018) 改变三相异步电动机旋转方向的方法是：

A. 改变电源频率　　　　B. 改变电源电压

C. 改变定子绕组中电流的相序　　　　D. 改变电机的工作方式

答案： C

解题过程： 改变定子绕组的相序即可改变电机的旋转方向。

【4.7-4】(2017) 要改变异步电动机的转向，可以采取：

A. 改变电源的频率　　　　B. 改变电源的幅值

C. 改变电源三相的相序　　　　D. 改变电源的相位

答案： C

解题过程： 若要改变三相电动机的转向，只需调换任意两根引线，即调换三相电源之相序即可。

考点 2：感应电动机转矩、额定功率、转差率的概念及其等值电路

【4.7-5】(2024) 一台三相六极感应电动机额定电压 $U_N=380V$，额定转速 $n_N=950r/min$，电源频率 $f=50Hz$，定子电阻 $R_1=2.08\Omega$，定子漏电抗 $X_1=3.12\Omega$，转子电阻折合值 $R_2=1.53\Omega$，转子漏电抗折合值 $X_2=4.25\Omega$，该电机的额定转差率和临界转差率分别是：

A. 0.05　0.02　　　B. 0.05　0.2　　　C. 0.25　0.02　　　D. 0.25　0.2

答案： B

解题过程： 已知电动机的 $n_N = 950r/min$，6 极感应电动机的同步转速 $n_1 = 1000r/min$，则

转差率 $s = \dfrac{n_1 - n_N}{n_N} = \dfrac{1000 - 950}{1000} = 0.05$

转子最大电磁转矩时对应的转差率为临界转差率为：

$$s_m = \frac{R'_2}{\sqrt{R_1^2 + (X_{1\sigma} + X'_{2\sigma})^2}} = \frac{1.53}{\sqrt{2.08^2 + (3.12 + 4.25)^2}} = 0.19979$$

【4.7-6】（2024） 当转子转速超过同步转速且与旋转磁场转向相同时，异步电机的运行状态为：

A. 电动机　　　　　　B. 发电机　　　　　　C. 电磁制动　　　　　　D. 都有可能

答案： B

解题过程： 转差率 s 是分析异步电机工作状态的重要参数，是转子转速 n 与旋转磁场转速 n_1 之间的相对速度，即 $s = \dfrac{n_1 - n}{n_1}$。$0 < s < 1$ 时为电动机状态，$s < 0$ 时为发电机状态，$s > 1$ 时为电磁制动状态。根据题意可知 $s < 0$。

【4.7-7】（2023） 一台三相六极感应电动机，额定电压 $U_N = 380V$，额定转速 $n_N = 960r/min$，电源频率 $f = 50Hz$，定子电阻 $R_1 = 2.08\Omega$，定子漏电抗 $X_1 = 3.12\Omega$，转子电阻折合值 $R'_2 = 1.53\Omega$，转子漏电抗折合值 $X'_2 = 4.25\Omega$，该电机的额定转差率和转子电流频率分别是：

A. 0.04，0.2Hz　　B. 0.04，2Hz　　　C. 0.25，0.2Hz　　D. 0.25，2Hz

答案： B

解题过程： 同步转速 $n_1 = \dfrac{60f}{p} = \dfrac{60 \times 50}{3} r/min = 1000r/min$；额定转差率 $s = \dfrac{n_1 - n_N}{n_1} = \dfrac{1000 - 960}{1000} = 0.04$；转子电流的频率 $f_2 = sf_1 = 0.04 \times 50Hz = 2Hz$。

【4.7-8】（2022、2020） 三相异步电动机等效电路中的等效电阻 $\dfrac{1}{s}R_2$ 上消耗的电功率为：

A. 气隙功率　　　B. 转子损耗　　　　C. 电磁功率　　　　D. 总机械功率

答案： C

解题过程： 参见表 4.7-2。

电磁功率等于三相异步电动机等效电路转子回路全部电阻上的损耗，即

$$P_{em} = 3I_2^2\left(R_2 + \frac{1-s}{s}R_2\right) = 3I_2^2 \frac{1}{s}R_2$$

因此三相异步电动机等效电路中的等效电阻 $\dfrac{1}{s}R_2$ 上消耗的电功率为电磁功率。

【4.7-9】（2021、2018） 一台三相、两极、60Hz 的感应电动机以转速 3502r/min 运行，输入功率为 15.7kW，端点电流为 22.6A，定子绕组的电阻是 0.20Ω/相，则转子的功率损耗为：

A. 220W　　　　　B. 517W　　　　　C. 419W　　　　　D. 306W

答案： C

解题过程： 该题中，电动机的 $n_N = 3502r/min$，同步转速 $n_1 = \dfrac{60f}{p} = \dfrac{60 \times 60}{1} = 3600r/min$，则转差率 $s = \dfrac{n_1 - n_N}{n_N} = \dfrac{3600 - 3502}{3600} = 0.027\,22$。

定子铜耗 $p_{Cu1} = 3I_1^2 R_1 = 3 \times 22.6^2 \times 0.2 = 306.456W$。

忽略铁耗，则电磁功率 $P_{em} = P_1 - p_{Cu1} - p_{Fe} = 15\,700W - 306.456W = 15\,393.544W$。

转差功率等于转子铜耗，$p_{Cu2} = sP_{em} = 419.01W$。

【4.7-10】（2019） 三相异步电动机等效电路中的等效电阻 $\dfrac{1-s}{s}R_2'$ 上消耗的电功率为：

A. 气隙功率　　　　B. 转子损耗　　　　C. 电磁功率　　　　D. 总机械功率

答案： D

解题过程： 参见表 4.7-2 可知，消耗的为机械功率。

【4.7-11】（2017） 一台运行于 50Hz 交流电网的三相感应电机的额定转速为 1440r/min，其极对数必为：

A. 1　　　　　　　B. 2　　　　　　　C. 3　　　　　　　D. 4

答案： B

解题过程： 本题中，$n = 1440r/min$，电网的频率 $f_1 = 50Hz$，异步电动机从空载到额定运行的范围内转差率 s 变化不大，转速接近同步转速 $n_1 = 1500r/min$。则极对数为：

$$n_1 = \frac{60f_1}{p} = \frac{60 \times 50}{p} = 1500r/min \Rightarrow p = 2$$

【4.7-12】（2017） 一台星形联结的三相感应电动机，额定功率 $P_N = 15kW$，额定电压 $U_N = 380V$，电源频率 $f = 50Hz$，额定转速 $n_N = 975r/min$，额定运行的效率 $\eta_N = 0.88$，功率因数 $\cos\varphi = 0.83$，电磁转矩 $T_e = 150N \cdot m$，该电动机额定运行时电磁功率和转子铜耗为：

A. 15kW, 392.5W　　　　　　　　　　B. 15.7kW, 392.5W

C. 15kW, 100W　　　　　　　　　　 D. 15.7kW, 100W

答案： B

解题过程： 已知电机额定转速为 975r/min，则该电机的极对数为 3，同步转速 n_0 为 1000r/min。额定运行时，电磁功率 P_{em} 为：

$$P_{em} = T_{em}\Omega = T_{em}\frac{2\pi n_0}{60} = 150 \times \frac{2\pi \times 1000}{60}W = 15\,707.96W = 15.707kW$$

则转差率为 $s_N = \dfrac{n_0 - n_N}{n_0} = \dfrac{1000 - 975}{1000} = 0.025$

转子回路的铜耗为 $p_{Cu2} = sP_{em} = 0.025 \times 15.707kW = 0.392\,699kW = 392.699W$

【4.7-13】（2016） 一台三相六极感应电动机，额定功率 $P_N = 28kW$，$U_N = 380V$，频率 50Hz，$n_N = 950r/min$，额定负载运行时，机械损耗和杂散损耗之和为 1.1kW，此时转子回路铜耗为：

A. 1.532kW　　　　B. 1.474kW　　　　C. 1.455kW　　　　D. 1.4kW

答案： A

解题过程： 根据题意可得，转差率 $s = \dfrac{n_0 - n_N}{n_0} = \dfrac{1000 - 950}{1000} = 0.05$。

已知输出功率 $P_2=P_N=28\text{kW}$，机械损耗和杂散损耗之和 $p_{mec}+p_{ad}=1.1\text{kW}$，根据 $P_2=P_m-p_{mec}-p_{ad}$ 可得机械功率

$$P_m=P_2+(p_{mec}+p_{ad})=28+1.1=29.1\text{kW}$$

根据 $P_m=(1-s)P_{em}$ 可得电磁功率

$$P_{em}=\frac{P_m}{1-s}=\frac{29.1}{1-0.05}\text{kW}=30.63\text{kW}$$

转子铜耗 p_{Cu2} 为转子回路电阻 R_2（转子绕组电阻和串接的附加电阻）上消耗的电功率，也称为转差功率

$$p_{Cu2}=sP_{em}=0.05\times30.63\text{kW}=1.5315\text{kW}$$

【4.7-14】(2014) 一台三相 4 极绕线转子感应电动机，定子绕组星形接法，$f_1=50\text{Hz}$，$P_N=150\text{kW}$，$U_N=380\text{V}$，额定负载时测得转子铜耗 $p_{Cu2}=2210\text{W}$，机械损耗 $p_\Omega=2640\text{W}$，杂散损耗 $p_k=1000\text{W}$。已知电机的参数为 $R_1=R_2'=0.012\Omega$，$X_{1\delta}=X_{2\delta}'=0.06\Omega$，忽略励磁电流。当电动机运行在额定状态，电磁转矩不变时，在转子每相绕组回路中串入电阻 $R'=0.1\Omega$（已归算到定子侧）后，转子回路的铜耗为：

A. 2210W　　　　B. 18 409W　　　　C. 20 619W　　　　D. 22 829W

答案： C

解题过程： 额定运行时，电磁功率 $P_{em}=P_N+p_k+p_{Cu2}+p_\Omega=150\,000\text{W}+1000\text{W}+2210\text{W}+2640\text{W}=155\,850\text{W}$，转差率 $s_N=\dfrac{p_{Cu2}}{P_{em}}=\dfrac{2210}{155\,850}=0.014\,18$，额定转速 $n_N=n_1(1-s_N)=1500\times(1-0.014\,18)\text{r/min}=1479\text{r/min}$。

电磁转矩不变，电磁功率不变；转子回路中串入电阻 R'，则 $\dfrac{R_2'}{s_N}=\dfrac{R_2'+R'}{s}$，此时转差率 $s=\dfrac{R_2'+R'}{R_2'}s_N=\dfrac{0.012+0.1}{0.012}\times0.014\,18=0.1323$，转子回路的铜耗 $p_{Cu2}=sP_{em}=0.1323\times155\,850\text{W}=20\,619\text{W}$。

考点3：感应电动机的工作特性

【4.7-15】(2022) 异步电动机在运行中，当电动机上的负载减小时：

A. 转子转速下降，转差率增大　　　B. 转子转速下降，转差率不变

C. 转子转速上升，转差率减小　　　D. 转子转速上升，转差率不变

答案： C

解题过程： 电动机负载减小，转子转速升高，转差率减小。

【4.7-16】(2021) 异步电动机在运行中，当电动机上的负载增加时：

A. 转子转速下降，转差率增大　　　B. 转子转速下降，转差率不变

C. 转子转速上升，转差率减小　　　D. 转子转速上升，转差率不变

答案： A

解题过程： 电动机负载增加，转子转速下降，转差率增大。

★**【4.7-17】(2021)** 一台绕线转子异步电动机运行时，如果在转子回路串入电阻使 R_s 增大 1 倍，则该电动机的最大转矩将：

A. 增大 1.73 倍　　B. 增大 1 倍　　　C. 不变　　　　D. 减小一半

答案：C

解题过程：最大转矩 T_m 均与定子电压 U_1 的二次方成正比。忽略定子电阻时，可近似认为最大转矩与电抗 $(X_{1\sigma}+X'_{2\sigma})$ 成反比。最大转矩与转子电阻无关；临界转差率 s_m 与转子电阻成正比。

【4.7-18】（2014）　一台绕线转子异步电动机，转子静止且开路，定子绕组加额定电压，测得定子电流 $I_1=0.3I_N$，然后将转子绕组短路仍保持静止，在定子绕组上从小到大增加电压使定子电流 $I_1=I_N$，与前者相比，后一种情况主磁通和漏磁通的大小变化为：

A. 后者 Φ_m 较大，且 $\Phi_{1\delta}$ 较大　　　　B. 后者 Φ_m 较大，且 $\Phi_{1\delta}$ 较小

C. 后者 Φ_m 较小，且 $\Phi_{1\delta}$ 较大　　　　D. 后者 Φ_m 较小，且 $\Phi_{1\delta}$ 较小

答案：C

解题过程：定子加额定电压，转子开路，相当于空载状态。定子电流为额定电压下的空载电流，所遇到的阻抗主要为励磁阻抗，端电压主要由电动势 F_1 平衡，所以 Φ_m 较大。由于定子电流较小，所以 $\Phi_{1\delta}$ 较大小；转子短路且静止，相当于电机处于降压起动状态，端电压低，定子电流 $I_1=I_N$，定子电压约为额定电压的 20%，且定子漏抗压降约占一半，故 Φ_m 较小，此时定子电流较大，所以 $\Phi_{1\delta}$ 较大。

考点4：感应电动机的启动特性

【4.7-19】（2024）　感应电动机采用星－三角启动的优势是：

A. 降低端电压　　　　　　　　　　B. 启动时减小启动电流

C. 减小工作时的额定电流　　　　　D. 运行时连到星型绕组提高效率

答案：B

解题过程：感应电动机星－三角启动时，启动电流是三角形启动时的 $\dfrac{1}{3}$。

【4.7-20】（2022）　感应电机起动时，降低起动电压，此时电机：

A. 起动转矩增大，起动电流降低　　B. 起动转矩增大，起动电流增大

C. 起动转矩降低，起动电流增大　　D. 起动转矩降低，起动电流降低

答案：D

解题过程：降压起动降低电动机起动电流，电动机的转矩与电压平方成正比，因此降压起动时电动机的转矩减小较多，故此法一般适用于电动机空载或轻载起动。

【4.7-21】（2019）　一台额定频率为 60Hz 的三相感应电动机，用频率为 50Hz 的电源对其供电，供电电压为额定电压，起动转矩变为原来的：

A. 5/6　　　　　　B. 6/5　　　　　　C. 1倍　　　　　　D. 25/36

答案：B

解题过程：根据表 4.7-4 可得，三相感应电动机的起动转矩 $T_{st} \propto \dfrac{U_1^2}{2\pi f_1}$；当电压不变，

$$\frac{T_{st1} \propto \dfrac{U_1^2}{2\pi \times 50}}{T_{st2} \propto \dfrac{U_1^2}{2\pi \times 60}} = \frac{6}{5}$$

频率由原来的 60Hz 变为 50Hz 时，　　　　　　　　　　　　　　。

考点 5：感应电动机常用的启动方法

【4.7-22】(2023)　一台三相感应电动机，在额定电压下起动时的起动电流为300A，现采用星—三角换接开关降压起动，其起动电流为：

A. 100A　　　　B. 173A　　　　C. 212A　　　　D. 150A

答案：A

解题过程：星—三角启动较之直接启动，启动电流、启动转矩均降至 1/3，即 300/3A＝100A。

【4.7-23】(2022)　一台三相笼型异步电动机 P_N＝8.5kW，U_N＝220V，n_N＝1200r/min，I_N＝10A，I_{st}/I_N＝5，归算转子电阻为 0.144Ω，定子绕组采用星形—三角形联结，若电机直接起动，供电变压器允许起动电流至少为：

A. 50A　　　　B. 40A　　　　C. 16.67A　　　　D. 20A

答案：C

解题过程：根据题意可知 I_{st}＝5I_N＝50A。

星形联结时，电网供给的起动电流 $I_{stY}=\dfrac{1}{3}I_{st\triangle}=\dfrac{50}{3}$A＝16.67A。

【4.7-24】(2020)　一台三相笼型异步电动机的数据为 P_N＝60kW，U_N＝380V，n_N＝1450r/min，I_N＝91A，定子绕组采星形—三角形联结法，I_{st}/I_N＝6，T_{st}/T_N＝4，负载转矩为 320N·m。若电机可以直接起动，供电变压器允许起动电流至少为：

A. 182A　　　　B. 233A　　　　C. 461A　　　　D. 267A

答案：A

解题过程：三相笼型异步电动机的额定电流 I_N＝91A，则根据 I_{st}/I_N＝6 可得三相笼型异步电动机的起动电流 I_{st}＝6 I_N＝546A。定子绕组采用星形—三角形接法，则供电变压器允许起动电流为 I_{st}/3＝546/3A＝182A。

【4.7-25】(2019)　一台三相笼型异步电动机的数据为：P_N＝43.5kW，U_N＝380V，n_N＝1450r/min，I_N＝100A，定子绕组采用星形—三角形联结法，I_{st}/I_N＝7；T_{st}＝T_N＝4，负载转矩为 345N·m，若电机可以直接起动，供电变压器允许起动电流至少为：

A. 800A　　　　B. 233A　　　　C. 461A　　　　D. 267A

答案：B

解题过程：根据题意可得：I_{st}＝7I_N＝7×100A＝700A。

星形联结时，由电网供给的起动电流仅为三角形联结的 1/3，即 $I_{stY}=\dfrac{1}{3}I_{st\triangle}=\dfrac{1}{3}\times$ 700A＝233.33A。

【4.7-26】(2018)　一台三相笼型异步电动机的数据为：P_N＝43.5kW，U_N＝380V，n_N＝1450r/min，I_N＝100A，定子绕组采用星形—三角形联结法，I_H/I_N＝8，T_H/T_N＝4，负载转矩为 345N·m。若电机可以直接启动，供电变压器允许起动电流至少为：

A. 800A　　　　B. 600A　　　　C. 461A　　　　D. 267A

答案：D

解题过程：星形联结时，由电网供给的启动电流仅为三角形联结的 1/3，即 $I_{stY}=\dfrac{1}{3}I_{st\triangle}$；

起动转矩与电压平方成正比，则星形联结启动时的起动转矩为三角形联结的 1/3，即 $T_{stY} = \dfrac{1}{3} T_{st\triangle}$。

$$I_{stY} = \frac{1}{3} I_{st\triangle} = \frac{1}{3} \times 8 \times I_N = \frac{1}{3} \times 8 \times 100A = 266.67A$$

考点 6：感应电动机常用的调速方法

【4.7-27】（2024） 在恒转矩控制下，对感应电动机进行变频调速，高速运行时：

A. 定子电压较高　　　B. 定子电压较低　　　C. 定子电流较大　　　D. 转子电流较大

答案： A

解题过程： 感应电动机（异步电动机）恒转矩控制变频调速时，采用恒压频比控制，高速运行时，电源频率 f 增加，定子电压按比例增加。所以定子电压较高。

【4.7-28】（2020） 三相异步电动机拖动恒转矩负载运行，若电源电压上升 10%，设电压调节前、后的转子电流分别为 I_1 和 I_2，那么：

A. $I_1 < I_2$　　　　B. $I_1 = I_2$　　　　C. $I_1 > I_2$　　　　D. $I_1 = -I_2$

答案： C

解题过程： 异步电动机运行时，设负载转矩不变，当电源电压上升时，电动势相应降低（定子阻抗压降很小），气隙每极磁通量 Φ 成比例减小。负载转矩不变，电磁转矩也不变，转子电流和定子电流将减小。

【4.7-29】（2020） 一台三相、Y接法，220V 线电压，7.5kW，60Hz，6 极的感应电机，转子的转差率为 2%，定子电流为 18.8A，归算后转子的电阻为 0.144Ω，那么转子的转速为：

A. 125.7rad/s　　　B. 123.2rad/s　　　C. 114.3rad/s　　　D. 110.5rad/s

答案： B

解题过程： 根据题意可知，感应电动机的同步转速为：$n_0 = \dfrac{60f}{p} = \dfrac{60 \times 60}{3}$ r/min = 1200r/min，实际转速为 $n = n_0(1-s) = 1200 \times (1 - 0.02)$ r/min = 1176r/min，换算为单位 rad/s 的转速，则有 $n \times \dfrac{2\pi}{60} = 1176 \times \dfrac{2\pi}{60}$ rad/s = 123.1rad/s，与选项 B 最接近。

【4.7-30】（2019） 三相异步电动机拖动恒转矩负载运行，若电源电压下降 10%，设电压调节前、后的转子电流分别为 I_1 和 I_2，那么 I_1 和 I_2 的关系是：

A. $I_1 < I_2$　　　　B. $I_1 = I_2$　　　　C. $I_1 > I_2$　　　　D. $I_1 = -I_2$

答案： A

解题过程： 异步电动机运行时，设负载转矩不变，当电源电压降低时，电动势相应降低（定子阻抗压降很小），气隙每极磁通量 Φ 成比例减小。负载转矩不变，电磁转矩也不变，转子电流和定子电流将增大。

【4.7-31】（2021、2019） 感应电机起动时，起动电压不变的情况下，在转子回路接入适量三相阻抗，此时电机的：

A. 起动转矩增大，起动电流增大　　　　B. 起动转矩增大，起动电流减小

C. 起动转矩减小，起动电流增大　　　　D. 起动转矩减小，起动电流减小

答案：B

解题过程：绕线转子异步电动机在转子绕组中串入阻抗，不仅可以减小启动电流，而且可以增大启动转矩。

4.7.3 发输变电专业高频考点与历年真题解析

考点1：感应电动机的种类及主要结构

【4.7-32】(2021) 已知一双层交流绕组的极距 $\tau=15$ 槽，今欲利用短距消除 5 次谐波电动势，其线圈节距 y 应设计为：

A. $y=12$ B. $y=15$ C. $y=5$ D. $y=10$

答案：A

解题过程：适当地选择线圈的节距，使某次谐波的短距系数为零或接近于零，可达到消除或削弱该次谐波电动势的目的。即 $k_{pv}=\sin\nu\dfrac{y}{\tau}90°=0$，则 $y=\left(1-\dfrac{1}{\nu}\right)\tau=\left(1-\dfrac{1}{5}\right)\times15=12$。

【4.7-33】(2014) 一台三相绕线式感应电动机，如果定子绕组中通入频率为 f_1 的三相交流电，其旋转磁场相对定子以同步转速 n_1 逆时针旋转，同时向转子绕组通入频率为 f_2，相序相反的三相交流电，其旋转磁场相对于转子以同步转速 n_2 顺时针旋转，转子相对定子的转速和转向为：

A. n_1+n_2，逆时针   B. n_1+n_2，顺时针

C. n_1-n_2，逆时针   D. n_1-n_2，顺时针

答案：A

解题过程：定子和转子同时通电时，必须使定子磁场和转子磁场都以同步转速旋转而保持相对静止，由于定子磁场相对定子以转子 n_1 逆时针旋转，转子绕组通入负电流使转子磁场相对转子以转速 n_2 顺时针旋转，所以，转子必须以转速 n_1+n_2 向逆时针方向旋转，才能使定子、转子磁场相对于定子都以同步转速 n_1 逆时针旋转。

考点2：感应电动机转矩、额定功率、转差率的概念及其等值电路

【4.7-34】(2024) 一台三相绕线转子异步电动机，额定频率50Hz，额定转速970r/min，当定子接到额定电压，转子不转且开路时的每相感应电动势 E_2 为100V，那么电动机在额定转速运行时，每相感应电动势 E_{2s} 是：

A. 0V   B. 2.2V   C. 110V   D. 3V

答案：D

解题过程：当异步电动机转子以转差率 s 旋转时，转子导体中感应电动势和电流的频率为 $f_2=sf_1$，则转子绕组在转差率 s 所感应的电动势为 $E_{2s}=sE_2$。

该题中，电动机的额定转速 $n_N=970$r/min，同步转速 $n_1=1000$r/min，则转差率 $s=\dfrac{n_1-n_N}{n_N}=\dfrac{1000-970}{1000}=0.03$。

电动机在额定运行时转子每相感应电动势为 $E_{2s}=sE_2=0.03\times100V=3$V。

【4.7-35】（2024） 一个三相异步电动机的铭牌参数：$f=50\text{Hz}$，额定转速为 1470r/min，则其电机绕组极数为：

A. 6   B. 8   C. 4   D. 2

答案： C

解题过程： 根据题意可知异步电机额定转速 $n=1470\text{r/min}$，则其同步转速为 1500r/min，根据公式 $n_0=\dfrac{60f}{p} \Rightarrow 1500=\dfrac{60\times50}{p} \Rightarrow p=2$，则磁极数为 4。

【4.7-36】（2023） 三相异步电动机额定频率 50Hz，8 极，额定转差率 4%，则其额定转速为：

A. 720r/min   B. 1000r/min   C. 1440r/min   D. 360r/min

答案： A

解题过程： 额定转速 $n=\dfrac{60f(1-s)}{p}=\dfrac{60\times50\times(1-0.04)}{4}\text{r/min}=720\text{r/min}$。

【4.7-37】（2023） 一台三相六极感应电动机额定电压 $U_N=380\text{V}$，额定转速 $n_N=975\text{r/min}$，电源频率 $f=50\text{Hz}$，定子电阻 $R_1=2.08\Omega$，定子漏电抗 $X_1=3.12\Omega$，转子电阻折合值 $R_2=1.53\Omega$，转子漏电抗折合值 $X_2=4.25\Omega$，该电极的额定转差率和临界转差率分别是：

A. 0.025，0.02   B. 0.025，0.2   C. 0.25，0.02   D. 0.25，0.2

答案： B

解题过程： 已知电动机的 $n_N=975\text{r/min}$，6 极感应电动机的同步转速 $n_1=1000\text{r/min}$，则转差率

$$s=\frac{n_1-n_N}{n_N}=\frac{1000-975}{1000}=0.025$$

转子最大电磁转矩时对应的转差率为临界转差率

$$s_m=\frac{R_2'}{\sqrt{R_1^2+(X_{1\sigma}+X_{2\sigma}')^2}}=\frac{1.53}{\sqrt{2.08^2+(3.12+4.25)^2}}=0.199\,79$$

【4.7-38】（2022） 感应电动机铭牌参数：$f=50\text{Hz}$，$p=3$，$s=4\%$，则其转速为：

A. 1000r/min   B. 750r/min   C. 730r/min   D. 960r/min

答案： D

解题过程： $n=\dfrac{60f(1-s)}{p}=\dfrac{60\times50\times(1-0.04)}{3}\text{r/min}=960\text{r/min}$

【4.7-39】（2022） 如果异步电动机工作在发电机状态下，其转差率范围为：

A. $s\geqslant1$ B. $0<s<1$ C. $s=1$ D. $s<0$

答案： D

解题过程： 异步电机工作在电动机状态时，$0<s<1$；发电机状态时 $n>n_1$，$s<0$；电磁制动状态时 $n<0$，$s>1$。

【4.7-40】（2021） 异步电动机空载运行时，其定子电路的功率因数为：

A. 1，超前   B. 1，滞后   C. ≪1，滞后   D. ≪1，超前

答案： C

解题过程： 异步电动机空载运行时，定子电流基本上是励磁电流用来产生主磁通，功率因数很低，通常小于 0.2。呈现滞后关系。

【4.7-41】(2021) 异步电动机的临界转差率对应的转矩为：

A. 额定转矩　　　　B. 最小转矩　　　　C. 最大转矩　　　　D. 负载转矩

答案： C

解题过程： 异步电动机最大转矩对应的转差率为临界转差率。

【4.7-42】(2021) 交流异步电动机相对电源呈现的负载特性为：

A. 容性　　　　B. 纯阻性　　　　C. 感性　　　　D. 中性

答案： C

解题过程： 交流异步电动机相对电源呈现的负载特性为感性。

【4.7-43】(2019) 交流三相异步电动机中的转差率大于 1 的条件是：

A. 任何情况下都没有可能　　　　　　B. 变压调速时

C. 变频调速时　　　　　　　　　　　D. 反接制动时

答案： D

解题过程： 异步电动机的电磁制动状态：$n<0$，$s>1$。

【4.7-44】(2019) 感应电动机的电磁转矩与电机输入端的电压之间的关系，以下说法正确的是：

A. 电磁转矩与电压成正比　　　　　　B. 电磁转矩与电压成反比

C. 没有关系　　　　　　　　　　　　D. 电磁转矩与电压的平方成正比

答案： D

解题过程： 根据感应电动机电磁转矩的公式可知，电子转矩与电机输入端电压的二次方成正比。

【4.7-45】(2018) 一台 50Hz 的感应电动机，其额定转速 $n=730r/min$，该电动机的额定转差率是：

A. 0.0375　　　　B. 0.0267　　　　C. 0.375　　　　D. 0.267

答案： B

解题过程： 根据额定转速可知，该电机极对数为 4，同步转速为 750r/min。则转差率为

$$s=\frac{n_1-n}{n_1}=\frac{750-730}{750}=0.026\,67$$

【4.7-46】(2017、2016) 一台三相 4 极星形联结的绕线式感应电动机，$f_N=50Hz$、$P_N=150kW$、$U_N=380V$，额定负载时测得其转子铜损耗 $P_{Cu2}=2210W$，机械损耗 $P_\Phi=2640W$、杂散损耗 $P_z=1000W$，额定运行时的电磁转矩为：

A. 955N·m　　　　B. 958N·m　　　　C. 992N·m　　　　D. 1000N·m

答案： C

解题过程： 同步转速 $n_0=\dfrac{60f}{p}=\dfrac{60\times50}{2}r/min=1500r/min$。

已知输出功率 $P_2=P_N=150kW$，机械损耗和杂散损耗之和 $p_{mec}+p_{ad}=P_\Phi+P_z=2460W+1000W=3460W=3.46kW$，根据 $P_2=P_m-p_{mec}-p_{ad}$ 可得机械功率

$$P_m=P_2+(p_{mec}+p_{ad})=150+3.46=153.46kW$$

电磁功率 $\qquad P_{em}=P_m+p_{Cu2}=153.46+2.21=155.85kW$

同步机械角速度 $\qquad \Omega_0=\dfrac{2\pi n_0}{60}=\dfrac{2\pi \times 1500}{60}rad/s=157.08rad/s$

电磁转矩 $\qquad T_{em}=\dfrac{P_{em}}{\Omega_0}=\dfrac{155.85\times 10^3}{157.08}N\cdot m=992.16N\cdot m$

【4.7-47】(2017、2016) 一台三相绕线式感应电机,额定电压 $U_N=380V$,当定子加额定电压,转子不转并开路时的集电环电压为254V,定、转子绕组都为Y联结,已知定、转子一相的参数为 $R_1=0.044\Omega$,$X_{1\sigma}=0.54\Omega$,$R_2=0.027\Omega$,$X_{2\sigma}=0.24\Omega$,忽略励磁电流,当定子加额定电压、转子堵转时的转子相电流为:

A. 304A   B. 203A   C. 135.8A   D. 101.3A

答案:B

解题过程:转子堵转开路时,异步电动机的电动势变比 $k_e=\dfrac{N_1 k_{N1}}{N_2 k_{N2}}=\dfrac{E_1}{E_2}=\dfrac{380}{254}=1.496$。

定、转子均为Y联结,则 $k_z=k_e k_i=\dfrac{m_1}{m_2}k_e^2=k_e^2$。折算后,转子绕组的每相电阻为 $R_2'=k_e^2 R_2=$ $1.496^2\times 0.027\Omega=0.06\Omega$、漏电抗为 $X_{2\sigma}'=k_e^2 X_{2\sigma}=1.496^2\times 0.24\Omega=0.537\Omega$。异步电动机的转子绕组的阻抗变比 $k_z=k_e k_i=\dfrac{m_1}{m_2}k_e^2$。

定子加额定电压、转子堵转时 $(s=1)$ 的转子相电流为

$$I_2'=\frac{U_1/\sqrt{3}}{\sqrt{(R_1+R_2')^2+(X_{1\sigma}+X_{2\sigma}')^2}}=\frac{380/\sqrt{3}}{\sqrt{(0.044+0.06)^2+(0.54+0.537)^2}}A=202.76A$$

考点3:感应电动机常用的起动方法

【4.7-48】(2023) 一台三相感应电动机,额定电压 $U_N=380V$,额定电流 $I_N=136A$,起动电流倍数 $k_1=6.5$,供电变压器限制电动机的最大起动电流为500A,若空载定子串电抗起动,每相串入的最小电抗应该是:

A. 0.02Ω B. 0.19Ω C. 0.25Ω D. 2Ω

答案:C

解题过程:根据题意可得每相串入的最小电抗 $X_{min}=\dfrac{U_N}{\sqrt{3}I_N k_1}=\dfrac{380}{\sqrt{3}\times 136\times 6.5}\Omega=0.248\Omega$。

【4.7-49】(2022) 异步电动机额定电流20A,正常三角形接法时起动倍数为5,当采用星形起动时,起动电流为:

A. 100A   B. 20A   C. 33.33A   D. 66.66A

答案:C

解题过程:异步电动机,根据题意可得:三角形接法起动电流 $I_{st}=kI_N=5\times 20A=100A$;星形接法时由电网供给的起动电流是三角形接法起动电流的1/3,即 $I_{st}'=\dfrac{1}{3}I_{st}=\dfrac{1}{3}\times$ $100A\approx 33.33A$。

【4.7-50】（2021） 电动机采用星形—三角形起动方式，其起动电流与正常起动电流相比：

A. 增大 3 倍　　　　　B. 减小到 1/3　　　　C. 不变　　　　　D. 减小到 $\dfrac{1}{\sqrt{3}}$

答案：B

解题过程： 电动机采用星形—三角形起动时，起动电流是正常起动时的 1/3。

【4.7-51】（2018） 关于感应电动机的星形—三角形的起动方式，下列正确的是：

A. 适用于任何类型的异步电动机　　　　B. 正常工作下连接方式是三角形

C. 可带重载起动　　　　　　　　　　　D. 正常工作下连接方式是星形

答案：B

解题过程： 星形—三角形起动降压起动适用于空载或轻载起动。起动时，将定子三相绕组联结成星形接到额定电压的电源上；起动后，改成三角形联结作正常运行。

【4.7-52】（2014） 根据运行状态，电动机的自起动可以分为三类：

A. 受控自起动，空载自起动，失电压自起动

B. 带负载自起动，空载自起动，失电压自起动

C. 带负载自起动，受控自起动，失电压自起动

D. 带负载自起动，受控自起动，空载自起动

答案：B

解题过程： 自起动分类为失电压自起动、空载自起动和带负载自起动。

（1）失压自起动：运行中突然出现事故，电压下降，当事故消除，电压恢复时形成的自起动。

（2）空载自起动：备用电源空载状态时，自动投入失去电源的工作段所形成的自起动。

（3）带负荷自起动：备用电源已带一部分负荷，又自动投入失去电源的工作段所形成的自起动。厂用工作电源一般仅考虑失压自起动，而厂用备用电源（起动电源）应考虑上述三种情况的自起动。

考点 4：感应电动机常用的调速方法

【4.7-53】（2019） 交流异步电动机调速范围最广的是：

A. 调速　　　　　　B. 变频　　　　　C. 变转差率　　　　D. 变极对数

答案：B

解题过程： 异步电动机变频调速可以实现平滑调速，调速范围宽。

【4.7-54】（2018） 交流异步电机转子串电阻调速，以下错误的是：

A. 只适用于绕线式

B. 适当调整电阻后可调速超过额定转速

C. 串电阻转速降低后，机械特性变软

D. 在调速过程中消耗一定的能量

答案：B

解题过程： 三相绕线转子异步电动机起动，在每相转子回路中串入适当的附加电阻，转子串电阻时，同步转速 n_1 不变，最大转矩 T_m 不变，临界转差率 s_m 改变。转子串接电阻越

大，机械特性运行段的斜率也越大，同一转矩下，转差率与转子总电阻成正比；外加转子电阻越大，转子转差率越大，转子转速越低。转速越低转差率越大，机械功率 P_m 变小而转子铜耗 p_{Cu2} 越大。

4.8　同步电机

4.8.1　知识点提示

1. 同步电机额定值

（1）转速（r/min）。固定不变，称为同步转速 n_0，取决于电网频率 f、磁极对数 p，即同步电机转速

$$n_0 = \frac{60f}{p} \text{r/min}$$

（2）感应电动势的频率。取决于同步电机的转速和极对数，$f = \dfrac{pn_0}{60} \text{Hz}$。

2. 同步电机电枢反应的基本概念

（1）电动势。同步发电机空载运行时，电机中只有一个同步转速旋转的转子磁动势，即励磁磁动势 F_f，建立的励磁磁场在电枢绕组中感应出对称三相电动势，每相电动势为 E_0，称为空载电动势或励磁电动势。

接上对称三相负载后，三相绕组中流过对称的电枢电流 I，建立电枢磁动势 F_a，以同步转速旋转。

$$\dot{F}_a = \dot{F}_{ad} + \dot{F}_{aq}$$

（2）磁动势。电枢磁动势 F_a 与励磁磁动势 F_f 相对静止又互相作用，形成负载时的合成磁动势 F_δ，并建立负载时的气隙合成磁场。气隙合成磁场与励磁磁场比较在位置和大小上都发生了改变，这种电枢磁动势对励磁磁动势的影响称为电枢反应。电枢反应对励磁磁场的不同作用，成为电枢反应的性质，取决于空载电动势 E_0 和电枢电流 I_a 之间的相位差 φ（内功率因数角）。

（3）对称负载时电枢反应与负载性质的关系如下：

1）I_a 和 E_0 同向，$\varphi = 0°$ 时，只有交轴电枢反应。

2）I_a 滞后 E_0 90°，$\varphi = 90°$ 时，只有直轴电枢反应去磁作用。

3）I_a 超前 E_0 90°，$\varphi = -90°$ 时，只有直轴电枢反应增磁作用。

4）一般情况下，$0 < \varphi < 90°$ 时，有交轴电枢反应和直轴电枢反应。

3. 电枢反应电抗及同步电抗的含义

（1）同步电抗。同步电抗包括与漏磁通相对应的漏电抗和与定子旋转磁场对应的电枢反应电抗。

（2）电枢反应电抗。定子旋转磁场在定子绕组中感应电动势，为电枢反应电动势。电动势与磁通成正比，不考虑饱和时，磁通正比于磁动势和电流，电枢反应电动势和电枢电流成正比，比例常数为电枢反应电抗。

（3）磁路饱和时，磁阻增加使得电枢反应电抗减小，同步电抗的大小随磁路饱和程度改变。

4. 同步发电机并入电网的条件及方法

（1）同步发电机并联运行的条件和方法。

1）投入并联：即同步发电机并联到电网的过程，也称为并列、并车、整步。

2）并联运行（并车）的条件：

①发电机的相序与电网相序一致，该项必须满足。

②发电机电压的有效值与电网电压有效值相等且相位相同。

③发电机的频率与电网频率相等。

3）并联运行的准备工作：检查并车条件和确定合闸时刻。电压表测量电网电压 U_{i}，调节发电机的励磁电流使得发电机的输出电压等于电网电压，即 $U=U_{\mathrm{i}}$。借助同步指示器确定合闸时刻。

4）同步发电机并联运行的方法有同步指示灯法和自同步法。

（2）同步发电机并联运行分析。

同步发电机与外部连接接口有定子三相绕组的端口、转子励磁绕组的端口和转子转轴的机械端口三个。并联运行时，可调的只有励磁绕组的励磁电压（励磁电流）和转子转轴上的机械转矩（原动机向发电机输入的拖动转矩）。

1）调节励磁电流。同步发电机理想并网条件下并联到电网，发电机端电压为空载电动势 $\dot{E}_0$（等于此时的电枢端电压 $\dot{U}$），合闸后电枢绕组电流 $\dot{I}=0$，发电机空载运行。原动机向发电机输出的转矩与转子转动方向一致，是驱动性质；制动性质的转矩是与转子转向相反的风阻、摩擦和铁耗产生的空载转矩；驱动转矩 T_1 和制动转矩 T_0 平衡，发电机转子维持同步转速旋转，则 $T_1=T_0$。功率平衡方程式为：

$$P_1=T_1\Omega=T_0\Omega=p_0=p_{\mathrm{m}}+p_{\mathrm{Fe}}$$

式中　P_1——原动机提供发电机的功率，是发电机输入的机械功率；

　　　p_0——发电机的空载损耗；

　　　p_{m}——发电机的机械损耗；

　　　p_{Fe}——发电机的铁耗。

并联合闸后，如果增加励磁电流，则励磁磁动势增大，空载电动势 $\dot{E}_0$ 相位不变、幅值增大；由于电枢端电压 $\dot{U}$ 不变，发电机输出滞后的无功电流，产生去磁的电枢反应。并联合闸后，如果减小励磁电流，则励磁磁动势减小，空载电动势 $\dot{E}_0$ 相位不变、幅值减小；由于电枢端电压 $\dot{U}$ 不变，发电机输出产生后的无功电流，产生增磁的电枢反应。因此改变励磁电流，只能使电枢绕组中产生滞后或超前的无功功率，不能使发电机输入或输出有功功率。

发电机在并联合闸前频率与电网相同、端电压与电网不同，并联合闸时有合闸冲击电流，合闸后电机有无功电流，向电网发出无功功率。

2）调节原动机转矩。调节原动机的拖动转矩可通过调节汽轮机的汽门、水轮机的水门、内燃机的油门等方法。以隐极机为例，设在增大拖动转矩前，发电机已发出无功功率。增大发电机的拖动转矩 T_1，原有的平衡关系 $T_1=T_0$ 被破坏，$T_1>T_0$，发动机转子要加速。

基波励磁磁动势超前于其隙磁通密度 θ' 角，转子轴向有效长度 l，则电流为 I_{f} 的一根

导体的受力为 $f = B_\delta l I_f \sin\theta'$。

如果转子极对数 p，在整个转子上有 $2p$ 个等效励磁电流 I_f，设转子半径为 r，则作用在转子上的总电磁转矩为：

$$T_{em} = fr \times 2p = \frac{\pi p^2 \Phi_s k_f F_f}{2}\sin\theta' = C\sin\theta'$$

当励磁电流 I_f 不变为常数时，稳态运行时气隙磁通密度 B_δ 基本不变，l、r、$2p$ 均不变时，电磁转矩为常数 C 与 $\sin\theta'$ 的乘积。电磁转矩 T_{em} 的方向是使角 θ' 减小的方向，与转子旋转方向相反，是一个制动性的转矩。调节原动机拖动转矩使其增大，θ' 出现，制动性的转矩 T_{em} 产生，最大电磁转矩 $T_{em,max}$ 产生在 $\theta' = 90°$ 时，只要原动机的拖动转矩 T_1 不超过 $T_{em,max}$，发电机不会因转矩不平衡造成与电网失去同步。

同步发电机的电磁转矩能自动与拖动转矩相平衡，是发电机能够并联运行的关键。调节原动机的拖动转矩可以改变并联运行的同步发电机向电网发出的有功功率。

5. 同步发电机有功功率及无功功率的调节方法

（1）功角特性。

1）功角特性。同步发电机并网后，其电压 $\dot{U}$ 和频率 f 受到电网的约束保持不变。如不调节励磁电流，$\dot{E}_0$ 不变时，发电机发出的电磁功率 P_{em} 与功角 δ 之间的关系称为功角特性。功角特性是同步发电机的基本特性之一，可用来分析同步发电机与电网并联运行时的有功功率调节问题和静态稳定问题。

①隐极式同步发电机的功角特性：$P_{em} = \dfrac{mE_0U}{X_S}\sin\delta$。

②凸极式同步发电机的功角特性：$P_{em} = \dfrac{mE_0U}{X_d}\sin\delta + \dfrac{mU^2}{2}\left(\dfrac{1}{X_q} - \dfrac{1}{X_d}\right)\sin2\delta$。

2）功角 δ 的物理意义。时间相位角：δ 为一相空载电动势 $\dot{E}_0$ 和相电压 $\dot{U}$ 之间的夹角，δ 在 $\dot{E}_0$ 超前压 $\dot{U}$ 时为正。空间相位角：假定 $\dot{U}$ 是由等效合成磁动势产生的，δ 为产生 $\dot{E}_0$ 的基波磁动势和等效合成磁动势的夹角，即转子磁极轴线与等效合成磁极轴线之间的空间相位角。

（2）静态稳定。

1）定义：同步发电机和电网并联运行时，电网或原动机在发生微小干扰且干扰消失后，发电机能够恢复到原来的稳定运行状态，则发电机运行是静态稳定的。

2）条件：$\dfrac{dT}{d\delta} > 0$，则发电机运行是静态稳定的。

3）过载能力：最大电磁转矩与额定电磁转矩之比，即 $k_m = \dfrac{T_{max}}{T_N}$。隐极同步发电机，$k_m = \dfrac{1}{\sin\delta_N}$。

为了保证同步发电机有一定的静态稳定能力，隐极、凸极同步发电机的额定运行点分别设计在 $\delta = 30° \sim 40°$ 和 $\delta = 20° \sim 30°$。过载能力是为了提高发电运行的稳定性设置的，只能短时使用。

（3）功率调节。

1）有功功率调节。改变原动机供给发电机的输入功率，改变功角的大小，可以调节有功功率的输出，当功角 $\delta = 90°$ 时，有最大功率输出（隐极机）。凸极机在 δ 略小于 $90°$ 时有最大功率输出。

2）无功功率调节。

①隐极式同步发电机的无功功率

$$Q = \frac{mE_0 U}{X_s}\cos\delta - \frac{mU^2}{X_s}$$

②凸极式同步发电机的无功功率

$$Q = \frac{mE_0 U}{X_d}\cos\delta - \frac{mU^2}{2}\left(\frac{1}{X_q} + \frac{1}{X_d}\right) + \frac{mU^2}{2}\left(\frac{1}{X_q} - \frac{1}{X_d}\right)\cos2\delta$$

③无功功率调节。原动机功率不变，调节同步发电机的励磁电流可以调节无功功率的输出。正常励磁时发电机无功功率为零；过励磁时发电机输出感性无功功率，即发出滞后的无功功率；欠励磁时发电机输出容性无功功率，即发出超前的无功功率。

保持有功功率不变，定子电流与励磁电流 I_f 呈 V 形曲线。每条 V 形曲线有一个最低点，对应于 $\cos\varphi = 1$（正常励磁）。$\cos\varphi = 1$ 左边，对应于欠励磁，超前功率因数区；$\cos\varphi = 1$ 右边，对应于过励磁，滞后功率因数区。$\cos\varphi = 1$ 线是一条略微向右倾斜的曲线，当增加输出的有功功率时，功角 δ 增加，$\cos\delta$ 减小，使输出的无功功率减小。增加输出有功功率的同时保持无功功率不变，必须随功角 δ 的增加而增加励磁以提高空载电动势 E_0 的数值。电枢电流随励磁电流变化的关系为一个 V 形曲线，如图 4.8-1 所示。

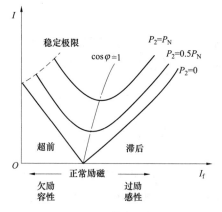

图 4.8-1　V 形曲线特性

（4）功角 δ 决定同步电机的运行状态。

1）$\delta > 0$ 时，为发电机运行，输出有功功率。

2）$\delta < 0$ 时，为电动机运行，输入有功功率。

当增加输出的有功功率时，功角 δ 增加，$\cos\delta$ 减小，使输出的无功功率减小。增加输出有功功率的同时保持无功功率不变，必须随功角 δ 的增加而增加励磁以提高空载电动势 E_0 的数值。

6. 同步电动机的运行特性

（1）电动势方程式。

1）隐极机：$\dot{U} = -\dot{E}_0 + \mathrm{j}\dot{I}X_s + \dot{I}r_a$。

2）凸极机：$\dot{U} = -\dot{E}_0 + \mathrm{j}\dot{I}_d X_d + \mathrm{j}\dot{I}_q X_q + \dot{I}r_a$。

同步电动机的功率因数可以调节。过励同步电动机功率因数超前,输出感性无功功率,可改善电网的功率因数。

(2) 电磁转矩方程式。

1) 隐极机:$T_{em} = \dfrac{mE_0U}{X_s\Omega}\sin\delta$。

2) 凸极机:$T_{em} = \dfrac{mE_0U}{X_d\Omega}\sin\delta + \dfrac{mU^2}{2\Omega}\left(\dfrac{1}{X_q} - \dfrac{1}{X_d}\right)\sin2\delta$。

(3) 功率平衡和转矩平衡。

1) 转矩平衡。

$$T_{em} = T_2 + T_0$$

式中　T_2——机械负载转矩,等于电动机输出的转矩;

　　　T_0——空载转矩。

电机转矩 T_{em} 的方向与发电机时相反,与转子转动方向相同,是拖动转矩,克服机械负载转矩和空载转矩拖动转子旋转。

2) 功率平衡。同步电动机的电磁功率 P_{em} 等于从电源输入的电功率 $P_1 = mUI\cos\varphi$ 减去定子绕组的铜耗 $p_{Cu} = mI^2R$,即 $P_1 = P_{em} + p_{Cu}$。电磁功率减去同步空载损耗 $p_0 = T_0\Omega$ 为电机轴上输出的机械功率 $P_2 = T_2\Omega$。

(4) 功角特性。同步电动机的功角特性与同步发电机相同。功角 δ 是合成磁场领先转子磁场的角度。有功功率由电网流向电动机。

1) 功角特性公式。隐极式同步电动机 $P_{em} = \dfrac{mE_0U}{X_s}\sin\delta$,凸极式同步电动机 $P_{em} = \dfrac{mE_0U}{X_d}\sin\delta + \dfrac{mU^2}{2}\left(\dfrac{1}{X_q} - \dfrac{1}{X_d}\right)\sin2\delta$。

2) 无功功率调节。通过调节同步电动机的励磁电流调节无功功率,改善电网的功率因数。在过励状态(电流超前电压),同步电动机从电网吸收超前的无功功率(电容性无功功率),即向电网发出滞后的无功功率(感性无功功率);在欠励状态(电流滞后电压),同步电动机从电网吸收滞后的无功功率(感性无功功率),即向电网发出超前的无功功率(电容性无功功率)。

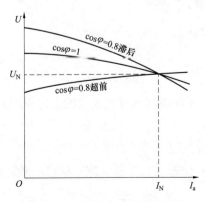

图 4.8-2　同步发电机的外特性

(5) 外特性。指发电机转速为同步转速 n_0 时,励磁电流 I_f 不变,负载功率因数 $\cos\varphi$ 不变时,同步发电机单机运行时,定子端电压 U 随负载电流 I_a 的变化关系。

感性负载时,励磁电流 I_f 不变,随着电枢电流增大,有两个导致端电压下降的因素,电枢反应的去磁作用增强和漏抗压降增大;则外特性是下降的曲线。纯电阻负载时,外特性也是下降的曲线。容性负载时,电枢反应表现为去磁作用,随着电枢电流的增大,端电压反而增大,外特性是上升的曲线,如图 4.8-2 所示。

（6）调整特性：指发电机转速为同步转速 n_0 时，负载功率因数 $\cos\varphi$ 不变时，为维持定子端电压 U 不变，励磁电流 I_f 随电枢电流 I 的变化关系。电压调整率（变化率）ΔU 为：

$$\Delta U=[(E_0-U_{Np})/U_{Np}]\times 100\%$$

（7）起动。

1）辅助动力起动。采用直流电动机、异步电动机或其他动力机等辅助设备，将同步电动机拖到同步转速或接近同步转速，再通过整步或自同步法将同步电动机并联到电网上运行。该法需要的设备多、操作复杂，辅助设备约为电动机容量的 5%～15%，用于空载起动。

2）变频起动。频率从很低逐渐升高到额定频率，电机的转子和定子旋转磁场保持相对静止，产生平均电磁转矩拖动转子旋转。加速到同步转速后将电机并入电网运行。需要变频电源，增加设备投资。

3）异步起动。凸极式同步电动机转子上装设阻尼绕组，可利用异步电动机的启动方法进行起动。起动时励磁绕组不能开路，否则可能破坏绝缘。

（8）应用。同步电动机的特点是转速不随负载变化而改变，其功率因数可以调节，广泛用来拖动大容量恒速机械，如空气压缩机、球磨机、鼓风机和水泵等。

7. 发电机状态过渡到电动机状态

（1）发电机状态。一台并联在大电网上隐极同步发电机作发电机运行，$\dot{E}_0$ 超前于 $\dot{U}$，功角 $\delta>0$，电磁功率 $P_{em}=\dfrac{mE_0U}{X_s}\sin\delta>0$，主极轴线沿转向超前气隙合成磁场的磁极轴线，电磁转矩 T_{em} 为制动转矩，电机将机械能转变为电能。

（2）逐步减小原动机的输入功率 P_1，转子瞬时转速降低，δ 和 P_{em} 减小。当 $\delta=0$，$P_{em}=0$ 时，发电机输出功率为零。继续减小 P_1，δ 和 P_{em} 将变为负，电机从电网吸收电功率和 P_1 一起供给电机的空载损耗。若拆掉原动机，即 $P_1=0$，则电机变成空载的同步电动机，空载损耗全部由电网提供。如果在电机轴上再加上机械负载，则负的 δ 和 P_{em} 的绝对值加大，主极轴线将落后于气隙合成磁场轴线，电磁转矩 T_{em} 变为驱动转矩，电机作电动机运行。

（3）并联在大电网上的发电机转变为电动机时，功率角、电磁功率和电磁转矩由正变为负，使机一电能量转换过程发生逆转，电机变电能为机械能输出。

4.8.2 供配电专业高频考点与历年真题解析

考点1：同步电机基本原理与额定值

【4.8-1】（2023） 理想同步发电机 ABC 坐标系下，定子绕组间的互感系数的变化周期为：

A. 0.5π　　　　　　B. π　　　　　　C. 2π　　　　　　D. 3π

答案：B

解题过程：同步发电机每经过半个周波，定子转子相对位置（只要看气隙）保持一致，定子绕组间的互感系数变化周期为 π。

【4.8-2】（2022） 已知同步发电机的主磁极数为 2，已知电网频率为 $f=60\mathrm{Hz}$，则其转速

应为：

A. 1500r/min　　　　B. 1800r/min　　　　C. 3000r/min　　　　D. 3600r/min

答案：D

解题过程：由同步发电机转速公式 $n_0 = \dfrac{60f}{p} = \dfrac{60 \times 60}{1}$ r/min $= 3600$r/min。

【4.8-3】（2022）　某水轮发电机工作频率50Hz，同步转速为200r/min，主磁极数为：

A. 10　　　　B. 20　　　　C. 30　　　　D. 40

答案：C

解题过程：由 $n_0 = \dfrac{60f}{p} \Rightarrow p = \dfrac{60f}{n_0} = \dfrac{60 \times 50}{200} = 15$，则主磁极数为30。

【4.8-4】（2021）　已知同步电机感应电势的频率为 $f = 50$Hz，磁极对数为6，则其转速应为：

A. 1500r/min　　　B. 900r/min　　　C. 1000r/min　　　D. 500r/min

答案：D

解题过程：同步转速 $n_0 = \dfrac{60f}{p} = \dfrac{60 \times 50}{6}$ r/min $= 500$r/min。

【4.8-5】（2020）　已知同步电机感应电势的频率为 $f = 60$Hz，磁极对数为4，则其转速应为：

A. 1500r/min　　　　B. 900r/min　　　　C. 3000r/min　　　　D. 1800r/min

答案：B

解题过程：$n = \dfrac{60f}{p} = \dfrac{60 \times 60}{4}$ r/min $= 900$r/min。

【4.8-6】（2019）　某发电机的主磁极数为4，已知电网频率 $f = 60$Hz，则其转速应为：

A. 1500r/min　　　B. 2000r/min　　　C. 1800r/min　　　D. 4000r/min

答案：C

解题过程：发电机转速 $n_1 = \dfrac{60f}{p} = \dfrac{60 \times 60}{2}$ r/min $= 1800$r/min。

【4.8-7】（2018）　某发电机的主磁极数为4，已知电网频率为 $f = 50$Hz，则其转速应为：

A. 1500r/min　　　B. 2000r/min　　　C. 3000r/min　　　D. 4000r/min

答案：A

解题过程：发电机转速 $n_1 = \dfrac{60f}{p} = \dfrac{60 \times 50}{2}$ r/min $= 1500$r/min。

考点2：同步发电机并入电网的条件及方法

【4.8-8】（2024）　同步发电机并网需要满足的条件是：

A. 发电机的频率与系统频率相等

B. 发电机电压的有效值与系统电压有效值相等

C. 发电机的相序与系统相序一致

D. 以上条件都要满足

答案：D

解题过程：同步发电机并网时，为了避免产生过大的冲击电流以及保证发电机能够顺利进入同步运行状态，需要满足以下条件：①发电机的相序与电网相序一致，该项必须满足；②发电机电压的有效值与电网电压有效值相等且相位相同；③发电机的频率与电网频率相等。

【4.8-9】（2021）　一台并联在电网上运行的同步发电机，若要在保持其输出的有功功率不变的前提下，增加其感性无功功率的输出，可以采用的办法是：

A. 保持励磁电流不变，增大原动机输入，使功角增加

B. 保持励磁电流不变，减小原动机输入，使功角减小

C. 保持原动机输入不变，增大励磁电流

D. 保持原动机输入不变，减小励磁电流

答案：C

解题过程：原动机功率不变，调节同步发电机的励磁电流可以调节无功功率的输出。保持有功功率不变，定子电流和励磁电流 I_f 呈 V 形曲线。过励磁时发电机输出感性无功功率，增大励磁电流，可以增加输出的感性无功功率。

【4.8-10】（2018）　一台并联在电网上运行的同步发电机，若要在保持其输出的有功功率不变的前提下，减小其感性无功功率的输出，可以采用的方法是：

A. 保持励磁电流不变，增大原动机输入，使功角增加

B. 保持励磁电流不变，减小原动机输入，使功角减小

C. 保持原动机输入不变，增大励磁电流

D. 保持原动机输入不变，减小励磁电流

答案：D

解题过程：原动机功率不变，调节同步发电机的励磁电流可以调节无功功率的输出。保持有功功率不变，定子电流与励磁电流 I_f 呈 V 形曲线。过励磁时发电机输出感性无功功率，减小励磁电流，可以减小输出的感性无功功率。

考点3：同步电机有功功率及无功功率的调节方法

【4.8-11】（2024）　要提高同步发电机的无功功率，正确的调节方法是：

A. 减小机械功率输入　　　　　　　　B. 增大机械功率输入

C. 增加励磁电流　　　　　　　　　　D. 减小励磁电流

答案：C

解题过程：同步发电机的无功功率与励磁电流密切相关。增加同步发电机的励磁电流会提高发电机的感应电动势，从而提高无功功率。

【4.8-12】（2023）　同步调相机可以向系统中：

A. 发出感性无功　　　　　　　　　　B. 吸收感性无功

C. 只能发出感性无功　　　　　　　　D. 既可以 A，也可以 B

答案：D

解题过程：同步调相机是无功功率发电机，相当于空载运行的同步电动机。可以发出感性

无功功率，也可发出容性无功功率（吸收感性无功功率）。

【4.8 - 13】（2020） 同步发电机的最大传输功率发生在功角为：

A. 0° B. 90° C. 45° D. 60°

答案：B

解题过程：根据同步发电机的功角特性，$P_{em} = m\dfrac{E_0 U}{X_t}\sin\theta$，当 $\theta = 90°$ 时，同步发电机有最大传输功率。因此同步发电机的最大传输功率发生在功角为 90°。

【4.8 - 14】（2019） 励磁电流小于正常励磁电流值时，同步电动机相当于：

A. 线性负载 B. 感性负载

C. 容性负载 D. 具有不确定的负载特性

答案：B

解题过程：当励磁电流大于正常励磁电流时，定子电流超前于电源电压，同步电动机向电网发出感性无功功率，相当于电容性负载，补偿了电感性负载的无功损耗，提高了电网的功率因数，增加了电网的有功输出。当励磁电流小于正常励磁电流时，定子电流滞后于电源电压，同步电动机除吸收有功功率外，还从电网吸收感性的无功功率，相当于电感性负载。

【4.8 - 15】（2019） 同步电动机输出的有功功率恒定，可以调节其无功功率的方式是：

A. 改变励磁阻抗 B. 改变励磁电流 C. 改变输入电压 D. 改变输入功率

答案：B

解题过程：原动机功率不变，调节同步发电机的励磁电流可以调节无功功率的输出。

★【4.8 - 16】（2019、2018） 发电机并列运行过程中，当发电机电压与系统电压相位不一致时，将产生冲击电流，冲击电流最大值发生在两个电压相差为：

A. 0° B. 90° C. 180° D. 270°

答案：C

解题过程：电压相位不一致，其后果是可能产生很大的冲击电流而使发电机烧毁。如果相位相差 180°，近似等于发电机端三相短路电流的两倍，此时会在轴上产生力矩，或使设备烧毁，或使发电机轴扭曲。

★【4.8 - 17】（2016） 有两台隐极同步电机，气隙长度分别为 δ_1 和 δ_2，其他结构诸如绕组、磁路等都完全一样，已知 $\delta_1 = 2\delta_2$，现分别在两台电机上进行稳态短路试验，转速相同，忽略定子电阻，如果加同样大的励磁电流，哪 台的短路电流比较大？

A. 气隙大电机的短路电流大 B. 气隙不同无影响

C. 气隙大电机的短路电流小 D. 一样大

答案：A

解题过程：同步电机的气隙磁场由转子电流和定子电流共同激励，从同步电机运行稳定性考虑，气隙增大，磁阻增大，同步电抗减小，使电机的三相稳态短路电流大，电压变化率小及并网运行时电机的稳定性提高。但气隙大，转子用铜量增大，制造成本增加。

【4.8 - 18】（2014） 一台与无穷大电网并联运行的同步发电机，当原动机输出转矩保持不

变时，若减小发电机的功角，应采取的措施是：

A. 增大励磁电流　　　　　　　　　　B. 减小励磁电流

C. 减小原动机输入转矩　　　　　　　D. 保持励磁电流不变

答案： A

解题过程： 与无穷大电网并联运行，发电机的频率和电压受电网约束保持不变。同步发电机并网运行时，励磁电流和原动机的拖动转矩可调。同步发电机的输出有功功率由原动机的拖动转矩决定，当原动机输出转矩不变，发动机的输出有功功率不变，若减小发电机的功角，增大励磁电流可以使得发电机在较小的功角下输出相同的有功功率。

考点 4：同步电机的运行特性

【4.8-19】（2024） 同步电机转子电抗的作用是产生磁场，从而使发电机能够产生电能，一般来说，转子电抗越大，发电机的输出：

A. 功率越大　　　　B. 越不稳定　　　　C. 电压越大　　　　D. 电流越小

答案： B

解题过程： 同步电机的转子电抗（通常指同步电抗）是同步电机的重要参数，影响电压调节、功率传输能力和稳定性。转子电抗（同步电抗）越大，发电机的电压降落越大，电压调节特性越差；功率传输极限越小，发电机的输出能力受到限制；动态稳定性越差。

【4.8-20】（2021） 同步发电机：

A. 只产生感应电动势，不产生电磁转矩　　B. 只产生电磁转矩，不产生感应电动势

C. 不产生感应电动势和电磁转矩　　　　　D. 产生感应电动势和电磁转矩

答案： D

解题过程： 同步发电机定子中的电枢绕组，产生感应电动势和电磁转矩。

【4.8-21】（2021） 同步发电机与外部电源系统连到一起：

A. 功角为正值时，功率流向发电机　　　B. 功角为负值时，功率流向发电机

C. 功角为零时，功率流向发电机　　　　D. 功角取任意值时，功率都从发电机流出

答案： B

解题过程： 功角 δ 决定同步电动机的运行状态：$\delta>0$ 时，为发电机运行，输出有功功率；$\delta<0$ 时，为电动机运行，输入有功功率。

【4.8-22】（2022、2020） 同步电机的功率因数小于 1 时，减小励磁电流，将引起：

A. 电机吸收无功功率，功角增大　　　B. 电机吸收无功功率，功角减小

C. 电机释放无功功率，功角增大　　　D. 电机释放无功功率，功角减小

答案： A

解题过程： 根据同步电机的 V 形曲线，同步电机的功率因数小于 1 时，此时同步电机处于欠励磁状态，电动机功率因数滞后，同步电机相当于感性负载，吸收无功功率。减小励磁电流，功角增大。

【4.8-23】（2019） 同步发电机的短路特性是：

A. 正弦曲线　　　　B. 直线　　　　C. 抛物线　　　　D. 不规则曲线

答案：B

解题过程：短路特性是一条直线。

【4.8 - 24】（2017）　一台凸极同步发电机的直轴电流 $i_{d*}=0.5$，交流电流 $i_{q*}=0.5$，此时内功率因数角为：

A. 0°　　　　　　B. 45°　　　　　　C. 60°　　　　　　D. 90°

答案：B

解题过程：凸极同步发电机的直轴电流和交轴电流与电枢电流 I_a、内功率因数角 φ 的关系

为 $I_d=I_a\sin\varphi$，$I_q=I_a\cos\varphi$。则 $\tan\varphi=\dfrac{I_d}{I_q}=\dfrac{I_{d*}}{I_{q*}}=\dfrac{0.5}{0.5}=1$，求得内功率因数角 $\varphi=45°$。

【4.8 - 25】（2017）　一台三角形联结的汽轮发电机并联在无穷大电网上运行，电机额定容量 $S_N=7600\text{kVA}$，额定电压 $U_N=3.3\text{kV}$，额定功率因数 $\cos\varphi_N=0.8$（滞后），同步电抗 $X_0=1.7\Omega$。不计定子电阻及磁饱和，该发电机额定运行时内功率因数角为：

A. 36.87°　　　　B. 51.2°　　　　C. 46.5°　　　　D. 65.9°

答案：D

解题过程：不计及定子电阻及磁饱和，空载相电动势 $\dot{E}_0=\dot{U}+j\dot{I}_a X_s$。

根据题意可得 $\varphi_N=\arccos 0.8=36.87°$。

额定电枢电流 $I_N=\dfrac{S_N}{\sqrt{3}U_N}=\dfrac{7600}{\sqrt{3}\times 3.3}\text{A}=1329.655\text{A}$。

额定相电压 $U_{Nph}=\dfrac{U_N}{\sqrt{3}}=\dfrac{3.3}{\sqrt{3}}=1.905\,256\text{kV}=1905.256\text{V}$。

内功率因数角 φ 为

$$\varphi=\arctan\dfrac{I_N X_s+U_{Nph}\sin\varphi_N}{U_{Nph}\cos\varphi_N}=\arctan\dfrac{1329.655\times 1.7+1905.256\times 0.6}{1905.256\times 0.8}=65.87°$$

【4.8 - 26】（2014）　一台三相汽轮发电机，电枢绕组星形接法，额定容量 $S_N=15\,000\text{kVA}$，额定电压 $U_N=6300\text{V}$，忽略电枢绕组电阻，当发电机运行在 $U_*=1$，$I_*=1$，$X_{C*}=1$，负载功率因数角 $\varphi=30°$（滞后时），功角 δ 为：

A. 30°　　　　　　B. 45°　　　　　　C. 60°　　　　　　D. 15°

答案：A

解题过程：负载功率因数角 $\varphi=30°$，忽略电枢绕组电阻，则

$$\tan\phi=\dfrac{I_* X_{C*}+U_*\sin\varphi}{U_*\cos\varphi}=\dfrac{1\times 1+1\times\sin 30°}{1\times\cos 30°}=1.732$$

求得内功率因数角为 $\phi=60°$，则功角 $\delta=\phi-\varphi=60°-30°=30°$。

4.8.3　发输变电专业高频考点与历年真题解析

考点 1：同步电机基本原理与额定值

【4.8 - 27】（2024）　一台汽轮发电机额定有功功率 400kW，额定电压 6.3kV，额定无功功率 300kVar，额定频率 50Hz，其功率因数为：

A. 0.9　　　　　　B. 0.95　　　　　　C. 0.8　　　　　　D. 0.75

答案：C

解题过程：根据题意可知功率因数 $\cos\varphi = \dfrac{P_N}{\sqrt{P_N^2 + Q_N^2}} = \dfrac{400}{\sqrt{400^2 + 300^2}} = 0.8$

【4.8-28】（2022） 汽轮发电机 $n_N = 1000\text{r/min}$，$P_N = 400\text{kW}$，$U_N = 6.3\text{kV}$，$Q_N = 300\text{kvar}$，$f = 50\text{Hz}$，极数与功率因数为：

A. 6，0.9　　　　B. 3，0.9　　　　C. 6，0.8　　　　D. 3，0.8

答案：C

解题过程：由同步发电机转速公式 $n_0 = \dfrac{60f}{p}$ 得：$1000\text{r/min} = \dfrac{60 \times 50\text{Hz}}{p}$，求得极对数 $p = 3$，

则主磁极数为6。功率因数 $\cos\varphi = \dfrac{P_N}{\sqrt{P_N^2 + Q_N^2}} = \dfrac{400}{\sqrt{400^2 + 300^2}} = 0.8$。

【4.8-29】（2021） 一台汽轮发电机，极数2，额定无功功率186Mvar，额定电流11.32kA，功率因数0.85，额定频率50Hz，则发电机的额定电压和额定有功功率分别是：

A. 11.8kV，286MW　　　　　　　　B. 18kV，300MW

C. 18kV，300Mvar　　　　　　　　D. 14.36kV，186Mvar

答案：B

解题过程：根据题意可得发电机的额定有功功率和额定电压分别为

$$Q_N = P_N \tan\varphi_N \Rightarrow P_N = \frac{Q_N}{\tan\varphi_N} = \frac{186}{\tan(\arccos 0.85)}\text{MW} = 300\text{MW}$$

$$U_N = \frac{P_N}{\sqrt{3}\, I_N \cos\varphi_N} = \frac{300}{\sqrt{3} \times 11.32 \times 0.85}\text{kV} = 18\text{kV}$$

【4.8-30】（2019） 三相交流同步发电机极对数3，在中国国内其额定转速为：

A. 3000r/min　　　B. 2000r/min　　　C. 1500r/min　　　D. 1000r/min

答案：C

解题过程：中国工频频率 $f = 50\text{Hz}$，则三相交流同步发电机转速为

$$n_1 = \frac{60f}{p} = \frac{60 \times 50}{3}\text{r/min} = 1500\text{r/min}$$

【4.8-31】（2019） 一台汽轮发电机极数2，$P_N = 300\text{MW}$，$U_N = 18\text{kV}$，功率因数0.85，额定功率50Hz，发电机的额定电流和额定无功功率是：

A. 11.32kA，186kvar　　　　　　B. 11.32kA，186Mvar

C. 14.36kA，352.94Mvar　　　　D. 14.36kA，186Mvar

答案：B

解题过程：根据题意可得发电机的额定电流为

$$S_N = \sqrt{3}\, U_N I_N \Rightarrow I_N = \frac{P_N}{\sqrt{3}\, U_N \cos\varphi_N} = \frac{300}{\sqrt{3} \times 18 \times 0.85}\text{kA} = 11.32\text{kA}$$

额定无功功率为：$Q_N = P_N \tan\varphi_N = 300 \times \tan(\arccos 0.85)\text{Mvar} = 185.92\text{Mvar}$。

【4.8-32】（2017、2016） 一台汽轮发电机，额定功率 $P_N = 15\text{MW}$，额定电压 $U_N = $

10.5kV（Y联结），额定功率因数 $\cos\varphi_N=0.85$（滞后），当其在额定状态下运行时，输出的无功功率 Q 为：

A. 9296kvar　　　　B. 11 250kvar　　　　C. 17 647kvar　　　　D. 18 750kvar

答案：A

解题过程：无功功率 $Q=P_N\tan\varphi_N=15\text{MW}\times\tan(\arccos 0.85)=15\text{MW}\times 0.619\,74=$ $9.296\,16\text{Mvar}=9296\text{kvar}$。

【4.8-33】（2014）　一台汽轮发电机，$\cos\varphi=0.8$（滞后），$X_{s*}=1$，$R_a\approx 0$，并联运行于额定电压的无穷大电网上，不考虑等磁路饱和的影响，当其额定运行时，保持励磁电流 I_f 不变，将输出有功功率减半，此时 $\cos\varphi$ 变为：

A. 0.8　　　　B. 0.6　　　　C. 0.473　　　　D. 0.223

答案：C

解题过程：标幺值计算，设 $\dot{U}_*=1.0\underline{/0^\circ}$，则 $\dot{I}_*=1.0\underline{/-36.87^\circ}$，则

$$E_{0*}=\dot{U}_*+\dot{I}_*R_{a*}+j\dot{I}_*X_{s*}=1.0\underline{/0^\circ}+1.0\underline{/-36.87^\circ}\times 0+j1.0\underline{/-36.87^\circ}\times 1$$
$$=1.6+j0.8=1.7888\underline{/26.56^\circ}$$

功角 $\delta=26.56^\circ$。当励磁电流不变，根据 $P_{em}=\dfrac{3E_0 U}{X_s}\sin\delta$，可知基波感应电动势 $E_0=\dfrac{P_{em}X_s}{3U\sin\delta}$ 不变，则

$$P_{em}=\frac{3E_0 U}{X_s}\sin\delta=\frac{3\times 1.7888\times 1}{1}\times\sin 26.56^\circ=2.3995$$

当输出有功功率减少一半，即 $P_{em}=0.5P_{em}$ 时，因为 E_0 不变，则

$$\sin\delta'=0.5\sin\delta=0.5\sin 26.56^\circ=0.223\,567$$

求得 $\delta'=12.92^\circ$。

$$I'X_s=\sqrt{E_0^2+U^2-2E_0 U\cos\delta'}=\sqrt{1.7888^2+1^2-2\times 1.7888\times 1\times\cos 12.92^\circ}=0.844\,26$$

$$I'=\frac{I'X_s}{X_s}=0.844\,26$$

$$\cos\varphi'=\frac{0.5P_{em}}{3UI'}=\frac{0.5\times 2.3995}{3\times 1\times 0.844\,26}=0.473\,68$$

【4.8-34】（2014）　有两台永磁同步电机，气隙长度分别为 δ_1 和 δ_2，其他结构诸如绕组、磁路等都完全一样，已知 $\delta_1=2\delta_2$，现分别在两台电机上运行稳态短路实验，转速相同，忽略定子电磁，如果同样大的励磁电流，哪一台需要的短路电流比较大？

A. 气隙大的电机短路电流大　　　　B. 气隙不同无影响

C. 气隙小的电机短路电流大　　　　D. 一样大

答案：C

解题过程：当短路试验时，气隙磁通密度很小，磁路是线性的，不计定、转子铁心的磁阻，则电枢反应电抗 X_a 与气隙大小成反比；励磁电流 i_f 相同时，空载电动势 E_0 也与气隙大小成反比，气隙大小增大一倍时，气隙磁导减小一半，气隙磁通密度响应的减小一半；

忽略电枢绕组电阻 R，则短路电流 $I_k = \dfrac{E_0}{X_c} = \dfrac{E_0}{X_a + X_s}$。如果不计漏电抗 X_s 时，则气隙增大一倍时，E_0 和 X_a 都减小一半后，I_k 不变。计及漏电抗 X_s 时，由于气隙增大后，谐波漏磁通也减小，使之与相应的差漏电抗减小，因此漏电抗 X_s 也减小，但减小幅度不到一半，因此同步电抗 X_c 减小的幅度也小于一半，所以气隙大的同步电机的短路电流 I_k 要略小一些。如果不考虑这部分漏电抗的变化，认为 X_s 不变，则气隙大得同步电机的短路电流 I_k 也比气隙小的要稍微小一些。

考点 2：同步电机电枢反应

【4.8-35】(2021) 同步发电机单机运行供电于纯电容性负载，当电枢电流达到额定值时，由于电枢反应的作用，其端电压与空载时相比：

A. 不变　　　　　B. 降低　　　　　C. 增高　　　　　D. 不确定

答案： C

解题过程： 同步发动机单机运行供电于纯电容性负载，当电枢电流达到额定值时，由于电枢反应的作用，其端电压与空载时相比会增高。

考点 3：同步发电机有功功率及无功功率的调节方法

【4.8-36】(2022) 假如同步电机工作于 V 形曲线极小值，则同步电机呈现：

A. 容性　　　　　B. 阻性　　　　　C. 感性　　　　　D. 空载运行

答案： B

解题过程： 同步电机保持有功功率不变，定子电流与励磁电流 I_f 呈 V 形曲线。每条 V 形曲线有一个最低点，对应于 $\cos\varphi = 1$（正常励磁）。

【4.8-37】(2018) 发电机过励时，发电机向电网输送的无功功率是：

A. 不输送无功　　B. 输送容性无功　　C. 输送感性无功　　D. 无法判断

答案： C

解题过程： 过励磁时发电机输出感性无功功率，即发出滞后的无功功率；欠励磁时发电机输出容性无功功率，即发出超前的无功功率。

考点 4：同步电动机的运行特性

【4.8-38】(2023) 一台隐极式同步电动机，同步电抗标幺值 $X_s = 1$，忽略定子绕组电阻，不考虑磁路饱和，该电机运行在额定电压 $U_N = 1$（标幺值）和额定电流 $I_N = 1$（标幺值）的条件下，这时感应电动势 E_0（标幺值）为：

A. 1，$45°$　　B. $\sqrt{2}$，$45°$　　C. 1，$60°$　　D. $\sqrt{2}$，$60°$

答案： B

解题过程： 设 $\dot U = U\underline{/0°} = 1\underline{/0°}$，$\dot I = I\underline{/0°} = 1\underline{/0°}$，隐极同步电动机电动势方程式：$\dot E_0 = \dot U - (j\dot I X_s + \dot I r_a) = 1 - j1 = \sqrt{2}\underline{/-45°}$。

【4.8－39】（2023、2009）　一台隐极同步发电机并网运行，若不改变原动机功率，仅减少励磁电流，会引起：

A. 功角减小，电磁功率最大值减小　　　　B. 功角减小，电磁功率最大值增大

C. 功角增大，电磁功率最大值减小　　　　B. 功角增大，电磁功率最大值增大

答案： C

解题过程： 根据电磁功率的公式可知 $P_{em}=\dfrac{mE_0U}{X_s}\sin\delta$。

不调节原动机，则同步发电机输出的有功功率不变。根据功角特性可知，必有 $E_0\sin\delta=$ 常数，若减小励磁电流 I_f，则空载电动势 E_0 减小，则功角 δ 增大，电磁功率最大值 $P_{em}=\dfrac{mE_0U}{X_s}$ 减小。

【4.8－40】（2023）　一台隐极式同步发电机并网运行，额定容量为 7500kVA，功率因数为 0.8（滞后），$U_N=3150$V，Y 连接，同步电抗 1.6Ω，不计定子电阻，该电机最大电磁功率为：

A. 13.2MW　　　　B. 17.5MW　　　　C. 20MW　　　　D. 12.27MW

答案： D

解题过程： 已知 $\cos\varphi_N=0.8$（滞后），则 $\varphi_N=36.87°$，$\sin\varphi_N=0.6$

额定相电流 $I_N=\dfrac{S_N}{\sqrt{3}U_N}=\dfrac{7500}{\sqrt{3}\times3150}kA=1.3746$kA，设 $\dot{I}_N=1374.6\underline{/0°}$ A

额定相电压 $U_p=\dfrac{U_N}{\sqrt{3}}=\dfrac{3150}{\sqrt{3}}V=1818.65$V，则 $\dot{U}_p=1818.65\underline{/36.87°}$ V

$$\dot{E}_0=\dot{U}+j\dot{I}_aX_s=(1818.65\underline{/36.87°}+j1374.6\underline{/0°}\times1.6)\text{V}=3597.84\underline{/66.15°}\text{ V}$$

根据最大电磁功率的公式可知

$$P_{em}=\dfrac{mE_0U}{X_s}\Rightarrow P_{em}=\dfrac{3\times3597.84\times1818.65}{1.6}\times10^{-6}\text{kW}=12.268\text{kW}$$

【4.8－41】（2022、2019）　三相同步发电机，星形联结，$U_N=11$kV，$I_N=460$A，$X_d=16$Ω，$X_q=8$Ω，r_a 忽略不计，功率因数 0.8（感性），其空载电动势为：

A. 11.5kV　　　　B. 11kV　　　　C. 12.1kV　　　　D. 10.9kV

答案： C

解题过程： 额定相电压 U_{Nph}：$U_{Nph}=\dfrac{U_N}{\sqrt{3}}=\dfrac{11}{\sqrt{3}}kV=6350.85$V。

内功率因数角 φ：电枢电流与空载电动势之间的夹角。

$$\varphi=\arctan\dfrac{U_{Nph}\sin\theta+I_NX_q}{U_{Nph}\cos\theta}=\arctan\dfrac{6350.85\times\sin(\arccos0.8)+460\times8}{6350.85\times0.8}$$

$$=\arctan1.474=55.85°$$

则空载相电动势 E_0 为：

$$E_0=U_{Nph}\cos(\varphi-\theta)+I_dX_d=U_{Nph}\cos(\varphi-\theta)+I_N\sin\varphi X_d$$

$$=6350.85\times\cos(55.85°-36.87°)+460\times\sin55.85°\times16$$

$$=12\ 096.49\text{V}=12.09\text{kV}$$

【4.8-42】(2017、2016)　一台汽轮发电机,额定容量 $S_N=31\ 250\text{kVA}$,额定电压 $U_N=10\ 500\text{V}$(星形联结),额定功率因数 $\cos\varphi_N=0.8$(滞后),定子每相同步电抗 $X_S=7\Omega$(不饱和值),此发电机并联于无限大电网运行,在额定运行状态下,将其励磁电流加大 10%,稳定后功角 δ 将变为:

A. $32.24°$　　　　　B. $35.93°$　　　　　C. $36.87°$　　　　　D. $53.13°$

答案:A

解题过程:已知:$\cos\varphi_N=0.8$(滞后),则 $\varphi_N=36.87°$,$\sin\varphi_N=0.6$。

额定相电流:$I_N=\dfrac{S_N}{\sqrt{3}U_N}=\dfrac{31\ 250}{\sqrt{3}\times10\ 500}=1.7183\text{kA}$,设 $\dot{I}_N=1718.3\underline{/0°}\text{A}$。

额定相电压 $U_p=\dfrac{U_N}{\sqrt{3}}=\dfrac{10\ 500}{\sqrt{3}}=6062.18\text{V}$,则 $\dot{U}_p=6062.18\underline{/36.87°}\text{V}$。

$$\dot{E}_0=\dot{U}+\text{j}\dot{I}_aX_S=6062.18\underline{/36.87°}+\text{j}1718.3\underline{/0°}\times7$$
$$=4849.744+\text{j}15\ 665.4=16\ 398.926\underline{/72.8°}\text{V}$$

根据电磁功率的公式可知

$$P_{\text{em}}=\dfrac{mE_0U}{X_S}\sin\delta\Rightarrow31250\times10^3\times0.8=\dfrac{3\times16\ 398.926\times6062.18}{7}\sin\delta$$

则功角 $\sin\delta=0.586\ 77\Rightarrow\delta=35.928°$。

励磁电流增加 10%,则空载电动势增加 10%,则 $P_{\text{em}}=\dfrac{mE_0U}{X_S}\sin\delta\Rightarrow31\ 250\times10^3\times0.8=$

$\dfrac{3\times16\ 398.926\times1.1\times6062.18}{7}\sin\delta$。

则功角 $\sin\delta=0.5334\Rightarrow\delta=32.237°$。

4.9　过电压及绝缘配合

4.9.1　知识点提示

1. 电力系统过电压的种类

(1)过电压。

1)定义:过电压指超过最高工频运行电压并可使电力系统绝缘或电气设备损坏的电压升高。

2)分类。

$$\text{电力系统过电压}\begin{cases}\text{内部过电压}\begin{cases}\text{暂时过电压}\\\text{操作过电压}\end{cases}\\\text{雷电过电压(大气过电压)}\begin{cases}\text{直接雷过电压}\\\text{感应雷过电压}\end{cases}\end{cases}$$

过电压分类见表 4.9-1。

表 4.9-1　　　　　　　　　　　　　　过 电 压 分 类

种　类			影响及后果	抑制措施
外部过电压（雷电过电压、大气过电压）	直击雷过电压		雷电直接击中电气设备、线路、建筑物	避雷针、避雷线、避雷带和避雷网
	感应雷过电压	静电感应	产生静电感应电压	良好接地
		电磁感应	产生感应电流和感应电动势	金属物体互联
		雷电冲击波	电气绝缘破坏	避雷装置
内部过电压	操作过电压（作用时间一般为几毫秒至几十毫秒，甚至产生纳秒级）	间歇性电弧接地过电压	6～10kV、35～60kV 中性点绝缘或中性点经消弧线圈接地的系统中，单相间歇性电弧接地过电压常见且对系统影响较大	中性点直接接地。35kV 及以下电压等级的配电网采用中性点经消弧线圈接地的运行方式
		空载变压器分闸过电压	110～220kV 中性点直接接地系统，切除空载变压器过电压和与空载线路分闸过电压影响大	变压器的任一侧装设避雷器
		空载线路合闸过电压	330～500kV 的超高压系统中，空载线路合闸过电压对系统中电气设备的绝缘水平起决定性作用	
	暂时过电压（作用时间可达秒级以上）	谐振过电压　线性谐振过电压		
		谐振过电压　铁磁谐振过电压		10kV 及以下的母线上装设一组三相对地电容器；或用电缆段代替架空线段；系统中性点临时经电阻接地或直接接地；或投入消弧线圈
		谐振过电压　参数谐振过电压		
		工频过电压　长线路电容效应引起的工频电压升高		
		工频过电压　长线路不对称接地引起的工频电压升高		
		工频过电压　系统甩负荷引起的工频电压升高		

（2）过电压及其防护问题的基础——波过程。

1）波过程。电磁波的传播过程为波过程，主要指电压波（或电流波）在输电线路、电缆、变压器、电机等电力系统设备上的传播过程，又称为线路和绕组中的波过程。

2）波速。当单位长度导线的电感为 L_0、对地电容为 C_0 时，波速为 $v=\dfrac{1}{\sqrt{L_0C_0}}$。架空线，$\varepsilon_r=1$，$\mu_r=1$，$v=3\times10^8\,\mathrm{m/s}$；电缆，$\varepsilon_r=4$，$\mu_r=1$，$v=1.5\times10^8\,\mathrm{m/s}$，约为光速的 1/2。

3）波阻抗。$Z=\sqrt{\dfrac{L_0}{C_0}}=\dfrac{1}{2\pi}\sqrt{\dfrac{\mu_0\mu_r}{\varepsilon_0\varepsilon_r}}\ln\dfrac{2h}{r}$。架空线，$\varepsilon_r=1$，$\mu_r=1$，有 $Z=60\ln\dfrac{2h}{r}$。一般架空线路 $Z\approx500\Omega$（单导线），分裂导线 $Z\approx300\Omega$。电缆，$\varepsilon_r=4$，$\mu_r=1$，$Z\approx10\sim50\Omega$。

①波阻抗从电源吸收的功率和能量以电磁波的形式沿导线以波速 v 向前传播，不存在任何的电压降落和功率损耗。

②导线上既有前行波又有反行波时，导线上的电压和电流的比值不等于波阻抗，等于电阻的阻值。

③波阻抗 Z 的数值只取决于导线单位长度的电感 L_0 和电容 C_0，与线路长度无关。线路的电阻与线路的长度成正比。

4）几种特殊情况下的折射波和反射波。

①线路末端开路（$Z_2=\infty$）：相当于在末端接了一条波阻抗为无穷大的导线，电压反射波和入射波叠加，使末端电压上升 1 倍，电流为零。波到达开路的末端时，全部磁场能量转变为电场能量，使电压上升 1 倍。入射波的磁场能量全部转变为电场能量。

②线路末端短路（$Z_2=0$）：当电压波到达短路末端时将发生负的全反射，负反射时线路末端电压下降为零；电流波发生正的全反射，使线路末端的电流上升为入射波电流的 2 倍。入射波的电场能量全部转化为磁场能量。

③线路末端接匹配电阻 R（$R=Z_1$ 即 $Z_2=R$）：不会产生行波的折射和反射。入射波的电磁波能量全部被电阻 R 吸收并转变为热量。

5）波的多次折射和反射。电网中会出现行波在一段线路的两个节点间来回多次地折射、反射。如电力设备通过电缆接到架空线路上，当雷电波沿架空线入侵时，行波将在电缆段的两个节点间产生多次的折射、反射。

两条波阻抗为 Z_1、Z_2 无限长线路 1、2 之间接入一段波阻抗为 Z_0、长度为 l_0 的线路如图 4.9-1 所示，一无限长直角波 U_0 自波阻抗为 Z_1 的线路 1 向波阻抗为 Z_0、长度为 l_0 的线路入侵，则波在波阻抗为 Z_0 的线路的两个节点 A、B 之间将发生多次折射、反射。

当侵入波 U_0 自波阻抗为 Z_1 的线路到达节点 A，在节点 A 上发生折射、反射；当经过 n 次折射、反射后，节点 B 上的电压为

$$u_B=U_0\alpha_1\alpha_2\frac{1-(\beta_1\beta_2)^n}{1-\beta_1\beta_2}$$

当时间 $t\to\infty$，$n\to\infty$ 时，$(\beta_1\beta_2)^n\to0$，节点 B 上的最终电压幅值为

$$U_B=U_0\alpha_1\alpha_2\frac{1}{1-\beta_1\beta_2}=\frac{2Z_2}{Z_1+Z_2}U_0$$

波阻抗为 Z_2 的线路上的最终电压幅值只由线路 1、2 的波阻抗 Z_1、Z_2 决定，与中间

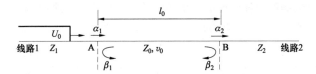

图 4.9-1　波的多次折射、反射接线图

线路的波阻抗 Z_0 无关。

①$Z_0 < Z_1$ 和 $Z_0 < Z_2$。此时 β_1、β_2 均为正值，每次折射波都是正的，总电压 u_B 逐次叠加增大，如图 4.9-2（a）所示。

②$Z_0 > Z_1$ 和 $Z_0 > Z_2$。此时 β_1、β_2 均为负值，但乘积（$\beta_1\beta_2$）为正值，则每次折射波都是正的，电压 u_B 与 1）相同。

③$Z_2 < Z_0 < Z_1$ 或 $Z_2 > Z_0 > Z_1$。此时 β_1、β_2 一正一负，乘积（$\beta_1\beta_2$）为负值，输出的折射波一次为正，下一次为负。输出电压 u_B 的波形为振荡的，如图 4.9-2（b）所示。

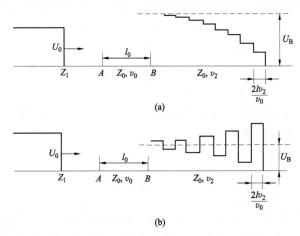

图 4.9-2　不同波阻抗组合下的 U_B 的波形
(a) $Z_0 < Z_1$ 和 Z_2 或 $Z_0 > Z_1$ 和 Z_2；(b) $Z_1 < Z_0 < Z_2$ 或 $Z_1 > Z_0 > Z_2$

6）冲击电晕对线路上波过程的影响。引起行波衰减和变形的因素主要有导线电阻、大地电阻、绝缘的泄漏电导与介质损耗（主要存在于电缆线路中）、极高频或陡波下的辐射损耗和冲击电晕等。引起行波衰减和变形的最主要原因是冲击电晕。

冲击电晕对导线上波过程的影响。

①使耦合系数增大：导线上出现了电晕后，相当于增大了导线半径，导线的自波阻抗减小，互波阻抗基本维持不变，线间的耦合系数增大。

②导线波阻抗减小：导线半径增大，导线对地电容增大 C_0，则导线波阻抗减小。当出现冲击电晕时，一般线路的波阻抗 $Z_0 = \sqrt{L_0/C_0}$ 可减小 $20\% \sim 30\%$，单根接闪线的波阻抗可取 400Ω，双接闪线的并联波阻抗可取为 250Ω。

③波速减小。$v = \dfrac{1}{\sqrt{L_0 C_0}}$，导线对地电容增大 C_0，则导线的波速减小。当电晕比较强烈时，架空线路上的波速一般可降至 0.75 倍光速。

④引起波的衰减与变形。波在传播过程中幅值衰减，波形发生畸变。引起幅值衰减的主

要是电晕本身所产生的能量损耗。波形发生畸变的原因主要是整个电压波形中的电压超过导线电晕起始电压部分波形的运动速度和电压低于导线电晕起始电压部分波形的运动速度不一致。

7）变压器绕组中的波过程。变压器本身看作为一个由许多电感电容组成的复杂等效电路，在冲击电压波的作用下在绕组中产生强烈的电磁振荡过程，在绕组中的主绝缘（绕组对地和对其他两相绕组的绝缘）和纵绕组（一个绕组内部的匝间、层间、线饼间等绝缘）上出现过电压，危及绕组的主绝缘和纵绝缘。

变压器绕组的主绝缘主要是由绕组中各点的最大对地电位所决定的。末端接地的绕组中，最大对地电位将出现在距离绕组首端约 $l/3$ 处，其值可达 $1.4U_0$ 左右；末端不接地的绕组中，最大对地电位出现在绕组末端，其值可达 $2.0U_0$ 左右（实际上由于绕组内的损耗，最大值为 $1.5U_0 \sim 1.8U_0$）。

变压器绕组的纵绝缘主要由绕组中各点的最大电位梯度决定。当过电压波作用于整个变压器绕组上时，每匝绕组之间存在电位差，变压器每匝绕组之间必须采用绝缘油纸等绝缘材料来进行绝缘，即绕组的匝间绝缘，即变压器的纵绝缘（匝间绝缘、层间绝缘和线饼间绝缘）。变压器纵绝缘上的电压称为梯度电压，仅与绕组中的电位梯度成正比，而与绕组中的最大对地电位无关。绕组中电位梯度越大，两匝绕组之间的电位差越来越大。在绕组中电位梯度最大的地方的纵绝缘应该得到重点加强。

末端接地或不接地的绕组，最大电位梯度均出现在 $t=0$ 合闸瞬间的绕组首端位置，其值等于 $U_0\alpha$，该最大电位梯度为绕组平均电位梯度的 α_l 倍（α_l 的平均值为 10）。因此变压器首端的纵绝缘应该得到重点加强。

（3）电气绝缘与高电压试验。

1）气体放电。

①不均匀电场气隙的击穿。

（a）极不均匀电场中的电晕放电。在极不均匀电场中，当电压高到一定程度，在空气间隙完全击穿前，大曲率电极（高场强电极）附近会有薄薄的发光层，这种放电现象称为电晕。

架空输电线路为不均匀电场，在雨、雪、雾等恶劣天气时，在高压输电线路附近常能听到电晕的咝咝声，夜晚还能看到导线周围有紫色晕光。

a）电晕放电的不利影响。气体放电过程中的光、声、热效应以及化学反应等都能引起能量损失；电晕放电过程中形成高频电磁波，对无线电广播和电视信号产生干扰；电晕放电噪声可能超过环境保护的标准。

b）解决措施。减小输电线路电晕放电危害的措施有：采用扩径导线和空心导线以限制导线的表面场强；使用分裂导线可增大线路电容、减小线路电感，从而使线路的传输能力加强。

c）电晕的有利效应。电晕可削弱输电线路上的雷电冲击波或操作冲击波的幅值和陡度；利用电晕原理的静电除尘器、静电喷涂装置和臭氧发生器。

（b）极不均匀电场气隙的击穿特性。在各种极不均匀电场气隙中，"尖—尖"气隙具有完全的对称性，而"尖—板"气隙具有最大的不对称性，其他的极不均匀电场的击穿特性处于这两种极端的击穿特性之间。

a）直流电压。"尖—板"气隙不对称的极不均匀电场在直流电压下的击穿具有明显的极性效应，"尖—板"气隙在负极性时的击穿电压大大高于正极性时的击穿电压。

　　b）工频交流电压。击穿电压升压速率一般控制在每秒钟升高预期击穿电压值的 3％ 左右，"尖—板"气隙的击穿总是发生在尖极为正极性的那半周的峰值附近。"尖—尖"气隙的工频击穿电压比"尖—板"气隙高一些。

　　②空气间隙的击穿特性。直流与工频电压均为持续作用的电压为稳态电压，作用时间很短的雷电冲击电压和操作冲击电压称为瞬态电压。

　　（a）稳态电压下的击穿。击穿电压（峰值）$U_b = 24.22\delta d + 6.08\sqrt{\delta d}$，单位 kV。

　　（b）雷电冲击电压下的击穿。冲击电压作用下放电时延取决于间隙本身的情况和间隙的当时条件，还与间隙的外施电压幅值有关。即同一冲击电压波形作用下，击穿电压值与放电时延（或电压作用时间）有关，这一特性称为伏秒特性，伏秒特性才能说明绝缘能否耐受雷电过电压。

　　（c）操作冲击电压下的击穿。操作过电压为电力系统在操作或发生事故时，状态发生突然变化引起电感和电容回路的振荡产生过电压。操作过电压峰值有时可高达最大相电压的 3～3.5 倍，为保证安全运行，需要对高压电气设备绝缘考察其耐受操作过电压的能力，长间隙在操作冲击波作用下的击穿电压比工频击穿电压低，且操作冲击电压下击穿呈现 U 形曲线。

　　长间隙的雷电冲击击穿电压远比操作冲击击穿电压高，且操作冲击击穿电压在间隙长度超过 5m 时呈现明显的饱和趋势。间隙距离越大，则最小击穿电压与标准操作冲击波下的击穿电压的差别越大。当间隙长度 25m 时，操作冲击下的最低击穿强度仅为 1kV/cm。

操作冲击波下最小击穿电压在间隙距离 $d = 1～20m$ 时为 $U_{min} = \dfrac{3.4}{1 + \dfrac{8}{d}} MV$。

　　2）液体电介质。

　　①影响液体电介质击穿强度的因素：与自身品质有关，也与温度、压力、电压作用时间、电场均匀程度等外界因素有关。

　　（a）品质：含杂质越多，品质越差，击穿电压就越低。当含水量极微小时，水分均以溶解状态存在，击穿电压很高，当含水量增加到超过溶解度时，多余的水分常以悬浮状态出现。这种悬浮状态的小水滴在电场作用下极化形成小桥，导致击穿，击穿电压随着含水量增加而降低。含纤维量越多，击穿电压越低。

　　（b）温度：0～80℃，油的击穿电压随温度的上升显著提高；超过 80℃ 时，击穿电压下降；低于 0℃ 时，击穿电压随着温度的下降而提高。

　　（c）压力：击穿电压随着油压的增大而升高。

　　（d）电压作用时间：击穿电压随着作用时间的增加而降低。

　　（e）电场均匀度：改善电场均匀度能提高击穿电压。

　　②提高液体电介质击穿强度的措施。

　　（a）减少杂质：过滤杂质；防潮，真空干燥法去潮；祛气，加热且抽真空，除去油中的水分和气体。

　　（b）采用固体电介质来减小油中杂质的影响：覆盖层，限制泄漏电流，阻止杂质"小桥"形成，可使工频击穿电压显著提高。绝缘层，阻止杂质"小桥"形成，降低不均匀电场中电极附近绝缘油中最大场强的作用，可显著提高绝缘油的工频和冲击击穿电压。屏障，在油间隙中放置尺寸较大、厚度在 1～3mm 的层压纸板或层压布板（绝缘隔板），既能阻止杂质小桥的形成，又能改善不均匀电场的电场分布。

3) 固体电介质。

①击穿形式。

（a）电击穿。介质中少量带电质点在电场力的作用下加速运动，产生碰撞游离形成电子崩，当电子崩足够强时，破坏介质晶格结构，从而导致击穿。电击穿有以下特点：击穿电压高，一般为 $10^6 \sim 10^7\,V/cm$，比热击穿 $10^4 \sim 10^5\,V/cm$ 高近两个数量级；击穿时间短；击穿电压与环境温度无关；电场的均匀度对击穿电压有显著影响；介质发热不显著。

（b）热击穿。是由介质内部的热不稳定引起的。

（c）电化学击穿。由于绝缘老化导致的击穿为电化学击穿。

②影响固体电介质击穿电压的因素：

（a）电压作用时间。电压作用时间对击穿电压的影响很大。电击穿和热击穿的分界点时间为 $10^5 \sim 10^6\,\mu s$，如果电压的作用时间很长，超过 $10^{10}\,\mu s$，且其击穿电压仅为工频 1min 击穿电压的几分之一，最可能发生的是由于绝缘老化引起的电化学击穿。

（b）电场均匀程度与介质厚度。均匀电场中，电击穿区域，击穿场强与介质厚度无关，即击穿电压随介质厚度的增加而线性增加；热击穿区域，击穿场强与介质厚度的增加而减小，即介质厚度越大，平均击穿场强越低。不均匀电场中，介质厚度增加将使电场更不均匀，在电击穿区域，击穿电压也不再随介质厚度的增加而线性增加。

提高固体介质击穿电压的方法是通过干燥真空浸油处理或浸漆处理。

（c）电压种类。

（d）累积效应。

（e）受潮。

（f）温度。

③提高固体电介质击穿电压的主要措施。

（a）改进制造工艺。通过精选材料、改进工艺、真空干燥、加强浸渍（油、漆、胶等）方法清除固体介质中残留的杂质、气泡、水分等，使介质尽可能致密均匀。

（b）改进绝缘设计。采用合理的绝缘结构，使各部分绝缘的耐电强度能与其所承担的电场强度相配合；改进电极形状，使电场尽可能地均匀化；改善电极与绝缘体的接触状态，采用半导体漆、介质表面喷涂金属粉等消除接触处的气隙或使接触处的气隙不承受电位差。

（c）改善运行条件。注意防潮、防尘污和各种有害气体的侵蚀，采用自然通风、强迫通风、氢冷、水内冷等加强散热冷却。

4) 电气设备绝缘的高电压试验。

①工频高压试验。

（a）利用工频试验变压器。

a）产生工频高电压，作用到被测试电气设备的绝缘上，考验其在长时的工作电压及瞬时的内过电压下能否可靠工作。

b）试验研究高压输电线路的气体绝缘间隙、电晕损耗、静电感应、长串绝缘子的闪络电压以及带电作业等项目的必需的高压电源设备。作为直流高压和冲击高压设备的电源变压器的固有功用。

c）产生"长波前"类型的操作波试验电压。

（b）串级试验变压器。单台变压器电压超过 500kV 时，常采用几个试验变压器高压绕组串接的方法即串级试验变压器。串级连接的变压器台数一般不超过 3 台。

优点为：单个变压器的电压不必太高；可以改接线，共三相试验，两台串级时可改为 V 形接线，三台串接时可接成或三角形接线；需要低的试验电压时，可只使用其中的一、二台变压器；每台变压器可分开单独使用；一台出故障时，其余几台可继续使用。缺点为：装置利用率较低；一般串级数不应超过 4 级；过电压时各级间瞬态电压分布不均匀，可能发生套管闪络及励磁绕组中的绝缘故障。

②工频高压的测量。有效值和峰值的测量误差不超过 $\pm3\%$，可用高压静电电压表、峰值电压表、球隙测压器和分压器等测量。

（a）电阻分压器。如图 4.9 - 3 所示，理想情况下的分压比为 $N=\dfrac{u_1}{u_2}=\dfrac{R_1+R_2}{R_2}$。测量直流高电压时，只能用电阻分压器；还可测量交流高电压和 1MV 以下的冲击电压。被测交流高电压越高，分压器本身阻值越大，对地杂散电容越大，误差越大。当被测交流电压很高、前沿很快时，电阻分压器响应不能达到使用要求时，通过抵消电容作用进行补偿。

（b）电容分压器。用于测量交流高电压和冲击高电压的电容分压器如图 4.9 - 4 所示。分压比为 $N=\dfrac{u_1}{u_2}=\dfrac{C_1+C_2}{C_1}$。

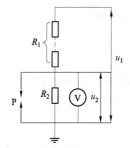

图 4.9 - 3　电阻分压器

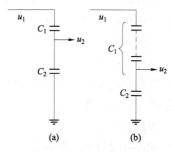

图 4.9 - 4　电容分压器
（a）集中式；（b）分布式

电容分压器的各部分对地也有杂散电容，会在一定程度上影响其分压比，电容分压器的对地杂散电容不会引起波形的畸变。考虑分压器本体的固有电感以及高压引线的电感等引起的波形振荡，为了阻尼振荡，需在高压端串联阻尼电阻，阻尼电阻的引入大大增加了分压器的方波响应时间，从而使测量波形发生畸变。

（c）阻尼式电容分压器。电容分压器由于其本身有分布电感及对地的杂散电容，在施加陡峭冲击波时，会产生高频振荡。高压引线与分压器的电容也会产生振荡电压。施加的波形越陡，分压器的额定电压越高，即其高度越高，波形振荡的问题越突出。

分布式电容器的各个电容单元中串入阻尼电阻，在引线首端加阻尼电阻相匹配与导线的波阻抗匹配，其值为 $300\sim400\Omega$。

阻尼分压器的高压臂参数为

$$\begin{cases} R_1=R_{11}+R_{12}+\cdots+R_{1n} \\ C_1=C_{11}+C_{12}+\cdots+C_{1n} \end{cases}$$

低压臂参数：电阻 R_2，电容 C_2。

冲击电压开始阶段的暂态分压比：$K_1 = (R_1 + R_2) / R_2$。

稳态分压比：$K_2 = (C_1 + C_2) / C_1$。

高压测量回路振荡的条件为 $C_1 R_1 > C_2 R_2$。阻尼式电容分压器具有较好的方波响应特性，可以作为工频和冲击两用的分压器。

5) 绝缘子污秽闪络。

①污秽闪络。污秽闪络是积聚在绝缘子表面上的具有导电性能的污秽物质，在潮湿天气受潮后，使绝缘子的绝缘水平大大降低，在正常运行情况下发生的闪络事故。污闪事故的特点：大面积范围，自动重合闸成功率远低于雷击闪络，造成经济损失最大。

绝缘子表面污秽是由空气中的悬浮物、液体、气体微粒的沉积而成。污闪过程：积污、受潮、形成干区、出现局部电弧、电弧发展直至沿面闪络。

②影响污闪电压的因素。

（a）污秽的湿润。水分的湿润，使绝缘子表面形成导电膜，使污层电导率增加，从而使绝缘子表面绝缘性能降低，泄漏电流增加，由此产生热量，引起闪络电压降低。而雾和毛毛雨是污层湿润的主要来源。每小时几十至几百毫米的大雨，对污秽微粒清洗反而有利。

（b）泄漏距离。与局部电弧串联的剩余电阻的阻值越大，沿面闪络越不易发生，泄漏距离增加时，污闪电压几乎成正比增大。

（c）作用电压频率及其持续时间。在持续的直流或交流电压作用下，由于交流电压有过零现象，则有电弧熄灭、重燃过程。一般直流污闪电压比交流低。

（d）污秽等级。

③防止污闪的措施。

（a）增大爬电比距（泄漏比距）。对耐张绝缘子串，可增加串中片数。对悬垂串，用每片爬距更大的绝缘子，或用 V 形串。

（b）清扫表面积污。

（c）用防污闪材料处理表面。如采用憎水材料。

（d）采用半导体釉和硅橡胶的绝缘子。

6) 绝缘配合原则。电力系统的绝缘包括发电厂、变电站电气设备以及线路的绝缘。过电压决定绝缘水平。

绝缘配合综合考虑电气设备在电力系统中可能承受的各种电压、保护装置的特性和设备绝缘对各种电压的耐受特性，合理确定设备的绝缘水平，使设备的造价、维修费用和设备绝缘故障引起的事故损失，达到经济上和安全运行上总计效益最高的目的。

绝缘配合的最终目的是确定电气设备的绝缘水平，所谓电气设备的绝缘水平是该设备能承受的试验电压值。220kV 以下电网中电气设备的绝缘水平主要由大气过电压决定，具有正常绝缘水平的电气设备应能承受内部过电压，不采取专门限制内部过电压的措施。

330kV 及以上的超高压绝缘配合中，操作过电压起主要作用。污秽地区的电网，外绝缘的强度受污秽影响大大降低，恶劣气象条件时正常工作电压下就能发生污闪事故。超高压电网的外绝缘水平主要由系统最大运行电压决定。

特高压电网中，限压措施下过电压可降低到 1.6～1.8（标幺值）或更低，电网的绝缘水平可由工频过电压及长时间工作电压决定。

绝缘配合中不考虑谐振过电压，电网应避开谐振过电压的产生。

2. 雷电过电压特性

输电线路的直击雷过电压和耐雷水平。输电线路遭受直击雷的情况：雷击杆塔塔顶及塔顶附近避雷线（雷击塔顶），可能造成"反击"，使线路绝缘子发生冲击闪络；雷击挡距中央的避雷线，可能造成导线、地线之间的空气间隙发生击穿；雷绕过避雷线而击于导线（绕击），造成线路绝缘子串发生冲击闪络。

（1）提高线路反击耐雷水平的主要措施有：①加强线路绝缘；②降低杆塔接地电阻；③增大耦合系数；④增大地线分流以降低杆塔分流系数，如将单避雷线改为双避雷线或在导线下方加装耦合地线。

（2）直击雷过电压。

1）无避雷线时，雷直击导线后，雷电流沿着导线向两侧流动，雷电流通道的波阻抗为 Z_0，导线的波阻抗为 Z，则雷击点的直击雷过电压幅值为

$$U = I\,\frac{Z_0\,\dfrac{Z}{2}}{Z_0 + \dfrac{Z}{2}} = I\,\frac{Z_0 Z}{2Z_0 + Z}$$

2）有避雷线时，雷击避雷线挡距中央后，在雷击点产生过电压，并沿避雷线向两侧传播，经 $l/2v$ 时间后到达两侧杆塔，因杆塔接地，在杆塔处将有一负的反射波返回雷击点，再经 $l/2v$ 时间后负反射波又到达雷击点使雷击点电压下降。当雷电流幅值为 I，雷电流通道的波阻抗为 Z_0，避雷线的波阻抗为 Z_b，则雷击点的直击雷过电压幅值为

$$U = I\,\frac{Z_0 Z_b}{2Z_0 + Z_b}$$

3. 接地和接地电阻

（1）接地分类。按照接地的作用，可以将接地分为工作接地、保护接地、保护接零、防雷接地和防静电接地等。

1）工作接地（0.5～5Ω）。保证电气设备在正常或发生故障情况下可靠工作。

2）保护接地（1～10Ω）。保证工作人员接触时的人身安全，将一切正常工作时不带电而在绝缘损坏时可能带电的金属部分接地。

3）保护接零（中性点直接接地低压电网）。电气设备的外壳与接地中性线（也称零线）直接连接，以实现对人身安全的保护作用。

4）防雷接地。防止雷击和过电压对电气设备及人身造成危害，将强大的雷电流安全导入大地。

5）防静电接地。为消除生产过程中产生的静电积累（如油罐、天然气罐等）引起触电或爆炸而设置的接地，称为防静电接地。

（2）接地电阻。

1）定义：电气设备接地部分的对地电压与接地电流之比，称为接地装置的接地电阻。

2）工频接地电阻：工频接地电流流经接地装置所呈现的接地电阻，称为工频接地电阻。

3）冲击接地电阻：雷电流流经接地装置所呈现的电阻，称为冲击接地电阻。

4. 避雷器

避雷器用于防止沿输电线路侵入变电站的感应雷过电压。

避雷器是一种普遍采用的侵入波保护装置，是一种过电压限制器。保护间隙和管式避雷器主要用于限制线路上的雷电过电压即线路的过电压保护，阀式避雷器和金属氧化物避雷器主要用于发电厂和变电站过电压保护。

（1）保护间隙（角型）避雷器。用于 10kV 的低压配电网中。

（2）管式避雷器，是一种具有较高熄弧能力的保护间隙。仅用于发电厂、变电站进线段的保护。

（3）阀式避雷器。阀式避雷器是变电站限制雷电侵入波过电压的主要措施，主要用于限制过电压的幅值。

1）阀式避雷器正常保护须满足的条件：伏秒特性应与被保护绝缘的伏秒特性很好配合，避雷器的伏秒特性应在被保护绝缘的伏秒特性下。残压低于被保护绝缘的冲击击穿电压。被保护绝缘必须处于该避雷器的保护距离之内。

2）保护距离：变电站中变压器与避雷器之间的最大允许电气距离必须限制在一定的范围 l_{max} 内。

$$l_{max} = \frac{U_{it} - U_{res}}{2\alpha / v}$$

式中　U_{res}——避雷器的残压；

　　　U_{it}——被保护设备的冲击电压；

　　　α——侵入波陡度；

　　　v——侵入波波速。

变电站内其他变电设备与避雷器之间的最大允许电气距离 $l'_{max} = 1.35 l_{max}$。

（4）金属氧化物避雷器。金属氧化物避雷器的阀片电阻为氧化锌，也称为氧化锌避雷器（ZnO），也是无间隙金属氧化物避雷器（MOA）。

1）优点：无间隙；保护性能好，可以降低变电站中的雷电过电压，金属氧化物避雷器平坦的伏秒特性对于具有平坦伏秒特性的 SF_6 气体绝缘变电所（GIS）的过电压保护尤为适合；过电压后流过的工频续流为微安级，可视为无续流，动作负载较轻，可以耐受多重雷击和重复动作操作过电压的作用；通流容量大，能制成用于特殊保护对象的重载避雷器，解决长电缆系统、大容量电容器组等的过电压保护；耐污性能好。

2）主要参数。

残压：放电电流通过 ZnO 避雷器时在避雷器上所产生的电压峰值。ZnO 避雷器的残压一般分为雷电冲击电流下的残压、操作冲击电流下的残压和陡波冲击电流下的残压。

压比：ZnO 避雷器通过波形为 $8/20\mu s$ 的标称冲击放电电流时的残压与起始动作电压之比。压比越小，通过冲击大电流时残压越低，避雷器的保护性能越好。ZnO 避雷器的压比为 1.6～2.0。

荷电率（AVR）：允许最大持续运行电压的幅值与起始动作电压之比。是反映阀片上电压负荷程度的重要参数，一般采用 45%～75%。在中性点不接地或经消弧线圈接地的系统中，由于单相接地时健全相电压可以升高至线电压，一般选用较低的荷电率；中性点直接接地系统中，工频电压的升高不太严重，可选用较高的荷电率。

35～220kV 电网通常采用普通型阀式避雷器，电气设备绝缘水平以避雷器 5kA 下的残压作为绝缘配合的依据。330kV 及以上电压等级的电网，采用磁吹型阀式避雷器，电气设备绝缘水平以避雷器 10kA 下的残压作为绝缘配合的依据。

5. 避雷针、避雷线保护范围的确定

避雷针、避雷线用于防止直击雷过电压，在空间位置上高于被保护物体，在保护范围内被保护物体遭受雷击的概率不超过 0.1%。

（1）避雷针的保护范围。当接闪杆高度 h 小于或等于 h_r 时，单支接闪杆在 h_x 高度的水平面上和地面上的保护半径计算公式为：

$$r_x = \sqrt{h(2h_r - h)} - \sqrt{h_x(2h_r - h_x)}$$
$$r_0 = \sqrt{h(2h_r - h)}$$

式中 r_x——接闪杆在 h_x 高度水平面的保护半径；

　　　　h_r——滚球半径，第一类防雷建筑物 $h_r = 30m$，第二类防雷建筑物 $h_r = 45m$，第三类防雷建筑物 $h_r = 60m$；

　　　　h_x——被保护物的高度，m；

　　　　r_0——接闪杆在地面上的保护半径。

（2）避雷线。避雷线（即架空地线）主要用于保护输电线路，目的是提高线路的耐雷性能，降低线路的雷击跳闸率。

1）避雷线的作用：

①防止雷直击于导线。

②雷击杆塔时降低塔顶电位的升高（由于雷电流在避雷线上的分流）和降低绝缘子串上的电压（由于避雷线与导线间的耦合）。

③降低导线上的感应雷击过电压（由于避雷线的屏蔽）。

2）避雷线对导线的保护。单根避雷线的保护角不能太小，保护角一般在 20°～30°；35kV 及以下线路不沿全线架设避雷线；110kV 线路一般全线架设避雷线，保护角采用 30°；220～330kV 线路全线架设避雷线，保护角采用 20°；500kV 及以上超高压、特高压线路都架设双避雷线，保护角在 15° 以下，甚至采用负角；山区宜采用较小的保护角。规程规定 500kV、330kV、220kV 线路应全线架设双避雷线，少雷区 220kV 线路可架设单避雷线。

4.9.2 供配电专业高频考点与历年真题解析

考点 1：过电压

【4.9-1】（2022） 雷电过电压不包括：

A. 感应雷过电压　　　　B. 闪电电涌入侵　　　　C. 直接雷过电压　　　　D. 谐振过电压

答案：D

解题过程：参见表 4.9-1，雷电过电压不包括谐振过电压。

【4.9-2】（2021、2018） 电力系统内部过电压不包括：

A. 操作过电压　　　　B. 谐振过电压　　　　C. 雷电过电压　　　　D. 工频电压升高

答案：C

解题过程：电力系统内部过电压分为操作过电压和暂时过电压。暂时过电压包括谐振过电压和工频过电压。

【4.9-3】（2020） 总等电位联结的作用是：

A. 只能用于漏电保护，不能用于建筑物防雷

B. 只能用于建筑物防雷，不能用于漏电保护

C. 不能用于建筑物防雷和漏电保护

D. 能用于建筑物防雷和漏电保护

答案： D

解题过程： 等电位联结是为了防止间接触电和防接地系统故障引起的爆炸和火灾而做的等电位联结，可以有效预防建筑物防雷系统故障和电子信息设备过电压带来的损坏事故的干扰，所以等电位联结的作用包括建筑物防雷和漏电保护。

【4.9-4】（2019） 10kV中性点不接地系统，在开断空载高压感应电动机时产生的过电压一般不超过：

A. 12kV   B. 14.4kV   C. 24.5kV   D. 17.3kV

答案： C

解题过程： 开断空载高压感应电动机的过电压，一般不超过2.5p.u.，操作过电压的标幺

值 $1.0\text{p.u.}=\dfrac{\sqrt{2}U_\text{m}}{\sqrt{3}}$；10kV中性点不接地系统的最高电压为12kV。

则本题的答案为 $2.5\times\dfrac{\sqrt{2}\times 12}{\sqrt{3}}\text{kV}=24.49\text{kV}$。

【4.9-5】（2017） 下面操作会产生谐振过电压的是：

A. 突然甩负荷   B. 切除空载线路

C. 切除接有电磁式电压传感器的线路   D. 切除有载变压器

答案： C

解题过程： 系统甩负荷引起的工频电压升高，为工频过电压。电力系统中的操作过电压有：间歇性电弧接地过电压、空载变压器分闸过电压、空载线路分闸过电压、空载线路合闸过电压、系统解列过电压和快速暂态过电压。铁磁谐振过电压。空载变压器、电磁式电压互感器等铁磁电感的饱和，与电力系统中的电容参数配合，引起持续时间长、幅值较高的铁磁谐振过电压。由断线引起的铁磁谐振过电压和电磁式电压互感器饱和引起的铁磁谐振过电压。

考点2： 波过程

【4.9-6】（2016） 一幅值为 U 的无限长直角波作用于空载长输电线路，线路末端节点出现的最大电压为：

A. 0   B. U C. $2U$ D. $4U$

答案： C

解题过程： 末端开路，当 $t=0$ 合闸时，形成无限长直角波，幅值为 U。由于是空载线路，故波传输至末端时会产生电压全反射，此时线路末端电压为 $2U$。

考点3： 电气绝缘与高电压试验

【4.9-7】（2022） 关于电介质，下列说法正确的是：

A. 良导体   B. 导电能力差的导体

C. 导电好的绝缘体   D. 导电差的绝缘体

答案：D

解题过程：电介质主要用作电气绝缘材料，故电介质亦称为电绝缘材料。

【4.9-8】(2016)　运行中单芯交流电力电缆不得采取两端接地方式的原因是：

A. 绝缘水平高   B. 接地阻抗大

C. 集肤效应弱   D. 电缆外层温度高

答案：D

解题过程：当单芯电缆线芯通过电流时金属屏蔽层会产生感应电流，电缆的两端会产生感应电压。感应电压的高低与电缆线路的长度和流过导体的电流成正比，当电缆线路发生短路故障、遭受雷电冲击或操作过电压时，屏蔽上会形成很高的感应电压。将会危及人身安全，甚至可能击穿电缆外护套。单芯电缆两端直接接地，电缆的金属屏蔽层还可能产生环流，据相关报道单芯电缆两端接地产生的环流可达到电缆线芯正常输送电流的 30％～80％，这既降低了电缆的载流量、又浪费电能形成损耗，并加速了电缆绝缘老化，因此单芯电缆不应两端接地。

【4.9-9】(2014)　提高液体电介质击穿强度的方法是：

A. 减少液体中的杂质，均匀含杂质液体介质的极间电场分布

B. 增加液体的体积，提高环境温度

C. 降低作用电压幅值，减小液体密度

D. 减少液体中悬浮状态的水分，取出液体中的气体

答案：D

解题过程：提高液体电介质击穿强度的措施有：

(1) 减少杂质：过滤杂质；防潮，真空干燥法去潮；祛气，加热且抽真空，除去油中的水分和气体。

(2) 采用固体电介质来减小油中杂质的影响：覆盖层，限制泄漏电流，阻止杂质"小桥"形成，可使工频击穿电压显著提高。绝缘层，阻止杂质"小桥"形成，降低不均匀电场中电极附近绝缘油中最大场强的作用，可显著提高绝缘油的工频和冲击击穿电压。屏障，在油间隙中放置尺寸较大、厚度在 1～3mm 的层压纸板或层压布板（绝缘隔板），既能阻止杂质小桥的形成，又能改善不均匀电场的电场分布。

【4.9-10】(2014)　工频试验变压器输出波形畸变的主要原因是：

A. 磁化曲线的饱和   B. 变压器负载过小

C. 变压器绕组的杂散电容   D. 变压器容量过大

答案：A

解题过程：试验电压波形畸变及改善措施。励磁电流中的高次谐波造成的电压波形畸变。最主要的原因是试验变压器的铁心在使用到磁化曲线的饱和段时，励磁电流呈非正弦波。

考点 4：雷电过电压

【4.9-11】(2014)　一幅值为 I 的雷电流绕击输电线路，雷电通道波阻抗为 Z_0，输电线路波阻抗为 Z，则绕击点可能出现的最大雷电过电压 U 为：

A. $U=I\dfrac{Z_0Z/2}{Z_0+Z/2}$ B. $U=\dfrac{2ZI}{Z_0+Z}$ C. $U=\dfrac{ZI}{Z_0+Z}$ D. $U=\dfrac{2IZZ_0}{Z_0+Z}$

答案： A

解题过程： 无避雷线时，雷直击导线后，雷电流沿着导线向两侧流动，雷电流通道的波阻抗为 Z_0，导线的波阻抗为 Z，则雷击点的直击雷过电压幅值为

$$U=I\frac{Z_0\dfrac{Z}{2}}{Z_0+\dfrac{Z}{2}}=I\frac{Z_0Z}{2Z_0+Z}$$

考点 5：接地和接地电阻

【4.9-12】（2024） 某变电所中接地装置的接地电阻为 1Ω，计算用的入地短路电流为 $10kA$，最大跨步电压系数、最大接触电压系数分别为 0.014 和 0.0308，则最大跨步电位差、最大接触电位差的值分别为：

A. 182V，364V   B. 14.4V，6.55V   C. 500V，451.2V   D. 140V，308V

答案： D

解题过程： 根据题意代入相关参数进行计算可得最大跨步电位差 U_s 和最大接触电位差 U_t 分别为：

$$U_s=K_sI_gR_g=0.014\times10\times10^3\times1V=140V$$
$$U_t=K_tI_gR_g=0.0308\times10\times10^3\times1V=308V$$

【4.9-13】（2023） 重复接地装置中，垂直埋设的接地体，距离外墙不小于：

A. 0.6m   B. 0.7m   C. 3m   D. 5m

答案： D

解题过程： 重复接地装置是用于提高电力系统的接地性能和保护设备安全的一种装置。垂直埋设的接地体通常需要与建筑物的外墙保持一定的距离。这是为了防止地下接地体与建筑物外墙之间发生电位差的影响，避免接地系统的干扰或损坏。重复接地装置中，垂直埋设的接地体通常要求距离外墙应不小于 5m。

【4.9-14】（2017） 电气设备工作接地电阻值：

A. $<0.5\Omega$ B. $0.5\sim10\Omega$ C. $10\sim30\Omega$ D. $>30\Omega$

答案： B

解题过程： 工作接地保证电气设备在正常或发生故障情况下可靠工作，接地电阻为 $0.5\sim10\Omega$。

考点 6：避雷器

【4.9-15】（2019） 避雷器的作用是：

A. 建筑物防雷   B. 将雷电流引入大地

C. 限制过电压   D. 限制雷击电磁脉冲

答案： C

解题过程： 避雷器是一种普遍采用的侵入波保护装置，是一种过电压限制器。

考点 7：避雷针、避雷线保护

【4.9 - 16】（2017）　避雷线架设原则正确的是：

A. 330kV 及以上架空线必需全线装设双避雷线进行保护

B. 110kV 及以上架空线必需全线装设双避雷线进行保护

C. 35kV 线路需全线装设避雷线进行保护

D. 220kV 及以上架空线必需全线装设双避雷线进行保护

答案：A

解题过程：规程规定 500kV、330kV、220kV 线路应全线架设双避雷线，少雷区 220kV 线路可架设单避雷线。

4.9.3　发输变电专业高频考点与历年真题解析

考点 1：过电压

【4.9 - 17】（2023）　威胁变压器绕组匝间绝缘的主要因素为：

A. 长期工作电压　　　B. 工频过电压　　　C. 过电压陡度　　　D. 暂态过电压幅值

答案：C

解题过程：威胁变压器绕组匝间绝缘的主要因素是过电压陡度。过电压陡度越大，在变压器绕组中产生的电位梯度越大，危及变压器绕组的纵绝缘（匝间绝缘）。

【4.9 - 18】（2018）　110kV 系统的工频过电压一般不超过标幺值的：

A. 1. 3　　　　　B. 3　　　　　C. $\sqrt{3}$　　　　　D. 1. 1

答案：A

解题过程：110kV 及 220kV 系统工频过电压一般不会超过标幺值的 1.3 倍。

【4.9 - 19】（2014）　长空气间隙在操作冲击电压作用下的击穿具有哪种特性？

A. 击穿电压与操作冲击电压波尾有关　　　B. 放电 V - S 特性呈现 U 形曲线

C. 击穿电压随间隙距离增大线性增益　　　D. 击穿电压高于工频击穿电压

答案：B

解题过程：长间隙在操作冲击波作用下的击穿电压比工频击穿电压低，且操作冲击电压下击穿呈现 U 形曲线。

考点 2：波过程

【4.9 - 20】（2023）　引起电磁波传播过程中的波反射的原因是：

A. 波阻抗的变化　　　B. 波速变化　　　C. 传播距离　　　D. 传播媒质的变化

答案：A

解题过程：电磁波传播过程中的波反射的原因是波阻抗的变化。波阻抗是指电磁波在某种介质中传播时，电场强度与磁场强度之比。当电磁波从一种介质进入另一种介质时，如果两种介质的波阻抗不相等，就会导致电磁波的一部分被反射，一部分被折射。

【4.9 - 21】（2017、2016）　输电线路的每千米阻抗为 Z_1，导纳为 Y_1，长度为 l，传播系数为 γ，波阻抗 Z_c 为：

A. $Z_1\sinh\gamma l$　　　　B. $\sqrt{Z_1/Y_1}$　　　　C. $\sqrt{Z_1Y_1}$　　　　D. $Z_1\cosh\gamma l$

答案：B

解题过程：传播系数为 $\gamma=\sqrt{Z_1Y_1}$ ，波阻抗 $Z_c=\sqrt{Z_1/Y_1}$ 。

【4.9‑22】(2017、2016) 已知如图 4.9‑5 所示的波速为 v、幅值为 1000V 的直角电压波形在 $t=0$ 时合闸于长度波阻抗 $Z=200\Omega$、长度 $L=300\mathrm{m}$ 的空载线路，则线路中点电压波形为：

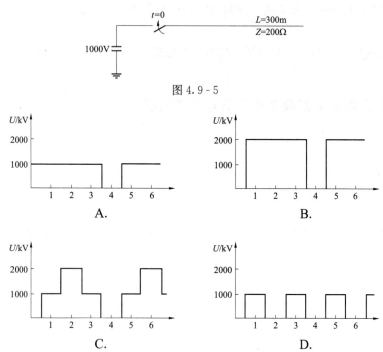

图 4.9‑5

答案：C

解题过程：末端开路，当 $t=0$ 合闸时，形成无限长直角波，幅值为 E。由于是空载线路，故波传输至末端时会产生电压全反射。

经过 $\dfrac{L}{2v}$ 的时间，线路中点的电压为 $E=1000\mathrm{V}$，过 $\dfrac{L}{v}$ 时间到达线路末端，形成全反射，此时线路末端电压为 $2E=2\times1000\mathrm{V}=2000\mathrm{V}$。过 $\dfrac{L}{2v}$ 的时间 即 $t=\dfrac{3L}{2v}$ 时，中点电压升为 $2E=2000\mathrm{V}$。因此选项 B 为末端电压波形，选项 C 为中点电压波形。

【4.9‑23】(2014) 在直配电机防雷保护中电机出线上敷设电缆段的主要作用是：

A. 增大线路波阻抗　　　　　　　　B. 减小线路电容

C. 利用电缆的集肤效应分流　　　　D. 减小电流反射

答案：C

解题过程：电缆段的作用是利用电缆外皮高频电流的集肤效应限制流向电机的雷电流。

【4.9‑24】(2014) 无限长直角波作用于变压器绕组，与绕组纵向初始电压分布有关因素有：

A. 变压器绕组结构、中性点接地方式、额定电压

B. 电压持续时间、三相绕组接线方式、变压器绕组波阻抗

C. 绕组中波的传播速度、额定电压

D. 变压器绕组结构、匝间电容、对地电容

答案： D

解题过程： $\alpha=\sqrt{\dfrac{C_0}{K_0}}$，$K_0$、$C_0$ 分别为绕组单位长度的纵向电容（匝间电容）、对地电容，l 是绕组的总长度。

　　绕组中起始电压分布的特点：A 项，实际中，变压器绕组在末端接地和末端不接地两种情况下的电压起始分布基本相同。B 项，变压器绕组的电压起始分布是极不均匀的。绕组首端的电位梯度将比整个绕组中的平均电位梯度大 αl 倍。绕组首端的纵绝缘应该得到加强。C 项，变压器绕组的电压起始分布不均匀程度与 αl 有关，αl 越大，绕组的电压起始分布越不均匀。

【4.9-25】（2014） 图 4.9-6 中，一幅值为 U_0 的无限长电压波在 $t=0$ 时刻沿波阻抗为 Z_1 的架空输电线路侵入至 A 点，并沿两节点线路传播，两节点距离为 S，波在架空输电线路中的传播速度为 v，在 $t=\infty$ 时 B 点的电压值为：

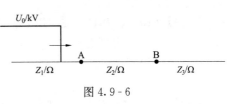

图 4.9-6

A. $U=\dfrac{2U_0 Z_1}{Z_1+Z_2}$ 　　B. $U=\dfrac{2U_0}{Z_3+Z_2}$ 　　C. $U=\dfrac{2U_0 Z_3}{Z_1+Z_2+Z_3}$ 　　D. $U=\dfrac{2U_0 Z_1}{Z_1+Z_3}$

答案： C

解题过程： 电压入射波为 $U_{1q}=U_0$，根据彼德逊原则得其等效电路，如图 4.9-7 所示。节点 B 上的电压 $U_B=\dfrac{2U_0 Z_3}{Z_1+Z_2+Z_3}$。

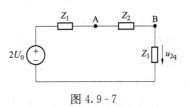

图 4.9-7

考点 3： 电气绝缘与高电压试验

【4.9-26】（2019） 110kV 系统悬垂绝缘子串的绝缘子个数为：

A. 2 　　　　　B. 3 　　　　　C. 5 　　　　　D. 7

答案： D

解题过程： 线路绝缘子每串最少片数见表 4.9-2。

表 4.9-2　　　　　　　　　　线路绝缘子每串最少片数

系统标称电压/kV	20	35	66	110	220
悬垂绝缘子串的绝缘子个数/个	2	3	5	7	13

【4.9-27】（2019） 电气设备发生接地故障时，接地电流流过接地装置时，大地表面形成分布电位，以下说法正确的是：

A. 沿设备垂直距离为 1.8m 的电位差为跨步电压

B. 在接地电流扩散区内，地面上水平距离为 1m 的两点间的电位差为跨步电压

C. 在接地电流扩散区内，地面上水平距离为 0.8m 的两点间的电位差为跨步电压

D. 在接地电流扩散区域内，地面上水平距离为 0.8m 的两点间的电位差为接触电势

答案：B

解题过程：跨步电位差是指电流自接地电极（或接地网）经周围土壤流散时地面上水平距为 1m 的两点间的电位差。

【4.9-28】(2017、2016)　电力系统中输电线路架空地线采用分段绝缘方式的目的是：

A. 减小零序阻抗　　　B. 提高输送容量　　　C. 增强诱雷效果　　　D. 降低线路损耗

答案：D

解题过程：对 750kV 输电线路采用分段绝缘的绝缘方式，有效地减小地线上的感应电流，使地线的损耗降低为地线两端直接接地时的 99% 以上；三相负载平衡程度越小，地线产生损耗会越大，应尽量保证系统三相负载平衡；适当调整接地电阻的大小可以优化地线电能损耗；输电线路长度增加，地线损耗和地线上的感应电压也增大，应选取合适的分段距离，使地线损耗降低。

【4.9-29】(2017、2016)　影响气体中固体介质沿面闪络电压的主要因素是：

A. 介质表面平行电场分离　　　　　　　B. 介质厚度

C. 介质表面粗糙度　　　　　　　　　　D. 介质表面垂直电场分离

答案：C

解题过程：①固体介质与电极的接触面间可能存在间隙，气体中的介电常数比固体介质低，气隙中场强比平均场强大得多，发生局部放电。放电产生的带电质点扩散到固体介质表面，畸变电场分布，降低了沿面闪络电压。②空气湿度及固体介质吸附水分的能力对闪络电压有显著影响。③固体介质表面电阻不均匀和介质表面粗糙，都会畸变电场分布，使闪络电压降低。

【4.9-30】(2017、2016)　气体中固体介质表面滑闪放电的特征是：

A. 碰撞电离　　　B. 热电离　　　　　C. 阴极发射电离　　　D. 电子崩电离

答案：B

解题过程：滑闪放电的特征是介质表面的放电通道中发生热电离。

【4.9-31】(2017、2016)　下列方法中会使电场分布更加劣化的是：

A. 采用多层介质并在电场强的区域采用介电常数较小的电介质

B. 补偿杂散电容

C. 增设中间电极

D. 增大电极曲率半径

答案：B

解题过程：介电常数越小，则该介质分子的极性越弱，电场分布更加均匀。杂散电容会造成电极周边的电荷分布不均匀，补偿杂散电容可以改善电场分布。电极曲率半径越小，电场越不均匀，增大曲率半径，可改善电场均匀程度。因此，答案为 C。

【4.9-32】(2017、2016)　提高不均匀电场中含杂质低品质绝缘油工频击穿电压的有效方法是：

A. 降低运行环境温度　　　　　　　　　B. 减小气体在油中的溶解量

C. 改善电场均匀程度　　　　　　　　　D. 油中设置固体绝缘屏障

答案：C

解题过程：电场越均匀，杂质对液体介质的击穿电压的影响越大。油的纯净度较高时，改善电场的均匀程度能使工频或直流电压下的击穿电压明显提高。含杂质的油受冲击电压作

用时，改善电场均匀程度能提高其击穿电压。

【4.9-33】（2014）　以下关于电弧的产生与熄灭的描述，正确的是：

A. 电弧的形成主要是碰撞游离所致

B. 维持电弧燃烧所需的游离过程是碰撞游离

C. 空间电子主要是由碰撞游离产生的

D. 电弧的熄灭过程中空间电子数目不会减少

答案：A

解题过程：碰撞游离产生电弧，而维持电弧燃烧的主要因素是热游离。

【4.9-34】（2014）　高阻尼电容分压器中阻尼电阻的作用是：

A. 减小支路电感　　　　　　　　　B. 改变高频分压特性

C. 减小支路电压　　　　　　　　　D. 改变低频分压特性

答案：B

解题过程：电容分压器由于其本身有分布电感及对地的杂散电容，在施加陡峭冲击波时，会产生高频振荡。高压引线与分压器的电容也会产生振荡电压。施加的波形越陡，分压器的额定电压越高，即其高度越高，波形振荡的问题越突出。

　　分布式电容器的各个电容单元中串入阻尼电阻，在引线首端加阻尼电阻相匹配与导线的波阻抗匹配，其值为 $300\sim400\Omega$。

考点 4：雷电过电压

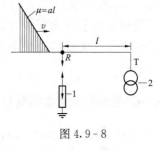

【4.9-35】（2014）　如图 4.9-8 变电站中采用避雷器保护变压器免遭过电压损坏，已知避雷器的 V-A 特性满足 $U_f=f(l)$，避雷器距变压器间的距离为 l，当 $-U(t)=al$ 斜角雷电波由避雷器侧沿波阻抗为 Z 的架空输电线路以波速 v 传入时，变压器 T 节点处的最大雷电过电压是：

图 4.9-8

A. $2aZ/v$ 　　　　B. U_f+2al/v 　　　　C. $2U_f-al/v$ 　　　　D. $2U_f/Z$

答案：B

解题过程：变压器上节点 T 的最大电压 U_T 将比避雷器上的最高电压 U_f 高出 ΔU，$\Delta U=2aT=2a\dfrac{l}{v}$；变压器上的最大电压为 $U_T=U_f+\Delta U=U_f+2a\dfrac{l}{v}$。因此避雷器和变电站之间的电气距离越长，侵入波陡度越陡，变压器上的最大电压比避雷器上的残压越大。

考点 5：避雷器

【4.9-36】（2023）　为了防止雷电侵入变配电所，选择避雷器要满足：

A. 在冲击过电压的作用下，避雷器应滞后于被保护设备放电

B. 在冲击过电压的作用下，避雷器应优先于被保护设备放电

C. 避雷器伏秒特性应高于被保护设备绝缘的伏秒特性

D. 在冲击过电压的作用下，避雷器应保证长时间工频续流

答案：B

解题过程：避雷器的作用是在雷电侵入波的作用下，先于被保护设备放电，将雷电流引入大地，限制过电压幅值，保护电气设备。避雷器的伏秒特性曲线应低于被保护设备的伏秒特性曲线，同时高于被保护设备上可能出现的最高工频电压。避雷器在放电后应能自行切断工频续流，恢复其绝缘状态。

【4.9－37】（2022） 下列关于氧化锌避雷器说法，错误的是：

A. 可做无间隙避雷器　　　　　　　B. 通流容量大

C. 适用于直流避雷器　　　　　　　D. 正常工作不呈低电阻状态

答案： D

解题过程：氧化锌避雷器（ZnO）是无间隙金属氧化物避雷器（MOA）。可以耐受多重雷击和重复动作操作过电压的作用；通流容量大，广泛用于交、直流系统，保护发电、变电设备的绝缘。

【4.9－38】（2018） 氧化锌避雷器说法错误的是：

A. 可做无间隙避雷器　　　　　　　B. 通流容量大

C. 不可用于直流避雷器　　　　　　D. 适用于多种特殊需要

答案： C

解题过程：金属氧化物避雷器也称为氧化锌避雷器（ZnO），也是无间隙金属氧化物避雷器（MOA）。无间隙；可以耐受多重雷击和重复动作操作过电压的作用；通流容量大，能制成用于特殊保护对象的重载避雷器；广泛用于交、直流系统，保护发电、变电设备的绝缘，尤其适合于中性点有效接地（见电力系统中性点接地方式）的 110kV 及以上电网。

考点 6：避雷针、避雷线保护

【4.9－39】（2024、2022、2019） 电气装置的外露可导电部分接至电气上与低压系统接地点无关的接地装置，是以下哪种系统？

A. TT　　　　B. TN－C　　　　C. TN－S　　　　D. TN－C－S

答案： A

解题过程：电气装置的外漏可导电部分接至与低压系统接地点无关的接地装置是 TT 系统。第一个 T 表示电力系统中性点直接接地，第二个 T 表示负载设备外露不与带电体相接的金属导电部分与大地直接连接，而与系统如何接地无关。

【4.9－40】（2022、2019） 一类防雷建筑物的滚球半径为 30m，单根避雷针高度 25m，地面上的保护半径为：

A. 30.5m　　　　B. 25.8m　　　　C. 28.5m　　　　D. 29.6m

答案： D

解题过程：第一类防雷建筑物滚球半径 h_r＝30m，当接闪杆高度 h 小于或等于 h_r 时，单支避雷针在地面上的保护半径计算公式为：

$$r_0 = \sqrt{h(2h_r - h)} = \sqrt{25 \times (2 \times 30 - 25)}\,\text{m} = 29.58\text{m}$$

4.10　断路器

4.10.1　知识点提示

1. 断路器的作用、功能、分类

（1）作用：不仅能通断正常负荷电流，而且能切断一定的短路电流，并能在保护装置作用下自动跳闸，切除短路故障。

（2）分类。

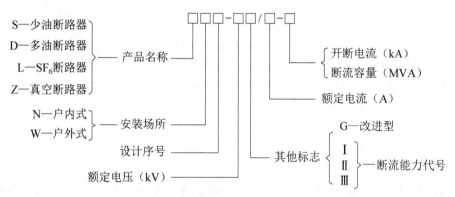

例如：型号为 SN4-20G/8000-30 的断路器，其含义表示为：少油断路器，户内式，设计序号 4，额定电压 20kV、改进型，额定电流为 8000A，额定开断电流 30kA。

产品名称：K—空气断路器；Q—产气断路器；C—磁吹断路器。

其他补充工作特性标志：F—分相操作。

2. 断路器的主要性能与参数的含义

开断能力。断路器应能适用于同一电压下不同参数的电路和不同的安装地点，断路器的弧隙恢复电压与线路参数和开断瞬间工频恢复电压 U_0 有直接关系，短路形式影响断路器的开断能力。

（1）单相短路电路。起始工频恢复电压近似等于电源电压最大值，即 $U_0 \approx U_m$。

（2）中性点不直接接地的三相短路电路。断路器开断中性点不直接接地的三相短路电路，断路器开断三相电路时，电弧电流先过零的相为首先开断相，电弧先熄灭。以 A 相首先开断为例

$$\frac{1}{2}U_{BC} = \frac{\sqrt{3}}{2}U_A - 0.866U_A$$

（3）中性点直接接地的三相接地短路电路。断路器开断中性点直接接地的三相接地短路电路，零序阻抗与正序阻抗比小于或等于 3 时，首先开断相的恢复电压工频分量为相电压的 1.3 倍；第二开断相的恢复电压工频分量为相电压的 1.25 倍；最后开断相的恢复电压工频分量为相电压。中性点直接接地系统中，各相开断相的工频恢复电压与中性点不直接接地相同。

（4）两相短路电路。中性点直接接地系统中两相短路最严重，工频恢复电压为相电压的 1.3 倍，其余均为 0.866 倍的相电压。

（5）断路器开断短路故障时的工频恢复电压与电力系统中性点接地方式、短路故障类型及三相开断顺序有关，首先开断相的工频恢复电压最高，其最大值为

$$U_{prm1}=K_1\frac{\sqrt{2}}{\sqrt{3}}U_{sm}=0.816K_1U_{sm}$$

式中　U_{sm}——电网的最高运行电压；

　　　K_1——首先开断相的开断系数，首先开断相的工频恢复电压与相电压之比。

3. 断路器常用的熄弧方法

电弧电流过零时刻弧隙的电压为熄弧电压 u_{r0}。断路器断开交流电路时，熄灭电弧的条件是弧隙介质强度恢复电压 $u_d(t)$ 大于弧隙恢复电压 $u_r(t)$，即 $u_d(t)>u_r(t)$。图 4.10-1 中，当弧隙恢复电压按曲线 u_{r1} 变化时，在 t_1 时刻以后，由于弧隙恢复电压大于弧隙介质恢复电压，电弧重燃；如果弧隙恢复电压的恢复速度降低，如曲线 u_{r2}，其恢复过程始终低于弧隙介质强度恢复电压的恢复过程，电弧就会熄灭。即弧隙介质强度恢复速度快于弧隙电压的恢复速度时，电弧熄灭。

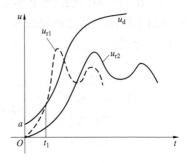

图 4.10-1　强度与恢复电压曲线

（1）利用气体（液体）吹弧。

（2）多断口灭弧。多断口的断路器，在各断口上并联一个比散杂电容大得多的电容器，使各断口上的电压分配均匀，以提高断路器的开断能力，所以断口并联电容器叫作均匀电容器。

（3）利用优质灭弧介质。

（4）迅速拉长电弧。

（5）采用特殊金属材料作为灭弧触头。

（6）采用并联电阻。

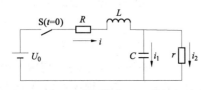

图 4.10-2　电压恢复过程等效电路

断路器带有并联电阻 r，其临界值为 r_{cr}，r 也是熄弧后的弧隙电阻。当只研究一相时，断路器电压恢复过程相当于电源为开断瞬间恢复电压 U_0 的直流电源突然合闸。其等效电路如图 4.10-2 所示。

因此，当断路器触头上并联电阻 $r<r_{cr}=\frac{1}{2}\sqrt{\frac{L}{C}}$

时，电压恢复过程为非周期性；当 $r>r_{cr}$ 时，为周期性过程。当并联电阻 $r<r_{cr}$ 时，周期性振荡特性的恢复电压转变为非周期性恢复过程，大大降低恢复电压的幅值和恢复速度，增加了断路器的开断能力。

4.10.2　供配电专业高频考点与历年真题解析

考点：熄弧方法

★【4.10-1】（2023、2012、2009、2005）　高压断路器一般采用多断口结构，通常在每个断口并联电容 C。并联电容的作用是：

A. 使弧隙电压的恢复过程由周期性变为非周期性

B. 使得电压能均匀地分布在每个断口上

C. 可以增大介质强度的恢复速度

D. 可以限制系统中的操作过电压

答案：B

解题过程：多断口的断路器在各断口上并联一个比散杂电容大得多的电容器，使各断口上的电压分配均匀，以提高断路器的开断能力。

【4.10-2】(2020)　高压断路器是：

A. 具有可见断点和灭弧装置　　　　　　B. 无可见断点，有灭弧装置

C. 有可见断点，无灭弧装置　　　　　　D. 没有可见断点和灭弧装置

答案：B

解题过程：断路器都是没有明显可见分断点的，高压断路器具有可靠的灭弧装置。

4.10.3　发输变电专业高频考点与历年真题解析

考点 1：断路器的作用、功能、分类

【4.10-3】(2018)　下列 4 种型号的高压断路器中，额定电压为 10kV 的高压断路器是：

A. SN10-10I　　　　B. SN10-1I　　　　C. ZW10-1I　　　　D. ZW10-100I

答案：A

解题过程：SN10-10I 为户内少油断路器，设计序号为 10，断流能力为 I，额定电压为 10kV。

考点 2：熄弧方法

【4.10-4】(2017)　关于交流电弧熄灭后的弧隙电压恢复过程，以下描述正确的是：

A. 当触头间并联电阻小于临界电阻时，电压恢复过程为周期性的

B. 当触头间并联电阻大于临界电阻时，电压恢复过程为非周期性的

C. 开断中性点不直接接地系统三相短路时，首先开断的工频恢复电压为相电压的 1.5 倍

D. 开断中性点不直接接地系统三相短路时，首先开断相熄弧，之后，其余两相电弧同时熄灭，每一相工频恢复电压为相电压的 1.732 倍

答案：C

解题过程：同题 [4.10-5]。

设 A 相为先断开相，电弧电流先过零，电弧先熄灭。

$$\dot{U}_{ab}=\dot{U}_{AD}-\dot{U}_{AB}+0.5\dot{U}_{BC}=1.5\dot{U}_{AD}$$

4.11　互感器

4.11.1　知识点提示

1. 电流、电压互感器的工作原理、接线形式及负载要求

互感器在供配电系统中的作用是：使仪表、继电器等二次设备与主电路隔离；使仪表、继电器等二次设备的使用范围扩大。

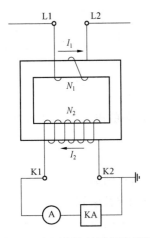

图 4.11-1 电流互感器接线图

（1）电流互感器。

1）工作原理。一次绕组：匝数少，导线粗，串联在一次回路中；二次绕组：匝数多，导线细，与测量仪表、继电器等的电流线圈串联。

2）接线形式。接线图如图 4.11-1 所示。

$$I_1 \approx \frac{N_2}{N_1}I_2 \approx K_i I_2 \qquad I_{N2}=5A 或 1A$$

3）误差：由于电流互感器本身存在励磁损耗（励磁电流 I_0）和磁饱和等影响，使一次电流和二次电流存在误差，与一次电流 I_1 和二次负荷阻抗 Z_{2L} 有关。电流误差 f_i 和相位误差 δ_i 将随电流 I_1 减小而增大。

当一次电流 I_1 不变，增加二次负荷阻抗 Z_{2L}（$\cos\varphi_2$ 不变）时，相位误差 δ_i 和电流误差 f_i 增大；当二次负荷功率因数角 φ_2 增加时，电流误差 f_i 增大，相位误差 δ_i 减小。

电流互感器误差见表 4.11-1。

表 4.11-1　　　　　　　　　　　电流互感器误差

误差	定义	表达式	误差补偿措施
电流误差 f_i（比值差）	二次电流的测量值乘以额定变流比与一次电流数值差的百分数	$f_i = \dfrac{K_i I_2 - I_1}{I_1} \times 100\%$ $= \dfrac{(Z_2+Z_{2L})\, l_{av}}{222N_2^2 S\mu}\sin(\alpha+\varphi)\times 100\%$	采用整数匝补偿、分数匝补偿及磁分路补偿
相角误差 δ_i	相角误差 δ_i 是 $-\dot{I}'_2$ 与 $\dot{I}_1$ 的相角差，并规定若 $-\dot{I}'_2$ 超前于 $\dot{I}_1$，δ_i 为正值	$\delta_i \approx \sin(\delta_i)$ $= \dfrac{(Z_2+Z_{2L})\, l_{av}}{222N_2^2 S\mu}\cos(\alpha+\varphi)\times 3440\,(')$	

4）电流互感器的准确度等级：根据测量误差的大小，电流互感器可分为 0.2、0.5、1、3、5P、10P 等级。

5）额定容量：在额定二次电流和额定二次阻抗下运行时，二次绕组输出的容量，即 $S_{2N}=I_{2N}^2 Z_{2N}$。

（2）电压互感器。

1）工作原理。

一次绕组：匝数很多，并联在供电系统的一次电路中；二次绕组：匝数很少，与电压表、继电器的电压线圈等并联。$U_1 \approx \dfrac{N_1}{N_2}U_2 \approx K_u U_2$；$U_{2N}=100V$。

2）接线形式。接线图如图 4.11-2 所示。

3）误差：电压互感器存在励磁电流和内阻抗，测量结果存在电压误差 f_u 和相位（角度）误差 δ_u。误差不但与励磁电流和内阻抗等参数有关，还与一次电压、二次负荷和功率因数等有关。

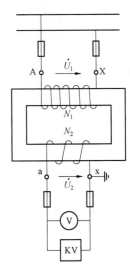

图 4.11-2 电压互感器接线图

电压互感器误差见表 4.11-2。

表 4.11-2　　　　　　　　　电 压 互 感 器 误 差

误差	定义	表达式	误差补偿措施
电压误差 f_u（比值差）	二次电压测量值乘以额定变压比 K_u 与一次电压数值差的百分数	$f_u = \dfrac{K_u U_2 - U_1}{U_1} \times 100\%$	减小绕组阻抗和铁心的励磁电流和适当减少一次绕组的匝数来补偿负的电压误差
相角误差 δ_u	是 $-\dot{U}_2{}'$ 与 $\dot{U}_1$ 的相角差，并规定若 $-\dot{U}_2{}'$ 超前于 $\dot{U}_1$，δ_u 为正		

2. 电流、电压互感器在电网中的配置原则及接线形式

（1）电流互感器在电网中的配置原则及接线形式。

1）配置原则：电流互感器的极性：采用"减极性"原则。减极性：在一次绕组和二次绕组的同极性端同时加入某一同相位电流时，两个绕组产生的磁通在铁心中同方向。如果一次电流从极性端流入，则二次电流应从同极性端流出。

电流互感器的使用注意事项：电流互感器在工作时二次侧绝对不允许开路；电流互感器的二次侧必须有一端接地。

2）电流互感器接线形式见表 4.11-3。

表 4.11-3　　　　　　　　　电流互感器接线形式

接线形式	接线图	适用范围	测量值	连接导线的计算长度 L_c
一相式接线	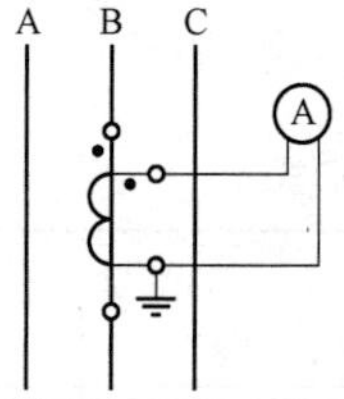	负荷平衡的三相电路	相电流	$L_c = 2L$
两相不完全星形接线（V形接线）	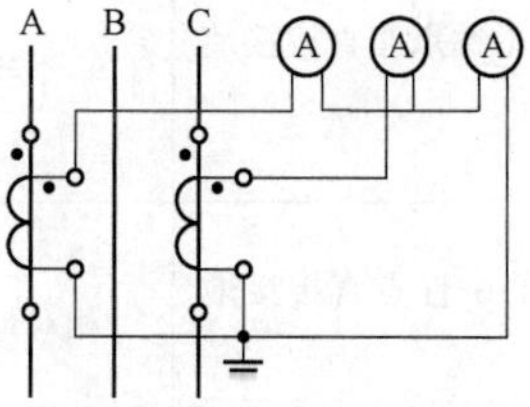	中性点不接地的三相三线制系统	三相电流、有功功率、无功功率、电能等，反映各种相间、接地故障	$L_c = \sqrt{3}L$
两相电流差接线	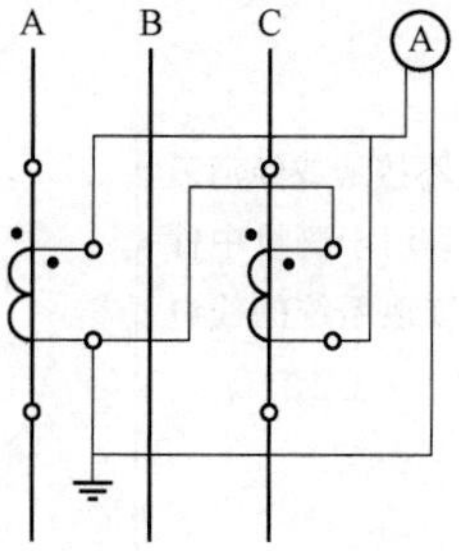	中性点不接地的三相三线制系统	三相电流、有功功率、无功功率、电能等，反映相间故障电流、但不能完全反映接地故障	

续表

接线形式	接线图	适用范围	测量值	连接导线的 计算长度 L_c
三相完全星形接线	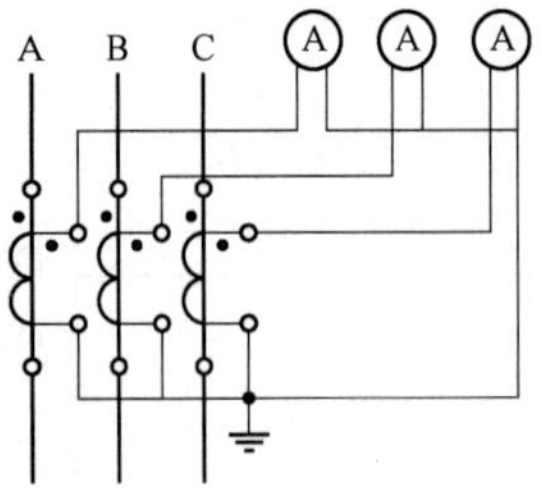	三相四线制 或三相三线制 系统	三相电流	$L_c = L$

（2）电压互感器在电网中的配置原则及接线形式。

1）配置原则：电压互感器的极性：采用"减极性"原则。

电压互感器的使用注意事项：电压互感器在工作时二次侧绝对不允许短路；电压互感器的二次侧必须有一端接地。电压互感器一次绕组的额定电压应与互感器接入电网时一次绕组所受的电压一致，二次电压在任何情况下不得超出标准值（100V），因此二次绕组电压见表 4.11-4。

表 4.11-4　　　　　　　　　　　电压互感器的二次绕组电压

绕组	二次主绕组		二次辅助绕组	
高压侧接线	接相与相上	接相与地上	中性点直接接地	中性点不直接接地
二次绕组电压/V	100	$100/\sqrt{3}$	100	$100/3$

2）电压互感器接线形式见表 4.11-5。

表 4.11-5　　　　　　　　　　　电压互感器接线形式

接线形式	接线图	适用范围	测量值	连接导线的 计算长度 L_c
单相式 接线	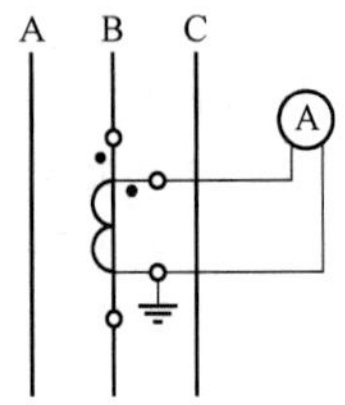	35kV 及以下的中性点非直接接地 电网	一个线电压	$L_c = 2L$
		110kV 及以上的中性点直接接地 电网	相对地电压	
V/V 形 接线	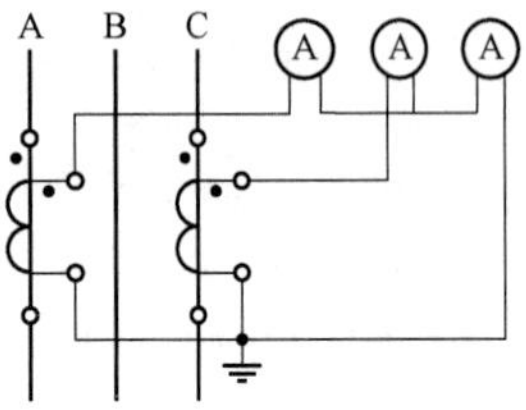	20kV 以下中性点不接地或经消弧线圈接地的电网中，用于测量中性点不接地的小电流接地系统的线电压，不能测量相电压	三个线电压	$L_c = \sqrt{3}L$

接线形式	接线图	适用范围	测量值	连接导线的计算长度 L_c
YNyn 形接线	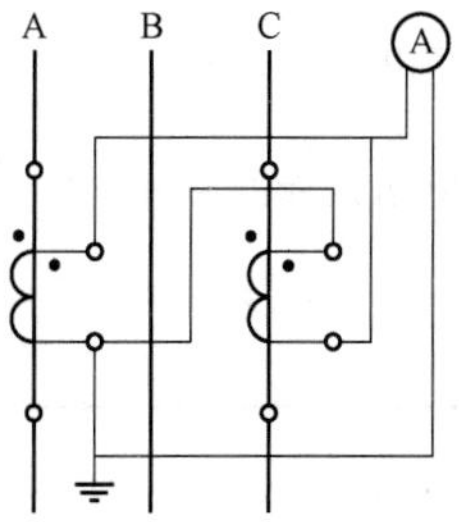	中性点不接地的三相三线制系统；不能测量相对地电压	电网的线电压，接电能表和功率表；可供电给接相电压的绝缘监视电压表	$L_c=\sqrt{3}L$
YNynd（开口三角形）接线	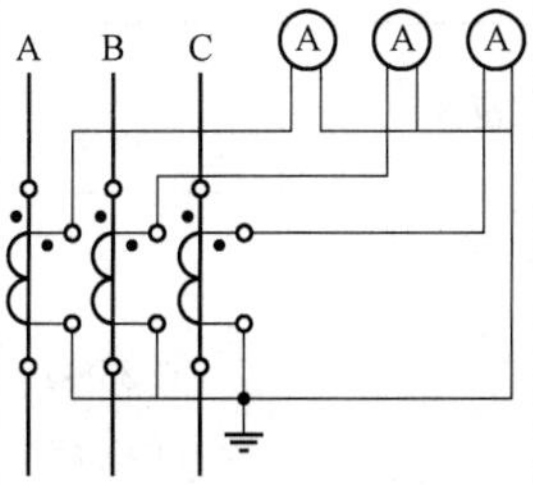	三相四线制或三相三线制系统；10kV 系统中电压互感器的额定电压比为 $\dfrac{10\,000}{\sqrt{3}}\mathrm{V}\Big/\dfrac{100}{\sqrt{3}}\mathrm{V}\Big/\dfrac{100}{3}\mathrm{V}$	接成 yn 的二次绕组，可测量各个线电压及相对地电压，接绝缘监视电压表；接成开口三角形的辅助二次绕组，测量零序电压，构成零序电压过滤器	$L_c=L$

3. 各种形式互感器的构造及性能特点

（1）电流互感器。

1）准确度等级及误差限值见表 4.11-6。

表 4.11-6 电流互感器准确级和误差限值

准确级	一次电流为额定电流的百分数（%）	误差限值		二次负荷变化范围
		电流误差（±%）	相位差（±′）	
0.2	10	0.5	20	
	20	0.35	15	
	100～120	0.2	10	
0.5	10	1	60	$(0.25\sim1)\,S_{2N}$
	20	0.75	45	
	100～120	0.5	30	
1	10	2	120	
	20	1.5	90	
	100～120	1	60	
3	50～120	3	不规定	$(0.5\sim1)\,S_{2N}$

2）分类见表4.11-7。

表4.11-7　　　　　　　　　　　　　　　　分　　类

用途	分类	适用范围
测量用	电能0.5级	在正常工作范围内，准确度要求高
	电流表1级	
继电保护用	稳态P	220kV及以下的电力系统；5P10表示当一次电流是额定一次电流的10倍时，该绕组的复合误差小于或等于±5%
	暂态TP	500kV等超高压系统

（2）电压互感器。

1）准确度等级及误差限值见表4.11-8。

表4.11-8　　　　　　　　　电压互感器准确级和误差限值

准确级	误差限值		一次电压变化范围	频率、功率因数及二次负荷变化范围
	电压误差（±%）	相位差（±′）		
0.2	0.2	10	$(0.8\sim1.2)\,U_{1N}$	$(0.25\sim1)\,S_{2N}$ $\cos\varphi_2=0.8$ $f=f_N$
0.5	0.5	20		
1	1.0	40		
3	3.0	不规定		
3P	3.0	120	$(0.05\sim1)\,U_{1N}$	
6P	6.0	240		

2）准确度等级选择。功率测量、电能测量及功率方向保护用的电压互感器应选择0.5级或1级；只供估计被测值的仪表和一般电压继电器的电压互感器选用3级。

3）种类和型式的选择。6～35kV室内配电装置中，采用油浸式或浇筑式；110kV及以上配电装置中采用干式；110～220kV配电装置采用串级电磁式电压互感器；220kV及以上配电装置，当容量和准确度等级满足要求时，采用电容式电压互感器。

4.11.2　供配电专业高频考点与历年真题解析

考点1：电流互感器

【4.11-1】（2024）　电流互感器的额定容量为：

A. 短路发热允许的容量　　　　　　　　B. 正常发热允许的容量

C. 额定二次电流下的容量　　　　　　　D. 额定二次负载下的容量

答案：D

解题过程：电流互感器的额定容量S_{2N}是指电流互感器在额定二次电流I_{2N}和额定二次阻抗Z_{2N}下运行时，二次绕组输出的容量，其表达式为$S_{2N}=I_{2N}^2 Z_{2N}$。

【4.11-2】（2022、2021）　电流互感器二次侧连接需满足：

A. 不得开路，且有一端接地　　　　　　B. 不得开路，且不接地

C. 不得短路，且有一端接地　　　　　　D. 不得短路，且不接地

答案：A

解题过程：电流互感器的使用注意事项：电流互感器在工作时二次侧绝对不允许开路；电流互感器的二次侧必须有一端接地。

【4.11-3】(2022、2018) 某型电流互感器的额定容量 S_{2N} 为 20VA，一次电流为 5A，准确等级为 0.5，其负荷阻抗的上限和下限分别为：

A. 0.6Ω，0.3Ω   B. 1Ω，0.4Ω   C. 0.8Ω，0.2Ω   D. 0.8Ω，0.4Ω

答案：C

解题过程：电流互感器的额定容量 S_{2N} 为电流互感器在额定二次电流 I_{2N} 和额定二次阻抗 Z_{2N} 下运行时，二次绕组输出的容量，即 $S_{2N} = I_{2N}^2 Z_{2N}$。

查表 4.11-6 可知电流互感器准确级为 0.5 时，二次负荷变化范围为 $(0.25 \sim 1) S_{2N}$，因此负荷阻抗的上下限相差 4 倍。C 项符合要求。

【4.11-4】(2021) 选择 10kV 馈线上的电流互感器时，电流互感器的联结方式为不完全星形接法，若电流互感器与测量仪表相距 30m，则其连接计算长度 L_c 为：

A. 30m   B. 52m   C. 90m   D. 60m

答案：B

解题过程：电流互感器两相不完全星形接线（V 形接线），连接导线的计算长度 $L_c = \sqrt{3} L$，本题 $L_c = \sqrt{3} L = \sqrt{3} \times 30\text{m} = 51.96\text{m}$。

【4.11-5】(2021) 电流互感器二次绕组中所接入的负荷容量，与电流互感器额定容量相比，不满足要求的是：

A. 20%   B. 25%   C. 50%   D. 100%

答案：A

解题过程：见表 4.11-6，准确度等级为 0.5 时，二次负荷的变化范围为 $(0.25 \sim 1) S_{2N}$，准确度等级为 3 时，二次负荷的变化范围为 $(0.5 \sim 1) S_{2N}$。

【4.11-6】(2020) 电流互感器采用三相星形接线时的接线系数为：

A. $\sqrt{3}$ B. 2   C. 1   D. 3

答案：C

解题过程：继电保护用电流互感器采用三相星形接线时的接线系数为 1。

【4.11-7】(2019) 某型电流互感器的额定容量为 20VA，二次电流为 5A，准确等级为 5，其负荷阻抗的上限和下限分别为：

A. 0.6Ω，0.3Ω   B. 1Ω，0.4Ω   C. 0.8Ω，0.2Ω   D. 0.8Ω，0.4Ω

答案：D

解题过程：在额定二次电流和额定二次阻抗下运行时，二次绕组输出的容量，根据题意可知，额定二次负荷阻抗为：$Z_{2N} = \dfrac{S_{2N}}{I_{2N}^2} = \dfrac{20}{5^2}\Omega = 0.8\Omega$。

准确度等级为 5 时，二次负荷的变化范围为 $(0.5 \sim 1) S_{2N}$，负荷阻抗的变化范围为 $(0.5 \sim 1) Z_{2N} = (0.4 \sim 0.8)\,\Omega$。

【4.11-8】(2018) 在电流互感器二次绕组接线方式不同的情况下，假定接入电流互感器二次回路电阻和继电器的阻抗均相同，二次计算负载最大的情况是：

A. 两相电流差接线最大   B. 三相完全星形接线最大

C. 三相三角形接线最大   D. 不完全星形接线最大

答案： C

解题过程： 三角形接线时，电流互感器的二次计算负载比星形接线大。

【4.11-9】（2017） 下列说法正确的是：

A. 电磁式电压传感器二次侧不允许开路

B. 电磁式电流传感器测量误差与二次负载大小无关

C. 电磁式电流传感器二次侧不允许开路

D. 电磁式电压传感器测量误差与二次负载大小无关

答案： C

解题过程： 电压互感器正常工作时接近于空载状态，相当于一台接近开路运行的小容量变压器。电磁式电压互感器的误差不但与励磁电流和内阻抗等参数有关，还与一次电压、二次负荷和功率因数等有关。

电流互感器二次侧不允许开路；电流互感器误差与二次负荷阻抗 Z_{2L} 成正比。

【4.11-10】（2014） 以下关于运行工况对电流互感器传变误差的描述正确的是：

A. 在二次负荷功率因数不变的情况下，二次负荷增加时电流互感器的幅值误差和相位误差均减小

B. 二次负荷功率因数角增大，电流互感器的幅值误差和相位误差均增大

C. 二次负荷功率因数角减小，电流互感器的幅值误差和相位误差均减小

D. 电流互感器铁心的磁导率下降，幅值误差和相位误差均增大

答案： D

解题过程： ①一次电流的影响。一次电流 I_1 减小，铁心磁导率 μ 逐渐下降，电流误差 f_i 和相位误差 δ_i 将随电流 I_1 减小而增大，相位误差 δ_i 比电流误差 f_i 增长得快。一次电流 I_1 在额定值附近时误差最小。短路时一次电流 I_1 是额定电流的数倍，铁心饱和，μ 下降，误差随着 I_1 增大而增大。②二次负荷阻抗的影响。电流互感器误差与二次负荷阻抗 Z_{2L} 成正比，当一次电流 I_1 不变，增加二次负荷阻抗 Z_{2L}（$\cos\varphi_2$ 不变）时，二次电流 I_2 减小，则 $I_0 N_1$ 增加，相位误差 δ_i 和电流误差 f_i 增大；当二次负荷功率因数角 φ_2 增大时，电流误差 f_i 增大，相位误差 δ_i 减小。

考点 2：电压互感器

【4.11-11】（2024） 电压互感器采用 V/V 型接线，二次绕组两端电压大小为：

A. $100\sqrt{3}$ V   B. $100/\sqrt{3}$ V   C. 0 V   D. 100 V

答案： D

解题过程： 二次绕组电压为 100V。

【4.11-12】（2023） 三相五芯三绕组电压互感器 Y0/Y0 用来监视绝缘接地故障时，开口三角形的开口零序电压是：

A. 400V   B. 100V   C. 380V   D. 220V

答案： B

解题过程： 开口零序电压表示在绕组开路的情况下，互感器测量到的零序电压值。三相五芯三绕组电压互感器 Y0/Y0 用来监视绝缘接地故障时，开口三角形的开口零序电压是 100V。

【4.11-13】（2021） 电压互感器采用 YNyn 形接线方式，所测量的电压为：

A. 一个线电压和两个相电压　　　　　B. 一个相电压和两个线电压

C. 三个线电压　　　　　　　　　　　D. 三个相电压

答案：C

解题过程： 见表 4.11-5，电压互感器采用 YNyn 形接线方式，不能测量相对地电压，测量值为电网的线电压。

【4.11-14】（2020） 电压互感器二次侧连接需满足：

A. 不得开路，且有一端接地　　　　　B. 不得开路，且不接地

C. 不得短路，且有一端接地　　　　　D. 不得短路，且不接地

答案：C

解题过程： 电压互感器在工作时二次侧绝对不允许短路；电压互感器的二次侧必须有一端接地。

【4.11-15】（2020） 电压互感器采用 V/V 形接线方式，所测量的电压值为：

A. 一个线电压　　　B. 一个相电压　　　C. 两个线电压　　　D. 两个相电压

答案：B

解题过程： 用于测量中性点不接地的小电流接地系统的线电压，不能测量相电压，可以测量两个线电压。

【4.11-16】（2019） 电压互感器采用两相不完全星形连接的方式，若要满足二次侧线电压为 100V 的仪表的工作要求，所选电压互感器的额定二次电压为：

A. $\dfrac{100}{3}$ V　　　　　B. $\dfrac{100}{\sqrt{3}}$ V　　　　　C. $100\sqrt{3}$ V　　　　　D. 100V

答案：D

解题过程： 电压互感器二次绕组额定电压为 100V。

【4.11-17】（2018） 电压互感器采用三相星形接线的方式，若要满足二次侧线电压为 100V 的仪表的工作要求，所选电压互感器的额定二次电压为：

A. $\dfrac{100}{3}$ V　　　　　B. $\dfrac{100}{\sqrt{3}}$ V　　　　　C. $100\sqrt{3}$ V　　　　　D. 100V

答案：D

解题过程： 电压互感器二次额定电压 U_{2N} 应满足仪表额定电压为 100V 的要求，三相星形接线相当于电压互感器单相联结时，$U_{2N}=100$V。

【4.11-18】（2016） 电磁式电压互感器引发铁磁谐振的原因是：

A. 非线性元件　　　B. 热量小　　　C. 故障时间长　　　D. 电压高

答案：A

解题过程： 当系统进行操作或发生故障时，变压器、互感器等含铁心元件的非线性电感元件与系统中电容串联可能引起铁磁谐振，对电力系统安全运行构成危害。

【4.11-19】（2014） 对于采用单相三绕组接线形式的电压互感器，若其被接入中性点直接接地系统中，且一次侧接于相电压，设一次系统额定电压为 U_N，则其三个绕组的额定电压应分别选定为：

A. $\dfrac{U_N}{\sqrt{3}}$V，100V，100V

B. $\dfrac{U_N}{\sqrt{3}}$V，$\dfrac{100}{\sqrt{3}}$V，100V

C. U_NV，100V，100V

D. $\dfrac{U_N}{\sqrt{3}}$V，$\dfrac{100}{\sqrt{3}}$V，$\dfrac{100}{\sqrt{3}}$V

答案：B

解题过程：单相三绕组电压互感器一次侧接于相电压，其额定电压应为一次系统额定电压 U_N 的 $1/\sqrt{3}$。根据表 4.11-4 电压互感器的二次绕组电压可知一次侧接于相电压，则二次绕组的电压为 $100/\sqrt{3}$ V；中性点直接接地系统，则二次辅助绕组的电压为 100V。

4.11.3　发输变电专业高频考点与历年真题解析

考点 1：电流互感器

【4.11-20】(2019、2018)　以下关于互感器的正确说法是：

A. 电流互感器其接线端子没有极性　　　　B. 电流互感器二次侧可以开路

C. 电压互感器二次侧可以短路　　　　　　D. 电压电流互感器二次侧有一端必须接地

答案：D

解题过程：电流互感器连接时，一定要注意其极性规定；二次侧不允许开路；电流互感器二次绕组及其外壳均应可靠接地。电压互感器二次绕组必须有一点可靠接地；二次侧不允许短路。

【4.11-21】(2018)　电流互感器的二次侧额定电流为 5A、二次侧阻抗为 2.4Ω，其额定容量为：

A. 12VA　　　　　B. 24VA　　　　　C. 25VA　　　　　D. 60VA

答案：D

解题过程：二次绕组输出的容量，即 $S_{2N} = I_{2N}^2 Z_{2N} = 5^2 \times 2.4 = 60$VA。

【4.11-22】(2017、2016)　以下关于电流互感器的描述中，正确的是：

A. 电流互感器的误差仅与二次负荷有关系，与一次电流无关

B. 电流互感器的二次侧开路运行时，二次绕组将在磁通过零时感应产生很高的尖顶波电流，危及设备及人身安全

C. 某电流互感器的准确级和额定准确限制系数分别为 5P 和 40，则表示在电力系统一次电流为 40 倍额定电流时，其电流误差不超过 5%

D. 电流互感器的误差仅与一次电流有关，与二次负荷无关

答案：C

解题过程：5P40 表示当一次电流是额定一次电流的 40 倍时，该绕组的复合误差小于或等于 ±5%。

考点 2：电压互感器

【4.11-23】(2024)　在 3～20kV 电网中，为了测量零序电压，通常采用：

A. 三相五柱式电压互感器

B. 三相三柱式电压互感器

C. 两台单相电压互感器接成不完全星形接线

D. 三台单相电压互感器接成 Y/Y 接线

答案：A

解题过程：三相五柱式电压互感器的开口三角形绕组可测量零序电压。

【4.11-24】（2023）　高压计量柜中电压互感器的接线形式一般为：

A. 单相接线　　　　　B. 两相接线　　　　　C. 三相接线　　　　　D. 三相五柱接线

答案：B

解题过程：高压计量柜中电压互感器的接线形式一般为两相接线。

【4.11-25】（2017、2016）　当用于 35kV 及以下中性点不接地系统时，电压互感器剩余电压绕组的二次额定电压应选择为：

A. 100V　　　　　B. 100/3V　　　　　C. $100/\sqrt{3}$ V　　　　　D. $100/\sqrt{2}$ V

答案：B

解题过程：查表 4.11-4 可知，中性点不接地系统，电压互感器剩余电压绕组的二次额定电压为 100/3V。

4.12　直流电机

4.12.1　知识点提示

1. 直流电机的分类

直流电机是指发出直流电流的发电机，或通以直流电流而转动的电动机。

直流电机主要有他励、并励、串励和复励。

2. 直流电机的励磁方式

他励直流电动机：I_a 与 I_f 无关；并励直流电动机：$I=I_a+I_f$；串励直流电动机：$I=I_a=I_f$。

3. 直流电动机及直流发电机的工作原理

（1）直流电动机的工作原理。

1）电机内部有磁场存在，励磁绕组通入直流电流建立气隙磁场。

2）将电枢绕组接直流电源，电枢导体中有电枢电流 I_a 流通，载流的转子导体在磁场中受到电磁力，其方向用左手定则判断。

3）通过换向器和电刷，使电枢线圈电流交变，电磁力及其产生的电磁转矩方向恒定，电磁力作用于转子产生了电磁转矩 T_{em}，T_{em} 使转子旋转，从而将电能转换为机械能以拖动机械负载。

（2）直流发电机的工作原理。

1）电机内部须有磁场存在，励磁绕组通入直流电流建立气隙磁场。

2）电枢线圈切割磁场感应电动势，其方向用右手定则判断，原动机拖动电枢（转子）以 n（r/min）旋转，电枢线圈切割气隙磁场，产生交变电动势。

3）导体电动势为交流电，经过换向器和电刷，变为直流电；在电刷端引出直流电动势，为接在电刷端的负载供电，将机械能转换为直流电能；直流发电机供给直流电能。

（3）可逆运行原理：既可作为发电机运行，也可作为电动机运行。当 $E_a > U$ 为发电机，当 $E_a < U$ 为电动机。

（4）电枢绕组。电枢绕组的各个元件之间通过换向片连接，在同一换向片上，既有一个元件的首端，又连着另一个元件的尾端。虚槽，即如果槽内上层有 u 个元件边，每个实际槽就包含 u 个虚槽，则电机的实槽数 Q 与虚槽数 Q_u 的关系为 $Q_u = uQ$；电机的虚槽数 Q_u 应该等于元件数 S，也等于换向片数 K，即 $Q_u = S = K$。

1）第一节距 y_1。y_1 是同一元件两个边之间的距离。第一节距 y_1 等于一个极距 τ 的元件为整距元件，则元件感应出最大电动势。

$$\tau = \frac{Q_u}{2p}$$

当 $Q_u / 2p$ 不是整数时，而 y_1 必须是整数，则 y_1 应取与 $Q_u / 2p$ 相近的一个整数，即 $y_1 = \dfrac{Q_u}{2p} \pm \varepsilon =$ 整数。当 $y_1 < Q_u / 2p$ 时，称为短距元件（其感应电动势及电磁转矩均比整距时小），通常取短距。

2）第二节距 y_2。y_2 是元件下层边与其相连接的元件上层边之间的距离，以虚槽计。

3）合成节距 y 和换向片节距 y_K。y 是相串联的两个元件的对应边的距离，$y = y_1 + y_2$。y_K 是一个元件的首尾端在换向器上的距离，以换向片数表示，使串接元件的电动势方向一致，以免方向相反相互抵消。单叠绕组 $y_K = 1$，单波绕组 y_K 很大。

4）单叠绕组的并联支路数。单叠绕组的特点是电枢绕组的并联支路数等于电机的极数，即 $2a = 2p$ 或 $a = p$，其中 a 为支路对数。电枢旋转时，电刷位置不动，并联支路图中的整个电枢绕组移动，每个元件不断地顺次移动至其前面一个元件的位置上。单叠绕组有几个磁极就有几副电刷，称为全额电刷，缺少任意一副电刷，电枢绕组的一对支路不能工作，则电机的容量降低。

（5）直流发电机、直流电动机各项性能见表 4.12-1。

表 4.12-1   直流发电机、直流电动机各项性能

性能	直流发电机	直流电动机
电枢电动势 $E_a = C_e \Phi n$	E_a 与 I_a 同向	E_a 与 I_a 反向
电磁转矩 $T_{em} = 9.55 C_e \Phi I_a$	与转速 n 反向	与转速 n 同向
电磁功率 $P_{em} = T_{em} \Omega = 9.55 C_e \Phi$ $I_a \Omega = E_a I_a$	从电源吸收的机械功率全部转换为电功率输出	从电源吸收的电功率全部转换为机械功率输出
电压平衡方程式	$E_a = U_a + R_a I_a$，$U_f = R_f I_f$	$U_a = E_a + R_a I_a$，$U_f = R_f I_f$

性能	直流发电机	直流电动机
$C_e\Phi$	$\dfrac{U_N+I_aR_a}{n_N}$	$\dfrac{U_N-I_aR_a}{n_N}$
转矩平衡方程式	$T_1=T_{em}+T_0$	$T_{em}=T_2+T_0=T_L+T_0$
功率平衡方程式	$P_1=P_{em}+p_0 \Rightarrow T_1\Omega=T_{em}\Omega+T_0\Omega$	$P_1=P_{em}+p_{Cua}+P_{Cuf}$
输入功率	$P_1=T_1\Omega$	$P_1=UI$
电磁功率	$P_{em}=P_2+p_{Cua}+p_{Cuf}$ $p_{Cua}=R_aI_a^2$ 为电枢回路铜耗 $p_{Cuf}=R_fI_f^2$ 为励磁回路铜耗	$P_{em}=P_2+p_0$
输出功率	$P_2=U_aI_a$	$P_2=T_2\Omega$
空载损耗	$p_0=T_0\Omega=p_{mec}+p_{Fe}+p_{ad}$	$p_0=T_0\Omega=p_{mec}+p_{Fe}+p_{ad}$

4. 并励直流发电机建立稳定电压的条件

(1) 电机主磁路有剩磁。

(2) 励磁回路与电枢回路的接线须正确配合,励磁绕组并联到电枢两端的极性正确。

(3) 励磁回路的总电阻不能超过临界电阻值。

5. 直流电动机的机械特性

(1) 他励/并励直流电动机的机械特性。

1) 电枢端电压 U 与厉磁电流 I_f 一定时,转速 n 与电磁转矩 T 之间的关系为机械特性。$n=n_0'-\alpha T$,其中 $n_0'=\dfrac{U}{C_e\Phi}$ 为理想空载转速;$\alpha=\dfrac{R_a+R_s}{C_eC_T\Phi^2}$ 为机械特性的斜率;R_s 为电枢回路串接的电阻。

2) 固有机械特性。当电枢端电压 $U=U_N$、励磁电流 $I_f=I_{fN}$ 时,电枢不串电阻时的机械特性。该特性使一条略为向下倾斜的直线,转矩变化时转速变化很小,为硬特性。

转速调整率 Δn 表征转速变化的大小,即 $\Delta n=\dfrac{n_0-n_N}{n_N}\times100\%$;$n_0$、$n_N$ 分别为电动机空载和额定负载转速。他励直流电动机的 $\Delta n=2\%\sim8\%$。

(2) 串励直流电动机的固有机械特性。

当电枢端电压 $U=U_N$,电枢不串接任何电阻时的机械特性,是一条非线性的软特性。串励直流电动不允许空载或轻载运行,否则会造成飞车,损坏电动机。

6. 直流电动机稳定运行条件

直流电动机稳定运行条件:电动机的机械特性和负载机械特性有交点,交点处满足 $\dfrac{dT}{dn}<\dfrac{dT_L}{dn}$。

7. 直流电动机的起动、调速及制动方法

(1) 起动方法见表 4.12 - 2。

表 4.12 - 2　　　　　　　　**起 动 方 法**

起动方法	特　　点	适用范围
直接起动	最初的起动电流很大	容量很小的直流电动机
电枢串电阻起动	起动过程的电能损耗较大，很不经济	中、小型直流电动机
降压起动	需要专用的直流调压电源，设备投资较大，起动平稳，起动过程中的能量损耗小	一般直流电动机

（2）调速方法见表 4.12 - 3。

表 4.12 - 3　　　　　　　　**调 速 方 法**

调速方法	特　　点
电枢串接电阻调速	将转速调低，效率低，调速范围随负载转矩减小而变小
降压调速	效率基本不变
弱磁调速	弱磁升速，效率基本不变

（3）制动方法见表 4.12 - 4。

表 4.12 - 4　　　　　　　　**制 动 方 法**

制动方法	特　　点	机械特性	适用范围
能耗制动	保持励磁电流大小及方向不变电枢电流与电磁转矩 T 变负，T 起制动作用	$n = -\dfrac{R_a + R_L}{C_e C_T \Phi^2} T = -\alpha T$ 为一条过坐标原点的直线	容量很小的直流电动机
反接制动	从电网吸收电能，将机组的动能或位能转换成电能，全部消耗在电枢回路总电阻	$n = -\dfrac{U}{C_e \Phi} - \dfrac{R_a + R_L}{C_e C_T \Phi^2} T = -n_0 - \alpha T$	位能性恒转矩负载
回馈制动	有功功率回馈电源，是最经济的一种制动方式。转速高于理想空载转速	—	一般直流电动机

4.12.2　供配电专业高频考点与历年真题解析

考点 1：电枢绕组

【4.12 - 1】（2017）　一台单叠绕组直流电机的并联支路对数 a 与电机极对数 p 的关系是：

A. $a = 2$　　　　B. $a = p$　　　　C. $a = 1$　　　　D. $a = p/2$

答案： B

解题过程： 根据直流电机单叠绕组的并联支路特点：电枢绕组的并联支路数等于电机的极数，即 $2a = 2p$ 或 $a = p$，其中 a 为支路对数。

考点 2：性能指标

【4.12 - 2】（2024）　一台 48V 供电的他励直流电机，以恒定转速 1000r/min 运行，开路电

枢电压为 45V，电枢电阻 0.2Ω，励磁电流和负载转矩不变的情况下，将转速调为 900r/min 的端电压为：

A. 36.0V　　　　B. 39.5V　　　　C. 42.5V　　　　D. 43.5V

答案： D

解题过程： 他励直流电动机 $I_{aN}=I_N$，$E_a=C_e\phi n$。开路时电枢电流 $I_a=0$，开路电枢电压 U_{oc} 等于电枢电动势 E_a，已知 $n_N=1000r/min$，$E_a=45V$，根据 $E_a=C_e\phi n$ 求得 $C_e\phi=E_a/n_N=45/1000=0.045$。

已知励磁电流和负载转矩不变，则 $n_1=900r/min$ 时的电枢电动势 $E_{a1}=C_e\varphi n_1=0.045\times900=40.5V$。电源电压 $U_S=48V$ 供电时，开路时 $E_a=45V$，则电枢电流 $I_{a1}=\dfrac{U_S-E_a}{R_a}=\dfrac{48-45}{0.2}A=15A$。则转速 $n_1=900r/min$ 时的端电压 $U_a=E_{a1}+I_{a1}R_a=40.5V+15\times0.2V=43.5V$。

【4.12-3】（2024） 直流电动机电源并联电阻的作用是：

A. 电动机制动　　B. 减小损耗　　C. 增大转矩　　D. 增加转速

答案： A

解题过程： 直流电动机的电源端并联电阻，电动机停止运行时，断开电源并将电动机端子接入并联电阻，电动机的反电动势通过电阻消耗电能，实现快速制动，为能耗制动。电阻接入有并联接入和串联接入两种，并联电阻制动电流大，适用于中小功率电动机的快速制动；串联电阻制动电流小，适用于大功率电动机的缓慢制动。

【4.12-4】（2024） 他励直流电动机采用串接电阻的方法起动，其目的是：

A. 防止起动电流过大　　　　　　B. 快速起动

C. 增大起动转矩　　　　　　　　D. 增加励磁磁通

答案： A

解题过程： 他励直流电动机在电枢回路中串联启动电阻，限制启动电流，通过调节串接电阻的大小，可以将起动电流限制在合适的范围内。

★**【4.12-5】（2022、2011）** 一台并励直流电动机拖动一台他励直流发电机。当电动机的电压和励磁回路的电阻均不变时，若增加发电机输出的功率，此时电动机的电枢电流 I_a 和转速 n 将：

A. I_a增大，n 降低　　　　　　B. I_a减小，n 增高

C. I_a增大，n 增高　　　　　　D. I_a减小，n 降低

答案： Λ

解题过程： 增加发电机输出的功率，增大原动机电动机提供的机械能，$P_{em}=T_{em}\Omega=9.55C_e\phi I_a\Omega=E_aI_a$，电动机电枢电流增大时，因为电动机的电压和励磁回路的电阻均不变，则转速 $n=\dfrac{U_a-I_aR_a}{C_e\phi}$ 降低。

【4.12-6】（2022、2020） 一台 20kW、230V 的并励直流发电机，励磁回路的阻抗为 73.3Ω，电枢电阻为 0.156Ω，机械损耗和铁损共为 1kW，计算所得电磁功率为：

A. 22.0kW　　　　B. 23.1kW　　　　C. 20.1kW　　　　D. 23.0kW

答案： A

解题过程：解法一：直流电机的电磁功率 $P_M = E_a I_a$，根据题意可知：$I_N = \dfrac{P_N}{U_N} = \dfrac{20\,000}{230}\text{A} =$

86.96A，励磁电流 $I_f = \dfrac{U_N}{R_f} = \dfrac{230}{73.3}\text{A} = 3.14\text{A}$，则电枢电流 $I_a = I_N + I_f = 90.1\text{A}$，则 $E_a = U_N +$

$I_a R_a = 230\text{V} + 90.1 \times 0.156\text{V} = 244.06\text{V}$，电磁功率 $P_{em} = E_a I_a = 244.06 \times 90.1 = 21.99\text{kW}$

$\approx 22.0\text{kW}$。

解法二：根据题意可知：$I_N = \dfrac{P_N}{U_N} = \dfrac{20\,000}{230} = 86.96\text{A}$，励磁电流 $I_f = \dfrac{U_N}{R_f} = \dfrac{230}{73.3} =$

3.14A，则电枢电流 $I_a = I_N + I_f = 90.1\text{A}$，$P_{Cua} = I_a^2 R_a = 90.1^2 \times 0.156\text{W} = 1266.4\text{W}$。

$$P_{Cuf} = I_f^2 R_f = 3.14^2 \times 73.3\text{W} = 722.7\text{W}$$

$$P_{em} = P_2 + P_{Cua} + P_{Cuf} = P_N + P_{Cua} + P_{Cuf} = 20\,000\text{W} + 1266.4\text{W} + 722.7\text{W}$$

$$= 21\,989.1\text{W} \approx 22.0\text{kW}$$

【4.12-7】(2021)　一台 20kW、230V 的并励直流发电机，励磁回路的阻抗为 73.3Ω，电枢电阻为 0.156Ω，机械损耗和铁损共为 1kW。计算铜损为：

A. 1266W　　　　　B. 723W　　　　　C. 1970W　　　　　D. 1356W

答案： C

解题过程：根据题意得：$I_N = \dfrac{P_N}{U_N} = \dfrac{20\,000}{230}\text{A} = 86.96\text{A}$，励磁电流 $I_f = \dfrac{U_N}{R_f} = \dfrac{230}{73.3}\text{A} =$

3.14A，则电枢电流 $I_a = I_N + I_f = 90.1\text{A}$，电枢回路铜损 $P_{Cua} = I_a^2 R_a = 90.1^2 \times 0.156\text{W} =$

1266.4W，励磁回路铜损耗 $P_{Cuf} = I_f^2 R_f = 3.14^2 \times 73.3\text{W} = 722.7\text{W}$，则计算铜损 $P_{Cu} =$

$P_{Cua} + P_{Cuf} = 1989.1\text{W}$。

与选项 C 最接近。

【4.12-8】(2019)　一台 25kW、125V 直流电机，以恒定转速 3000r/min 运行，并具有恒定励磁电流，开路电枢电压 122V，电枢电阻 0.02Ω，计算当端电压 124V 时，电磁转矩为：

A. 48.9N·m　　　　B. 38.9N·m　　　　C. 24.9N·m　　　　D. 19.9N·m

答案： B

解题过程：由题意可知：端电压 $U = 124\text{V}$，电枢电动势 $E_a = 122\text{V}$。

电流 $I_a = \dfrac{U - E_a}{R_a} = \dfrac{124 - 122}{0.02}\text{A} = 100\text{A}$。

电磁功率 $P_{em} = E_a I_a = 122 \times 100\text{kW} = 12.2\text{kW}$。

电磁转矩 $T_{em} = 9.55\dfrac{P_{em} \times 10^3}{n_N} = 9.55 \times \dfrac{12.2 \times 10^3}{3000}\text{N·m} = 38.837\text{N·m}$。

【4.12-9】(2017)　一台他励直流电动机，额定电压 $U_N = 110\text{V}$，额定电流 $I_N = 28\text{A}$，额定转速 $n = 1500\text{r/min}$，电枢回路总电阻 $R_a = 0.15\Omega$，现将该电动机接入电压 $U_N = 110\text{V}$ 的直流稳压电源，忽略电枢反应影响，理想空载转速为：

A. 1500r/min　　　B. 1600r/min　　　C. 1560r/min　　　D. 1460r/min

答案： C

解题过程：根据直流电动机的电动势表达式和电动势平衡方程可得

$$C_e \Phi = \frac{U_N - I_{aN} R_a}{n_N} = \frac{110 - 28 \times 0.15}{1500} = 0.070\,533$$

直流电动机的理想空载转速为：$n_{0L} = \dfrac{U}{C_e\Phi} = \dfrac{110}{0.070\,533}\text{r/min} = 1559.55\text{r/min}$。

【4.12-10】（2016、2005） 已知并励直流发电机的数据为：$U_N = 230\text{V}$，$I_{aN} = 15.7\text{A}$，$n_N = 2000\text{r/min}$，$R_a = 1\Omega$（包括电刷接触电阻），$R_f = 610\Omega$，已知电刷在几何中性线上，不考虑电枢反应的影响，仅将其改为电动机运行，并联于220V电网，当电枢电流与发电机在额定状态下的电枢电流相同时，电动机的转速为：

A. 2000r/min   B. 1831r/min   C. 1739r/min   D. 1663r/min

答案： D

解题过程： 根据直流发电机的电压平衡方程式可得

$$E_a = U_a + R_a I_a \Rightarrow C_e\Phi = \frac{U_N + I_{aN}R_a}{n_N} = \frac{230 + 15.7 \times 1}{2000} = 0.122\,85$$

电动机运行时，根据直流电动机的电压平衡式 $U_a = E_a + R_a I_a = C_e\Phi n + R_a I_a$ 可得

$$n = \frac{U_N - I_{aN}R_a}{C_e\Phi} = \frac{220 - 15.7 \times 1}{0.122\,85}\text{r/min} = 1663\ \text{r/min}$$

考点3：调速

【4.12-11】（2023） 一台他励直流电动机，$P_N = 22\text{kW}$，$I_N = 115\text{A}$，$U_N = 220\text{V}$，$n_N = 1500\text{r/min}$，电枢回路总电阻 $R_a = 0.1\Omega$（包括电枢回路的接触电阻），忽略空载转矩损耗，要求把转速降低到1000r/min，采用电枢串电阻调速时需串入的电阻为：

A. 0.35Ω   B. 0.65Ω   C. 0.85Ω   D. 1.15Ω

答案： B

解题过程： 他励直流电动机 $I_{aN} = I_N$：$C_e\phi = \dfrac{U_N - I_{aN}R_a}{n_N} = \dfrac{220 - 115 \times 0.1}{1500} = 0.139$，

$n = \dfrac{U_N - I_{aN}(R_a + R)}{C_e\phi} = \dfrac{220 - 115 \times (0.1 + R)}{0.139} = 1000 \Rightarrow R = 0.604\Omega$。

【4.12-12】（2023） 若并励直流发电机转速升高10%，则空载时，发电机端电压将升高：

A. 大于10%   B. 10%   C. 小于10%   D. 20%

答案： A

解题过程： 并励直流发电机：$U_a = U_f = U_N$，$I_a = I + I_f$；$E_a - U_a + R_a I_a$，$U_f = R_f I_f$，则空载时 $U_N = C_e\phi n - R_a I_a = C_e\phi n - \dfrac{U_N}{R_f}R_a \Rightarrow \left(1 + \dfrac{R_a}{R_f}\right)U_N = C_e\phi n$。转速增加则电动势增加，同时引起空载电压增加，进而造成励磁电流增加，使得电动势进一步增加，故转速升高10%，空载电压上升幅度将大于10%。

★【4.12-13】（2022、2021） 已知并励直流发电机的数据为 $P_N = 18\text{kW}$，$U_N = 220\text{V}$，$I_{aN} = 88\text{A}$，$n_N = 3000\text{r/min}$，$R_a = 0.12\Omega$（包括电刷接触电阻），拖动额定的恒转矩负载运行时，电枢回路串入 0.15Ω 的电阻，不考虑电枢反应的影响，稳定后电动机的转速为：

A. 3000r/min   B. 2921r/min   C. 2803r/min   D. 2788r/min

答案： A

解题过程： 额定电枢电动势 $E_{aN} = U_N + I_{aN}R_a = 220\text{V} + 88 \times 0.12\text{V} = 230.56\text{V}$，则 $C_e\phi = \dfrac{E_{aN}}{n_N}$

$$=\frac{230.56}{3000}=0.0768。$$

电枢回路中串入电阻的瞬间，惯性使得转速还来不及立刻变化，此时的转速等于额定转速。由于电压等于额定电压，励磁电阻不变，则磁通不变，感应电动势为额定电枢电动势，$E'_{aN}=E_{aN}=230.56V$，则电枢电流骤降为：

$$I'_a=\frac{E'_{aN}-U_N}{R_a+R_t}=\frac{230.56-220}{0.12+0.15}A=39.11A$$

电枢电流减小，电动机的电磁转矩不变，则稳定转速 $n'=\frac{E'_{aN}}{C_e\varphi}=\frac{230.56}{0.0768}r/min=3000r/min。$

【4.12-14】（2018） 他励直流电动机拖动恒转矩负载进行串联电阻调速，设调速前、后的电枢电流分别为 I_1 和 I_2，那么：

A. $I_1<I_2$　　　　　B. $I_1=I_2$　　　　　C. $I_1>I_2$　　　　　D. $I_1=-I_2$

答案： B

解题过程： 恒转矩调速，$T_{em}=9.55C_e\Phi I_a$，则电枢电流不变。

【4.12-15】（2014） 一台并励直流电动机，$U_N=110V$，$I_N=28A$，$n_N=1500r/min$，励磁回路总电阻 $R_f=110\Omega$，电枢回路总电阻 $R_a=0.15\Omega$。在额定负载运行情况下，突然在电枢回路内串入 $R_t=0.5\Omega$ 电阻，同时负载转矩突然减小一半，忽略电枢反应的作用，则串入电阻后的稳定转速为：

A. 1260r/min　　　　B. 1433r/min　　　　C. 1365r/min　　　　D. 1350r/min

答案： B

解题过程：（1）电枢回路中串入电阻前，额定励磁电流 $I_{fN}=\frac{U_N}{R_f}=\frac{110}{110}A=1A。$

额定电枢电流 $I_{aN}=I_N-I_{fN}=28A-1A=27A。$

额定电枢电动势 $E_{aN}=U_N-I_aR_a=110V-27\times0.15V=105.95V。$

则 $C_e\Phi=\frac{E_{aN}}{n_N}=\frac{105.95}{1500}=0.07063$，$C_T\Phi=9.55C_e\Phi=9.55\times0.07063=0.674548。$

额定电磁转矩为 $T=C_T\Phi I_{aN}=0.674548\times27N\cdot m=18.212805N\cdot m。$

（2）电枢回路中串入电阻瞬间，惯性使得转速还来不及立刻变化，此时的转速等于额定转速。由于电压等于额定电压，励磁电阻不变，则磁通不变，感应电动势为额定电枢电动势，$E'_{aN}=E_{aN}=105.95V$，则电枢电流骤降为

$$I'_a=\frac{U_N-E'_{aN}}{R_a+R_t}=\frac{110-105.95}{0.15+0.5}A=6.230769A$$

电枢电流减小后，电动机的电磁转矩减小，在负载转矩不变时，电动机转速降低。稳态时，由于负载转矩减小一半，电磁转矩减小一半，则 $T''=C_T\Phi I''_a=0.5T。$

则此时的电枢电流 $I''_a=\frac{T''}{C_T\Phi}=\frac{0.5T}{0.674548}A=13.5A。$

这时感应电动势 $E''_a=U_N-I''_a(R_a+R_t)=110V-13.5\times(0.15+0.5)V=101.225V。$

稳定转速 $n'=\frac{E''_a}{C_e\Phi}=\frac{101.225}{0.07063}r/min=1433.17r/min。$

4.12.3　发输变电专业高频考点与历年真题解析

考点1：工作原理

【4.12-16】(2023)　串励式直流电动机的转矩增大到原来的4倍，要求电流增大为原来的：

A. 2倍　　　　　　　B. 4倍　　　　　　　C. 8倍　　　　　　　D. 16倍

答案：A

解题过程： 串励式直流电动机的机械特性为 $n=\dfrac{U}{C_e\phi}-\dfrac{R_a}{C_eC_T\phi^2}T$，励磁绕组通过的电流为

电枢电流即 $I_N=I_a=I_f$，则 $T=C_T\phi I_a=C_TKI_a^2$，转矩与电枢电流平方成正比。如果转矩增大到原来的4倍，那么电枢电流必须增大到原来的也就是2倍。

【4.12-17】(2021)　已知并励直流发电机的参数为 $U_N=230V$，$I_N=14A$，$n_N=2000r/min$，$R_a=1\Omega$（包括电刷接触电阻）。已知电刷在几何中性线上，不考虑电枢反应的影响，仅将其改为电动机运行，并联于220V电网，当电枢电流与发电机在额定状态下的电枢电流相同时，电动机的转速为：

A. 2000r/min　　　B. 1921r/min　　　C. 1788r/min　　　D. 1688r/min

答案：D

解题过程： 发电机运行时，$E_N=U_N+I_NR_a=230+14\times1V=244V$，则 $C_e\Phi=\dfrac{E_N}{n_N}=\dfrac{244}{2000}=$

0.122。将发电机改为电动机运行时，电机转速为

$$n=\frac{E}{C_e\phi}=\frac{U-I_NR_a}{C_e\phi}=\frac{220-14\times1}{0.122}r/min=1688.52r/min$$

考点2：性能指标

【4.12-18】(2018)　改变直流发电机端电压极性，可以通过：

A. 改变磁通方向，同时改变转向　　　　B. 电枢绕组上串接电阻

C. 改变转向，保持磁通方向不变　　　　D. 无法改变直流发电机端电压

答案：C

解题过程： 单独改变磁通或转速的方向，即可改变直流发电机端电压极性。

★【4.12-19】(2016、2012)　一台并励直流电动机 $P_N=96kW$，$U_N=440V$，$I_N=255A$，$I_{fN}=5A$，$n_N=500\ r/min$，$R_a=0.078\Omega$（包括电刷接触电阻），其在额定运行时的电磁转矩为：

A. 1991N·m　　　B. 2007.5N·m　　　C. 2046N·m　　　D. 2084N·m

答案：B

解题过程： 并励直流电动机 $U_a=U_f=U_N$，$I_N=I_a+I_f$。

因此 $I_a=I_N-I_f=255-5=250A$。

并励直流电动机的感应反电动势 $E_a=U_N-I_aR_a=(440-250\times0.078)=420.5V$。

电磁功率 $P_{em}=E_aI_a=420.5\times250W=105\ 125W$。

电磁转矩 $T_{em}=\dfrac{P_{em}}{\Omega}=\dfrac{P_{em}}{2\pi n/60}=\dfrac{105\ 125}{2\pi\times500/60}=2007.74\mathrm{N\cdot m}$。

【4.12-20】(2014)　一台他励直流电动机，$U_N=220\mathrm{V}$，$I_N=100\mathrm{A}$，$n_N=1150\mathrm{r/min}$，电枢回路总电阻 $R_a=0.095\Omega$，若不计电枢反映的影响，忽略空载转矩，其运行时，从空载到额定负载的转速变化率 Δn 为：

A. 3.98%　　　　B. 4.17%　　　　C. 4.52%　　　　D. 5.1%

答案：C

解题过程：他励电动机 $I_{aN}=I_N=100\mathrm{A}$，$E_{aN}=U_N-I_{aN}R_a=220\mathrm{V}-100\times0.095\mathrm{V}=210.5\mathrm{V}$。

理想空载转速 $n'_0=\dfrac{U_N}{E_{aN}}n_N=\dfrac{220}{210.5}\times1150\mathrm{r/min}=1201.900\ 238\mathrm{r/min}$。

从空载到额定负载的转速变化率为 $\dfrac{n'_0-n_N}{n_N}=\dfrac{1201.900\ 238-1150}{1150}=0.045\ 13=4.513\%$。

与选项 C 最接近。

考点 3：调速

【4.12-21】(2019)　他励直流电动机的电枢串电阻调速，下列说法错误的是：

A. 只能在额定转速的基础上向下调速

B. 调速效率太小

C. 轻载时调速范围小

D. 机械特性随外串阻值的增加不发生变化

答案：D

解题过程：电枢串电阻调速的特点：将转速调低，效率低，调速范围随负载转矩减小而变小。

【4.12-22】(2017、2016)　一台并励直流电动机，$U_N=110\mathrm{V}$，电枢回路总电阻（含电刷接触电阻）$R_a=0.045\Omega$，当电动机加上额定电压并带一额定负载转矩 T_L 时，其转速为 1000r/min，电枢电流为 40A。现将负载转矩增大到原来的 4 倍（忽略电枢反应），稳定后电动机的转速为：

A. 250r/min　　　B. 684r/min　　　C. 950r/min　　　D. 1000r/min

答案：C

解题过程：(1) 电枢回路中串入电阻前，额定负载额定电枢电流时的额定电枢电动势为
$$E_{aN}=U_N-I_{aN}R_a=110\mathrm{V}-40\times0.045\mathrm{V}=108.2\mathrm{V}$$

则 $C_e\Phi=\dfrac{E_{aN}}{n_N}=\dfrac{108.2}{1000}=0.1082$，$C_T\Phi=9.55C_e\Phi=9.55\times0.1082=1.033\ 31$。

额定电磁转矩为：$T=C_T\Phi I_{aN}=1.033\ 31\times40\mathrm{N\cdot m}=41.3324\mathrm{N\cdot m}$。

(2) 稳态时，由于负载转矩增大为原来的 4 倍，电磁转矩也增大为原来的 4 倍，则 $T'=C_T\Phi I'_a=4T$。

则此时的电枢电流为：$I'_a=\dfrac{T'}{C_T\Phi}=\dfrac{4T}{C_T\Phi}=4I_{aN}=160\mathrm{A}$。

这时感应电动势为：$E'_a=U_N-I'_aR_a=110\mathrm{V}-160\times0.045\mathrm{V}=102.8\mathrm{V}$。

稳定转速为：$n'=\dfrac{E'_a}{C_e\Phi}=\dfrac{102.8}{0.1082}\mathrm{r/min}=950.09\mathrm{r/min}$。

4.13 电气主接线

4.13.1 知识点提示

1. 电气主接线的主要形式及对电气主接线的基本要求

（1）电气主接线。电气主接线是由各种电气设备如发电机、变压器、断路器、隔离开关、互感器、母线、电缆、线路按一定的要求和顺序连接起来，接受和分配电能的电路。

（2）基本要求：安全、可靠、灵活和经济。

（3）倒闸操作的基本原则。倒闸操作指将电气设备由一种状态转为另一种状态的操作，倒闸操作的基本原则如下。

1）操作顺序。

停电操作：拉开断路器→线路侧隔离开关→母线侧隔离开关。

送电操作：合上母线侧隔离开关→线路侧隔离开关→断路器。

2）拉合隔离开关前，必须检查对应的断路器是否在断开位置，防止隔离开关带负荷合闸和拉闸。

3）起用母线（或旁路母线）时，应遵循先充电检查，判断其是否有故障存在，后接入使用的原则。

4）倒换母线操作过程中，须使用隔离开关按等电位原则进行切换操作。

5）线路隔离开关和接地开关操作的原则：先拉线路隔离开关，再合接地开关，先拉接地开关，再合线路隔离开关。

（4）电气主接线的主要形式。电气主接线分为有汇流母线的接线形式和无汇流母线的接线形式两大类。前者主要有单母线接线和双母线接线两种，后者主要有单元接线、桥形接线、多角形接线等三种。

1）有汇流母线接线的进出线数量较多时，采用汇流母线作为中间环节，便于电能的汇集和分配，也便于连接、安装和扩建，使接线简单清晰，运行操作方便。接线形式见表 4.13 - 1。

表 4.13 - 1 　　　　　　　　　　　　　有汇流母线的接线形式

接线形式	特　点	适用范围
单母线接线	优点：接线简单、使用设备少、操作方便、投资少、便于扩建； 缺点：任何一条进线或出线的断路器检修时，该线路必须停电供电；可靠性和灵活性均较差	容量小和用户对供电可靠性要求不高的场所
单母线分段接线	优点：既保留了单母线接线的优点，又提高了供电的可靠性； 缺点：某一回路断路器检修时，该回路要长时间停电	中小容量的发电厂、变电站低压侧系统。如 6～10kV 配电装置出线回路数为 6 回及以上，每一分段容量不超过 25MW；35～60kV 配电装置总出线数为 4～8回及 110～220kV 配电装置总出线数为 3～4 回

续表

接线形式	特　　点	适用范围
单母线带旁路母线接线	优点：供电可靠性高，检修出线断路器时，不需停电； 缺点：需增加一组母线、专用的旁路断路器和旁路隔离开关等设备，使配电装置复杂，投资增大，且隔离开关要用来操作，增加了误操作的可能性	适用于进出线不多、容量不大的中小型发电厂和 35～110kV 的变电站
双母线接线	优点：轮换检修母线而不致中断供电；检修任一回路的母线隔离开关时仅使该回路停电；工作母线发生故障时，经倒闸操作过一段停电时间后可迅速恢复供电；检修任一回路断路器时，可用母联断路器来代替，不至于使该回路的供电长期中断。 缺点：在倒闸操作中隔离开关作为操作电器使用，易误操作；工作母线发生故障会引起整个配电装置短时停电；使用的隔离开关数目多，配电装置结构复杂，占地面积较大，投资较高	电源和引出线较多的大中型发电厂和电压为 220kV 及以上的区域变电站
双母线带旁路母线接线	检修任一进出线的断路器时，经由旁路断路器及相应的线路上的旁路隔离开关，不必中断该回路的连续供电	电压等级较高、线路回路数较多、220kV 出线在 4 回及以上、110kV 出线在 6 回及以上时每年断路器累计检修时间较长的场合
一台半断路器接线（3/2 接线）	两条回路共用三台断路器，每条进线或出线平均装设 1.5 个断路器；一般采用交叉配置原则，电源线宜与引出线配合成串；提高供电的可靠性。 优点：运行灵活性好；可靠性高：任一台断路器检修时，进出线均不受影响；任一组母线故障或检修时，所有回路继续供电。操作检修方便：当一组母线停电检修时，回路不需要切换。隔离开关只做检修时隔离带电设备用。 缺点：断路器数目较多，投资大，占地面积大，布置困难	大型发电厂和变电站的超高压配电装置

2）无汇流母线的接线，使用的断路器数量较少，结构简单。主要接线形式见表 4.13 - 2。

表 4.13 - 2　　　　　　　　　无汇流母线的主接线形式

接线形式		特　　点	适用范围
单元接线（发电机与变压器直接连接组成单元接线）		优点：接线简单，所用电气设备少，配电装置简单，节约投资； 缺点：供电可靠性都不高	只可供三级负荷
角形接线		角形接线的角数等于断路器数也等于回路数，每条回路与两台断路器相连接	不超过六回进出线的、最终规模明确的 110kV 及以上的发电厂和变电站中
桥型接线（高频考点）	内桥型：桥连断路器在线路断路器之内	当线路故障时，只需断开故障线路的断路器，其他三个回路不受影响；变压器故障时，桥连断路器和与该变压器直接相连的线路断路器断开，该线路停电；变压器检修时，与之相连的线路需短时停电	适用于电源进线较长而变压器又不需要经常切换的场所
	外桥型：桥连断路器在线路断路器之外	变压器故障时，只需断开故障变压器的断路器，其他三个回路不受影响；线路故障时，断开桥连断路器和与该线路直接相连的变压器断路器；线路检修时，与之相连的变压器需短时停电	适用于电源进线较短而变压器需要经常切换的场所

（5）供配电网络结构。供配电网络结构优缺点见表 4.13-3。

表 4.13-3　　　　　　　　　　　供配电网络结构优缺点

供配电网络结构	优缺点
放射式	优点：接线简单、供电可靠性高、继电保护简单、故障发生后停电范围较小，运行操作简便。 缺点：对于全系统采用电缆敷设时，电缆发生故障比较难找到故障点，修复时间长，影响正常用电时间长；相对使用的开关柜多，电缆用量多和高压开关柜数量多，费用相对较高
树干式	优点：电源端出线回路数较放射式少，节省有色金属，节约一次投资； 缺点：可靠性较差，配电干线检修或故障时，所有用户停电
环式	优点：结构清晰，可靠性较高，网络中任何一段线路检修时均不会造成用户停电； 缺点：操作复杂，网络任意节点出现故障，都会影响整个网络

2. 各种主接线中主要电气设备的作用和配置原则

（1）断路器和隔离开关。

1）如果断路器两侧都有电源，需要在其两侧都装设一组隔离开关。靠近母线为母线隔离开关，靠近线路为线路隔离开关。

2）用户侧没有电源，可只装设一组母线隔离开关，为了防止线路产生雷击过电压，在线路侧也装设一组隔离开关。

3）电源进线的断路器，电源是发电机，只需在母线侧装设一组隔离开关，因为断路器和发电机必须同时停电，不能单独运行；为了发电机停机后做试验方便，在发电机和断路器之间可装设一组隔离开关。

4）电源为变压器进线，如果是双绕组变压器，只需在断路器的母线侧装设一组隔离开关，如果是三绕组变压器，变压器任一侧断路器跳开之后，其他两侧仍可交换功率，需在断路器的两侧各装设一组隔离开关。

5）断路器和隔离开关配合操作时，必须先合隔离开关，后合断路器；线路停电时，必须先断断路器、后断隔离开关。

6）避免误操作，断路器和隔离开关之间应加装电磁或机械闭锁装置，在断路器未断开之前，不能操作隔离开关。

（2）负荷开关。

1）负荷开关专门用于接通和切断负荷电路的开关设备，不能切断短路电路，能通断一定的负荷电流和过负荷电流。

2）负荷开关和熔丝串联，借助熔丝切断短路电流。

3）负荷开关断开后，与隔离开关一样具有明显的断开间隙。

（3）熔断器。

1）熔断器熔体额定电流的选择。

①对于保护电力线路的熔断器，其熔体额定电流应满足如下要求：

（a）熔体的额定电流不小于线路的计算电流。

（b）熔体的额定电流应躲过线路的尖峰电流。

（c）熔体的额定电流应与被保护线路的允许电流相配合。

②对于保护电力变压器的熔断器，应满足如下要求：

(a) 保护电压互感器的 RN2 型熔断器，其熔体额定电流一般选用 0.5A。

(b) 熔断器的额定电压应不低于保护线路的额定电压。

(c) 熔断器的额定电流应不小于它所安装熔体的额定电流。

2）作用。

①简单的保护电路。

②电路过载或短路故障时，故障电流超过熔体的额定电流，熔体被电流迅速加热熔断，切断电流。

③对电路及电路中的设备进行短路保护。

（4）互感器。

1）一次侧和二次侧没有电的联系，只有磁的联系，使测量仪表和保护电路与高压电路隔开，保证二次设备和人员的安全。

2）电流互感器二次绕组的额定电流为 5A；电压互感器二次绕组的要求通常规定为 100V。

3）可避免短路电流直接流过测量仪表和继电器的线圈，使其不受大电流的损坏。

在发电厂或变电所 6～10kV 母线上发生短路时，短路电流的数值可能很大，选择电气设备困难或容量增大，增加投资。限制短路电流可使得：发电机电压和变电所的 6～10kV 出线回路中能采用容量不升级的电器及截面较小的电力电缆，节约投资；维持较高水平的母线电压，提高供电可靠性。

（5）屋外配电装置。屋外配电装置见表 4.13-4。

表 4.13-4　　　　　　　　　　屋外配电装置

类型	优点	缺点	应用
普通中型	设备安装位置较低，便于运输、安装、检修与维护操作，抗震性能好	占地面积大	广泛应用于 220kV 及以下各种形式的室外配电装置中
分相中型	接线简单清晰，较普通中型布置节省占地面积约 1/3	施工复杂，使用的支柱绝缘子防污和抗震能力差	污染不严重、地震烈度不高的地区
半高型	占地面积比普通中型布置减少 30%	检修上层母线和隔离开关不方便	110kV 配电装置
高型	与普通中型配电装置相比，可节省占地面积 50% 左右	对上层设备的操作与维修工作条件较差；耗用钢材比普通中型多 15%～60%；抗震能力差	220kV 配电装置

（6）高低压配电室。

1）高压配电室内的各种通道的最小宽度见表 4.13-5。

表 4.13-5　　　　　　高压配电室内各种通道的最小宽度

开关柜布置方法	柜后维护通道/mm	柜前操作通道/mm	
		固定柜式	手车柜式
单列布置	800	1500	单长度+1200
双列面对面布置	800	200	双车长度+900
双列背对背布置	1000	1500	单车长度+1200

2）低压配电室内各种通道的最小宽度见表 4.13-6。

表 4.13-6　　　　　　　　低压配电室内各种通道最小宽度

配电柜形式	配电柜布置形式	屏前通道/mm	屏后通道/mm
固定式	单列布置	1500	1000
	双列面对面布置	2000	1000
	双列背对背布置	1500	1500
抽屉式	单列布置	1800	1000
	双列面对面布置	2300	1000
	双列背对背布置	1800	1000

3. 各种电压等级电气主接线限制短路电流的方法

（1）选择适当的主接线形式和运行方式。增大系统阻抗，减小短路电流，可能会降低供电的可靠性和灵活性。

1）限制接入发电机电压母线的发电机台数和容量。大容量机组的发电厂采用单元接线。

2）降压变电所中，采用变压器低压侧分列运行方式，即母线应分段接线。

3）双回路电路，在负荷允许条件下可按单回路运行。

4）环形供电网络，在环网中穿越功率最小处开环运行。

（2）加装限流电抗器。

1）普通电抗器。

①线路电抗器：用来限制电缆馈线支路短路电流，在出线端线路隔离开关与线路断路器之间加装线路电抗器，可有效地降低线路短路时的短路电流。架空线路自身感抗值大，不需在架空线路上装设电抗器；线路电抗器的额定电抗百分值常取 3%～6%，为保证电压质量，正常运行时线路电抗器的电压损失不得超过 5%。

加装线路电抗器后：

（a）可使电缆线路的断路器容量不升级。

（b）电缆截面减小。

（c）维持母线残压在较高数值，这对其他回路正常运行有利。

线路电抗器的参数选择：

$$I_N \text{多为} 300\sim600A$$
$$x_L\%=3\%\sim6\%$$

②母线电抗器：装设在母线分段的地方，目的是让发电机出口断路器、变压器低压侧断路器、母联断路器和分段断路器都能按各回路额定电流选择。

为了限制发电机电压母线短路电流，在分段断路器回路或联络断路器回路以及主变压器回路中安装电抗器。

母线电抗器的参数选择

$$I_N=（0.5\sim0.8）I_{Gmax}$$
$$x_L\%=8\%\sim12\%$$

加装母线电抗器后：可使所选择的发电机、主变压器、分段、母联回路的断路器容量不升级，减少投资。

母线电抗器对出线回路的限流作用较小。

电抗有名值

$$x_{\mathrm{L}}=\frac{x_{\mathrm{L}}\%}{100}\frac{U_{\mathrm{N}}}{\sqrt{3}\,I_{\mathrm{N}}}$$

由于母线电抗器的额定电流较大，由上式可以看出：在相同额定电抗百分值下的电抗有名值较线路电抗器小，故其对出线回路的限流作用较小。

2) 分裂电抗器：分裂电抗器是一个中间有抽头的电感线圈，中间抽头将电抗器分成了两个分支，两个分支线圈的缠绕方向与结构参数相同，存在互感。

正常工作时 $X=X_{\mathrm{L}}-X_{\mathrm{M}}=X_{\mathrm{L}}-fX_{\mathrm{L}}=(1-f)X_{\mathrm{L}}$；每臂：$X=0.05X_{\mathrm{L}}$；

当一臂短路时 $X_{12}=2(X_{\mathrm{L}}+X_{\mathrm{M}})=2(1+f)X_{\mathrm{L}}$；当 $f=0.5$ 时，$X=0.5X_{\mathrm{L}}$。

分裂电抗器串接在发电机回路中，不仅起着出线电抗器的作用，也起着母线电抗器的作用。

当两个分裂电抗器的分支负荷不等或者负荷变化过大时，将引起两臂电压偏差，造成电压波动，甚至可能出现过电压。一般分裂电抗器的电抗百分值取 $8\%\sim12\%$。

（3）采用分裂低压绕组变压器。发电机容量较大时，采用低压分裂绕组变压器组成扩大单元式接线，以限制短路电流。低压分裂绕组变压器是将低压绕组分裂成相同容量的两个绕组的变压器。

正常运行时，低压分裂绕组的电抗值只相当于两分裂绕组短路电抗的 1/4；短路时，短路电抗比正常时电抗大，有显著的限流作用。

低压分裂绕组变压器的特点：①两个低压分裂绕组之间有较大的短路电抗；②每一分裂绕组与高压绕组之间的短路阻抗较小且相等。可有效限制其中一个分裂绕组低压侧短路时对另一侧的影响。

4.13.2　供配电专业高频考点与历年真题解析

考点 1：主接线

【4.13-1】(2024)　关于断路器检修的安全问题，错误的是：

A. 断路器检修时，必须切断其直流操作电源

B. 分闸断路器合隔离开关后，断路器一定处于带电状态

C. 合闸送电时，应首先合上隔离开关，然后合上断路器

D. 分闸断电时，应首先断开断路器，然后再拉开隔离开关

答案：B

解题过程：断路器检修时，断开与断路器相关的所有电源，如切断其直流操作电源，确认断路器已断开、设备不带电，并挂上"禁止合闸"警示牌。断路器和隔离开关配合操作时，合闸送电先合隔离开关再合断路器，分闸断电先断断路器再断隔离开关。

【4.13-2】(2024)　一般情况下与高压断路器配合使用的电气设备为：

A. 电压互感器　　　　B. 电流互感器　　　　C. 高压隔离开关　　　　D. 高压负荷开关

答案：C

解题过程：断路器与隔离开关配合使用，断路器负责切断电流，断路器分闸后隔离开关负责隔离电路，确保电路完全隔离。

【4.13-3】(2024)　供配电系统中，外桥接线适用于：

A. 变压器切换较频繁　　　　　　　B. 对二、三级负荷供电

C. 较大容量发电厂　　　　　　　　D. 供电线路较长

答案：A

解题过程：外桥接线适用于电源进线线路较短而变压器需要经常切换的场合。

【4.13-4】(2023)　只装一台主变压器的小型变电站，如果负荷为二级，则高压侧采用的主接线形式是：

A. 隔离开关－熔断器　　　　　　　B. 负荷开关

C. 隔离开关－断路器　　　　　　　D. 断路器

答案：C

解题过程：隔离开关用于将主变压器与外部电网隔离，以便进行检修和维护工作。它可以切断电流流动，确保在需要时可以安全地对主变压器进行操作。断路器用于提供对主变压器的保护，它可以在出现故障时迅速切断电路。采用隔离开关－断路器的接线方式可以满足小型变电站的负载需求，并提供对主变压器的保护和维护功能。主变压器进行检修或维修时，可以使用隔离开关将其与电网隔离，然后使用断路器切断电路，确保供电系统的安全和可靠性。

【4.13-5】(2022)　当发电厂仅有两台变压器和两条线路时，宜采用桥形接线。主接线正确的是：

A. 内桥接线适用于出线线路较长，主变压器操作较少的电厂

B. 内桥接线适用于出线线路较长，主变压器操作较多的电厂

C. 外桥接线适用于线路较长，变压器需要经常投切的发电厂

D. 外桥接线适用于线路较长，变压器不需要经常投切的发电厂

答案：A

解题过程：内桥形接线适用范围是用于输电线路长，故障概率高，变压器又不需经常投切的场合。外桥形接线适用于电源进线线路较短而变压器需要经常切换的场所。

【4.13-6】(2022、2018)　断路器在送电前，运行人员对断路器进行拉闸、合闸和重合闸试验一次，以检查断路器：

A. 动作时间是否符合标准　　　　　B. 三相动作是否同期

C. 合、跳闸回路是否完好　　　　　D. 合闸是否完好

答案：C

解题过程：检查断路器合闸、跳闸回路的正常性。

【4.13-7】(2020)　装有两台主变压器的小型变电所，关于低压侧采用单母线分段的主接线的说法正确的是：

A. 为了满足负荷的供电灵敏性要求　B. 为了满足负荷的供电可靠性要求

C. 为了满足负荷的供电经济性要求　D. 为了满足负荷的供电安全性要求

答案：B

解题过程：单母线分段接线方式的优点是既保留了单母线接线的优点，又提高了供电的可靠性。

【4.13-8】(2019)　内桥形式具有的特点是：

A. 只有一条线路故障时，需要断开桥断路器

B. 只有一条线路故障时，不需要断开桥断路器

C. 只有一条线路故障时，非故障线路会受到影响

D. 只有一条线路故障时，与之相连的变压器会短时停电

答案：B

解题过程：内桥型主接线，桥断路器在线路断路器之内。当线路故障时，只需断开故障线路的断路器。

【4.13-9】（2019）　对于单母线带旁路母线接线，利用旁路母线检修出线回路断路器，不停电的情况下：

A. 不能检修　　　　　　　　　　　　B. 可以检修所有回路

C. 可以检修两条回路　　　　　　　　D. 可以检修一条回路

答案：B

解题过程：供电可靠性高，检修出线断路器时，不需要停电。

【4.13-10】（2018、2008）　外桥形式的主接线适用于：

A. 进线线路较长，主变压器操作较少的电厂

B. 进线线路较长，主变压器操作较多的电厂

C. 进线线路较短，主变压器操作较少的电厂

D. 进线线路较短，主变压器操作较多的电厂

答案：D

解题过程：外桥形接线适用于电源进线线路较短而变压器需要经常切换的场所。

【4.13-11】（2018）　用隔离开关分段单母线接线，"倒闸操作"是指：

A. 接通两端母线，先闭合隔离开关，后闭合断路器

B. 接通两端母线，先闭合断路器，后闭合隔离开关

C. 断开两段母线，先断开隔离开关，后断开负荷开关

D. 断开两端母线，先断开负荷开关，后断开隔离开关

答案：A

解题过程：送电操作：合上母线侧隔离开关→线路侧隔离开关→断路器。

【4.13-12】（2017）　在断路器和隔离开关配合接通电路正确的操作是：

A. 先合断路器，后合隔离开关　　　　B. 先合隔离开关，后合断路器

C. 随便先合断路器、隔离开关都行　　D. 先合断路器或先合隔离开关都一样

答案：B

解题过程：倒闸操作的操作顺序。

　　停电操作：拉开断路器→线路侧隔离开关→母线侧隔离开关。

　　送电操作：合上母线侧隔离开关→线路侧隔离开关→断路器。

★【4.13-13】（2014、2013）　当发电厂仅有两台变压器和两条线路时，宜采用桥形接线。外桥接线适用于：

A. 线路较长，变压器需要经常投切　　B. 线路较长，变压器不需要经常投切

C. 线路较短，变压器需要经常投切　　D. 线路较短，变压器不需要经常投切

答案：C

解题过程：外桥形接线适用于电源进线线路较短而变压器需要经常切换的场所。

考点 2：主要电气设备的作用和配置原则

【4.13 - 14】(2023)　熔断器 RT0 - 400 中的 400 表示：

A. 额定电压　　　　B. 熔体额定电流　　　C. 熔管额定电流　　　D. 最大分断电流

答案： B

解题过程： 低压熔断器 RT0 - 400 中的 400A 是熔体的额定电流，熔体的额定电流是指熔体本身允许通过的最大电流。

【4.13 - 15】(2017)　环网供电的缺点是：

A. 可靠性差　　　　　　　　　　　　B. 经济性差

C. 故障时电压质量差　　　　　　　　D. 线损大

答案： C

解题过程： 环网供电的优点可靠，经济；缺点是操作复杂，网络任意节点出现故障，都会影响整个网络。

【4.13 - 16】(2017)　下面说法正确的是：

A. 设计配电装置时，只要满足安全净距即可

B. 设计配电装置时，最重要的是要考虑经济性

C. 设计配电装置时，高型广泛用于 220kV 电压系统

D. 设计配电装置时，分相中型是 220kV 电压系统的典型布置形式

答案： C

解题过程： 高型配电装置适用于 220kV 配电装置。

【4.13 - 17】(2016)　某 35kV 变电站采用移开式金属铠装封闭开关柜，柜体采用双列面对面布置，则操作通道的最小安全净距为：

A. 单车长＋1200mm　B. 单车长＋900mm　　C. 双车长＋1200mm　D. 双车长＋900mm

答案： D

解题过程： 高压配电室内的各种通道的最小宽度见表 4.13 - 5。

4.13.3　发输变电专业高频考点与历年真题解析

考点：主接线

【4.13 - 18】(2023)　桥型主接线，外桥接线适用于：

A. 输送线路较长，主变压器操作较少的电厂

B. 输送线路较长，主变压器操作较多的电厂

C. 输送线路较短，主变压器操作较少的电厂

C. 输送线路较短，主变压器操作较多的电厂

答案： D

解题过程： 外桥接线适用于输送线路较短，主变压器操作较多的电厂。

【4.13 - 19】(2022、2019)　如图 4.13 - 1 所示单母线接线，L1 线断电的操作顺序为：

A. 断 QS11，QS12，断 QF1

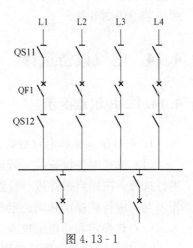

图 4.13 - 1

B. 断 QS11，QF1，断 QS12

C. 断 QF1，断 QS11，QS12

D. 断 QS12，断 QF1，QS11

答案： C

解题过程： 停电操作：拉开断路器→线路侧隔离开关→母线侧隔离开关。

【4.13-20】（2017） 关于桥形接线，以下说法正确的是：

A. 内桥接线一般适用于线路较长和变压器不需要经常切换的情况

B. 内桥接线一般适用于线路较短和变压器不需要经常切换的情况

C. 外桥接线一般适用于线路较短和变压器不需要经常切换的情况

D. 外桥接线一般适用于线路较长和变压器不需要经常切换的情况

答案： A

解题过程： 内桥形接线适用范围是用于输电线路长，故障概率高，变压器又不需经常投切的场合。外桥形接线适用于电源进线线路较短而变压器需要经常切换的场所。

【4.13-21】（2016） 关于桥形接线，以下说法正确的是：

A. 内桥接线适用于出线线路较长，主变压器操作较少的电厂

B. 内桥接线适用于出线线路较长，主变压器操作较多的电厂

C. 外桥接线适用于出线线路较短，主变压器操作较多的电厂

D. 外桥接线适用于出线线路较短，主变压器操作较少的电厂

答案： A

解题过程： 同题 [4.13-20]。

【4.13-22】（2014） 以下关于一台半断路器接线的描述中，正确的是：

A. 任何情况下都必须采用交叉接线以提高运行的可靠性

B. 当仅有两串时，同名回路宜分别接入同侧母线，且须装设隔离开关

C. 当仅有两串时，同名回路宜分别接入不同侧母线，且须装设隔离开关

D. 当仅有两串时，同名回路宜分别接入同侧母线，且无需装设隔离开关

答案： C

解题过程： 一台半断路器接线中仅有两串时，同名回路宜分别接入不同侧的母线上，进出线应装设隔离开关。

4.14 电气设备选择

4.14.1 知识点提示

1. 电器设备选择和校验的基本原则和方法

（1）选择电气设备的一般原则：按正常运行条件（额定电压、额定电流、使用环境）进行选择，按短路条件进行校验，即按最大可能通过的短路电流（最严重的短路情况—三相短路）进行热稳定和动稳定校验。

（2）热稳定和动稳定校验。

1）热稳定校验。短路电流通过电器的最高发热温度不应超过设备短时发热最高允许

值。校验电器热稳定的条件为：

$$I_t^2 t \geqslant Q_t$$

式中　Q_t——短路电流在电器中引起的热效应；

　　　I_t——电路允许通过的热稳定电流；

　　　t——电器允许通过的热稳定电流的持续时间。

2）动稳定校验。在运行中可能通过电器的最大电流一般是指三相短路时的冲击电流 i_{sh} 或 I_{sh}（有效值），因此校验电器的动稳定条件一般表示为：

$$i_{es} \geqslant i_{sh} \text{ 或 } I_{es} \geqslant I_{sh}$$

式中　i_{es}、I_{es}——电器允许通过的动稳定电流的幅值、有效值。

（3）电气设备选择和校验的一般项目见表 4.14-1。

表 4.14-1　　　　　　　　　　　电气设备选择和校验的一般项目

设备名称	额定电压	额定电流	额定开断电流	动稳定	热稳定
断路器	√	√	√	√	√
隔离开关	√	√		√	√
电抗器	√	√		√	√
电流互感器	√	√		√	√
电压互感器	√				
母线及导体		√		√	√
电缆	√	√			√
熔断器	√	√	√		
支柱绝缘子	√			√	
套管绝缘子	√	√		√	
成套配电装置	√	√	√		
电力电容器	√				

（4）电气设备的选择和校验。

1）断路器和隔离开关的选择和校验。高压断路器和隔离开关按照表 4.14-2 进行选择和校验，选择隔离开关时，不校验开断电流和短路关合电流。断路器的额定开断电流。I_{Nbr} 取决于灭弧能力，应大于或等于断路器触头实际开断瞬间的短路电流交流分量的有效值 I_{pt}。

表 4.14-2　　　　　　　　　　　校　验　项　目

项　　目	高压断路器	隔离开关
额定电压	$U_N \geqslant U_{NS}$	$U_N \geqslant U_{NS}$
额定电流	$I_N \geqslant I_{max}$	$I_N \geqslant I_{max}$
开断电流	$I_{Nbr} \geqslant I_{pt}$	—
短路关合电流	$i_{Nci} \geqslant i_{sh}$	—
热稳定	$I_t^2 t \geqslant Q_K$	$I_t^2 t \geqslant Q_K$
动稳定	$i_{es} \geqslant i_{sh}$	$i_{es} \geqslant i_{sh}$

断路器开断单相短路的能力比开断三相短路能力大 15％以上，单相短路电流比三相电流大 15％以上。中、慢速断路器开断时间较长大于 0.1s，快速保护的高速断路器，开断时间小于 0.1s。当在电源附近短路时，短路电流的直流分量可能超过交流分量的 20％，开断短路电流考虑直流分量的影响，校验条件为断路器的额定开断电流 I_{Nbr} 大于或等于短路全电流，$I_{Nbr} \geqslant I_K$。

断路器的额定开合电流 i_{Nci} 大于或等于最大的短路电流冲击值，$i_{Nci} \geqslant i_{sh}$。

2）高压熔断器的选择和校验。高压熔断器分为有限流作用的快速熔断器和不具限流作用的普通熔断器。保护电压互感器用的熔断器仅校验额定电压和开断电流。

①选择和校验。

（a）额定电压选择。普通熔断器 $U_N \geqslant U_{NS}$、快速熔断器 $U_N = U_{NS}$。

（b）额定电流选择。I_{Nf1}（熔管）$\geqslant I_{Nf2}$（熔体）$\geqslant I_{max}$。

保护变压器或电动机 $I_{Nf2} = KI_{max}$，K 取 1.1～1.3（不考虑电动机自起动）或取 1.5～2.0（考虑电动机自起动）。

保护电容器回路 $I_{Nf2} = KI_{NC}$，K 取 1.5～2.0（单台）或取 1.3～1.8（一组）。

（c）熔断器的开断电流校验。$I_{nbr} \geqslant I_{sh}$（或 I''），其中普通熔断器 I_{sh}、快速熔断器 I''。

②分类。

（a）非限流式熔断器：采取电流过零时开断，熔体较短。喷断式熔断器是一种非限流式熔断器，适用于周围空间无导电粉尘和腐蚀性气体、无易燃易爆物品、无剧烈振动的室外场合，可以作为配电线路和变压器短路、过载的保护。

（b）限流式熔断器：目前常用的是石英砂限流式熔断器。限流式熔断器的特点：显著的截流效应，在短路电流还未到达最大值前，电路即被开断；开断短路电流能力大，电弧维持时间短，被保护设备受短路电流影响小。因其具有速断功能，能有效地保护变压器等重要设备。

3）限流电抗器的选择和校验。

限制短路电流：可采用轻型断路器，节省投资；维持母线残压：若残压大于 6.5％～7.5％U_{NS}，对非故障用户，特别是电动机用户是有利的。

①电抗百分数 $X_L\%$ 选择。

将一馈线的短路电流限制到电流值 I''，取基准电流 I_d，则电源到短路点的总电抗标幺值为 $X_* = I_d/I''$；轻型断路器额定开断电流 I_{Nbr}，令 $I'' = I_{Nbr}$，则 $X_{\Sigma*} = I_d/I_{nbr}$；若已知电源到电抗器之间的电抗标幺值 $X'_{\Sigma*}$，则

$$X_{L*} = X_{\Sigma*} - X'_{\Sigma*} = \frac{X_L（\%）}{100} \times \frac{U_N}{I_N} \times \frac{I_d}{U_d}$$

以电抗器额定电压和额定电流为基准的电抗百分数

$$X_L（\%）= (X_{\Sigma*} - X'_{\Sigma*}) \times \frac{I_N}{U_N} \times \frac{U_d}{I_d} \times 100\%$$

②电压损失校验。正常运行时电抗器上的电压损失，不大于电网额定电压的 5％。即

$$\Delta U\% = \frac{I_{max}}{I_N} X_L（\%）\sin\varphi \leqslant 5\%.$$

③母线残压校验。无瞬时保护的出线电抗器应校母线残压的百分值。

$$\Delta U_{res}\% = X_L(\%) \times \frac{I''}{I_N} \geqslant 60\% \sim 70\%$$

2. 硬母线的选择和校验的原则和方法

（1）母线选择的一般原则。母线有封闭式和敞露式两类，封闭式母线按电气设备选择的一般条件进行选择和校验；敞露式母线根据导线材料（常用的铝和铜）、导体类型、敷设方式和导体截面，应对电晕、热稳定和动稳定进行校验。

1）按允许载流量选择导线和电缆的截面（发热条件）。导线和电缆（包括母线）在通过正常最大负荷电流即线路计算电流时产生的发热温度，不应超过其正常运行时的最高允许温度。

2）按允许电压损失选择导线和电缆截面。

3）按经济电流密度选择导线和电缆截面。

4）按机械强度选择导线和电缆截面。导线（包括裸线和绝缘导线）截面不应小于其最小允许截面。

（2）母线和导体校验的一般原则。

1）热稳定校验。热稳定校验。按正常工作电流选择母线截面积 S，必须进行短路情况下的热稳定校验。$S \geqslant S_{min} = \sqrt{Q_f K_s}/c$。

2）动稳定校验。动稳定条件为短路冲击电流通过电器产生的最大应力应不超过材料的允许应力。

①导体。两条平行载流导体之间的作用力与两导体电流的乘积成正比，与其间的距离成反比。三相平行导体，受力最大的为中间相，当中间相与两边相的距离为 a 时，短路时单位长度受力 f_{max} 应为：

$$f_{max} = 1.73 \frac{i_{sh}^2}{a} \times 10^{-7} \ (\text{N/m})$$

②母线。母线动稳定校验主要计算短路时所受的弯曲应力。电动力作用下，母线所受弯矩为：

$$M = FL^2/10 \ (\text{N} \cdot \text{m})$$
$$F = f_{max} L \ (\text{N})$$

式中　L——支柱绝缘子间的跨距，m；

　　　F——母线在一个跨距内所受的力，N；

　f_{max}——母线单位长度受力。

当跨距数为 2 时，$M = FL^2/8 \ (\text{N} \cdot \text{m})$。

三相母线在同一平面，母线的最大计算应力为 $\sigma_{max} = M/W$，W 为母线面垂直于作用力方向的轴向抗弯截面系数，m^3，与排列形式有关。

动稳定校验满足的条件为：母线的最大计算应力 σ_{max} 小于或等于母线材料的容许应力 σ_P，即 $\sigma_{max} \leqslant \sigma_P$。各种母线材料的容许应力见表 4.14-3。

表 4.14-3　　　　　　　　　　　**各种母线材料的容许应力**

硬母线材料	σ_P/Pa
硬铜	137×10^6
硬铝	69×10^6
钢	157×10^6

绝缘子最大容许跨距为 $L_{\max}=\sqrt{\dfrac{10\sigma_\text{P}W}{f_{\max}}}$。绝缘子跨距越小母线所受弯曲应力越小；绝缘子跨距小于 $L_{\max}$ 时，母线的机械强度满足动稳定要求。一般绝缘子跨距选为配电装置的间隔宽度，矩形截面母线的跨距一般不超过 1.5～2.0m。

4.14.2　供配电专业高频考点与历年真题解析

考点 1： 电气设备选择和校验

【4.14-1】(2024)　电压互感器选择和校验项目包括：
A. 动稳定　　　　　　　　B. 热稳定　　　　　　　　C. 额定电压　　　　　　　　D. 额定电流
答案： C
解题过程： 参见表 4.14-1，只需校验额定电压。

【4.14-2】(2023)　在供电可靠性要求较高的工厂供电系统中不宜采用的是：
A. 熔断器保护　　　　　　　　　　　　　　B. 断路器保护
C. 微机保护　　　　　　　　　　　　　　D. 熔断器和断路器保护
答案： A
解题过程： 在供电可靠性要求较高的工厂供电系统中，不宜采用熔断器保护作为主要的电路保护手段。

【4.14-3】(2022)　电压互感器的校验条件为：
A. 只需要校验热稳定性，不需要校验动稳定性
B. 只需要校验动稳定性，不需要校验热稳定性
C. 不需要校验热稳定性和动稳定性
D. 热稳定性和动稳定性都需要校验
答案： C
解题过程： 参见表 4.14-1，只需校验额定电压。

【4.14-4】(2022)　选高压负荷开关时，校验动稳定的电流为：
A. 三相短路冲击电流　　　　　　　　B. 三相短路稳定电流
C. 三相短路稳定电流有效值　　　　　　　　D. 计算电流
答案： A
解题过程： 按短路条件进行校验，即按最大可能通过的短路电流（最严重的短路情况—三相短路）进行热稳定和动稳定校验。

【4.14-5】(2022)　关于 35～330kV 电压等级的油浸式电力变压器现场大修，下列错误的是：
A. 运行中的变压器承受出口短路，经综合诊断分析可考虑大修
B. 变压器大修周期一般应在 5 年以上，不超过 10 年
C. 变压器出现异常状况或经试验判明有内部故障时，应进行大修
D. 设计或制造中存在共性缺陷的变压器可进行针对性大修
答案： B
解题过程： 变压器在投入运行后的第 5 年内一次大修，以后每隔 10 年大修一次。

【4.14-6】(2022、2021)　高压隔离开关：

A. 具有可见断点和灭弧装置 　　　　　　B. 无可见断点，有灭弧装置

C. 有可见断点，无灭弧装置 　　　　　　D. 没有可见断点和灭弧装置

答案：C

解题过程：隔离开关是一种没有灭弧装置的开关电器，仅能用来分、合只有电压没有负荷电流的电路；在分闸状态下，有明显可见的断点。

【4.14-7】（2021）　隔离开关的校验条件为：

A. 只需要校验热稳定性，不需要校验动稳定性

B. 只需要校验动稳定性，不需要校验热稳定性

C. 不需要校验热稳定性和动稳定性

D. 热稳定性和动稳定性都需要校验

答案：D

解题过程：见表 4.14-1，包括额定电流、额定电压、动稳定、热稳定。

【4.14-8】（2021）　选高压断路器时，校验热稳定的电流为：

A. 三相短路冲击电流 　　　　　　　　　B. 三相短路稳定电流

C. 三相短路冲击电流有效值 　　　　　　D. 计算电流

答案：B

解题过程：见知识点 4.14.1，热稳定校验，短路电流一般指电路允许通过的热稳定电流。

【4.14-9】（2021）　对于 110kV 以上的系统，当要求快速切除故障时，应选用的断路器分闸时间不大于：

A. 0.1s 　　　　　　B. 0.04s 　　　　　　C. 1s 　　　　　　D. 5s

答案：B

解题过程：对于 110kV 以上的系统，当电力系统稳定要求快速切除故障时，应选用分闸时间不大于 0.04s 的断路器；当采用单相重合闸或综合重合闸时，应选用能分相操作的断路器。

★【4.14-10】（2021、2020）　高压断路器的检修，大修的期限为：

A. 每半年至少一次 　　　　　　　　　　B. 每一年至少一次

C. 每两年至少一次 　　　　　　　　　　D. 每三年至少一次

答案：D

解题过程：高压断路器的检修分为大修、小修和临时性检修。其中大修规定 2~3 年进行一次，小修规定 1 年 1~2 次，临时性检修根据断路器安装地点的短路容量或发现有影响断路器继续安全运行的严重缺陷决定。

【4.14-11】（2020）　相对地电压为 220V 的 TN 系统配电线路，供电给手握式电气设备和移动式电气设备的末端线路或插座回路，其断路器短延时脱扣的分断时间一般为：

A. 小于 0.4s 　　　　B. 小于 1s 　　　　C. 小于 0.1s 　　　　D. 大于 1s

答案：A

解题过程：对于相导体对地标称电压为 220V 的 TN 系统配电线路的接地故障保护，其切断故障回路的时间应符合下列要求：

　　（1）对于配电线路或仅供给固定式电气设备用电的末端线路，不应大于 5s。

　　（2）对于供电给手持式电气设备和移动式电气设备末端线路或插座回路，不应大于 0.4s。

【4.14-12】(2020)　电流互感器的校验条件为：

A. 只需要校验热稳定性，不需要校验动稳定性

B. 只需要校验动稳定性，不需要校验热稳定性

C. 不需要校验热稳定性和动稳定性

D. 热稳定性和动稳定性都需要校验

答案：D

解题过程：见表 4.14-1，包括额定电流、额定电压、动稳定、热稳定。

【4.14-13】(2020)　选高压负荷开关时，校验动稳定的电流为：

A. 三相短路冲击电流 　　　　　　　　　　B. 三相短路稳定电流

C. 三相短路稳定电流有效值 　　　　　　　D. 计算电流

答案：A

解题过程：动稳定校验时，运行中可能通过电器的最大电流一般是指三相短路时的冲击电流。

【4.14-14】(2019)　电流互感器的选择和校验条件不包括：

A. 额定电压 　　　　B. 开断能力 　　　　C. 额定电流 　　　　D. 动稳定

答案：B

解题过程：见表 4.14-1，包括额定电流、额定电压、动稳定、热稳定。

【4.14-15】(2019)　高压负荷开关具备：

A. 继电保护功能 　　　　　　　　　　　　B. 切断短路电流的能力

C. 切断正常负荷的操作能力 　　　　　　　D. 过负荷操作的能力

答案：C

解题过程：高压负荷开关是指配电系统中能关合、承载、开断正常条件下（也可能包括规定的过载系数）的电流。

【4.14-16】(2019)　选高压隔离开关时，校验热稳定的短路计算时间为：

A. 主保护动作与断路器全断开时间之和

B. 后备保护动作时间与断路器全断开时间之和

C. 后备保护动作时间与断路器固有分闸时间之和

D. 主保护动作时间与固有分闸时间之和

答案：B

解题过程：校验电气设备的热稳定和开断电流时，热稳定计算时间 t_k 为继电保护动作时间 t_p（对电气设备取后备保护动作时间 t_{p2}，对母线可取主保护动作时间 t_{p1}）和断路器全开断时间 t_{ab} 之和。

【4.14-17】(2019)　某厂有功计算负荷为 5500kW，功率因数为 0.9，该厂 10kV 配电所进线上拟装一高压断路器其主保护动作时间为 1.5s，断路器断路时间为 0.2s，10kV 母线上短路电流有效值为 25kA，则该高压断路器进行热稳定校验的热效应数值为：

A. 63.75 　　　　　　B. 1062.5 　　　　　　C. 37.5 　　　　　　D. 937.5

答案：B

解题过程：短路电流通过电器的最高发热温度不应超过设备短时发热最高允许值，即

$$Q = I^2 t = I^2 (t_{主保护} + t_{断开}) = 25^2 \times (1.5 + 0.2) \text{J} = 1062.5 \text{J}$$

【4.14-18】(2019)　相对地电压为 220V 的 TN 系统配电线路或仅供给固定设备用电的末端线路，其间接接触防护电器切断故障回路的时间不宜大于：

A. 0.4s　　　　　　　　B. 3s　　　　　　　　C. 5s　　　　　　　　D. 10s

答案：C

解题过程：对于相导体对地标称电压为 220V 的 TN 系统配电线路的接地故障保护，其切断故障回路的时间应符合下列要求：

（1）对于配电线路或仅供给固定式电气设备用电的末端线路，不应大于 5s。

（2）对于供电给手持式电气设备和移动式电气设备末端线路或插座回路，不应大于 0.4s。

【4.14-19】(2018)　熔断器的选择和校验条件不包括：

A. 额定电压　　　　　　B. 动稳定　　　　　　C. 额定电流　　　　　　D. 灵敏度

答案：B

解题过程：熔断器可不校验热稳定或动稳定。

【4.14-20】(2018)　选高压断路器时，校验热稳定的短路计算时间为：

A. 主保护动作时间与断路器全开断时间之和

B. 后备保护动作时间与断路器全开断时间之和

C. 后备保护动作时间与断路器固有的分闸时间之和

D. 主保护动作时间与断路器固有的分闸时间之和

答案：B

解题过程：校验电气设备的热稳定和开断电流时，热稳定计算时间 t_k 为继电保护动作时间 t_p（对电气设备取后备保护动作时间 t_{p2}，对母线可取主保护动作时间 t_{p1}）和断路器全开断时间 t_{ab} 之和。

【4.14-21】(2017)　选择电气设备除了满足额定电压、电流外，还需校验的是：

A. 设备的动稳定和热稳定　　　　　　　　B. 设备的体积

C. 设备安装地点的环境　　　　　　　　　D. 周围环境温度的影响

答案：A

解题过程：电气设备的一般原则为：按正常运行条件进行选择，按短路条件进行热稳定和动稳定校验。

【4.14-22】(2017)　下列说法不正确的是：

A. 熔断器可以用于过电流保护　　　　　　B. 电流越小熔断器断开的时间越长

C. 高压熔断器由熔件和熔丝组成　　　　　D. 熔断器在任何电压等级都可以用

答案：C

解题过程：熔断器的额定电压是绝缘所允许的电压等级，也是熔断器允许的灭弧电压等级。对于限流式熔断器，不允许降低电压等级使用，以免出现大的过电压。

【4.14-23】(2014)　电气设备选择的一般条件是：

A. 按正常工作条件选择，按短路情况校验

B. 按设备使用寿命选择，按短路情况校验

C. 按正常工作条件选择，按设备使用寿命校验

D. 按短路工作条件选择，按设备使用寿命校验

答案：A

解题过程：同题［4.14-21］。

考点 2：母线和导体选择和校验

【4.14-24】（2017） 发电机与变压器连接导体的截面选择，主要依据是：

A. 导体的长期发热允许电流　　　　　　　B. 经济电流密度

C. 导体的材质　　　　　　　　　　　　　D. 导体的形状

答案：B

解题过程：对 35kV 及以上的高压输电线路和 6～10kV 长距离、大电流线路，先按经济电流密度选择导线截面。

4.14.3　发输变电专业高频考点与历年真题解析

考点 1：电气设备选择和校验

【4.14-25】（2023） 下列说法正确的是：

A. 验算热稳定的短路计算时间为继电保护动作时间与断路器全开断时间之和

B. 验算热稳定的短路计算时间为继电保护动作时间与断路器固有分闸时间之和

C. 电气的开断计算时间应为后备保护动作时间与断路器固有分闸时间之和

D. 电气的开断计算时间应为主保护动作时间与断路器全开断时间之和

答案：A

解题过程：校验热稳定的短路计算时间为继电保护动作时间与断路器全开断时间之和。

【4.14-26】（2022、2008） 普通电抗器运行时，电压损失不大于额定电压 U_N 的：

A. 25%　　　　　B. 15%　　　　　C. 10%　　　　　D. 5%

答案：D

解题过程：普通电抗器正常工作时，电压损失不宜大于额定电压的 5%。

【4.14-27】（2022） 高压电器在运行中或操作时产生的噪声在距电器 2m 处的连续噪声水平不应大于：

A. 60dB　　　　　B. 75dB　　　　　C. 85dB　　　　　D. 95dB

答案：C

解题过程：距离电器 2m 处的噪声水平不大于下列数值：

			85dB（A）
断路器	连续性噪声水平		85dB（A）
	非连续性噪声水平	屋外 空气断路器	110dB（A）
		屋外 SF₆ 断路器	85dB（A）
		屋内	90dB（A）
电抗器			80dB（A）
变压器等其他设备			85dB（A）

【4.14-28】（2019） 以下动作时间属于中速动作的断路器是：

A. 2s　　　　　B. 0.3s　　　　　C. 0.1s　　　　　D. 0.05s

答案：C

解题过程：断路器开断速度与开断时间见表 4.14 - 4。

表 4.14 - 4 断路器开断速度与开断时间

断路器开断速度	断路器开断时间 t_{fd}/s
高速	<0.08
中速	$0.08\sim0.12$
低速	>0.12

【4.14 - 29】(2018) 下列说法正确的是：

A. 所有的出线要加电抗器限制短路电流

B. 短路电流大，只要选重型断路器能切断电流即可

C. 分裂电抗器和普通电抗器性能完全一样

D. 改变运行方式和加电抗器都可以起到限制短路电流的作用

答案：D

解题过程：当变频器输出到电机的电缆长度大于产品规定值时，应加出线电抗器来补偿电机长电缆运行时的耦合电感的充放电影响，避免变频器过流。分裂电抗器和普通电抗器在结构上没有大的区别，但是在性能上分裂电抗器的电压损失比普通电抗器小。发电厂和变电所中可以采取的限流措施如下：①发电厂中，在发电机电压母线分段回路中安装电抗器；②变压器分列运行；③变电站中，在变压器回路中装设电抗器；④采用低压侧为分裂绕组的变压器；⑤出线上装设电抗器。

考点 2：母线和导体选择和校验

【4.14 - 30】(2021) 对于跨越铁路的电力线路，其导线截面积应不小于：

A. $25mm^2$ B. $16mm^2$ C. $30mm^2$ D. $35mm^2$

答案：B

解题过程：跨越铁路、公路、河流等的电力线路，绝缘铜线截面积不小于 $16mm^2$。绝缘铝线截面积不小于 $25mm^2$。

【4.14 - 31】(2021、2019) 三相五线制三相负载平衡的配电线路中，保护 PE 线与相线材质相同，当相线芯截面积为 50mm 时，其 PE 线最小截面积为：

A. $50mm^2$ B. $16mm^2$ C. $20mm^2$ D. $25mm^2$

答案：D

解题过程：当相线截面积 $S_a>16mm^2$，PE 线与相线材质相同时，PE 线最小截面积为 $0.5S_a$。因此本题中，PE 线最小截面积为 $0.5\times50mm^2=25mm^2$。

【4.14 - 32】(2018) 下列说法不正确的是：

A. 导体的载流量与导体的材料有关

B. 导体的载流量与导体的截面积有关

C. 导体的载流量与导体的形状无关

D. 导体的载流量与导体的布置方式有关

答案：C

解题过程：导体的载流量和材料、温度以及截面和形状等有关。

★【4.14-33】(2016)　关于布置在同一平面内的三相导线短路时的电动力，以下描述正确的是：

A. 三相导体的电动力是固定的，且外边相电动力最大

B. 三相导体的电动力是时变的，且外边相电动力最大

C. 三相导体的电动力是固定的，且中间相电动力最大

D. 三相导体的电动力是时变的，且中间相电动力最大

答案：C

解题过程：对于在同一平面上平行布置的三相导线，相互作用的电动力，其最大值如下：

两侧的两相导线（A相，C相），其电动力的最大值相同。

中间相的导线（B相），最大电动力比两侧的大，相差的倍数是 1.07 倍。因此，验算机械强度时，只要对 B 相验算即可。

供配电专业模拟试卷

1. 题 1 图所示电路中，已知 $R_1 = 10\Omega$，$R_2 = 2\Omega$，$U_{S1} = 10\text{V}$，$U_{S2} = 6\text{V}$。电阻 R_2 两端的电压 U 为：

A. 4V　　　　　B. 2V　　　　　C. -4V　　　　　D. -2V

2. 题 2 图所示电路中，测得 $U_{S1} = 10\text{V}$，电流 $I = 10\text{A}$。流过电阻 R 的电流 I_1 为：

A. 3A　　　　　B. -3A　　　　　C. 6A　　　　　D. -6A

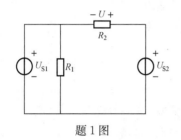

题 1 图

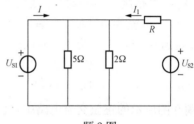

题 2 图

3. 题 3 图所示电路中，电流 I 为：

A. -2A　　　　　B. 2A　　　　　C. -1A　　　　　D. 1A

4. 题 4 图所示电路中，已知 $U_S = 15\text{V}$，$R_1 = 15\Omega$，$R_2 = 30\Omega$，$R_3 = 20\Omega$，$R_4 = 8\Omega$，$R_5 = 12\Omega$，则电流 I 为：

A. 2A　　　　　B. 1.5A　　　　　C. 1A　　　　　D. 0.5A

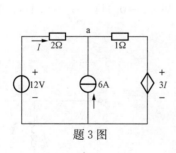

题 3 图

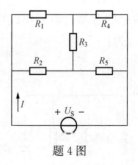

题 4 图

5. 题 5 图所示电路中，已知 $U_S = 12\text{V}$，$I_{S1} = 2\text{A}$，$I_{S2} = 8\text{A}$，$R_1 = 12\Omega$，$R_2 = 6\Omega$，$R_3 = 8\Omega$，$R_4 = 4\Omega$。取节点③为参考节点，节点①的电压 U_{n1} 为：

A. 15V　　　　　B. 21V　　　　　C. 27V　　　　　D. 33V

6. 如题 6 图所示电路中的电阻 R 阻值可变，R 为多大时可获得最大功率？

A. 12Ω　　　　　B. 15Ω　　　　　C. 10Ω　　　　　D. 6Ω

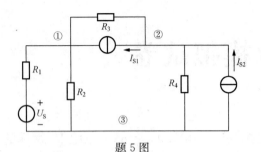

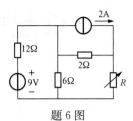

题 5 图　　　　　　　　　　　　　　题 6 图

7. 某正弦量的复数形式为 $F=5+j5$，其极坐标形式 F 为：

A. $\sqrt{50}\underline{/45°}$　　　　B. $\sqrt{50}\underline{/-45°}$　　　　C. $10\underline{/45°}$　　　　D. $10\underline{/-45°}$

8. 如题 8 图所示电路中的 R、L 串联电路为荧光灯的电路模型。将此电路接于 50Hz 的正弦交流电压源上，测得端电压为 220V，电流为 0.4A，功率为 40W。如果要求将功率因数提高到 0.95，应给荧光灯并联的电容 C 为：

A. $4.29\mu F$　　　　　　B. $3.29\mu F$

C. $5.29\mu F$　　　　　　D. $1.29\mu F$

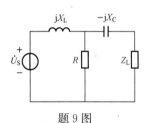

题 8 图

9. 如题 9 图所示的正弦交流电路中，已知 $\dot{U}_S=100\underline{/0°}$ V，$R=10\Omega$，$X_L=20\Omega$，$X_C=30\Omega$。当负载 Z_L 为多大时，负载获得最大功率？

A. $(8+j21)\Omega$　　　　B. $(8-j21)\Omega$

C. $(8+j26)\Omega$　　　　D. $(8-j26)\Omega$

10. 如题 10 图所示电路中，n 为多大时，$R=4\Omega$ 的电阻可以获得最大功率？

A. 2　　　　　　B. 7　　　　　　C. 3　　　　　　D. 5

题 9 图

11. 如题 11 图所示的含耦合电感电路中，已知 $L_1=0.1H$，$L_2=0.4H$，$M=0.12H$。ab 端的等效电感 L_{ab} 为：

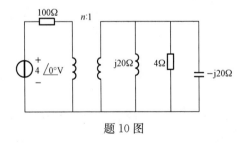

题 10 图

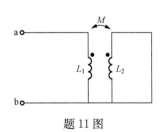

题 11 图

A. 0.064H　　　　B. 0.062H　　　　C. 0.64H　　　　D. 0.62H

12. 如题 12 图所示电路中，输入电压 $u_1=U_{1m}\sin\omega t+U_{3m}\sin3\omega t$，如 $L=0.12H$，$\omega=314rad/s$，使输出电压 $u_2=U_{1m}\sin\omega t$，则 C_1 与 C_2 之值分别为：

A. 7.3μF，75μF

B. 9.3μF，65μF

C. 9.3μF，75μF

D. 75μF，9.3μF

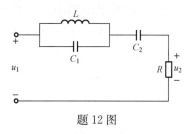

题 12 图

13. 如题 13 图所示对称三相电路中，已知线电压为 380V，负载阻抗 $Z_1=-\mathrm{j}12\Omega$，$Z_2=3+\mathrm{j}4\Omega$，三相负载吸收的全部平均功率 P 为：

A. 17.424kW　　　B. 13.068kW

C. 5.808kW　　　D. 7.424kW

14. 在 RC 串联电路中，已知外加电压 $u(t)=[20+90\sin\omega t+30\sin(3\omega t+50°)+10\sin(5\omega t+10°)]\mathrm{V}$，电路中电流 $i(t)=[1.5+1.3\sin(\omega t+85.3°)+6\sin(3\omega t+45°)+2.5\sin(5\omega t-60.8°)]\mathrm{A}$，则电路的平均功率 P 为：

A. 124.12W　　　B. 128.56W

C. 145.28W　　　D. 134.28W

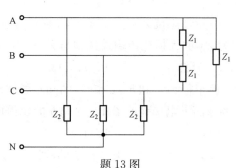

题 13 图

15. 如题 15 图所示电路中，$R=10\Omega$，$L=0.05\mathrm{H}$，$C=50\mu\mathrm{F}$，电源电压为 $u(t)=[20+90\sin(\omega t)+30\sin(3\omega t+45°)]\mathrm{V}$，电源的基波角频率 $\omega=314\mathrm{rad/s}$。电路中的电流 $i(t)$ 为：

A. $1.3\sqrt{2}\sin(\omega t+78.2°)\mathrm{A}-0.77\sqrt{2}\sin(3\omega t-23.9°)\mathrm{A}$

B. $1.3\sqrt{2}\sin(\omega t+78.2°)\mathrm{A}+0.77\sqrt{2}\sin(3\omega t-23.9°)\mathrm{A}$

C. $1.3\sqrt{2}\sin(\omega t-78.2°)\mathrm{A}-0.77\sqrt{2}\sin(3\omega t-23.9°)\mathrm{A}$

D. $1.3\sqrt{2}\sin(\omega t+78.2°)\mathrm{A}+0.77\sqrt{2}\sin(3\omega t+23.9°)\mathrm{A}$

题 15 图

16. 题 16 图所示电路中，$U_s=6\mathrm{V}$，$R_1=1\Omega$，$R_2=2\Omega$，$R_3=4\Omega$，开关闭合前电路处于稳态，$t=0$ 时开关 S 闭合。$t=0_+$时，$u_C(0_+)$ 为：

A. $-6\mathrm{V}$　　　B. 6V　　　C. $-4\mathrm{V}$　　　D. 4V

17. 题 17 图所示电路中，$U_s=10\mathrm{V}$，$R_1=3\Omega$，$R_2=2\Omega$，$R_3=2\Omega$，开关 S 闭合前电路处于稳态，$t=0$ 时开关 S 闭合。$t=0_+$时，$i_{L1}(0_+)$ 为：

A. 2A　　　B. $-2\mathrm{A}$　　　C. 2.5A　　　D. $-2.5\mathrm{A}$

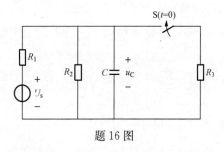

题 16 图

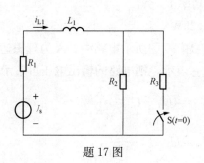

题 17 图

18. 题 18 图所示电路中，开关 S 闭合前电路已处于稳态，$t=0$ 时开关 S 闭合。开关闭合后的 $u_C(t)$ 为：

A. $(16-6e^{\frac{t}{2.4}\times10^2})V$

B. $(16-6e^{-\frac{t}{2.4}\times10^2})V$

C. $(16+6e^{\frac{t}{2.4}\times10^2})V$

D. $(16+6e^{-\frac{t}{2.4}\times10^2})V$

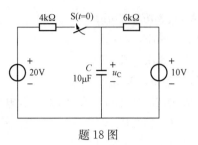

题 18 图

19. 一特性阻抗为 $Z_0=50\Omega$ 的无损耗传输线经由另一长度 $l=0.105\lambda$（λ 为波长），特性阻抗为 Z_{02} 的无损耗传输线达到与 $Z_L=40+j10\Omega$ 的负载匹配。应取 Z_{02} 为：

A. 38.75Ω 　　　　B. 77.5Ω 　　　　C. 56Ω 　　　　D. 66Ω

20. 两半径为 a 和 b（$a<b$）的同心导体球面间电位差为 U_0，问：若 b 固定，要使半径为 a 的球面上电场强度最小，a 与 b 的比值应为：

A. $1/3$ 　　　　B. $1/e$ 　　　　C. $1/2$ 　　　　D. $1/4$

21. 无限大真空中一半径为 a 的球，内部均匀分布有体电荷，电荷总量为 q。在 $r>a$ 的球外，任一点 r 处电场强度的大小 E 为：

A. $\dfrac{q}{4\pi\varepsilon_0 a}$ 　　　　B. $\dfrac{q}{4\pi\varepsilon_0 a^2}$ 　　　　C. $\dfrac{q}{4\pi\varepsilon_0 r}$ 　　　　D. $\dfrac{q}{4\pi\varepsilon_0 r^2}$

22. 内半径为 a，外半径为 b 的导电管，中间填充空气，流过直流电流 I。在 $\rho<a$ 的区域中，磁场强度 H 为：

A. $\dfrac{I}{2\pi\rho}$ 　　　　B. $\dfrac{\mu_0 I}{2\pi\rho}$ 　　　　C. 0 　　　　D. $\dfrac{I(\rho^2-a^2)}{2\pi(b^2-a^2)\rho}$

23. 某双端输入、单端输出的差分放大电路的差模电压放大倍数为 200，当两个输入端并接 $u_i=1V$ 的输入电压时，输出电压 $\Delta u_o=100mV$。那么，该电路的共模电压放大倍数和共模抑制比分别为：

A. -0.1，200 　　B. -0.1，2000 　　C. -0.1，-200 　　D. 1，2000

24. 运放有同相、反相和差分三种输入方式，为了使集成运算放大器既能放大差模信号，又能抑制共模信号，应采用的方式为：

A. 同相输入 　　　　　　　　　　B. 反相输入

C. 差分输入 　　　　　　　　　　D. 任何一种输入方式

25. 电路如题 25 图所示，其中运算放大器 A 的性能理想。若 $u_i=\sqrt{2}\sin\omega t\,V$，那么，电路的输出功率 P_o 为：

A. 6.25W 　　　　B. 12.5W 　　　　C. 20.25W 　　　　D. 25W

26. 在题 26 图所示电路中，A 为理想运算放大器，三端集成稳压器的 2、3 端之间的电压用 U_{REF} 表示，则电路的输出电压可表示为：

A. $U_O=(U_I+U_{REF})\dfrac{R_2}{R_1}$ 　　　　　　B. $U_O=U_I\dfrac{R_2}{R_1}$

C. $U_O=U_{REF}\left(1+\dfrac{R_2}{R_1}\right)$ 　　　　　　D. $U_O=U_{REF}\left(1+\dfrac{R_1}{R_2}\right)$

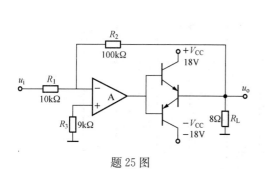

题 25 图

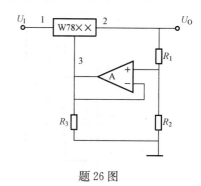

题 26 图

27. 负反馈所能抑制的干扰和噪声是：

A. 反馈环内的干扰和噪声

B. 反馈环外的干扰和噪声

C. 输入信号所包含的干扰和噪声

D. 输出信号所包含的干扰和噪声

28. 晶体管电路如图所示，已知各晶体管的 $\beta=50$。那么晶体管处于放大工作状态的电路是下列哪种电路？

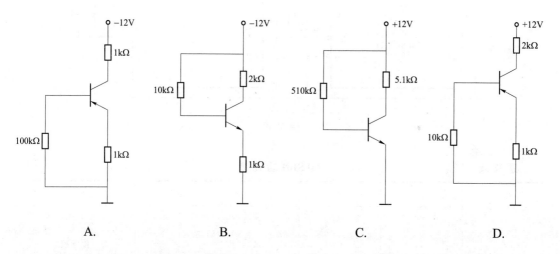

A.   B.   C.   D.

29. 下列逻辑关系中，不正确的项为：

A. $A\bar{B}+\bar{A}B=\overline{AB+\bar{A}\,\bar{B}}$

B. $A(\bar{A}+B)=AB$

C. $\overline{AB}=\bar{A}+\bar{B}$

D. $\bar{A}\mid\bar{B}=\overline{AB}$

30. 已知用卡诺图化简逻辑函数 $L=\bar{A}\,\bar{B}C+A\bar{B}\,\bar{C}$ 的结果是 $L=A\oplus C$，那么，该逻辑函数的无关项至少有：

A. 2个   B. 3个   C. 4个   D. 5个

31. 电路如题 31 图所示，该电路完成的功能是：

A. 8位并行加法器

B. 8位串行加法器

C. 4位并行加法器

D. 4位串行加法器

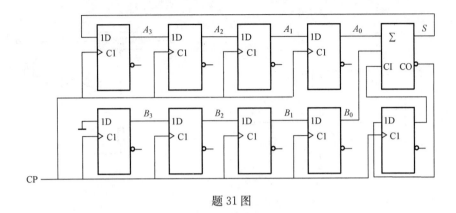

题 31 图

32. 74LS161 的功能见题 32 表。题 32 图所示电路的分频比（即 Y 与 CP 的频率之比）为：

A. 1：63   B. 1：60   C. 1：96   D. 1：256

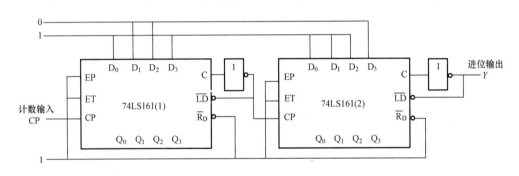

题 32 图

题 32 表   **74LS161 功 能 表**

CP	$\overline{R_D}$	$\overline{LD}$	EP	ET	工作状态
×	0	×	×	×	置零
↑	1	0	×	×	预置数
×	1	1	0	1	保持
×	1	1	×	0	保持（但 $C=0$）
↑	1	1	1	1	计数

33. 要获得 32K×8RAM，需要用 4K×4 的 RAM 的片数为：

A. 8   B. 16   C. 32   D. 64

34. 如题 34 图所示电路是用 D/A 转换器和运算放大器组成的可变增益放大器，DAC 的输出 $u=-D_n U_{REF}/255$，它的电压放大倍数 $A_V=u_O/u_I$ 可由输入数字量 D_n 来设定。当 D_n 取 $(01)_H$ 和 $(EF)_H$ 时，A_V 分别为：

A. 1，25.6   B. 1，25.5   C. 256，1   D. 255，1

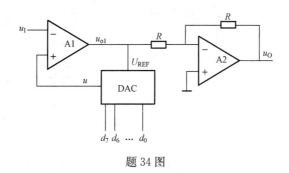

题 34 图

35. 电力系统接线如题 35 图所示，各级电网的额定电压示于题 35 图中，发电机，变压器 T1、T2 额定电压分别为：

A. G：10.5kV；T1：10.5kV/242kV；T2：220kV/38.5kV

B. G：10kV；T1：10kV/242kV；T2：242kV/35kV

C. G：10.5kV；T1：10.5kV/220kV；T2：220kV/38.5kV

D. G：10.5kV；T1：10.5kV/242kV；T2：220kV/35kV

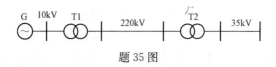

题 35 图

36. 电力系统电压降计算公式为：

A. $\dfrac{P_1X+Q_1R}{U_1}+j\dfrac{P_1R-Q_1X}{U_1}$

B. $\dfrac{P_1X-Q_1R}{U_1}+j\dfrac{P_1R+Q_1X}{U_1}$

C. $\dfrac{Q_1R+P_1X}{U_1}+j\dfrac{P_1R-Q_1X}{U_1}$

D. $\dfrac{P_1R+Q_1X}{U_1}+j\dfrac{P_1X-Q_1R}{U_1}$

37. 一条 220kV 的单回路空载线路，长 200km，线路参数为 $r_1=0.18\Omega/km$，$X_1=0.415\Omega/km$，$b_1=2.86\times10^{-6}S/km$，线路受端电压为 242kV，线路送端电压为：

A. 236.26kV   B. 242.2kV   C. 220.35kV   D. 230.6kV

38. 简单的电力系统接线如题 38 图所示，母线 A 电压保持 116kV，变压器低压母线 C 要求恒调压，电压保持 10.5kV，满足以上要求时接在母线 C 上的电容器容量 Q_C 及变压器 T 的电压比分别为：

A. 8.76Mvar，115.5kV/10.5kV   B. 8.44Mvar，112.75kV/11kV

C. 9.76Mvar，121kV/11kV   D. 9.96Mvar，121kV/10.5kV

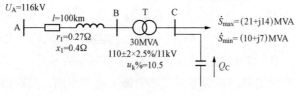

题 38 图

39. 下列网络接线如题 39 图所示，元件参数标幺值示于题 39 图中，f 点发生三相短路时各发电机对短路点的转移阻抗及短路电流标幺值分别为：

A. 0.4，0.4，5

B. 0.45，0.45，4.44

C. 0.35，0.35，5.71

D. 0.2，0.2，10

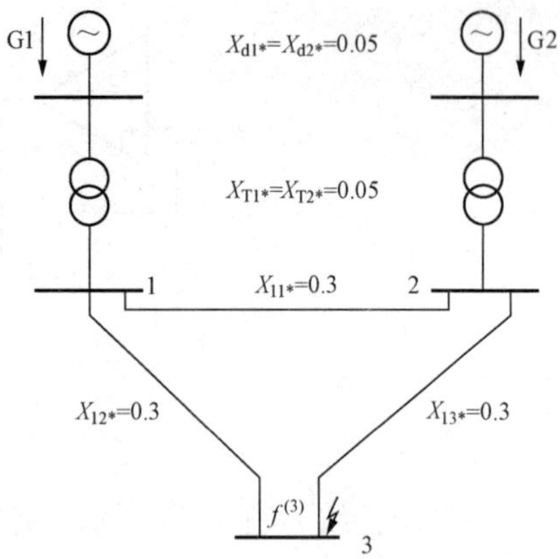

题 39 图

40. 一台 $S_N = 5600\text{kVA}$，$U_{1N}/U_{2N} = 6000\text{V}/330\text{V}$，Yd 联结的三相变压器，其空载损耗 $p_0 = 18\text{kW}$，短路损耗 $p_{kN} = 56\text{kW}$。当负载的功率因数 $\cos\varphi_2 = 0.8$（滞后）保持不变，变压器的效率达到最大值时，变压器一次侧输入电流为：

A. 305.53A 　B. 529.2A 　C. 538.86A 　D. 933.33A

41. 三相感应电动机定子绕组，星形联结，接在三相对称交流电源上，如果有一相断线，在气隙中产生的基波合成磁动势为：

A. 不能产生磁动势 　　　　B. 圆形旋转磁动势

C. 椭圆形旋转磁动势 　　　D. 脉振磁动势

42. 一台三相感应电动机在额定电压下空载起动与在额定电压下满载起动相比，两种情况下合闸瞬间的起动电流：

A. 前者小于后者 　B. 相等 　　C. 前者大于后者 　D. 无法确定

43. 绕线转子异步电动机拖动恒转矩负载运行，当转子回路串入不同电阻，电动机转速不同。而串入电阻与未串电阻相比，对转子的电流和功率因数的影响是：

A. 转子的电流大小和功率因数均不变

B. 转子的电流大小变化，功率因数不变

C. 转子的电流大小电流不变，功率因数变化

D. 转子的电流大小和功率因数均变化

44. 一台并网运行的三相同步发电机，运行时输出 $\cos\varphi = 0.5$（滞后）的额定电流，现在要让它输出 $\cos\varphi = 0.8$（滞后）的额定电流，可采取的办法是：

A. 输入的有功功率不变，增大励磁电流

B. 增大输入的有功功率，减小励磁电流

C. 增大输入的有功功率，增大励磁电流

D. 减小输入的有功功率，增大励磁电流

45. 一台隐极同步发电机并网运行，额定容量为 7500kVA，$\cos\varphi_N = 0.8$（滞后），$U_N = 3150\text{V}$，星形联结，同步电抗 $X_s = 1.6\Omega$，不计定子电阻。该机的最大电磁功率约为：

A. 6000kW 　B. 8750kW 　　C. 10 702kW 　　D. 12 270kW

46. 避雷器保护变压器时规定避雷器距变压器的最大电气距离，其原因是：

A. 防止避雷器对变压器反击

B. 增大配合系数

C. 减小雷电绕击概率

D. 满足避雷器残压与变压器的绝缘配合

47. 35kV 及以下中性点不接地系统架空输电线路不采取全线架设避雷线方式的原因之一是:

A. 设备绝缘水平低

B. 雷电过电压幅值低

C. 系统短路电流小

D. 设备造价低

48. 对于电压互感器以下叙述不正确的是:

A. 接地线必须装熔断器

B. 接地线不准装熔断器

C. 二次绕组应装熔断器

D. 电压互感器不需要校验热稳定

49. 一台并励直流电动机拖动另一台他励直流发电机。当电动机的电压和励磁回路的电阻均不变时,若增加发电机输出的功率,此时电动机的电枢电流 I_a 和转速 n 将:

A. I_a 增大,n 降低

B. I_a 减小,n 增高

C. I_a 增大,n 增高

D. I_a 减小,n 降低

50. 在出线断路器检修时会暂时中断该回路供电的主接线形式为:

A. 三分之四

B. 双母线分段带旁路

C. 二分之三

D. 双母线分段

51. 选高压断路器时,校验热稳定的短路计算时间为:

A. 主保护动作时间与断路器全开断时间之和

B. 后备保护动作时间与断路器全开断时间之和

C. 后备保护动作时间与断路器固有的分闸时间之和

D. 主保护动作时间与断路器固有的分闸时间之和

52. 中性点非有效接地配电系统中性点加装消弧线圈是为了:

A. 增大系统零序阻抗

B. 提高继电保护的灵敏性

C. 补偿接地短路电流

D. 增大电源的功率因数

53. 中性点绝缘的 35kV 系统发生单相接地短路时,其故障处的非故障相电压是:

A. 35kV

B. 38.5kV

C. 110kV

D. 115kV

54. 系统接线如题 54 图所示,图中参数均为归算到统一基准值 $S_B = 100\text{MVA}$ 的标幺值。变压器方式为 Yd11,系统在 f 点发生 BC 两相短路,发电机出口 M 点 A 相电流为:

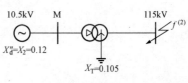

题 54 图

A. 18.16kA

B. 2.0kA

C. 12.21kA

D. 9.48kA

55. 断路器中交流电弧熄灭的条件是:

A. 弧隙介质强度恢复速度比弧隙电压的上升速度快

B. 触头间并联电阻小于临界并联电阻

C. 弧隙介质强度恢复速度比弧隙电压的上升速度慢

D. 触头间并联电阻大于临界并联电阻

56. 为使熔断器的弧隙电压恢复过程为非周期性的,可在熔断器触头两端:

A. 并联电容　　　　　B. 并联电抗　　　　　C. 并联电阻　　　　　D. 并联辅助触头

57. 中性点接地系统中，三相电压互感器二次侧开口三角形绕组的额定电压应等于：

A. 100V　　　　　B. $\frac{100}{\sqrt{3}}$V　　　　　C. $\frac{100}{3}$V　　　　　D. $3U_0$（U_0零序电压）

58. 选择电气设备除了满足额定电压、电流外，还需校验的是：

A. 设备的动稳定和热稳定　　　　　　B. 设备的体积

C. 设备安装地点的环境　　　　　　　D. 周围环境温度的影响

59. 某发电厂有一台变压器，电压为 $121\pm2\times2.5\%$kV/10.5kV，变压器高压母线电压最大负荷时为 118kV，最小负荷时为 115kV，变压器最大负荷时电压损耗为 9kV，最小负荷时电压损耗为 6kV（由归算到高压侧参数算出），根据发电厂地区负荷在发电厂母线逆调压且在最大、最小负荷时与发电机的额定电压有相同的电压，则变压器分接头电压为：

A. $121\times(1+2.5\%)$kV　　　　　　B. $121\times(1-2.5\%)$kV

C. 121kV　　　　　　　　　　　　　D. $121\times(1+5\%)$kV

60. 电力系统内部过电压不包括：

A. 操作过电压　　　　　B. 谐振过电压　　　　　C. 雷电过电压　　　　　D. 工频过电压

参 考 答 案

1. C	2. B	3. D	4. C	5. A	6. D	7. A	8. A	9. C	10. D
11. A	12. C	13. A	14. B	15. B	16. D	17. A	18. B	19. A	20. C
21. D	22. C	23. B	24. C	25. C	26. C	27. A	28. C	29. C	30. A
31. D	32. A	33. B	34. D	35. A	36. D	37. A	38. B	39. A	40. A
41. D	42. B	43. A	44. B	45. D	46. D	47. C	48. A	49. A	50. D
51. B	52. C	53. A	54. C	55. A	56. C	57. B	58. A	59. D	60. C

发输变电专业模拟试卷

1. 题1图所示电路中，电压 U 为：

A. 8V   B. $-8V$ C. 10V   D. $-10V$

2. 题2图所示电路中，电流 I 为：

A. 13A   B. $-7A$ C. $-13A$ D. 7A

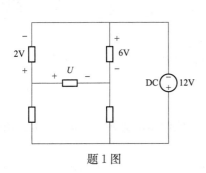

题1图

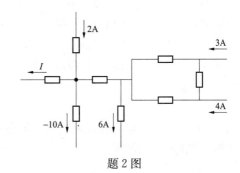

题2图

3. 题3图所示电路中，电流 I 为：

A. 3A   B. $-3A$ C. 2A   D. $-2A$

4. 题4图所示电路中，已知 $U_s=12V$，$I_{s1}=2A$，$I_{s2}=8A$，$R_1=12\Omega$，$R_2=6\Omega$，$R_3=8\Omega$，$R_4=4\Omega$。取节点③为参考节点，节点②的电压 U_{n2} 为：

A. 12V   B. 21V   C. 15V   D. 10V

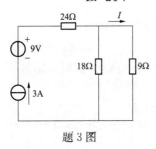

题3图

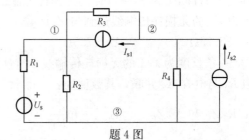

题4图

5. 如题5图所示电路中的电阻 R 阻值可变，R 为多大时可获得最大功率？

A. 12Ω

B. 15Ω

C. 10Ω

D. 6Ω

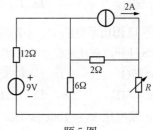

题5图

6. 按照题6图所示选定的参考方向，电流 i 的表达式 $i=$ $32\sin\left(314t+\dfrac{2}{3}\pi\right)$A，如果把参考方向选成相反的方向，则 i 的表达式为：

题6图

A. $32\sin\left(314t-\dfrac{\pi}{3}\right)$

B. $32\sin\left(314t-\dfrac{2}{3}\pi\right)$

C. $32\sin\left(314t+\dfrac{2}{3}\pi\right)$

D. $32\sin(314t+\pi)$

7. 如题7图所示的正弦交流电路中，已知 $\dot{U}_S=100\underline{/0^\circ}$V，$R=10\Omega$，$X_L=20\Omega$，$X_C=30\Omega$。当负载 Z_L 取某一特定值时，负载获得最大功率 $P_{\max}$ 为：

A. 125W   B. 150W

C. 75.5W   D. 62.5W

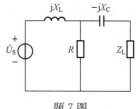

题7图

8. 在 R、L、C 串联谐振电路中，电阻 $R=10\Omega$、电感 $L=20$mH 和电容 $C=200$pF，电源电压 $U=10$V，电路的品质因数 Q 为：

A. 3   B. 10   C. 100   D. 1000

9. 在真空中，相距为 a 的两无限大均匀带电平板，电荷面密度分别为 $+\sigma$ 和 $-\sigma$。该两带电平板间的电位 U 应为：

A. $\dfrac{\sigma a}{2\varepsilon_0}$ B. $\dfrac{\sigma a}{\varepsilon_0}$ C. $\dfrac{\sigma a}{3\varepsilon_0}$ D. $\dfrac{\sigma a}{4\varepsilon_0}$

10. 设 $y=0$ 平面是两种介质的分界面，在 $y>0$ 区域内，$\varepsilon_1=5\varepsilon_0$，在 $y<0$ 区域内，$\varepsilon_2=3\varepsilon_0$，在此分界面上无自由电荷，已知 $E_1=(10e_x+12e_y)$V/m，则 E_2 为：

A. $(10e_x+20e_y)$V/m   B. $(20e_x+10e_y)$V/m

C. $(10e_x-20e_y)$V/m   D. $(20e_x-100e_y)$V/m

11. 一特性阻抗为 $Z_0=50\Omega$ 的无损耗传输线经由另一长度 $l=0.105\lambda$（λ 为波长），特性阻抗为 Z_{02} 的无损耗传输线达到与 $Z_L=40+j10\Omega$ 的负载匹配。应取 Z_{02} 为：

A. 38.75Ω B. 77.5Ω C. 56Ω D. 66Ω

12. 一条长度为 $\lambda/4$ 的无损耗传输线，特性阻抗为 $Z_C=R_C+jX_C$。其输入阻抗相当于一电阻 R_i 与电容 X_i 并联，其数值为：

A. $R_L Z_C$ 和 $X_L Z_C$

B. $\dfrac{Z_C^2}{X_L}$ 和 $\dfrac{Z_C^2}{R_L}$

C. $\dfrac{Z_C^2}{R_L}$ 和 $\dfrac{Z_C^2}{X_L}$

D. $R_L Z_C^2$ 和 $X_L Z_C^2$

13. 题13图所示电路中，换路前已达稳态，在 $t=0$ 时开关S打开，欲使电路产生临界阻尼响应，R 应取：

A. 3.16Ω B. 6.33Ω

C. 12.66Ω D. 20Ω

题13图

14. 正弦电压 $u_1=100\cos(\omega t+30^\circ)$ V 对应的有效值为：

A. 100V   B. $100/\sqrt{2}$ V   C. $100\sqrt{2}$ V   D. 50V

15. 日光灯等效电路为一 R、L 串联电路，将日光灯接于 $50Hz$ 的正弦交流电源上，其两端电压为 $220V$，电流为 $0.4A$，有功功率为 $40W$，那么，该日光灯吸收的无功功率为：

A. $78.4var$ B. $68.4var$ C. $58.4var$ D. $48.4var$

16. 如题 16 图所示正弦交流电路中，已知 $Z=10+j50\Omega$，$Z_1=400+j1000\Omega$。当 β 取多大时，$\dot{I}_1$ 和 $\dot{U}_S$ 的相位差为 $90°$？

A. -41 B. 41

C. -51 D. 51

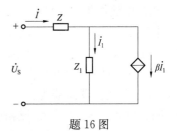

题 16 图

17. 在 R、L、C 串联谐振电路中，电阻 $R=10\Omega$、电感 $L=20mH$ 和电容 $C=200pF$，电源电压 $U=10V$，电路的品质因数 Q 为：

A. 3 B. 10 C. 100 D. 1000

18. 三相负载作星形联结，接入对称的三相电源，负载线电压与相电压关系满足 $U_L=\sqrt{3}U_P$ 成立的条件是三相负载：

A. 对称   B. 都是电阻   C. 都是电感   D. 都是电容

19. R、L、C 串联电路中，已知 $R=10\Omega$，$L=0.05H$，$C=50\mu F$，电源电压为 $u(t)=[20+90\sin(314t)+30\sin(942+45°)]V$。电路中的电流 $i(t)$ 为：

A. $1.32\sin(314t-78.2°)+0.77\sqrt{2}\sin(942t-23.9°)A$

B. $1.3\sqrt{2}\sin(314t+78.2°)+0.77\sqrt{2}\sin(942t-23.9°)A$

C. $1.32\sin(314t+78.2°)+0.77\sqrt{2}\sin(942t+23.9°)A$

D. $1.3\sqrt{2}\sin(314t-78.2°)+0.77\sqrt{2}\sin(942t+23.9°)A$

20. 题 20 图所示电路中，$u_{C1}(0_-)=15V$，$u_{C2}(0_-)=6V$，当 $t=0$ 时闭合开关 S 后，$u_{C1}(t)$ 为：

A. $(12+3e^{-1.25\times10^3t})V$

B. $(3+12e^{-1.25\times10^3t})V$

C. $(15+6e^{-1.25\times10^3t})V$

D. $(6+15e^{-1.25\times10^3t})V$

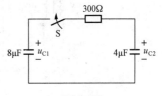

题 20 图

21. 晶体管电路如题 21 图所示，已知各晶体管的 $\beta=50$。那么晶体管处于放大工作状态的电路是：

A. 图（a）   B. 图（b）   C. 图（c）   D. 图（d）

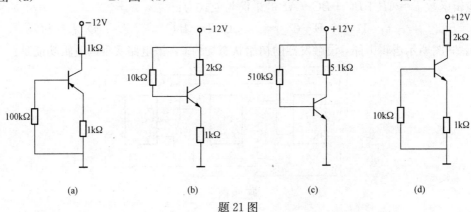

题 21 图

22.负反馈所能抑制的干扰和噪声是：

A. 反馈环内的干扰和噪声

B. 反馈环外的干扰和噪声

C. 输入信号所包含的干扰和噪声

D. 输出信号所包含的干扰和噪声

23.减少电流源提供电流，增加带负载能力，应采用的反馈是：

A. 电压串联 　　　 B. 电压并联

C. 电流串联 　　　 D. 电流并联

24.运放有同相、反相和差分三种输入方式，为了使集成运算放大器既能为：

A. 同相输入 　　　 B. 反相输入

C. 差分输入 　　　 D. 任何一种输入方式

25.电路如题25图所示，其中 R_L 为 8Ω。电路的最大输出功率为：

A. 9W 　　　　　 B. 4.5W

C. 2.75W 　　　　 D. 2.25W

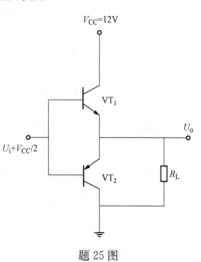

题 25 图

26.题26图所示电路中，变压器二次侧电压有效值为 $U_2=10V$，若电容 C 脱焊，则整流桥输出电压平均值 U_1 为：

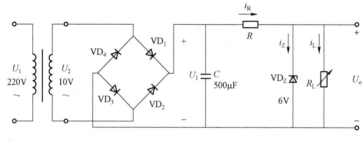

题 26 图

A. 9V 　　　　　 B. 4.5V 　　　　　 C. 4V 　　　　　 D. 2V

27.下列数最大的是：

A. $(101101)_B$ 　　　 B. $(42)_O$ 　　　 C. $(2F)_H$ 　　　 D. $(51)_D$

28.逻辑函数 $L=\overline{AB+\overline{B}C+B\overline{C}+\overline{A}B}$ 的最简与或式为：

A. $L=\overline{BC}$ 　　 B. $L=\overline{B}+\overline{C}$ 　　 C. $L=\overline{B}\,\overline{C}$ 　　 D. $L=BC$

29.题29图所示逻辑电路，设触发器的初始状态均为0，该电路实现的逻辑功能是：

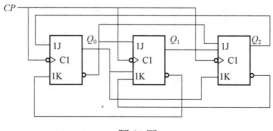

题 29 图

A. 同步十进制加法计数器　　　　　　　B. 同步八进制加法计数器

C. 同步六进制加法计数器　　　　　　　D. 同步三进制加法计数器

30. 要获得 32K×8RAM，需要用 4K×4 的 RAM 的片数为：

A. 8　　　　　　　　B. 16　　　　　　　　C. 32　　　　　　　　D. 64

31. 74LS253 芯片的作用是：

A. 检测 5421 码　　　　　　　　　　　B. 检测 8421 码

C. 加法器　　　　　　　　　　　　　　D. 数据选择器

32. 如题 32 图所示电路是用 D/A 转换器和运算放大器组成的可变增益放大器，DAC 的输出 $u=-D_n U_{REF}/255$，它的电压放大倍数 $A_V=u_O/u_I$ 可由输入数字量 D_n 来设定。当 D_n 取 $(01)_H$ 和 $(EF)_H$ 时，A_V 分别为：

A. 1，25.6　　　　　B. 1，25.5　　　　　C. 256，1　　　　　D. 255，1

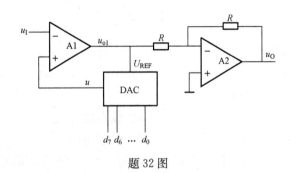

题 32 图

33. 目前我国电能的主要输送方式是：

A. 直流　　　　　　　　　　　　　　　B. 单相交流

C. 三相交流　　　　　　　　　　　　　D. 多相交流

34. 我国电力系统中性点直接接地方式一般用在的网络为：

A. 110kV 及以上　　　　　　　　　　　B. 10kV 及以上

C. 35kV 及以上　　　　　　　　　　　 D. 220kV 及以上

35. 中性点非有效接地配电系统中性点加装消弧线圈是为了：

A. 增大系统零序阻抗　　　　　　　　　B. 提高继电保护的灵敏性

C. 补偿接地短路电流　　　　　　　　　D. 增大电源的功率因数

36. 中性点绝缘的 35kV 系统发生单相接地短路时，其故障处的非故障相电压是：

A. 35kV　　　　　　B. 38.5kV　　　　　C. 110kV　　　　　D. 115kV

37. 一台降压变压器的变比是 220kV/38.5kV，则低压侧、高压侧的接入电压为：

A. 35kV/220kV　　　　　　　　　　　 B. 38.5kV/225.5kV

C. 10.5kV/242kV　　　　　　　　　　 D. 10.5kV/248.05kV

38. 长距离输电线路，末端加装电抗器的目的是：

A. 吸收容性无功功率，升高末端电压　　B. 吸收感性无功功率，降低末端电压

C. 吸收容性无功功率，降低末端电压　　D. 吸收感性无功功率，升高末端电压

39. 系统接线如题 39 图所示，图中参数均为归算到统一基准值 $S_B=100MVA$ 的标幺值。变压器方式为 Yd11，系统在 f 点发生 BC 两相短路，发电机出口 M 点 A 相电流为：

A. 18.16kA
B. 2.0kA
C. 12.21kA
D. 9.48kA

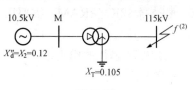

题 39 图

40. 已知某电力系统如题 40 图所示，各线路电抗约为 $0.4\Omega/km$，$S_B=250MVA$，如果 f 点处发生三相短路时，瞬时故障电流周期分量起始值及冲击电流分别为：

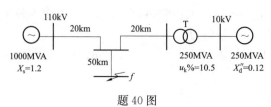

题 40 图

A. 0.29kA，2.395kA
B. 2.7kA，5.82kA
C. 0.21kA，2.396kA
D. 2.1kA，5.26kA

41. 电动机的暂态电动势正比于：

A. 定子电压
B. 励磁磁链
C. 转子电压
D. 转子电阻

42. 设有两台三相变压器并联运行，额定电压均为 6300V/400V，联结组相同，其中 A 变压器额定容量为 500kVA，阻抗电压 $U_{KA}=0.0568$；B 变压器额定容量为 1000kVA，阻抗电压 $U_{KB}=0.0532$；在不是任何一台变压器过载的情况下，两台变压器并联运行所能提供给的最大负荷为：

A. 1200kVA
B. 1468.31kVA
C. 1500kVA
D. 1567.67kVA

43. 由三台相同的单相变压器组成 YNyn 联结的三相变压器，相电动势的波形是：

A. 正弦波
B. 方波
C. 平顶波
D. 尖峰波

44. 一台三相感应电动机 $P_N=1000kW$，定子电源频率 f 为 50Hz，电动机的同步转速 $n_0=187.5r/min$，$U_N=6kV$，星形接法，$\cos\varphi=0.75$，$\eta_N=0.92$，$K_{W1}=0.945$，定子绕组每相有两条支路，每串联匝数 $N_1=192$，已知电机的励磁电流 $I_m=45\%I_N$，其三相基波旋转磁动势的幅值为：

A. 480.3A
B. 960.6A
C. 2134.7A
D. 1663.8A

45. 三相笼型感应电动机，$P_N=10kW$，$U_N=380V$，$n_N=1455r/min$，定子绕组三角形接法，等效电路参数如下：$R_1=1.375\Omega$，$R_2'=1.047\Omega$，$X_{1\sigma}=2.43\Omega$，$X_{2\sigma}'=4.4\Omega$，则转子最大电磁转矩的转速为：

A. 1455r/min
B. 1275r/min
C. 1260r/min
D. 1250r/min

46. 每相同步电抗 $X_s=1\Omega$ 的三相隐极式同步发电机单机运行，供给每相阻抗为 Z_L（$=8-j6$）Ω 的三相对称负载，其电枢反应的性质为：

A. 纯交轴电枢反应
B. 直轴去磁兼交轴电枢反应

C. 直轴增磁兼交轴电枢反应　　　　　　　D. 直轴增磁电枢反应

47. 雷电冲击电压在线路中传播，出现折射现象的原因是：

A. 线路阻抗大　　　　　　　　　　　　　B. 线路阻抗小

C. 线路有节点　　　　　　　　　　　　　D. 传播媒质的变化

48. 提高悬式绝缘子耐污秽性能的方法是：

A. 改善绝缘子电位分布　　　　　　　　　B. 涂憎水性涂料

C. 增加绝缘子爬距　　　　　　　　　　　D. 增加绝缘子片数

49. 断路器开断中性点不直接接地系统中的三相短路电流时，首先开断相开断后的工频恢复电压为（U_{pv}为相电压）：

A. U_{pv}　　　　　B. $0.866U_{pv}$　　　　　C. $1.5U_{pv}$　　　　　D. $1.3U_{pv}$

50. 为使熔断器的弧隙电压恢复过程为非周期性的，可在熔断器触头两端：

A. 并联电容　　　　B. 并联电抗　　　　C. 并联电阻　　　　D. 并联辅助触头

51. 中性点接地系统中，三相电压互感器二次侧开口三角形绕组的额定电压应等于：

A. 100V　　　　　　　　　　　　　　　　B. $\frac{100}{\sqrt{3}}$V

C. $\frac{100}{3}$V　　　　　　　　　　　　　D. $3U_0$（U_0零序电压）

52. 电流互感器的额定容量是：

A. 正常发热允许的容量　　　　　　　　　B. 短路发热允许的容量

C. 额定二次负荷下的容量　　　　　　　　D. 由额定二次电流确定的容量

53. 在3～20kV电网中，为了测量相对地电压，通常采用：

A. 两台单相电压互感器接成不完全星形联结

B. 三相三柱式电压互感器

C. 三相五柱式电压互感器

D. 三台单相电压互感器接成Yd联结

54. 某线路始端电压$\dot{U}_1=230.5\underline{/12.5^\circ}$ kV，末端电压为$\dot{U}_2=220.9\underline{/15^\circ}$ kV，试求始、末端电压偏移分别为：

A. 5.11%，0.715%　　　　　　　　　　B. 4.77%，0.41%

C. 3.21%，0.32%　　　　　　　　　　　D. 2.75%，0.21%

55. 一35kV的线路阻抗为（10＋j10）Ω，输送功率为（7＋j6）MVA，线路始端电压38kV，要求线路末端电压不低于36kV，其补偿容抗为：

A. 10.08Ω　　　　B. 10Ω　　　　C. 9Ω　　　　D. 9.5Ω

56. SF_6－31500/110±2×2.5%变压器，当分接头位置在＋2.5%位置，分接头电压为：

A. 112.75kV　　　　　　　　　　　　　B. 121kV

C. 107.25kV　　　　　　　　　　　　　D. 110kV

57. 一台S_N＝63 000kVA，50Hz，U_{1N}/U_{2N}＝220kV/10.5kV，YN/d连接的三相变压器，在额定电压下，空载电流为额定电流的1%，空载损耗p_0＝61kW，其阻抗电压u_k＝12%；当有额定电流时的短路铜损耗p_{Cu}＝210kW，当一次边保持额定电压，二次边电流达到额定的80%且功率因数为0.8（滞后）时的效率为：

A. 99.47%　　　　B. 99.495%　　　　C. 99.52%　　　　D. 99.55%

58. 一台并励直流电动机，$U_N=220V$，$P_N=15kW$，$\eta_N=85.3\%$，电枢回路总电阻（包括电刷接触电阻）$R_a=0.22\Omega$。现采用电枢回路串接电阻起动，限制起动电流为 $1.5I_N$（忽略励磁电流），所串电阻阻值为：

A. 1.63Ω

B. 1.76Ω

C. 1.83Ω

D. 1.96Ω

59. 相对地电压为 220V 的 TN 系统配电线路，供电给手握式电气设备和移动式电气设备的末端线路或插座回路，其断路器短延时脱扣的分断时间一般为：

A. 小于 0.4s

B. 小于 1s

C. 小于 0.1s

D. 大于 1s

60. 当发电厂仅有两台变压器和两条线路时，宜采用桥形接线。外桥接线适用于：

A. 线路较长，变压器需要经常投切

B. 线路较长，变压器不需要经常投切

C. 线路较短，变压器需要经常投切

D. 线路较短，变压器不需要经常投切

参 考 答 案

1. A	2. A	3. B	4. B	5. D	6. A	7. D	8. D	9. B	10. A
11. A	12. C	13. B	14. B	15. A	16. A	17. D	18. A	19. B	20. A
21. C	22. A	23. C	24. C	25. D	26. A	27. D	28. C	29. C	30. B
31. D	32. D	33. C	34. A	35. C	36. A	37. A	38. C	39. C	40. D
41. B	42. B	43. A	44. A	45. B	46. C	47. C	48. C	49. C	50. C
51. B	52. D	53. C	54. B	55. B	56. A	57. C	58. A	59. A	60. C

参 考 文 献

[1] 王锡凡. 电气工程基础 [M]. 西安：西安交通大学出版社，2009.

[2] 陈怡，蒋平，等. 电力系统分析 [M]. 北京：中国电力出版社，2005.

[3] 尹克宁. 电力工程 [M]. 北京：中国电力出版社，2008.

[4] 冯建勤，冯巧玲. 电气工程基础 [M]. 北京：中国电力出版社，2010.

[5] 杨岳. 供配电系统 [M]. 北京：科学出版社，2007.

[6] 邱阿瑞. 电机与电力拖动 [M]. 北京：电子工业出版社，2002.

[7] 刘锦波，张承慧，等. 电机与拖动 [M]. 北京：清华大学出版社，2006.

[8] 周浩，王慧芳，等. 电力工程 [M]. 杭州：浙江大学出版社，2007.

[9] 李林川. 电力系统基础 [M]. 北京：科学出版社，2009.

[10] 杜文学. 电力系统 [M]. 北京：中国电力出版社，2007.

[11] 雍静. 供配电系统 [M]. 北京：机械工业出版社，2003.

[12] 孙丽华. 电力工程基础 [M]. 北京：机械工业出版社，2010.

[13] 韩学山，张文. 电力系统工程基础 [M]. 北京：机械工业出版社，2008.

[14] 彭扬列. 电路原理习题解答 [M]. 重庆：重庆大学出版社，2000.

[15] 焦其祥. 电磁场与电磁波习题精解 [M]. 北京：科学出版社，2004.

[16] 马冰然. 电磁场与电磁波学习指导与习题详解 [M]. 广州：华南理工大学出版社，2010.

[17] 马西奎，等. 电磁场要点与解题 [M]. 西安：西安交通大学出版社，2006.

[18] 赵家升. 电磁场与电磁波典型题解析及自测试题 [M]. 西安：西北工业大学出版社，2002.

[19] 陈重，等. 电磁场理论基础 [M]. 北京：北京理工大学出版社，2010.

[20] 张俊芳，等. 电机学 [M]. 北京：中国电力出版社，2010.

[21] 阎治安，崔新艺. 电机学重点难点及典型题解析 [M]. 西安：西安交通大学出版社，2003.

[22] 胡虔生. 电机学习题解析 [M]. 北京：中国电力出版社，2010.

[23] 熊信银，张步涵. 电力系统工程基础 [M]. 武汉：华中科技大学出版社，2011.

[24] 牟道槐，林莉. 电力系统工程基础 [M]. 北京：机械工业出版社，2007.

[25] 徐政. 电力系统分析学习指导 [M]. 北京：机械工业出版社，2003.

[26] 朱幼莲. 数字电子技术 [M]. 北京：机械工业出版社，2011.

[27] 赵玉峰. 数字电子技术基础知识要点与习题解析 [M]. 哈尔滨：哈尔滨工程大学出版社，2005.

[28] 李庚银. 电力系统分析基础 [M]. 北京：机械工业出版社，2011.

[29] 吴义纯. 电力系统基础学习指导与习题集 [M]. 合肥：合肥工业大学出版社，2011.

[30] 何仰赞，温增银. 电力系统分析题解 [M]. 武汉：华中科技大学出版社，2011.

[31] 华成英. 模拟电子技术基本教程 [M]. 北京：清华大学出版社，2006.

[32] 杨拴科，赵进全. 《模拟电子技术基础》学习指导与解题指南 [M]. 北京：高等教育出版
社，2004.

[33] 陈大钦. 电子技术基础模拟部分习题全解 [M]. 5 版. 北京：高等教育出版社，2006.

[34] 马积勋. 模拟电子技术重点难点及典型题精解 [M]. 西安：西安交通大学出版社，2001.

[35] 唐竞新. 数字电子电路解题指南 [M]. 北京：清华大学出版社，2006.

[36] 孙旭东，冯大钧. 电机学习题与题解 [M]. 北京：科学出版社，2007.

[37] 夏道止. 电力系统分析 [M]. 2 版. 北京：中国电力出版社，2011.

[38] 鲁铁成. 电力系统过电压 [M]. 北京：中国水利水电出版社，2009.

[39] 李中发．电子技术学习指导与习题解答［M］.北京：中国水利水电出版社，2006.

[40] 蔡明生，曾文海．数字电子技术重点难点剖析与解题指导［M］. 2版．长沙：湖南大学出版社，2005.

[41] 李云．数字电子技术学考指要［M］.西安：西北工业大学出版社，2006.

[42] 刘天琪，邱晓燕．电力系统分析理论［M］. 2版．北京：科学出版社，2011.

[43] 梁贵书，董华英，等．电路复习指导与习题精解［M］.北京：中国电力出版社，2004.

[44] 高吉祥．数字电子技术学习辅导及习题详解［M］.北京：电子工业出版社，2005.

[45] 唐海源，张晓江．电机及拖动基础习题解答与学习指导［M］.北京：机械工业出版社，2010.

[46] 宁改娣．数字电子技术基础学习指导与解题指南［M］. 2版．北京：高等教育出版社，2013.

[47] 施围，邱毓昌，张乔根．高电压工程基础［M］.北京：机械工业出版社，2013.

[48] 沈其工，等．高电压技术［M］. 4版．北京：中国电力出版社，2012.

[49] 周浩，等．高电压技术［M］.杭州：浙江大学出版社，2007.

[50] 阎治安．电机学习题解析［M］. 2版．西安：西安交通大学出版社，2008.